MATLAB/Simulink 机电动态系统仿真及工程应用
（第 2 版）

周高峰　李峥峰　张　琦　编著

U0245804

北京航空航天大学出版社

内 容 简 介

本书始终围绕机电动态系统的仿真及其工程应用这个主题而展开,主要讲解了有关机电动态系统中的连杆机构、齿轮机构、液压控制系统、液压执行元件、电子电路、电机、电力系统、测控系统、PID 控制器、读/写外部数据等内容。本书在第 1 版的基础上对各章节内容进行了补充和完善,增加了读/写外部数据内容。全书共 15 章,第 1、2 章回顾和总结 MATLAB 工程基础;第 3~5 章说明在 Simulink 的集成仿真环境中如何仿真机电动态系统;第 6~9 章讲解机械机构、液压控制系统工程的建模与仿真;第 10~12 章讲解电子电路、电机和电力系统的建模与仿真;第 13 章讲解测控系统的建模与仿真;第 14 章说明 PID 控制器的建模与仿真;第 15 章讲解 MATLAB 读/写外部数据。

本书可作为高等院校机械工程、仪器科学与技术、电气工程、自动化专业的研究生教材,也可作为机电工程领域中的高级工程技术人员、大学教师、科学研究人员和机电动态系统仿真爱好者的参考书。

图书在版编目(CIP)数据

MATLAB/Simulink 机电动态系统仿真及工程应用 / 周高峰,李峥峰,张琦编著. — 2 版. —北京 :北京航空航天大学出版社,2021.11

ISBN 978 - 7 - 5124 - 3624 - 4

Ⅰ. ①M… Ⅱ. ①周… ②李… ③张… Ⅲ. ①机电系统—系统仿真—Matlab 软件 Ⅳ. ①TH - 39

中国版本图书馆 CIP 数据核字(2021)第 211310 号

MATLAB/Simulink 机电动态系统仿真及工程应用(第 2 版)
周高峰　李峥峰　张 琦　编著
策划编辑　陈守平　　责任编辑　张冀青
*
北京航空航天大学出版社出版发行
北京市海淀区学院路 37 号(邮编 100191)　http://www.buaapress.com.cn
发行部电话:(010)82317024　传真:(010)82328026
读者信箱:goodtextbook@126.com　邮购电话:(010)82316936
北京宏伟双华印刷有限公司印装　各地书店经销
*
开本:787×1 092　1/16　印张:33.25　字数:851 千字
2022 年 3 月第 2 版　2022 年 3 月第 1 次印刷　印数:2 000 册
ISBN 978 - 7 - 5124 - 3624 - 4　定价:99.00 元

第 2 版前言

自本书第 1 版出版以来，越来越多的高校和企业工程技术人员使用本书，社会反响越来越好。根据大家的反馈意见和出版社的建议，作者结合中原工学院机电学院"系统建模与仿真技术"课程的教学实践和对 MATLAB 的认知与理解，在第 1 版的基础上组织开展了修订工作，更正了书中的一些错误和不妥之处，同时调整和补充了一些新的内容和章节，进一步聚焦和突显机电动态系统仿真及其工程应用的主题，尽力为我国机电工程科技人员、机电研究人员和大学教师提供一些作者们的认知和办法。第 2 版主要做了以下工作：

第一，站在机电工程技术人员学习的角度，修改了图表表达方式，规范了书中标点符号的使用，更新和增添了程序实例或仿真模型实例，尤其是三维仿真模型，强化了应用性示范作用。

第二，增强了 MATLAB 程序设计、Simulink 集成仿真环境的用户自定义模块和子系统等内容，修订了 S 函数的设计应用、混合系统的建模仿真等内容。

第三，修订了电力系统、PID 控制器等部分章节内容，删除了连杆机构、液压执行元件、PID 控制器等中一些不合时宜的内容，增加了 MATLAB 读/写外部数据的内容。

第四，为各章节例题配备了相应的 MATLAB/Simulink 仿真模型文件（.mdl 文件），以供大家学习、练习和研究之用。

第 2 版由周高峰、李峥峰、张琦编著，陈永骞、岳永高、崔陆军、尚会超也参与了本书的修订工作。具体编写分工如下：第 1～4 章由李峥峰编写，第 5～8、10 章由周高峰编写，第 11～12 章由张琦编写，第 9、13～14 章由陈永骞编写，第 15 章由岳永高和河南技师学院史祥斌编写。崔陆军、尚会超校审了全书。全书由周高峰统稿和修订。

郑州轻工业大学袁陪副教授审阅了全稿并提出了修改意见，在此深表谢意！

在本书定稿之际，特别要感谢中原工学院机电学院的领导们对第 2 版修订工作的指导、帮助和支持；同时，也特别感谢北京航空航天大学出版社为本书第 2 版的出版继续所做的一切工作和努力。

由于机电动态系统和 MATLAB 发展迅速，新的机电动态系统仿真技术层出不穷，仿真分析方法也日新月异，作者深感视野、认知和实践水平有限，加之时间仓促，因此本书第 2 版的内容仍然会有不当之处，敬请广大读者提出宝贵的指导意见和建议，在此深表谢意！

联系邮箱：zhougf123456@sina.com。

周高峰

2021 年 6 月于中原工学院

第 1 版前言

随着软件仿真技术的快速发展,仿真技术早已成为科学研究、工程研发及实验的必备技术,不同的领域都在使用不同的仿真软件。MATLAB 就是一款集工程计算、图形绘制、系统设计为一体的仿真软件,不仅在科学研究和工程研发中得到了广泛应用,而且也得到了广大科研工作者和工程技术人员的青睐。MATLAB 软件中的 Simulink 仿真软件包带给使用者的不仅是灵活方便的操作,而且有人性化的操作界面。近年来,Simulink 软件包的功能日益增强和完善,基本满足了不同学科、不同工程领域研究人员和工程师对建模与仿真的迫切需求。当公司产品或课题研究处于研制或试探阶段时,欧美的一些大公司或高校主要采用的仿真实验软件就是 Simulink。作者结合机械工程专业和工程实际中可能用到的机电动态系统展开讲解。

总体上,本书按照由浅入深、由易到难的原则,将机电动态系统分为机械、液压、电子、电机、电气、测控 6 个方面,然后在回顾 MATLAB 工程计算与图形绘制的基础上,分章节讲解仿真的基本思想、基本步骤,及其在不同系统方面的应用。因为 PID 控制是当前机电系统的主要控制手段,所以将其单独作为主题进行仿真讲解,希望达到抛砖引玉的目的。

本书共 14 章,是在总结作者机电系统动态仿真方面的认识、体会与经验的基础上,结合作者教学实践中对相应仿真主题研究与思考的结果编写而成的。在编写过程中,尽量吸收 Simulink 软件包中所含的最新仿真技术。第 1 章简略回顾和总结 MATLAB 工程计算、图形绘制、方程求解等在工程设计中能用到的基本功能;第 2 章主要讲解 MATLAB 程序设计的基本结构与调试分析;第 3 章和第 4 章主要讲解集成仿真环境并列举一些简单的例子,以帮助读者理解仿真环境;第 5 章是过渡性章节,主要讲解机械、液压、电气、电子、测控等系统中可能用到的数学模型;第 6 章和第 7 章主要讲解机械工程领域中典型的连杆机构、齿轮机构的建模与仿真;第 8 章和第 9 章主要讲解液压控制系统和液压缸的建模与仿真;第 10~12 章主要讲解模拟电路、电机、电气等系统的建模与仿真;第 13 章主要讲解测控系统的建模与仿真;第 14 章主要讲解机电动态系统中典型 PID 控制器的建模与仿真。

在本书的编写过程中,作者注意了以下几个方面:

(1) 与机电动态系统仿真紧密结合,使用新的方法对部分理论或作者的新认识进行了推导与分析,以利于读者学习和掌握;

(2) 注重对机械工程领域中的最新热点问题进行建模与仿真,例如 PID(Proportional Integral Defferential,比例积分微分)控制器和基于 SVC(Static Var Compensator,静止无功补偿器)的电力系统机电暂态的建模与仿真等,以利于读者解决实际的工程问题;

(3) 简单分析部分仿真结果,并给出结论,为读者增加新的认识;

(4) 始终通过实例展开讲解,帮助读者将所学方法应用于工程研发或科学研究中。

本书的显著特色如下:

(1) 由浅入深,结构紧凑,注重应用,利于学习和研究;

(2) 实例丰富,重点突出,针对性强,注重前后章节的连贯、一致和呼应;

(3) 主题明确,步骤清晰,内容新颖,容易掌握,具有启发性;

(4) 注重理论联系实际,始终围绕机电动态系统进行分析和仿真;

(5) 层次清晰,逻辑性强,讲练结合,具有可操作性。

在教学上,教师对于本书内容的取舍以及讲授的先后次序,可以根据专业需要、学时多少、学生基础状况而定,其中的一些内容也可以让学生自学。

本书适用于大专院校机械工程相关专业的研究生、从事机电系统产品开发的工程师、科研工作者以及 MATLAB 仿真爱好者。

全书由周高峰和赵则祥编著。其中,赵则祥教授编写了第 1、2 章,周高峰博士编写了第 3、9~14 章,崔陆军博士编写了第 4、5 章,尚会超副教授编写了第 6、7 章,于贺春博士编写了第 8 章。张洪教授主审全稿。

北京航空航天大学出版社联合 MATLAB 中文论坛(http://www.iLove Matlab.cn)为本书设立了在线交流板块,网址为 http://www.iLoveMatlab.cn/forum-231-1.html,有问必答!

在本书出版之际,首先感谢中原工学院机电学院的老师对作者提供的帮助和支持;同时,特别感谢北京航空航天大学出版社为本书出版所做的一切工作和努力。

由于时间仓促,书中难免存在不妥之处,恳请读者批评指正。意见和建议可以反馈至邮箱:zhougf123456@sina.com。

周高峰

2014 年 3 月于郑州

本书为读者免费提供书中示例的程序源代码、Simulink 仿真模型和部分课件,请在微信公众号中关注"北航科技图书"公众号,回复"3624",获得相关资料在百度网盘的下载链接。

如遇到任何问题,请发送电子邮件至 goodtextbook@126.com 或 zhougf123456@sina.com,或致电 010-82317738 咨询处理。

目　　录

第1章 MATLAB 工程基础回顾

【内容要点】

◆ 系统建模与仿真的基本步骤及发展阶段

◆ MATLAB 的安装与使用

◆ MATLAB 工程计算(含方程组求解)

◆ MATLAB 数值分析与图形绘制

1.1 系统建模与仿真

20 世纪 30 年代至 90 年代的半个多世纪,系统仿真作为一种特殊的试验技术,经历了飞速发展;今天,在航空、航天、造船、兵器、工业制造、生物医学、汽车、电子产品、虚拟仪器、石油化工等多个领域更是得到了广泛应用。

系统仿真的基本思想是利用物理或数学的模型来类比模拟现实过程,以寻求对真实过程的认识。它所遵循的基本原则是相似性原理。

计算机仿真是基于所建立的系统仿真模型,利用计算机对系统进行分析与研究的技术与方法。

系统建模就是根据所研究的问题按照物理和数学关系建立数学模型,以描述系统当前或未来的行为,并用计算机程序或图形表示出来。

仿真技术主要用于各领域的产品研究、设计、开发、测试、生产、培训、使用和维护等各个环节。

1.1.1 仿真的基本概念

仿真又称为模拟,指利用模型实现实际系统中发生的本质过程,并通过对系统模型的实验来研究存在的或设计中的系统。

仿真的重要工具就是计算机及相关仿真软件,如 MATLAB、Pro/E、SolidWorks 等。仿真技术与数值计算、求解方法的重要区别:仿真技术是一种实验技术。

仿真过程包括仿真模型的建立和进行仿真实验。

1.1.2 仿真的基本步骤

仿真不存在一个通用的方法,下面给出基本步骤(仅供参考):

① 对于待仿真的系统,需要正确理解系统的工作过程。

② 明确研究目标和条件,理解目标与现有条件的关系。

③ 规范系统模型,取舍适当的细节层次,建立满足研究目的的仿真模型。

④ 利用计算机语言和仿真软件实现仿真模型。

⑤ 通过可能的输入验证仿真输出结果是否真实地描述了系统的发生。

⑥ 判断模型的输入分布、输出性能指标、实际考察结果(或实际情况)是否一致。

⑦ 根据仿真目的进行仿真实验。

⑧ 应用相关分析方法分析仿真结果。

⑨ 建立仿真文档,以便后续继续进行其他相关仿真研究。

1.1.3　仿真的发展阶段

第一阶段,20 世纪 50 年代末到 60 年代,为仿真技术的诞生期(仅大企业应用)。

第二阶段,20 世纪 70 年代末到 80 年代,为仿真技术的成长期(开始出现科研人员专门研究仿真技术)。

第三阶段,20 世纪 90 年代至今,为仿真技术的成熟期(大量仿真软件出现并开始应用于科研和工程,如 MultiSim、Protel、Tanner、MATLAB、SolidWorks 等)。

1.1.4　仿真技术的工程应用意义

① 在经济方面,可以降低成本,设备可以重复使用,尤其是对于大型、复杂系统而言。

② 一些危险的装置(如核电站等),通常是不允许进行实验的,而采用仿真技术可以降低危险程度,对系统研究起到保障作用。

③ 提高设计效率,如电路设计、模型设计和控制系统设计等。

④ 具有优化设计和预测性能的特殊功能。

1.1.5　MATLAB 的特点

MATLAB R2020 是由 MathWorks 开发的多范式数值计算环境和专有编程语言工具,主要面对科学计算、可视化以及交互式程序设计的高科技计算环境。它将数值分析、矩阵计算、科学数据可视化以及非线性动态系统的建模和仿真等诸多强大功能集成在一个易于使用的视窗环境中,为科学研究、工程设计以及必须进行有效数值计算的众多科学领域提供了一种全面的解决方案,并在很大程度上摆脱了传统非交互式程序设计语言(如 C、Fortran)的编辑模式,代表了当今国际科学计算软件的先进水平。

MATLAB 的特色如下:

① 编程效率高,因为 MATLAB 编程接近人们通常进行计算的思维方式。

② 计算功能强,因为 MATLAB 有非常丰富的库函数,其矩阵、数组和向量的计算功能特别强,适用于科学与工程计算。

③ 使用方便,MATLAB 将编译、链接、执行融为一体,可以在同一窗口上排除书写、语法错误,加快用户编写、修改和调试程序的速度。

④ 易于扩充,MATLAB 可以与 C、C++、Fortran 混合编程。

MATLAB 2020 的特点如下:

① MATLAB 2020 将适合迭代分析、设计过程的桌面环境与直接表达矩阵、数组运算的编程语言相结合。

② MATLAB 2020 工具箱经过专业开发、严格测试,拥有完善的帮助文档。

③ MATLAB 2020 应用程序可以让用户看到不同的算法如何处理用户的数据;在用户获得所需结果之前反复迭代,然后自动生成 MATLAB 程序,以便对用户的工作进行重现或自动处理。

④ MATLAB 2020 只需更改少量代码就能扩展用户的分析在群集、GPU 和云上运行,无须重写代码或学习大数据编程和内存溢出技术。

⑤ MATLAB 2020 代码可直接用于生产,因此用户可以直接将其代码部署到云上和企业系统,并与数据源和业务系统集成。

⑥ 自动将 MATLAB 算法转换为 C/C++ 和 HDL 代码,从而在嵌入式设备上运行。

⑦ MATLAB 与 Simulink 配合支持基于模型的设计,用于多域仿真、自动生成代码以及嵌入式系统的测试和验证。

MATLAB 2020 新增功能如下:

① 用于连续时间序列输出的回归和双向 LSTM。

② 自动验证自定义层,检查数据大小和类型一致性。

③ 更多的训练优化器:ADAM 与 RMSprop。

④ 并行化及在多 GPU 上训练 DAG 网络。

⑤ DAG 激活状态:为 GoogLeNet、Inception-v3 等网络可视化中间层激活状态。

⑥ 支持 DAG 网络,包括 GoogLeNet、ResNet-50、ResNet-101、Inception-v3、SegNet。

⑦ 支持 Intel 和 ARM 处理器。

⑧ 生成与 TensorRT 集成的 CUDA 代码。

⑨ App 设计工具,用户无须成为专业的软件开发人员,即可创建专业的 App。

⑩ 从多个数据源访问、组织、清洗和分析数据。

⑪ 无须做出重大改动即可实现对大数据的分析。

⑫ 使用新的数据类型和语言构造来编写更清晰、更精简的可维护代码。

⑬ 控制 Arduino 和 Raspberry Pi 等常见微控制器,通过网络摄像头采集图像,还可以通过无人机获取传感器数据和图像数据。

1.2　MATLAB 2020 的安装与使用

1.2.1　MATLAB 2020 的安装

具体安装步骤如下:

第一步,下载软件压缩包文件,找到 MathWorks MATLAB 2020 镜像文件和补丁,在镜像文件中找到 Setup.exe 文件并双击,弹出如图 1-1 所示界面。

第二步,单击右上角“高级选项”下三角按钮,弹出下拉列表框,选择“我有文件安装密钥”,如图 1-2 所示。

第三步,接受许可协议条款,如图 1-3 所示。

第四步,需要使用 FIK 的用户,可以输入文件安装密钥:09806-07443-53955-64350-21751-41297,如图 1-4 所示。需要使用 MATLAB 服务器的用户,也可以输入其文件安装密钥,然后单击"下一步"按钮。

图 1-1　MATLAB 2020 安装文件

图 1-2　选择"我有文件安装密钥"

图 1 - 3　接受许可协议条款

图 1 - 4　输入文件安装密钥

第五步,选择许可证文件进行激活,如图 1-5 所示。

图 1-5　选择许可证文件激活

第六步,根据需求选择安装路径,即选择目标文件夹,如图 1-6 所示。

图 1-6　选择安装路径

第七步,选择安装软件包,即选择产品,如图 1-7 所示。

第八步,确定安装完成后,将 Crack 文件夹内的文件夹复制到 Polyspace 目录下,如图 1-8 所示。其默认路径为 C:\Program Files\Polyspace。

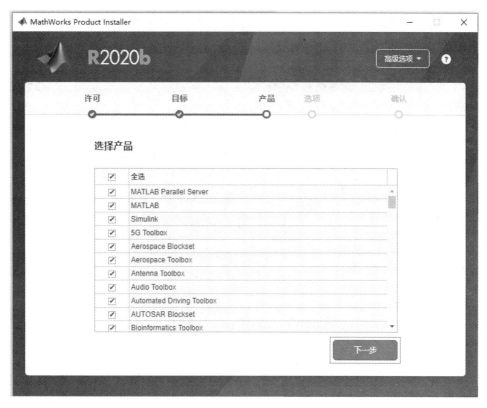

图 1 - 7　选择安装软件包

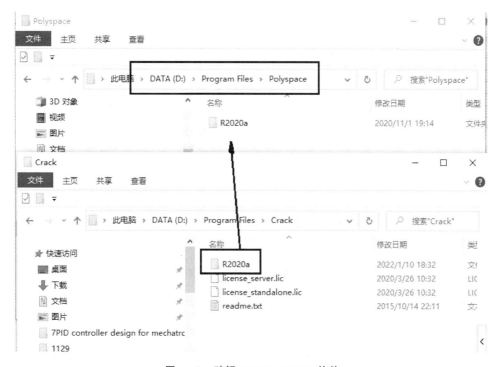

图 1 - 8　破解 MATLAB 2020 软件

第九步,至此 MathWorks MATLAB 2020 完成激活,启动 MATLAB 2020,出现如图 1-9 所示的 MATLAB 主窗口。MATLAB 软件安装成功。

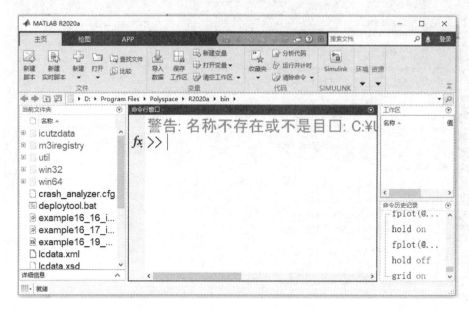

图 1-9　MATLAB 2020 主窗口界面

1.2.2　MATLAB 视窗环境

MATLAB 2020 设置了三个选项卡,即"主页"、"绘图"和 APP。"主页"选项卡包含"文件"、"变量"、"代码"、SIMULINK、"环境"和"资源"6 个部分。用户遇到问题需要即时帮助时,可在"资源"部分获得相应帮助。"绘图"选项卡包含"所选内容"、"绘图"和"选项"三个部分。APP 选项卡包括"文件"和 APP 两部分,提供了有关 APP 的设计、安装和打包,还提供了一些常用的 APP,例如 Curve Fitting(曲线拟合)等。

1.　"主页"选项卡

打开"主页"选项卡,如图 1-10 所示,用户可以创建脚本、变量、函数、类、工程、APP、图形窗口、状态流图、Simulink 仿真模型文件,还可以导入数据、新建或打开变量、编写分析和运行代码、设计 MATLAB 窗口布局、设置路径、寻求帮助等。

图 1-10　"主页"选项卡包含的内容

2.　"绘图"选项卡

打开"绘图"选项卡,如图 1-11 所示。对于其中各项的含义,用户可参阅"帮助"。

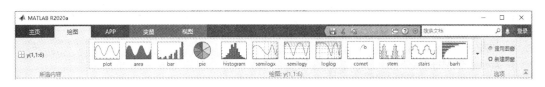

图 1-11　"绘图"选项卡包含的内容

3. 程序编辑/调试器

MATLAB 程序编辑/调试器同时具有编辑源文件和调试程序的功能，如图 1-12 所示。用户单击"新建"图标按钮，即可打开程序编辑/调试器，也可以在命令行窗口中输入 Edit 命令打开。

图 1-12　程序编辑/调试器

在程序编辑/调试器中，不同的文本内容以不同的颜色显示。MATLAB 中关键字为蓝色，注释语句为绿色，正在输入的字符串为红色，输入完毕的字符串为褐色，其他文本为黑色。显然，文本的彩色显示便于程序的编辑和调试。程序编辑/调试器设置了 3 个选项卡："编辑器"、"发布"和"视图"。在"编辑器"选项卡中，设置了"文件""导航""编辑""断点""运行"等内容，单击"断点"图标按钮，显示内容如图 1-13 所示。

4. 命令编辑区

MATLAB 命令行窗口（也称命令窗口）中的空白部分就是命令编辑区，也叫 MATLAB 工作区，提示符"＞＞"提示用户输入命令或数据，如图 1-14 所示。

图 1-13　"断点"包含的内容

图 1-14　MATLAB 命令行窗口

5. 获得帮助

1) help 命令

在命令窗口中输入 help 命令是非常快捷的方式,例如查找 function 的帮助。

```
>> help function
    function – Declare function name, inputs, and outputs
    This MATLAB function declares a function named myfun that accepts inputs
    x1,...,xM and returns outputs y1,...,yN.
    function[y1,...,yN] = myfun(x1,...,xM)
```

注意:帮助文件是区分大小写的。

2) lookfor 命令

lookfor 命令可以查找所有的 MATLAB help 标题以及 MATLAB 搜索路径中 M 文件的第一行,返回结果为包含所指定的关键词的项。在这里,关键词不必是 MATLAB 的命令。

3) 从菜单中获得帮助

单击“主页”选项卡中“帮助”图形按钮,出现“帮助”界面,如图 1 – 15 所示,用户可在该界面中寻求相关帮助。在“帮助”界面中,左侧为帮助导航器,右侧为文体浏览器,显示对应的帮助信息。

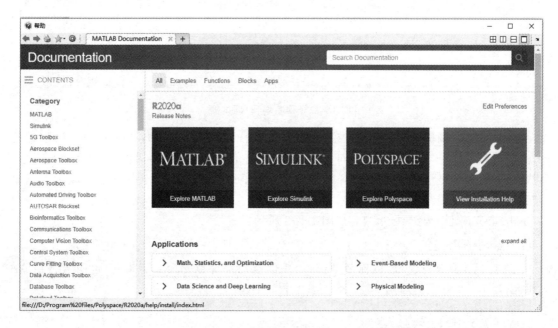

图 1 – 15 MATLAB 软件的“帮助”界面

下面介绍编程或计算过程中经常用到的一些帮助命令,并举例说明其用法。

① 列出工作空间中的变量名命令 who,示例如下:

```
>> a = 2, b = 3, c = 6
>> who
```

您的变量为

```
a  b  c
```

② 列出空间变量的详细内容命令 whos，示例如下：

```
>>whos
Name Size Bytes Class Attributes
a   1x1   8   double
b   1x1   8   double
c   1x1   8   double
```

③ 从内存中删除变量和函数的命令 clear，示例如下：

```
>>a = 1
a =
     1
>>clear
>>a
```

函数或变量 'a' 无法识别。

从上述示例可以看出，使用 clear 命令后，变量 a 已经不存在了，MATLAB 给出错误信息和提示 'a' 是没有定义的函数或变量。

④ 给出向量的长度命令 length，示例如下：

```
>>a = [0:0.2:1]
a =
     0   0.2000   0.4000   0.6000   0.8000   1.0000
>>length(a)
ans =
     6
```

⑤ 定义数值输出格式命令 format，示例如下：

```
>>format short(默认显示位数)
>>pi
ans =
     3.1416
>>format long(16 位)
>>pi
ans =
     3.141592653589793
>>format rational(有理数近似)
>>pi
ans =
     355/113
```

从上述示例可以看出，MATLAB 中的 format 命令用来改变数值的输出格式。

6. 设计生成 APP

单击 APP 选项卡，将会出现如图 1 - 16 所示的内容。整体上可分为两部分，即"文件"部分和 APP 部分。用户可利用"文件"部分设计自己的 App、安装已有的 App 以及打包 App，从 MATLAB 自带的"附加功能资源管理器"中可以获得更多的 App；除此之外，APP 选项卡中还提供了一些工业生产中常用的 App，例如 PID 控制器、模拟信号输入记录器等 App。

图 1 - 16   APP 选项卡包含的内容

1.3　MATLAB 工程计算与图形绘制

1.3.1　MATLAB 工程计算

1. 算术运算

1）加　法

示例如下：

```
>>a = [1  2  3;4  5  6];b = [7  8  9;10  11  12];c = 1;
>>a + b          % 两矩阵必须行列数相同,对应元素直接相加
ans =
    8  10  12
   14  16  18
>>a + c          % a 矩阵中的每一个元素与给定的数值相加,结果仍为矩阵
ans =
    2  3  4
    5  6  7
```

2）减　法

示例如下：

```
>>a = [1  2  3;4  5  6];b = [7  8  9;10  11  12];
>>b - a          % 矩阵中的对应元素直接相减,结果与原矩阵的行列数相同
ans =
    6  6  6
    6  6  6
```

3）乘　法

示例如下：

```
>>a = [1  2  3;4  5  6];b = [1  2;7  8;10  11];
>>a * b          % 被乘矩阵列数必须等于乘数矩阵的行数,相应元素之积之和
ans =
    45  51
    99  114
>>a = [1  2  3;4  5  6];b = [1;2;3];
>>a * b
ans =
   14
   32
```

4）除　法

示例如下：

```
>>1/3            % 左除
ans =
   1/3
>>1\3            % 右除
ans =
   3
```

2. 关系运算

1）小于/大于

示例如下：

```
>>1<5
ans =
    1
>>1>5
ans =
    0
```

在 MATLAB 中, 当矩阵 A 和 B 相互比较时, 若使用命令"A<B"则返回结果为一个与 A、B 维数相同的矩阵。如果矩阵 A 和 B 的对应元素进行关系运算且结果为真, 则返回 1; 如果结果为假, 则返回 0。注意: 矩阵 A 和 B 的维数必须完全相同。

示例如下:

```
>>a=[1  2  3;4  5  6];b=[5  6  7;8  1  10];
>>a<b
ans =
    1  1  1
    1  0  1
>>a>b
ans =
    0  0  0
    0  1  0
```

2) 小于或等于/大于或等于

示例如下:

```
>>a=[1  2  3;4  5  6];b=[1  2  7;8  2  6];
>>a<=b            % 对应元素进行比较
ans =
    1  1  1
    1  0  1
>>a>=b
ans =
    1  1  0
    0  1  1
```

从上述示例可以看出, 若满足大于或等于(小于或等于)的条件, 则对应元素的返回结果为 1; 否则返回结果为 0。

3) 等于/不等于

示例如下:

```
>>a=[1  2  3;4  5  6];b=[1  2  7;8  2  6];
>>a==b
ans =
    1  1  0
    0  0  1
>>a~=b
ans =
    0  0  1
    1  1  0
```

3. 逻辑运算

1) 逻辑与运算符/逻辑非运算符

在 MATLAB 中,"A&B"为逻辑与运算符命令, 若 A、B 元素均为非零, 则返回结果为 1; 否则返回结果为 0。"~A"为逻辑非运算符命令, 若 A 元素均为非零元素, 则返回结果为 0; 否则返回结果为 1。

① 命令"A&B"(逻辑与运算符)示例如下：

```
>>a=[1 2 3;4 5 6];b=[1 2 7;8 2 6];
>>a&b
ans =
    1  1  1
    1  1  1
```

② 命令"～A"(逻辑非运算符)示例如下：

```
>>a=[1 2 3;4 5 6];
>>~a
ans =
    0  0  0
    0  0  0
```

2) 逻辑或运算符/逻辑异或运算符

在 MATLAB 中，"A|B"为逻辑或运算符命令，若 A、B 中有一个为非零元素，则返回结果为 1；否则返回结果为 0。

示例如下：

```
>>a=[1 2 0;4 5 6];b=[0 2 0;8 2 6];
>>a|b
ans =
    1  1  0
    1  1  1
```

"xor(A,B)"为逻辑异或运算符命令，表示将 A 与 B 进行逻辑异或运算。如果 A、B 中有一个零、一个非零，则返回结果为 1；否则返回结果为 0。

示例如下：

```
>>a=[1 2 0;4 5 6];b=[0 2 0;8 2 6];
>>xor(a,b)
ans =
    1  0  0
    0  0  0
```

3) 特殊符号说明

(1) 冒　号

在 MATLAB 中，冒号(:)是最为有用的运算符之一。冒号可以用来创建数组，也可以访问数组的特定行、列或元素。当用冒号创建数组时，比如，命令"m:n"表示数组从 m 一直增加到 n，其默认增量为 1；命令"m:p:n"表示数组从 m 一直增加到 n，其增量为 p。注意：当 $m>n$ 时，命令"m:n"为空数组；当 $p>0$ 且 $m>n$，或者 $p<0$ 且 $m<n$ 时，命令"m:p:n"为空数组。

示例如下：

```
>>a=1:8
a =
    Columns 1 through 5
    1  2  3  4  5
    Columns 6 through 8
    6  7  8
>>a=1:0.5:4
a =
    Columns 1 through 5
    1  3/2  2  5/2  3
    Columns 6 through 7
    7/2  4
>>a=8:1          % 由于 8>1,因此结果为空数组
```

```
a =
    Empty matrix:1 - by - 0
>>a = 1: - 0.5:5    % 由于步长为 - 0.5,因此结果为空数组
a =
    Empty matrix:1 - by - 0
>>a = 8:0.5:1     % 由于步长为 0.5,因此结果为空数组
a =
    Empty matrix:1 - by - 0
```

（2）句　点

在 MATLAB 中,句点(.)运算符的作用具体如下:

① 用于十进制的小数点;

② 表示数组运算;

③ 用于字段访问;

④ 矩阵运算。

4. 数组运算

在 MATLAB 中,数组加减法运算与算术运算符规则相同,在此不再赘述。

1）标量乘法

示例如下:

```
>>a = [0:12];
>>a * 3
ans =
    Columns 1 through 5
    0   3   6   9   12
    Columns 6 through 10
    15  18  21  24  27
    Columns 11 through 13
    30  33  36
```

2）向量乘法

数组与数组相乘为向量乘法,运算规则为数组的相应元素分别相乘。MATLAB 中其运算符命令表示为"A. * B"。

示例如下:

```
>>a = [1:5];b = [6:10];
>>a. * b          % 两数组行列数必须相同,才能进行向量乘法,即点乘
ans =
    6   14  24  36  50
```

3）向量除法

向量除法与向量乘法类似。数组与数组相除为向量除法,运算规则为数组的相应元素分别相除。MATLAB 中其运算符命令表示为"A. /B"(左除)或者"A. \B"(右除)。

示例如下:

```
>>a = [1:5];b = [6:10];
>>a. /b          % 左除
ans =
    1/6  2/7  3/8  4/9  1/2
>>a = [1:5];b = [6:10];
>>a. \b          % 右除
ans =
    6   7/2  8/3  9/4  2
```

5．矩阵运算

1）矩阵乘法

在矩阵乘法运算中，矩阵 A 的列数必须等于矩阵 B 的行数。

示例如下：

```
>>a=[1;3];b=[4;5;6];
>>a*b
ans =
    32
>>a=[1;3;7;9];b=[4;5;6];
>>a*b
ans =
32
122
```

2）矩阵除法

矩阵除法遵循线性运算规则。

示例如下：

```
>>a=[1;3];b=[4  5  6];
>>a\b
ans =
    0    0    0
    0    0    0
    4/3  5/3  2
>>a/b
ans =
    32/77
```

3）矩阵分解

（1）Cholesky 分解

对于一个 $m \times m$ 的对称正定矩阵 A，存在下三角矩阵 R，使得 $R^{\mathrm{T}}R = A$ 成立。在 MAT-LAB 中，其运算符命令表示为 $[R, p] = \mathrm{chol}(A)$，输出为两个参数。假设 A 为正定矩阵，则有 $p = 0$，$R^{\mathrm{T}}R = A$；假设 A 为非正定矩阵，则 p 为正整数，R 为上三角矩阵，阶数为 $p - 1$。

示例如下：

```
>>A=magic(3);
[L U]=lu(A)
L =
    1      0      0
    3/8    37/68  1
    1/2    1      0
U =
    8      1      6
    0      17/2   -1
    0      0      90/17
```

（2）QR 分解

QR 分解即正交分解，是将给定矩阵 A 分解为一个正交矩阵和一个上三角矩阵的乘积。

MATLAB 中，QR 分解的命令格式如下：

```
[Q,R]=qr(A)
[Q,R,E]=qr(A)
[Q,R]=qr(A,0)
[Q,R,E]=qr(A,0)
```

其中,R 为上三角矩阵,Q 为正交矩阵,E 为置换矩阵,可以使得公式 $\boldsymbol{AE}=\boldsymbol{QR}$ 成立。

示例如下:

```
>>A = [2   -1   1;3   2   -3;1   3   -2];
[Q,R,E] = qr(A)
Q =
    -929/1738      753/1220      780/1351
    -809/1009     -649/4206     -780/1351
    -929/3476     -753/976       780/1351
R =
    -3476/929     -1738/929     1169/486
     0            -2103/649     1246/475
     0             0            1351/1170
E =
     1             0             0
     0             1             0
     0             0             1
```

(3) 特征值与特征向量

MATLAB 中,特征值与特征向量的命令格式如下:

D＝eig(A)

[V,D]＝eig(A)

[V,D]＝eig(A,'nobalance')

[V,D]＝eig(A,B)

D＝eig(A,B)

其中,D＝eig(A)返回的是 A 的特征值。[V,D]＝eig(A)返回的是两个矩阵 V 和 D;D 的主对角线是由 A 的特征值组成的,V 的列是由 A 的特征向量组成的,可以使得公式 $\boldsymbol{AV}=\boldsymbol{VD}$ 成立。[V,D]＝eig(A,'nobalance')可以计算矩阵的特征值和特征向量,精确度比[V,D]＝eig(A)要高。D＝eig(A),对于方阵 A,返回其广义特征值。[V,D]＝eig(A,B),其中 D 包含广义特征值,V 包含相应的特征向量,可以使得公式 $\boldsymbol{AV}=\boldsymbol{BVD}$ 成立。

示例如下:

```
>>A = [1   2   3;2   3   4;3   4   5];
[V,D] = eig(A)
V =
     0.8277      0.4082      0.3851
     0.1424     -0.8165      0.5595
    -0.5428      0.4082      0.7339
D =
    -0.6235      0            0
     0          -0.0000       0
     0           0            9.6235
```

6. 数据分析和数值计算

在科学研究和工程计算中,经常会用到数值统计分析。下面讲解数据分析和数值计算。

1) 数据分析

(1) 基本数据分析函数

数据分析函数(见表 1－1)主要是利用这些函数进行数据分析。示例如下:

```
>>x = [1   2   3   4   5   6];        % 给定 x 阵列
>>max(x)                             % 找出 x 阵列的最大值
ans =
```

```
            6
>>min(x)                        %找出 x 阵列的最小值
ans =
            1
>>sum(x)                        %求出 x 阵列的总和值
ans =
            21
>>prod(x)                       %求出 x 阵列的连乘值
ans =
            720
>>cumsum(x)                     %求出 x 阵列的累计总和值
ans =
        1  3  6  10  15  21
>>cumprod(x)                    %求出 x 阵列的累计连乘值
ans =
        1  2  6  24  120  720
>>primes(5)                     %求出所有小于 5 的素数
ans =
        2  3  5
>>sortrows(x)                   %将 x 阵列按行升序排列
ans =
        1  2  3  4  5  6
>>fplot(@humps,[0 2])      %在[0,2]之间计算函数 humps 并显示该函数的图形,结果如图 1-17 所示
%在[0,8]之间绘制函数 f = 2e⁻ˣcos x,产生的图形如图 1-18 所示
>>f = '2 * exp( - x). * cos(x)';
>>fplot(@(x)2. * exp( - x). * cos(x),[0,8])
```

表 1-1 基本数据分析函数

函数格式	意　义
max(x)	找出 x 阵列的最大值
max(x,y)	找出 x 阵列、y 阵列的最大值,会有两个极值,分别属于 x 阵列、y 阵列
[y,i]=max(x)	找出 x 阵列的最大值,以 y 显示,其位置以 i 显示
min(x)	找出 x 阵列的最小值
min(x,y)	找出 x 阵列、y 阵列的最小值,会有两个极值,分别属于 x 阵列、y 阵列
[y,i]=min(x)	找出 x 阵列的最小值,以 y 显示,其位置以 i 显示
mean(x)	找出 x 阵列的平均值
median(x)	找出 x 阵列的中位数
sum(x)	计算出 x 阵列的总和值
prod(x)	计算出 x 阵列的连乘值
cumsum(x)	计算出 x 阵列的累计总和值
cumprod(x)	计算出 x 阵列的累计连乘值
sort(x)	将 x 阵列按升序排列
sortrows(x)	将 x 阵列按行升序排列
cumtrapz(x)	返回 x 阵列的累计积
std(x)	返回 x 阵列的标准偏差
factor(n)	返回含有 n 的素数因子的向量

函数格式	意　义
primes(n)	给出所有小于 n 的素数
perms(v)	给出向量中元素所有可能的置换
fplot('fname',[lb ub])	给出上下限之间的函数
fmin('fname',[lb ub])	寻找上下限之间的标量最小值
fimis('fname',x0)	寻找 x0 附近的向量最小值
fzero('fname',x0)	寻找 x0 附近的标量函数的零点
del2	离散函数
diff(x)	数组元素间的差分
gradient	数值梯度

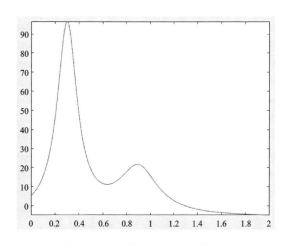

图 1 - 17　函数 humps 的图形(1)

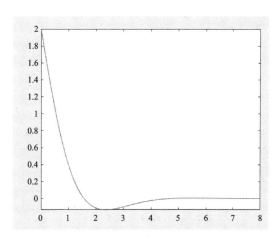

图 1 - 18　$f = 2\mathrm{e}^{-x}\cos x$ 的函数图形

针对函数 $f = 2\mathrm{e}^{-x}\cos x$，利用 fzero 寻找一维函数 $f = 2\mathrm{e}^{-x}\cos x$ 的零点。示例如下：

```
>> f = '2 * exp( - x). * cos(x)';
>> xzero = fzero(f,0)
xzero =
    - 1.5708
```

① 差分和近似微分函数 diff 调用格式如下：

diff(x)　　如果 x 是一个向量,则返回一个包含相邻元素之间的差值,并且此差值是比 x 的维数少 1 的向量;如果 x 是一个矩阵,则返回一个包含列向量差值的矩阵。

diff(x,n)　　反复调用 diff 函数 n 次,最后得到 n 阶微分。

示例如下：

```
>> x = 1:5;
>> diff(x)          % 得到数组 x 相邻元素之间的差值
ans =
     1    1    1    1
>> diff(x,2)        % 求给定数组的二阶差分
ans =
     0    0    0
```

② 数值梯度函数 gradient 调用格式如下：

[FX,FY]＝gradient(F)　返回 F 的一维数值梯度,其中 F 是一个向量,FX 对应于 dF/dx,即在 x 方向上的微分。

[FX,FY,FZ]＝gradient(F)　返回 F 的数值梯度在各个方向上的分量。

[FX,FY,FZ]＝gradient(F,HX,HY,HZ)　使用给定的间距 HX、HY、HZ 返回 F 的数值梯度在各个方向上的分量。

示例如下：

```
>>v = -2:0.4:2
v =
  Columns 1 through 8
   -2.0000   -1.6000   -1.2000   -0.8000   -0.4000        0    0.4000    0.8000
  Columns 9 through 11
    1.2000    1.6000    2.0000
>>[x,y] = meshgrid(v)
x =
  Columns 1 through 8
   -2.0000   -1.6000   -1.2000   -0.8000   -0.4000        0    0.4000    0.8000
   -2.0000   -1.6000   -1.2000   -0.8000   -0.4000        0    0.4000    0.8000
   -2.0000   -1.6000   -1.2000   -0.8000   -0.4000        0    0.4000    0.8000
   -2.0000   -1.6000   -1.2000   -0.8000   -0.4000        0    0.4000    0.8000
   -2.0000   -1.6000   -1.2000   -0.8000   -0.4000        0    0.4000    0.8000
   -2.0000   -1.6000   -1.2000   -0.8000   -0.4000        0    0.4000    0.8000
   -2.0000   -1.6000   -1.2000   -0.8000   -0.4000        0    0.4000    0.8000
   -2.0000   -1.6000   -1.2000   -0.8000   -0.4000        0    0.4000    0.8000
   -2.0000   -1.6000   -1.2000   -0.8000   -0.4000        0    0.4000    0.8000
   -2.0000   -1.6000   -1.2000   -0.8000   -0.4000        0    0.4000    0.8000
   -2.0000   -1.6000   -1.2000   -0.8000   -0.4000        0    0.4000    0.8000
  Columns 9 through 11
    1.2000    1.6000    2.0000
    1.2000    1.6000    2.0000
    1.2000    1.6000    2.0000
    1.2000    1.6000    2.0000
    1.2000    1.6000    2.0000
    1.2000    1.6000    2.0000
    1.2000    1.6000    2.0000
    1.2000    1.6000    2.0000
    1.2000    1.6000    2.0000
    1.2000    1.6000    2.0000
    1.2000    1.6000    2.0000
y =
  Columns 1 through 8
   -2.0000   -2.0000   -2.0000   -2.0000   -2.0000   -2.0000   -2.0000   -2.0000
   -1.6000   -1.6000   -1.6000   -1.6000   -1.6000   -1.6000   -1.6000   -1.6000
   -1.2000   -1.2000   -1.2000   -1.2000   -1.2000   -1.2000   -1.2000   -1.2000
   -0.8000   -0.8000   -0.8000   -0.8000   -0.8000   -0.8000   -0.8000   -0.8000
   -0.4000   -0.4000   -0.4000   -0.4000   -0.4000   -0.4000   -0.4000   -0.4000
        0         0         0         0         0         0         0         0
    0.4000    0.4000    0.4000    0.4000    0.4000    0.4000    0.4000    0.4000
    0.8000    0.8000    0.8000    0.8000    0.8000    0.8000    0.8000    0.8000
    1.2000    1.2000    1.2000    1.2000    1.2000    1.2000    1.2000    1.2000
    1.6000    1.6000    1.6000    1.6000    1.6000    1.6000    1.6000    1.6000
    2.0000    2.0000    2.0000    2.0000    2.0000    2.0000    2.0000    2.0000
  Columns 9 through 11
```

```
   - 2.0000    - 2.0000    - 2.0000
   - 1.6000    - 1.6000    - 1.6000
   - 1.2000    - 1.2000    - 1.2000
   - 0.8000    - 0.8000    - 0.8000
   - 0.4000    - 0.4000    - 0.4000
        0           0           0
     0.4000      0.4000      0.4000
     0.8000      0.8000      0.8000
     1.2000      1.2000      1.2000
     1.6000      1.6000      1.6000
     2.0000      2.0000      2.0000
>> z = x. * exp( - x.^2 - y.^2)
z =
  Columns 1 through 8

   - 0.0007    - 0.0023    - 0.0052    - 0.0077    - 0.0062          0     0.0062     0.0077
   - 0.0028    - 0.0096    - 0.0220    - 0.0326    - 0.0263          0     0.0263     0.0326
   - 0.0087    - 0.0293    - 0.0674    - 0.0999    - 0.0808          0     0.0808     0.0999
   - 0.0193    - 0.0652    - 0.1499    - 0.2224    - 0.1797          0     0.1797     0.2224
   - 0.0312    - 0.1054    - 0.2423    - 0.3595    - 0.2905          0     0.2905     0.3595
   - 0.0366    - 0.1237    - 0.2843    - 0.4218    - 0.3409          0     0.3409     0.4218
   - 0.0312    - 0.1054    - 0.2423    - 0.3595    - 0.2905          0     0.2905     0.3595
   - 0.0193    - 0.0652    - 0.1499    - 0.2224    - 0.1797          0     0.1797     0.2224
   - 0.0087    - 0.0293    - 0.0674    - 0.0999    - 0.0808          0     0.0808     0.0999
   - 0.0028    - 0.0096    - 0.0220    - 0.0326    - 0.0263          0     0.0263     0.0326
   - 0.0007    - 0.0023    - 0.0052    - 0.0077    - 0.0062          0     0.0062     0.0077
  Columns 9 through 11
     0.0052      0.0023      0.0007
     0.0220      0.0096      0.0028
     0.0674      0.0293      0.0087
     0.1499      0.0652      0.0193
     0.2423      0.1054      0.0312
     0.2843      0.1237      0.0366
     0.2423      0.1054      0.0312
     0.1499      0.0652      0.0193
     0.0674      0.0293      0.0087
     0.0220      0.0096      0.0028
     0.0052      0.0023      0.0007
>> [px,py] = gradient(z,0.4,0.4)
px =
  Columns 1 through 8
   - 0.0040    - 0.0057    - 0.0068    - 0.0013     0.0097     0.0156     0.0097    - 0.0013
   - 0.0168    - 0.0239    - 0.0288    - 0.0055     0.0408     0.0659     0.0408    - 0.0055
   - 0.0516    - 0.0734    - 0.0883    - 0.0167     0.1249     0.2019     0.1249    - 0.0167
   - 0.1148    - 0.1633    - 0.1965    - 0.0373     0.2780     0.4493     0.2780    - 0.0373
   - 0.1855    - 0.2638    - 0.3176    - 0.0602     0.4493     0.7261     0.4493    - 0.0602
   - 0.2176    - 0.3096    - 0.3727    - 0.0707     0.5273     0.8521     0.5273    - 0.0707
   - 0.1855    - 0.2638    - 0.3176    - 0.0602     0.4493     0.7261     0.4493    - 0.0602
   - 0.1148    - 0.1633    - 0.1965    - 0.0373     0.2780     0.4493     0.2780    - 0.0373
   - 0.0516    - 0.0734    - 0.0883    - 0.0167     0.1249     0.2019     0.1249    - 0.0167
   - 0.0168    - 0.0239    - 0.0288    - 0.0055     0.0408     0.0659     0.0408    - 0.0055
   - 0.0040    - 0.0057    - 0.0068    - 0.0013     0.0097     0.0156     0.0097    - 0.0013
  Columns 9 through 11
   - 0.0068    - 0.0057    - 0.0040
   - 0.0288    - 0.0239    - 0.0168
   - 0.0883    - 0.0734    - 0.0516
   - 0.1965    - 0.1633    - 0.1148
```

```
     − 0.3176      − 0.2638      − 0.1855
     − 0.3727      − 0.3096      − 0.2176
     − 0.3176      − 0.2638      − 0.1855
     − 0.1965      − 0.1633      − 0.1148
     − 0.0883      − 0.0734      − 0.0516
     − 0.0288      − 0.0239      − 0.0168
     − 0.0068      − 0.0057      − 0.0040
py =
   Columns 1 through 8
    − 0.0054   − 0.0182   − 0.0419   − 0.0622   − 0.0503        0     0.0503     0.0622
    − 0.0100   − 0.0338   − 0.0777   − 0.1153   − 0.0931        0     0.0931     0.1153
    − 0.0206   − 0.0696   − 0.1599   − 0.2373   − 0.1917        0     0.1917     0.2373
    − 0.0282   − 0.0951   − 0.2186   − 0.3244   − 0.2621        0     0.2621     0.3244
    − 0.0216   − 0.0731   − 0.1680   − 0.2493   − 0.2014        0     0.2014     0.2493
         0          0          0          0          0         0          0          0
      0.0216     0.0731     0.1680     0.2493     0.2014        0    − 0.2014   − 0.2493
      0.0282     0.0951     0.2186     0.3244     0.2621        0    − 0.2621   − 0.3244
      0.0206     0.0696     0.1599     0.2373     0.1917        0    − 0.1917   − 0.2373
      0.0100     0.0338     0.0777     0.1153     0.0931        0    − 0.0931   − 0.1153
      0.0054     0.0182     0.0419     0.0622     0.0503        0    − 0.0503   − 0.0622
   Columns 9 through 11
      0.0419     0.0182     0.0054
      0.0777     0.0338     0.0100
      0.1599     0.0696     0.0206
      0.2186     0.0951     0.0282
      0.1680     0.0731     0.0216
         0          0          0
    − 0.1680   − 0.0731   − 0.0216
    − 0.2186   − 0.0951   − 0.0282
    − 0.1599   − 0.0696   − 0.0206
    − 0.0777   − 0.0338   − 0.0100
    − 0.0419   − 0.0182   − 0.0054
>>quiver(px,py)
```

最后,绘图结果如图 1－19 所示。

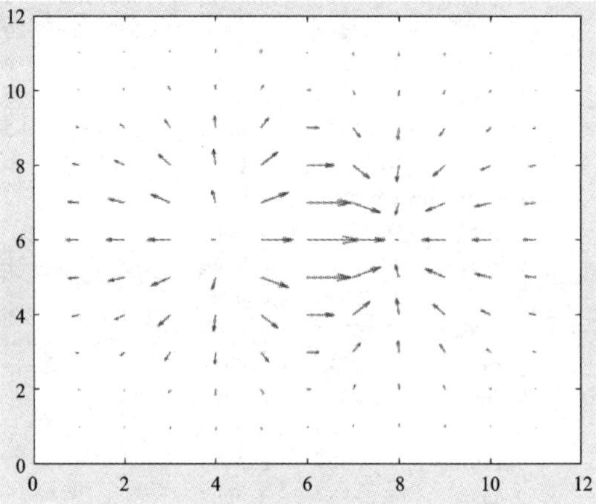

图 1－19　所给函数的数值梯度

(2) 数据分析示例

多项式是一种基本的数值分析工具,由一行向量表示,它的系数是按照降序排列的,表示方法如下:

$$P(x) = a_0 x^n + a_1 x^{n-1} + a_2 x^{n-2} + \cdots + a_{n-1} x + a_n$$

式中的系数向量为 $\boldsymbol{P} = [a_0 \quad a_1 \quad \cdots \quad a_n]$。

除了使用系数向量法外,还可以利用 MATLAB 中的 poly( ) 函数来创建多项式,即 poly(A),表示当 A 是矩阵时,创建矩阵 A 的特征多项式。也就是说,多项式的系数是矩阵 A 的特征值。当 A 是向量 $[a_1 \quad a_1 \quad \cdots \quad a_n]$ 时,创建以向量中的元素为根的多项式系数向量,即有下式成立:

$$p(x) = (x - a_0)(x - a_1)\cdots(x - a_n)$$

示例如下:

```
>>a = [1  2  3  4  5];
>>poly(a)
ans =
    1  − 15   85   − 225   274   − 120
```

示例中,由于 a 是向量 $[1 \quad 2 \quad 3 \quad 4 \quad 5]$,因此创建了以 a 向量中的元素为根的多项式系数向量[1 −15 85 −225 274 −120]。

注意：创建多项式时，必须包括具有零系数的项。

多项式求解问题是许多工程和科学研究中经常遇到的问题，一般用 MATLAB 中的 roots 函数解决这个问题，所求根按照由大到小的顺序排列。命令格式如下：

roots(p)

示例如下：

```
>>p = [1 −15 85 −225 274 −120];
>>roots(p)
ans =
    5.0000
    4.0000
    3.0000
    2.0000
    1.0000
```

MATLAB 中规定，多项式是行向量，根为列向量。给出一个多项式的根，就能构造出相应的多项式，同样地，根据多项式系数也能求出其相应的根。多项式的主要函数见表 1 - 2。

表 1 - 2 基本数据多项式分析函数及其意义

函 数	意 义
polyvalm(p,a)	当 a 为标量时，求多项式 p 在 x＝a 的值；当 a 为向量时，求 x 分别等于 a(i)时多项式的值
polyvalm(p,m)	求 x＝m 时多项式的值，m 为方阵
conv(a,b)	求多项式 a 和多项式 b 的乘法
[p,r]＝deconv(a,b)	求多项式 a 和多项式 b 的除法，商保存在多项式 p 中，余数保存在多项式 r 中
polyder(p)	求 p 的微分
polyder(a,b)	求多项式 a 和多项式 b 乘积的微分
[p q]＝polyder(a,b)	求多项式 a 和多项式 b 商的微分，分母和分子分别保存在 p,q 中
[p,q,k]＝Residue(n,d)	求以向量 n 为分子，以向量 d 为分母的多项式，求取有理多项式，分子保存在 p 中，分母保存在 q 中
polyfit(x,y,N)	对向量 x,y 所确定的原始数据构造 N 阶多项式 p(x)，使 p(x)与已知数据点间函数值之差的平方和最小

① 多项式求值，示例如下：

```
>>a = [1 2 3 4 5];
>>m = magic(5);
>>polyvalm(a,m)
ans =
    3780293    3738996    3613754    3594852    3684920
    3707592    3760875    3672998    3619416    3651934
    3601016    3686244    3808567    3703800    3613188
    3643910    3619908    3685646    3768339    3695012
    3680004    3606792    3631850    3726408    3767761
```

② 多项式加法求值，示例如下：

```
>>p = [1 2 3 4 5];
>>q = [5 4 3 2 1];
>>d = p + q
d =
```

```
    6  6  6  6  6
```

③ 多项式乘法求值,示例如下:

```
>>p = [1  2  3  4  5];
>>q = [5  4  3  2  1];
>>c = conv(p,q)
c =
    5  14  26  40  55  40  26  14  5
```

结果是 $c(x) = 5x^8 + 14x^7 + 26x^6 + 40x^5 + 55x^4 + 40x^3 + 26x^2 + 14x + 5$。

注意:两个以上的多项式乘法需要重复使用 conv 函数。

④ 多项式除法求值,示例如下:

```
>>p = [1  2  3  4  5];
>>q = [5  4  3  2  1];
>>[p,r] = deconv(p,q)
p =
    0.2000
r =
    0  1.2000  2.4000  3.6000  4.8000
```

⑤ 多项式微分求值,示例如下:

```
>>p = [1  2  3  4  5];
>>polyder(p)
ans =
    4  6  6  4
```

⑥ 有理多项式求值,示例如下:

```
>>p = [1  2];
>>q = [5  4  3  2  1];
>>[r,p,k] = residue(p,q)
r =
    -0.3231  -0.1532i
    -0.3231  +0.1532i
     0.3231  -0.3194i
     0.3231  +0.3194i
p =
     0.1378  +0.6782i
     0.1378  -0.6782i
    -0.5378  +0.3583i
    -0.5378  -0.3583i
k =
    []
```

⑦ 曲线拟合求值,示例如下:

```
>>x = [0:0.1:1];
>>y = [-0.45  1.98  3.25  6.16  7.34  7.45  7.88  9.87  9.58  9.30  11.2];
>>n1 = 1;
>>p1 = polyfit(x,y,n1)
p1 =
    10.4073  1.4836
>>n2 = 2;
>>p2 = polyfit(x,y,n2)
p2 =
    -10.6713  21.0786  -0.1171
>>n4 = 4;
>>p4 = polyfit(x,y,n4)
p4 =
```

27.3601 − 40.4565 2.1332 22.3975 − 0.4336

一次拟合曲线如图 1-20 所示,二次拟合曲线如图 1-21 所示。

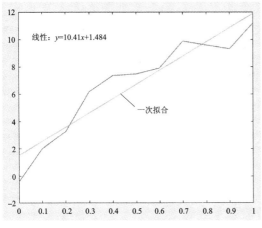

图 1-20　一次拟合曲线

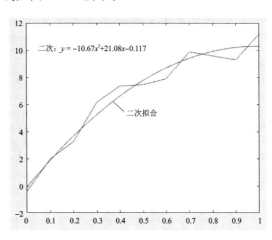

图 1-21　二次拟合曲线

2) 数值计算

在科学研究与工程计算中,很多问题有时根本是无法求出精确解的,此时就需要数值计算,获得近似解。对于函数,MATLAB 中提供了一个绘图函数 fplot,其调用格式如下:

fplot(函数名或表达式,自变量区间)

其中,函数名是指需要绘图的函数名称。

示例:在[0,2]区间绘制函数 humps 的图形。

```
>>fplot(@humps,[0,2])        % 如图 1-22 所示
```

在该示例中,humps 是 MATLAB 的内联函数,具体查 MATLAB 中有关 humps 的解释与定义。

示例:在[−2,2]区间绘制函数 $f(x) = e^{-x}\sin x$ 的图形。

```
>>f = 'exp( − x). * sin(x)';     % 其中的句点不能缺,否则不能输出图形
>>fplot(f,[ − 2,2])              % 如图 1-23 所示
% 或者 >>fplot(@(x)exp( − x). * sin(x),[ − 2,2])
```

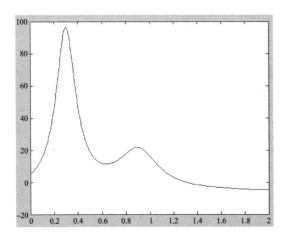

图 1-22　函数 humps 的图形(2)

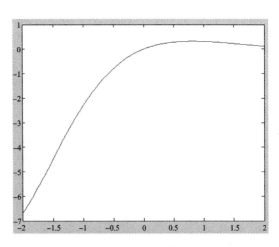

图 1-23　函数 $f(x) = e^{-x}\sin x$ 的图形

注意:fplot 不再支持用于指定误差容限或计算点数量的输入参数,其默认自变量值的范围是[-5,5],fplot 不接受字符向量或字符串输入。

(1) 函数极值与零点值

求函数极值的问题,数学上一般通过确定函数导数为零的点采用解析的方法求出极值点的值。但是当函数非常复杂时,用导数为零求取极值的办法是不可能实现的,或者说很难实现。这时只能利用数值方法在数值上直接求出极值点。

MATLAB 提供了 fminbnd()函数和 fminsearch()函数来求解函数极值。fzero()函数求解函数零点,fminbnd()函数求解一维函数极值,fminsearch()求解多维函数极值。

示例:求取函数 $f(x)=x^3+3x^2+5$ 在区间[0,5]上的极值。

```
>>f = 'x.^3 + 3 * x.^2 + 5';
>>[x,fval] = fminbnd(f,0,5)
x =
    5.6103e - 005
fval =
    5.0000
>>fplot(@(x)x.^3 + 3. * x.^2 + 5,[0,5])     %绘制给定函数曲线
```

函数 $f(x)=x^3+3x^2+5$ 在区间[0,5]上的曲线如图 1-24 所示。

示例:求取函数 $f(x)=x^3+3x^2+5$ 的零点。

```
>>f = 'x.^3 + 3 * x.^2 + 5';
>>[x,fval] = fzero(f,2)
x =
    - 3.4260
fval =
    0
>>fplot(@(x)x.^3 + 3. * x.^2 + 5,[ - 4, - 3])     %绘制给定函数曲线
```

输出的曲线如图 1-25 所示。

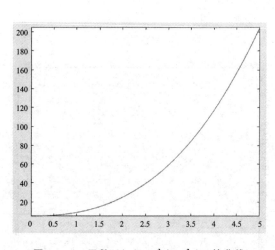

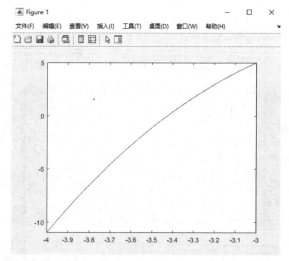

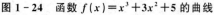

图 1-24　函数 $f(x)=x^3+3x^2+5$ 的曲线　　　　图 1-25　函数 $f(x)=x^3+3x^2+5$ 的零点曲线

(2) 数值积分

数值积分有着广泛的应用,常用的方法主要有梯形法、辛普森法、高斯法、牛顿法、蒙特卡

罗法等。下面给大家介绍相关数值积分的方法。

① 梯形法。

梯形法的原理是把积分区间 (a,b) 分成 n 个小梯形,然后对这 n 个小梯形的面积求和,用 trapz 函数可以实现。其命令格式如下:

　　z＝trapz(x,y)

其中,x 是积分区间和步长选择;y 为被积函数。

示例:利用梯形法对函数 $f(x)＝x^3＋3x^2＋5$ 在 $[0,5]$ 区间上进行数值积分。

```
>>x1 = 0:0.1:5;
>>f = 'x.^3 + 3 * x.^2 + 5';
>>y1 = polyval(f,x1);
>>z1 = trapz(x1,y1)
z1 =
     1.2748e + 010
```

② 辛普森法。

辛普森法是指使用三点算法求解数值积分。所谓三点算法,就是在积分区间 (a,b) 内采用一端抛物线去近似被积函数,用 quad 函数和 quadL 函数实现辛普森数值积分法。命令格式如下:

　　quad('fun',a,b)

示例:利用辛普森法对函数 $f(x)＝x^3＋3x^2＋5$ 在 $[0,5]$ 区间上进行数值积分。

```
>>x1 = 0:0.1:5;
   f = 'x.^3 + 3 * x.^2 + 5';
   y1 = polyval(f,x1);
>>z1 = quad(f,0,5)          % 用 quad('fun',a,b)实现数值积分
z1 =
     306.2500
```

③ 蒙特卡罗法。

蒙特卡罗法包括随机投点法和均值估计法。当用蒙特卡罗法计算函数 $f(x)$ 在任意区间上的定积分时,要先做变量代换,如 $x＝a＋(b－a)u$,将其化为在 $(0,1)$ 区间内的积分。

示例:利用蒙特卡罗法计算函数 $f＝\sin x$ 在 $(0,\pi/2)$ 区间内的积分。

```
>>n = 1000;
   x = rand(1,n);
   y = sin(x. * pi/2);
>>z = sum(y) * pi/2/n
z =
     1.0178
```

(3) 二重积分

MATLAB 中利用 dblquad 函数计算二维函数的积分。该函数的命令格式如下:

　　R＝dblquad('fun',inmin,inmax,outmin,outmax)

其中,fun 是被积函数;inmin、inmax、outmin、outmax 分别是内、外层积分的上下限。

示例:利用二重积分法计算函数 $f(x,y)＝y\sin x＋x\cos y$ 在 $(0,\pi)$ 区间内的积分。

```
>>x = [0:0.1:2 * pi];
>>y = [0:0.1:2 * pi];
>>[xi,yi] = meshgrid(x,y);
>>z = yi. * sin(xi) + xi. * cos(yi);
>>mesh(xi,yi,z)
>>dblquad(@(x,y)y. * sin(x) + x. * cos(y),0,pi,0,pi)
```

```
ans =
    9.8696
```

绘制的函数曲面如图 1-26 所示。

示例：试计算二重积分 $\int_0^\pi \int_0^\pi (y\sin x + x\cos y)\mathrm{d}x\mathrm{d}y$ 的值。

```
>>x = [0:0.1:pi];
>>y = [0:0.1:pi];
>>[xi,yi] = meshgrid(x,y);
>>dblquad('yi. * sin(xi) + xi. * cos(yi)',0,pi,0,pi)
ans =
    9.8696
```

（4）数值微分

数值微分主要利用函数 polyder 计算；数值近似微分主要利用函数 diff 计算。

示例：利用函数 polyder 对已测的数据进行二次曲线拟合，并求其数值微分。

拟合曲线：

```
>>x = [0:0.1:1];
>>y = [-0.32,1.987,3.1,6.5,7.01,7.34,7.68,8.23,9.58,9.87,11.2];
>>p = polyfit(x,y,2)
p =
    -8.4298  18.6755   0.1743
>>xi = linspace(0,1,100);
>>z = polyval(p,xi);
>>plot(x,y,'ro - ',xi,z,':')
>>xlabel('x'),ylabel('y = f(x)')        % 拟合曲线如图 1-27 所示
```

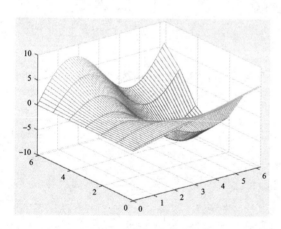

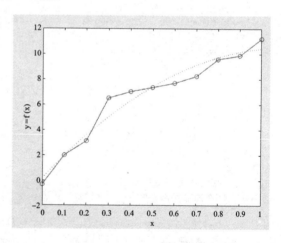

图 1-26　函数 $f(x,y)=y\sin x+x\cos y$ 的曲面图　　　图 1-27　二次曲线拟合图

图 1-27 中的虚线为拟合曲线，实线为原数据连线。除了利用上述拟合方法之外，还可以在图形窗口中利用"工具"→"基本拟合"得出所测数据的拟合曲线及其相应的表达式。读者可照此方法自行练习。

利用函数 polyder 求上述所给数据的微分：

```
>>pd = polyder(p)
pd =
    -16.8597  18.6755
```

由此可知,所给数据的二次曲线拟合函数为 $f(x) = -8.429\,8x^2 + 18.675\,5x + 0.174\,3$, 其微分方程为 $\mathrm{d}f(x)/\mathrm{d}x = -16.859\,7x + 18.675\,5$,其微分曲线如图 1-28 所示。

```
>>z1 = polyval(pd,xi);
>>plot(xi,z1)
```

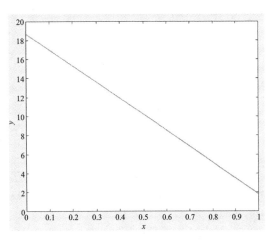

图 1-28　拟合曲线的微分曲线

1.3.2　图形绘制与输出

1. 二维图形的绘制

一个完整的二维图形一般包括显示图形、坐标轴名称、图形标题、图中曲线标注、图中曲线线型、图形背景颜色、图形颜色等。MATLAB 中常用的绘图命令是 plot,其调用格式如下:

```
plot(x1,y1,'s1',x2,y2,'s2',x3,y3,'s3',…)
```

其中,x1,x2,x3,y1,y2,y3 分别对应待生成图形 x 轴和 y 轴上的坐标点;'s1','s2','s3'用来确定曲线线型、坐标点形状和曲线颜色。单引号内的特性符号可以只含有一种特性符号,也可以同时含有 3 种特性符号,如 'y','ys-' 都是合法的。字符串符号和曲线线型、曲线颜色及坐标点形状对照表见表 1-3。

表 1-3　字符串符号和曲线线型、曲线颜色及坐标点形状对照表

曲线线型		曲线颜色		坐标点形状	
线型符号	含　义	颜色符号	含　义	点形状符号	含　义
—	实线	b	蓝色	.	点
— —	虚线	c	青色	o	圆
:	点线	g	绿色	*	星号
-.	点画线	k	黑色	+	加号
x	叉号	m	深红色	s	方块
		r	红色	d	菱形
		y	黄色	p	五角形
		w	白色	h	六角形

1) 图形输出示例

示例:点的图形输出。

```
>>plot(2,3,'ko')        % 在点(2,3)坐标处加一个黑色的圆
```

程序运行结果显示如图 1-29 所示。

示例:直线的图形输出。

```
>>x = 1:10;             % 定义 x 轴输入数组
>>y = 3 * x + 5;        % 按照直线函数关系式生成 y 轴相应数组
>>plot(x,y,'k- * ')     % 生成坐标点为"*"的黑色实线
```

程序运行结果显示如图 1-30 所示。

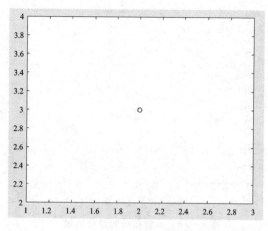

| 图 1-29　点的图形输出 | 图 1-30　直线的图形输出 |

示例：单曲线的图形输出。

```
>>x = 0:0.2:2 * pi;          % 定义 x 轴输入数组
>>y = 3 * sin(x);            % 按照正弦函数关系式生成正弦函数输出数组
>>plot(x,y,'b- * ')         % 生成坐标点为"*"的蓝色实曲线
```

程序运行结果显示如图 1-31 所示。

示例：双曲线的图形输出。

```
>>x = 0:0.2:2 * pi;          % 定义 x 轴输入数组
>>y1 = 3 * sin(x);          % 按照正弦函数关系式生成输出函数值 y1
>>y2 = 2 * cos(x) + 1;      % 按照余弦函数关系式生成输出函数值 y2
>>plot(x,y1,'go',x,y2,'k- * ')    % 输出坐标点为"o"的绿色图形 1 和 " * "的黑色实线图形 2
```

程序运行结果显示如图 1-32 所示。

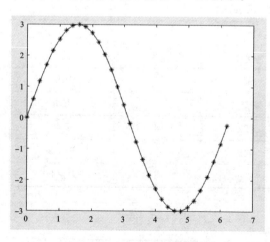
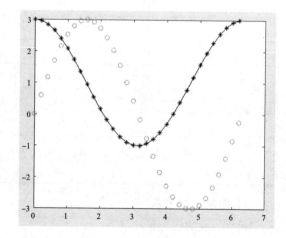

图 1-31　单曲线的图形输出　　　　图 1-32　双曲线的同一图形输出

示例：多窗口曲线的图形输出。

```
>>x = 0:0.2:2 * pi;
>>figure(1)
>>y1 = 2 * sin(x);
```

```
>>plot(x,y1,'k - * ')
>>figure(2)
>>plot(x,y1,'b - d')
```

程序运行结果显示如图 1 - 33 所示。

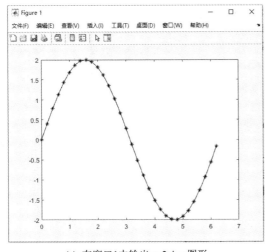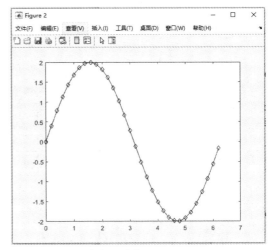

　　(a) 在窗口1中输出 $y=2\sin x$ 图形　　　　　　(b) 在窗口2中输出 $y=2\sin x$ 图形

图 1 - 33　在不同窗口输出同一曲线图形

示例：同一窗口多个独立坐标系曲线的图形输出。

```
>>x = 0:0.2:2 * pi;
>>y1 = 2 * sin(x);
>>subplot(2,1,1)
>>plot(x,y1)
>>y2 = 3 * cos(x);
>>subplot(2,1,2)
>>plot(x,y2)
```

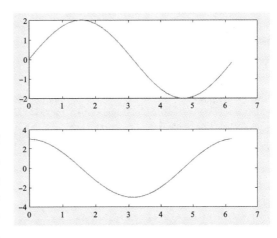

程序运行结果显示如图 1 - 34 所示。

在图 1 - 34 中，使用 subplot 命令，一般用 subplot(m,n,p) 函数实现图形窗口分割。该函数命令表示当前窗口被分割成 $m \times n$ 块，其中 p 表示要输出的图形位于被分割窗口中的第 p 个图形块，括号内的逗号可有可无，即 subplot(m n p) 和 subplot(m,n,p) 的效果是相同的。

图 1 - 34　在同一窗口输出两个独立坐标曲线

2）图形标识示例

图形标识主要是对图中曲线图形进行坐标轴名称、图形标题、曲线标注，在图形指定区域中放入文本字符串，在图形中添加注释，网格线、图形的保持与缩放等内容进行标识。图形标识并不是将所有的标识内容都标识在图形上，而是根据实际需要和图形的表达目的，有选择性地进行标识。常用图形标识命令见表 1 - 4。

表 1-4 　常用图形标识命令及其含义

图形标识命令	含 义
title	给出全图标注的标题
xlabel	对 x 轴标注名称
ylabel	对 y 轴标注名称
text	通过程序在图形的指定位置放入文本字符串
gtext	在指定位置放入文本字符串
legend	在图形中添加注解
grid	打开或关闭栅格
axis	坐标轴调整
hold	图形保持
zoom	图形缩放

示例：设置坐标轴名称及图形标题。

```
>>x = 0:0.2:2 * pi;                    % 定义输入变量取值
>>y1 = 2 * sin(x);                     % 计算正弦函数向量
>>plot(x,y1,'b- * ')                   % 输出正弦曲线,设置坐标点为" * "的蓝色实线
>>xlabel(' 弧度 x','fontsize',12)      % 标注 x 轴名称并设置为 12 号
>>ylabel(' 幅值 y','fontsize',12)      % 标注 y 轴名称并设置为 12 号
>>title(' 正弦函数 y1 = 2sinx 图形输出 ')   % 定义输出图形名称
```

程序运行结果显示如图 1-35 所示。

示例：对曲线进行文本注释。

```
>>x = 0:0.2:2 * pi;                    % 定义输入变量取值
>>y1 = sin(x);                         % 计算正弦函数向量
>>plot(x,y1,'b- * ')                   % 输出正弦曲线,设置坐标点为" * "的蓝色实线
>>text(pi/2,sin(pi/2),'y1\rightarrow','fontsize',12)   % 设置文本注释的位置、右箭头、12 号字
>>gtext(' 单击鼠标放置 ','fontsize',12)   % 在所需位置单击,放置文本字符串
```

程序运行结果显示如图 1-36 所示。

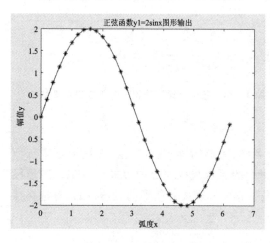

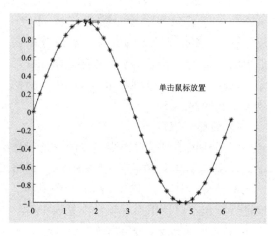

图 1-35 　正弦函数的图形标注 　　　　　　图 1-36 　正弦函数的曲线文本标注

本示例中使用 text 命令和 gtext 命令对曲线进行标注,具体命令格式如下:

text(m,n,'name\leftarrow','name\rightarrow','horizontal','right','fontsize',k)

gtext('name','right','fontsize',k)

其中,text 命令中的 m 和 n 表示文本注释所对应的坐标位置;name 表示文本内容;leftarrow 和 rightarrow 表示左箭头和右箭头;horizontal 表示水平对齐方式;right 表示右对齐方式; 'fontsize,k' 表示字体的大小为 k。gtext 命令中的 name 表示注释的文本内容;'fontsize,k' 表示字体的大小为 k。

示例:调整曲线坐标轴和标定图例。

```
>> x = 0:0.2:2 * pi;              % 定义输入变量取值
>> y1 = sin(x);                   % 计算正弦函数向量
>> plot(x,y1,'b - * ')            % 输出正弦曲线,设置坐标点为" * "蓝色实线
>> text(pi/2,sin(pi/2),'y1\rightarrow','fontsize',12)   % 设置文本注释
>> gtext(' 单击鼠标放置 ','fontsize',12)                  % 放置文本字符串
>> axis off                       % 取消坐标轴
>> axis('square','equal')         % 设置坐标轴比例
>> legend(' 正弦曲线 ')            % 标定曲线图例
>> grid on                        % 打开网格
>> axis on                        % 打开坐标轴
>> axis('xy','normal')            % 设置坐标轴比例
```

程序运行结果显示如图 1 - 37 所示。

示例:图形保持与缩放。

```
>> x = 0:0.2:2 * pi;
>> y1 = sin(x);
>> plot(x,y1,'b - * ')
>> hold on                        % 打开图形保持,若关闭图形,则使用 hold off
>> y2 = 3 * cos(2 * x);
>> plot(x,y2,'g - 0')
>> legend('y1 - * ','y2 - 0')     % 标定输出曲线的图例
>> zoom on                        % 启动图形缩放,通过单击、右击调整曲线大小
```

程序运行结果显示如图 1 - 38 所示。

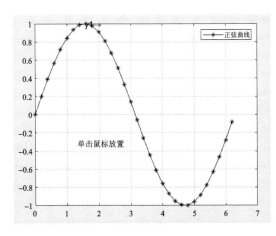

图 1 - 37　调整坐标轴和标定图例示例

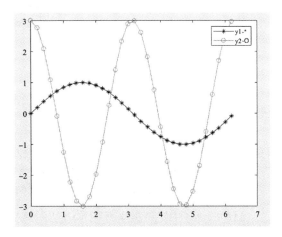

图 1 - 38　图形保持与缩放示例

3) 特殊形式绘图示例

(1) 复数向量图的绘制

仍然使用 MATLAB 中的输出命令 plot(x)。当 x 为复数时,plot 等价于 plot(real(x), image(x)),其中,real(x)为实部坐标,image(x)为虚数坐标;当 x 为实数时,plot 等价于 plot(x,x)。

示例:绘制复数向量图。

```
>>t = 0:0.2:20;              % 定义输入变量取值
>>y = t. * exp(i * t);        % 计算正弦函数向量
>>plot(y)                    % 绘制复数向量图
>>axis('image')             % 修饰图形,使曲线居中
```

程序运行结果显示如图 1-39 所示。

(2) 对数坐标图的绘制

对于对数坐标图的绘制,MATLAB 中使用的函数有 semilogx(x,y),semilogy(x,y)(单对数坐标函数),loglog(x,y)(双对数坐标函数)。

示例:绘制 $y = |500\cos 2x| + 2|\sin 3x|$ 的单对数和双对数坐标图。

```
>>x = 0:0.02:2 * pi;         % 定义输入变量取值
>>y = abs(500 * cos(2 * x)) + abs(2 * sin(3 * x));    % 绝对值函数输出值
>>loglog(x,y)               % 双对数输出曲线见图 1-40
>>figure(1)                 % 创建序号为 1 的绘图窗口
>>semilogx(x,y)            % 单对数对 x 轴绘图
>>figure(2)                 % 创建序号为 2 的绘图窗口
>>semilogy(x,y)            % 单对数对 y 轴绘图
```

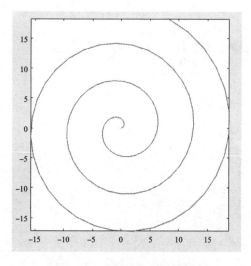

图 1-39　绘制的复数向量图形

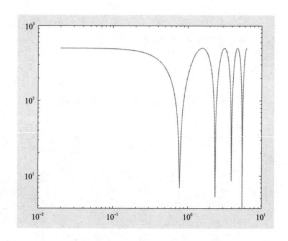

图 1-40　绘制的双对数曲线图形

单对数程序运行结果显示如图 1-41 所示。

(3) 极坐标图的绘制

MATLAB 中绘制极坐标图形时使用函数 polar。

示例:绘制 $f(x) = \sin x \cos x$ 的极坐标图。

```
>>x = 0:0.02:2 * pi;
>>y = cos(x). * sin(x);
>>polar(x,y)
```

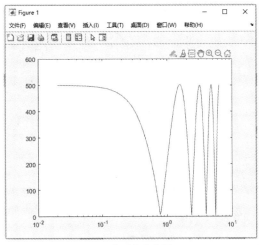

(a) x 轴对数曲线图

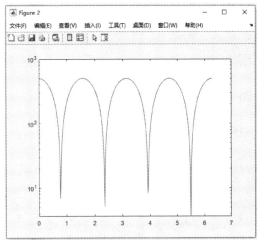

(b) y 轴对数曲线图

图 1 - 41　绘制的单对数曲线图形

程序运行结果显示如图 1 - 42 所示。

（4） 方程根的图形绘制

示例：求方程 $x^6 + 5x^4 + 3x^3 + 7x^2 + 6x + 15 = 0$ 的根，并绘制在极坐标图上。

```
>>x = [1  0  5  3  7  6  15];          % 给定方程系数向量
>>y = roots(x)                         % 求解方程的根（列向量）
y =
      0.1926 + 2.0326i
      0.1926 - 2.0326i
      0.7551 + 1.2860i
      0.7551 - 1.2860i
    - 0.9477 + 0.8485i
    - 0.9477 - 0.8485i
>>r = abs(y)                           % 求解根向量
r =
      2.0417
      2.0417
      1.4913
      1.4913
      1.2720
      1.2720
>>t = angle(y)                         % 求解根向量所对应的极角（弧度）
t =
      1.4763
    - 1.4763
      1.0399
    - 1.0399
      2.4114
    - 2.4114
>>polar(t,r,'kd')                      % 输出根的极坐标图，根所在点标识为黑色菱形
>>title('给定方程根的极坐标分布图')    % 标识全文图形标题
```

程序运行结果显示如图 1 - 43 所示。

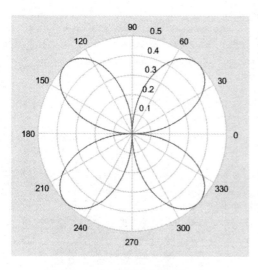

图 1-42 给定曲线的极坐标图形   图 1-43 给定方程根的极坐标图形

MATLAB 中其他图形的绘制命令见表 1-5(仅供参考)。

表 1-5 特殊图形绘制命令

函数命令	功　能	函数命令	功　能
area	填充区域图	hist	绘制累计图
bar	绘制直方图	stairs	绘制阶梯图
compass	绘制复数矢量图	stem	绘制针状图
comet	绘制慧星曲线图	pie	绘制饼图
feather	绘制羽毛图	quiver	绘制向量场图
fill	填充颜色	rose	绘制极坐标累计图

2. 三维图形的绘制

MATLAB 中常用的三维绘图函数命令见表 1-6。

表 1-6 常用三维绘图函数命令

函数命令	功　能	函数命令	功　能
plot3	绘制三维曲线图	bar3	绘制三维直方图
mesh	绘制三维网线图	pie3	绘制三维饼图
surf	绘制三维曲面图	stem3	绘制三维离散针状图
colormap(RGB)	绘制三维图形装饰	pie	绘制饼图
view	图形视觉角度	contour3	绘制三维等高线图
cylinder	绘制柱状图	meshc	绘制三维含等高线的网线图

示例:三维曲线绘制。

```
>>t = 0:0.05:2 * pi;
>>plot3(sin(3 * t),cos(3 * t),t)              % 输出三维空间螺旋曲线
```

```
>>grid on
>>title('三维曲线绘制示例')
```

程序运行结果显示如图 1 - 44 所示。

示例：三维曲面绘制。

```
>>[x,y,z] = sphere(30);
>>k = abs(z);
>>surf(x,y,z,k)
>>title('球面图')
```

程序运行结果显示如图 1 - 45 所示。

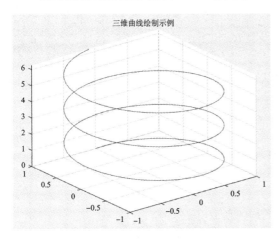

图 1 - 44　三维曲线绘制示例

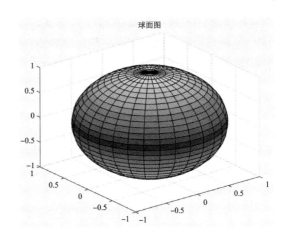

图 1 - 45　三维曲面绘制示例

其他三维绘图命令示例在此不再给出，读者自行练习。

1.3.3　MATLAB 解方程(组)

在实际科研与工程研发中，解方程是科学研究和工程计算中的重要工作之一。许多应用都要求解各种各样的方程。考虑到实际工程需要，下面我们将方程及方程组的解法作为一个主题给大家讲解，希望能对大家今后的科研和工程应用起到一定的帮助作用。

1. 方程的解法

通常都是一元一次方程才能求解，若要对二元以上的方程求解，我们就要借助方程组或者其他函数、图形等方法进行求解。

示例：求方程 $x^5 + 3x^2 + 5x + 20 = 0$ 的解(根)。

方法一：利用根命令求解。

```
>>x = [1  0  0  3  5  20];
>>y = roots(x)
y =
     1.4873 + 1.3778i
     1.4873 - 1.3778i
   - 1.8374
   - 0.5686 + 1.5248i
   - 0.5686 - 1.5248i
```

从上述解中可以看出，所得解中有一个实根，其余均为复根。

方法二：利用函数求根。

```
>>fplot(@(x)x.^5+3.*x.^2+5.*x+20,[-3,1])
>>grid on
```

程序运行结果显示如图 1-46 所示。从图中可得实数解：$x \approx -1.8$。

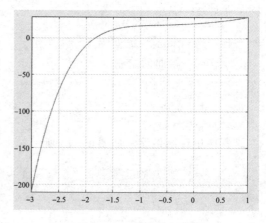

图 1-46　程序运行结果曲线图

2. 方程组的解法

由《线性代数》可知，线性方程组分为齐次线性方程组和非齐次线性方程组。

齐次线性方程组的通用标准式为 $Ax=0$，其中 A 为 $m \times n$ 阶系数矩阵，x 为 n 维列矩阵。其求解条件如下：

① 当系数矩阵的秩等于 n 时，方程组有零解。

② 若系数矩阵的秩小于 n，方程组有通解，若 $x^{\mathrm{T}}x$ 等于单位方阵，则可以用 null(A) 求出零空间的近似数值解或用 null(sym(A)) 求出最接近零空间的数值解的有理式。

非齐次线性方程组的通用标准式为 $Ax=B$，其中 A 为 $m \times n$ 阶系数矩阵，x 为 n 维列矩阵。其求解条件如下：

① 明确系统矩阵 A 的秩 Ra 和增广矩阵 $[A \quad B]$ 的秩 Rb。

② 当 Ra=Rb=n 时，若 det(A) 不等于零，则方程组有唯一解，可以通过左除或逆矩阵 inv(A)*B 或者符号矩阵 sym(A)\sym(B) 求解 x。

③ 当 Ra=Rb<n 时，方程组有无穷解，其通解由 $Ax=0$ 求得，特解由 $Ax=B$ 求得。

④ 依据高斯消去法原理编写程序求解。

⑤ 大型烦琐的方程组可以考虑迭代法求解。

示例：利用 MATLAB 求解齐次线性方程组

$$\begin{cases} x+3y+5z=0 \\ 4x-y+3z=0 \\ x+y-6z=0 \end{cases}$$

```
>>A=[1 3 5;4 -1 3;1 1 -6];
>>R=rank(A)
R=
    3
```

% 这里 A 的秩等于系数矩阵 A 的列数，所以方程组有零解

示例：利用 MATLAB 求解齐次线性方程组

$$\begin{cases} 2x+2y+z=0 \\ -x+4y+z=0 \\ 8x-2y+z=0 \\ x+6y+2z=0 \end{cases}$$

```
>>A=[2 2 1;-3 12 3;8 -2 1;1 6 2];
>>R=rank(A)
R=2
```

% 这里 A 的秩是 2，小于系数矩阵 A 的列数 3，所以方程组有通解

```
>> x1 = null(A)
x1 =
     - 0.1881
     - 0.2822
       0.9407
```

或者

```
>> x2 = null(sym(A))
x2 =
       1
       3/2
     - 5
```

因此,方程组的通解为

$$\begin{bmatrix} x_1 \\ y \\ z \end{bmatrix} = k \begin{bmatrix} x_1 \\ 0 \\ 0 \end{bmatrix} = m \begin{bmatrix} 0 \\ x_2 \\ 0 \end{bmatrix}$$

其中,k,m 为任意常数。

示例：利用 MATLAB 求解非齐次线性方程组

$$\begin{cases} x - 2y + 6z = 54 \\ 3x + 8y + z = -6 \\ 18x - y + 3z = 70 \end{cases}$$

```
>> A = [1 - 2 6;3 8 1;18 - 1 3];
>> Ra = rank(A)
Ra = 3
>> B = [54 - 6 70]'
B =
       54
     - 6
       70
>> Rb = rank([A B])
Rb = 3
```

由上面计算可知,系数矩阵 **A** 与其增广矩阵[**A**　**B**]的秩是相等的。

```
>> det(A)
ans = - 875
```

由上面计算可知,系数矩阵的行列式不等于零,则该方程组有唯一解,可以使用除法求解。

```
>> xx = A\B
xx =
       2.4571
     - 2.6354
       7.7120
```

示例：利用 MATLAB 求解非齐次线性方程组

$$\begin{cases} x + 2y + 3z = -1 \\ 4x + 5y + 6z = -2 \\ 7x + 8y + 9z = -3 \end{cases}$$

```
>> A = [1 2 3;4 5 6;7 8 9];
>> Ra = rank(A)
Ra = 2
>> B = [-1 - 2 - 3]'
B =
```

```
          - 1
          - 2
          - 3
>> Rb = rank([A B])
Rb = 2
```

由上面计算可知,该方程组的系数矩阵 A 和其增广矩阵 $\begin{bmatrix} A & B \end{bmatrix}$ 的秩相等,均等于 2,小于系数矩阵的列数 3,所以该方程组有通解。通解由 $Ax = 0$ 求取,特解由 $Ax = B$ 求得。

```
>> x1 = null(sym(A))
x1 =
          1
          - 2
          1
>> x2 = A\B
Warning:Matrix is close to singular or badly scaled.
Results may be inaccurate. RCOND = 1.541976e - 018.
x2 =
          0.3333
          - 0.6667
          0
>> x3 = sym(A)\sym(B)
x3 =
          1/3
          - 2/3
          0
```

因此,方程组的通解为

$$\begin{bmatrix} x \\ y \\ z \end{bmatrix} = k \begin{bmatrix} 1 \\ - 2 \\ 1 \end{bmatrix} + \begin{bmatrix} 1/3 \\ - 2/3 \\ 0 \end{bmatrix}$$

示例:求解方阵 $A = \begin{bmatrix} 1 & 2 & 3; 4 & 5 & 6; 7 & 8 & 9 \end{bmatrix}$ 的特征多项式、特征值和特征向量。

具体求解步骤如下:

第一步,求方阵 A 的特征多项式系数。

```
>> A = [1 2 3;4 5 6;7 8 9]
A =
    1 2 3
    4 5 6
    7 8 9
>> f1 = poly(A)
f1 =
    1.0000    - 15.0000    - 18.0000    - 0.0000
```

第二步,求方阵 A 的特征多项式。

```
>> p = poly2str(f1,'x')
p =
    x^3 - 15 x^2 - 18 x - 2.3466e - 014
```

第三步,求特征向量。

```
% 求特征多项式 p 的根
>> x1 = roots(f1)
x1 =
    16.1168
    - 1.1168
    - 0.0000
```

```
% 求方阵 A 的特征向量
>>x2 = eig(A)
x2 =
        16.1168
       - 1.1168
       - 0.0000
```

```
% 求方阵 A 的特征值和特征向量
>>[d x3] = eig(A)
d =
     - 0.2320     - 0.7858      0.4082
     - 0.5253     - 0.0868     - 0.8165
     - 0.8187      0.6123       0.4082
x3 =
      16.1168       0            0
        0         - 1.1168       0
        0           0          - 0.0000
```

3. 微分方程初值问题的解法

在 MATLAB 中既可以使用符号法命令 dsolve 求解常微分方程,也可以使用龙格库塔法命令 ode23/ode45 求解常微分方程。

示例:用符号法求二阶常微分方程 $\dfrac{d^2 y}{dt^2} + y = 1 - t^2$ 的通解及满足 $y(0) = 0.4, y'(0) = 0.7$ 的特解。

```
% 用符号法求解时,首先需要将常微分方程符号化,用 Dmy 表示函数的 m 阶导数,如 D2y 表示二阶导数
% 求常微分方程的通解
>> y = dsolve('D2y + y = 1 - t^2')                    % 将微分方程符号化并求通解
y = C1 * cos(t) - C2 * sin(t) - t^2 + 3
```

```
% 求常微分方程的特解
>> y = dsolve('D2y + y = 1 - t^2','y(0) = 0.4','Dy(0) = 0.7')    % 将微分方程初始条件符号化并求特解
y = (7 * sin(t))/10 - (13 * cos(t))/5 - t^2 + 3
```

示例:求常微分方程组

$$\begin{cases} \dfrac{dx}{dt} = 2x - 3y + 3z \\[2mm] \dfrac{dy}{dt} = 4x - 5y + 2z \\[2mm] \dfrac{dz}{dt} = 4x - 4y + z \end{cases}$$

的通解。

```
% 求常微分方程的通解
>>[x y z] = dsolve('Dx = 2 * x - 3 * y + 3 * z','Dy = 4 * x - 5 * y + 2 * z','Dz = 4 * x - 4 * y + z')
x = C2 * exp(2 * t) + C3 * exp( - t)
y = C3 * exp( - t) + 4/5 * C2 * exp(2 * t) + exp( - 3 * t) * C1
z = 4/5 * C2 * exp(2 * t) + exp( - 3 * t) * C1
```

```
% 简化通解
>>x = simple(x)
x = C2 * exp(t)^2 + C3/exp(t)
>>y = simple(y)
y = C3 * exp( - t) + 4/5 * C2 * exp(2 * t) + exp( - 3 * t) * C1
>>z = simple(z)
z = 4/5 * C2 * exp(2 * t) + exp( - 3 * t) * C1
```

本章小结

本章主要讲述了系统建模的主要思想、建模步骤及发展阶段,同时给出了 MATLAB 的安装与基本使用方法;除此之外,还讲解了 MATLAB 的工程计算、数值分析、方程求解、数据拟合与图形绘制。在理解本章主要内容和实例的基础上,需要重点掌握工程计算、方程求解及图形绘制。

思考练习题

1. 系统建模的主要思想是什么? 仿真的目的是什么? 通常的仿真步骤是怎样的?

2. 在 MATLAB 中,获得帮助的方法都有哪些?

3. 图形绘制时常用的指令有哪些? 如何使用它们?

4. 数据拟合与方程求解的基本方法是什么?

5. 在同一个输出画面上绘制 $y=4x+3$,$y^2=3x-1$,$y=4x^2+1$,$x^2=4+y^2$ 的函数曲线,并标识曲线。

6. 绘制分段函数 $y(x)=\begin{cases} 3\sin^2\left(x-\dfrac{\pi}{3}\right), & -9<x<0 \\ 4x^2-1, & 0\leqslant x<7 \\ xe^{5-2x}, & 7\leqslant x<18 \end{cases}$ 的曲线,并标识曲线。

7. 求微分方程 $3\dfrac{d^3y}{dx^3}+2\dfrac{dy}{dx}+5y+20=x^2$ 的解。

8. 求微分方程组 $\begin{cases} \dfrac{dx}{dt}=5x^2-2y+z \\ \dfrac{dy}{dt}=6x-3y+2z^3 \\ \dfrac{dz}{dt}=3x-4y^2+6z \end{cases}$ 的解。

第2章　MATLAB 程序设计及仿真

【内容要点】

◆ M 文件与 M 函数

◆ 函数及 MATLAB 程序设计的基本原则

◆ 流程控制与面向对象编程

◆ M 文件调试与性能剖析

◆ 良好的编程习惯

2.1　M 文件

包含 MATLAB 语言代码的文件称为 M 文件,其后缀均为. m。M 文件可分为脚本程序和函数程序两种。脚本程序是 MATLAB 表达式的集合,不可以接受参数;函数程序可以接受输入参数,并可以产生输出。

2.1.1　M 脚本文件

脚本文件是一种简单的 M 文件,它没有输入参数,既可以是一系列在命令行中执行命令的集合,也可以是操作工作空间中的变量和程序中新建的变量。脚本程序在工作空间创建的变量,在程序运行结束后仍然可以使用。M 脚本文件既不需要预先定义,也不需要接受输入变量,而是直接输入变量名,脚本程序就会按顺序执行命令。

例 2 – 1　通过 M 文件绘制如下分段函数所表示的曲面:

$$f(x_1,x_2)=\begin{cases} 0.85\mathrm{e}^{-0.5x_2^2-3.75x_1^2-1.5x_1}, & x_1+x_2>1 \\ 0.97\mathrm{e}^{-x_2^2-6x_1^2}, & -1<x_1+x_2<1 \\ 0.546\mathrm{e}^{-0.75x_2^2-3.75x_1^2+1.5x_1}, & x_1+x_2<1 \end{cases}$$

(1) 编写脚本文件的步骤及内容

第一步,单击"主页"选项卡中的"新建脚本"图标按钮或"新建"图标按钮,如图 2 – 1 所示,打开新建脚本文件的"编辑器"选项卡,如图 2 – 2 所示,其窗口名默认为 Untitled,用户可在空白窗口中编写脚本程序。

针对本例的分段函数,输入下面一段程序:

```
clf;
a = 2;b = 2;
x = − a:0.2:a;y = − b:0.2:b;
for i = 1:length(y)
```

图 2-1　创建新文档

图 2-2　打开"编辑器"选项卡

```
for j = 1:length(x)
if x(j) + y(j)>1
z(i,j) = 0.85 * exp( - 0.5 * y(i)^2 - 3.75 * x(j)^2 - 1.5 * x(i));
elseif x(j) + y(j)< - 1
z(i,j) = 0.546 * exp( - 0.75 * y(i)^2 - 3.75 * x(j)^2 + 1.5 * x(i));
else z(i,j) = 0.97 * exp( - y(i)^2 - 6 * x(j)^2);
end
end
end
mesh(x,y,z);
title('编写脚本文件示例');
```

第二步,单击"编辑器"选项卡中的保存图标 ![], 或者选择 File→Save as 命令将文件另存他处并输入文件名(如 example2_1),单击"保存"按钮,就完成了文件保存。

(2) 运行脚本文件

第一步,将保存的 example2_1. m 文件所在目录成为当前目录,或者让目录处在 MATLAB 的搜索路径上。

第二步,在命令窗口中输入 example2_1,运行结果如图 2-3 所示。

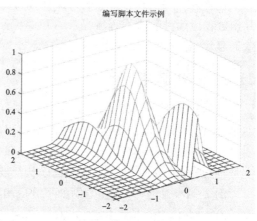

图 2-3　例 2-1 的图

2.1.2　M 函数

M 文件除了编写程序,还可以用来自定义函数,其功能与 MATLAB 内部函数一样。

M 函数定义格式如下:

Function[输出变量]=函数名(输入变量)

程序语句

注释说明语句

示例如下:

Function Ra = circle(r)

Int r;

Ra = pi * r * r;

% 定义了圆输入变量半径以及圆面积的计算式

M 函数调用格式如下：

输出变量＝函数名(输入变量)

示例如下：

```
>> x = 5;
Ra = circle(x)(函数调用)
```

注意：

① M 函数名要与 M 函数存储的文件名相同。

② 当一个 M 函数内含有多个函数时，函数内第一个 function 为主函数，文件名以主函数名命名。

③ 注释语句前须以"%"开始，若需要多行注释语句，每行都以"%"开始。

④ M 函数内除了注释说明语句行，最上面的第一行语句也必须以 function 开始。

⑤ 程序语句包括调用函数、流程控制语句和赋值语句等。

⑥ M 函数调用时，调用函数的输入/输出变量可以与定义函数的输入/输出变量不同。

2.1.3　M 函数程序

M 函数程序既可以接受输入参数，也可以返回输出参数，还可以操作函数工作空间的变量。其整个编程和步骤与 M 函数是相同的。

例 2 - 2　通过 M 函数文件画圆。

具体步骤如下：

第一步，选择 File→New→M-file 命令或者单击 New 图标按钮，打开一个编程窗口，利用函数编写画圆程序。

```
function Ra = circle(r,s)
% r        指定半径的数值
% s        指定线色的字符串
% sa       指圆面积
% circle(r)          利用蓝实线画半径为 r 的圆周线
% circle(r,s)        利用 s 字符串指定的线色画半径为 r 的圆周线
% sa = circle(r)     计算圆面积并画半径为 r 的蓝色圆面
% sa = circle(r,s)   计算圆面积并画半径为 r 的 s 色圆面
doubler;
if nargin>2
error('输入变量太多');
end;
if nargin = = 1
s = 'b';
end;
clf;
t = 0:pi/200:2 * pi;
x = r * exp(i * t);
if nargout = = 0
plot(x,s);
else
Ra = pi * r * r;
fill(real(x),imag(x),s)
end
axis('square')
title('M 函数程序——画圆示例')
```

第二步,运行以下命令:

```
>> Ra = circle(3,'r')
Ra = 28.2743
```

运行结果如图 2-4 所示。

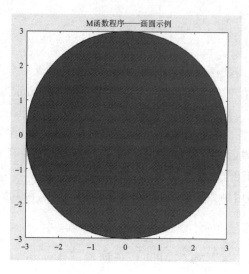

图 2-4　运行 circle 命令后得到的圆

控制 M 文件命令见表 2-1(仅供参考)。

表 2-1　控制 M 文件命令

命令	含义
run filename	运行命令文件 filename。filename 包含文件的全部路径和文件名
pause	暂停 M 文件的运行。按下任意键后继续运行
pause(n)	暂停 M 文件运行 n 秒后,按下任意键后继续运行
pause off	指 MATLAB 跳过后面的暂停
pause on	指 MATLAB 遇到暂停时执行暂停命令
break	终止 for 和 while 循环。如果一个嵌套循环中使用该命令,只能是内部循环被终止
return	结束 M 文件运行,MATLAB 立即返回到函数被调用的地方
error(str)	终止文件的运行,并在屏幕上显示错误信息和字符串 str
errortrap state	决定当有错误发生时是否停止运行。state 的值可为 on(此时捕获错误信息并继续执行)或 off(发生错误暂时停止运行)
global	声明变量为全局变量。全局变量能在函数中被访问,而不必包括在参数列表中。命令 global 后面是以空格分开的变量列表。声明为全局变量将保持其全局性,直至工作区完全被清除掉或使用了 clear global 命令
isglobal(name)	如果变量 name 是全局变量,则返回 1;否则返回 0

命　令	含　义
keyboard	将键盘当成一个命令文件来调用。当给定一个内部的 M 文件时,运行将被暂停,这样就可以在 MATLAB 的命令窗口中给出命令。提示符"＞＞"表示这种特殊状态。当执行一个 M 文件时,这是检查或改变参数变量的一个很好的方法。所有输入命令都可以在命令窗口中输入。当输入关键词 keyboard 时,该函数的工作区和它的全局变量都可以访问。keyboard 在调试过程中很有用,在实践中须仔细体会
mfilename	返回正在运行的 M 文件名字符串,一个函数能用这个函数获得它自己的名字
warning(message)	在字符串 message 中显示一条警告信息,但不终止程序运行
backtrace	显示造成警告的所在命令行
debug	发生警告时激活调试器
once	每部分只显示一次与警告向下兼容的图形句柄
always	显示所有的警告信息
warning val	控制警告信息,val 合法的值如下: off　终止后面的警告信息 on　将警告信息再次打开
[vt,f]＝warning	将当前警告状态 vt 和警告频率 f 作为字符串返回

2.1.4　全局变量与局部变量

函数运行时,所有变量都被加载于函数工作空间,而且当多个函数运行时,这些函数的工作空间是相互独立的,其变量也不会加载于 MATLAB 的工作空间;当函数运行结束后,所有的变量自动消失,这些变量称为局部变量。不过用户有时需要使用全局变量,便于函数之间的变量共用,此时需要使用 MATLAB 里面的 global 命令来定义全局变量。

2.2　函　　数

把相关语句组合在一起并给它们注明相应的名称,用这种方法将程序分块,这种形式的组合就称为函数。函数通常也称为例程或过程。函数的使用通常是通过函数调用来实现的。对于用户自定义的函数,也可以有子函数。这些子函数只能被与 M 文件同名的主函数或者在 M 文件中的其他函数所调用。

2.2.1　子函数和私有函数

1. 子函数

一个 M 文件只能有一个主函数,但在 main. m 文件中有一个函数结构及其子函数。示例如下:

```
Function f = main(x)            % 主函数
…… % 程序语句
Y1 = funexample1(x)            % 调用第一个子函数
…… % 程序语句
f = funexample2(x)            % 调用第二个子函数
```

```
……% 程序语句
Function f = funexample1(x)              % 定义第一个子函数
……% 程序语句
Function f = funexample2(x)              % 定义第二个子函数
……% 程序语句
[b,d] = funexample3(x1,x2)               % 子函数中另外再调用第三个子函数(函数嵌套)
……% 程序语句
Function f = funexample3(x1,x2)          % 定义第三个子函数
……% 程序语句
```

2. 私有函数

私有函数是放入一个叫 private 子目录中的 M 文件,它只能由 private 直接上层目录中的函数调用。

当 MATLAB 调用 M 文件中的函数时,首先查找子函数,再查找私有函数,最后在 MAT-LAB 的搜索路径中查找函数。这就意味着,用户可以创建与 MATLAB 函数同名的私有函数并将其放入 private 子目录中,这样程序就能对它们进行调用。同时,其他路径下的程序也能调用与私有函数同名的 M 文件,但此时执行的是 MATLAB 的函数。

2.2.2　串演算函数

1. eval 函数

1) 计算"表达式"串,产生向量值

示例如下:

```
>>cem = '[t/2,t * 2,sin(t)]';
>>y = eval(cem)
y =
    1.5708   6.2832   0.0000
```

2) 计算"语句"串,创建变量

示例如下:

```
>>clear,t = pi;eval('theta = t/2,y = sin(theta)');who
theta = 1.5708
y = 1
Your variables are:
t theta y
```

3) 计算"替代"串

示例如下:

```
>>A = ones(2,1);
>>B = ones(1,3);
>>c = eval('B * A','A * B')
c =
    1  1  1
    1  1  1
```

4) 计算"合成"串

示例如下:

```
cem = {'cos','sin','tan'};
for k = 1:3
    theta = pi * k/12;
    y(1,k) = eval([cem{1},'(',num2str(theta),')'])
```

```
end
y =
    0.9659   0.8660   0.7071
```

2. feval 计算函数

feval 计算函数主要使用某个函数名称或其句柄以及输入参数以计算给定函数的结果,也就是说,用来计算某个函数的值。feval 计算函数遵循与直接调用函数句柄相同的作用域和优先级规则。其基本的调用格式如下:

$$[y1,\ldots,yN] = feval(fun,x1,\ldots,xM)$$

其中,fun 是需要使用函数的函数名,或者句柄;xi 是函数的参数;yi 是函数的返回值。

1) 计算以字符向量形式指定函数名称的函数值

示例:使用函数名称将 pi 的值舍入到最接近的整数。

```
fun = 'round';
x1 = pi;
y = feval(fun,x1)
y =
    3
```

示例:将 pi 的值舍入到小数点右侧两位数字。

```
x2 = 2;
y = feval(fun,x1,x2)
y =
    3.1400
```

2) 计算以指定函数句柄的函数值

示例如下:

```
fun = @sin
x1 = pi/3;
y = feval(fun,x1)
y =
    0.8660
```

feval 函数与 eval 函数的区别:

① feval 的调用函数绝对不能是表达式,而 eval 可以调用表达式;

② feval 的调用函数只能接受函数名称或句柄。

示例如下:

```
x = pi/4;Ve = eval('1 + sin(x)')
Ve =
1.7071
Vf = feval('1 + sin(x)',x)
??? Cannot find function'1 + sin(x)'.
```

2.3　MATLAB 程序设计的基本原则

为了便于大家熟练地使用 MATLAB 软件进行程序设计,并且形成良好的编程习惯,在此将程序设计的基本原则作为一节进行简述。

① MATLAB 程序的基本组成:

➤ %表示命令行注释;

➢ clear、close 命令可清除工作空间变量；

➢ 定义变量，设置初始值；

➢ 编写运算指令、调用函数或调用子程序；

➢ 使用流程控制语句；

➢ 直接在指令窗口中显示运算结果或者通过绘图命令显示运算结果。

② 一般情况下，主程序开头习惯使用 clear 命令清除工作空间变量，而子程序开头尽量不要使用 clear。

③ 程序命名尽量明晰(从程序名就可以知道该程序的功能)，便于日后维护。

④ 初始值尽量放在程序的前面，便于日后更改和查看。

⑤ 如果初始值较长或者较常用，可以编写子程序将所有的初始值进行存储，以便调用。

⑥ 对于较大的程序设计，尽量将程序分解成具有独立功能的子程序，然后采用主程序调用子程序的方法进行编程。

⑦ 利用 M 文件编辑窗口中的设置断点、单步执行和连续执行进行调试。

2.4　流程控制与面向对象编程

2.4.1　流程控制

MATLAB 中的流程控制语句与其他高级语言相似，主要有三种：顺序结构语句、条件选择结构语句和循环结构语句。

1. 循环结构语句

1) for 循环

for 循环允许一组命令以固定的和预定的次数重复。其一般格式如下：

```
for   循环次数变量＝表达式
循环程序语句
end
```

在 for 和 end 语句之间的{commands}按数组中的每一列执行一次。在每一次迭代中，x 被指定为数组的下一列，即在第 n 次循环中，x＝array(n)。

示例如下：

```
for n = 1:10
    x(n) = sin(n * pi/10);
end
```

for 下面的"循环程序语句"的执行次数取决于 for 后面的"表达式"，循环结束后，继续执行下一行的程序语句。注意：for 循环语句可以使用嵌套的形式，但是每一个 for 循环语句必须和一个 end 结束语句配对；否则，程序执行时会提示出错。

示例如下：

```
m = 1:2:20
n = length(m)
for i = n
    for j = 1:n
        f(i) = cos(m(i) * pi/20) * sin(m(i) * pi/20);
```

```
        m(j) = m(j) * 4;
    end
end
```

如果难以知道循环次数，则可使用 while 循环语句。

2）while 循环

基本格式如下：

```
while  条件表达式
循环程序语句
end
```

如果"条件表达式"为真，则一直执行"循环程序语句"；否则，结束 while 循环语句，继续执行下一行程序语句。注意：需要设置适当的条件表达式，否则，容易形成死循环。

示例如下：

```
% 定义求和函数，保存并命名 M 文件 sum54.m
function sum1 = sum54(n)
sum1 = 0;
m = 1;
while m< = n
    sum1 = sum1 + m;
    m = m + 1;
end
% 在命令窗口中输入下列命令与数据
>>n = 50;
>>sum1 = sum54(n)
% 运行结果如下
sum1 = 1275
```

其他常用语句见表 2 - 2。

表 2 - 2　其他常用语句

语句命令	使用格式	含　义
try-catch-end	try 程序语句组 1； catch 程序语句组 1； end	试探语句
break	break	终止当前循环语句
continue	continue	终止本次循环，继续下次循环语句
return	return	终止本次函数调用语句
pause	pause	暂停语句
input	Input('输入一个数值数据：') Input('输入一个字符串：','s')	输入数据、字符串语句
disp	disp('字符串信息')	输出数值、字符串等数据语句
fwrite	fwrite(fpn,存放的数据,数据类型)	写入二进制数据语句
fprintf	fprintf	将数据写入文本文件中的语句

语句命令	使用格式	含　义
error	error(' 字符串信息 ')	错误消息显示语句
save	save 文件名变量	变量保存语句
load	load 文件名变量	变量调用语句
fopen	fpn＝fopen(文件名,打开方式)	文本文件打开语句
fclose	fclose(fpn)	文本文件关闭语句
fscanf	fscanf(fpn,数据格式,size)	读取文本文件语句
%	%注释语句	注释说明语句

2. 条件选择结构语句

在 MATLAB 中,条件选择结构语句采用 if 语句和 switch 语句。

1) if 语句

if 语句有三种结构形式如下:

if　逻辑运算式

执行程序语句

End

如果"逻辑运算式"的值为真,则"执行程序语句";否则结束 if 条件结构语句,继续执行下一行语句。

if　逻辑运算式 1

执行程序语句 1

elseif　逻辑运算式 2

执行程序语句 2

end

如果"逻辑运算式 1"的值为真,则"执行程序语句 1";否则判断"逻辑运算式 2"值的真假。如果"逻辑运算式 2"的值为真,则"执行程序语句 2";否则结束 if 条件结构语句,继续执行下一行语句。注意:elseif 中间没有空格。

if　逻辑运算式 1

执行程序语句 1

else

执行程序语句 2

end

如果"逻辑运算式 1"的值为真,则"执行程序语句 1";否则"执行程序语句 2",然后结束 if 条件结构语句,执行下一行语句。

示例:建立一个 M 文件 squarefunction. m。

```
function y = squarefun(x)
if x> = 0
y = x^2 + 4 * x + 4
else
y = x^3 - 4 * x^2 + 2
end
% 在命令窗口中输入调用函数名,结果如下
```

```
>> y = squarefun( - 5)
y = - 223
>> y = squarefun(5)
y = 49
```

2) switch 语句

switch 语句也称为开关语句,其基本格式如下:

```
switch   开关表达式
case    表达式 1
执行程序语句 1
case    表达式 2
执行程序语句 2
case    表达式 3
执行程序语句 3
⋮
otherwise
执行程序语句 n
end
```

示例如下:

```
switch x
case x = = 100
Y = 'A'
case x> = 90&x<100
Y = 'B'
case x> = 80&x<90
Y = 'C'
otherwise
Y = 'F'
End
```

2.4.2　面向对象编程

使用类和面向对象的编程方法,可以大幅提高代码的可重用性,并使程序易于维护与扩展。在 MATLAB 中,对象不同于结构,因为存在着将函数和对象联系起来的可能性,并且对象是根据类来创建的。常见的面向对象的函数如表 2-3 所列。

表 2-3　面向对象的函数

函　　数	含　　义
class(object,class,parent,parent2,…)	返回 object 作为 class 的变量。如果返回的对象要有继承性,则应给定参数 parent1,parent2,…
isa(object,class)	如果 object 是 class 类型,则返回 1;否则返回 0
isobject(x)	如果 x 是一个对象,则返回 1;否则返回 0
superiorto(class1,class2,…)	当调用方法时,控制优先权的次序。如果将一个类定义成 superiorto,首先就要用这种方法
inferiorto(class1,class2,…)	当调用方法时,控制优先权的次序。如果将一个类定义成 inferiorto,最后就要用这种方法

　　为了创建一个类对象,就必须定义类的属性。例如创建一个类对象的模板,首先要创建一个目录,该目录必须与类同名,但开头必须加上@;其次再根据类模板需要一个能创建对象的构造函数。这就是根据类模板返回变量的函数(在一个 M 文件中)。

　　对象的值只对方法是有用的。这就给程序设计人员提供了一种检查输入变量的途径。

2.5　M 文件调试与剖析

2.5.1　M 文件调试

　　MATLAB 中有些命令对调试 M 文件很有用,可以是在调试过程中寻找错误,设置和清除断点,逐行运行 M 文件,或者是在不同的工作区检查变量。所有的调试命令都是以字母 db 开头的。常见的调试命令见表 2-4。

表 2-4　调试命令

调试命令	含　义
dbstop in fname	在 M 文件 fname 的第一可执行程序上设置断点
dbstop at r in	在 M 文件 fname 的第 r 行程序上设置断点。如果第 r 行程序是不可执行的,则程序会在运行到第 r 行后停止
dbstop if v	当遇到条件 v 时,停止运行程序。当发生错误时,条件 v 可以是 error,也可以是 infnan。如果有警告,则停止运行程序
dbclear at r in fname	清除文件 fname 的第 r 行处断点
dbclear all	清除文件 fname 的所有断点
dbclear in fname	清除文件 fname 第一可执行的所有断点
dbclear if v	清除第 r 行处由 dbstop if v 设置的断点
dbstatus fname	在文件 fname 中列出所有的断点
mdbstatus	显示存放 dbstatus 中用分号隔开的行数信息
dbstep	执行 M 文件的下一行程序
dbstepn	执行下 n 行程序,然后停止
dbstep in	在下一个调用函数的第一可执行程序处停止运行
dbcont	执行所有行程序直至遇到下一个断点或到达文件尾
dbquit	退出调试模式

　　当进入程序调试后,会有一个状态提示符:K>>。关键在于,当前工作状态能访问函数的局部变量,但不能访问 MATLAB 工作区中的变量。

　　MATLAB 程序调试的基本步骤:

　　① 根据设计要求写出相应的文件。

　　② 初次运行程序指令后将会得到运行出错的提示,阅读错误提示。

　　③ 初步分析错误原因。

　　④ 断点设置。

　　⑤ 再次运行程序,进入"动态"调试,并检查出错程序。

⑥ 被调试程序内部修改相关程序。

⑦ 连续执行,直到另一个断点。

⑧ 修改程序,停止第一轮调试,重新运行,重复上述调试过程,直至程序没有错误提示信息为止。

示例如下:

第一步,根据题目要求写出下面两个 M 文件。

```
[collatz.m]                    % 建立 collatz.m 文件
function sequence = collatz(n)
sequence = n;
next_value = n;
while next_value>1
    if rem(next_value,2) == 0
        next_value = next_value/2;
    else
        next_value = 3 * next_value + 1;
    end
    sequence = [sequence,next_value];
end
[collatzplot.m]                % 建立 collatzplot.m 文件
function collatzplot(m)
clf
set(gcf,'DoubleBuffer','on')
set(gca,'XScale','linear')
% Determine and plot sequence and sequence length
for N = 1:m
    plot_seq = collatz(N);
    seq_length(N) = length(plot_seq);
    line(N,plot_seq,'Marker','.','MarkerSize',9,'Color','blue')
    drawnow
end
```

第二步,打开上述两个 M 文件,将当前目录置于保存两个 M 文件所在的目录下,试运行上述两个 M 文件,在命令窗口中输入 collatzplot(4)命令,可得如图 2-5 所示的图形。

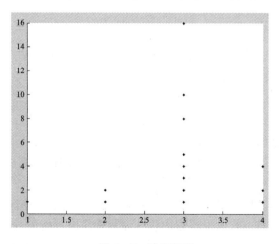

图 2-5　试运行图

第三步,分析错误原因。

第四步,设置断点。若断点的颜色为灰色,则表示设置的断点是无效的。

设置断点有两种方法:

① 选择命令行,选择 Debug→Set/clear breakpoint 命令;

② 使用调试函数 dbstop 设置断点,输入格式如下:

dbstop in collatzplot at 10

dbstop in collatzplot at 11

dbstop in collatzplot at 12

断点设置结果图如图 2-6 所示。

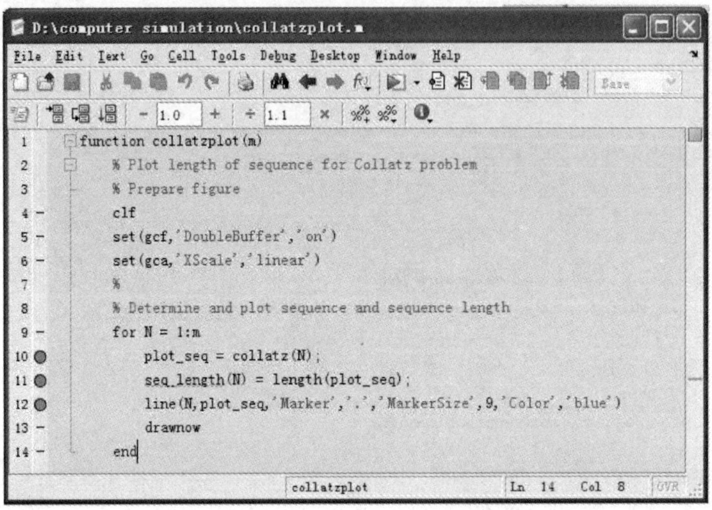

图 2-6　断点设置结果图

第五步,在命令窗口中运行带断点设置的 M 文件,在命令窗口中输入 collatzplot(4)命令,运行后,命令窗口出现如下提示:

```
>>collatzplot(4)
10   plot_seq = collatz(N);
K >>
```

这说明 MATLAB 处于调试模式中,同时命令窗口中也显示了断点在第 10 行。

第六步,深入被调试文件的内部。

第七步,去掉一个断点,连续执行,直到另一个断点。

第八步,修改程序,停止第一轮调试,重新运行,直至没有错误为止。

如果编写好一个程序但不能正常运行,那么就有必要按照上述步骤去调试程序,找出其中的原因,然后定位和消除错误。MATLAB 中程序容易出现的错误主要有三种类型:① 语法错误;② 运行时错误;③ 逻辑错误。

语法错误就是 MATLAB 程序语句本身的错误,例如变量类型错误、标点错误、拼写错误等。这种错误可以由 MATLAB 编辑器首次执行编写程序时就能发现。例如:

x = ((y + 3)/2;

上述语句中包含语法错误,因为括号不配对。如果在 MATLAB 命令窗口运行该语句,执行时就会显示以下信息:

```
>>x=((y+3)/2;
x=((y+3)/2;
```
错误：表达式无效。调用函数或对变量进行索引时，请使用圆括号。否则，请检查不匹配的分隔符。

运行时错误在语法上是找不出来的，只有运行时才会出现。在程序运行期间试图执行非法的数学运算（例如分子除以零）时，程序就会出现 Inf 或 NaN，这样的结果通常是无效的。

逻辑错误一般发生在程序编译并成功运行，但是产生错误答案时。造成逻辑错误的最常见错误就是输入错误。某些输入错误会创建无效的 MATLAB 语句，它们能产生由编译器捕获的语法错误。其他输入错误大部分发生在变量名称中。例如，某些变量名称中的字母被调换或者输入了不正确的字母。其结果就是增加了一个新的变量，而 MATLAB 只是在第一次引用它时进行创建。此时 MATLAB 无法检测到这种错误。输入错误也有可能导致逻辑错误。例如 acc1 和 acc2 都表示程序中用到的加速度，其中一个可能是无意中用另一个来代替的。这时，必须通过手动检查代码找到这种错误。

有时候，程序开始执行就出现运行时错误或者逻辑错误。在这种情况下，有可能是输入的数据有问题，或者程序逻辑结构出错。查找这类错误首先应该检查程序的输入数据。通过删除输入语句的分号或者添加额外的输出语句，验证输入值是否就是期望的值。

如果变量名和输入数据都是正确的，而程序仍然无法运行，则极有可能存在逻辑错误。此时应该检查每一条赋值语句：

① 如果赋值语句比较长，则可将其分解成几条较短的语句，因为较短的语句容易检查和验证。

② 检查赋值语句中括号的位置和配对情况。赋值语句中运算顺序错误或者括号不配对错误都是一种常见的错误。如果对变量运算的顺序有疑问，则可增添额外的括号，确保运算顺序和运算层次清晰。

③ 检查是否已正确初始化所有变量。

④ 检查对任何函数是否正确使用了单位。例如 MATLAB 三角函数中的输入数据单位，必须以弧度为单位，而不是以度为单位。

如果上述检查之后错误仍然存在，则可在程序的各处添加输出语句，查看中间的计算结果。如果能够找到计算出错的地方，那么极有可能问题就出在这里了。

如果使用上述所有步骤之后仍然找不到产生错误的地方，那么就需要向他人解释你的程序代码，请他人代检查。

2.5.2　M 文件性能剖析

M 文件性能剖析调试后的 M 文件，通常有以下三个步骤：

第一步，产生剖析报告。输入如下：

```
profile on
plot(magic(35))
profile viewer
p=profile('info');
profsave(p,'profile_results')
```
可产生超文本形式（HTML）的分析报告，图 2-7 所示为其 Summary 的部分内容。

第二步，研究剖析报告。

第三步，改进措施（略）。

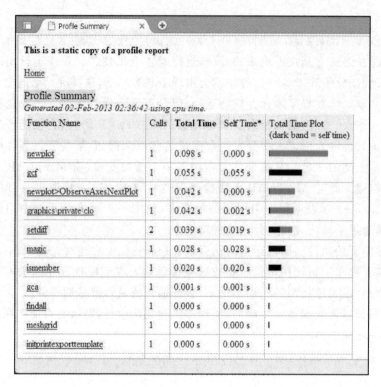

图 2-7　超文本形式剖析报告的 Summary 的部分内容

2.6　良好的编程习惯

MATLAB 程序设计应当易于阅读和理解,这一点非常重要。因为程序可能会使用较长时间,随着条件的变化,程序需要适当修改和更新,而程序修改可能由其他程序员来完成,这时就需要在修改之前对源程序进行详细阅读和有比较清晰的理解。

设计简单、易懂、可维护的程序要比编写程序困难得多。要做到这一点,程序员必须遵循一定的规则,以正确地记录其工作。若要实现程序的简单、易懂和可维护,程序员应该遵循以下编程习惯以避免常见的编程错误:

① 尽可能使用一目了然的变量名,当下即可明白其名称的含义,例如作用、年、月和日等。

② 为每个程序创建数据字典或者数据记录表,使程序易于维护。

③ 只在变量名中使用小写字母,避免因大小写不同而产生错误。

④ 在所有 MATLAB 赋值语句末尾使用分号,以禁止命令窗口赋值结果的自动显示。如果需要在程序调试过程中检查语句的运行结果,可以从该语句中将分号删除。

⑤ 如果数据必须在 MATLAB 和其他程序之间交换,应该以 ASCII 格式保存 MATLAB 数据。如果数据仅在 MATLAB 中使用,应该以 MAT 格式保存数据。

⑥ 使用 dat 扩展名保存 ASCII 数据文件,以便将其与具有 mat 扩展名的 MAT 文件区分开。

⑦ 如有必要,请使用括号,以确保语句中的表达式清晰易懂、功能明确。

⑧ 始终将适当的度量单位包含在程序的读或写值之中。

⑨ 为了减少调试工作量,请确保在程序设计过程中初始化所有变量。

⑩ 始终在 if 结构、switch 结构、for 结构、while 结构和 try/catch 结构中缩进代码块,以提高代码的可读性。

⑪ 对于有多个相互排斥选项的分支结构,使用包含多个 elseif 子句的单一 if 结构显然优于嵌套的 if 结构。

⑫ 禁止修改循环体的循环索引。

⑬ 若不能预先知道循环次数,那么使用 while 结构编写循环体内代码;否则用 for 结构编写循环体内代码。

⑭ 在执行循环之前,始终预先分配循环体中使用的所有数组。此操作将极大地提高循环的执行速度。

⑮ 在执行循环程序的过程中,如果既可以用 for 循环,又可以用向量化,那么请用向量化实现,以提高运行速度。

⑯ 使用 MATLAB 探查器识别消耗最多 CPU 时间的程序部分,并优化它们来加快程序的整体执行速度。

⑰ 用大写字母声明全局变量,使其易于与局部变量区分开。注意:要在初始注释之后和使用该全局变量的首个可执行语句之前声明全局变量。

⑱ 使用本地函数、私有函数或嵌套函数来执行特殊用途的计算,且这些计算通常不应被其他函数访问。隐藏这些函数可避免它们被意外使用,也可避免与其他公有函数重名时发生冲突。

本章小结

本章主要讲解了 M 文件、M 函数的基本概念与用法,同时也介绍了 MATLAB 程序设计的基本原则,给出了面向对象编程时所需的相关函数,讲解了基本的程序设计语句与结构,解释了文件的调试与剖析,示例了剖析报告的产生。在理解和学习本章内容的基础上,需要重点掌握 M 文件与 M 函数的基本概念、程序设计的流程控制和程序调试,养成良好的编程习惯。

思考练习题

1. M 文件与 M 函数有何不同?

2. 试述 MATLAB 程序设计的基本原则与流程。

3. 常用的语句结构有哪些?

4. 如何编程仿真程序并对其进行注释?

5. 怎样调试和剖析 MATLAB 仿真程序?

6. 试编写 $y = 3x + 5$ 的仿真程序,并输出该函数所表示的曲线。

7. 已知矩阵 $\boldsymbol{A} = [1\ 2\ 3; 4\ 5\ 6; 7\ 8\ 9]$,$\boldsymbol{B} = [10\ 11\ 12; 13\ 14\ 15; 16\ 17\ 18]$,试编写一个 function 函数求矩阵 $\boldsymbol{A}$、$\boldsymbol{B}$ 的和、差、积、商。

8. 已知正弦信号 $y = 2\sin(2\pi t + 0.5)$,试编写该信号的仿真程序。

9. 试编写计数器程序。提示:利用循环结构、读取、求和指令实现。

第 3 章 Simulink 集成仿真环境

【内容要点】

◆ Simulink 的启动与运行
◆ Simulink 仿真模型的特点和数据类型
◆ Simulink 模块的构成和模块库介绍
◆ Simulink 基本操作
◆ Simulink 仿真设置
◆ Simulink 用户自定义模块
◆ S 函数的设计和应用

3.1 Simulink 的启动与运行

1. 选项卡方式

在 MATLAB 2020 工作环境中,打开"主页",单击 Simulink 图标按钮(见图 3-1),弹出 SIMULINK 建模窗口,如图 3-2 所示。

在图 3-2 中,用户可通过 My Templates 选项建立自己的仿真模型,可以在 Simulink 选项中选择想要的仿真模型模板,还可以到各专业库中选择相应的仿真模型模板。在 Simulink 中选择 Blank Model 模板可弹出空的仿真模型窗口,如图 3-3 所示。

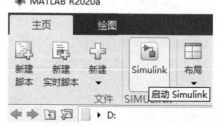

图 3-1 选项卡方式启动 Simulink

2. 命令方式

在 MATLAB 命令窗口中输入 simulink 命令,可显示如图 3-2 所示的建模窗口;或者在命令窗口中输入 slLibraryBrowser,运行后则弹出 Simulink 模块库浏览器窗口,如图 3-4(a) 所示,然后单击模块库浏览器窗口右上方工具栏中的空模型图标按钮,弹出新建模型窗口列表,如图 3-4(b) 所示,选择 Blank Model 模板后可弹出空的仿真模型窗口。

3. 利用"新建"启动

在 MATLAB 2020 工作环境中,打开"主页",单击"新建"图标按钮,在展开选项中选择 Simulink Model,弹出如图 3-2 所示的窗口,选择 Blank Model 模板即可进入空的仿真模型窗口。

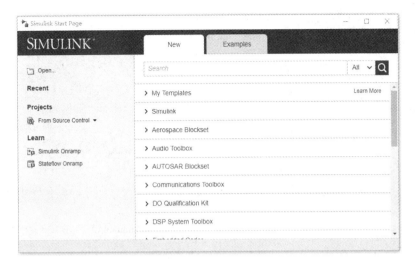

图 3 - 2　SIMULINK 建模窗口

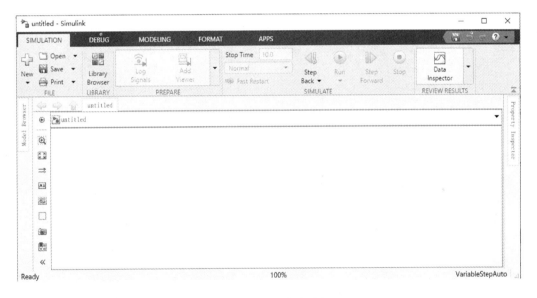

图 3 - 3　空的仿真模型窗口

4. 打印模型

用户先打开如图 3 - 3 所示的 SIMULATION 选项卡,然后单击 Print 图标按钮,这时将显示一个打印窗口,如图 3 - 5 所示。

该打印对话框包括 Printer 选项组和 Options 选项组。在此只介绍 Options 选项组。

在 Options 选项组中,用户可以选择单选按钮:

① Current System:只打印当前系统,也是系统默认选项。

② Current system and above:打印当前系统和模型层级中在此系统之上的所有系统。

③ Current system and below:打印当前系统和模型层级中在此系统之下的所有系统。

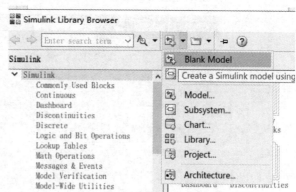

(a) Simulink模块库浏览器窗口　　　　　　　(b) 从Simulink模块库窗口新建模型

图 3-4　命令方式启动

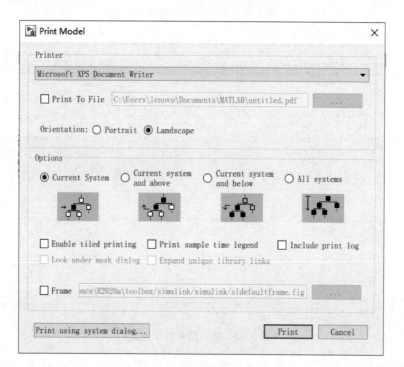

图 3-5　仿真模型打印对话框

④ All systems：打印模型中的所有系统,并带有查看封装模块和库模块中内容的选项。
用户还可以选择以下复选框：

① Include print log：若要打印记录,则选中此复选框。

② Look under mask dialog：当打印所有系统时,最顶层的系统被当作当前系统。若要查看此系统以下的任何封装模块,则需要选中此复选框。

③ Expand unique library links：模块库是系统时,选中 Expand unique library links 复选框,可以打印库模块中的内容。

④ Frame：若选中 Frame 复选框,则会在每个方块图上打印带有标题的模块方框图。

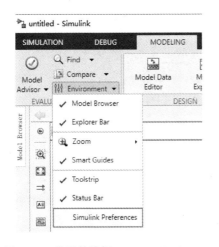

图 3 - 6　找到并选择 Simulink Preferences

　　MATLAB 环境对话框可以让用户集中设置 MATLAB 及其工具软件包的使用环境,包括 Simulink 的环境设置。若用户想要在 Simulink 环境中打开该对话框,可以在 Simulink 窗口中选择 MODELING 选项卡,然后在 Environment 下拉菜单中选择 Simulink Preferences,如图 3 - 6 所示,弹出 Simulink Preferences 仿真模型环境设置对话框,如图 3 - 7 所示。

　　除此之外,用户还可以在 MATLAB 主窗口中设置 Simulink 仿真模型的仿真环境。在 MATLAB 2020 工作环境中,打开"主页",单击"环境"部分中的"预设"按钮,如图 3 - 8 所示。

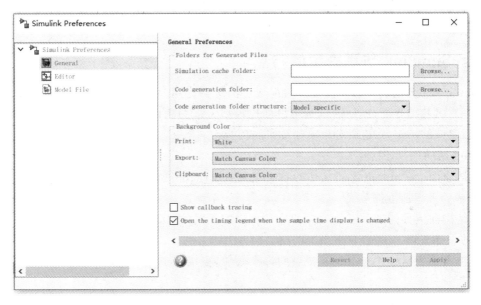

图 3 - 7　Simulink Preferences 仿真模型环境设置对话框

图 3 - 8　主窗口中单击"预设"按钮

　　在图 3 - 9 中选择 Simulink 选项,然后在右侧界面中单击 Open Simulink Preferences 按钮即可弹出如图 3 - 7 所示的环境设置对话框。

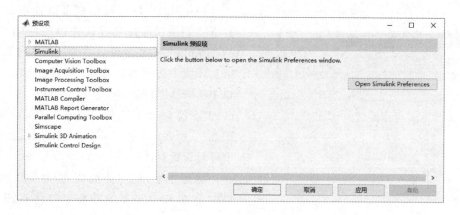

图 3-9 "预设项"对话框

3.2　Simulink 仿真模型的特点和数据类型

3.2.1　Simulink 仿真模型的特点

Simulink 主要由浏览器和模型窗口组成。浏览器为用户提供了展示 Simulink 标准模块库和专业工具箱的界面,模型窗口是用户创建模型方框图的地方。所以用户需要掌握 Simulink 模型窗口的操作,知道所有菜单和按钮的功能。

Simulink 的主要优点:

① 适应面广。Simulink 可构造的系统包括:线性、非线性系统,离散、连续及混合系统,单任务、多任务离散事件系统。

② 结构和流程清晰。Simulink 的外观上以方块图的形式呈现,采用分层结构,既适合自上而下的设计流程,又适合自下而上的反向设计。

③ 仿真更为精细。Simulink 提供的许多模块,更接近工况实际,为用户的理想化假设开辟了途径。

④ 模型内码更容易向 DPS、FPGA 等硬件移植。

利用 Simulink 创建仿真模型具有以下 3 个特点:

① 仿真结果的可视化。

② 仿真模型的层次性。

③ 可封装子系统。

下面通过 MATLAB 所提供的一个 Simulink 仿真实例说明上述特点:

① 在图 3-2 所示的 SIMULINK 建模窗口中,打开 Examples 选项卡,双击 Modelling an Automatic Transmission Controller(自动变速箱控制器)仿真模型,即可弹出如图 3-10 所示的仿真演示模型窗口。

② 单击 Run 按钮,开始运行,等待仿真结束后,再双击图 3-10 中的 PlotResults 仿真模块即可看到如图 3-11 所示的仿真结果。

③ 双击 Transmission(变速箱)子系统,可弹出如图 3-12 所示的子系统仿真模型。

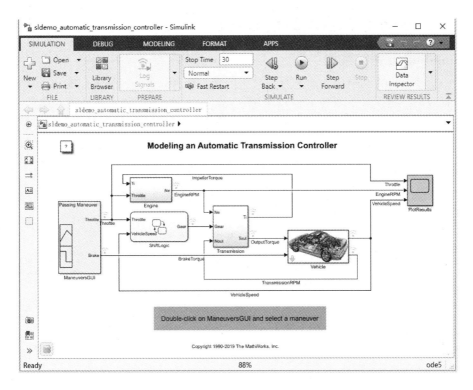

图 3-10　汽车自动变速箱控制仿真演示模型

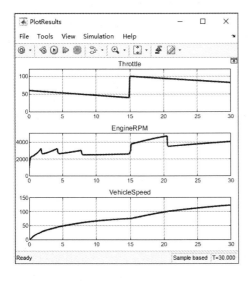

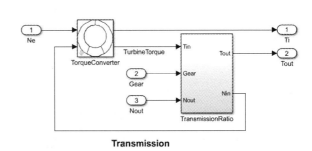

图 3-11　仿真结果可视化　　　　**图 3-12　Transmission 子系统仿真模型**

上述特点,用户学完后续章节后将会有更深刻的理解和体会。

3.2.2　Simulink 仿真模型的数据类型

1. Simulink 支持的数据类型

Simulink 是在 MATLAB 基础上建立起来的仿真软件包,因此 Simulink 也允许用户说明 Simulink 模型中信号和模块参数的数据类型。Simulink 在开始仿真之前及仿真过程中会进行额外的检查(系统自动检查,无须手动设置),以确认模型的类型安全性。所谓模型的类型安全性,是指保证该模型产生的代码不会出现上溢或下溢,不至于产生不精确的运行结果。使用 Simulink 默认数据类(double)的模型都是安全的固有类型。

Simulink 支持所有的 MATLAB 内置数据类型,内置数据类型是指 MATLAB 自己定义的数据类型。所有的 MATLAB 内置数据类型见表 3-1。

表 3-1　MATLAB 内置数据类型

数据类型	类型说明	数据类型	类型说明
double	双精度浮点类型	int16	有符号 16 位整数
single	单精度浮点类型	uint16	无符号 16 位整数
int8	有符号 8 位整数	int32	有符号 32 位整数
uint8	无符号 8 位整数	uint32	无符号 32 位整数

关于仿真模块输入、输出信号支持的数据类型详细说明,用户可以在模块参数设置对话框(双击仿真模块图标即可弹出此对话框)中的属性选项卡中查看。如果在一个模块的参数设置对话框中没有说明它支持的数据类型选项,那么这说明它仅仅支持 double 类型的数据。在 Simulink 仿真模型窗口中,选择 MODELING→Model Data Editor,弹出如图 3-13 所示(通常放置在仿真模型的下方)的对话框。在该对话框中打开 Signals 选项卡便可查看仿真模块的数据类型。

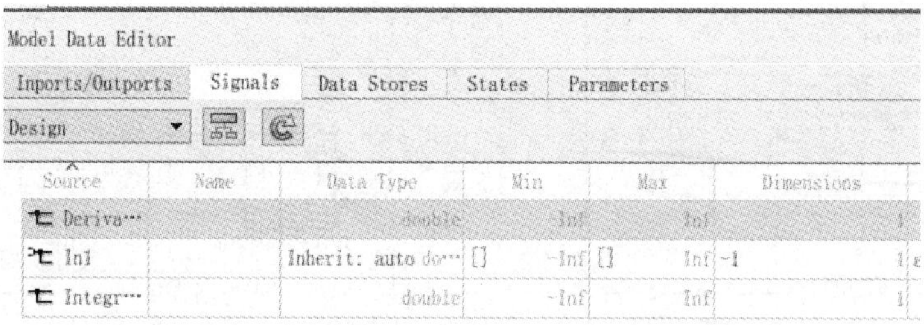

图 3-13　查看仿真模块的数据类型

除此之外,用户还可以将各个模块的数据类型直接显示在仿真模型中。在 Simulink 仿真模型窗口中,选择 DEBUG→Information Overlays→Base Data Types,各模块的输入、输出数据类型便可直观地标注在仿真模型中,如图 3-14 所示。

2. 数据类型的传播

用户创建仿真模型时可能会将各种不同类型的仿真模块连接起来,而这些不同类型的仿真模块所支持的数据类型通常不完全相同。如果直接用直线将所支持的不同数据类型(注意,是指输出、输入信号的数据类型,不是指模块参数的数据类型)的两个仿真模块连接起来,必然

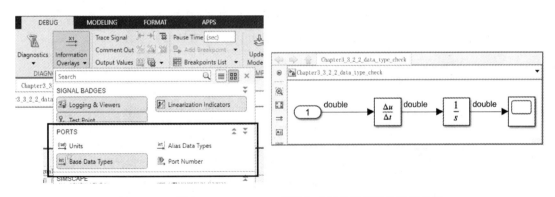

图 3 - 14　利用 Base Data Types 标注和查看仿真模块的数据类型

会带来冲突。当进行仿真、查看端口数据类型或者是更新数据类型时,就会弹出一个提示对话框,告诉用户会出现冲突的信号和端口,而且有冲突的信号路径会被加亮显示。这时在有数据类型冲突的两个模块之间插入 Data Type Conversion 模块加以解决。

　　一个模块的输出通常是模块输入和模块参数的函数。可是,在实际建模过程中,输入信号的数据类型和模块参数的数据类型通常是不同的,Simulink 在计算这种输出时会把参数类型转换为信号的数据类型。当信号的数据类型无法表示参数值时,Simulink 便会中断仿真,并且给出错误信息。

　　图 3 - 15 所示为示例模型。常数模块的输出信号类型设置为布尔型,而连续信号积分器只接收 double 类型信号,因此会显示出错提示框。这时可以在该模型中插入一个 Data Type Conversion 模块,并且将其输出改成 double 数据类型,运行时便不会出现错误提示了,如图 3 - 16 所示。

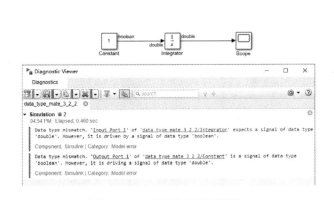

图 3 - 15　数据类型示例模型

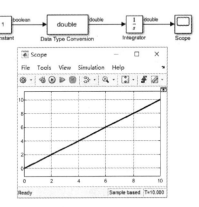

图 3 - 16　修改后的示例

　　如果信号的数据类型能够表示参数的值,但不能表示其损失的精度,那么 Simulink 会继续仿真,并在 MATLAB 命令窗口中给出一个警告信息。

3. 设置复数信号

　　Simulink 中默认的信号值是实数,但是在实际问题中有时需要使用复数信号。在 Simulink 中通常使用以下两种方法建立和处理复数信号模型。

　　向模型中加一个 Constant 常数模块,将其参数设置为复数,分别生成复数的虚部和实部。

然后再用 Real-Image to Complex 模块把它们联合成一个复数,如图 3 - 17 所示;或者分别生成复数的幅值和幅角,再用 Magnitude-Angle to Complex 模块把它们联合成一个复数。

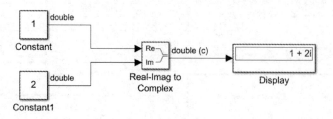

图 3 - 17　由实部和虚部形成的复数

同样地,也可以在 Simulink 中利用 Complex to Real-Image 模块将一个复数分解成实部和虚部,利用 Complex to Magnitude-Angle 将一个复数分解成幅值和幅角。Simulink 中有许多模块都可以接收复数输入,并且能够对复数进行运算。

3.3　Simulink 模块的构成和模块库介绍

Simulink 建模的过程可以简单地理解为从 Simulink 模块库中选择合适的模块,然后按照一定的关系把它们连接在一起,最后进行调试和仿真。模块是 Simulink 建模的基本元素,因此了解各个模块的作用是熟练掌握 Simulink 的基础,模块库中各个模块的功能可以在库浏览器中查到。模块库的作用就是为 Simulink 提供各种基本模块,并将它们按照专业领域及功能进行分类管理,以方便查找。库浏览器将各种模块库按树状结构进行罗列,以便用户快速查询到所需模块,同时它还提供了按名称查找的功能。库浏览器中的模块数量取决于用户安装的数量,除了 Simulink 模块库外,用户还可以自定义模块库。

3.3.1　Simulink 模块的构成

1. 应用工具箱

Simulink 仿真软件包是完全建立在 MATLAB 基础上的,因此 MATLAB 中的各种丰富的应用工具箱可以完全应用到 Simulink 环境中来,这无疑扩展了 Simulink 的建模和分析能力。

MATLAB 中的所有工具箱都是经过全世界各个领域的专家和学者共同研究的最新成果,每一个工具箱都可以说是千锤百炼,其领域涵盖了机械工程、自动控制、信号处理、系统辨识等多个学科。随着科技的不断发展,MATLAB 的应用工具箱也在不断发展和完善之中。

MATLAB 应用工具箱的第二个特点就是完全开放性,任何人都可以随意浏览、修改相关的 M 文件,创建满足用户自己特殊要求的工具箱。由于其中的很多算法都是相当成熟的产品,用户可以采用 MATLAB 自带的编译器将其编译成可执行代码,并嵌入到硬件当中直接执行。

2. 编码器 Coder

Simulink 仿真软件包中编码器 Coder(以前称为 real-time workshop,实时工作室)可以从 Simulink 模型、Stateflow 图和 MATLAB 函数中生成并执行 C 和 C++代码。生成的源代码可用于实时和非实时应用程序,包括仿真加速、快速原型和硬件在环测试。用户可以使用 Simulink 调整和监测生成的代码,或在 MATLAB 和 Simulink 之外运行代码以及与代码交互。

Simulink Coder 的优点如下:

① 无须手工编写代码和复杂的调试过程,就可以完成从动态系统设计到最后代码实现的全过程,包括控制算法设计、机械机构参数运算、信号处理、动态系统研究等,都可以借助 Simulink 的可视化方框图进行设计。

② 完成了 Simulink 仿真模型的系统设计之后,用户可以借助工具生成嵌入式的代码,进行编译、链接后,直接嵌入到硬件设备中。

③ 异步仿真。由于 MATLAB 中可以 ASCII 码或二进制文件记录仿真所经历的时间,因此用户可以将仿真过程放在客户机或发送到远程计算机中进行仿真。

④ Simulink Coder 支持大量不同的系统和硬件设备,并且具有友好的图形用户界面,使用起来更加方便、灵活。

3. Stateflow 模块

MATLAB 使用的是 Stateflow(状态流)模块,包含于 Simulink Library Browser 模块库浏览器中,用户可以在该模块中设计基于状态变化的离散事件系统,将该模块放入 Simulink 仿真模型中,就可以创建包含离散事件子系统的更为复杂的仿真模型。

4. 扩展的模块集

如同众多的应用工具箱扩展了 MATLAB 的应用范围一样,MathWorks 公司为 Simulink 提供了各种专门的模块集来扩展 Simulink 的建模和仿真能力。这些模块集涉及机械、电力、非线性控制等不同领域,可满足 Simulink 不同仿真系统的需要。

Simulink 模块库主要分为公共模块库和专业模块库两类,库中包含了大量的子模块。由于该模块库中的模块比较多,因此仅做功能性介绍,不做深入剖析。

3.3.2　公共模块库

Simulink 的公共模块库包含 19 个基础模块库和 1 个自定义模块库,如图 3-18 所示。该模块库可用于不同专业领域的 Simulink 建模与仿真。

在图 3-18 中,Commonly Used Blocks 为常用模块库,Continuous 为连续系统模块库,Discontinuities 为非连续系统模块库,Discrete 为离散系统模块库,Logic and Bit Operations 为逻辑及位操作模块库,Lookup Tables 为查表模块库,Math Operations 为数学运算模块库,Model Verification 为模型验证模块库,Model-Wide Utilities 为宽模型实用模块库,Ports&Subsystems 为端口与子系统模块库,Signal Attributes 为信号特性模块库,Signal Routing 为信号流路模块库,Sinks 为信号输出方式模块库,Sources 为信号源模块库,Additional Math&Discrete 为其他数学和离散模块库,User-Defined Functions 为用户自定义函数模块库,Quick Insert 为快速插入模块库,等等。

1. Commonly Used Blocks 常用模块库

常用模块库包含 23 个功能模块,如图 3-19 所示。各功能在后续章节中用到时我们再详细介绍。

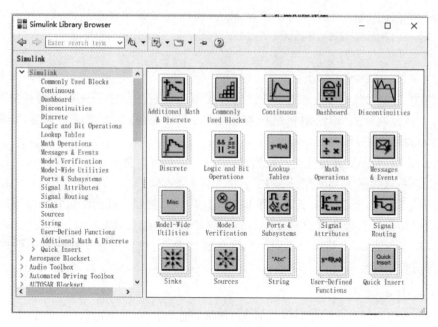

图 3 - 18　公共模块库

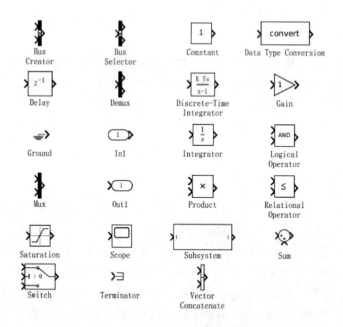

图 3 - 19　常用模块库中各模块图标及名称

各模块功能如下：

➤ Bus Creator 模块为创造信号总线，可以将输入信号合并成向量信号。

➤ Bus Selector 模块可以将输入向量分解成多个信号，只接收 Mux 和 Bus。

➤ Constant 模块为常量模块，可以输出常量信号。

➤ Data Type Conversion 模块为数据类型转换模块。

➤ Delay 模块为延迟模块。

➢ Demux 模块为总线信号分解抽取模块。

➢ Discrete-Time Integrator 模块为离散积分器。

➢ Gain 模块为增益模块（比例放大器）。

➢ Ground 模块为接地模块。

➢ In1 模块为信号输入端模块。

➢ Integrator 模块为连续积分器。

➢ Logical Operator 模块为逻辑运算模块。

➢ Mux 模块为信号合成模块，可以将输入的向量、标量或矩阵信号合成。

➢ Out1 模块为信号输出模块。

➢ Product 模块为乘积模块，可以执行标量、向量或矩阵的乘法。

➢ Relational Operator 模块为输入信号关系运算模块，可以输出布尔类型数据。

➢ Saturation 模块为信号饱和限制模块，可以定义输入信号的最大值和最小值。

➢ Scope 模块为信号输出显示模块，即输出示波器。

➢ Subsystem 模块为子系统模块。

➢ Sum 模块为求和模块。

➢ Switch 模块为开关选择模块。

➢ Terminator 模块为终止输出模块。

➢ Vector Concatenate 模块为矢量连接模块。

2. Continuous 连续系统模块库

连续系统模块库中各模块图标及名称如图 3-20 所示。

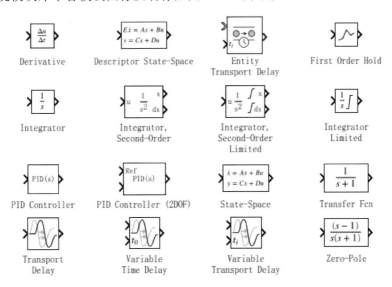

图 3-20 连续系统模块库中各模块图标及名称

各模块功能如下：

➢ Derivative 模块为连续信号的数值微分模块。

➢ Descriptor State-Space 模块为线性系统的状态空间模型描述模块。

➢ Entity Transport Delay 模块为实体传输延迟模块。

➢ First Order Hold 模块为一阶保持器。

➢ Integrator 模块为过程信号的连续积分器。

➢ Integrator,Second-Order 模块为过程信号的二次不定积分模块。

➢ Integrator,Second-Order Limited 模块为过程信号的二次定积分模块。

➢ Integrator Limited 模块为过程信号的连续时间定积分模块。

➢ PID Controller 模块为过程信号的 PID 控制器。

➢ PID Controller(2DOF)模块为双自由度 PID 控制器,该模块可以基于参考信号与测得的系统输出之间的差异来生成输出信号。

➢ State-Space 模块为连续信号的线性状态空间系统模型描述模块。

➢ Transfer Fcn 模块为线性连续系统的传递函数模块。

➢ Transport Delay 模块可以按给定的时间量延迟输入。

➢ Variable Time Delay 模块为可变时间延迟模块,可以按可变时间量延迟输入。

➢ Variable Transport Delay 模块为可变传输延迟模块,可以按可变传输延迟输入。

➢ Zero-Pole 模块为线性系统的零点和极点模块。

3. Discontinuities 非连续系统模块库

非连续系统模块库中各模块图标及名称如图 3 - 21 所示。

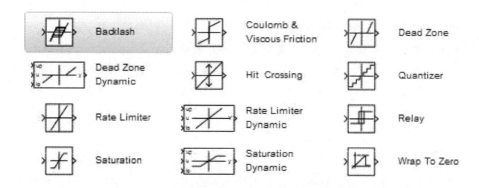

图 3 - 21　非连续系统模块库中各模块图标及名称

各模块功能如下:

➢ Backlash 模块为磁滞回环模块。

➢ Coulomb & Viscous Friction 模块为库仑力和粘滞力模型描述模块。

➢ Dead Zone 模块为静态死区特性模块。

➢ Dead Zone Dynamic 模块为动态死区特性模块。

➢ Hit Crossing 模块用于将输入信号与 Hit Crossing Offset 参数值进行比较。

➢ Quantizer 模块可以对过程信号进行量化处理。

➢ Rate Limiter 模块是静态速率限制环节模块。

➢ Rate Limiter Dynamic 模块是动态速率限制环节模块。

➢ Relay 模块为继电器。

➢ Saturation 模块为静态饱和特性模块。

> Saturation Dynamic 模块为动态饱和特性模块。
> Wrap To Zero 模块为限零特性模块。

4. Discrete 离散系统模块库

离散系统模块库中各模块图标及名称如图 3 - 22 所示。

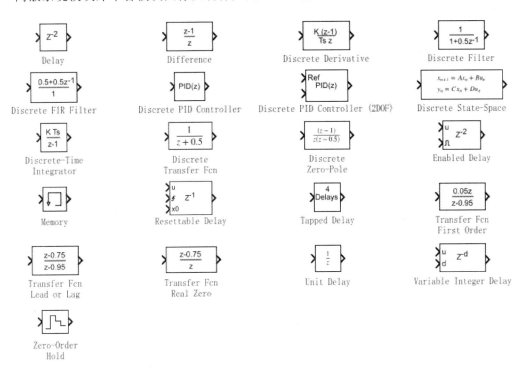

图 3 - 22　离散系统模块库中各模块图标及名称

各模块功能如下：
> Delay 模块可以按固定或可变采样期间延迟输入信号。
> Difference 模块为差分模块，可以计算一个时间步内的信号变化。
> Discrete Derivative 模块为离散时间导数模块。
> Discrete Filter 模块用于构建无限脉冲响应(IIR)滤波器模型。
> Discrete FIR Filter 模块为 FIR 离散滤波器。
> Discrete PID Controller 模块为离散 PID 控制器。
> Discrete PID Controller(2DOF)模块为离散双自由度 PID 控制器。
> Discrete State-Space 模块为线性离散系统空间状态描述模块。
> Discrete Transfer Fcn 模块为线性离散系统传递函数描述模块。
> Discrete Zero-Pole 模块为线性离散系统的零点、极点描述模块。
> Enabled Delay 模块为开启变量延迟模块。
> Memory 模块可以把输入值延时一个时间单位，到下一个时间值输出，为单步积分保持
> 延迟模块。
> Resettable Delay 模块为可重置延迟模块。
> Tapped Delay 模块为抽头延迟模块。

> Transfer Fcn First Order 模块为一阶传递函数模块。
> Transfer Fcn Lead or Lag 模块为超前或滞后传递函数模块。
> Transfer Fcn Real Zero 模块为有实零点无极点离散传递函数模块。
> Unit Delay 模块可以将信号延迟一个采样期间(周期)。
> Variable Integer Delay 模块可以按可变整数采样期间(周期)延迟输入信号。
> Zero-Order Hold 模块为零阶采样保持器。

5. Logic and Bit Operations 逻辑及位操作模块库

逻辑及位操作模块库中各模块图标及名称如图 3-23 所示。

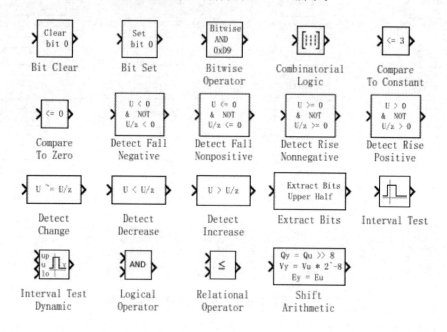

图 3-23　逻辑及位操作模块库中各模块图标及名称

各模块功能如下：
> Bit Clear 模块用于位清除操作。
> Bit Set 模块用于位设置操作。
> Bitwise Operator 模块用于位逻辑运算操作,对输入执行指定的按位运算。
> Combinatorial Logic 模块为查找逻辑真值模块。
> Compare To Constant 模块为常数比较模块。
> Compare To Zero 模块为零比较模块。
> Detect Fall Negative 模块用于当信号值降至严格负值时检测下降沿。
> Detect Fall Nonpositive 模块用于当信号值降至严格非正值时检测下降沿。
> Detect Rise Nonnegative 模块用于当信号值降至严格非负值时检测上升沿。
> Detect Rise Positive 模块用于检测信号增大变正。
> Detect Change 模块用于检测信号变化。
> Detect Decrease 模块用于检测信号减小。
> Detect Increase 模块用于检测信号值的增长。

➢ Extract Bits 模块用于提取数据位。

➢ Interval Test 模块用于检测静态区间。

➢ Interval Test Dynamic 模块用于检测动态区间。

➢ Logical Operator 模块为逻辑运算模块。

➢ Relational Operator 模块为关系运算模块。

➢ Shift Arithmetic 模块为移位算术运算模块。

6. Lookup Tables 查表模块库

查表模块库中各模块图标及名称如图 3 - 24 所示。

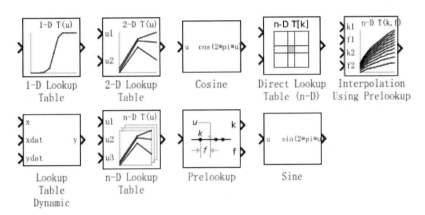

图 3 - 24　查表模块库中各模块图标及名称

各模块功能如下：

➢ 1-D Lookup Table 模块为逼近一维函数模块。

➢ 2-D Lookup Table 模块为逼近二维函数模块。

➢ Cosine 模块可以通过利用象限波对称性的查表方法实现定点余弦波。

➢ Direct Lookup Table(n-D)模块为 n 维表数据直接查找模块。

➢ Interpolation Using Prelookup 模块可以使用预先计算的索引和区间比值快速逼近 N 维函数。

➢ Lookup Table Dynamic 模块可以使用动态表逼近一维函数。

➢ n-D Lookup Table 模块为 n 维查表模块，逼近 N 维函数。

➢ Prelookup 模块可以计算 Interpolation Using Prelookup 模块的索引和区间比。

➢ Sine 模块可以通过利用象限波对称性的查表方法实现定点正弦波。

7. Math Operations 数学运算模块库

数学运算模块库中各模块图标及名称如图 3 - 25 所示。

各模块功能如下：

➢ Abs 模块为将输入信号绝对值或模作为输出的模块。

➢ Add 模块为信号相加模块。

➢ Algebraic Constraint 模块为求取代数约束(极限)模块。

➢ Assignment 模块为信号分配赋值模块。

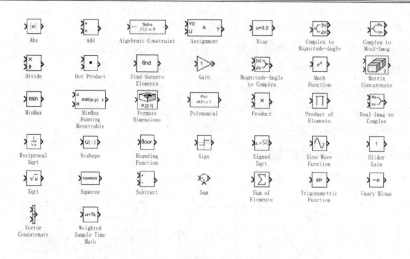

图 3 - 25　数学运算模块库中各模块图标及名称

- Bias 模块为对输入信号加偏差模块。
- Complex to Magnitude-Angle 模块可以将复数转化为幅值和幅角。
- Complex to Real-Image 模块可以将复数转化为实部和虚部。
- Divide 模块为输入信号相乘或相除模块。
- Dot Product 模块为输入信号点乘模块。
- Find Nonzero Elements 模块为查找非零元素模块。
- Gain 模块为信号增益模块。
- Magnitude-Angle to Complex 模块可以将幅值和幅角转化为复数。
- Math Function 模块为数学函数模块。
- Matrix Concatenate 模块为矩阵连接模块。
- MinMax 模块为求取最小值和最大值模块。
- MinMax Running Resettable 模块为求取可复位的最大值和最小值模块。
- Permute Dimensions 模块为尺寸取代模块。
- Polynomial 模块为计算多项式值模块。
- Product 模块为数据相乘模块。
- Product of Elements 模块为元素相乘求积模块。
- Real-Image to Complex 模块可以将实部和虚部转化为复数。
- Reciprocal Sqrt 模块可以求平方根倒数。
- Reshape 模块可以进行维数转换。
- Rounding Function 模块为数据取整函数模块。
- Sign 模块为符号函数模块。
- Signed Sqrt 模块可以求符号平方根。
- Sine Wave Function 模块为正弦函数模块。
- Slider Gain 模块为滑动增益模块。
- Sqrt 模块可以求平方根。
- Squeeze 模块可以将多个矩阵合并为单一矩阵。

➢ Subtract 模块可以代数相减。

➢ Sum 模块可以代数求和。

➢ Sum of Elements 模块为元素求和模块。

➢ Trigonometric Function 模块为三角函数模块。

➢ Unary Minus 模块为数据组求负模块。

➢ Vector Concatenate 模块为矢量连接模块。

➢ Weighted Sample Time Math 模块为加权采样时间数学运算模块。

8. Model Verification 模型验证模块库

模型验证模块库中各模块图标及名称如图 3-26 所示。

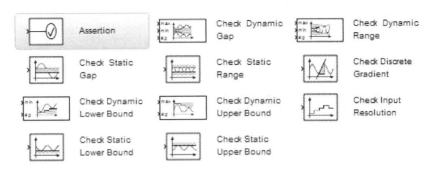

图 3-26　模型验证模块库中各模块图标及名称

各模块功能如下：

➢ Assertion 模块为声明输入信号模块。

➢ Check Dynamic Gap 模块为检测动态间隙模块。

➢ Check Dynamic Range 模块为检测动态范围模块。

➢ Check Static Gap 模块为检测静态间隙模块。

➢ Check Static Range 模块为检测静态范围模块。

➢ Check Discrete Gradient 模块为检测离散信号梯度模块。

➢ Check Dynamic Lower Bound 模块为检测动态下限模块。

➢ Check Dynamic Upper Bound 模块为检测动态上限模块。

➢ Check Input Resolution 模块为检测输入信号分辨率模块。

➢ Check Static Lower Bound 模块为检测静态下限模块。

➢ Check Static Upper Bound 模块为检测静态上限模块。

9. Model-Wide Utilities 宽模型实用模块库

宽模型实用模块库中各模块图标及名称如图 3-27 所示。

各模块功能如下：

➢ Block Support Table 模块为模块支持表模块。

➢ DocBlock 模块为模型文本编辑器模块。

➢ Model Info 模块为模型信息编辑器模块。

➢ Timed-Based Linearization 模块可以对给定时间进行模型线性化。

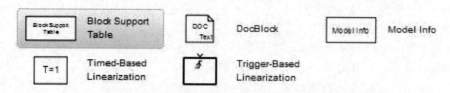

图 3 - 27　宽模型实用模块库中各模块图标及名称

➤ Trigger-Based Linearization 模块可以对给定触发信号进行模型线性化。

10. Ports&Subsystems 端口与子系统模块库

端口与子系统模块库中各模块图标及名称如图 3 - 28 所示。

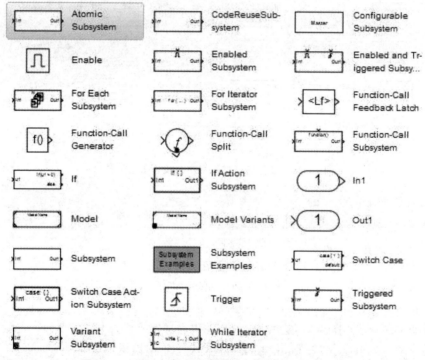

图 3 - 28　端口与子系统模块库中各模块图标及名称

各模块功能如下：

➤ Atomic Subsystem 模块为原子子系统模块。

➤ CodeReuseSubsystem 模块为代码重用子系统模块。

➤ Configurable Subsystem 模块为可配置子系统模块。

➤ Enable 模块为启动模块。

➤ Enabled Subsystem 模块为启动子系统模块。

➤ Enabled and Triggered Subsystem 模块为启动触发子系统模块。

➤ For Each Subsystem 模块为 for 循环单一子系统模块。

➤ For Iterator Subsystem 模块为 for 循环重复调用子系统模块。

➤ Function-Call Feedback Latch 模块为函数调用反馈模块。

➤ Function-Call Generator 模块为函数调用发生器模块。

➢ Function-Call Split 模块为函数部分调用模块。
➢ Function-Call Subsystem 模块为函数调用子系统模块。
➢ If 模块为 if 条件结构模块。
➢ If Action Subsystem 模块为 if 条件执行子系统模块。
➢ In1 模块为子系统输入端口。
➢ Model 模块为模型模块。
➢ Model Variants 模块为模型变量模块。
➢ Out1 模块为输出模块。
➢ Subsystem 模块为子系统调用模块。
➢ Subsystem Examples 模块为子系统举例模块。
➢ Switch Case 模块为开关条件结构调用模块。
➢ Switch Case Action Subsystem 模块为开关条件执行子系统调用模块。
➢ Trigger 模块为触发模块。
➢ Triggered Subsystem 模块为触发子系统模块。
➢ Variant Subsystem 模块为变量子系统模块。
➢ While Iterator Subsystem 模块为 while 循环结构子系统模块。

11. Signal Attributes 信号特性模块库

信号特性模块库中各模块图标及名称如图 3 - 29 所示。

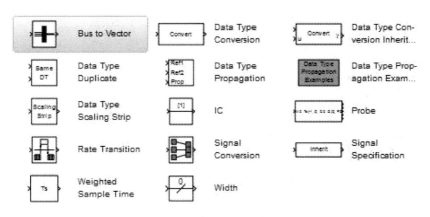

图 3 - 29 信号特性模块库中各模块图标及名称

各模块功能如下：
➢ Bus to Vector 模块为总线转换成矢量模块。
➢ Data Type Conversion 模块为数据类型转换模块。
➢ Data Type Conversion Inherited 模块为数据类型转换继承模块。
➢ Data Type Duplicate 模块为数据类型复制模块。
➢ Data Type Propagation 模块为数据类型传播模块。
➢ Data Type Propagation Examples 模块为数据类型传播实例模块。
➢ Data Type Scaling Strip 模块为数据类型剔除模块。
➢ IC 模块为信号初始值设置模块。

- ➤ Probe 模块为信号探测器模块。
- ➤ Rate Transition 模块为速率转换模块。
- ➤ Signal Conversion 模块为信号转换模块。
- ➤ Signal Specification 模块为确定信号属性模块。
- ➤ Weighted Sample Time 模块为加权采样时间模块。
- ➤ Width 模块为输入信号宽度模块。

12. Signal Routing 信号流路模块库

信号流路模块库中各模块图标及名称如图 3-30 所示。

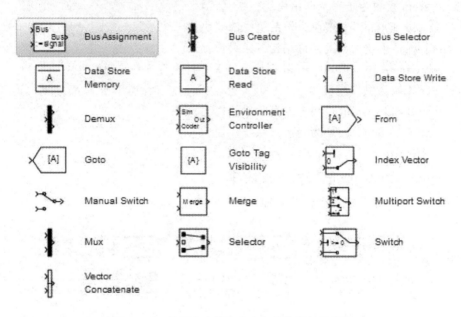

图 3-30 信号流路模块库中各模块图标及名称

各模块功能如下：

- ➤ Bus Assignment 模块为总线信号分配模块。
- ➤ Bus Creator 模块为输入信号转换为总线信号模块。
- ➤ Bus Selector 模块为选择总线模块。
- ➤ Data Store Memory 模块为定义数据存储器模块。
- ➤ Data Store Read 模块为读出存储数据模块。
- ➤ Data Store Write 模块为写入存储数据模块。
- ➤ Demux 模块为分解信号模块。
- ➤ Environment Controller 模块为环境控制器模块。
- ➤ From 模块为从 from 模块获得输入信号模块。
- ➤ Goto 模块为向 goto 模块传递数据模块。
- ➤ Goto Tag Visibility 模块为 goto 模块标识可视化模块。
- ➤ Index Vector 模块为索引向量模块。
- ➤ Manual Switch 模块为手动选择模块。

➢ Merge 模块为将多个输入信号合并为一个输出信号模块。

➢ Multiport Switch 模块为多端口输出选择模块。

➢ Mux 模块为信号组合器模块。

➢ Selector 模块为信号选择器。

➢ Switch 模块为输出选择开关模块。

➢ Vector Concatenate 模块为矢量连接模块。

13. Sinks 信号输出方式模块库

信号输出方式模块库中各模块图标及名称如图 3 - 31 所示。

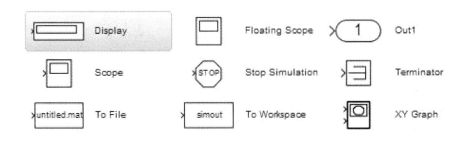

图 3 - 31　信号输出方式模块库中各模块图标及名称

各模块功能如下：

➢ Display 模块为显示运算结果数据模块。

➢ Floating Scope 模块为浮点数据显示模块。

➢ Out1 模块为模型或系统输出端口模块。

➢ Scope 模块为显示信号仿真结果模块。

➢ Stop Simulation 模块为停止模拟模块。

➢ Terminator 模块为终止信号输出模块。

➢ To File 模块可以将数据写入扩展名为 mat 的文件中。

➢ To Workspace 模块可以将数据写入工作空间中。

➢ XY Graph 模块可以将二维数据在平面图形中显示。

14. Sources 信号源模块库

信号源模块库中各模块图标及名称如图 3 - 32 所示。

各模块功能如下：

➢ Band-Limited White Noise 模块为限制白噪声带宽信号模块。

➢ Chirp Signal 模块为频率随时间而增加的正弦信号模块。

➢ Clock 模块为输出当前仿真时间信号模块。

➢ Constant 模块为信号常量输出模块。

➢ Counter Free-Running 模块为自动运行计算器。

➢ Counter Limited 模块为受限计数器。

➢ Digital Clock 模块为显示仿真时间的数字时钟。

➢ Enumerated Constant 模块为枚举常量模块。

➢ From File 模块可以从文件中读出数据。

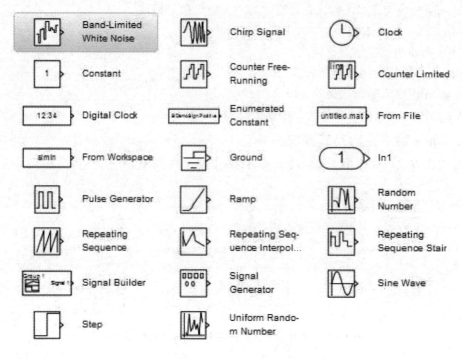

图 3-32　信号源模块库中各模块图标及名称

> From Workspace 模块可以从工作空间读出数据。
> Ground 模块为接地模块。
> In1 模块为模型或子系统的输入端口模块。
> Pulse Generator 模块为脉冲发生器产生脉冲模块。
> Ramp 模块为斜坡信号产生模块。
> Random Number 模块为随机数产生模块。
> Repeating Sequence 模块为重复原信号的序列模块。
> Repeating Sequence Interpolated 模块为重复原信号内插值序列模块。
> Repeating Sequence Stair 模块为重复原信号阶梯序列模块。
> Signal Builder 模块可用于构建一个交替分段信号组。
> Signal Generator 模块为信号发生器,可产生正弦、方波、锯齿和任意波形。
> Sine Wave 模块为正弦信号模块。
> Step 模块为阶跃信号模块。
> Uniform Random Number 模块为生成均匀分布的随机信号模块。

15. Additional Math & Discrete 其他数学和离散模块库

1) 其他离散模块库

该模块库中各模块图标及名称如图 3-33 所示。

各模块功能如下:

> Fixed-Point State-Space 模块为观测点空间状态函数描述模块。
> Transfer Fcn Direct Form Ⅱ 模块为二阶标准式传递函数模块。

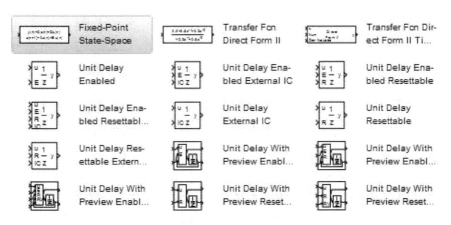

图 3 - 33　其他离散模块库中各模块图标及名称

- ➤ Transfer Fcn Direct Form Ⅱ Time Varying 模块为随时间而变的二阶标准式传递函数描述模块。
- ➤ Unit Delay Enabled 模块可以在外部使能端打开时延迟信号采样周期。
- ➤ Unit Delay Enabled External IC 模块可以在外部使能端初始值设置时延迟信号采样周期。
- ➤ Unit Delay Resettable 模块为采样周期延迟可复位模块。
- ➤ Unit Delay Enabled Resettable 模块为外部使能端打开时采样周期延迟可复位模块。
- ➤ Unit Delay Enabled Resettable IC 模块为外部使能端打开设定初始值时采样周期延迟可复位模块。
- ➤ Unit Delay External IC 模块为设置外部初始值时采样周期延迟信号模块。
- ➤ Unit Delay Resettable External IC 模块为设置外部初始值时采样周期延迟可复位模块。
- ➤ Unit Delay with Preview Enabled 模块为使能端打开设定初始值时带有预览的采样周期延迟模块。
- ➤ Unit Delay with Preview Enabled Resettable 模块为使能端打开设定初始值时带有预览的采样周期延迟可复位模块。
- ➤ Unit Delay With Preview Enabled Resettable External RV 模块为外部使能信号打开时,在外部 RV 重置的情况下,带有预览的采样周期延迟模块。
- ➤ Unit Delay with Preview Resettable 模块为设定初始值时带有预览的采样周期延迟可复位模块。
- ➤ Unit Delay With Preview Resettable Enabled External RV 模块为外部 RV 重置信号打开,在外部使能的情况下,带有预览的采样周期延迟模块。

2) 其他数学模块库

该模块库中各模块图标及名称如图 3 - 34 所示。

各模块功能如下:

- ➤ Decrement Real World 模块为减小信号输出值模块。
- ➤ Decrement Stored Integer 模块为减小存储的整数值模块。

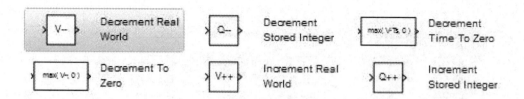

图 3-34　其他数学模块库中各模块图标及名称

➢ Decrement Time To Zero 模块为信号输出随时间减小直至零为止模块。
➢ Decrement to Zero 模块为信号输出减小直至零为止模块。
➢ Increment Real World 模块为增大信号输出模块。
➢ Increment Stored Integer 模块为增大存储的整数值模块。

16. Messages&Events 消息与事件模块库

消息与事件模块库中各模块图标及名称如图 3-35 所示。

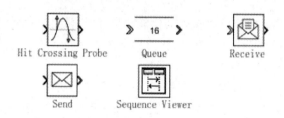

图 3-35　消息与事件模块库中各模块图标及名称

各模块功能如下：
➢ Hit Crossing Probe 模块为检测穿越点模块。
➢ Queue 模块为消息或实体排队模块。
➢ Receive 模块可以从收到的消息中抽取数据。
➢ Send 模块为创建和发送消息模块。
➢ Sequence Viewer 模块为仿真期间信息流动观测器。

17. String 字符串操作模块库

字符串操作模块库中各模块图标及名称如图 3-36 所示。
➢ ASCII to String 模块可以将 ASCII 码转换成字符串。
➢ Compose String 模块可以根据指定的格式和输入信号合成字符串。
➢ Scan String 模块可以扫描输入字符串并按照指定格式转换成信号。
➢ String Compare 模块可以比较两个输入字符串。
➢ String Concatenate 模块可以串联输入各个字符串并合成输出一个字符串。
➢ String Constant 模块可以输出指定的字符串。
➢ String Contains 模块可以确定字符串是否包含或以模式开头或结尾。
➢ String Count 模块可以计算字符串中模式的出现次数。
➢ String Ends With 模块可以使字符串以"…"结尾。
➢ String Find 模块可以返回模式字符串第一次出现的索引。

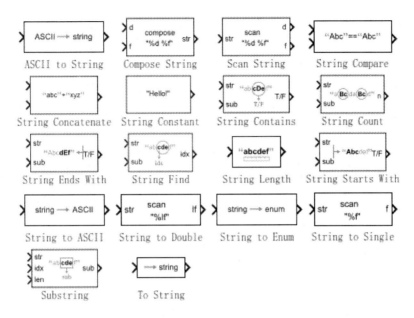

图 3-36　字符串操作模块库中各模块图标及名称

- String Length 模块可以输出、输入字符串的长度。
- String Starts With 模块可以输入字符串以指字的模式或字符开始。
- String to ASCII 模块可以将输入字符串转换成 ASCII 码。
- String to Double 模块可以将输入字符串转换成双精度信号。
- String to Enum 模块可以将输入字符串转换成枚举信号。
- String to Single 模块可以将输入字符串转换成单精度信号。
- Substring 模块可以从输入字符串信号中提取子字符串。
- To String 模块可以将输入信号转换成字符串。

18．User-Defined Functions 用户自定义函数模块库

用户自定义函数模块库中各模块图标及名称如图 3-37 所示。

各模块功能如下：

- C Caller 模块可以在 Simulink 仿真模型中集成 C 代码。
- C Function 模块可以在 Simulink 仿真模型中集成 C 函数。
- Fcn 模块可以将指定的表达式应用于输入端。
- Function Caller 模块可以调用 Simulink 或导出的 Stateflow 状态流函数。
- Initialize Function 模块为初始化函数模块。
- Interpreted MATLAB Function 模块可以将 MATLAB 函数或表达式应用于输入。
- Level-2 MATLAB S-Function 模块可以在模型中使用 Level-2 MATLAB S 函数。
- MATLAB Function 模块可以将 MATLAB 函数包含在生成可嵌入式 C 代码的模型中。
- MATLAB System 模块可以将 MATLAB Object 包含在仿真模型中。
- Reset Function 模块可以重置函数，主要执行模型重置事件的内容。

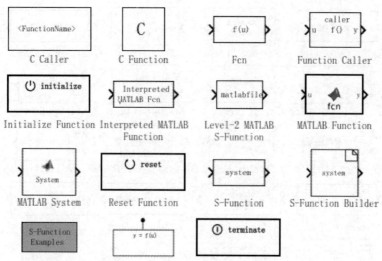

图 3 - 37　用户自定义函数模块库中各模块图标及名称

➢ S-Function 模块可以在仿真模型中包含 S-Function。

➢ S-Function Builder 模块为集成 C 或 C++代码以创建 S 函数。

➢ S-Function Examples 模块为 S 函数实例模块,包括 MATLAB 文件、C、C++和 Fortran 的 S 函数。

➢ Simulink Function 模块为利用 Simulink 模块定义的函数模块。

➢ Terminate Function 模块为终止函数模块,当终止事件发生时便执行该函数。

19. Quick Insert 快速插入模块库

快速插入模块库中各子模块库图标及名称如图 3 - 38 所示。

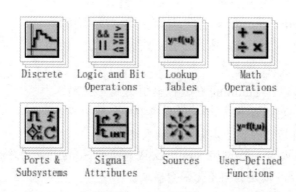

图 3 - 38　快速插入模块库中各子模块库图标及名称

各子模块库功能如下:

➢ Discrete 为离散子模块库,常用的离散模块在此子模块库中。

➢ Logic and Bit Operations 为逻辑、位操作子模块库。

➢ Lookup Tables 为查表子模块库。

> Math Operations 为数学运算子模块库。
> Ports&Subsystems 为端口与子系统子模块库。
> Signal Attributes 为信号属性子模块库。
> Sources 为信号源子模块库。
> User-Defined Functions 为用户自定义函数子模块库。

3.3.3　专业模块库

Simulink 专业模块库主要用于不同具体专业方面的建模与仿真,在 MATLAB 中共包含 53 个专业或方面的模块库,各模块库的功能如下:

① Aerospace Blockset(模块集)用于航空航天专业的仿真。

② Audio Toolbox(工具箱)主要用于音频方面的仿真。

③ Automated Driving Toolbox 主要用于汽车自动驾驶方面的仿真。

④ Communication Toolbox 主要用于通信专业的仿真。

⑤ Communication Toolbox HDL Support 主要用于由 HDL 所支持的通信专业的仿真。

⑥ Computer Vision Toolbox 主要用于计算机可视领域的仿真。

⑦ Control System Toolbox 主要用于控制系统专业的仿真。

⑧ Data Acquisition Toolbox 主要用于数据采集方面的仿真。

⑨ Deep Learning Toolbox 主要用于深度学习方面的仿真。

⑩ DSP System Toolbox 主要用于 DSP 系统方面的仿真。

⑪ DSP System Toolbox HDL Support 主要用于由 HDL 所支持的 DSP 系统方面的仿真。

⑫ Embedded Coder 主要用于嵌入式系统开发专业的仿真。

⑬ Fixed-point Designer 主要用于设计开发定点系统的仿真。

⑭ Fuzzy Control Toolbox 主要用于模糊控制方面的仿真。

⑮ HDL Coder 主要用于为 FPGA 和 ASIC 设计生成 VHDL 和 Verilog 代码。

⑯ HDL Verifier 主要用于使用 HDL 模拟器和 FPGA 板测试和验证 Verilog 和 VHDL。

⑰ Image Acquisition Toolbox 主要用于图像采集方面的仿真。

⑱ Instrument Control Toolbox 主要用于仪表测控方面的仿真。

⑲ Mixed-Signal Blockset 主要用于含有混合信号模型的仿真。

⑳ Model Predictive Control Toolbox 主要用于模型预测控制方面的仿真。

㉑ Motor Control Blockset 主要用于电机控制系统方面的仿真。

㉒ Navigation Toolbox 主要用于导航系统方面的仿真。

㉓ OPC Toolbox 主要用于从 OPC 服务器和数据历史记录程序读取和写入数据方面的仿真。

㉔ Phased Array System Toolbox 主要用于相控阵系统方面的仿真。

㉕ Powertrain Blockset 主要用于汽车动力系统建模与仿真。

㉖ Reinforcement Learning 主要用于利用强化学习设计和培训策略。

㉗ Report Generator 主要用于生成报告。

㉘ RF Blockset 主要用于射频系统的仿真。

㉙ Robotics System Toolbox 主要用于机器人系统的仿真。

㉚ Robust Control Toolbox 主要用于鲁棒控制系统的仿真。

㉛ ROS Toolbox 主要用于设计、模拟和部署基于机器人操作系统的应用程序。

㉜ Sensor Fusion and Tracking Toolbox 主要用于设计和仿真多传感器跟踪导航系统。

㉝ SerDes Toolbox 主要用于设计 SerDes 系统并生成高速数字互连的 IBIS-AMI 模型。

㉞ SimEvents 用于建模和仿真离散事件系统。

㉟ SimScape 用于多物理场系统的建模与仿真。

㊱ Simulink 3D Animation 用于在虚拟现实系统中可视化动态系统的行为。

㊲ Simulink Coder 用于从 Simulink 和 Stateflow 模型中生成 C 和 C++代码。

㊳ Simulink Control Design 用于模型线性化和控制系统设计。

㊴ Simulink Design Optimization 用于分析模型的灵敏度和调整模型参数,即优化设计。

㊵ Simulink Design Verifier 用于设计验证,即识别设计错误、证明需求的符合性,并生成测试。

㊶ Simulink Desktop Real-Time 用于在计算机上实时运行仿真模型。

㊷ Simulink Extras 用于模型附加设备的仿真。

㊸ Simulink Real-Time 用于构建、测试和运行实时应用程序。

㊹ Simulink Requirements 用于编写、管理和跟踪对模型、生成的代码和测试工况的要求。

㊺ Simulink Test 用于开发、管理和执行基于 Simulink 的测试。

㊻ SoC Blockset 用于设计、评估和实现 SoC 硬件和软件架构。

㊼ Stateflow 用于使用状态机与流程图对决策逻辑进行建模和仿真。

㊽ System Identification Toolbox 主要用于系统辨识的模拟仿真,即由测量的输入、输出数据创建线性和非线性动态系统模型。

㊾ Vehicle Dynamic Blockset 主要用于在三维虚拟环境下汽车动力学仿真。

㊿ Vehicle Network Toolbox 主要用于使用 CAN 总线、J1939 和 XCP 协议与车载网络通信的仿真。

(51) Vision HDL Toolbox 用于为 FPGA 和 ASIC 设计图像处理、视频和计算机视觉系统。

(52) Wireless HDL Toolbox 主要用于为 FPGA、ASIC、SOC 设计以及实现 5G 和 LTE 通信子系统。

(53) Wavelet Toolbox 主要用于利用小波分析和合成信号与图像。

上述模块库根据不同的专业选择不同的模块,所列模块仅供参考,以 Simulink 窗口中所给的实际仿真模块为准。

3.4　Simulink 基本操作

在 3.2 节中,主要介绍了 Simulink 窗口中所提供的仿真模块,下面将介绍有关模块操作方面与信号操作方面的知识。

3.4.1　Simulink 模块基本操作

1. 模块基本操作

在 Simulink 模型中,信号从左向右在模块中传递,通常信号输入端在左边,信号输出端在右边。

1) 改变模块方向及使用线自动连接模块

若要改变模块的方向,则打开 FORMAT,选择 ARRANGE→或者,或者使用组合键 Ctrl+R。

Simulink 方框图使用线表示模型中各模块之间信号的传送路径,用户可以用鼠标从一个模块的输出端口到另一个模块的输入端口绘制连线,如图 3-39 所示。当然也可由 Simulink 自动连接模块。

若要自动连接模块,则用鼠标先选择模块,然后按下 Ctrl 键,再单击目标模块,这时 Simulink 会自动把原模块的输出端与目标模块的输入端连接起来。如果连接两个模块时,这两个模块上有多个输出端口和输入端口,那么 Simulink 会尽可能地连接这些端口,如图 3-40 所示。

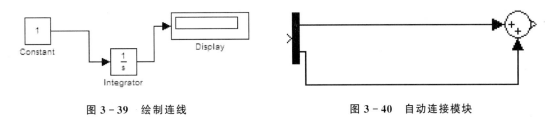

图 3-39　绘制连线　　　　　　　　图 3-40　自动连接模块

2) 改变模块名称、名称字体

双击模块名称,则模块名称变成文本状态,这时可改变既定名称。选中模块,然后打开 FORMAT 选项卡,在 FONT&PARAGRAPH 选项中直接选择相应的字体、大小、加黑、斜体等即可修改模块的名称字体。

3) 改变模块位置

改变模块位置有两种方式:第一种,单击选择模块,不放松左键,然后将模块拖到想要放置的位置;第二种,利用 FORMAT 选项卡中 BLOCK LAYOUT 下的 Flip Name 选项,将模块位置改变到对面位置。

4) 是否显示模块名称、指定方块图颜色

选中想要显示模块的名称,然后打开 FORMAT 选项卡,选择 Name Off 命令隐藏名称。若选中 Name On 选项,则显示出该模块的名称。若对仿真模块名称什么也不操作,则以 Auto Name 自动隐藏方式显示,即当选中仿真模块时显示出其名称,否则不显示模块名称。

若要设置仿真模型的背景色,则打开 FORMAT 选项卡,选择 Background 命令修改背景色。若要设置模块或标注的背景色,则打开 FORMAT 选项卡,选择 Background 命令修改即可。若要设置模块或标注的前景色,则打开 FORMAT 选项卡,选择 Foreground 命令修改即可,也可利用 Shadow 命令为仿真模块添加阴影。

在模型窗口中选择仿真模块,该模块的选项卡会立刻出现在仿真模型的上方,然后打开BLOCK 选项卡或者"仿真模块名称"选项卡即可进行简单的修改,例如增加模块图标、改变模块名称显示、允许数据通过或不通过等。

2. 模块参数设置

1) 设置模块特定参数

主要有以下三种方式:

第一种,右击模块,从弹出的快捷菜单中选择 Properties 命令会弹出改变特定参数的对话框;第二种,双击模块,也会弹出改变特定参数的对话框;第三种,打开 SIMULATION 选项卡,选择 Configuration&Simulation→Property Inspector 属性查看器,打开属性查看器后,可任意查看仿真模块的属性。示例:选择 Constant 模块,按照上述三种方式操作该模块,弹出的对话框如图 3-41 所示。

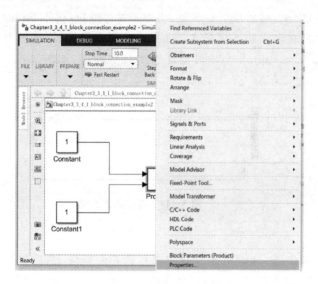

图 3-41　改变模块参数操作对话框

2) 来自工作区的模块参数

用户可以在模块参数对话框内设置参数,参数可以是数值,也可以是变量。当若干个模块依赖于同一变量时,这时需要在工作区中对参数进行赋值操作,以使参数传递到各个模块中。其操作方法与一般变量赋值方法是相同的,在此不示例说明。

3. 标注方框图

在建模和仿真的过程中,用户可能对一些方框图需要进行标注和说明,以便阅读和分析方框图。下面介绍标注方框图。

单击,在空白处出现文本编辑框,在该文本编辑框内输入标注内容。想要移动标注文本,选中文本框移动,然后放置到新位置即可,示例如图 3-42 所示。

若要删除标注,则先按 Shift 键,用鼠标选中各模块,然后按 Delete 键或者 Backspace 键即可。若要对齐标注,则选中相应模块右击在弹出的快捷菜单中选择 Arrange 命令后,再选择具体的对齐方式,例如 Align Middle 居中对齐。

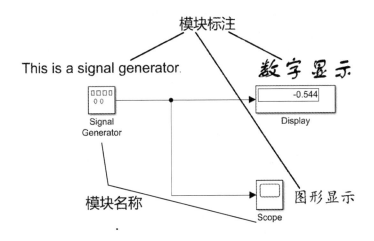

图 3 - 42　模块标注

4. 模块属性对话框

模块属性对话框允许用户设置模块属性。若要显示该对话框,则右击在弹出的快捷菜单中选择 Properties 命令。打开的模块属性对话框如图 3 - 43 所示。

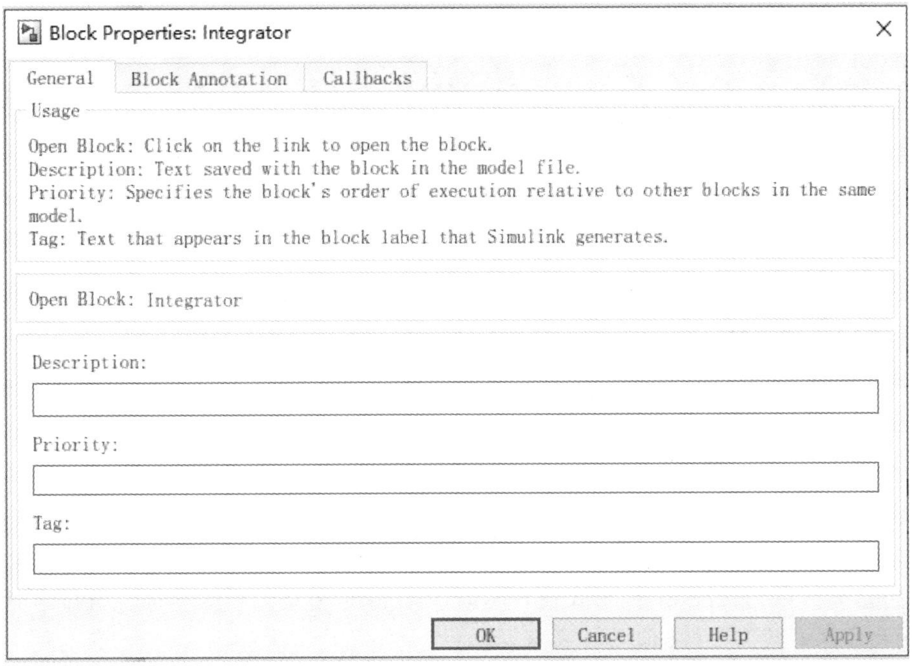

图 3 - 43　模块属性对话框

模块属性对话框有三个选项卡: General、Block Annotation 和 Callbacks。

1) General 选项卡

General 选项卡内有 3 个参数,用户可以在这 3 个参数文本框中输入相应的模块描述说明。这些说明会与模块一起保存在模型中。

① Description：通常是以文本方式简要描述模块的功能和作用。

② Priority：模型中某个模块相对于其模块的执行优先级。

③ Tag：指定到模块中 Tag 参数文本，它同模块一起保存在模型中，用户可以利用这个参数为模块创建模块标签。

2）Block Annotation 选项卡

Block Annotation 选项卡如图 3-44 所示。用户可以在该选项卡中选中模块相关参数以显示被选模块参数，标注会出现在模块图标的正下方。Block Annotation 选项卡列出了当前所选模块的属性参数标记，用户只需选中相应需要的属性，然后单击添加按钮 >> 即可。

图 3-44　Block Annotation 选项卡

在这里，参数以 %〈param〉的形式输入文本，param 是模块的参数名称。当显示时，Simulink 会用相应的参数值代替标记。

3）Callbacks 选项卡

Callbacks 选项卡允许用户创建或编辑模块执行的调用函数，如图 3-45 所示。首先在左侧选择要回调的函数，在右侧输入回调命令，单击 OK 按钮保存设置即可。这时 Simulink 会向被保存回调的名称上追加一个星号，以表示它是模块执行的回调函数。

图 3 - 45　**Callbacks 选项卡**

3.4.2　Simulink 信号线基本操作

信号操作是 Simulink 模型中的一个重要内容,正确处理模型信号对仿真结果的准确性和模型的可读性具有重要意义,因此有必要在此对 Simulink 中信号的操作做必要的说明。在 Simulink 模型中,信号是模型仿真时出现在模块输出端的数值流。模块之间的连线表示信号的传输方向和位置,必然是从一个模块输出端到另一个模块的输入端。

1. 信号基本操作

1) 信号维数

Simulink 模块输出的信号可以是一维信号或二维信号。一维信号是由一维数组输出流组成的,该数组流在每个仿真步上都是以一维数组的频率进行输出。二维信号是由一个二维数组组成的,这个二维数组在每个采样时间内以一个二维数组(矩阵)的频率产生。Simulink 的用户和文档将一维数组描述为向量,把二维数组描述为矩阵。

在仿真过程,每个 Simulink 模块都可以接受或输出的维数是各不相同的。有些模块可接受或输出任意维数的信号,而有些模块只能接受标量信号或向量信号。

2) 信号数据类型

在默认的情况下,Simulink 模块的输出类型都是双精度的,用户也可创建其他类型,用 format 指令实现。

3）复信号

复信号是指信号为复数的信号。设置复信号的方式主要有以下三种：

第一种，将复值数据信号通过模型最顶层输入端口装载到模型中。

第二种，在模型中利用 constant 命令建立一个复数常量。

第三种，分别创建复数的实部和虚部，然后利用 Real-Image To Complex 模块将这两部分数据转换成复数信号。

4）纯虚信号

纯虚信号是用图示方式表示另一信号的信号。事实上，纯虚信号是一组信号示意图，没有任何物理或数学意义。Simulink 中的纯虚模块如 Bus Creator 或 Subsystem 模块可以产生纯虚信号。纯虚信号允许用户以图示的方式简化模型。用户利用 Bus Creator 模块将大量的非虚信号转化为图示方式的纯虚信号。这样可以使用户所建的模型更容易理解，更加简洁。

如果要把纯虚信号转换成非纯虚信号，用户应先选择信号线，然后右击，在弹出的快捷菜单中选择 Properties 命令，打开属性对话框，将对话框中的 Show Propagated Signals 选项设置为 on。

5）控制信号

控制信号是将一个模块的输出信号对另一个模块在仿真时进行初始化，将这样的信号称为控制信号，例如函数调用等。控制信号线通常用点画线来表示。

6）信号总线

信号总线用来表示一组信号的纯虚信号，它只用来模拟捆绑在一起的电缆信号，没有实际的物理或数学意义。用户选择 Signal Dimensions 命令，Simulink 会显示总线中信号分量的数目。

7）信号维数

如果一个模块可以产生非标量信号，那么模块输出信号的维数取决于模块参数。对于 Source 模块的输出维数，如果用户没有在参数对话框中选择 Interpret Vector Parameters As 1-D 参数项，那么模块输出维数与输出值参数的维数是相同的。如果用户选择了 Interpret Vector Parameters As 1-D 参数项，那么输出值在不是 $N \times 1$ 或者 $1 \times N$ 的情况下，模块输出维数与输出值参数的维数才是相同的。如果参数的维数是 $N \times 1$ 或者 $1 \times N$，则模块输出一个宽度为 N 的向量信号。

对于非 Source 模块而言，模块的输出维数与输入维数是一致的。

8）信号属性设置

Simulink 的信号是有属性的。用户选择 Properties 命令，显示如图 3-46 所示的对话框，查看信号属性。

信号属性对话框包括 Documentation、Code Generation 和 Logging and accessibility 三个选项卡，以及 Signal name 和 Document 等功能设置项。

① Documentation 选项卡：以文本形式描述和说明信号线所传输的信号。

② Code Generation 选项卡：设置代码的生成。

③ Logging and accessibility 选项卡：用来记录和标记传输信号。可以设置测试点和记录数据的最大值。

④ Signal name 选项：信号名称。

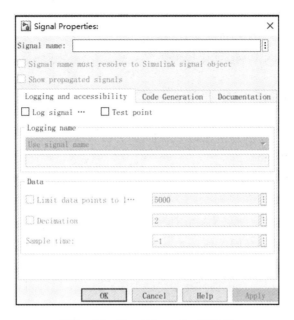

图 3 - 46　Signal Properties 对话框

⑤ Document 选项：在上边的文本框中输入显示信号的 MATLAB 表达式,若要显示文档,则可单击 Document Link。

9) 显示信号属性

信号属性包括信号的线型、数据类型、信号维数。用户可利用快捷菜单 Other Display→Signal&Ports 中的各项命令实现,如图 3 - 47 所示。

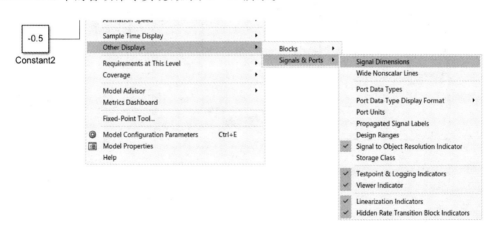

图 3 - 47　显示信号属性命令选项

① Signal Dimensions：在非标量信号旁边显示传输信号的维数。

② Wide Nonscalar Lines：加宽 Simulink 模型中显示用来绘制非标量信号的线。

③ Port Data Types：在信号输出端口显示传输信号的数据类型。

④ Signal to Object Resolution Indicator：信号分辨率指示器。

⑤ Storage Class：传输信号的存储类型。

⑥ Testpoint&Logging Indicators：测试点或者记录指示器。

⑦ Viewer Indicators：视角指示器。

⑧ Linearization Indicators：线性化指示器。

10）信号标签

在建立仿真模型的过程中，有可能对信号添加名称，即添加信号标签，以标识不同的信号。实现方式有两种：

第一种，双击信号线，这时会出现一文本框，输入信号名称即可。完成后，在标签外任意处单击即可停止标签编辑方式。

第二种，利用 Properties 命令，打开 Signal Properties 对话框修改信号名称，如图 3 - 46 所示。

若要复制信号标签，可拖动标签到其他位置同时按下 Ctrl 键，则源位置和目标位置会显示同一标签。信号标签只能在同一信号线上显示，不可在其他信号线上显示与其不符合的信号标签。

若要删除信号标签，可先选中信号标签，然后按下 Delete 键即可删除。

2. 信号组操作

1）创建信号组

第一步，从 Simulink 的 Source 库中拖动 Signal Builder 模块，将其放入新建的仿真模型窗口中。默认时，模块表示一个包含单个信号源的信号组，该信号源为一方波，如图 3 - 48 所示。

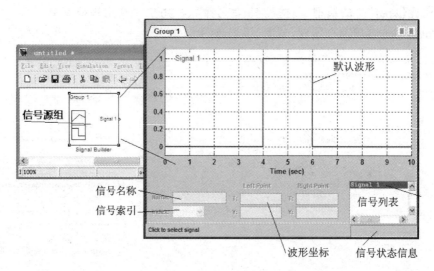

图 3 - 48　单个信号源默认情况下的输出信号波形

第二步，使用 Signal Builder 编辑器创建其他信号组，或者向信号组中添加信号，更改已存在的信号和信号组，并选择信号的输出模块组。

第三步，把模块的输出连接到系统方块图中，模块会为每个输出信号显示一个输出端口。用户可在仿真模型中创建任意多个 Signal Builder 模块。

2）编辑信号组

对同一信号源，用户若要创建信号组，必须使用 Group→Copy 命令；若要删除信号组，可使用 Group→Delete 命令。

3）信号组重新命名

对同一信号源，用户若要改变信号组名称，可使用 Group→Rename 命令。

4）移动信号组

对同一信号源，用户若要移动信号组，可使用 Group→Move Right 命令或者 Move Left 命令。

3. 信号操作

在 Signal Builder 窗口中用户可创建、剪切、粘贴、隐藏、删除信号组中的信号。

1）创建信号

用户可以在 Signal Builder 窗口中选择 Signal→New 的信号命令来创建信号，如 Triangle 命令用来创建三角波信号，如图 3-49 所示；也可在当前信号组中添加阶跃信号和三角波信号。

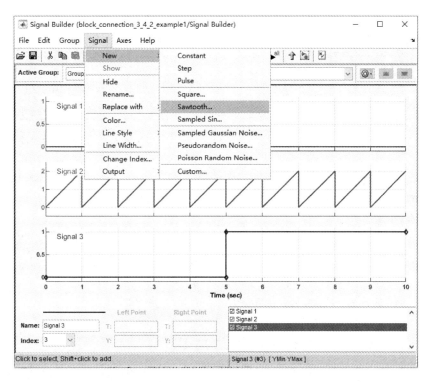

图 3-49　在 Signal Builder 窗口中创建信号

图 3-49 中共有三种信号：方波信号、阶跃信号和三角波信号。这三种信号均在信号列表中列出，并标明了它们的状态（Shown），同时，这三种信号均使用了默认的信号名称。

若 Signal→New 中的信号难以满足用户要求，用户还可以自定义信号，只需选择 Signal→New→Custom 命令即可进行创建。

2）粘贴和剪切信号

若要将一信号中的信号粘贴或剪切到另一信号组中，可执行下列操作：

第一步，选择要粘贴或剪切的信号。

第二步，从 Signal Builder 窗口的 Edit 菜单中选择 Copy 或 Cut 命令，或者在工具栏中选择复制按钮📄或剪切按钮✂。

第三步，选择目标粘贴信号的信号组。

第四步，从 Signal Builder 窗口的 Edit 菜单中选择 Paste 命令，或者在工具栏中选择粘贴按钮📋。

3）重新命名信号

对同一信号源，用户若要改变信号名称，可使用 Signal→Rename 命令，这时会弹出 Set Label String 对话框，如图 3-50 所示。命名完成后，单击 OK 按钮即可；若不想改变此名称，则单击 Cancel 按钮。

4）改变信号索引和隐藏信号

用户若想改变信号索引，可选择 Signal→Change Index 命令，弹出 Change 对话框，如图 3-51 所示；或者直接在 Signal Builder 窗口的 Edit 中选择相应信号索引也可。

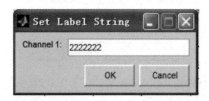

图 3-50　Set Label String 对话框

图 3-51　Change 对话框

用户若想隐藏某一信号，那么需要先选中该信号，然后选择 Signal→Change Index 命令即可。若想显示某一信号，可先选中该信号，然后选择 Signal→Show 命令即可。

5）编辑信号波形

在某一信号组中，若想编辑信号波形，需要先选中某一信号，然后拖动波形以改变波形形状。若想在波形中插入一点，则需先选中波形，然后按 Shift 键，单击插入点的位置。若想删除插入点，则需先选中插入的点，然后按 Del 键即可。若想改变信号颜色、线宽和线型，可先选中信号，然后选择 Signal→Color、Line Width、Line Style 命令即可。

6）设置输入信号的时间范围

Signal Builder 窗口中信号的时间范围就是定义了输出信号的时间定义域，默认情况下，时间范围是 0~10 s。默认时间不符合用户要求时，可利用 Signal Builder 窗口中的 Axes→Change Time Range 命令，在弹出的 Set the total 对话框中修改，如图 3-52 所示。

除了对信号线的上述操作外，还可以进行其他操作，如记录信号、增加观测器、设置测试点、复制信号线设置、输出值标记等，如图 3-53 所示。

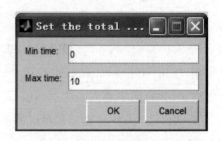

图 3-52　Set the total 对话框

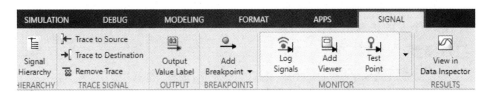

图 3 - 53　信号设置选项卡

信号线的其他基本操作见表 3 - 2。

表 3 - 2　信号线的其他基本操作

操作内容	操作目的	操作方法
在模块间连线	在模块之间建立信号联系	在前一个模块的输出端按住鼠标左键,拖动至下一个模块的输入端,然后松开鼠标左键
移动线段	调整线段的位置,改善模型的外观	选中目标线段,按住鼠标左键,拖动至目标位置,松开鼠标左键即可
移动结点	改变折线的走向,改善模型的外观	选中目标线段,按住鼠标左键,拖动至目标位置,松开鼠标左键即可
画分支信号线	从一个结点引出多条信号线,应用于不同的目的	方法 1:按 Ctrl 键,再选中信号引出点,按住鼠标左键,拖动至目标模块的信号输入端,松开鼠标左键。 方法 2:选中信号引出线,然后在信号引出点按住鼠标右键,拖动至目标模块的输入端,松开鼠标右键
信号线标签	设定信号线的标签,增强模型的可读性	双击要标注的信号线,进入标签编辑区,输入信号线标签内容,在标签编辑框外的窗口中单击退出

3.4.3　Simulink 系统模型基本操作

Simulink 系统模型的基本操作内容跟其他软件类似,包括建立仿真模型、打开、保存与注释。

1. 创建模型

方法 1:在 MATLAB 主窗口中打开"主页"选项卡,选择"新建"→Simulink Model→Simulink Start Page→Blank Model,即可创建。

方法 2:在 MATLAB 主窗口中打开"主页"选项卡,选择 Simulink→Simulink Start Page→Blank Model,即可创建。

方法 3:在 MATLAB 命令窗口中输入 simulink 命令,弹出 Simulink Start Page 对话框,然后选择 Blank Model,即可创建。

方法 4:在 MATLAB 命令窗口中输入 slLibraryBrowser 命令,弹出仿真模块库对话框,单击该对话框工具栏中的 Blank Model 命令，即可创建。

方法 5:在 MATLAB 命令窗口中输入 simulink blank model 命令,或者 simulink start page 命令,或者 simulink create model 命令,运行后直接打开 Simulink Start Page 对话框选择 Blank Model,即可创建。

方法 6：利用上面的 5 种方法打开 Simulink Start Page 对话框后，在键盘上按 Ctrl+N 组合键也可创建一个空的仿真模型。

2. 打开模型

方法 1：在 MATLAB 主窗口中打开"主页"选项卡，选择"打开"命令。

方法 2：打开"主页"选项卡选择 Simulink→Simulink Start Page→Open 命令，或者在 MATLAB 命令窗口中输入 simulink model open 命令，或者 simulink start page 命令，即可弹出 Simulink Start Page 对话框，然后选择 Open 命令。

方法 3：在 MATLAB 命令窗口中输入 slLibraryBrowser 命令，或者 simulink open 命令，弹出 Simulink Library Browser 仿真模块库浏览器窗口，选择 Open 命令。

方法 4：在已有的 Simulink 仿真模型窗口中，选择 SIMULATION→Open 命令。

3. 保存模型

在 Simulink 仿真模型窗口中，选择 SIMULATION→Save 或者 Save As 命令。

4. 注释模型

注释仿真模型，其目的是使仿真模型更易读懂，更具可读性。操作方法如下：在仿真模型窗口中的任何想要添加注释的位置双击，便会弹出注释文本框，输入注释内容后，在仿真模型窗口中任何其他位置单击即可退出。若用户想移动模型的注释，则单击拖动即可。若想修改已有的注释，则双击注释进入编辑状态即可修改。

3.4.4　Simulink 子系统基本操作

一般而言，规模较大的系统仿真模型都包含很多的模块。如果将这些模块都显示在 Simulink 仿真平台窗口中，那么仿真模型将显得拥挤和杂乱，不利于建模和分析。因此，通常情况下，把实现同一种功能或者几种功能的多个模块组合成一个子系统，从而简化模型，其效果如同其他高级语言中子程序和子函数的功能。本小节主要讲述子系统的创建、基本操作、封装以及高级子系统。

1. 创建子系统

创建子系统通常有两种方法：自上而下创建的方法和自下而上创建的方法。

方法 1：利用 Subsystem 子系统模块创建(自上而下创建)。

Simulink 模块库浏览器中有一个 Subsystem 子系统模块，用户可以往该模块里添加组成子系统的各种模块，该方法特别适合自上而下的设计方式。其具体实现步骤如下：

① 利用前述方法创建空白模型 Blank Model。

② 打开 Simulink 模块库浏览器，选择 Ports&Subsystems(端口与子系统)模块库或者 Commonly Used Blocks 模块库，选择 Subsystem 模块，并将其复制到仿真模型窗口中。

③ 双击 Subsystem 模块，可立刻弹出子系统编辑窗口。这时该窗口中只有一个输入端子和一个输出端子，名称为 In1 和 Out1。这便是子系统与外部联系的端口，如图 3 - 54 所示。

④ 将子系统所需要的仿真模块添加到该子系统编辑窗口中，并按照信号的流向进行合理排列。

⑤ 根据所创建子系统的使用场合和功能,用信号线连接各仿真模块,并进行合理设置。

图 3－54　Subsystem 子系统

⑥ 修改子系统的外接端子标签并重新定义子系统标签,注释子系统,使子系统更具可读性。

方法 2：利用已存在的模块创建子系统(自下而上创建)。

这种方法要求仿真模型中已经存在创建子系统所需要的所有模块,并且连接正确,设置恰当。该方法特别适合自下而上的设计方式。其具体实现步骤如下:

① 打开已存在的仿真模型。

② 选中要添加到子系统中的所有对象,包括模块及其之间的连线。

③ 选择 MULTIPLE→Create→Create Subsystem 命令,或者按 Ctrl＋G 组合键,或者右击,在弹出的快捷菜单中选择 Create Subsystem from Selection 命令,模型自会转换成子系统。

④ 修改外接端子标签并重新定义子系统标签,添加注释,使子系统更具可读性。

例 3－1　仿真模型如图 3－55 所示,在此利用方法 2 创建子系统。

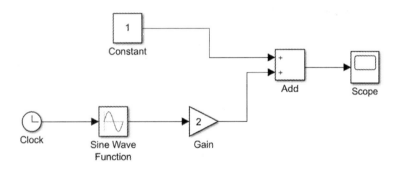

图 3－55　创建子系统仿真模型 $y＝2\sin t＋1$

图 3－56 中的黑色方框中选中的就是创建子系统所需的对象,转换成子系统后如图 3－57 所示。

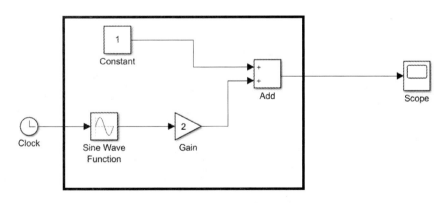

图 3－56　选中创建子系统所需的仿真模块

双击图 3－57 中的 Subsystem 子系统,可弹出子系统的内部结构,如图 3－58 所示。
修改标签,添加注释,如图 3－59 所示。

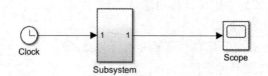

图 3-57　转换为子系统

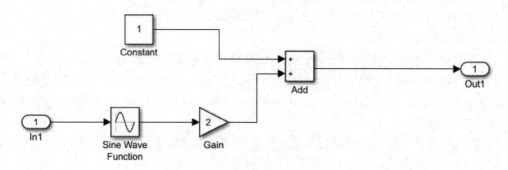

图 3-58　子系统的内部结构

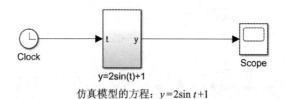

仿真模型的方程：$y = 2\sin t + 1$

图 3-59　修改标签并添加注释后子系统的转换结果

注意：子系统的创建过程虽然比较简单，但是非常有用；同时，仿真系统中子系统的输入信号和输出显示模块通常不要放进子系统内部。

子系统增加图标，创建 for 子系统、while 子系统、函数调用子系统、触发子系统、if 子系统、switch-case 子系统、封装子系统等内容将在后面讲解。

2. 子系统的基本操作

子系统的基本操作包括命名、编辑、输入和输出。

（1）子系统命名

子系统的命名方法与模块命名类似，是用代表意义的文字来对系统进行命名，有利于增强模块的可读性。单击子系统名称进入编辑状态，编辑子系统名称。完成命名后，在仿真窗口单击即可。

（2）子系统编辑

双击子系统模块，打开子系统，编辑子系统内部结构和模块。

（3）子系统输入

利用 Sources 模块库或 Commonly Used Blocks 模块库中的 Inport 模块（即 In1 模块），作为子系统的输入端口。

（4）子系统输出

利用 Sinks 模块库或 Commonly Used Blocks 模块库中的 Outport 模块（即 Out1 模块），

作为子系统的输出端口。

注意：在子系统中，输入端口 In1 模块和输出端口 Out1 模块属于虚模块，它们的作用是传递和标记信号，对信号本身没有任何改变。

3. 子系统的封装

所谓子系统的封装（Mask），实际上就是指将 Simulink 的子系统打包成一个模块，并隐藏其内部结构、算法和信号流向，为子系统定制对话框和图标，使子系统本身有一个独立的操作界面，把子系统中各模块的参数对话框合成为一个参数设置对话框，使用时不必打开每个模块即可进行参数设置。访问子系统模块时只出现一个参数设置对话框，子系统模块中所有需要设置的参数都可通过该对话框进行设置，子系统内部模块的参数设置应该在封装之前就已经设置好了，不需要通过子系统模块对话框对其内部模块进行参数设置。

封装子系统具有以下特点：

➤ 用户可以自定义系统模块及其图标。
➤ 双击封装后的图标时显示子系统参数设置对话框。
➤ 用户可以自定义子系统的帮助文档。
➤ 封装后的子系统模块拥有自己的工作区。
➤ 封装后的子系统模块可以重复使用。
➤ 有利于复杂子系统的仿真。

使用封装子系统具有以下优点：

➤ 向子系统中传递参数，其中的内部结构、算法和信号流向等细节不需要看到。
➤ 隐藏子系统模块中不需过多展现的内容，从而使得系统结构清晰。
➤ 保护子系统模块中的内容，防止子系统内的模块被随意篡改。

创建子系统封装，首先创建一个子系统，其次选中目标子系统。在 Simulink 仿真模型窗口中选择 MODELING→Component→Create Subsystem→Create Mask 命令；或者选择 Subsystem Block→Mask→Create Mask 命令；或者右击，在弹出的快捷菜单中选择 Mask→Create Mask 命令，然后弹出 Mask Editor 对话框。该对话框中包含四个选项卡，如图 3 - 60 所示，分别是 Icon ＆ Ports（图标与端口）、Parameters ＆ Dialog（参数与对话框）、Initialization（初始化）、Documentation（文本）。

Icon＆Ports 选项卡：给封装模块设计用户自定义的图标。

Icon drawing commands 图标命令绘制文本框：用 MATLAB 命令来绘制图标的编辑区，可以在该文本框中输入函数设置封装模块的图标。Icon＆Ports 选项卡的常用绘制命令如表 3 - 3 所列。

表 3 - 3　Icon＆Ports 选项卡的常用绘图命令

绘制命令	功能说明	绘制命令	功能说明
plot(x_vector, y_vector)	在图标上绘制曲线	Image(pic. jpg)	在图标上嵌入目标图片（JPG 格式）
disp(string)	在图标中心显示字符串	dpoly(num, den)	在图标中心显示传递函数
Text(x, y, string)	在坐标处显示字符串		

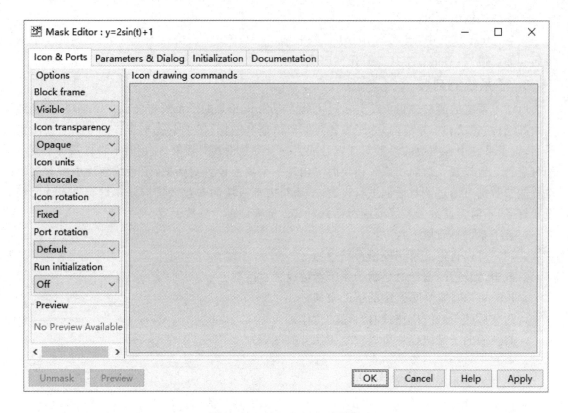

图 3 - 60　Mask Editor 对话框

Parameters&Dialog 选项卡：最关键的选项卡，可增加或删除子系统参数对话框中的变量及属性，如图 3 - 61 所示。

在 Dialog box 中增加的变量名称，必须和子系统中对应模块内设置的变量名称保持一致。只有这样，才能建立起封装模块内部变量和封装对话框之间的联系。在图 3 - 61 左侧所示的参数类型中，常用的参数类型主要有三类：Edit(可编辑型)、Check box(复选框型)和Popup(下拉菜单型)。

① Edit　指定输入数据为可编辑类型，即该变量可由用户自定义输入数据，这是最为普遍的一种类型。

② Checkbox　指定输入数据为复选框类型，用户只能进行选中与否的设置。

③ Popup　指定输入数据为下拉菜单类型，即输入数据不可编辑，只能在下拉菜单提供的选项中选择。

➢ Initialization 选项卡：通过命令函数，允许用户在调用子系统前通过 MATLAB 命令窗口进行子系统参数的初始值设定，还可以对图标绘制函数初始的值进行设置。

➢ Documentation 选项卡：可设定封装子系统的类型、描述和帮助等文字说明，如图 3 - 62所示。

在图 3 - 62 所示的对话框中有三个部分：Type(子系统模块封装类型)、Description(子系统模块封装描述)和 Help(子系统模块封装帮助)。

① Type 文本框中的内容将作为模块的类型显示在封装模块的参数对话框中。

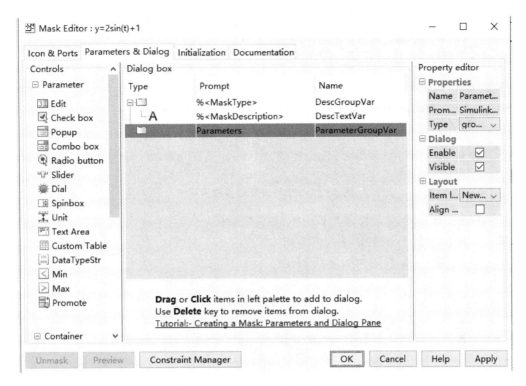

图 3 - 61　**Parameters & Dialog 选项卡**

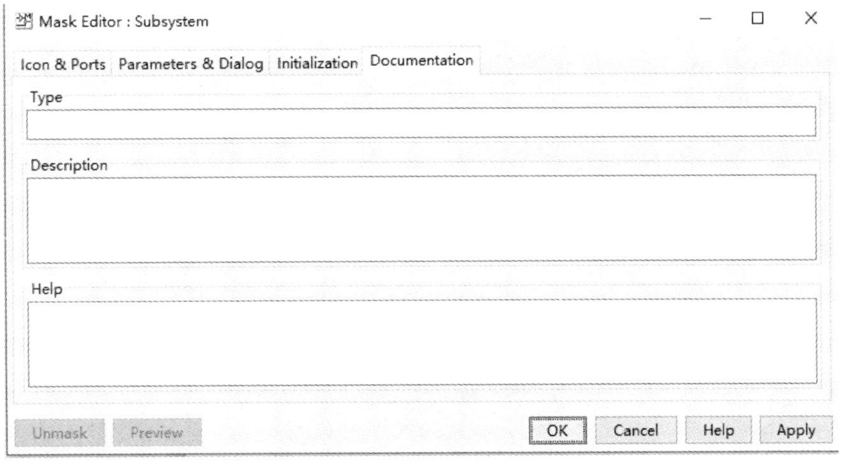

图 3 - 62　**Documentation 选项卡**

② Description 文本框中的内容将显示在封装模块参数对话框的上部,对封装模块的功能和其他注意事项进行描述。

③ Help 文本框中输入关于该模块的帮助,当单击 Help 按钮时,MATLAB 的帮助系统将显示此封装模块帮助多行文本框中的内容。

上述内容可以通过单击图 3 - 62 中的 Preview 按钮进行预览。

例 3 - 2　创建一个子系统并对其进行封装,要求子系统实现功能: $y = a\sin t + b$。

具体步骤如下：

第一步,创建子系统。该子系统的结构如图 3-63 所示。本例要求子系统中的两个常量值 a 和 b 为可变值。

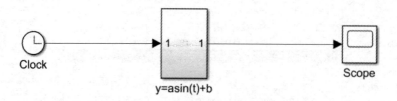

图 3-63　例 3-2 所创建的子系统

分别双击 Constant 常量模块和 Gain 增益模块图标,在弹出的参数对话框中将参数值分别设置为 a 和 b。创建完成的子系统内部结构如图 3-64 所示。

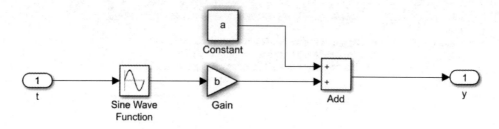

图 3-64　子系统内部结构

第二步,设置子系统封装编辑器。在仿真模型窗口中,右击目标子系统,在弹出的快捷菜单中选择 Mask→Create Mask 或者按 Ctrl+M 组合键,弹出子系统封装编辑器,分别设置各选项卡。

为了实现模块的图标绘制,首先必须在 Initialization 选项卡的初始命令区中输入绘图向量的初始化命令,如图 3-65 所示。

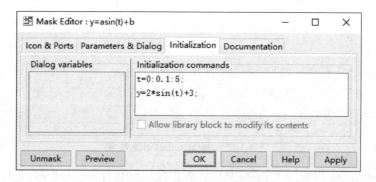

图 3-65　Initialization 选项卡设置

在 Icon&Ports 选项卡的命令区输入如图 3-66 所示的命令。然后单击 Apply 按钮,子系统模块的封装如图 3-67 所示。

在本例中,需要注意以下三点：

① 为了在图标上绘制反映模块输入与输出关系的曲线,需要调用 plot 函数,如果显示三

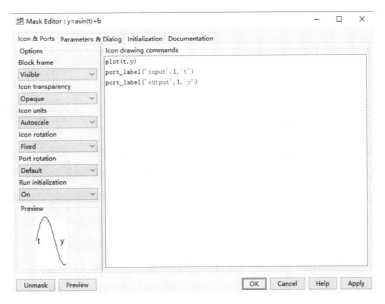

图 3 - 66　Icon&Ports 选项卡设置

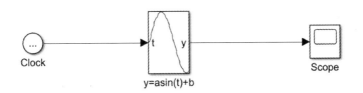

图 3 - 67　子系统模块封装后的图标

维曲线则需调用 plot3D 函数。

② Icon&Ports 选项卡中绘图函数所需的初始值必须先在 Initialization 选项卡中设置,绝不能在 Icon&Ports 选项卡中设置。

③ port_label 函数是用来给模块输入和输出的端口命名的,input 代表输入端口,output 代表输出端口。

Parameters&Dialog 选项卡设置,单击左侧 ⬛ **Edit** 按钮,可添加模块的参数变量,设置完成后如图 3 - 68 所示。

Documentation 选项卡设置,向文本框中添加注释可增加模块的可读性,设置完成后如图 3 - 69 所示。

单击 Apply 按钮后,再单击 OK 按钮。至此,子系统的封装过程完成。再次双击如图 3 - 67 所示的子系统模块,即可弹出如图 3 - 70 所示的参数对话框。

再单击其中的 Help 按钮弹出帮助文档,如图 3 - 71 所示。

第三步,运行封装模块。对图 3 - 70 所示的参数对话框设置模块参数,a 和 b 的值分别为 4 和 5。依次选择 SIMULINK→Simulate→Run,开始仿真。仿真结束后,双击 Scope 示波器模块,显示的输出波形如图 3 - 72 所示。

4. 高级子系统简介

子系统最基本的应用就是将一组相关模块封装到一个单一的模块中,使模块具有特定的

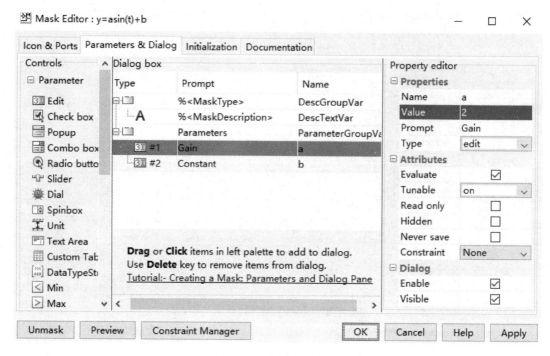

图 3 - 68 设置参数变量

图 3 - 69 向子系统模块添加注释以增加模块的可读性

功能,以利于建立和分析系统模型。依据子系统的封装内容,我们可以知道,子系统可以看作是具有一定输入、输出的单个模块,其输出直接依赖于输入信号。本部分简单介绍 Simulink 中一些特殊类别的子系统的用法,主要包括条件执行子系统、使能子系统、触发子系统、触发使能子系统、原子子系统、函数调用子系统、for 循环子系统、while 循环子系统、switch case 条件

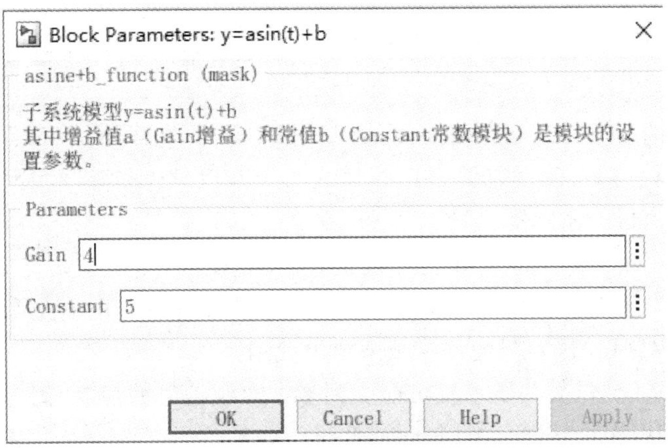

图 3 - 70　封装子系统模块的参数设置对话框

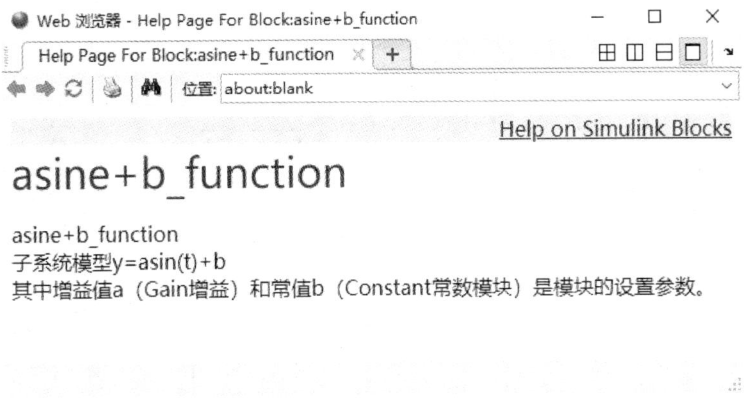

图 3 - 71　封装子系统模块的帮助文档

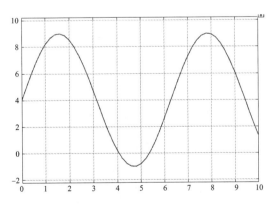

图 3 - 72　子系统模块的输出波形图

选择子系统和表达式执行子系统。

　　条件执行子系统的执行受到控制信号的控制。根据控制信号对条件子系统执行的控制方式不同,可将其分为使能子系统(Enabled Subsystem)、触发子系统(Triggered Subsystem)和函数调用子系统(Function-Call Subsystem)。

当控制信号的值为正值时,子系统开始执行,即使能子系统。

当控制信号的符号发生改变(可分为上升、下降、上升或下降三种触发方式)时,子系统开始执行,即触发子系统。

当用户自定义的 S-Function 中发出函数调用时,子系统开始执行,即函数调用子系统。有关 S-Function 的内容,可阅读有关 S-Function 的 MATLAB 书籍,本书不作详细介绍。

如何建立条件执行子系统呢?

在给定的子系统中添加 Enabled 模块和 Triggered 模块,可使子系统成为使能子系统、触发子系统或使能触发子系统。但是,Simulink 系统模型的最高层是不允许使用 Enabled 控制信号和 Triggered 控制信号的,只允许在子系统中使用。

在实际的动态系统中,某些子系统可能受到多个控制信号的控制,因此在建立相应的系统模型时,用户应该使用多个控制信号进行控制。

例 3 - 3　建立并仿真一个使能子系统。

建立如图 3 - 73 所示的含有使能子系统的动态系统模型。

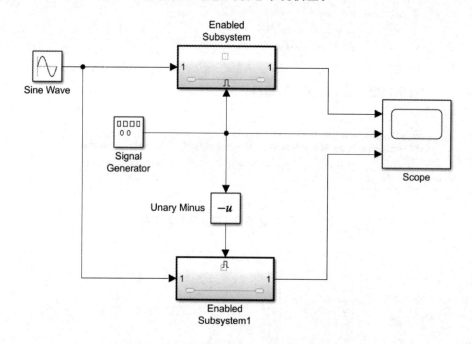

图 3 - 73　含有使能子系统的动态系统模型

这个系统模型中有两个使能子系统,分别是 Enabled Subsystem 和 Enabled Subsystem1。当控制信号(由 Signal Generator 模块产生控制信号)为正时,开始执行 Enabled Subsystem 子系统;当控制信号为负(由 Signal Generator 模块产生的信号经过 Unary Minus 模块反相)时,开始执行 Enabled Subsystem1 子系统。

图 3 - 74 所示是 Enabled Subsystem 内部结构以及相应的使能状态设置。

注意:在使能信号的使能状态设置中,选择 reset 表示在使能子系统开始执行时,系统中的状态被重新设置为初始参数值;选择 held(状态保持)表示在使能子系统开始执行时系统中的状态保持不变。

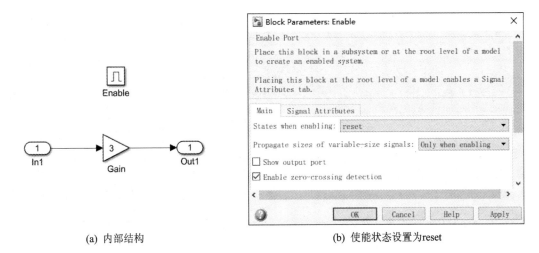

(a) 内部结构　　　　　　　　　(b) 使能状态设置为reset

图 3 - 74　Enabled Subsystem 内部结构及其使能状态设置

图 3 - 75 所示是 Enabled Subsystem1 内部结构以及相应使能状态设置。

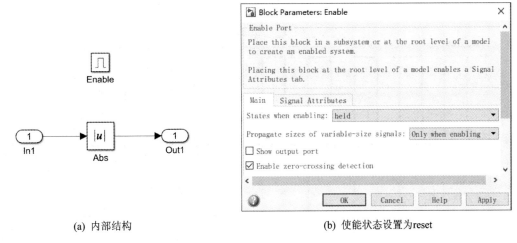

(a) 内部结构　　　　　　　　　(b) 使能状态设置为reset

图 3 - 75　Enabled Subsystem1 内部结构及其使能状态设置

图 3 - 73 所示动态系统模型的其他模块设置如下：

① 系统输入采用默认的正弦信号（幅值、频率，初相、偏移）。

② 对于 Signal Generator 信号产生模块，将 Wave form 波形参数设置为 square 使其产生方波信号，如图 3 - 76 所示。

③ 双击 Scope 模块，选择 View→Configuration Properties→Main，将 Number of input ports 的默认值 1 修改为 3，如图 3 - 77 所示。

④ Enabled Subsystem 和 Enabled Subsystem1 仿真模块已设置，在此不过多叙述。

系统仿真参数设置均采用默认参数。运行仿真模型，仿真结果如图 3 - 78 所示。

由图 3 - 78 可以看出，只有在控制信号为正时，使能子系统才有输出，而设置不同的使能状态可以获得不同的结果。当 Signal Generator 产生的信号为正时，Enabled Subsystem 有输出，而 Enabled Subsystem1 没有输出，只是保持前一时段的信号输出。

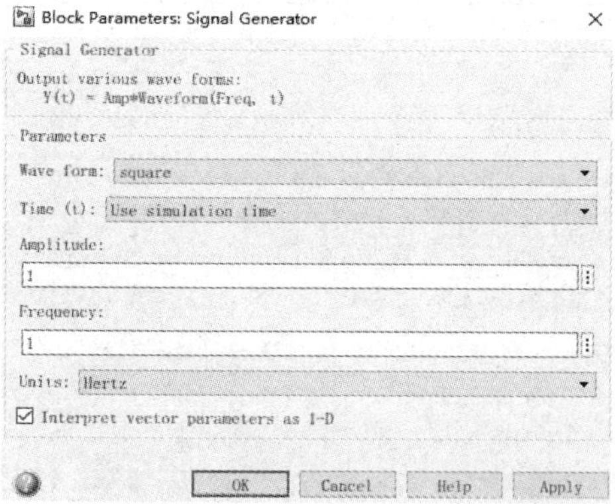

图 3 - 76　Signal Generator 模块参数设置 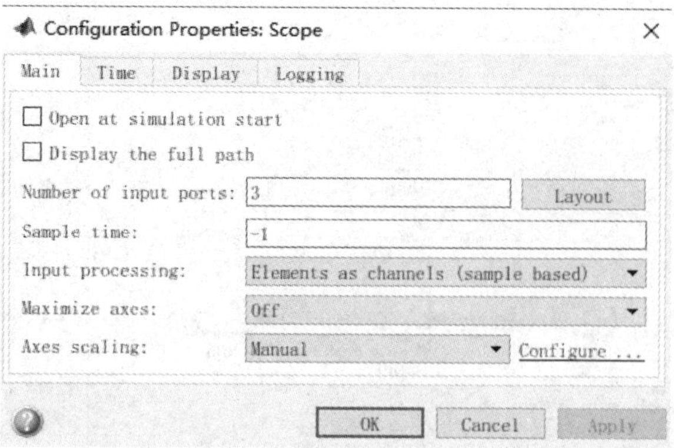　　　　图 3 - 77　Scope 模块输入端口参数设置

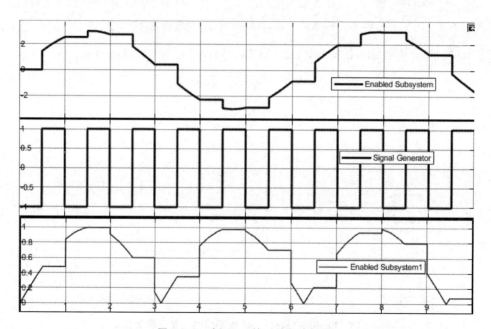

图 3 - 78　例 3 - 3 的系统仿真结果

　　如果在使能子系统中存在着状态变量,那么当使能子系统状态设置为 reset 时,它的状态变量将被重置为初始状态(不一定为零);当使能子系统设置为 held 时,它的状态变量将保持不变。至于系统的输出,取决于系统的状态变量和系统的输入信号。

　　触发子系统是指当控制信号的符号发生改变时才开始执行的子系统。若控制信号出现上升沿时开始执行子系统,那么这样的子系统就是上升沿触发子系统;若控制信号出现下降沿时开始执行子系统,那么该子系统就是下降沿触发子系统;若系统在控制信号出现任何过零时开始执行子系统,那么该子系统就是双边触发子系统。

　　例 3 - 4　建立并仿真一个触发子系统。

　　建立如图 3 - 79 所示的含有触发子系统的动态系统模型。

　　图 3 - 79 所示的动态系统模型中含有三个触发子系统,分别是 Triggered Subsystem A、Triggered Subsystem B 和 Triggered Subsystem C,其触发条件分别是上升沿触发、下降沿触

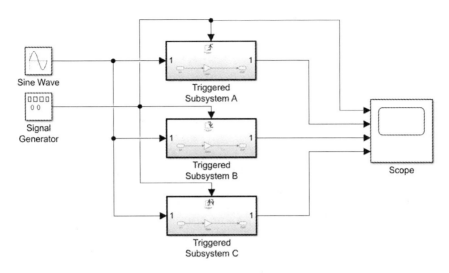

图 3 - 79　含有触发子系统的动态系统模型

发和双边沿触发（即过零触发）。其内部结构和触发状态设置如图 3 - 80 所示。

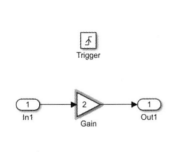

(a) Triggered Subsystem A内部结构

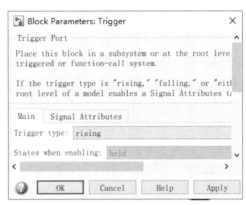

(b) 触发状态设置为rising (上升沿触发)

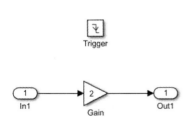

(c) Triggered Subsystem B内部结构

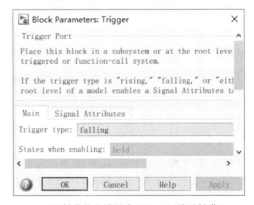

(d) 触发状态设置为falling (下降沿触发)

图 3 - 80　触发子系统内部结构及其触发状态设置

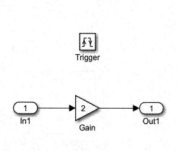

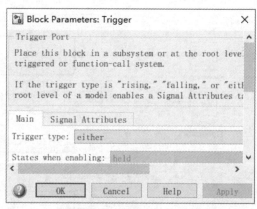

(e) Triggered Subsystem C内部结构　　　　(f) 触发状态设置为either (双边触发)

图 3 - 80　触发子系统内部结构及其触发状态设置(续)

注意：触发子系统的触发类型中还有一项为 function-call。该项主要用于函数调用，即当输入信号满足某一函数的条件时子系统开始执行。

对于所有的触发子系统而言，它们都具有零阶保持的特性。所谓的零阶保持，是指输出结果保持不变。对于触发子系统，当系统在触发信号控制下开始执行子系统时，系统输入产生相应的输出。当触发信号离开过零时，系统的输出将保持原来的输出值。

由于触发子系统的执行依赖于其触发控制信号，因此触发子系统不能指定常值采样时间，只有带继承采样时间的模块才能在触发子系统中应用。在图 3 - 79 所示的系统中，对于上升沿和下降沿的触发子系统，其采样周期为两个触发时刻之间的时间间隔(即触发控制方波信号的两个相邻上升沿或下降沿之间的间隔)；对于双边触发系统，其采样周期为触发控制方波信号的相邻上升沿和下降沿之间的间隔。在图 3 - 79 所示的系统中，除了上述触发子系统的设置之外，其他模块的设置如下：

① 系统输入的正弦信号，其角频率为 16 rad/s，其余采用默认值。

② 子系统触发控制信号均为方波信号，由 Signal Generator 模块产生方波控制信号，其参数设置：wave form 为 square(方波)，幅值为 2，频率为 2 Hz。

③ Scope 示波器模块，输出 layout 布局为 4(行)×1(列)。

子系统仿真参数采用 Simulink 软件包默认值。

运行如图 3 - 79 所示的动态仿真系统模型，仿真结果如图 3 - 81 所示。

在图 3 - 81 中，第一个图形曲线是示波器输出的方波控制信号，第二至第四个示波器输出的曲线分别是上升沿、下降沿和双边触发子系统的输出曲线。从仿真结果曲线图中我们可以看到，对于上升沿触发子系统，当方波信号出现上升沿时，系统开始被执行，并且其输出在下一个方波信号上升沿到来之前一直保持不变，即零阶保持特性；对于下降沿触发子系统，当方波信号出现下降沿时，系统被执行，并且其输出在下一个方波信号下降沿到来之前保持不变。双边触发子系统情况类似。对于同一控制信号，双边触发子系统的输出频率是上升沿或下降沿(即单边触发)子系统频率的 2 倍。

在触发子系统中，当触发事件发生时，触发子系统中的所有模块一同被执行。只有当子系统中的所有模块都被执行完毕后，Simulink 才会转移到本系统模型中的上一层执行其他的模

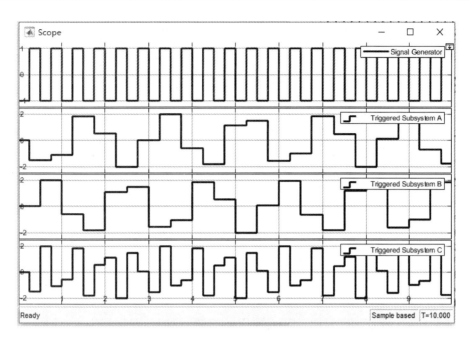

图 3 - 81　例 3 - 4 的系统仿真结果

块。这样的子系统称为原子子系统。原子子系统具有如下特点：

① 子系统是一实际模块，需要按照顺序连续执行。

② 子系统作为一个整体进行仿真，其功能类似于一个单独的系统模块。

③ 子系统中的模块在子系统中被排序执行。

如何建立原子子系统呢？主要有两种方法：

方法 1：新建原子子系统。打开 Simulink 浏览器，选择 Ports&Subsystems 模块库中的 Atomic Subsystem 子系统模块，添加到仿真模型窗口中，双击该子系统模块，编辑原子子系统。

方法 2：将现有子系统强制转换为原子子系统。在仿真模型中选择某一子系统，右击，在弹出的快捷菜单中选择 Block Parameters(Subsystem)，然后弹出 Block Parameters 对话框，选择 Main 选项卡，选中 Treat as atomic unit 复选框，如图 3 - 82 所示。

注意：使能子系统是不能转换成原子子系统的，因为使能子系统中模块顺序不能被改变，其 Block Parameters 对话框中的参数设置里的 Treat as atomic unit 为灰色，即不能修改，如图 3 - 83 所示。

其他的子系统在此简单介绍，用户可查阅相关资料深入学习。

① Configurable Subsystem(可配置子系统)：用来代表自定义库中的任意模块，只能在用户自定义库中使用。

② Function-Call Subsystem(函数调用子系统)：使用 S-Function 的逻辑状态而非普通的信号作为触发子系统的控制信号。函数调用子系统本质上属于触发子系统，在触发子系统的触发模块 Trigger type 参数设置中选择 function-call 可以将普通触发子系统转换成函数调用子系统，如图 3 - 84 所示。

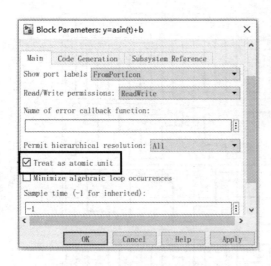

图 3 - 82　强制转换成原子子系统

图 3 - 83　使能子系统不能转换成原子子系统

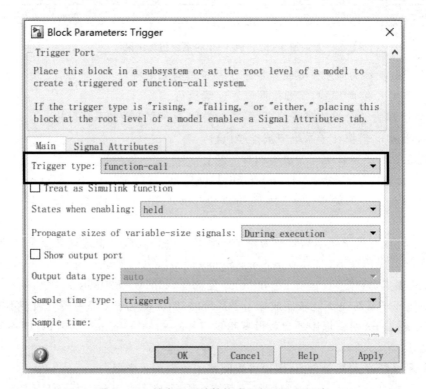

图 3 - 84　触发子系统转换成函数调用子系统

　　注意：使用函数调用子系统时，子系统的函数触发端口必须使用 Function-Call Generator（函数调用发生器）作为输入，这里需要使用 S-Function。

　　③ For Iterator Subsystem（For 循环子系统）：该系统的目的是在一个仿真时间步长内循环执行子系统。用户可以指定一个仿真时间步长内子系统的执行次数，以达到某种特殊的目的。

④ While Iterator Subsystem（While 循环子系统）：该子系与 For 循环子系统类似，同样可以在一个仿真时间步长内循环执行子系统，但是必须满足一定的条件。该循环子系统与高级语言中的 While 循环类似，有当型和直到型两种。

⑤ Switch Case Action Subsystem（Switch case 条件选择子系统）：针对输入子系统中的不同取值，分别执行不同的功能，该子系统与高级语言 C 或 C＋＋中的 switch case 语句功能类似。

注意：Switch case 条件选择子系统必须同时使用 Switch Case 模块和 Switch Case Action Subsystem 子系统模块。

⑥ If Action Subsystem（表达式执行子系统）：该子系统的执行依赖于逻辑表达式的取值，这与高级语言 C 或 C＋＋中的 if else 语句类似。

注意：表达式执行子系统必须同时使用 If 模块和 If Action Subsystem 子系统模块。

3.5　Simulink 仿真设置

1. 启动仿真参数对话框

Simulink 中模型的仿真参数通常在 Configuration Parameters 对话框内设置，这个对话框中包含所有设置的仿真参数。在这个对话框中，用户可以设置仿真算法、仿真起止时刻和误差容限，定义仿真结果数据的输出和存储方式，还可以设定仿真过程中错误的处理方式。

首先打开或建立自己所需的仿真模型，然后在 Simulink 模型窗口中打开 MODELING 选项卡，选择 Setup→Model Settings 命令，或者直接按 Ctrl＋E 组合键，弹出 Configuration Parameters 对话框，如图 3－85 所示。

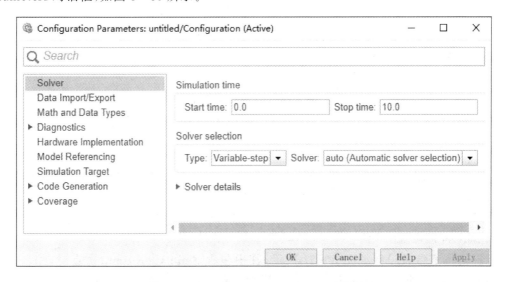

图 3－85　Configuration Parameters 对话框

在 Configuration Parameters 对话框中用户可以根据自己的需要进行参数设置。除了参数设置之外，也可以把参数指定为 MATLAB 表达式，这个表达式通常由常值、工作区变量名、MATLAB 函数以及各种数学运算符号组成。参数设置完毕后，单击 Apply 按钮进行应用设置，或者单击 OK 按钮关闭对话框。如果需要,也可以保存模型,以保存所设置的仿真模型参数。

仿真设置主要包括:求解器、数据的输入和输出、数学与数据类型、故障诊断、硬件实现、模型参考(引用)、仿真目标、代码生成和范围。

2. 控制仿真执行

Simulink 的仿真模型窗口如图 3 - 86 所示,用户可以利用 Start、Stop 命令(或按钮)开始、停止仿真。

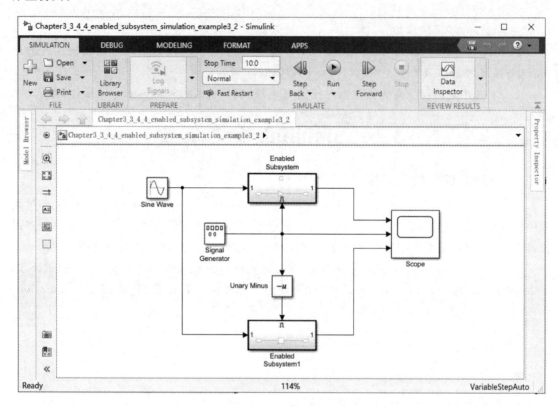

图 3 - 86　仿真模型窗口

注意:用户可以用 Ctrl＋T 组合键启动仿真,再次按下 Ctrl＋T 组合键停止仿真。

3. 仿真参数设置

仿真参数对话框中共有 9 个选项,分别是 Solver、Data Import/Export、Math and Data types、Diagnostics、Hardware Implementation、Model Referencing、Simulation Target、Code Generation、Coverage。

1) Solver(求解器)

求解器仿真参数设置如图 3 - 87 所示,其中包含 Simulation time(仿真时间)、Solver selection(求解器选择)、Solver details(求解器细节)和 Advanced parameters(高级参数)四个部分。

(1) Simulation time 设置

用户可以在 Start time 和 Stop time 文本框中输入模型仿真的开始时间和结束时间。注意:仿真时间与实际时间并不是相同的,因为仿真时间取决于很多因素,例如仿真模型的复杂

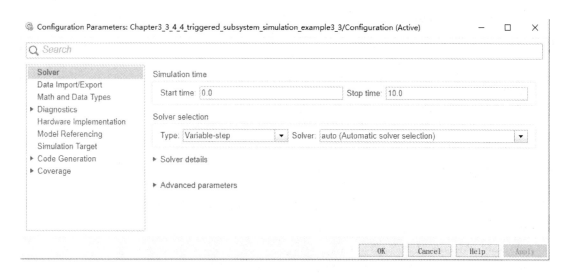

图 3 - 87　Configuration Parameters 对话框求解器仿真参数设置

度、计算机的计算速度等。

（2）Solver selection 设置

在 Type 下拉列表框中可以选择 Fixed-step（固定步长）或 Variable-step（变步长）求解类型，在 Solver 下拉列表框中选择相应求解算法，同时 Fixed-step size 也可以设定。图 3 - 87 显示的是固定计算步长，欧拉算法、固定步长的大小自动设定。

固定步长的求解器如图 3 - 88 所示，主要算法有：

① ode1（Euler），欧拉法；

② ode2（Heun），又称改进欧拉法；

③ ode3（Bogacki-Shampine），又称梯形积分法；

④ ode4（Runge-Kutta），龙格库塔法；

⑤ ode5（Dormand-Prince），5 级精度龙格库塔法；

⑥ ode8（Dormand-Prince），8 级精度龙格库塔法；

⑦ ode14x（extrapolation），外推法；

⑧ discrete（no continuous states），非连续状态法，适合固定步长离散算法。

可变步长的求解器如图 3 - 89 所示，主要的算法有：

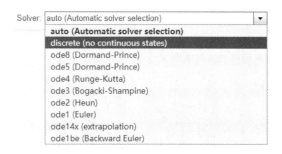

图 3 - 88　固定步长求解算法的类型

图 3 - 89　可变步长求解算法的类型

① discrete(no continuous states),非连续状态法,不进行积分,但是执行过零检测的变步长离散算法,是离散模型的默认算法。

② ode45(Dormand-Prince),即精确龙格库塔法;

③ ode23(Bogacki-Shampine),又称梯形积分法;

④ ode113(Adams),即变阶多步算法;

⑤ ode15s(stiff/NDF),基于数值积分算法(NDF)的变阶算法;

⑥ ode23s(stiff/Mod. Rosenbrock),基于 Rosenbrock 算法的一个改进算法,它是一步算法,可以解决 ode15s 算法无法解决的刚体问题;

⑦ ode23t(mod, stiff/Trapezoidal),使用"任意"插值的梯形积分法;

⑧ ode23tb(stiff/TR-BDF2),第一阶段使用精确龙格库塔法,第二阶段使用二阶微分后向算法。

(3) Solver details 设置

在变步长的情况下,其求解器还提供了详细的选项。不同的算法关于计算步长、分辨率、误差等会有不同的选项,下面以 ode23tb 为例,如图 3-90 所示。

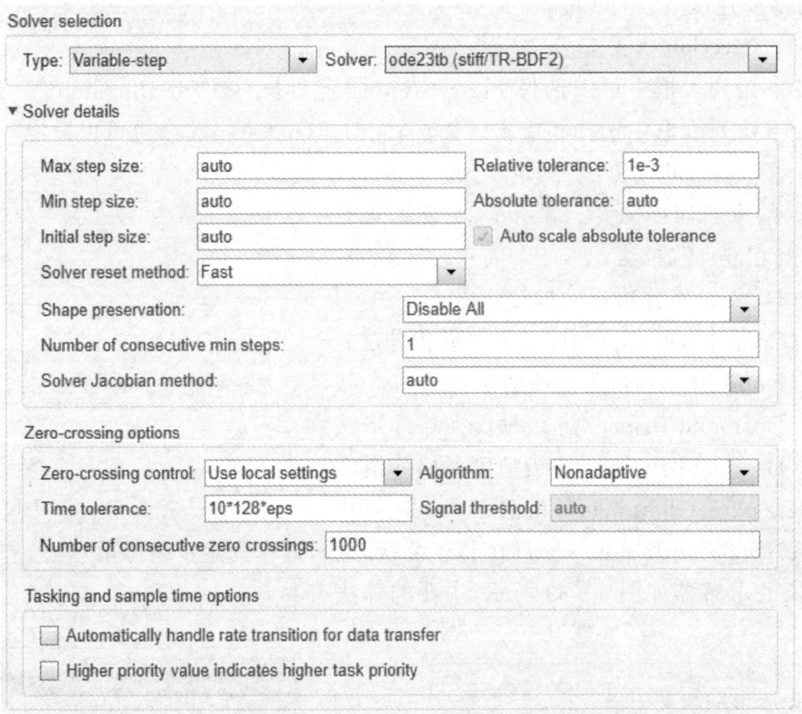

图 3-90　变步长 ode23tb 求解器的详细选项

图 3-90 中除了 Type 和 Solver 之外,主要设置最大步长、最小步长、相对误差、绝对误差、初始步长、求解器重置方法、保形性、连续最小步数、求解器的雅可比方法等。

Zero-crossing options 过零选项包括过零控制、算法、时间公差、信号阈值、连续过零次数。

Tasking and sample time options 是任务与采样时间参数设置:

① Automatically handle rate transition for data transfer：自动处理数据转换的传输速度。

② Higher priority value indicates higher task priority：优先级值越高表示任务优先级越高。

（4）Advanced parameters 设置

① Enable decoupled continuous integration：实现解耦连续集成。

② Enable minimal zero-crossing impact integration：实现最小过零影响集成。

在固定步长的情况下，其求解器也提供了详细的选项，如图 3 – 91 所示，主要设置步长大小。

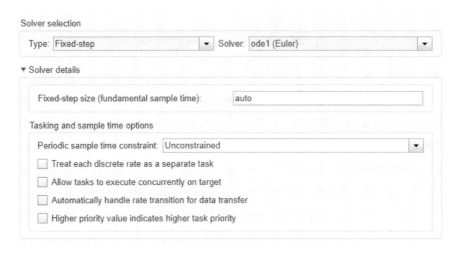

图 3 – 91　固定步长 ode1 求解器的详细选项

对于 Tasking and sample time options（任务与采样时间参数）设置，主要有 4 个复选框可供选择：Treat each discrete rate as a separate task（将每一个离散速率视为一个单独的任务）、Allow tasks to execute concurrently on target（允许任务在目标上并行执行）、Automatically handle rate transition for data transfer（自动处理数据转换的传输速度）、Higher priority value indicates higher task priority（优先级值越高表示任务优先级越高）。

2) Data Import/Export(数据输入/输出)

数据输入/输出参数主要包括 5 个部分：Load from workspace（从工作区加载）、Save to workspace or file（输出结果保存到工作区或文件，即写文件）、Simulation Data Inspector（仿真数据检查器）、Additional parameters（附加参数）和 Advanced parameters（高级参数），如图 3 – 92 所示。

（1）Load from workspace

在仿真运行期间，用户可以从模型的基本工作区中将输入应用到模型的最顶层输入口。为了指定这个选项，可以从 Load from workspace 区域中选中 Input 复选框，然后在相邻的文本框内写输入描述，单击 Apply 按钮。也可以单击 Connect Input 按钮，实现从他处的连接输入。默认的输入变量为[t,u]。除此之外，还可选择初始状态。

在此需要指出的是，输入矩阵的总列数为 $n+1$，n 是从工作区输入到 Simulink 模型中输

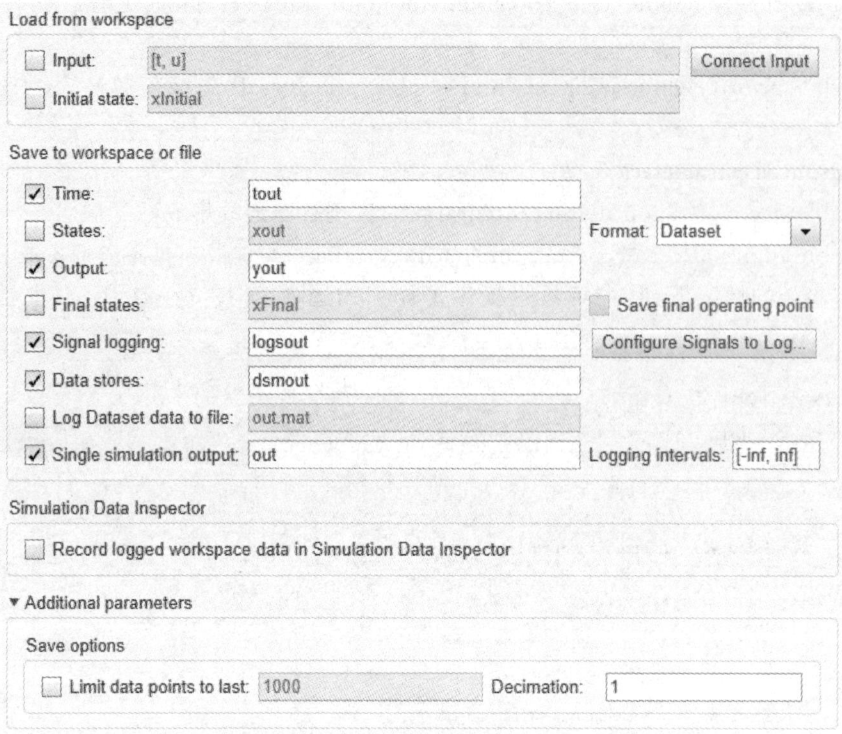

Load from workspace

☐ Input: [t, u]   Connect Input

☐ Initial state: xInitial

Save to workspace or file

☑ Time: tout

☐ States: xout   Format: Dataset ▼

☑ Output: yout

☐ Final states: xFinal   ☐ Save final operating point

☑ Signal logging: logsout   Configure Signals to Log...

☑ Data stores: dsmout

☐ Log Dataset data to file: out.mat

☑ Single simulation output: out   Logging intervals: [-inf, inf]

Simulation Data Inspector

☐ Record logged workspace data in Simulation Data Inspector

▼ Additional parameters

Save options

☐ Limit data points to last: 1000   Decimation: 1

图 3 - 92　数据输入/输出参数设置

入端口的信号总数。如果矩阵的输入总数与模型端口的输入总数不相同,模型仿真时就会显示出错信息。

例 3 - 5　假设要实现如下代数方程模型:

$$\begin{cases} y_1 = \cos t + 2t - 3 \\ y_2 = 2\sin t \end{cases}$$

按照上述方程组的要求创建 Simulink 仿真模型,如图 3 - 93 所示。

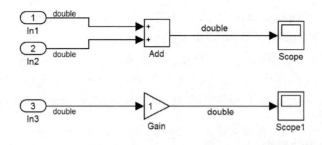

图 3 - 93　3 个输入端口模型示例

在数据输入/输出参数设置对话框中,选中 Input 复选框,定义变量 t 和 u,在工作区中加载的时间和信号输入如下:

```
>>t = [0:0.1:20];
>>u = [cos(t) 2 * t - 3 2 * sin(t)];
```

在这里 $n=3$,输入矩阵的总列数为 4。给定了输入信号后,在模型窗口中运行仿真,打开

示波器观察输出 y_1 和 y_2 信号曲线,如图 3 - 94 所示。

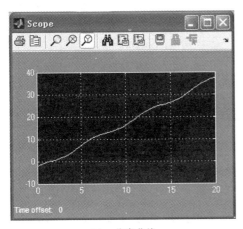
(a) y_1 仿真曲线

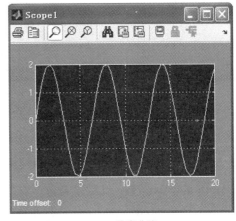
(b) y_2 仿真曲线

图 3 - 94　从工作区加载的方程输出仿真曲线图

在本例中,数据的输出格式设置为 Array 格式。数据输出格式主要有 3 种(见图 3 - 95):Array(矩阵格式)、Structure(数据结构式)、Structure with time(有时间定义的数据结构式)。Structure 与 Structure with time 的唯一区别就是它的时间属性为空。数据输出格式有 2 个顶层属性,即 Time 和 Signals。

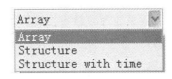

图 3 - 95　数据输出格式

数据输出格式必须在 Save to workspace 区域内的 Time State Output 选项区指定。Time State Output 选项区主要用来设置:Time(返回到工作区的时间变量)、Format(输出格式)、States(返回的状态)、Limit data points to last(数据极限点)、Output(输出变量)、Final State(最终返回的记录状态)。同时,也有一复选框 Save complete simstate in final state 保存最终完成的仿真状态。

为了能够将工作区数据装载到模型的输入端口,用户应该先选中 Data Import/Export 中的 Input 复选框。

如果一个端口的所有输入都是矩阵,即二维数组 $M \times N$,那么输入值 values 属性必须是 $M \times N \times T$,其中 T 是时间点数,$M \times N$ 是每个矩阵的输入维数。例如,用户想要为模型的某一端口输入一个 3×4 阶矩阵信号的 25 个时间点,那么工作区的输入变量维数 Dimensions 等于[3 4],输入值维数等于[3 4 25]。

(2) Save to workspace or file

将仿真结果写入文件或者 MATLAB 工作空间,主要设置时间变量、状态变量、数据输出格式、信号记录、数据存储等内容,如图 3 - 92 所示。

(3) Simulation Data Inspector

选择是否要在仿真数据检查器中记录工作空间的数据。

(4) Additional parameters

Additional parameters 中主要是关于数据存储方面的选择,如图 3 - 96 所示。

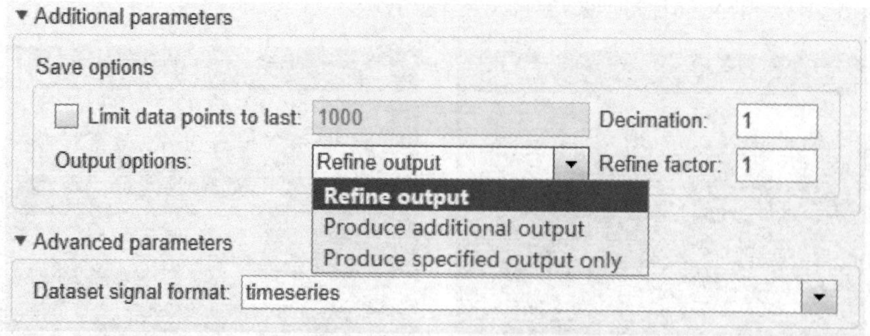

图 3 - 96　附加参数的选择

3) Math and Data Types(数学与数据类型)

如图 3 - 97 所示,在数学方面,针对非正常数据采取的仿真方法进行选择,主要有渐变下溢和变为零两种,以及是否要使用优化算法等。在数据类型方面,针对未确定数据类型的默认类型,可选择双精度或单精度。使用除法对特定的定点数的净坡度计算进行优化,默认为 off(即不优化),on 则为优化。选择是否要将增益参数继承无损的内置整数类型,选择是否要使用浮点乘法处理净斜率校正。附加参数包括应用程序的寿命设置,将逻辑信号转换为布尔数据的选择。

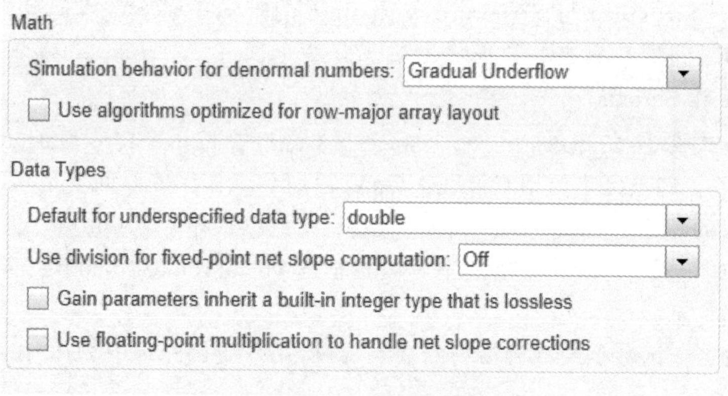

图 3 - 97　数学与数据类型

仿真诊断、硬件实现、模型参考(引用)、仿真目标、代码生成、范围等其他选项,用户可自行阅读和理解。

4. 信号输出显示

通常情况下,模型仿真结果可以以数据形式保存在文件中,也可以以图形的方式显示。对于大部分工程技术人员来说,查看和分析模型曲线以分析模型内部结构,以及判断结果的准确性具有十分重要的意义。通常情况下,有以下几种方式可以绘制模型输出曲线轨迹:

➤ 使用 Scope 模块或 XY Graph 模块;

➤ 使用 Floating Scope 模块和 Display 模块;

➤ 将仿真结果数据写入返回变量,并用 MATLAB 命令绘制曲线;

➤ 将输出数据用 To Workspace 模块写入到工作区,并用 MATLAB 命令绘制曲线。

1) 使用 Scope 模块和 XY Graph 模块

Scope 模块实质是示波器模块,它与实验室所用的示波器具有相同的功能。用户可以在仿真运行期间打开 Scope 模块,也可以在仿真结束后打开 Scope 模块。如果信号是连续的,则生成点到点曲线;若输出信号是离散的,则生成阶梯状曲线。Scope 界面如图 3 - 98 所示。

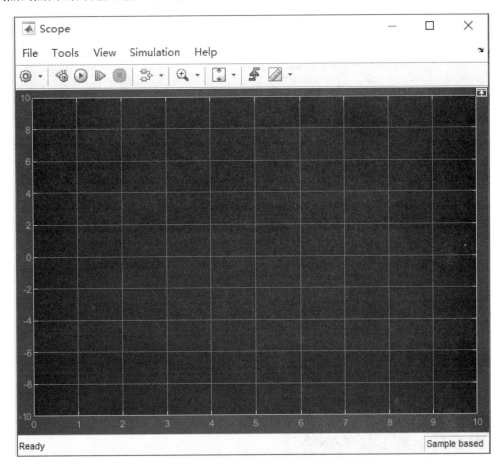

图 3 - 98　Scope 界面图

用户可以在 Scope 界面图中单击示波器参数,进行相应显示参数的设置。曲线显示参数设置对话框如图 3 - 99 所示。用户可以在图 3 - 99 所示的对话框中选择或设置信号输入端口数、时间范围、数轴、比例、图例、记录等。

若用户想对显示的曲线进行参数设置,那么在如图 3 - 99 所示的对话框中用户可以修改Y 轴范围和信号标签、是否显示网格等。

XY Graph 模块是 Sink 库内的模块,该模块利用 MATLAB 的图形输出窗口绘制信号曲线。这个模块有两个标量,第一个标量作为 X 轴数据,第二标量作为 Y 轴数据。同时也可以设定 X 轴和 Y 轴的范围,对于超出的部分则不显示。若一个模型中有多个 XY Graph 模块,那么仿真时 Simulink 会为每一个图形打开一个 XY Graph 模块。如图 3 - 100 所示,利用 Scope 模块和 XY Graph 模块显示输出曲线的仿真模型示例。运行仿真模型,模型输出轨迹如图 3 - 101 所示。

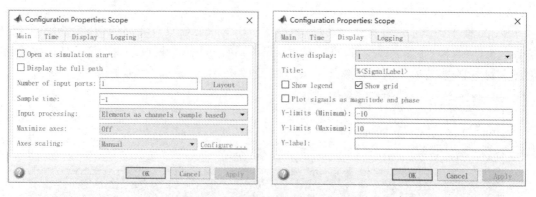

图 3 - 99　曲线显示参数设置对话框

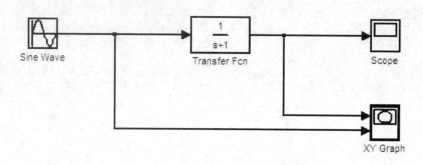

图 3 - 100　双输出显示模块仿真示例

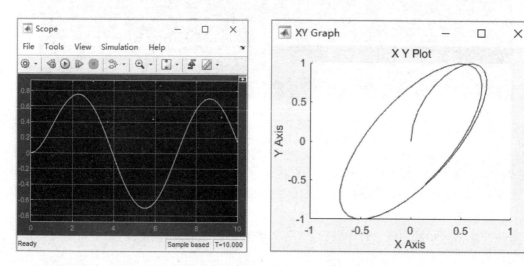

图 3 - 101　多输出显示模块仿真运行结果图

2) 使用 Floating Scope 模块和 Display 模块

Floating Scope 模块也是一个示波器，能够显示一条或多条曲线。用户可以从 Sink 库中把 Scope 模块放置到模型中，并单击"悬浮示波器"按钮；也可以从 Sink 库中把 Floating Scope 复制到模型中。

Floating Scope 模块是不带输入端口的模块，可以显示在仿真过程中的任何一个被选信号。Floating Scope 是通过坐标轴系周围的蓝框来辨认的。若用户要选择某条线路上的信号,则需选择这个信号线。可按下 Shift 键同时选择其他信号,也可以同时选择多个信号。

示例:如图 3 - 102 所示,使用 Floating Scope 在两个窗口同时显示两个输入信号。选择 Sine Wave 模块产生并传递信号的信号线,并选择 Floating Scope。运行该仿真模型,如图 3 - 103 所示。

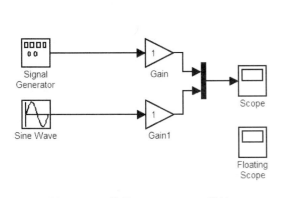

图 3 - 102　使用 Floating Scope 模块
在两个窗口同时显示两个输入信号

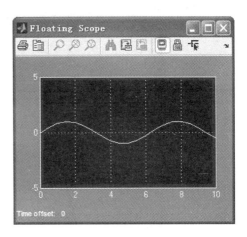

图 3 - 103　Floating Scope 窗口显示的正弦信号

当然,用户还可以通过 Floating Scope 窗口中的信号选择按钮 ,打开 Signal selector 对话框。

另外一种悬浮显示模块是 Display 模块。用户可以在 Display 模块对话框内选择 Floating display 选项设置悬浮显示模块。该模块可以显示一个或者多个数值,示例如图 3 - 104 所示。

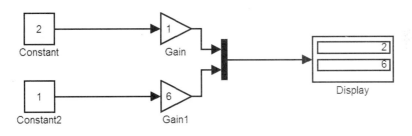

图 3 - 104　Display 模块多数值显示示例

3) 使用返回变量

用户可以把仿真变量返回到所定义的工作区变量中,然后利用 MATLAB 的绘图命令和标注输出数据曲线。

使用返回变量的仿真模型如图 3 - 105 所示。打开 Configuration Parameters 对话框,选择 Data Import/Export 选项页使用默认变量名 tout 和 yout,然后运行仿真。在 MATLAB 命令窗口中输入如下命令:

```
>>plot(tout,yout)
```

MATLAB 绘制出的图形曲线如图 3 - 106 所示。

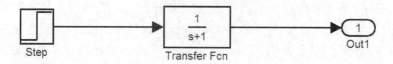

图 3 - 105   使用返回变量的仿真模型

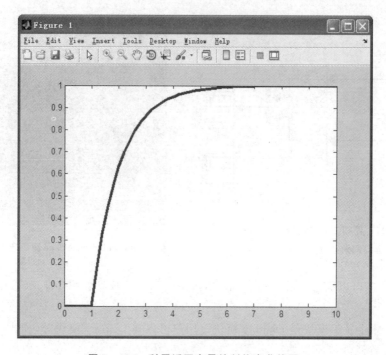

图 3 - 106   利用返回变量绘制仿真曲线图

4) 使用 To Workspace 模块

To Workspace 模块可以把仿真模型的输出变量写入到 MATLAB 工作区中,示例如图 3 - 107 所示。

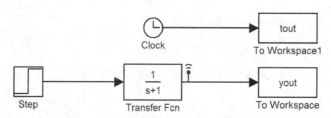

图 3 - 107   使用 To Workspace 模块输出仿真结果

当仿真结束时,变量 y 和 t 出现在 MATLAB 窗口的工作区中,时间向量 t 是通过 Clock 模块传递到 To Workspace 模块中的。在 MATLAB 命令窗口输入以下命令:

```
>>plot(tout,yout)
```

MATLAB 绘制出的图形曲线如图 3 - 106 所示。

在 To Workspace 模块中,打开其对话框,如图 3 - 108 所示。该模块把输入写入到 MAT-LAB 工作区,把其输出写入到该模块的参数变量 yout 中。输出变量的格式在对话框的 Save format 参数中指定，可以指定为 Array 数组或 Structure 结构。Decimation 为倍数因子。

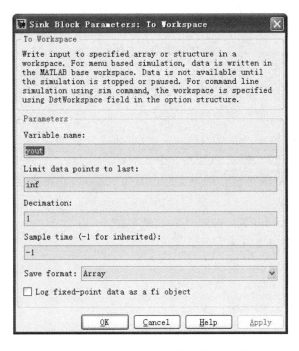

图 3 - 108　To Workspace 参数设置对话框

3.6　Simulink 用户自定义模块及模块库的创建和使用

3.6.1　Simulink 用户自定义模块

用户自定义函数库中各模块图标及名称如图 3 - 109 所示。

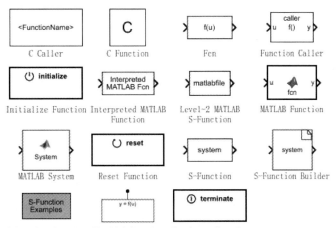

图 3 - 109　用户自定义函数库中各模块图标及名称

各模块功能如下：

➢ Fcn 模块用于通过自定义函数或表达式进行运算。

➢ Interpreted MATLAB function 模块用于 MATLAB 函数解释。

➢ Level-2 MATLAB S-Function 模块是 M 文件 S 函数。

➢ MATLAB Function 模块用于调用 MATLAB 现有的函数求取信号的函数值。

➢ S-Function 模块用于调用自编写的 S 函数进行运算。

➢ S-Function Builder 模块用于将用户提供的 S 函数和 C 语言源代码构造成一个 MEX S 函数。

➢ S-Function Examples 模块给出了一些 S 函数的例子。

用户可利用上述函数编写符合用户要求的自定义函数，并将所定义的函数放置到 Simulink 仿真模型中。

对于用户自定义模块，通常可按照以下步骤完成：

① 定义用户自定义模块行为。

② 确定用户自定义模块的类型。

③ 将用户自定义模块放置到模块库中。

④ 为用户自定义模块添加用户界面。

例 3 - 6　假设自定义一个饱和模块，以便基于模块参数或输入信号的值来限制信号的上界和下界，同时要求能在仿真完成后绘制饱和界限。

在命令窗口中输入以下命令：

```
>> open_system([docroot,'/toolbox/simulink/examples/ex_customsat_lib'])
```

运行上述命令后可打开包含两个版本的自定义饱和模块，如图 3 - 110 所示。

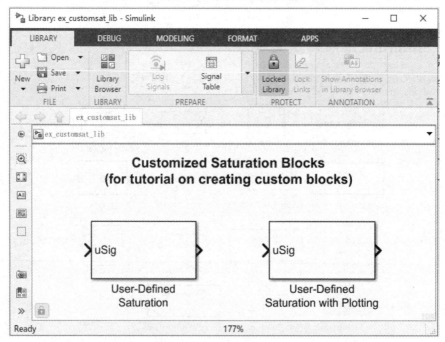

图 3 - 110　ex_customsat_lib 中的自定义饱和模块

利用图 3-110 所示模块定义图 3-111 所示的示例模型。

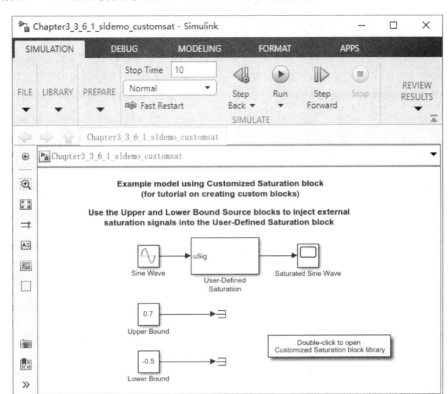

图 3-111　示例模型

（1）定义自定义模块的行为

自定义模块需要具有以下功能：

① 打开和关闭饱和上界或下界。

② 通过自定义模块参数设置上界和/或下界。

③ 使用输入信号设置上界和/或下界。

自定义模块还需要有以下限制：

① 达到饱和的输入信号必须为标量。

② 输入信号和饱和界限的数据类型都必须为双精度。

③ 不需要生成代码。

（2）确定自定义模块的类型

根据自定义模块的上述功能，模块实现需要支持以下功能：

① 多个输入端口。

② 相对简单的算法。

③ 没有连续或离散系统状态。

由于 MATLAB S-Function 函数可支持多个输入端口，并且算法相对较为简单，更新图或仿真模型时不会产生很大的开销，因此本例采用图 3-109 中的 Level-2 MATLAB S-Function 函数实现自定义模块。

(3) 参数化 MATLAB S-Function 函数

本例 S-Function 函数需要 4 个参数。第一个参数指示如何设置饱和上界。此界限可以关闭,通过模块参数进行设置,或者通过输入信号进行设置。第二个参数是饱和上界的值,仅当通过模块参数设置饱和上界时才使用此值。如果使用了此参数,用户能够在仿真过程中更改此参数的值,即该参数应该是可调的。第三个参数是指示如何设置饱和下界,此界限也可以关闭,通过模块参数设置或者通过输入信号进行设置。第四个参数是饱和下界的值,仅当通过模块参数设置饱和下界时才使用此值。与饱和上界一样,此参数在使用时也是可调的。

(4) 编写 S-Function 函数

可以将 MATLAB 中的模板文件 msfuntmpl. m 作为起始点来编写 Level-2 MATLAB S-Function。自定义饱和模块的完整编程版本见文件 Chapter3_3_6_1_cusom_mat. m。此 S-Function 将修改 S-Function 模板,如下:

① setup 函数基于为饱和上界、饱和下界模式输入的值来初始化输入端口数。如果通过输入信号设置饱和界限,此方法将为模块添加输入端口。然后,setup 方法指示有四个 S-Function 参数并设置参数可调性。最后,此方法注册在仿真过程中使用的 S-Function 方法。

```
function setup(block)
% The Simulink engine passes an instance of the Simulink.MSFcnRunTimeBlock
% class to the setup method in the input argument"block". This is known as
% the S - function block's run - time object.
% Register original number of input ports based on the S - function
% parameter values
try      % Wrap in a try/catch, in case no S - function parameters are entered
lowMode = block.DialogPrm(1).Data;
upMode = block.DialogPrm(3).Data;
numInPorts = 1 + isequal(lowMode,3) + isequal(upMode,3);
catch
numInPorts = 1;
end     % try/catch
block.NumInputPorts = numInPorts;
block.NumOutputPorts = 1;
% Setup port properties to be inherited or dynamic
block.SetPreCompInpPortInfoToDynamic;
block.SetPreCompOutPortInfoToDynamic;
% Override input port properties
block.InputPort(1).DatatypeID = 0;        % double
block.InputPort(1).Complexity = 'Real';
% Override output port properties
block.OutputPort(1).DatatypeID = 0;       % double
block.OutputPort(1).Complexity = 'Real';
% Register parameters. In order:
% - - If the upper bound is off(1)or on and set via a block parameter(2)
% or input signal(3)
% - - The upper limit value. Should be empty if the upper limit is off or
% set via an input signal
% - - If the lower bound is off(1)or on and set via a block parameter(2)
% or input signal(3)
% - - The lower limit value. Should be empty if the lower limit is off or
% set via an input signal
block.NumDialogPrms = 4;
block.DialogPrmsTunable = {'Nontunable','Tunable','Nontunable',...
'Tunable'};
```

```
% Register continuous sample times[0 offset]
block.SampleTimes = [0 0];
% %-------------------------------------------------------------------
% % Options
% %-------------------------------------------------------------------
% Specify if Accelerator should use TLC or call back into
% MATLAB script
block.SetAccelRunOnTLC(false);
% %-------------------------------------------------------------------
% % Register methods called during update diagram/compilation
% %-------------------------------------------------------------------
block.RegBlockMethod('CheckParameters',@CheckPrms);
block.RegBlockMethod('ProcessParameters',@ProcessPrms);
block.RegBlockMethod('PostPropagationSetup',@DoPostPropSetup);
block.RegBlockMethod('Outputs',@Outputs);
block.RegBlockMethod('Terminate',@Terminate);
% end setup function
```

② CheckParameters 方法验证在 Level-2 MATLAB S-Function 模块中输入的值。

```
function CheckPrms(block)
lowMode = block.DialogPrm(1).Data;
lowVal = block.DialogPrm(2).Data;
upMode = block.DialogPrm(3).Data;
upVal = block.DialogPrm(4).Data;
% The first and third dialog parameters must have values of 1 - 3
if~any(upMode == [1 2 3]);
error('The first dialog parameter must be a value of 1,2,or 3');
end
if~any(lowMode == [1 2 3]);
error('The first dialog parameter must be a value of 1,2,or 3');
end
% If the upper or lower bound is specified via a dialog,make sure there is a specified bound.
% Also,check that the value is of type double
if isequal(upMode,2),
if isempty(upVal),
error('Enter a value for the upper saturation limit.');
end
if~strcmp(class(upVal),'double')
error('The upper saturation limit must be of type double.');
end
end
if isequal(lowMode,2),
if isempty(lowVal),
error('Enter a value for the lower saturation limit.');
end
if~strcmp(class(lowVal),'double')
error('The lower saturation limit must be of type double.');
end
end
% If a lower and upper limit are specified,make sure the specified
% limits are compatible.
if isequal(upMode,2)&&isequal(lowMode,2),
if lowVal>= upVal,
error('The lower bound must be less than the upper bound.');
end
end
% end CheckPrms function
```

③ ProcessParameters 和 PostPropagationSetup 方法处理 S-Function 参数调优。

```
function ProcessPrms(block)
% % Update run time parameters
block.AutoUpdateRuntimePrms;
% end ProcessPrms function
function DoPostPropSetup(block)
% % Register all tunable parameters as runtime parameters.
block.AutoRegRuntimePrms;
% end DoPostPropSetup function
```

④ Outputs 方法基于 S-Function 参数设置和输入信号来计算模块的输出。

```
function Outputs(block)
lowMode = block.DialogPrm(1).Data;
upMode = block.DialogPrm(3).Data;
sigVal = block.InputPort(1).Data;
lowPortNum = 2;                        % Initialize potential input number for lower saturation limit
% Check upper saturation limit
if isequal(upMode,2),                  % Set via a block parameter
upVal = block.RuntimePrm(2).Data;
elseif isequal(upMode,3),              % Set via an input port
upVal = block.InputPort(2).Data;
lowPortNum = 3;                        % Move lower boundary down one port number
else
upVal = inf;
end
% Check lower saturation limit
if isequal(lowMode,2),                 % Set via a block parameter
lowVal = block.RuntimePrm(1).Data;
elseif isequal(lowMode,3),             % Set via an input port
lowVal = block.InputPort(lowPortNum).Data;
else
lowVal = - inf;
end
% Assign new value to signal
if sigVal>upVal,
sigVal = upVal;
elseif sigVal<lowVal,
sigVal = lowVal;
end
block.OutputPort(1).Data = sigVal;
% end Outputs function
```

3.6.2　Simulink 模块库的创建和使用

当用户创建了很多封装子系统模块或者上述模块时,有必要分门别类地存储用户自定义的模块。同时,在进行仿真建模时,为了减少到模块库中来回查找所需要的模块,用户有必要将同一类功能相关或相近的一组常用模块统一放置在同一模块库中。

例 3 - 7　在前述内容基础上叙述 Simulink 模块库的创建与使用。

具体步骤如下:

第一步,创建如图 3 - 112 所示的积分子系统,其中 Gain 模块的增益参数为一变量 m。

① 建立如图 3 - 63 所示的子系统,右击该子系统,在弹出的快捷菜单中选择 Mask→Add Icon Image 命令,编辑子系统显示图形,如图 3 - 113 所示。

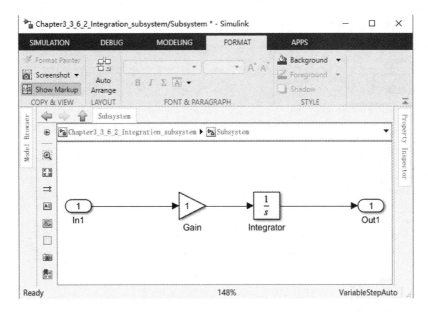

图 3 - 112　积分子系统模块示例

图 3 - 113　封装编辑子系统显示图形

② 封装设置。打开如图 3 - 60 所示的 Mask Editor→Icon&Ports 选项卡,会出现以下选项:

> Options 选项组:可定义图标的边框是否可见(Block frame)、系统在图标中自动生成的端口标签是否可见(Icon transparency)、图标单位(Icon units)、图标是否旋转(Icon rotation)等,用户试一试就能很快理解和掌握。

> Icon drawing commands 图标绘制命令文本框:用 MATLAB 命令来定义如何绘制子系统的图标。这里的绘制命令可以调用 Initialization 选项卡中定义的变量。图 3 - 113 所示图标可使用"Image('$ imagefile');"命令。

> Preview 选项组:显示封装系统的图标预览。

上述三项设置后的结果如图 3 - 114 所示。

③ 设置 Parameters&Dialog 选项卡,如图 3 - 115 所示。

④ 设置 Initialization 选项卡,如图 3 - 116 所示。Initialization 选项卡允许用户定义封装子系统的初始化命令。初始化命令可以使用任何有效的 MATLAB 表达式、函数、运算符和在 Parameters&Dialog 选项卡中定义的变量;但是初始化命令不能访问 MATLAB 主窗口工作区中的变量。在每一条命令后用分号结束,这样可以避免模型运行时在 MATLAB 命令窗口

图 3-114　子系统 Icon&Ports 选项卡设置对话框

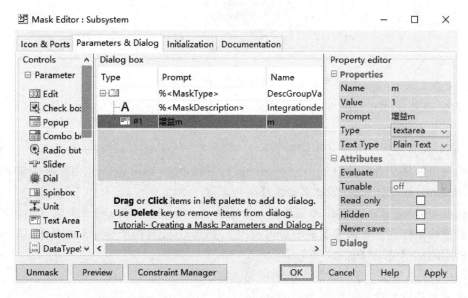

图 3-115　子系统 Parameters&Dialog 选项卡参数设置

显示运行结果。一般在此定义附加变量、初始化变量或绘制图标等。不建议将运行过程的计算结果显示在命令窗口中。

⑤ 设置 Documentation 选项卡。输入如图 3-117 所示的文字,以说明积分子系统中的功能和设置变量,或者是对其中所设置参数的一些说明及要求。

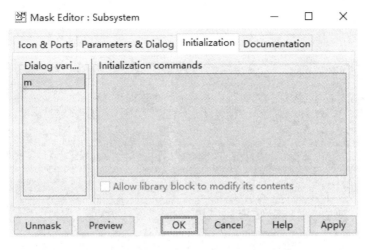

图 3 - 116　子系统 Initialization 选项卡参数设置

第二步,构建如图 3 - 113 所示的仿真系统,其中包含如图 3 - 112 所示的子系统。双击图 3 - 113 所示的子系统,弹出积分子系统参数设置对话框,并设置"增益 m"为"2",如图 3 - 118 所示。

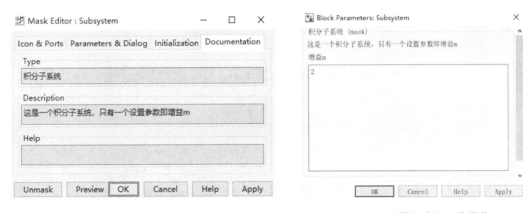

图 3 - 117　子系统 Documentation 选项卡　　　　**图 3 - 118　设置积分子系统增益 m**

第三步,其他仿真模块参数采用默认参数,运行图 3 - 113 所示的仿真系统,双击 Scope 模块,可得如图 3 - 119 所示的曲线图。

第四步,创建自定义 Chapter3_3_6_2_my_library 模块库。

在仿真模型窗口中利用 SIMULATION→New→Library 命令,或者在 MATLAB 库浏览器工具栏中单击图标按钮 Library… 即可创建用户自定义模块库。操作后弹出一个空白的库窗口,保存并命名文件 Chapter3_3_6_2_my_library。然后将需要存放在同一模块库中的模块复制到模块库窗口中即可,如图 3 - 120 所示。创建好模块库以后,用户在创建模型时可以不需要打开 Simulink 模块库浏览器,只需在 MATLAB 命令窗口中输入存放相应模块的模块库的文件名称即可打开用户自定义模块库。

第五步,将所创建的用户自定义模块添加到 Simulink 模块库中。

在 Simulink 模块库中选择一模块库,右击,在弹出的快捷菜单中选择 Open Common

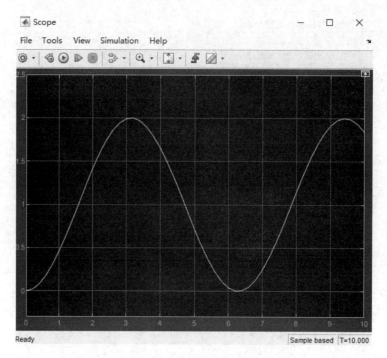

图 3 - 119　示例模型仿真曲线图

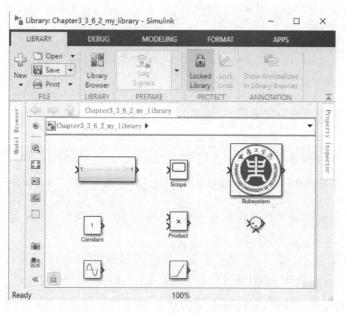

图 3 - 120　创建自定义模块库

Used Blocks library,弹出该模块库对话框。选择 Locked library 将该模块库打开。然后将所定义的积分子系统模块复制到该模块库中,保存该模块库,如图 3 - 121 所示。

　　关闭 MATLAB 软件,重新启动 MATLAB 并打开 Simulink/Commonly Used Blocks 模块库,即可看到前面所定义的子系统模块已在该子模块库中显示出来了,如图 3 - 122 所示。该用户自定义模块可以像 Simulink 模块库中的其他模块一样使用。

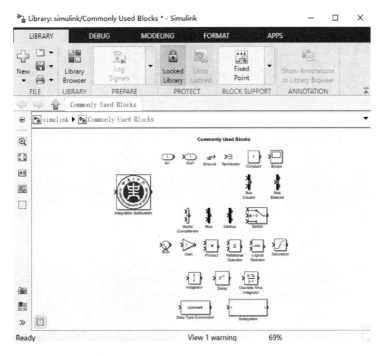

图 3 - 121 将自定义模块添加到 Simulink 模块库中

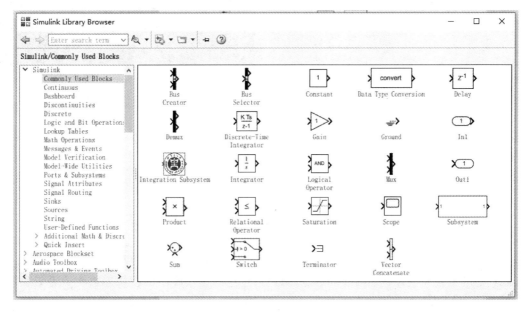

图 3 - 122 用户自定义模块已显示在 Commonly Used Blocks 模块库中

第六步,利用图 3 - 122 所示的用户自定义模块仿真模型 $3\displaystyle\int (x+1)\mathrm{d}x$。

根据所给的仿真模型,构建如图 3 - 123 所示的图形化仿真模型。

设置积分子系统模块参数,如图 3 - 124 所示,其余采用 MATLAB 默认值,运行结果显示仿真曲线如图 3 - 125 所示。

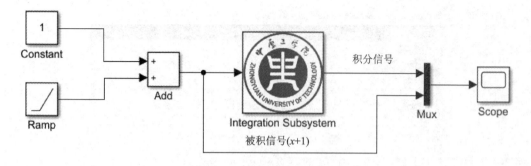

图 3 - 123　构建图形化仿真模型

图 3 - 124　积分子系统模块参数设置

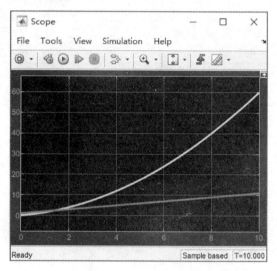

图 3 - 125　仿真结果显示

　　从上述示例可以看出,用户自定义模块是可以放置到 Simulink 仿真模块库中的,并且可以像 Simulink 模块库中的其他模块一样使用。除此之外,用户还可以利用前述用户自定义模块库和 Simulink 中的模块共同构建如图 3 - 123 所示的仿真模型。

3.7　S 函数的设计和应用

　　Simulink 为用户提供了很多内置的基本模块库,例如常用模块库(Commonly Used Blocks)、连续系统模块库(Continuous)等,用户通过这些模块库中的模块连接构成系统模型。但是这些内置的基本模块库中的模块是非常有限的,在一些特殊的情况下,尤其是针对某些特殊的应用中,工程研发人员或者科学研究人员通常会用到一些特殊的模块,这些模块可以是由基本模块构成的自定义模块,它们是由基本模块扩展而来的。

　　Simulink 提供了一个构建用户自定义模块的新工具 S-Function,该工具在 3.6 节中已有所涉及,S-Function 依然是基于 Simulink 原来提供的内置模块,通过对那些经常使用的模块进行组合并封装而构建出的可重复使用的用户自定义新模块。

　　S-Function 是系统函数(System Function)的简称,是一个动态系统的计算机语言描述。

在 MATLAB 中,用户可以选择用 M 文件编写,也可以用 C 语言、C＋＋语言或 mex 文件编写。在此处,我们仅介绍如何利用 M 文件编写 S-Function,因为使用 C 语言、C＋＋语言、Fortran 语言或 mex 文件编写的方法基本类似。S-Function 提供了扩展 Simulink 模块库的有力工具,它采用一种特定的调用语法,实现函数与 Simulink 求解器之间的交互,其交互就是与 Simulink 求解器和内置固有模块交互式操作相同,其最广泛的用途就是定制用户自己的 Simulink 模块,其形式十分灵活,可支持连续系统、离散系统和混合系统。

S 函数允许用户向模型中添加自己编写的模块,只要按照一定的规制,就可以在 S-Function 中添加设计算法。在编写好 S-Function 之后就可以在 S-Functions 模块中添加相应的函数名,也可以通过封装技术来定制自己的交互界面。

3.7.1　S 函数的设计

对于一些算法比较复杂的模块,可以使用 M 文件按照 S-Function 的格式来编写。需要注意的是,这样构造的 S-Function 函数只能用于基于 Simulink 的仿真,并不能转换成独立于 MATLAB 的程序。

S 函数的编写尽管较为简单方便,但是它却可以实现非常复杂的功能。其编写的步骤如下:

① 编定 S 函数程序。程序的编写有一定的模式,Simulink 为用户提供了编写 S 函数的模板文件,只需要在必要的子函数内编写相应的程序代码并输入相应的参数即可。

② 从 Simulink/User-Defined Functions 子模块库中复制一个 S-Function 模块,然后在其模块参数设置对话框中设置相应的参数即可。

在 S 函数程序编写完成之后,可以通过 Simulink/User-Defined Functions 子模块库中的 S-Function 模块把 S 函数添加到 Simulink 仿真模型中,还可以通过 S-Function 模块参数设置对话框对指定的 S-Function 名称以及需要传递的附加参数进行设置。S-Function 模块参数设置对话框如图 3－126 所示。

另外,通过对 S-Function 模块封装,使得设置函数需要传递的仿真参数变得更加方便、快捷。S 函数封装的方法与前述的子系统封装的方法是相同的,这里不再赘述。

利用 MATLAB 语言编写的 S 函数通常称为 M 文件 S 函数。在 M 文件 S 函数中,对 S-Function 子函数的调用是通过 M 文件子函数实现的。

图 3－126　S-Function 模块参数设置对话框

为了方便用户编写 M 文件 S 函数,Simulink 在 MATLABroot(MATLAB 根目录)\toolbox\simulink\blocks 中提供了一个名称为 sfuntmpl. m 的模板文件。通过该模板文件编写 S 函数,用户只需要把自己编写的代码保存到与每个 flag 参数对应的 S 函数方法中即可。

表 3－4 列出了与各个仿真阶段对应的 S 函数的方法,以及与 M 文件 S 函数对应的 flag

参数的值。在进行仿真时,通过传递 flag 参数的值,Simulink、M 文件 S 函数和求解器将实现相互间的交互,以完成各个仿真阶段特定的操作。

表 3 - 4　各个仿真阶段对应的 S 函数方法及 flag 值

仿真阶段	S 函数方法	flag 值(M 文件 S 函数)
初始化阶段	mdlInitializeSizes	0
下一个采样点计算阶段	mdlGetTimeOfNextVarHit	4
输出值计算阶段	mdlOutputs	3
更新离散状态阶段	mdlUpdate	2
微分计算阶段	mdlDerivatives	1
结束任务阶段	mdlTerminate	9

利用 sfuntmpl. m 模板文件编写 M 文件 S 函数不仅条理清楚,而且编写简单、方便。因此,建议用户在编写 M 文件 S 函数时使用 sfuntmpl. m 模板文件编写。sfuntmpl. m 模板文件的程序代码如下:

```
function[sys,x0,str,ts,simStateCompliance] = sfuntmpl(t,x,u,flag)
% SFUNTMPL General MATLAB S - Function Template
% With MATLAB S - functions,you can define you own ordinary differential
% equations(ODEs),discrete system equations,and/or just about
% any type of algorithm to be used within a Simulink block diagram.
% The following outlines the general structure of an S - function.
switch flag,
% % % % % % % % % % % % % %
% Initialization %
% % % % % % % % % % % % % %
case 0,
[sys,x0,str,ts,simStateCompliance] = mdlInitializeSizes;
% % % % % % % % % % % % % %
% Derivatives %
% % % % % % % % % % % % % %
case 1,
sys = mdlDerivatives(t,x,u);
% % % % % % % % % % % % % %
% Update %
% % % % % % % % % % % % % %
case 2,
sys = mdlUpdate(t,x,u);
% % % % % % % % % % % % % %
% Outputs %
% % % % % % % % % % % % % %
case 3,
sys = mdlOutputs(t,x,u);
% % % % % % % % % % % % % %
% GetTimeOfNextVarHit %
% % % % % % % % % % % % % %
case 4,
sys = mdlGetTimeOfNextVarHit(t,x,u);
% % % % % % % % % % % % % %
% Terminate %
% % % % % % % % % % % % % %
case 9,
```

```
sys = mdlTerminate(t,x,u);
%%%%%%%%%%%%%%%
% Unexpected flags %
%%%%%%%%%%%%%%%%%
otherwise
DAStudio.error('Simulink:blocks:unhandledFlag',num2str(flag));
end
% end sfuntmpl
% ============================================================
% mdlInitializeSizes
% Return the sizes,initial conditions,and sample times for the S - function.
% ============================================================
function[sys,x0,str,ts,simStateCompliance] = mdlInitializeSizes
% call simsizes for a sizes structure,fill it in and convert it to a sizes array.
% Note that in this example,the values are hard coded. This is not a
% recommended practice as the characteristics of the block are typically
% defined by the S - function parameters.
sizes = simsizes;
sizes.NumContStates = 0;
sizes.NumDiscStates = 0;
sizes.NumOutputs = 0;
sizes.NumInputs = 0;
sizes.DirFeedthrough = 1;
sizes.NumSampleTimes = 1;         % at least one sample time is needed
sys = simsizes(sizes);
% initialize the initial conditions
x0 = [];
% str is always an empty matrix
str = [];
% initialize the array of sample times
ts = [0 0];
% Specify the block simStateCompliance.
simStateCompliance = 'UnknownSimState';
% end mdlInitializeSizes
% ============================================================
% mdlDerivatives
% Return the derivatives for the continuous states.
% ============================================================
function sys = mdlDerivatives(t,x,u)
sys = [];
% end mdlDerivatives
% ============================================================
% mdlUpdate
% Handle discrete state updates,sample time hits,and major time step
% requirements.
% ============================================================
function sys = mdlUpdate(t,x,u)
sys = [];
% end mdlUpdate
% ============================================================
% mdlOutputs
% Return the block outputs.
% ============================================================
function sys = mdlOutputs(t,x,u)
sys = [];
% end mdlOutputs
% ============================================================
```

```
% mdlGetTimeOfNextVarHit
% Return the time of the next hit for this block.Note that the result is
% absolute time.Note that this function is only used when you specify a
% variable discrete - time sample time[ - 2 0]in the sample time array in
% mdlInitializeSizes.
% ====================================================
function sys = mdlGetTimeOfNextVarHit(t,x,u)
sampleTime = 1;          % Example,set the next hit to be one second later.
sys = t + sampleTime;
% end mdlGetTimeOfNextVarHit
% ====================================================
% mdlTerminate
% Perform any end of simulation tasks.
% ====================================================
function sys = mdlTerminate(t,x,u)
sys = [];
% end mdlTerminate
```

在这里需要说明的是,sfuntmpl. m 模板文件只是 Simulink 为了方便用户编写 M 文件 S 函数而提供的一种 S 函数编写的参考格式,而不是编写 S-Function 的语法要求。用户完全可以修改 M 文件 S 函数的子函数名称,或者把子函数代码写入主函数中。使用模板的好处就是比较方便、条理清晰。通常情况下,如果使用 sfuntmpl. m 模板文件编写 S 函数,主函数不需要进行任何修改。

从上面的程序代码可以看出,子函数 mdlInitializeSizes 的语法最为复杂,并且最为重要。它提供了 S 函数的说明信息,主要包括连续状态和离散状态的数目、输入和输出的数目以及采样时间的数目等初始条件,它是由 sizes 数组给出的。用户可以通过以下语句得到 sizes 数组的结构。

```
>> sizes = simsizes
sizes =
NumContStates:0
NumDiscStates:0
NumOutputs:0
NumInputs:0
DirFeedthrough:0
NumSampleTimes:0
```

从上面的输出结果可以看出,sizes 是具有 6 个字段的结构数组,用户可以根据自己的需要输入各个字段的值。sizes 数组各个字段的含义如表 3－5 所列。

表 3－5　sizes 数组各个字段的含义

sizes 数组各个字段的名称	含　义
NumContStates	连续状态的数目
NumDiscStates	离散状态的数目
NumOutputs	输出的数目
NumInputs	输入的数目
DirFeedthrough	有无直接馈入(0 表示没有直接馈入,1 表示有直接馈入)
NumSampleTimes	采样时间的数目

从表 3－5 可以看出,各个字段的意义是比较明确的,因此在编写 S 函数时要为这些字段

赋值比较容易。

sfuntmpl. m 模板文件使用 switch-case 语句来完成这种指定,当然这种结构并不是唯一的,用户也可以使用 if 语句来完成同样的功能。在实际运用时,可以根据需要去掉某些值,因为并不是每个模块都需要经过所有的子函数调用。

S-Function 默认的 4 个输入参数分别为 t、x、u 和 flag,它们的次序不能变动,代表的含义分别是:

① t 表示当前仿真时间,这个输入参数通常用于决定下一个采样时刻,或者在多采样速率系统中,用来区分不同的采样时刻点,并据此进行不同的处理。

② x 表示状态向量,这个参数是必须有的,甚至在系统中不存在状态时也是如此,它的使用非常灵活。

③ u 表示输入向量。

④ flag 是用来控制在每一个仿真阶段调用哪一个子函数的参数,由 Simulink 在调用时自动取值。

S-Function 默认的 4 个输出参数分别为 sys、x0、str 和 ts,它们的次序不能变动,代表的含义分别是:

① sys 是一个通用的返回参数,其返回值的含义取决于 flag 的值。

② x0 是初始的状态值(若没有状态则该值是一个空矩阵),这个返回参数只在 flag 值为 0 时才有效,其他时候都会被忽略。

③ str 没有什么意义,是 MATLAB 为将来的应用保留的,M 文件 S 函数必须把它设为空矩阵。

④ ts 是一个 $m \times 2$ 矩阵,它的两列分别表示采样时间间隔和偏移。

使用模板编写 S-Function 时,用户只需把 S 函数名改成期望的函数名,当 S 函数需要输入附加参数时,只需向程序的输入参数列表中添加这些参数即可,因为前面的 4 个输入参数是 Simulink 调用 S-Function 时自动传入的。对于输出参数最好不要修改。

3.7.2　S 函数的应用

1. 用 S-Function 自定义含参数的简单仿真模块

例 3 - 8　用 S-Function 实现增益模块(简单模块)。

① 将前述 S-Function 模板文件 sfuntmpl. m 另存为 Chapter3_3_7_2_example3_5_gain. m,并修改主函数定义,增加新的输入参数 gain,修改函数名为 Chapter3_3_7_2_example3_5_gain:

```
function[sys,x0,str,ts,simStateCompliance] = Chapter3_3_7_2_example3_5_gain(t,x,u,flag,gain)
```

② 增益参数是用来计算输出值的,因此需要修改 mdlOutputs 的调用参数:

```
case 3,
sys = mdlOutputs(t,x,u,gain);
```

③ 修改 mdlInitializeSizes 初始化回调子函数:

```
sizes.NumOutputs = 1;          % 设置输出参数个数为 1
sizes.NumInputs = 1;           % 设置输入参数个数为 1
```

④ 修改 mdlOutputs 子函数:

```
function sys = mdlOutputs(t,x,u,gain)
sys = gain * u;
```

```
% end mdlOutputs
```

⑤ 保存 Chapter3_3_7_2_example3_5_gain. m,并建立如图 3-127 所示的仿真模型。在 S-Function 模块对话框中设置 S-Function name 为 Chapter3_3_7_2_example3_5_gain. m,设置 S-Function parameter 为 2(即增益的大小)。

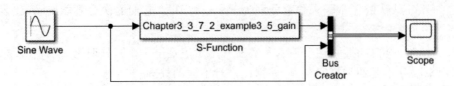

图 3-127　S-Function 增益模块仿真模型

注意: S-Function 模块也可以进行封装,图 3-127 中的 S-Function 模块是原始的未封装模块,其封装方法与子系统封装的方法一致,也可以将 Gain 参数设置成模块对话框的设置参数,此处不过多赘述。另外,仿真模型的名称不能与 S-Function 名称相同,否则将导致无法运行。

⑥ 运行仿真结果,如图 3-128 所示,灰色曲线为输入信号,黑色曲线为输出信号,可见 S-Function 模块将输入信号放大了 2 倍,S-Function 的确实现了 Gain 增益模块的功能。

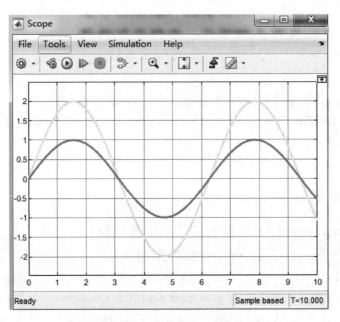

图 3-128　例 3-8 的模型仿真结果

2. 用 S-Function 自定义连续系统仿真模块

利用 S-Function 自定义一个连续系统时,首先需要对 mdlInitializeSizes 子函数进行适当修改,包括确定连续系统状态的个数、状态初始值和采样时间。除此之外,还需要编写 mdl-Derivatives 子函数,将状态的导数向量通过 sys 变量返回。

如果系统状态不止一个,还可以通过索引 $x(1)$、$x(2)$ 等得到各个状态。修改后的 mdlOutputs 中应包含连续系统的输出方程。

例 3 - 9　用 S-Function 自定义如图 3 - 112 所示的积分子系统。

图 3 - 112 所示的积分子系统是一连续子系统，其输入、输出之间的关系为

$$y = \text{gain} \int u \, du \quad \text{即} \quad \dot{y} = \text{gain} \cdot u$$

式中，gain 是被积函数的增益（或者称为放大倍数）。令状态 $x = y$，则积分子系统的状态方程可写成

$$\dot{x} = \text{gain} \cdot u$$

输出方程：

$$y = x$$

① 将 S-Function 模板文件 sfuntmpl.m 另存为 Chapter3_3_7_2_example3_6_mfile.m，并修改主函数名为 Chapter3_3_7_2_example3_6_mfile：

```
function[sys,x0,str,ts,simStateCompliance] = Chapter3_3_7_2_example3_6_mfile(t,x,u,flag,gain)
```

② 修改主函数中 mdlDerivatives 的调用参数：

```
case 1,
sys = mdlDerivatives(t,x,u,gain);
```

③ 修改 mdlInitializeSizes 子函数：

```
sizes.NumContStates = 1;        % 连续状态个数为 1
sizes.NumDiscStates = 0;        % 离散状态个数为 0
sizes.NumOutputs = 1;           % 输出个数为 1
sizes.NumInputs = 1;            % 输入个数为 1
x0 = 0;                         % 初始状态设为 0
ts = [0 0];                     % 连续系统采样时间设为[0,0]
```

④ 修改 mdlDerivatives 和 mdlOutputs 子函数：

```
function sys = mdlDerivatives(t,x,u,gain)
sys = gain * u;                 % 系统状态方程
function sys = mdlOutputs(t,x,u)
sys = x;                        % 系统输出方程
```

⑤ 保存 Chapter3_3_7_2_example3_6_mfile.m，并建立如图 3 - 129 所示的系统仿真模型。在 S-Function 模块参数对话框中设置 S-Function name 为 Chapter3_3_7_2_example3_6_mfile。

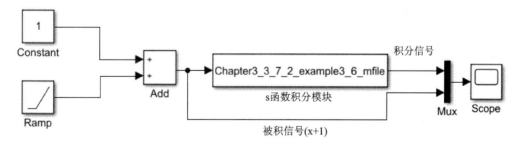

图 3 - 129　S 函数积分子系统仿真模型

⑥ 按照前述子系统模块封装的方法封装图 3 - 129 中的 S 函数积分模块，其模块设置参数为 gain。打开 S 函数积分模块参数对话框设置 gain 参数，如图 3 - 130 所示。

⑦ 其余仿真参数采用系统默认参数，仿真结果如图 3 - 131 所示。

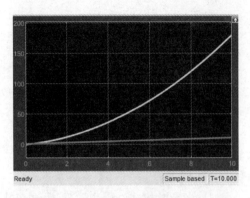

图 3 - 130   S 函数积分模块 gain 参数的设置   图 3 - 131   S 函数积分子系统的仿真结果

3. 用 S-Function 自定义离散系统仿真模块

用 S-Function 模板实现一个离散系统时,首先要修改 mdlInitializeSizes 子函数,声明离散状态的个数,对状态进行初始化,确定采样时间等;然后再适当修改 mdlUpdate 和 mdlOutputs 子函数,分别输入要表示的系统离散状态方程和输出方程即可。

例 3 - 10   用 S-Function 自定义下面的离散系统。

状态方程:
$$x(k+1) = \boldsymbol{A}x(k) + \boldsymbol{B}u(k)$$

输出方程:
$$y(k) = \boldsymbol{C}x(k) + \boldsymbol{D}u(k)$$

其中,
$$\boldsymbol{A} = \begin{bmatrix} -1 & -0.5 \\ 1 & 0 \end{bmatrix}, \quad \boldsymbol{B} = \begin{bmatrix} -2 \\ 3 \end{bmatrix}, \quad \boldsymbol{C} = \begin{bmatrix} 0 & 2 \\ 5 & 7 \end{bmatrix}, \quad \boldsymbol{D} = \begin{bmatrix} -1 \\ 0 \end{bmatrix}$$

① 将 S-Function 模板文件 sfuntmpl. m 另存为 Chapter3_3_7_2_example3_7_mfile. m,并修改主函数名为 Chapter3_3_7_2_example3_7_mfile,在主函数中输入矩阵 $\boldsymbol{A}$、$\boldsymbol{B}$、$\boldsymbol{C}$ 和 $\boldsymbol{D}$ 的值:

```
function[sys,x0,str,ts,simStateCompliance] = Chapter3_3_7_2_example3_7_mfile(t,x,u,flag)
A = [-1 - 0.5;1 0];B = [-2;3];C = [0 2;5 7];D = [-1;0];
```

② 由于离散系统的状态更新和系统输出依赖于矩阵 $\boldsymbol{A}$、$\boldsymbol{B}$、$\boldsymbol{C}$ 和 $\boldsymbol{D}$,因此需要修改主函数中 mdlUpdate 和 mdlOutputs 的调用参数:

```
case 2,
sys = mdlUpdate(t,x,u,A,B);
case 3,
sys = mdlOutputs(t,x,u,C,D);
```

③ 从 $\boldsymbol{A}$、$\boldsymbol{B}$、$\boldsymbol{C}$ 和 $\boldsymbol{D}$ 的维数可以看出,状态变量个数为 2,输出变量个数为 2,输入变量个数为 1,修改 mdlInitializeSizes 初始化回调子函数:

```
sizes.NumDiscStates = 2;        % 定义离散系统状态个数 2
sizes.NumOutputs = 2;           % 定义离散系统输出个数 2
sizes.NumInputs = 1;            % 定义离散系统输入个数 1
x0 = [1,1];                     % 定义离散系统初始状态[1,1]
ts = [0.4];                     % 定义离散系统采样时间 0.4 s
```

④ 修改 mdlUpdate 和 mdlOutputs 子函数,以实现离散系统状态方程:

```
function sys = mdlUpdate(t,x,u,A,B)
sys = A * x + B * u;              % 定义离散系统状态方程
% end mdlUpdate
function sys = mdlOutputs(t,x,u,C,D)
sys = C * x + D * u;              % 定义离散系统输出方程
% end mdlOutputs
```

⑤ 保存文件 Chapter3_3_7_2_example3_7_mfile. m，并建立如图 3 - 132 所示的仿真模型。双击 S-Function 模块，在 S-Function 模块的参数对话框中设置 S-function name 为 Chapter3_3_7_2_example3_7_mfile。

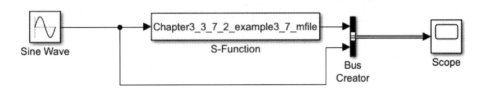

图 3 - 132　S 函数离散系统仿真模型

⑥ 运行仿真模型，仿真结果如图 3 - 133 所示。红色为输入正弦信号，紫色和黄色曲线分别为两个输出变量，即离散系统在正弦信号下的响应。

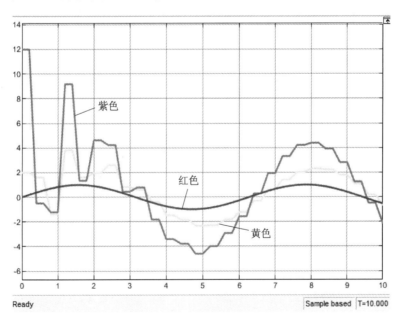

图 3 - 133　S 函数离散控制系统的仿真结果

本章小结

本章主要讲解了 Simulink 软件包的集成仿真环境和建立图形化仿真模型的基本操作，包括：. mdl 文件的打开、保存与关闭，公共模块库和专业模块库介绍，模块库的操作与信号操作、仿真模型设置以及用户自定义函数模块。在学习本章内容的基础上，需要重点掌握仿真文件的基本操作、公共模块库与专业模块库的主要功能，能够对仿真模块和信号线进行标注，根据实际需要可自行建立用户自定义仿真模块。

思考练习题

1. Simulink 中的基本模块都有哪些？请举例说明。
2. 如何进行子系统的创建与封装？
3. 仿真参数对话框中通常需要设置的参数有哪些？
4. 仿真模块和信号线的操作都有哪些？
5. 创建一算术运算的仿真文件，并分别对加、减、乘、除运算建立用户自定义模块。
6. 对正弦信号 $y = \sin x$ 和斜坡信号 $y = 2x$ 进行仿真，并将其图形显示在同一窗口中。

第 4 章　Simulink 建模与实例

【内容要点】

◆ Simulink 建模的步骤和方法技巧
◆ Simulink 运行仿真与保存
◆ Simulink 建模举例

4.1　Simulink 建模的步骤和方法技巧

4.1.1　Simulink 建模的步骤

为了总结出建立仿真模型的基本步骤,现给出一个简单的例子,然后通过示例给出建模步骤。

例 4-1　用 Simulink 显示正弦信号 $y(t)=5\sin t$ 的波形。

分析: 从表达式 $y(t)=5\sin t$ 可以看出,使用 Simulink 建模需要两个功能模块,分别是 Scope 模块和 SineWave Function 模块。

要建立上述两个模块所构成的模型,首先需要建立一个仿真模型窗口;然后从模块库中选择 Scope 模块和 Sine Wave Function 模块,并将其放入 Simulink 模型窗口中,按照信号从左至右的原则将模块摆放好,再按照输入、输出顺序连线,此时就构成了仿真模型,如图 4-1 所示。

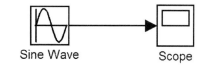

图 4-1　建立仿真模型

打开 Sine Wave 对话框,对其参数进行设置:将其正弦幅值修改为 5,输出模块参数为默认值,不作修改,如图 4-2 所示。

接着设置仿真参数,得出仿真结果。右击,在弹出的快捷菜单中选择 Configuration Parameters 命令,仿真模型参数设置对话框如图 4-3 所示,进行仿真参数设置。在此,本文不作任何参数修改,取其默认值。

最后,运行该模型,得到仿真模型计算结果。

仿真结束后,双击 Scope 模块,可得到仿真曲线,如图 4-4 所示。

具体建模步骤如下:

第一步,分析建模对象,明确 Simulink 建模所需要的功能模块,即确定实现既定仿真模型的思路与方法。

第二步,新建 Simulink 空白模型窗口,根据系统的数学描述和所需功能模块的分析,在模

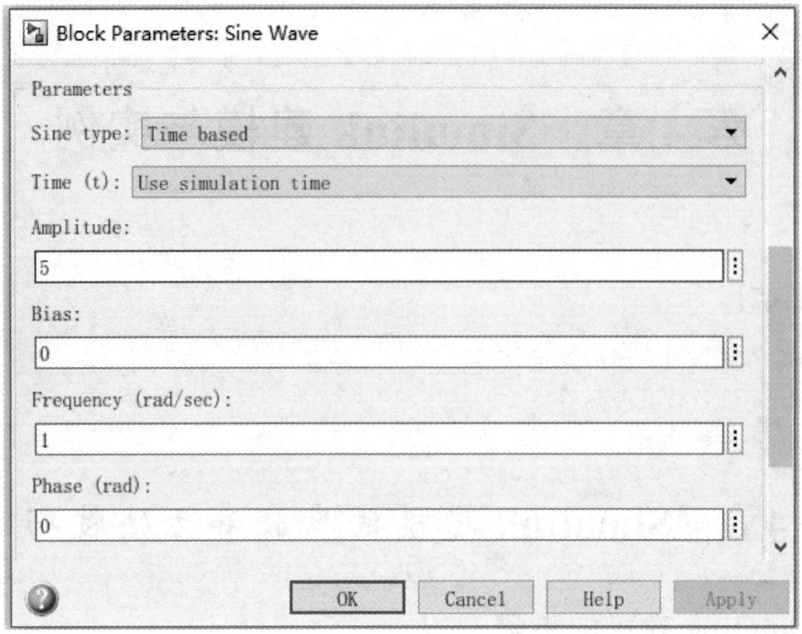

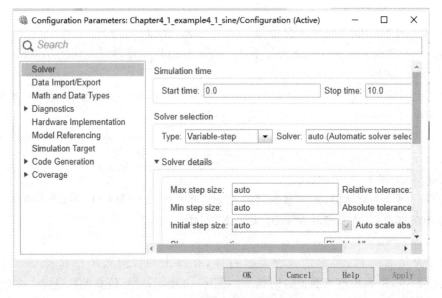

图 4 - 2　正弦函数模块参数设置

图 4 - 3　仿真模型参数设置对话框

块库中找到相应模块并拖到模型窗口中。

　　第三步,连线搭建模块,形成模型。按照信号从左(输入端)至右(输出端)的流向原则将模块放置到合适的位置,将模块从输入端至输出端用信号线相连,搭建完成方框图,形成既定模型。如果系统比较复杂或者仿真模块非常多,可以将实现同一功能的模块封装成一个子系统,这样可使系统模型看起来更加简洁。

　　第四步,设置模块参数。根据模型的数学描述以及约束条件,对相关模块的参数进行设

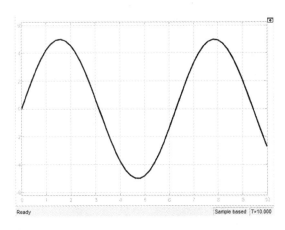

图 4 - 4　正弦信号 $y = 5\sin t$ 的仿真输出曲线图

置,使各模块的参数与模型的数学描述、外部环境条件保持一致。

第五步,保存模型,模型扩展名为. mdl。

第六步,仿真参数设置。在 Configuration Parameters 对话框中设置仿真参数。该部分已在第 3 章讲过,在此不赘述。

第七步,微调相关参数,运行仿真模型,得到仿真结果。

第八步,双击信号输出显示模块,设置显示窗口输出参数,得到仿真曲线。如果仿真结果出错,那么用户需要根据弹出的错误提示框检查出错的原因和位置,然后进行修改;如果仿真结果与预想的结果不符,则首先要检查模块的连接是否有误、是否恰当,然后检查模块参数和仿真参数的设置是否合理。

第九步,调试模型。如果在第八步中没有检查出任何错误,那么这时用户就有必要进行调试模型了,以查看系统在每一个仿真步骤的运行情况,直至找到出现仿真结果与预想的或实际情况不符的原因,修改后再仿真,直至结果符合要求。调试完成后,最后还要保存模型。

4.1.2　Simulink 建模的方法技巧

当用户创建的模型比较复杂时,可以将相关模块封装成子系统以简化模型显示,使用子系统简化仿真模型的优点:

① 有助于减少模型窗口中显示的模型数量。

② 允许用户将模型中功能相关的模块组织在一起,反复使用。

③ 使用户可以建立分层的模型框图。其中子系统模块位于一个层次,组成子系统所需的模块则位于另外一个层次。

子系统的创建、封装与调用在第 3 章已经讲过,此处不再赘述。

建立仿真模型时,需要考虑以下因素:

① 内存因素。一般而言,计算机内存越大,Simulink 运行越流畅。

② 使用分层建模。如果系统模型比较复杂或者庞大,建议用户使用子系统的分层机制简化仿真模型,这样可以使用户将主要精力放在系统信号的流向和转换上,不必反复考虑各个功能模块的实现细节和参数设置。同时也方便系统模型的阅读、理解、分析、调整和优化。

③ 注释模型。通常情况下,具有详细的注释和帮助信息可以使系统模型更容易阅读和理

解。因此在模型创建的过程中,用户尽可能为信号和功能添加注释。除此之外,为仿真模型添加说明信息,可以让创建的模型更容易阅读。

　　④ 建模策略。用户在创建模型时可以发现,当模型小时,重复使用的模块会比较少一些,模型保存相对容易;当模型大时,反复使用的模块会变得比较多,这时用户可以将反复用到的模块全部放置在新建的模块库中,这样可以在 MATLAB 窗口中通过模块的名字直接访问和调用这些模块。

　　通常情况下,在创建仿真模型前,用户可以先在纸上将系统的方框图设计好,分析确定仿真模块,然后将需要的模块放置到模型窗口中,接着建立仿真模型。这样做可避免频繁打开模块库。

4.2　Simulink 运行仿真与保存

　　用户创建好系统仿真模型之后,就可以启运仿真过程了。Simulink 支持不同的启动仿真方法,例如直接从模型窗口单击按钮启动、在命令窗口中启动、快捷键启动和快捷菜单启动。无论哪种方法,最终的仿真过程都是相同的。在仿真启动之前,如果系统配置不合理,那么仿真过程是不可能进行下去的。完成仿真过程后,需保存仿真模型。

4.2.1　启动与仿真

1. 菜单命令方式启动

　　采用菜单命令方式启动仿真过程是非常简单和方便的。用户可以在配置对话框中完成参数设置,例如仿真起止时间、选择微分方程求解器、设置最大仿真步长等,而不需要记忆相关指令的用法。用菜单方式启动仿真的一般步骤如下:

　　① 打开 Configuration Parameters 对话框,设置仿真参数。打开 MODELING 选项卡,选择 Setup→Model Setting 命令,或者按 Ctrl＋E 组合键,弹出 Configuration Parameters 对话框。单击 Apply 或 Close 按钮,即表示当前设置生效。关于 Configuration Parameters 对话框的说明,3.5 节已有讲述。

　　② 开始仿真。打开 SIMULATION 选项卡,单击 Run 图标按钮即可启动仿真,也可以直接按 Ctrl＋T 组合键,如图 4－5 所示。

　　由于不同系统模型的仿真复杂程度和仿真时间跨度各不相同,每个模型的实际仿真时间不同,同时仿真时间还受到机器本身性能的影响。用户可以在仿真过程中打开 SIMULATION 选项卡,单击 Stop 图标按钮,或者按 Ctrl＋T 组合键,人为中止模型仿真。

　　用户也可通过选择信号设置断点或暂停时间等方式让调试或运行过程中暂停或继续仿真过程。如果模型中包含向数据文件或工作区输出结果的模块,或者在仿真配置对话框中进行了相关的设置,则仿真过程结束或暂停后会将结果写入数据文件或工作区中。

2. 命令行方式启动

　　相比工具栏按钮启动,采用命令行启动方式的优点如下:

　　① 仿真的对象既可以是 Simulink 方框图,也可以是 M 文件或 C-MEX 文件形式的仿真模型。

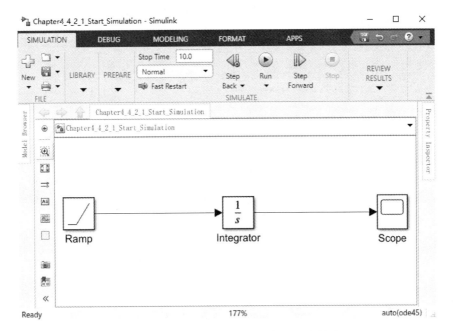

图 4 - 5　通过工具栏按钮或快捷键运行仿真

② 可以在 M 文件中编写仿真指令,从而可实时改变模块参数和仿真环境。

MATLAB 允许从命令行运行仿真模型。通过 MATLAB 命令进行模型的仿真使得用户可以从 M 文件来运行仿真,这样就允许不断地修改模块参数并运行仿真,用户可以随机地改变参数来循环地运行仿真,用户就可以进行蒙特卡罗分析了。在命令窗口中直接输入仿真模型文件名称即可运行仿真模型,还可以利用 Sim 命令运行仿真模型。

Sim 命令完整的语法格式如下:

Sim('model','ParameterName1',Value1,'ParameterName2',Value2,...);

上述命令中,只有 model 参数是必需的,其余参数都允许被设置为空矩阵。Sim 命令中没有设置的或者设为空矩阵的参数的值等于建立模型时通过模块参数对话框设置的值或者是系统的默认值,sim 命令中设置的参数值会覆盖模型建立时设置的参数值。如果仿真模型是连续系统,则命令中还必须通过 simset 命令设定 solver 参数,默认的 solver 参数是求解离散模型的 VariableStepDiscrete。Sim 的用法见相关书籍或 MATLAB 帮助文件。

Simset 命令用于设定仿真参数和求解器的属性值,其语法格式如下:

Simset(proj,'setting1','value','setting1',Value2,...)

一般情况下,用户不会用到该命令,在此不详细介绍。如果遇到或想深入了解,可以查阅在线帮助或者利用 MATLAB 软件自带的帮助。相关的命令还有 simplot、simget、set_param 等。

3. 仿真过程的诊断

如果仿真过程中出现了错误,仿真将会自动停止,并立即弹出一个仿真诊断(Diagnostic Viewer)对话框来显示错误的消息,如图 4 - 6 所示。若仿真过程没有出现错误,而用户还想利用仿真诊断对话框查看消息,则可打开 DEBUG 选项卡,单击 Diagnostics 中的 Diagnostic Viewer 图标按钮也可弹出如图 4 - 6 所示的消息对话框。

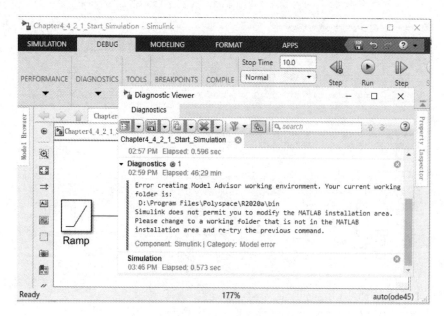

图 4 - 6　Simulink 仿真诊断对话框

该对话框分为上、下两个部分,上面部分是每条错误消息的基本情况或者每个正确执行过程所用的时间信息,下面部分是相应错误的详细描述。

仿真诊断对话框显示的错误信息包括以下内容:

① Message：错误类型,例如警告或模块错误等。

② Source：产生错误的源头。

③ Fullpath：导致错误对象的完整路径。

④ Summary：错误的简单说明。

⑤ Reported by：报告错误的组件,是 Simulink、Stateflow 还是 Real-Time Workshop 检测到该错误的。

Simulink 除了弹出诊断对话框显示错误信息之外,必要时还会弹出系统仿真模型,并以高亮度显示引发错误的模块。用户也可通过在诊断对话框中双击相关错误或者单击 Open 按钮弹出相应的方框图。

4.2.2　仿真模型调试

用户创建的系统仿真模型常常存在这样或者那样的错误,即所谓的 Bug。其中有的错误是由于用户在创建模型过程中疏忽造成的,这些错误在仿真启动前就容易被系统检测出来。但是也有一些错误是因为模型本身的不合理或原系统存在出入,最终导致仿真结果不正确,甚至影响仿真过程的正常进行。这时用户只能通过对系统仿真模型一步一步地调试,才有可能发现它们并修正。

Simulink 提供了强大的模型调试功能,并且有调试工具栏的支持,这就使得用户对系统仿真模型的调试和跟踪更加方便。因此有必要讲述模型调试的基本操作和方法。

1. Simulink 调试器

打开 DEBUG 选项卡,选择 Breakpoints→Breakpoints List→Debug Model,打开如图 4 - 7 所

示的 Simulink 调试器,即 Simulink Debugger 对话框。

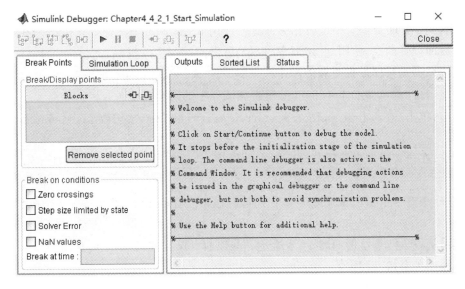

图 4 - 7　Simulink Debugger 对话框

图 4 - 7 中各选项卡设置的含义如下:

① Break Points 选项卡:用于设置断点,即仿真运行到某个模块方法或满足某个条件就停止。

② Simulation Loop 选项卡:包含 Method、Breakpoints 和 ID 这 3 项内容,用于显示当前仿真步正在进行的相关信息。

③ Outputs 选项卡:用于显示调试结果,包括调试命令提示、当前运行模块的输入/输出和模块的状态。如果采用命令调试,这些结果在 MATLAB 命令窗口中也会显示。调试命令提示当前仿真时间、仿真名和方法的索引号。

④ Sorted List 选项卡:用于显示被调试的模块列表,该列表按照模块执行的顺序排列。

⑤ Status 选项卡:用于显示调试器各种选项设置的值及其他状态信息。

单击图标按钮 ▶ 开始调试,在 Simulation Loop 选项卡中将显示当前运行方法的名称,并将该方法也显示在模块窗口中。当调试开始后,窗口会进入调试状态。

2. 命令行的设置及断点设置

通常情况下,用户可以直接通过调试用户界面的相关菜单和工具栏实现操作。所谓的断点,是指仿真运行到此处时系统会停止仿真的地点。当仿真遇到断点停止时,用户可以使用 continue 命令跳过当前断点继续运行到下一个断点。Simulink 调试器允许用户定义两种断点,即无条件断点和有条件断点。所谓无条件断点,是指运行到此处就停止,有条件断点是指当仿真过程中满足用户定义的条件时才停止仿真。

如果用户知道自己的程序中某一点或当某一条件满足时必然会出错,那么设置断点将是非常有用的。设置无条件断点有以下方式:

① 在模型窗口中选择要设置断点的模块,然后单击 Simulink Debugger 对话框中的图标按钮 ▶,单击 Remove selected point 按钮删除已设置好的断点。

② 打开 Simulation Loop 选项卡,在 Breakpoints 列中要设置的断点处选中前面的复选框即可。

在 MATLAB 命令窗口中运行相关命令。使用 break 和 bafter 命令可以分别在一个方法的前面和后面设置断点,使用 clear 命令可以清除断点。

利用调试器工具栏设置断点的操作步骤如下:

第一步,打开调试器 Debug model,单击调试器中的图标按钮 ▶。

第二步,单击 go to first method at start of next time step 按钮 ,直到 simulationPhase 突出显示。

第三步,在仿真模型中选择欲设置断点的模块,然后单击 break before selected blocks 按钮 。

第四步,查看 Break Points 选项卡中 Break/Display points 选项组,将会看到设置断点的模块。

仿真系统设置断点示例如图 4-8 所示。其他断点设置方式,用户可利用 MATLAB 在线帮助或查阅相关书籍进行了解。

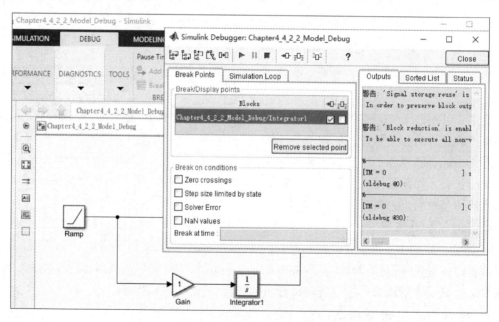

图 4-8　利用调试器工具栏设置断点示例

除此之外,用户还可在仿真模型中利用快捷菜单中的 Add conditional breakpoint 命令增加模型的条件断点。

3. 命令行调试仿真模型

在命令窗口对仿真模型调试,通常有两种方法。

第一种,利用 sim()函数仿真模型,通过函数 simset()将 debug 属性设置为 on。对模型文件 Chapter4_4_2_2_Model_Debug 的调试程序如下:

```
>>sim('Chapter4_4_2_2_Model_Debug',[0 15],simset('debug','on'))
%----------------------------------------------------------------- %
[TM = 0]simulate(Chapter4_4_2_2_Model_Debug)
```

```
(sldebug@0):>>
```

该命令对模型 Chapter4_4_2_2_Model_Debug 进行调试,时间为 0～10 s,模型处于调试状态。另外,还可采用 sim('Chapter4_4_2_2_Model_Debug','debug','on')调试模型。在调试状态下的命令窗口中输入 stop 命令,可以结束模型仿真;输入 quit 命令,结束模型调试。

第二种,利用采样函数 sldebug()调试仿真模型,调用格式为 sldebug('model')。其中 model 是仿真模型的文件名。在 MATLAB 命令窗口中输入如下程序:

```
>>sldebug('Chapter4_4_2_2_Model_Debug')
%-------------------------------------------------------------- %
[TM = 0]simulate(Chapter4_4_2_2_Model_Debug)
(sldebug@0):>>quit
Debugger simulation aborted(结束模型调试)
```

利用 sldebug()函数仿真模型 Chapter4_4_2_2_Model_Debug,输入 quit 命令结束仿真。在 Simulink 调试状态下,在命令窗口中输入 help 命令或问号(?),用户可查看所有可用的调试命令。用户用这些调试命令调试模型。

4.2.3　优化仿真过程

Simulink 模型仿真的好坏受到多方面的影响,但是归纳起来,一般仿真模型的好坏与仿真参数设置是否恰当有关。对于模型的创建,只能具体问题具体分析,没有统一的方法和描述,只能从仿真参数的角度来描述影响仿真质量的具体因素。优化模型仿真过程主要涉及三个方面:仿真速度、仿真精度和仿真结果观察。当然,有时用户调整仿真模型的求解器或仿真配置参数,可能也会获得更好的仿真结果,尤其是当用户了解系统模型的基本特性并将这种特性提供给求解器时,有可能在很大程度上改善仿真的结果。

1. 提高模型仿真速度

下列因素影响模型的仿真速度:

① 模型中包含 MATLAB Fcn 模块。由于 Simulink 在每一个仿真步中都调用 MATLAB 求解器,因此仿真速度必然下降。其解决的办法是尽可能采用 MATLAB 内联函数模块或者由模块库中的模块搭建代替。

② 模型中包含 M 文件 S 函数。S 函数运行时同样需要调用 MATLAB 求解器,因此 M 文件 S 函数也会降低运行速度。解决办法是,将 S 函数转换成一个子系统或 CMEX 文件的 S 函数。

③ 模块中包含记忆模块。记忆模块将会导致变步长求解器采用一阶算法以满足仿真时间的要求。

④ 参数配置时最大步长设置太小,从而导致运算量较大,仿真速度下降,因此尽量采用默认方式或自动方式。

⑤ 参数配置时容许误差设置太小。大多数情况下的默认值(0.1%)就足够了,过度追求仿真精度而将仿真允许误差值设置太小,必然会大幅增加仿真的运算时间。

2. 提高仿真精度

为了检测仿真的准确性,用户可以将仿真时间设置在合理的范围内,然后将相对容许误差减小到 1e-5(默认值为 1e-3),甚至更高,再次仿真模型,比较前后仿真结果。如果最终仿真结果没有什么不同,就可以初步确定仿真结果是收敛的。如果仿真没有反映系统启动时刻的动态特性,那么可以减小仿真的初始仿真步长,使得仿真不致跳过系统的某些关键特性。如果得到不稳定的仿真结果,则通常认为是由以下几种情况造成的:

① 系统模型本身是不稳定的。

② 用户使用了 ode15s 求解器。

如果仿真结果还没有达到所要求的精度,则需根据情况采取以下措施:

① 对于零附近状态的系统,如果绝对容许误差值设置太大,则仿真过程可能会在零附近的区域反复迭代。解决办法是减小绝对容许误差值,或者在相应的积分模块中单独设置。

② 如果减小绝对容许误差不足以提高仿真精度,则可调小相对容许误差来强制减小仿真步长,从而增加仿真步数。

3. 观察仿真结果

在仿真过程中或者仿真结束后,用户一般需要绘制仿真结果曲线或过程中某个变量的过程曲线,以随时观察信号的实时变化。在系统仿真模型中,使用 Scope 模块是最简单和最常用的方式,主要用来显示仿真过程中生成的信号。Scope 模块可以在仿真进行的同时输出信号曲线。

在 Scope 模块中进行输出显示还不完善,它只显示输出曲线,而没有任何标记。当然还有一些显示模块,如 Auto-Scale Graph Scope、Graph scope、XY Graph Scope,它们的执行速度要比 Scope 慢得多。Scope 模块显示窗口如图 4 - 9 所示。

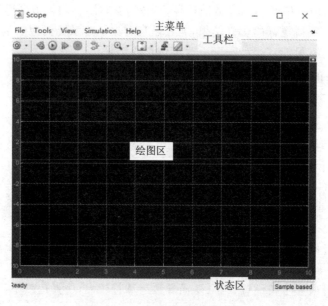

图 4 - 9　Scope 模块显示窗口

Scope 示波器可以接收向量信号,在仿真过程中能够实时显示信号波形。对于向量信号,它还可以自动以多种颜色曲线分别显示向量信号的各个分量。只要仿真开启,无论示波器是否打开,它的缓冲区都会接收传递信号,其默认缓冲区的数据长度为 5 000。如果数据长度超过设定值,则最早的历史数据将被冲掉。

Scope 面板支持以下功能:

① Triggers　设置触发器,在发生指定事件时同步重复的信号并暂停显示。

② Cursor Measurements 使用垂直游标和水平游标测量信号值。

③ Signal Statistics 显示所选信号的最大值、最小值、峰间差、均值、中位数和 RMS 值。

④ Peak Finder 查找最大值,显示出现最大值的 x 轴值。

⑤ Bilevel Measurements 测量过渡过程、超调、欠调和循环。

Scope 支持仿真控制、多个信号显示、多个 y 轴显示、修改参数、自动缩放轴范围、仿真后显示数据等画面。

Scope 示波器配置属性对话框如图 4-10 所示,设置如下:

① Main 选项卡:常规设置,包括输入端口数、采样时间、轴比例等。

② Time 选项卡:仿真时间设置,包括仿真时段、仿真时间单位等。

③ Display 选项卡:显示窗口内容设置,包括显示图例、标题、y 轴的最大值和最小值、y 轴标签等。

④ Logging 选项卡:图形记录内容设置,包括数据个数、数据抽取、记录数据是否传送至工作空间、存储格式等。

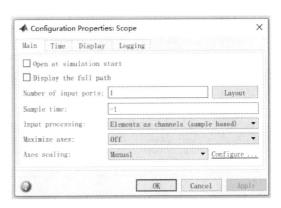

图 4-10 Scope 示波器配置属性对话框

4.2.4 保存仿真模型

① 利用工具栏上保存图标按钮保存仿真模型。在模型窗口的工具栏上单击保存按钮 ![save] 或者单击另存为按钮 ![Save as...] Save as... ,将保存和命名模型。

② 利用快捷键保存仿真模型。在模型窗口中,按 Ctrl+S 快捷键,给模型命名并保存。

4.3 Simulink 建模举例

例 4-2 已知系统 $y(t) = \begin{cases} \sin t, & t > 10 \\ 5\sin t, & t \leqslant 10 \end{cases}$,试建立系统的 Simulink 仿真模型并仿真运行。

具体步骤如下:

第一步,分析建模对象,明确 Simulink 建模所需要的功能模块。

已知系统是一分段函数,输入端是正弦函数模块,通过增益实现两个分段函数;对于时间定义域的取值范围,可用大于或小于运算实现;分段函数利用开关选择模块实现,输出显示用 Scope 模块实现。

第二步,建立一个新的 Simulink 模型窗口,选择相应模块,并将其置入模型窗口中。

新建一仿真模型窗口,根据第一步的分析内容,在 Simulink 模块库中找到相关模块,将其置入模型窗口中,如图 4-11 所示。

第三步,连线搭建模块,形成模型。

按照信号从输入端到输出端、从左至右以及信号流向,将模块放置到合适的位置,并用信号线将各个模块连接起来,如图 4-12 所示。

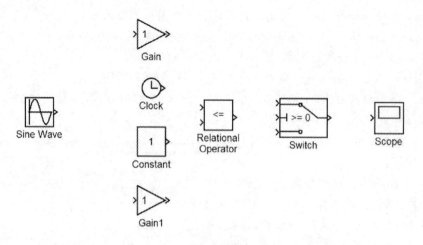

图 4-11　将例 4-2 所需要的模块置入仿真模型窗口

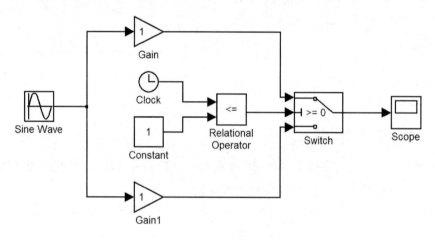

图 4-12　分段函数模块连线图

第四步,模块参数设置,使模块参数与既定数学描述一致。

调整增益,将 Gain1 的增益调整为 5,将 Constant 模块的常数调整为 10,将 Relational Operator 模块参数设置为">",将 Switch 模块阈值 Threshold 范围设置为 0~1。其余采用系统默认值,模块参数调整后的仿真模型如图 4-13 所示。

第五步,模型仿真参数设置。仿真时间为 50 s,其余采用系统默认设置。

通过分析待仿真模型系统可知,当输入时间大于 10 s 时系统的输出开始转换,因此需要设置一个合适的仿真时间。打开 Configuration Parameters 对话框进行设置,设置开始时间为 0,终止时间为 50 s;或者直接在工具栏的 ▶ ▾ 50 中直接输入 50,保存该仿真参数设置。

第六步,微调相关参数,运行仿真模型,得到仿真结果。

本模型较为简单,大部分采用系统默认参数,因此没有必要微调相关参数。

第七步,双击 Scope 模块,设置显示窗口输出参数,得到仿真曲线,如图 4-14 所示。

例 4-3　已知一单位负反馈的二阶连续系统 $G(s) = \dfrac{2(s+5)}{(s+1)(s+4)}$,试用 Simulink 建模,并运行该系统的单位阶跃响应。

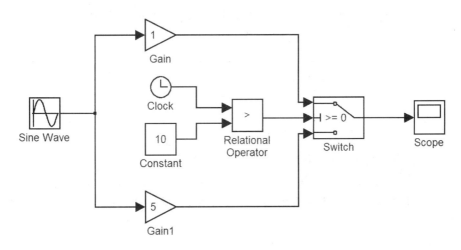

图 4 - 13 模块参数调整后的仿真模型(1)

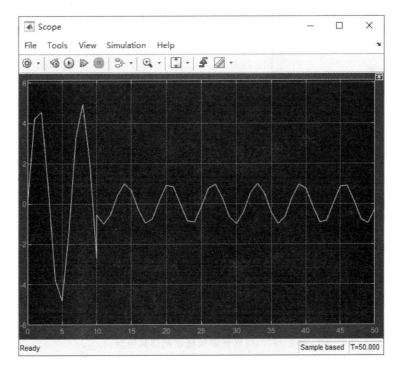

图 4 - 14 例 4 - 2 的仿真曲线图

具体仿真步骤如下:

第一步,分析建模对象,明确 Simulink 建模所需要的功能模块。

本例的前向通道传递函数 $G(s)$ 含有单位负反馈,其输入信号为单位阶跃响应;前向通道传递函数 $G(s)$ 可用 Zero-Pole 模块实现,负反馈可用 Math Operations 模块库中的 Sum 模块实现。

第二步,建立一 Simulink 模型窗口,选择模块并将其置入模型窗口中。

新建一仿真模型窗口,在 Simulink 模块库中找到相关模块并将其置入模型窗口中,如图 4 - 15 所示。

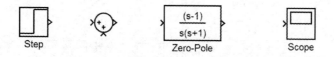

图 4 - 15　将例 4 - 3 所需要的模块置入仿真模型窗口

第三步,连线搭建模块,形成仿真模型。

按照信号从输入端到输出端、从左至右以及信号流向将模块放置到合适的位置,并用信号线将各个模块连接起来。由于本仿真模型为单位反馈,因此用户可以直接将输出端连入信号比较端,用户也可以在反馈环节增加一单位增益,然后再将信号反馈连至比较端,系统模块连线如图 4 - 16 所示。

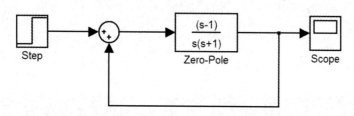

图 4 - 16　反馈系统模块连线图

第四步,设置模块参数,使模块参数与既定数学描述一致。

由于该系统的反馈为单位负反馈,因此将信号求和比较端的"＋"修改为"－";同时,根据例 4 - 3 的数学描述设置前向通道传递函数 $G(s)$ 的零点和极点,修改 Zero-Pole 模块的功能参数,其余采用系统默认值。模块参数调整后的仿真模型如图 4 - 17 所示。

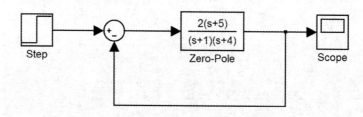

图 4 - 17　模块参数调整后的仿真模型(2)

第五步,仿真参数设置。

设置开始时间为 0,终止时间为 70 s,选固定步长,其余仿真参数为系统默认参数,然后保存系统模型。

第六步,微调相关参数,运行仿真模型,得到仿真结果。

调整计算结果输出窗口参数,将最大采样点从 5 000 调整为 10 000,保存系统仿真模型。

第七步,双击 Scope 模块,得到仿真曲线。

或者在工作区输入 plot(tout,yout),也可得到仿真曲线,如图 4 - 18 所示。

例 4 - 4　设由弹簧-质量-阻尼所构成的机械系统如图 4 - 19 所示,系统质量 $m = 20$ kg,速度阻力系数 $f = 5$,弹簧系数 $K = 16$,质量 m 的位移 y 为系统输出变量,F 为系统输入变量。

当外界力作用于质量 m 上时,试分析该系统并建立单位阶跃输入响应下的 Simulink 仿真模型。

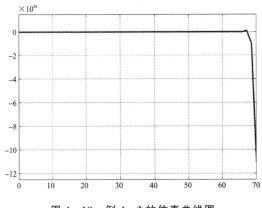

图 4 - 18　例 4 - 3 的仿真曲线图

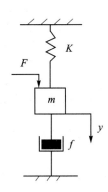

图 4 - 19　机械系统

分析：在机械平移系统中,根据牛顿第二定律可得

$$\sum F = ma$$

可列出如下微分方程：

$$F - f \frac{\mathrm{d}y}{\mathrm{d}t} - Ky = m \frac{\mathrm{d}^2 y}{\mathrm{d}t^2}$$

对于上式,取初始状态为零的拉普拉斯变换,可得其传递函数为

$$Y(s) = \frac{F(s)}{ms^2 + fs + K}$$

所以如图 4 - 19 所示的机械系统的传递函数为

$$G(s) = \frac{Y(s)}{F(s)} = \frac{1}{ms^2 + fs + K}$$

将所给数据代入上式,可得

$$G(s) = \frac{Y(s)}{F(s)} = \frac{1}{20s^2 + 5s + 16}$$

具体仿真步骤如下：

第一步,分析建模对象,明确 Simulink 建模所需要的功能模块。

上式中没有反馈环节,也没有比较环节,只是开环传递函数。将传递函数整体上作为一个中间环节,因此可以使用 Continuous 库中的 Transfer Fcn 模块,输出可使用 Sinks 库中的 Scope 模块和 Out 模块,单位阶跃响应可使用 Source 库中的 Step 模块。

第二步,建立 Simulink 模型窗口,选择模块并将其置入模型窗口中。

新建一仿真模型窗口,按照分析内容,在 Simulink 模块库中找到相关模块并将其置入模型窗口中,如图 4 - 20 所示。

第三步,连线搭建模块,形成仿真模型。

将模块放置到合适的位置,并用信号线将各个模块连接起来。从图 4 - 19 所示的机械系统简图中可以看出,本系统是开环系统,其中没有反馈环节,因此只需将图 4 - 20 所示位置模块连接起来即可,如图 4-21 所示。

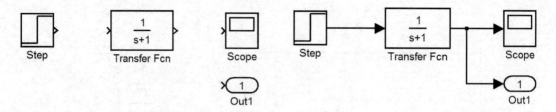

图 4-20　将例 4-4 所需要的模块置入仿真模型窗口　　图 4-21　机械系统模块连线图

第四步,设置模块参数,使模块参数与既定数学描述一致。

根据例 4-4 的数学描述和传递函数 $G(s)$ 表达式,修改 Transfer Fcn 模块参数,其余采用系统默认值。模块参数调整后的仿真模型如图 4-22 所示。

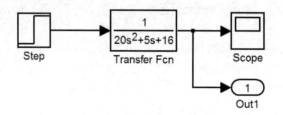

图 4-22　模块参数调整后的仿真模型(3)

第五步,仿真参数设置。

设置开始时间为 0,终止时间为 50 s,选固定步长,其余仿真参数为系统默认参数,然后保存系统模型。

第六步,微调相关参数,运行仿真模型,得到仿真结果。

由于图 4-19 所示的机械系统较为简单,同时将其传递函数作为一个整体处理,因此在此例中没有微调的必要。

第七步,双击 Scope 模块,得到仿真曲线。

或者在工作区输入 plot(tout,yout),也可得到的仿真曲线如图 4-23 所示。

从图 4-23 中的仿真结果可以看出,在单位阶跃输入响应下,机械系统最终是趋于稳定的,系统调整时间约为 35 s,上升时间约为 5 s,振荡次数约为 5 次,系统最终输出稳定值约为 0.16。

例 4-5　已知离散系统 $H(z)=\dfrac{5}{(z+1)(z+3)}$,设置该过程采样时间为 2 s,试用 Simulink 建模该系统的单位阶跃响应。

具体仿真步骤如下:

第一步,分析建模对象,明确 Simulink 建模所需要的功能模块。

例 4-5 中没有反馈环节,也没有比较环节,只是开环传递函数。将传递函数整体上作为一个中间环节,由于是离散系统,因此可以使用 Discrete 库中的 Discrete Zero-Pole 模块,输出可使用 Sinks 库中的 Scope 模块和 Out 模块,单位阶跃响应可使用 Source 库中的 Step 模块。

第二步,建立 Simulink 模型窗口,选择模块并将其置入模型窗口中。

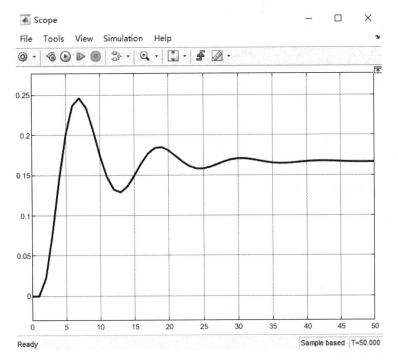

图 4 - 23　例 4 - 4 的仿真曲线图

新建一仿真模型窗口，按照分析内容在 Simulink 模块库中找到相关模块，将其置入模型窗口中，如图 4 - 24 所示。

第三步，连线搭建模块，形成仿真模型。

将模块放置到合适的位置，并用信号线将各个模块连接起来。由于该离散系统是开环系统，其中没有反馈环节，所以只需将模块连接起来即可，如图 4 - 25 所示。

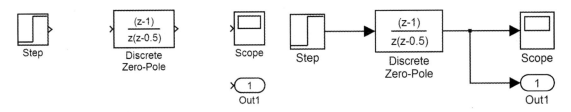

图 4 - 24　将离散系统所需要的模块置入模型窗口　　　　**图 4 - 25　离散系统模块连线图**

第四步，设置模块参数，使模块参数与既定数学描述一致。

根据例 4 - 5 的传递函数 $H(z)$ 表达式，修改 Discrete Zero-Pole 模块参数，设置采样时间为 2 s，其余采用默认值。模块参数调整后的仿真模型如图 4 - 26 所示。

第五步，仿真参数设置。

设置开始时间为 0，终止时间为 80 s，选固定步长，其余仿真参数为系统默认参数，然后保存系统模型。

第六步，微调相关参数，运行仿真模型，得到仿真结果。

不微调参数，直接运行该系统。

第七步,双击 Scope 模块,得到仿真曲线。

双击 Scope 模块,或者在工作区输入 plot(tout,yout)可得到的仿真曲线如图 4 - 27 所示。

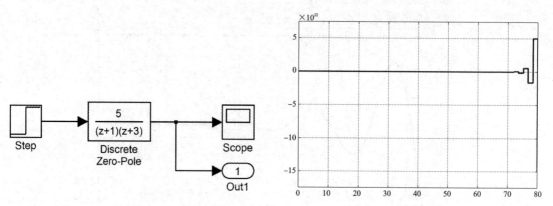

图 4 - 26　模块参数调整后的仿真模型(4)　　　　图 4 - 27　例 4 - 5 的离散系统的仿真曲线图

例 4 - 6　已知非线性微分方程为$(4x - 3x^2)x' - 4x = 2x''$,其中 x 和 x' 都是时间的函数,其初始值为 $x'(0) = 0, x(0) = 2$。试用 Simulink 建模该微分方程并求解该方程的数值解,并绘制函数的波形。

具体仿真步骤如下:

第一步,改写微分方程,将其改写为如下方程:

$$x'' = \frac{1}{2}(4x - 3x^2)x' - 2x$$

第二步,依据改写的方程,创建 Simulink 系统仿真模型,如图 4 - 28 所示。

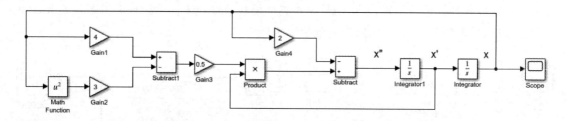

图 4 - 28　例 4 - 6 的系统仿真模型

第三步,依据题设,设置各模块参数。双击各增益参数 Gain 模块,输入相应系数;双击 Integrator 和 Integrator1 积分模块设置初始值 $x'(0) = 0, x(0) = 2$。

第四步,仿真参数设置。系统仿真时间设置为 20 s,其余仿真配置参数采用系统默认值,然后运行仿真模型,双击 Scope 模块,查看仿真结果,如图 4 - 29 所示。

第五步,为了能够在 MATLAB 工作空间演示上述仿真结果,在如图 4 - 28 所示的仿真模型中添加新的模块,即 Clock 模块、Mux 模块和 To Workspace 模块,如图 4 - 30 所示,然后将 Mux 输入端口修改为 3。

双击 To Workspace 模块,设置模块属性,修改变量为 simout,选择存放方式为数组。设置完后运行模块,将数据传送至工作空间。

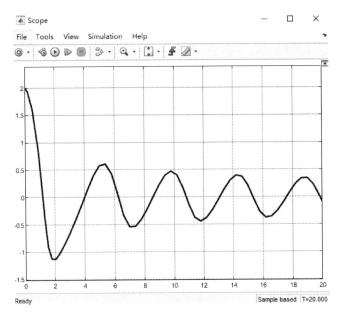

图 4 - 29　例 4 - 6 的系统仿真结果

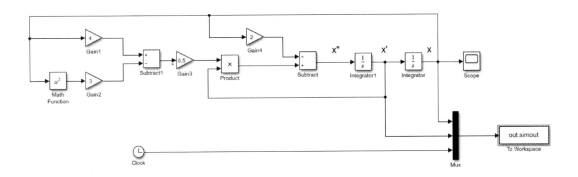

图 4 - 30　增添新模块

第六步,编写下列程序:

```
x = out.simout(:,1);
dx = out.simout(:,2);
t = out.simout(:,3);
plot(t,x,'b',t,dx,'y','linewidth',2)
hold on
grid on
xlabel('时间(t)')
legend('x','dx')
```

第七步,运行上述代码,得到如图 4 - 31 所示的仿真曲线。

由图 4 - 29 和图 4 - 31 的曲线可以看出,利用 To Workspace 将 Simulink 系统仿真模型的仿真结果传送到了工作空间,Scope 模块和 Figure 窗口中显示的 x 曲线是相同的。

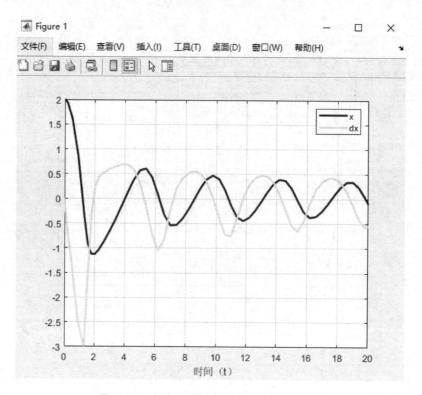

图 4-31 增加新模块后的仿真结果曲线图

本章小结

本章主要讲解了 Simulink 建模的基本步骤,如何运行和保存仿真文件,并且通过实例使用户进一步深刻理解 Simulink 中仿真模块的操作、图形输出、仿真文件运行与参数设置等内容。在此,需要掌握仿真文件的运行与仿真模块的操作,同时熟悉仿真求解器的参数设置。

思考练习题

1. Simulink 中如何对任意模块进行旋转、复制、删除、命名等基本操作?

2. Simulink 建立图形化仿真模型的基本步骤是什么?

3. 建立 $5y''(x)+3y'(x)-2y(x)=7x$ 的数学模型,并进行仿真。

4. 求方程 $7x^4+3x^2+5x+1=0$ 的根,并撰写其 M 文件。

5. 建立传递函数 $G(s)=2(s+3)/(s^3+4s^2+3s+7)$ 的仿真模型,并调试和运行。

第 5 章　典型动态系统建模与仿真

【内容要点】

◆ 动态系统常用模型、建模与仿真过程
◆ 连续系统建模、仿真与 M 文件描述
◆ 离散系统建模与仿真
◆ 线性系统建模与仿真
◆ 混合系统建模与仿真

5.1　动态系统建模

5.1.1　动态系统概述

在真实世界中到处都是动态系统,有些系统是自然存在的,有些是人为建立起来的,例如,人等生物体的运动、水流在河床中的运动、弹球运动就属于自然动态系统,恒温控制系统、汽车速度控制系统、自适应控制系统就属于人为建立起来的动态系统。动态系统是由一些基本系统按照一定规则而建立起来的系统。

动态系统可以看作是一个整体,只要给动态系统一个输入(也可称为外部激励),就会有一个输出(也可称为响应),用方框图表示,如图 5-1 所示。

动态系统在数学上实质是由一组方程构成的,主要有代数方程、微分方程或差分方程。在时间点上,这些方程可以看作是系统输出响应、系统输入响应、系统当前状态、系统参数和时间之间的关系。系统状态可以看

图 5-1　动态系统方框图表示

作系统结构动态变化的数学描述。系统参数是系统静态结构的数学描述,也可以看作是系统动态方程的常系数。例如,汽车运动动态系统描述、汽车的位移和速度是汽车运动的当前状态。汽车质量和车路间摩擦系数就是汽车运动动态系统的静态参数。

动态系统既可以是连续系统,也可以是离散系统。例如,汽车防抱死刹车系统,在真实系统中制动块在制动过程中,其强度变化是连续的,以制动块作为研究对象应建立其连续系统;但是,若使用计算机控制制动块作用于四个车轮,会引起轮速变化,那么计算机是以时钟频率为基础进行操作的,这时若以计算机操作为建模对象,那么所建动态系统应该是离散系统。

从系统所用的数学模型角度分,系统常用数学模型有四类:常微分方程、差分方程、代数方程和混合方程。下面简要说明这四类数学模型。

1. 常微分方程

常微分方程是研究系统变化过程的有力工具,在科学研究、工程应用、经济调控、管理、生态、环境、人口、交通、控制等各个领域都有着广泛的应用,因此有必要了解和分析常微分方程。

在实际的工程或科学研究中,有时不能直接找出研究问题的输入、输出变量的函数关系式,但是可以根据问题所提供的情况列出要找的输入、输出变量及其 DCT 的关系式,通常把这样的关系式称为微分方程。将未知关系式找出来的过程就是解微分方程的过程。一般,凡是表示出未知函数、未知函数的导数与自变量关系的方程均称为微分方程。未知函数是一元函数的,称为常微分方程;未知函数是多元函数的,则称为偏微分方程。

一阶常微分方程的通用表达式如下:

$$\begin{cases} y' = f(x, y) \\ y\big|_{x=x_0} = y_0 \end{cases} \tag{5-1}$$

式中,$f(x, y)$ 是光滑的,保证式(5-1)的解存在并且唯一。其数值解法的思想是,在一系列离散点 $x_0 < x_1 < x_3 < \cdots < x_n$ 上求取近似值 $y(x_i)$,通常情况下取等步长 h,使得 $x_n = x_0 + nh$。

二阶常微分方程的通用表达式如下:

$$\begin{cases} y'' = f(x, y, y') \\ y\big|_{x=x_0} = y_0 \\ y'\big|_{x=x_0} = y_0' \end{cases} \tag{5-2}$$

二阶常微分方程中初值的几何意义:求取微分方程通过点 (x_0, y_0) 且其斜率为 $y'(x_0)$ 的那条积分曲线。

常微分方程的常用数值解法有欧拉法、龙格库塔法及其改进解法、Adams 外推法等。仿真时只需选择相应求解器即可,求解器在第 4 章已经讲过,在此不再赘述。

2. 差分方程

对于离散系统,要想描述其动态过程,需要用差分方程。通常差分方程由两部分组成:输出方程和差分方程。输出方程是用系统的输入、先前的状态、参数和时间函数计算出给定时刻的系统输出响应,而差分方程是用系统的输入、先前的状态、参数和时间函数计算出当前时刻的系统状态。对于简单系统,可以用差分方程和输出方程求出系统输出响应;但是,对于实际复杂系统,通常使用迭代法求解。由 x_n 以及它的差分 Δx_n 构成的 k 阶差分方程:

$$\Delta^k x_n = f(n, x_n, \Delta x_n, \cdots, \Delta^{k-1} x_n) \tag{5-3}$$

3. 代数方程

代数方程也是一种数学模型,它需要在每个时刻都求解系统的输出,通常其表达式为

$$f(t, x, y, p) = 0 \tag{5-4}$$

式中,t 是时间参数;x 是输入变量参数;y 是输出变量参数;p 是系统参数。

对于简单系统,很容易求得系统的输入和输出,但是对于复杂系统,尽量使用数值求解方法,如迭代法等。

4. 混合方程

这类数学模型通常由微分方程、差分方程、代数方程、输出方程和边界约束条件等部分构成。实际上大部分系统都属于这类系统。求解这类系统的动态过程,需要分别使用不同类型

方程的相应解法。

　　上述四种方程的系统都有一个固有特性,那就是采样时间。所谓的采样时间,就是指系统在一个时间范围内跟踪系统输入、状态和输出的时间间隔。根据采样时间的不同,可以将系统分为连续系统、离散系统和混合系统。

5.1.2　动态系统建模示例

　　Simulink 建模的前提是用户要对研究的既定问题建立起相应的数学模型,也就是说,Simulink 动态系统仿真是以数学模型为前提的;而数学模型则是以客观存在的物理模型为前提的。因此,要建立动态系统仿真模型,首先要建立其数学模型。下面以代数方程为例进行说明。

　　例 5 - 1　将摄氏温度转换成热力学温度。

　　分析:根据气体动理论可知,摄氏温度转换成热力学温度的代数方程式如下:
$$T(\mathrm{K}) = t(\mathrm{℃}) + 273.16$$

　　按照第 4 章所给步骤,根据上式建立起相应的仿真模型。

　　具体仿真步骤如下:

　　第一步,分析建模对象,明确 Simulink 建模所需要的功能模块。

　　由给定的代数方程可知,需要的仿真模块有 Constant 常量模块、斜坡函数 Ramp 模块、Sum 求和模块、Scope 显示模块和 Out 输出模块。

　　第二步,建立 Simulink 仿真模型窗口,选择相应模块并将其置入模型窗口中。

　　新建一仿真模型窗口,按照分析内容,在 Simulink 模块库中查找相关模块,将其置入模型窗口中,如图 5 - 2 所示。

　　第三步,连线搭建模块,形成仿真模型。

　　按照信号从左到右、从输入到输出的顺序将各个模块摆放好,并用信号线连接起来,形成模块连线图,如图 5 - 3 所示。

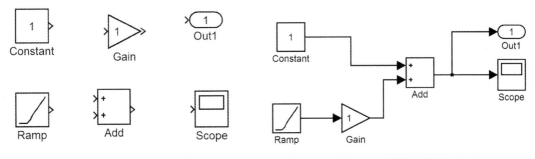

　　图 5 - 2　仿真所需要的功能模块(1)　　　　　图 5 - 3　模块连线图(1)

　　第四步,设置图 5 - 3 中各模块的参数,如图 5 - 4 所示。

　　第五步,仿真模型的参数设置,输入参数应在规定的范围内。

　　设置开始时间为 0,终止时间为 20 s,选择固定步长类型、龙格库塔法求解器,其他采用系统默认值。

　　设置输出 Scope 显示窗口参数,在此采用系统默认参数。

　　第六步,运行仿真模型。

第七步,双击 Scope 显示窗口,或者在命令窗口中输入 plot(tout,yout)命令,可获得仿真曲线,如图 5-5 所示。

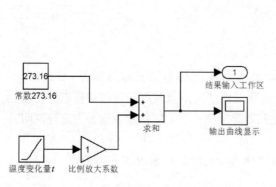

图 5-4　各模块参数设置后的仿真模型(1)

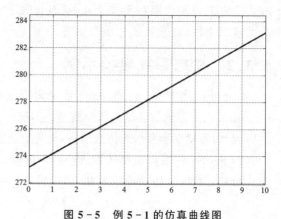

图 5-5　例 5-1 的仿真曲线图

5.1.3　动态系统仿真过程

动态系统仿真过程是指利用模型所提供的信息计算在规定时间段内输入、输出的过程。对于计算机而言,整个工作可分为编译阶段、模型链接阶段、仿真循环阶段、求解阶段、保存与输出仿真结果阶段。

编译阶段,就是利用模型编译器把用户建立的仿真模型转化为可执行文件的形式。编译器的主要工作有:① 求取模型中各模块的参数表达式,以确定表达式的值;② 确定模型未指明的信号属性,如信号名称、数据类型、信号维数和数值类型,并检查每个模块允许的输入信号;③ 优化执行模块;④ 用模块代替原始各子系统,并对各模块层次和执行顺序进行排序;⑤ 确定各模块的采样时间。

模型链接阶段,主要是为方框图中各信号、过程、状态和运行时间等参数分配内存,同时对每个模块中的数据结构和初始化分配内存。

仿真循环阶段,就是利用模块所提供的信息,每隔一段时间计算出由开始时间到终止时间的系统状态、输入参数和输出参数。每次计算,计算机都是按照各模块的执行层次和顺序计算各模块状态、输入参数和输出参数。

求解阶段,就是利用第 4 章提到的求解器(也可称为算法)连续计算系统的状态和模块的输出,以便仿真动态系统。

保存与输出仿真结果阶段,就是将各模块的状态数据、输入与输出数据保存在指定的内存处,以供数据传递、数据查找和数据显示。

5.2　连续系统建模与仿真

5.2.1　连续系统的基本概念

连续系统是指系统中所有信号都是时间变量的连续函数,也就是说,系统输出在时间上是连续变化的。这需要满足以下三个条件：

①　系统输出连续变化，变化间隔为无穷小量；

②　系统数学模型中含有输入、输出微分项；

③　系统具有连续的状态，系统状态是时间的连续量。

满足上述三个条件的系统称为连续系统。

5.2.2　连续系统的数学描述

假设系统的输入变量为 $u(t)$，系统的中间变量为 $x(t)$，系统的输出变量为 $y(t)$，时间变量为 t，则连续系统的一般数学描述为

$$y(t) = f(u(t), t) \tag{5-5}$$

这里，式 $(5-5)$ 是输入变量 $u(t)$、时间变量 t 与输出变量 $y(t)$ 的变换关系式。需要注意的是，式 $(5-5)$ 中的输入变量 $u(t)$ 和输出变量 $y(t)$ 既可以是标量（单输入单输出系统），也可以是向量（多输入多输出系统），而且式 $(5-5)$ 中也含有导数项。

若使用微分方程形式对连续系统进行数学描述，那么其应含有微分方程和输出方程。

系统微分方程：

$$\dot{x}(t) = f(x(t), u(t), t) \tag{5-6a}$$

系统输出方程：

$$y(t) = g(x(t), u(t), t) \tag{5-6b}$$

在这里，$x(t)$、$\dot{x}(t)$ 分别是系统的中间变量和微分变量。对于线性连续系统而言，由其连续微分方程可推导出其空间状态方程。

系统状态方程：

$$\dot{x}(t) = \boldsymbol{A}x(t) + \boldsymbol{B}u(t) \tag{5-7a}$$

系统输出方程：

$$y(t) = \boldsymbol{C}x(t) + \boldsymbol{D}u(t) \tag{5-7b}$$

式中，$x(t)$ 为线性连续系统的状态变量；$u(t)$ 和 $y(t)$ 分别是系统的输入变量和输出变量，它们既可以是标量，也可以是向量。$\boldsymbol{A}$ 为系统状态矩阵，$\boldsymbol{B}$ 为控制矩阵或输入矩阵，$\boldsymbol{C}$ 为输出矩阵或观测矩阵，$\boldsymbol{D}$ 为输入/输出矩阵或前馈矩阵。

例 5 - 2　已知连续系统 $y(t) = 3u(t) + 2\dot{u}(t) + 5$，其中 $u(t) = t + \sin t, t \geqslant 0$。求该系统的输出变量。

分析： 显然，所给连续系统是一个单输入单输出系统，且其中含有输入变量的微分项，所给系统为一连续系统。将 $u(t)$ 求出导数方程并与 $u(t)$ 一起代入输出方程，很容易得出系统的输出变量为

$$y(t) = 3(t + \sin t) + 2(1 + \cos t) + 5 = 3t + 3\sin t + 2\cos t + 7$$

5.2.3　连续系统的 Simulink 建模仿真与 M 文件仿真

连续系统的 Simulink 建模以例 5 - 3 为例进行说明。如何利用 Simulink 对连续系统进行描述，可采用 M 文件进行描述。

例 5 - 3　以例 5 - 2 的输出方程为例，建立该连续系统的仿真模型。

具体仿真步骤如下：

第一步,分析建模对象,确定实现既定仿真模型的思路与方法,明确 Simulink 建模所需要的功能模块。

例 5 - 2 的输出方程中含有 4 个不同的输入项,即斜坡函数、正弦函数、余弦函数和常数项,在此基础上对相应项进行增益放大,然后再求和,即可得出系统输出。仿真所需模块主要有斜坡模块、正弦模块、微分模块、常量模块、增益模块、求和模块及仿真曲线显示模块。

第二步,新建 Simulink 仿真模型窗口,然后根据数学描述选择合适的模块并将它们添加到模型仿真窗口中,如图 5 - 6 所示。

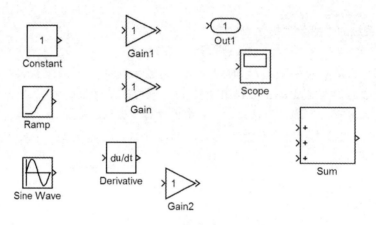

图 5 - 6　仿真所需要的功能模块(2)

第三步,将各模块放在相关位置,搭建模块形成模型。

按照信号从左(输入端)至右(输出端)的流向原则将模块放置到合适的位置,将模块从输入端至输出端用信号线连接,形成模块连线图,如图 5 - 7 所示。注意:在此过程中一定要避免信号相互交叉。

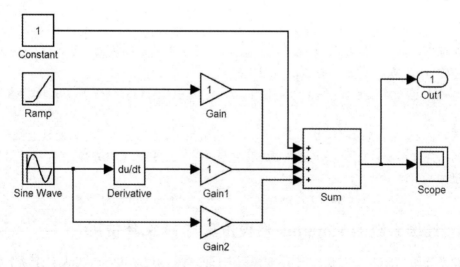

图 5 - 7　模块连线图(2)

第四步,设置模块参数。根据模型的数学描述及其约束条件,对相关模块的参数进行设置,使各模块的参数与模型的数学描述一致。设置完各模块后的仿真模型如图 5 - 8 所示。

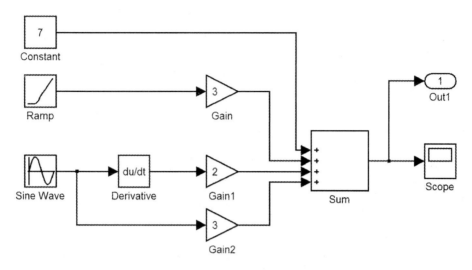

图 5 - 8　各模块参数设置后的仿真模型(2)

第五步,仿真参数设置。利用 Simulations 中的 Configuration Parameters 命令,打开对话框进行设置:初始时间为 0,终止时间为 50 s,选择变步长类型、ode45 求解器,其他采用系统默认值。

第六步,微调显示窗口的相关参数,将最大数据点数设置为 10 000,运行仿真模型,得到仿真结果。

第七步,双击信号输出显示模块,得到仿真曲线,如图 5 - 9 所示。

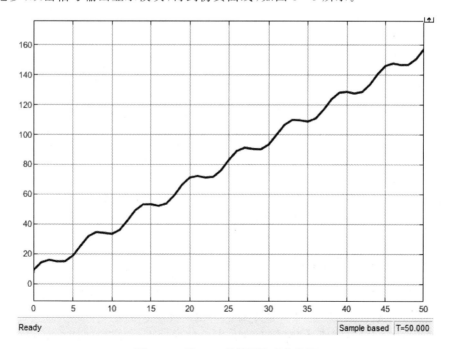

图 5 - 9　例 5 - 3 的模型仿真曲线图

通常采用 M 文件对连续系统进行描述,下面仍以例 5 - 2 为例进行描述。

例 5 - 4   对例 5 - 2 的输出方程编写.m 脚本文件。

在命令窗口中打开 File 菜单下的 New 子菜单,选择 Script 命令,打开脚本编写文件对话框。
编写的脚本文件如下:

```
t = 0:1:50;                   % 定义系统仿真时间范围,时间间隔为 1 s
ut = t + sin(t);              % 确定系统输入变量 u(t)
utdot = 1 + cos(t);           % 确定系统输入变量导数
yt = 3 * ut + 2 * utdot + 5;  % 给出系统输出
plot(yt)                      % 绘制系统输出曲线
grid on                       % 打开曲线网格
```

运行上述脚本文件,得到[0,50]区间的仿真曲线,如图 5 - 10 所示。从图 5 - 10 中可以看出,由.m 脚本文件所获得的仿真曲线与由仿真模型图 5 - 8 所获得的仿真曲线是相同的。由此可知,利用脚本文件同样可以对既定数学描述进行仿真。

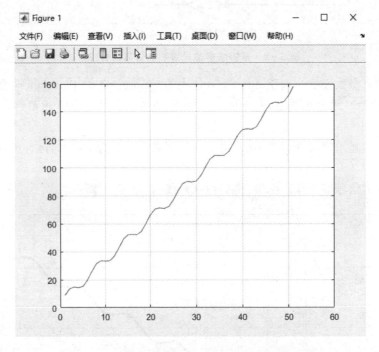

图 5 - 10   运行.m 脚本文件后得到的仿真曲线图

5.3   离散系统建模与仿真

5.3.1   离散系统的基本概念

如果系统中有一处或者几处信号是一串脉冲序列或数字序列,换句话,这些信号仅定义在离散时间上,那么将这样的系统称为离散系统。离散系统需要满足以下条件:

① 系统每隔固定时间间隔才"更新"一次,即系统的输入、输出每隔固定时间间隔便改变一次;固定的时间间隔称为采样时间。

② 系统的输出要依赖于当前系统的输入、以前的输入和输出,即系统的输出是某种函数。

③ 离散系统具有离散的状态,其中状态指的是系统前一时刻的输出量。

5.3.2 离散系统的数学描述

假设系统的输入变量为 $u(nT_s)$，$n=0,1,2,3,\cdots$，其中 T_s 为系统的采样时间，n 为系统采样时刻。显然，系统输入每隔一固定时间间隔 T_s 改变一次，由于 T_s 为一固定值，因而系统输入 $u(nT_s)$ 常被简记为 $u(n)$。假设系统的输出变量为 $y(nT_s)$，$n=1,2,3,\cdots$，被简记为 $y(n)$。根据离散系统的定义，离散系统的数学描述为

$$y(n)=f(u(n),u(n-1),\cdots;\quad y(n-1),y(n-2),\cdots)\tag{5-8}$$

下面采用差分方程描述：

状态更新方程：

$$x(n+1)=f(x(n),u(n),n)\tag{5-9a}$$

系统输出方程：

$$y(n)=g(x(n),u(n),n)\tag{5-9b}$$

也可以使用 z 传递函数描述离散控制系统。下面给出 z 变换的定义与性质，以帮助用户使用 z 变换正确描述离散系统。

z 变换的定义与性质：

假设一连续信号 $e(t)$，在第 n 点处的采样信号值为 $e(nT_s)$，通过采样开关得到采样信号 $e^*(t)$，表达式如下：

$$e^*(t)=\sum_{n=0}^{\infty}e(nT_s)\delta(t-nT_s)\tag{5-10}$$

对采样信号 $e^*(t)$ 取拉氏变换，有

$$E^*(s)=\int_0^{\infty}e^*(t)\mathrm{e}^{-st}\mathrm{d}t=\int_0^{\infty}\left[\sum_{n=0}^{\infty}e(nT_s)\delta(t-nT_s)\right]\mathrm{e}^{-st}\mathrm{d}t$$

$$=\sum_{n=0}^{\infty}e(nT_s)\left[\int_0^{\infty}\delta(t-nT_s)\mathrm{e}^{-st}\mathrm{d}t\right]\tag{5-11}$$

由广义脉冲函数的筛选性质 $\int_0^{\infty}\delta(t-nT_s)f(t)\mathrm{d}t=f(nT_s)$ 可得

$$\int_0^{\infty}\delta(t-nT_s)\mathrm{e}^{-st}\mathrm{d}t=\mathrm{e}^{-snT_s}$$

因此式（5-11）可以写为

$$E^*(s)=\sum_{n=0}^{\infty}e(nT_s)\mathrm{e}^{-snT_s}\tag{5-12}$$

在式（5-12）中，各项均含有 e^{sT_s} 因子，故上式为 s 的超越函数。为了便于应用，令变量

$$z=\mathrm{e}^{sT_s}\tag{5-13}$$

式中，T_s 为采样周期；z 是在复数平面上定义的一个复变量，通常称为 z 变换算子。因此采样信号 $e^*(t)$ 的 z 变换定义为

$$E(z)=E^*(s)\Big|_{s=\frac{1}{T_s}\ln z}=\sum_{n=0}^{\infty}e(nT_s)z^{-n}\tag{5-14}$$

z 变换具有多种性质，在此仅说明线性定理：

假设两离散信号 $e_1(n)$ 和 $e_2(n)$,该两离散信号对应的 z 变换分别为 $E_1(z)$ 和 $E_2(z)$,α 和 β 均为常数,则有

$$Z[\alpha e_1(t) + \beta e_2(t)] = \alpha E_1(z) + \beta E_2(z) \tag{5-15}$$

5.3.3　离散系统的 Simulink 建模仿真与 M 文件仿真

本小节将说明离散系统的 Simulink 建模仿真与 M 文件描述。离散系统的 Simulink 建模仿真步骤与第 4 章介绍的步骤是相同的。

例 5-5　离散滤波器的差分方程如下:

$$y(n) + 0.3y(n-1) - 0.7(n-2) = 0.04u(n) + 0.05u(n-1) + 0.04u(n-2)$$

试建立其仿真模型。

分析:要想建立离散仿真模型,首先需要求出它的离散传递函数,然后再建立其离散仿真模型。

对差分方程取 z 变换,得到

$$\frac{Y(z)}{U(z)} = \frac{0.04 + 0.05z^{-1} + 0.04z^{-2}}{1 + 0.3z^{-1} - 0.7z^{-2}} \tag{5-16}$$

具体仿真步骤如下:

第一步,分析 z 传递函数,明确 Simulink 建模所需要的功能模块。

由给定的代数方程可知,仿真模块需要 Sine Wave、Discrete Filter 和 Scope 模块。首先将各个 z 变换模块置入建模窗口,然后根据 z 传递函数中分子和分母系统设置各模块参数;之后用信号线连接各个模块,形成离散仿真模型;最后再设置仿真参数,运行模型得出仿真结果。

第二步,新建 Simulink 模型窗口,然后根据式(5-16)所示的 z 传递函数选择合适的模块并添加到仿真模型窗口中,如图 5-11 所示。

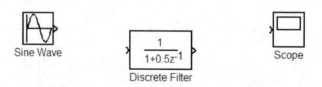

图 5-11　仿真所需要的功能模块(3)

第三步,将各模块放在相关位置,连线搭建模块,形成模型。

按照信号从左(输入端)至右(输出端)的流向原则将模块放置到合适的位置,将模块从输入端至输出端用信号线连接,形成模块连线图,如图 5-12 所示。

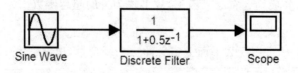

图 5-12　模块连线图(3)

第四步,设置模块参数。根据式(5-16)对相关模块的参数进行设置,使各模块的参数与模型的数学描述一致。设置完各模块后的仿真模型如图 5-13 所示。在此采样周期为 1 s。

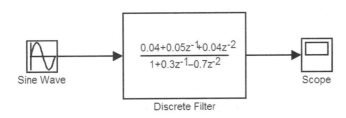

图 5 - 13　各模块参数设置后的仿真模型(3)

第五步，仿真参数设置。在 Configuration Parameters 对话框中进行设置：开始时间为 0，终止时间为 30 s，选择变步长类型、ode45 求解器，其他采用系统默认值。

第六步，微调显示窗口的相关参数，将最大数据点数设置为 10 000，运行仿真模型，得到仿真结果。

第七步，双击 Scope 输出显示模块，得到仿真曲线，如图 5 - 14 所示。

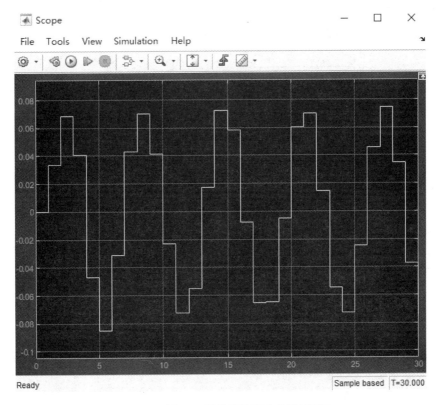

图 5 - 14　例 5 - 5 的模型仿真曲线图(时域)

描述离散系统时，通常也可采用 M 文件进行描述。下面仍以例 5 - 5 为例编写脚本文件。

例 5 - 6　对于例 5 - 5 所示的输出方程编写.m 脚本文件。

使用命令窗口中的"主页"→"脚本文件"图标按钮，或者使用"主页"→"新建"→"脚本文件"，或者按 Ctrl＋N 组合键，打开脚本编写文件对话框。

编写的脚本文件如下：

```
t = 0:1:50;                          % 定义系统仿真时间范围,时间间隔为 1 s
num = [0.04 0.05 0.04];              % 定义传递函数分子系数向量
```

```
den = [1 0.3 0.7];              % 定义传递函数分母系数向量
figure(1)                       % 定义曲线显示窗口 1
dbode(num,den,1)                % 在窗口 1 中绘制离散系统 Bode 图,如图 5 - 15 所示
[zeros,poles,k] = tf2zp(num,den) % 将传递函数转换成极点和零点表达式
figure(2)                       % 定义曲线显示窗口 2
nyquist(num,den)                % 在窗口 2 中绘制 Nyquist 图,如图 5 - 16 所示
figure(3)                       % 定义曲线显示窗口 3
pzmap(zeros,poles)              % 绘制极点和零点,如图 5 - 17 所示
```

运行上述脚本文件,得到[0,50]区间上的仿真曲线,如图 5 - 15～图 5 - 17 所示。

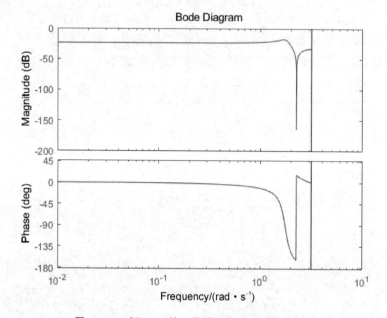

图 5 - 15　例 5 - 5 的 z 传递函数 Bode 图(频域)

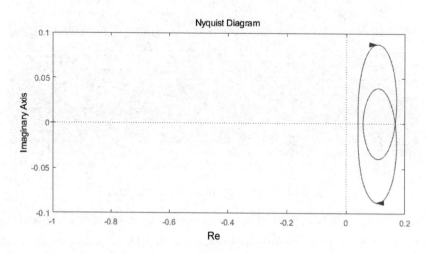

图 5 - 16　例 5 - 5 的 z 传递函数 Nyquist 图(极坐标)

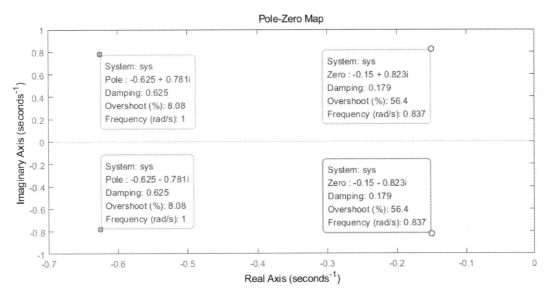

图 5 − 17　例 5 − 5 的 z 传递函数零点和极点图(复域)

5.4　线性系统建模与仿真

5.4.1　线性连续系统的 Simulink 建模与仿真

在控制工程中,按照系统性能可分为线性系统和非线性系统、连续系统和非连续系统、定常系统和时变系统、确定系统和不确定系统,等等。线性连续控制系统可以用线性微分方程描述,一般形式如下:

$$a_0 \frac{\mathrm{d}^n c(t)}{\mathrm{d}t^n} + a_1 \frac{\mathrm{d}^{n-1} c(t)}{\mathrm{d}t^{n-1}} + \cdots + a_{n-1} \frac{\mathrm{d}c(t)}{\mathrm{d}t} + a_n c(t)$$

$$= b_0 \frac{\mathrm{d}^m r(t)}{\mathrm{d}t^m} + b_1 \frac{\mathrm{d}^{m-1} r(t)}{\mathrm{d}t^{m-1}} + \cdots + b_{m-1} \frac{\mathrm{d}r(t)}{\mathrm{d}t} + b_m r(t)$$

式中,$c(t)$ 为被控量;$r(t)$ 为系统输入量。若系数 $a_0, a_1, \cdots, a_n, b_0, b_1, \cdots, b_m$ 是常数,则称为线性连续定常系统;若系数 $a_0, a_1, \cdots, a_n, b_0, b_1, \cdots, b_m$ 随时间变化,则称为线性连续时变系统。

实际工程中大部分系统是非线性连续系统,但是在一定的范围内,可以将其线性化,可以利用线性模型代替非线性连续系统研究系统。线性连续系统常使用的模型种类有:有理式传递函数模型、零极点模型、状态空间模型。在 Simulink 的 Continuous 模块库中,对应的模块有:Transfer Fcn 模块、Zero-Pole 模块、State-Space 模块。其实这些模块在前面的例题中已有涉及。下面将集中再次说明。

1. Simulink 传递函数建模与仿真

系统传递函数建模与仿真可直接使用 Continuous 库里的 Transfer Fcn 模块,下面用实例说明。

例 5 − 7　已知某单位负反馈系统的开环传递函数:

$$G(s) = \frac{3}{s^2 + 3s + 5} \times \frac{7}{s + 3} + \frac{2}{3s + 1}$$

试建立其闭环传递函数的仿真模型并进行仿真。

分析：根据题设内容，可以先建立开环传递函数的环节，然后再将其反馈至信号比较输入端，这样就实现了所要求的仿真模型；最后再设置各仿真模块，形成最终要求的闭环仿真模型。

建立上述模型的基本步骤如下：

第一步，分析所给的开环传递函数，明确开环传递函数建模所需要的功能模块。

由给定的开环传递函数可知，该开环传递函数 $G(s)$ 由三个部分组成：$G_1(s) = \frac{3}{s^2 + 3s + 5}$，$G_2(s) = \frac{7}{s + 3}$，$G_3(s) = \frac{2}{3s + 1}$。其中，$G_1(s)$ 和 $G_2(s)$ 串联，然后再与 $G_3(s)$ 并联形成开环输出信号。接着再将开环传递函数输出信号单位负反馈至信号输入比较端，形成最终要求的仿真。开环传递函数需要的仿真模块有 Sum 和 Transfer Fcn 模块。

第二步，新建 Simulink 仿真模型窗口，选择开环传递函数所需要的模块，将它们添加到仿真模型窗口中，如图 5-18 所示。

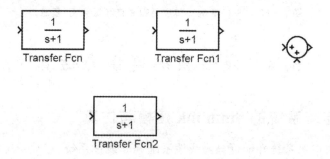

图 5-18　仿真所需要的功能模块(4)

第三步，将各模块放在相关位置，连线搭建模块，形成开环传递函数模型。

按照信号从左(输入端)至右(输出端)的流向原则将模块放置到合适的位置，形成模块连线图，如图 5-19 所示。

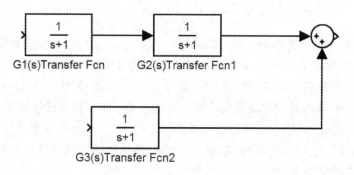

图 5-19　模块连线图(4)

第四步，在第三步的基础上向各窗口中添加阶跃模块、求和模块、输出显示模块，各模块放在相关位置，连线搭建模块，形成闭环传递函数模型，如图 5-20 所示。

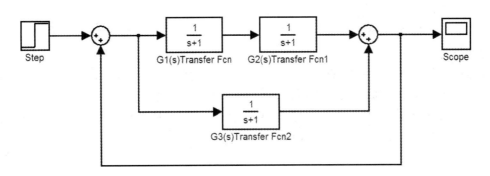

图 5 - 20　闭环传递函数待设置参数的仿真模型

第五步，设置模块参数。根据例 5 - 7 表达式对模块设置参数，使各模块参数与开环传递函数参数相同。完成模块设置后的仿真模型如图 5 - 21 所示。

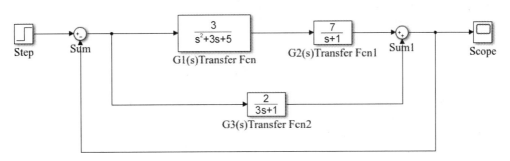

图 5 - 21　单位负反馈闭环传递函数的仿真模型

第六步，仿真参数设置。在 Configuration Parameters 对话框中进行设置：初始时间为 0，终止时间为 50 s，选择变步长类型、ode45 求解器，其他采用系统默认值。

第七步，微调显示窗口等其他模块的相关参数，将最大数据点数设置为 10 000，运行仿真模型，得到仿真结果。

第八步，双击信号输出显示模块，得到仿真曲线，如图 5 - 22 所示。

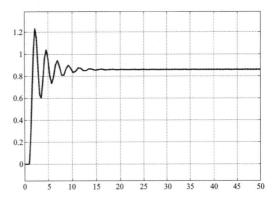

图 5 - 22　例 5 - 7 的闭环传递函数时域仿真曲线图

2. Simulink 零点、极点传递函数建模与仿真

零点、极点传递函数建模与仿真，与多项式传递函数建模过程类似，下面用例题说明。

例 5 - 8　已知某系统传递函数为

$$G(s) = \frac{6(s+5)}{(s+1)(s+3)}$$

试求该传递函数仿真模型并运行仿真。

具体仿真步骤如下：

第一步，分析传递函数结构，明确建模对象，确定实现既定仿真模型的思路与方法，以及所需要的功能模块。

该传递函数主要是由零点、极点构成的，因此可以使用 Continuous 库里的 Zero-Pole 模块实现传递函数的功能。其他还需要 Step、Zero-Pole 和 Scope 模块。

第二步，新建 Simulink 仿真模型窗口，选择开环传递函数所需模块，然后选择合适的模块并添加到仿真模型窗口中，如图 5-23 所示。

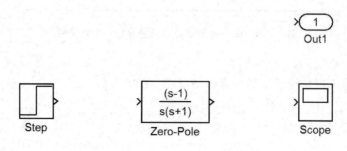

图 5-23　仿真所需要的功能模块(5)

第三步，将各模块放在相关位置，连线搭建模块，形成模块连线图，如图 5-24 所示。

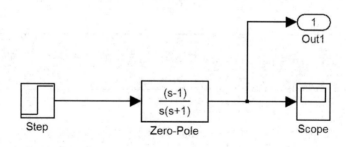

图 5-24　模块连线图(5)

第四步，设置模块参数，使各模块的参数与传递函数保持一致。设置完各模块后的仿真模型如图 5-25 所示。

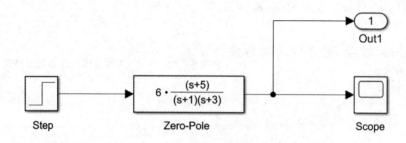

图 5-25　各模块参数设置后的仿真模型(5)

第五步，仿真参数设置。在 Configuration Parameters 对话框中进行设置：初始时间为 0，终止时间为 50 s，选择变步长类型、ode45 求解器，其他采用系统默认值。

第六步，微调 Step 模块、显示窗口等其他模块的相关参数，将最大数据点数设置为 10 000，运行仿真模型，得到仿真结果。

第七步，双击 Scope 模块，得到仿真曲线，如图 5 - 26 所示。

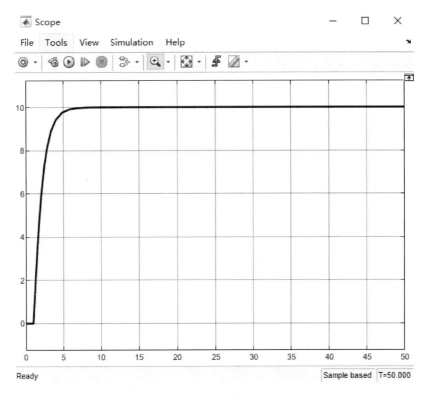

图 5 - 26　例 5 - 8 的模型仿真曲线图

3. Simulink 微分方程建模与仿真

在 MATLAB 软件中，由微分方程建立仿真模型通常有三种方法：

① 将微分方程转换成传递函数，然后再建模；

② 将微分方程转换成空间状态模型，然后再建模；

③ 由微分方程直接建模。

在此采用第③种方法。

例 5 - 9　已知某系统高阶微分方程 $2\dddot{y} + 10\ddot{y} + 5\dot{y} + 7y = 5u$，且输出量的各阶导数初始值为零，试建立该仿真模型。

分析：将所给微分方程转换成一阶微分方程。

假设 $x_1 = y, x_2 = \dot{y}, x_3 = \ddot{y}$，则有

$$\dot{x}_3 = \dddot{y} = 2.5u - 3.5x_1 - 2.5x_2 - 5x_3$$

输出方程为

$$y = x_1$$

具体仿真步骤如下：

第一步，分析状态微分方程和输出方程，明确建模对象以及所需要的功能模块，给定实现既定仿真模型的思路与方法。

首先建立各个环节的信号传递环节,然后将各环节连接起来构成微分方程的仿真模型。所需模块有：求和模块、增益模块和积分模块。

第二步,新建 Simulink 模型窗口,选择所需要的模块并添加到仿真模型窗口中。

第三步,将各模块放在相关位置,连线搭建模块,如图 5 - 27 和图 5 - 28 所示。

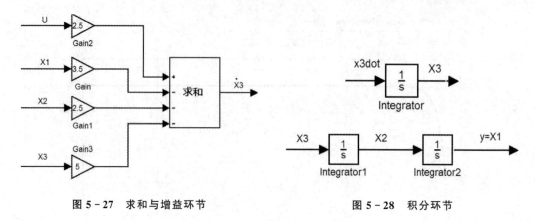

图 5 - 27　求和与增益环节　　　　图 5 - 28　积分环节

第四步,设置模块参数,使各模块的参数与微分方程保持一致。设置完各模块后的仿真模型如图 5 - 29 所示。

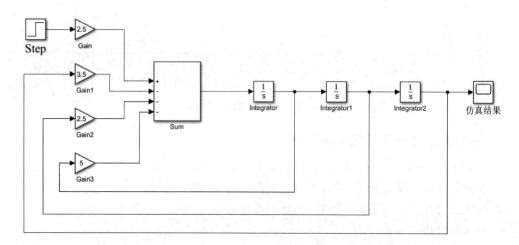

图 5 - 29　由微分方程初步确定的仿真模型

第五步,仿真参数设置。在 Configuration Parameters 对话框中进行设置：开始时间为 0,终止时间为 30 s,选择变步长类型、ode45 求解器,其他采用系统默认值。

第六步,运行仿真模型,得到仿真结果。双击信号输出显示模块,得到仿真曲线,如图 5 - 30 所示。

4. Simulink 空间状态方程建模与仿真

空间状态模型建模可直接使用 Continuous 库里的 State-Space 模块实现,示例如下：

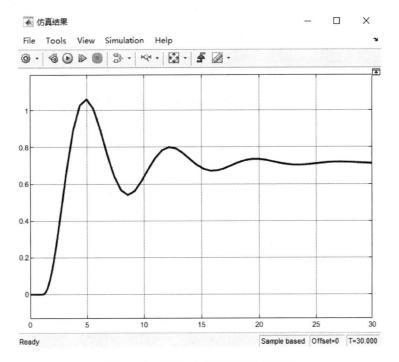

图 5 - 30 例 5 - 9 的模型仿真曲线图

例 5 - 10 已知某系统动态方程

$$\dot{x} = \begin{bmatrix} 0 & 1 & 0 & 0 \\ 0 & 0 & 1 & 0 \\ 0 & 0 & 0 & 1 \\ -20 & -13 & -22 & -5 \end{bmatrix} x + \begin{bmatrix} 0 \\ 0 \\ 0 \\ 10 \end{bmatrix} u$$

$$y = \begin{bmatrix} 1 & 0 & 0 & 0 \end{bmatrix} x$$

试建立该系统的仿真模型。

分析：调用 State-Space 模块，在单位阶跃作用下设置 State-Space 模块，将仿真结果输出到 Scope 模块。

具体建模步骤如下：

第一步，分析空间状态方程和输出方程，确定实现既定仿真模型的思路与方法，明确建模对象以及所需要的功能模块。

由所给空间状态方程和输出方程可知，系统状态共有 4 个状态变量，第 3 个状态变量作为输出量，还有系统状态矩阵 A、控制矩阵 B 和输出矩阵 C。所需主要模块有：State-Space 模块、Scope 模块。

第二步，新建 Simulink 模型窗口，将所需要的模块置入模型窗口中，如图 5 - 31 所示。

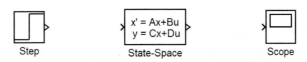

图 5 - 31 空间状态模型所需要的模块

第三步,将各模块放在相关位置,连线搭建模块形成既定模型,如图 5 - 32 所示。

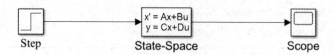

图 5 - 32 由空间状态方程确定的仿真模型

第四步,设置模块参数。设置 State-Space 模块的参数,使之与空间状态方程保持一致。State-Space 模块参数设置对话框如图 5 - 33 所示。

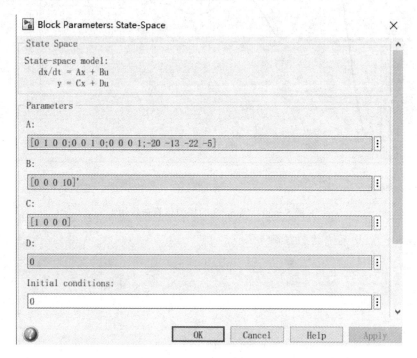

图 5 - 33 State-Space 模块参数设置对话框

第五步,仿真参数设置。在 Configuration Parameters 对话框中进行设置:开始时间为 0,终止时间为 50 s,选择变步长类型、ode45 求解器,其他采用系统默认值。

第六步,运行仿真模型,得到仿真结果。

第七步,双击信号输出显示模块,得到仿真曲线,如图 5 - 34 所示。

5.4.2 线性离散系统的 Simulink 建模与仿真

建立 Simulink 线性离散系统模型与离散系统模型类似,主要有 4 种形式:

① 线性离散系统的滤波器模型;

② 线性离散系统的传递函数模型;

③ 线性离散系统的零极点模型;

④ 线性离散系统的状态空间模型。

一般地,在不同条件下使用不同的数学模型,下面举例说明。

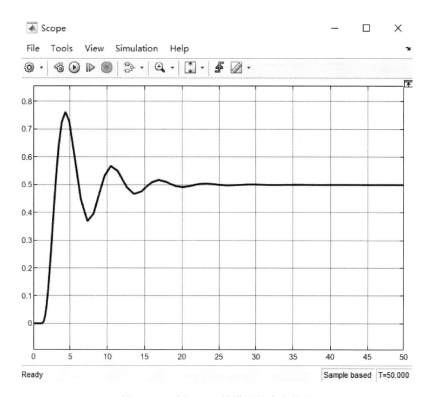

图 5 - 34　例 5 - 10 的模型仿真曲线图

1. Simulink 线性离散系统传递函数建模与仿真

例 5 - 11　对于线性离散系统：

$$\frac{Y(z)}{U(z)} = \frac{z^2 - z + 5}{z^3 + 2z^2 + 6z + 7}$$

试建立该系统的仿真模型。

　　分析：该系统是利用传递函数建模的，可以利用 Discrete Transfer Fcn 模块实现。

　　编写的脚本文件如下：

```
num = [2 - 1 5];          % 定义传递函数分子系数向量
den = [1 2 6 7];          % 定义传递函数分母系数向量
bode(num,den)            % 绘制相频、幅频图，如图 5 - 35 所示
grid on                  % 显示图形，打开网格线
```

具体建模步骤如下：

　　第一步，分析传递函数类型，确定实现既定仿真模型的思路与方法，明确建模对象以及所需要的功能模块。

　　由所给传递函数可知，可以利用 Discrete Transfer Fcn 模块实现。所需要的主要模块有 Discrete Transfer Fcn 模块、Scope 模块。

　　第二步，新建 Simulink 模型窗口，将所需要的模块添加到模型仿真窗口中，如图 5 - 36 所示。

　　第三步，将各模块放在相关位置，连线搭建模块形成既定模型，如图 5 - 37 所示。

　　第四步，设置模块参数。设置传递函数模块的参数，使之与所给传递函数保持一致，采样周期为 0.1 s，如图 5 - 38 所示。

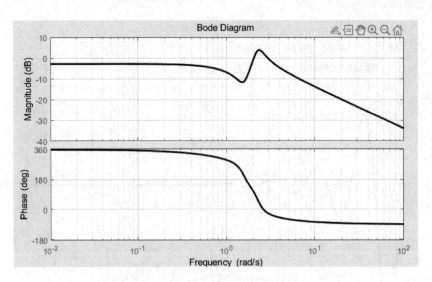

图 5 - 35　利用脚本文件获得传递函数 Bode 图

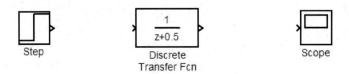

图 5 - 36　传递函数所需要的功能模块

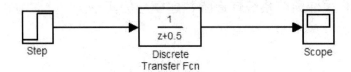

图 5 - 37　传递函数的连线图

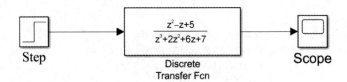

图 5 - 38　由传递函数确定的仿真模型

第五步,仿真参数设置。在 Configuration Parameters 对话框中设置仿真参数:开始时间为 0,终止时间为 10 s,选择变步长类型、ode45 求解器,其他采用系统默认值。

第六步,运行仿真模型,得到仿真结果。

第七步,双击信号输出显示模块,得到仿真曲线,如图 5 - 39 所示。

2. Simulink 线性离散系统不同模型间的相互转化

在 MATLAB 中,不同模型之间是可以相互转化的,利用模型常用转化函数可以实现各功能模块间的模型参数相互转化。常用离散模型转化函数命令见表 5 - 1,也可以参考其他相关书籍。

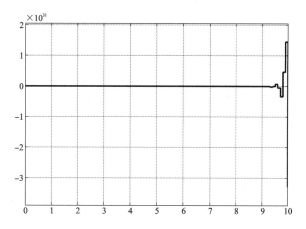

图 5 - 39　例 5 - 11 的模型仿真曲线图

表 5 - 1　常用离散模型转化函数命令

模型转化函数命令	含　义
$[Zeros,poles,k]=tf2zp(num,den)$	将有理分式传递函数转化成零点和极点形式
$[den,num]=zp2tf(zeros,poles,k)$	将零极点传递函数转化成有理多项式
$[Zeros,poles,k]=ss2zp(F,C,G,D)$	将空间状态模型转化成零极点形式
$[F,C,G,D]=zp2ss(Zeros,poles,k)$	将零极点形式转化成空间状态模型
$[den,num]=ss2tf(F,C,G,D)$	将空间状态模型转化成有理多项式
$[F,C,G,D]=tf2ss(num,den)$	将有理多项式转化成空间状态模型

例 5 - 12　对于线性离散系统：

$$\frac{Y(z)}{U(z)}=\frac{z^2-z+5}{z^3+2z^2+6z+7}$$

试进行各模型之间的相互转化。

① 转化为零极点模型。

```
>>num = [2 - 1 5];              %定义传递函数分子系数向量
>>den = [1 2 6 7];             %定义传递函数分母系数向量
>>[Zeros,poles,k] = tf2zp(num,den)   %将传递函数转化成零点和极点形式
%系统的极点、零点和增益如下
Zeros =
      0.2500 + 1.5612i
      0.2500 - 1.5612i
poles =
     - 0.3181 + 2.2430i
     - 0.3181 - 2.2430i
     - 1.3639 + 0.0000i
k = 2
```

② 转化为线性离散系统空间状态模型。

```
>>num = [2 - 1 5];              %定义传递函数分子系数向量
>>den = [1 2 6 7];             %定义传递函数分母系数向量
```

```
>>[F,C,G,D] = tf2ss(num,den)        %将传递函数转化为空间状态模型
%结果如下
>>[F,C,G,D] = tf2ss(num,den)
F =
    -2    -6    -7
     1     0     0
     0     1     0
C =
     1
     0
     0
G =
     2    -1    5
D =
     0
```

③ 空间状态模型的数学描述。线性离散系统的差分方程如下：

系统差分方程：

$$x(n+1) = Fx(n) + Gu(n)$$

输出差分方程：

$$y(n) = Cx(n) + Du(n)$$

式中，$x(n)$、$u(n)$、$y(n)$ 分别为线性离散系统的空间向量、输入向量和输出向量；F、G、C、D 为空间状态变换矩阵。

5.5　混合系统建模与仿真

前面主要对连续系统、离散系统、线性系统进行了简单的介绍。实际系统往往是非常复杂的，并且通常是由不同类型的子系统(如连续系统、离散系统、非线性系统、线性系统等)共同构成的。这样的系统称为混合系统(或者混杂系统)。本节将在前述系统基础上说明混合系统的建模与仿真。

在仿真分析混合系统时，用户必须考虑系统中的连续信号和离散信号采样时间之间的匹配问题。Simulink 中的变步长连续求解器充分考虑了连续信号和采样时间之间的匹配问题。因此，仿真分析混合系统时，用户应该使用变步长连续求解器。

Simulink 仿真环境提供的 Sample Time Colors 功能能够很好地将不同类型、不同采样时间的信号用不同的颜色表示出来，从而可以使用户对混合系统中的信号有一个比较清晰的了解和掌握。在 Simulink 仿真模型窗口中，选择 DEBUG→Information Overlays→SAMPLE TIME→Colors 可实现对信号线上色的功能，其中黑色表示连续信号，其他颜色表示离散信号，并且不同的颜色表示的采样时间也不同。

图 5-40 所示是一简单混合系统，该系统中 Unit Delay 模块的采样时间是 0.5 s，Unit Delay1 模块的采样时间是 1 s，对信号线实现上色后，不同采样时间的信号被清楚地区分开。

图 5-40 所示的混合系统仿真结果如图 5-41 所示。由图 5-41 可以看出，变步长连续求解器不时地调整仿真步长以匹配离散信号的采样时间，即变步长连续求解器充分考虑了连续信号和采样时间之间的匹配问题，它可以用来作为混合系统的求解器。

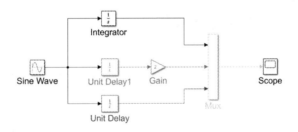

图 5-40　简单混合系统模型实现信号线上色

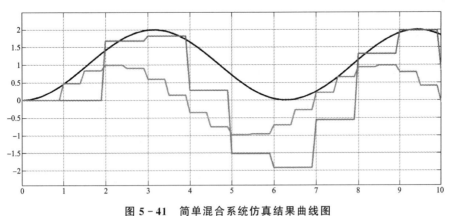

图 5-41　简单混合系统仿真结果曲线图

本章小结

本章主要讲解动态系统的建模步骤、所用数学模型，然后采用所给建模步骤以示例形式详细展示了连续系统、离散系统和线性系统的建模与仿真过程；并尽可能以图形化模型和 M 文件两种形式仿真连续系统、离散系统和线性系统，也给出了不同系统模型之间的相互转换函数。需要掌握的内容有：动态系统的建模与仿真步骤，连续系统、离散系统和线性系统的常用数学模型及其互相转换。

思考练习题

1. 简述 Simulink 中动态系统、连续系统、离散系统和混合系统的区别与联系。

2. 动态系统的仿真步骤是怎样的？

3. 如何直接对连续系统的微分方程、代数方程、差分方程进行建模与仿真？

4. 怎样实现连续系统的离散化？

5. 建立 $5y''(x) + 3y'(x) - 2y(x) = 7x$ 的数学模型，并进行图形化仿真。

6. 绘制 $y = 7x^4 + 3x^2 + 5x + 1$ 函数的图形，并建立图形仿真模型。

7. 建立传递函数 $G(s) = 2(s+3)/(s^3 + 4s^2 + 3s + 7)$ 的仿真模型，并调试、运行和分析仿真结果。

8. 建立离散系统 $H(z) = \dfrac{z+3}{z^3 + 5z + 7}$ 的图形化仿真模型。

第6章 连杆机构建模与仿真

【内容要点】

◆ 连杆机构基础
◆ 连杆机构数学描述与仿真模块介绍
◆ 平面连杆机构的建模与可视化仿真
◆ 空间连杆机构的建模与仿真

6.1 连杆机构概述

在机械工程领域中，人们将能够实现预期的机械运动的各个构件（包括机架）的基本组合体称为机构。由若干刚性构件用低副连接而成的机构称为连杆机构，所有构件间的相对运动均在平行平面内运动的连杆机构称为平面连杆机构。平面连杆机构的运动形式是多种多样的，可以实现转动、摆动、移动和复杂运动。它的优点是：① 运动副单位面积上所受压力较小，且面接触便于润滑，因此磨损较小；② 制造方便，易获得较高精度，也能起到增力或扩大行程的作用。但是其缺点也是明显的，即只能近似实现既定的运动规律或运动规迹，而且设计也比较复杂。若给定运动要求较多或运动复杂，那么机构结构比较复杂，设计也较为复杂，运动副中存在间隙，数目较多的低副会引起运动累积误差。

最简单的连杆机构由四个构件构成，称该平面连杆机构为平面四杆机构。其中铰链四杆机构是平面四杆机构的基本型式。平面四杆机构应用非常广泛，是形成其他杆机构的基础。因此，我们主要利用 Simulink 仿真模块对平面四杆机构进行建模与仿真。除此之外，实际中也存在空间连杆机构。

空间连杆机构是指由若干刚性构件通过低副（转动副、移动副）连接，而各构件上各点的运动平面不是相互平行的机构。在空间连杆机构中，与机架相连的构件常常相对固定的轴线转动、移动，或既转动又移动，也可绕某定点做复杂转动；其余不与机架相连的连杆则一般做复杂空间运动。利用空间连杆机构可将一轴的转动转变为任意轴的转动或任意方向的移动，也可将某方向的移动转变为任意轴的转动，还可实现刚体的某种空间移位或使连杆上某点轨迹近似于某空间曲线。与平面连杆机构相比，空间连杆机构常有结构紧凑、运动多样、工作灵活可靠等优点，但缺点是设计困难，制造较复杂。空间连杆机构常应用于农业机械、轻工机械、纺织机械、交通运输机械、机床、工业机器人、假肢和飞机起落架等领域。

6.1.1 连杆机构的基本问题

平面连杆机构的运动设计一般可归纳为以下三类基本问题：

① 实现构件给定位置(亦称刚体导引),即要求连杆机构能引导某构件按规定顺序精确或近似地经过给定的若干位置。

② 实现已知运动规律(亦称函数生成),即要求主、从动件满足已知的若干组对应位置关系,包括满足一定的急回特性要求,或者在主动件运动规律一定时,从动件能精确或近似地按给定规律运动。

③ 实现已知运动轨迹(亦称轨迹生成),即要求连杆机构中做平面运动的构件上某一点精确或近似地沿着给定的轨迹运动。

平面连杆机构运动设计的方法主要是几何法和解析法,此外还有图谱法和模型实验法。几何法是利用机构运动过程中各运动副位置之间的几何关系,通过作图获得有关运动尺寸,所以几何法直观形象,几何关系清晰,对于一些简单设计问题的处理,是有效而快捷的;但由于存在作图误差,所以设计精度较低。解析法是将运动设计问题用数学方程描述,求解方程获得有关运动尺寸,故其直观性差,设计精度高。随着数值计算方法的发展和计算机的普及应用,解析法已成为各类平面连杆机构运动设计的一种有效方法。在 MATLAB/Simulink 工具箱中,我们将利用解析法仿真平面四杆机构进行结构分析、运动分析和力学分析。

空间连杆机构的基本问题也可以归纳为以下三类问题:

① 当主动件运动规律一定时,要求连架从动件能按若干对应位置或近似按某函数关系运动。

② 要求连杆能按若干空间位置姿态运动而实现空间刚体的导引。

③ 要求连杆上某点处能够近似沿给定空间曲线运动。

由于这些问题与平面连杆机构的综合问题相仿,空间连杆机构的分析综合均较平面连杆机构复杂且困难。常有的研究方法主要有:以画法几何为基础的图解法和以向量、对偶数、矩阵和张量等数学工具为手段的解析法。图解法有一定的局限性,因此应用较多的便是利于电子计算机运算的解析法。

6.1.2　连杆机构自由度的计算

1. 平面连杆机构自由度的计算

假设某一平面连杆机构包含 p_q 个构件、p_L 个低副和 p_H 个高副。假设 p_q 构件中有一个构件是不动的(即为机架),则活动构件数为 $n = p_q$。这 n 个构件在没有受到约束之前的总自由度为 $3n$;当平面连杆机构中含有 p_L 个低副和 p_H 个高副时,n 个构件所受约束总数为 $2p_L + p_H$(1 个低副需要引入 2 个约束,1 个高副需要引入 1 个约束)。因此,整个平面连杆机构相对于某一固定构件(机架)的自由度为活动构件总的自由度减去约束总数,即

$$F = 3n - 2p_L - p_H \qquad\qquad (6-1)$$

平面连杆机构的自由度就是机构中构件独立运动的数目。通常情况下,一个平面连杆机构就一个自由度。

若式(6-1)中的自由度小于或等于零,那么这时的平面连杆机构就变成了刚性桁架,不会产生任何相对运动。平面连杆机构中的复合铰链应按照运动副的复合数计算,而不应该合并计算。局部自由度和虚约束不计入自由度的计算。

2. 空间连杆机构自由度的计算

假设某一平面连杆机构包含 p_q 个构件,当有一个构件是不动时,活动构件数 $n = p_q - 1$。这

n 个构件在没有受到约束之前,总的自由度为 $6n$(3 个旋转运动,3 个移动运动,共 6 个自由度);假设构件中有 p_1 个 Ⅰ 级副,p_2 个 Ⅱ 级副,p_3 个 Ⅲ 级副,p_4 个 Ⅳ 级副,p_5 个 Ⅴ 级副,则空间连杆机构的约束总数为 $5p_5+4p_4+3p_3+2p_2+p_1$。那么,整个空间连杆机构相对于某一固定构件(机架)的自由度为活动构件总的自由度减去约束总数,即

$$F = 6n - 5p_5 - 4p_4 - 3p_3 - 2p_2 - p_1 \tag{6-2}$$

6.2　连杆机构的数学描述与 Multibody 仿真工具介绍

6.2.1　连杆机构的数学描述

对连杆机构的分析通常包括结构分析(如结构类别、自由度、工作原理、运动简图等)、运动分析(如机构中构件的位置、轨迹、速度和加速度等)和力学分析等。若要正确仿真和分析连杆机构,则需要对连杆机构进行正确的数学描述,因为正确的数学描述是机构仿真的前提和基础。由于铰链四杆机构是平面连杆机构的基础,因此在此主要对铰链四杆机构进行数学描述。铰链四杆机构简图如图 6-1 所示。

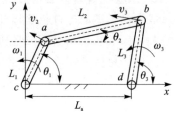

图 6-1　铰链四杆机构简图

假设四杆机构 L_1、L_2、L_3 和 L_4 的长度分别为 L_1、L_2、L_3 和 L_4,其中 L_1 为原动件,L_4 为机架,原动件 L_1 以角速度 ω_1 均速转动,此时转角为 θ_1,试确定从动件 L_2 和 L_3 的角位移、角速度和角加速度。

1. 角位移分析

将四边形 $abcd$ 看作一封闭多边形,如图 6-1 所示。若用 $\vec{L_1}$、$\vec{L_2}$、$\vec{L_3}$、$\vec{L_4}$ 表示四边形 $abcd$ 的边长矢量,则四边形 $abcd$ 的封闭矢量方程为

$$\vec{L_1} + \vec{L_2} = \vec{L_3} + \vec{L_4} \tag{6-3}$$

以复数的形式表示为

$$L_1 e^{i\theta_1} + L_2 e^{i\theta_2} = L_3 e^{i\theta_3} + L_4 \tag{6-4}$$

在此,规定角 θ 是以逆时针为正向的向量角。

由式(6-4)可分出复数的实部和虚部,可得

$$\left. \begin{array}{l} L_1 \sin\theta_1 + L_2 \sin\theta_2 = L_3 \sin\theta_3 \\ L_1 \cos\theta_1 + L_2 \cos\theta_2 = L_3 \cos\theta_3 + L_4 \end{array} \right\} \tag{6-5}$$

将不含未知量的写在方程的右边,式(6-5)可整理为

$$\left. \begin{array}{l} L_2 \sin\theta_2 + L_3 \sin\theta_3 = L_1 \sin\theta_1 \\ L_2 \cos\theta_2 + L_3 \cos\theta_3 = L_4 \cos\theta_1 \end{array} \right\} \tag{6-6}$$

式(6-6)为图 6-1 所示铰链四杆机构的位置分析基本关系式。在式(6-6)中,仅有 θ_2 和 θ_3 未知,故可以求解角位移。

连杆上任意一点的坐标求取。假设连杆上任意一点 P 距连杆中心线的距离为 B,点 P 在连杆上的投影点距旋转副 a 的距离为 A,连杆上 P 点的坐标为

$$x_P = L_1 \cos \theta_1 + A \cos \theta_2 + B \cos(90° + \theta_2) \\ y_P = L_1 \sin \theta_1 + A \sin \theta_2 + B \sin(90° + \theta_2) \Big\} \tag{6-7}$$

2. 角速度分析

将式(6-6)对时间求一次导数,即可得

$$-L_2 \omega_2 \sin \theta_2 + L_3 \omega_3 \sin \theta_3 = L_1 \omega_1 \sin \theta_1 \\ L_2 \omega_2 \cos \theta_2 + L_3 \omega_3 \cos \theta_3 = -L_1 \omega_1 \cos \theta_1 \Big\} \tag{6-8}$$

经过位置求导后,式(6-8)中仅 ω_2 和 ω_3 为未知数,故可求解。将式(6-8)写成矩阵形式:

$$\begin{bmatrix} -L_2 \sin \theta_2 & L_3 \sin \theta_3 \\ L_2 \cos \theta_2 & -L_3 \cos \theta_3 \end{bmatrix} \begin{bmatrix} \omega_2 \\ \omega_3 \end{bmatrix} = \omega_1 L_1 \begin{bmatrix} \sin \theta_1 \\ -\cos \theta_1 \end{bmatrix} \tag{6-9}$$

3. 角加速度分析

对式(6-8)求导,则可得有关角加速度的关系式:

$$-L_2 \varepsilon_2 \sin \theta_2 + L_3 \varepsilon_3 \sin \theta_3 = L_2 \omega_2^2 \cos \theta_2 - L_3 \omega_3^2 \cos \theta_3 + L_1 \omega_1^2 \cos \theta_1 + L_1 \varepsilon_1 \sin \theta_1 \\ L_2 \varepsilon_2 \cos \theta_2 - L_3 \varepsilon_3 \cos \theta_3 = L_2 \omega_2^2 \sin \theta_2 - L_3 \omega_3^2 \sin \theta_3 + L_1 \omega_1^2 \sin \theta_1 - L_1 \varepsilon_1 \cos \theta_1 \Big\} \tag{6-10}$$

将上式写成矩阵形式:

$$\begin{bmatrix} -L_2 \sin \theta_2 & L_3 \sin \theta_3 \\ L_2 \cos \theta_2 & -L_3 \cos \theta_3 \end{bmatrix} \begin{bmatrix} \varepsilon_2 \\ \varepsilon_3 \end{bmatrix} = \begin{bmatrix} L_2 \cos \theta_2 & -L_3 \cos \theta_3 \\ -L_2 \sin \theta_2 & L_3 \sin \theta_3 \end{bmatrix} \begin{bmatrix} \omega_2^2 \\ \omega_3^2 \end{bmatrix} + \\ \omega_1^2 L \begin{bmatrix} \cos \theta_1 \\ \sin \theta_1 \end{bmatrix} + \varepsilon_1 L_1 \begin{bmatrix} \sin \theta_1 \\ -\cos \theta_1 \end{bmatrix}$$

由于曲柄 L_1 是匀速旋转运动,因此其角加速度为零,即有

$$\begin{bmatrix} -L_2 \sin \theta_2 & L_3 \sin \theta_3 \\ L_2 \cos \theta_2 & -L_3 \cos \theta_3 \end{bmatrix} \begin{bmatrix} \varepsilon_2 \\ \varepsilon_3 \end{bmatrix} = \begin{bmatrix} L_2 \cos \theta_2 & -L_3 \cos \theta_3 \\ -L_2 \sin \theta_2 & L_3 \sin \theta_3 \end{bmatrix} \begin{bmatrix} \omega_2^2 \\ \omega_3^2 \end{bmatrix} + \omega_1^2 L_1 \begin{bmatrix} \cos \theta_1 \\ \sin \theta_1 \end{bmatrix} \tag{6-11}$$

上述的数学描述形式,既可以通过编写 M 文件实现控制系统仿真实现,也可以建立图形化的仿真模型实现。为了便于用户掌握图形化建模仿真方法,主要介绍图形化建模与仿真方式,必要时附以 M 文件仿真。图形化建模与仿真是未来机械仿真发展的必然趋势,是从事科学研究和工程研发人员必须掌握的技能,同时,能够编写 M 仿真文件也是工程师和研究人员必要的技能。

6.2.2　Multibody 仿真工具介绍

Multibody 是 Simulink 工具箱中 Simscape 中的一个仿真模块库,如图6-2所示。Multibody 可以仿真三维系统的平移和转动运动,提供了一系列工具求解带有静力学约束、坐标系变换等在内的机构系统的运动问题,并利用虚拟现实工具箱提供的功能显示机构系统运动的动画示意图。

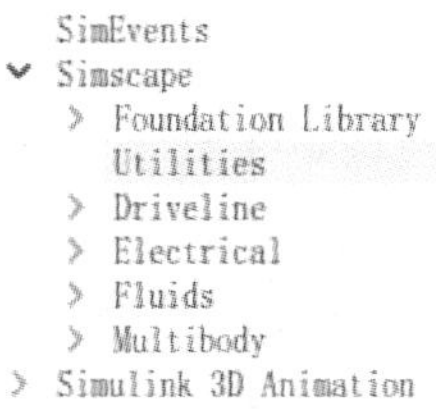

```
    SimEvents
  ⌄ Simscape
    > Foundation Library
      Utilities
    > Driveline
    > Electrical
    > Fluids
    > Multibody
  > Simulink 3D Animation
```

图 6-2　Simscape 库

1．Multibody 基本模块介绍

Multibody 中的基本模块如图 6-3 所示,主要包括刚体单元模块组(Body Elements)、约束模块组(Constraints)、曲线与表面模块组(Curves and Surfaces)、力与扭矩单元模块组(Forces and Torques)、坐标与变换模块组(Frames and Transforms)、运动副模块组(Joints)、皮带与钢索模块组(Belts and Cables)、齿轮和联轴器模块组(Gear and Couplings)、机械仿真公用模块组(Utilities)。

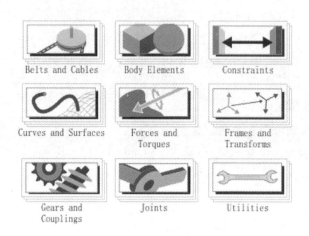

图 6-3　Multibody 中的基本模块

2．各基本模块组的具体模块介绍

1) 刚体单元模块组

该模块组主要包含 12 个模块,如图 6-4 所示,即参数化实体(Graphic)、惯性体(Inertia)、块状物(Brick Solid)、柱状物(Cylindrical Solid)、椭球体(Ellipsoidal Solid)、挤压物(Extruded Solid)、可编程实体(File Solid)、旋转体(Revolved Solid)、球体(Spherical Solid)、柔性体(Flexible Bodies)、变质量(Variable Mass)和惯性传感器(Inertia Sensor)。

刚体组中大部分刚体和惯性传感器默认只有一个连接端,用户可以设置为两个连接端。使用刚体时可以定义质量、惯性矩、坐标原点、刚体的初始位置和角度,也可以定义形状,充当机架。但是,柔性刚体和可变质量中的具体刚体和质量默认均有两个或两个以上的连接端。

2) 约束模块组

该模块组主要包含 3 个模块,如图 6-5 所示,即角度约束模块(Angle Constraint)、距离约束模块(Distance Constraint)和曲线上的点约束模块(Point on Curve Constraint)。这 3 个模块对刚体高副接触构件提供运动约束。

3) 力和扭矩单元模块组

该模块组主要包含 6 个模块,如图 6-6 所示,即外部力和扭矩(External Force and Torque)、重力场(Gravitational Field)、内部力(Internal Force)、平方反比力(Inverse Square Law Force)、空间接触力(Spatial Contact Force)、弹簧和阻尼力(Spring and Damper Force,主要是在两运动副间添加振动与阻尼)。

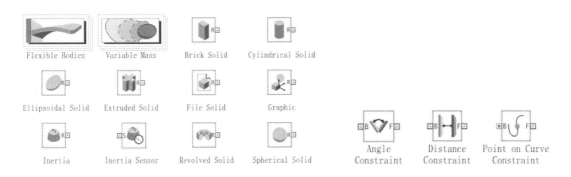

图 6-4　刚体模块组单元内容　　　　　　　　　图 6-5　约束模块组单元内容

4）坐标与变换模块组

该模块组主要包含 4 个模块，如图 6-7 所示，即参考坐标系（Reference Frame）、刚性变换（Rigid Transform）、变换传感器（Transform Sensor）和世界坐标系（World Frame）。

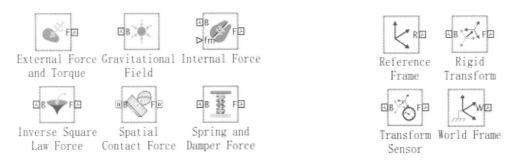

图 6-6　力和扭矩模块组单元内容　　　　　　　图 6-7　坐标与变换模块组单元内容

5）齿轮和联轴器模块组

该模块组主要包含 4 个模块，如图 6-8 所示，即锥齿轮约束（Bevel Gear Constraint）、普通齿轮约束（Common Gear Constraint）、齿条齿轮约束（Rack and Pinion Constraint）和蜗轮齿轮约束（Worm and Gear Constraint）。

6）机械仿真公用模块组

该模块组包含 1 个模块，如图 6-9 所示，即机构配置（Mechanism Configuration）。

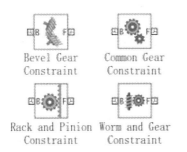

图 6-8　齿轮和联轴器模块组单元内容　　　　　图 6-9　机械仿真公用模块组单元内容

7）运动副模块组

该模块组包含 17 个模块,如图 6 - 10 所示,分别是 6 自由度运动副(6-DOF Joint)、轴承副(Bearing Joint)、套管接头(Bushing Joint)、笛卡儿关节(Cartesian Joint)、等速万向节(Constant Velocity Joint)、圆柱副(Cylindrical Joint)、万向节(Gimbal Joint)、丝杠副(Lead Screw Joint)、销槽副(Pin Slot Joint)、平面副(Planar Joint)、移动副(Prismatic Joint)、矩形连接(Rectangular Joint)、转动副(Revolute Joint)、球副(Spherical Joint)、套筒连接(Telescoping Joint)、万向接头(Universal Joint)、焊接副(Weld Joint)。该模块组提供了机械机构中可能用到的各种运动副仿真模块。

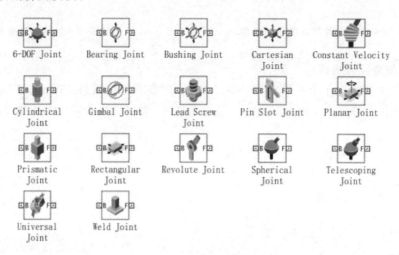

图 6 - 10　运动副模块组单元内容

除了 Multibody 中含有机械构件仿真模块外,Simscape/Foundation Library/Mechanical 中也含有大量的机械仿真模块,用户可自行查阅和学习。

6.2.3　Multibody 机械建模示例

1. Multibody 机械建模的基本步骤

Multibody 机械建模的基本步骤与第 4 章所给步骤基本相同,仅仅是细节上有所不同。利用 Simscape/.../Multibody 中的模块以及 Simulink 公共模块进行机械建模,具体步骤如下:

第一步,分析连杆机构建模对象,明确 Multibody 建模所需要的功能模块,即确定实现既定机械系统仿真模型的思路与方法。

第二步,建立一个新的 Simulink 模型窗口,选择机械仿真模块,然后根据既定机械系统的数学描述选择相关机械模块并添加到模型窗口中。

第三步,连线搭建仿真模块,形成机械系统仿真模型。按照信号从左(输入端)至右(输出端)、从上到下的流向原则将模块放置到合适的位置,将模块从输入端至输出端用信号线连接,搭建完成机械仿真模型框图。

第四步,设置机械机构各功能模块参数。根据机械机构模型的数学描述、目标函数以及约束条件,设置模块参数,使各模块的参数与模型的数学描述一致。

第五步,仿真参数设置,在 Configuration Parameters 对话框中进行设置。

第六步,微调相关参数,运行机械机构仿真模型,得到仿真结果。

第七步,双击仿真信号显示模块,设置显示窗口输出参数,得到仿真曲线。

2. 摆杆机构仿真示例

一单摆杆机构,杆的质量均匀,长度为 1 m,直径 2 cm。初始条件为世界坐标系 x 轴负方向的水平位置,单摆机构简图如图 6-11 所示。其中单摆的一端固定,绕连接点以矢量 $(0,0,1)$ 为轴转动。建立该 Multibody 模型并进行仿真,得到单摆运动的角位移、角速度规律和运动的 xy 相图。

具体仿真步骤如下:

第一步,分析摆杆机构建模对象,明确单摆建模所需要的功能模块,即确定实现既定机械系统仿真模型的思路与方法。

如图 6-11 所示的单摆机构简图由机架、铰链旋转副、单杆刚体组成。铰链上的转矩为输入量,摆杆绕 O 点做往复摆动。单摆机构的输出量是杆的角位移和角速度。需要 Simulink 模块下的 Scope、Graph 曲线显示模块,总线模块,以及 Multibody 工具箱里的参考坐标系模块(机架)、转动副模块、刚体模块、Scope 模块、求解器、输入/输出端口、From 端口、Goto 端口、XY Graph 模块等。

第二步,建立 Simulink 模型窗口,在相关仿真工具箱里选择所需要的机械仿真模块,然后根据既定机械系统的数学描述选择相关机械模块并添加到模型窗口中,如图 6-12 所示。

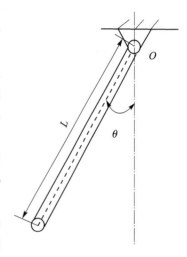

图 6-11　单摆机构简图

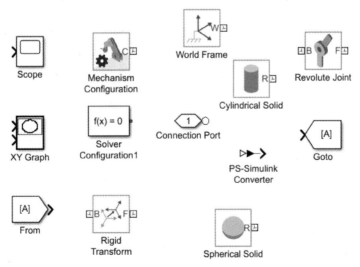

图 6-12　将所需要的机械功能模块置入仿真模型窗口

第三步,连线搭建仿真模块,形成机械系统仿真模型。按照仿真信号从左(输入端)至右(输出端)、从上到下的流向原则将模块放置到合适的位置,将模块从输入端至输出端用信号线连接,搭建完成机械仿真模型框图。

此处所说的仿真信号从左(输入端)至右(输出端)、从上到下的流向原则只是一般的原则,并不是处处都要严格遵守此原则,因为有时机械仿真系统中的仿真可能会形成闭环回路。搭建完成的机械仿真模型框图如图 6 - 13 所示。

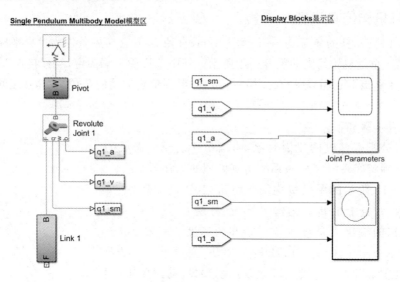

图 6 - 13　搭建完成的机械仿真模型框图

　　在连线的过程中,双击 Revolute Joint 1 转动副模块弹出参数对话框,选择 Sensing 中的 Position、Velocity、Acceleration 三项,如图 6 - 14 所示。在此对话框中继续选择 Composite Force/Torque Sensing→Direction→Follower on Base,其他选项不选择,如图 6 - 15 所示。如图 6 - 16 所示,选择 State Targets→Specify Position Target,设置角度为 40°。

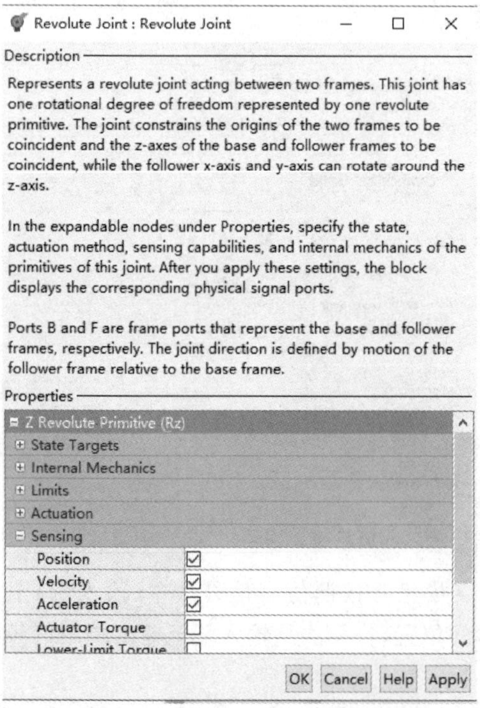

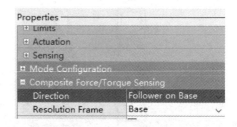

图 6 - 15　力矩方向选择参数对话框

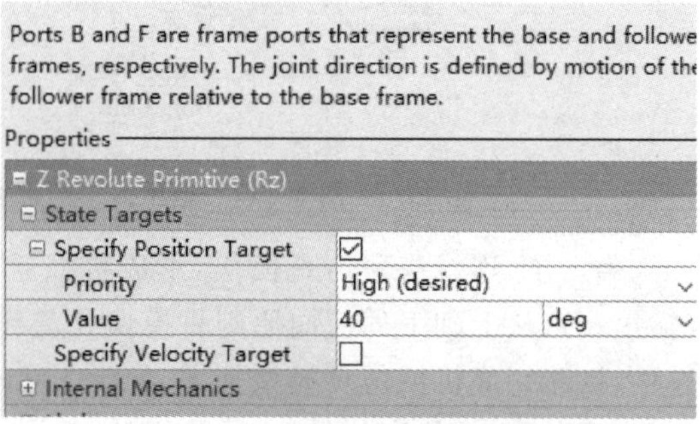

图 6 - 14　Revolute Joint 1 转动副模块参数对话框　　　　**图 6 - 16　Link 1 子系统内部结构图**

第四步,建立单摆机械机构各子系统并设置内部参数。

建立 Link 1 子系统内部仿真结构模型,如图 6-17 所示。

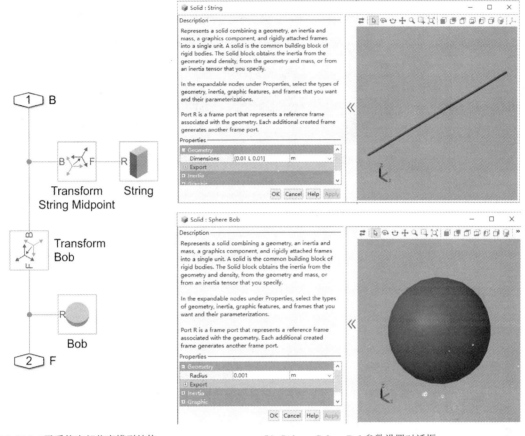

(a) Link 1 子系统内部仿真模型结构　　　　　　(b) String、Sphere Bob 参数设置对话框

图 6-17　Link 1 子系统内部仿真模型结构及参数设置

其他参数采用模块默认参数。

建立 Pivot 子系统内部仿真模型结构,如图 6-18(a)所示。Base(设置题设所给定的细杆参数)、Mechanism Configuration 参数设置如图 6-18 所(b)示。

转动副的角位移 q1_sm、角速度 q1_v、角加速度 q1_a 信号转换子系统内部仿真结构模型如图 6-19 所示。

第五步,求解器仿真参数设置。在 Configuration Parameters 对话框中进行设置:开始时间为 0,终止时间为 10 s,其余保持默认。

第六步,微调相关参数,运行机械机构仿真模型,得到仿真结果。

① 打开 XY 相图模块参数对话框,设定曲线显示范围,如图 6-20(a)所示。

② 运行仿真模型,XY 相图如图 6-20(b)所示。

第七步,双击信号显示模块,得到仿真角位移、角速度曲线,如图 6-21 所示。

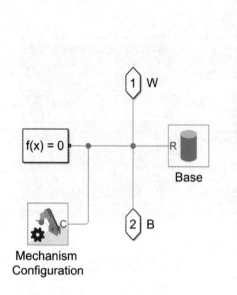

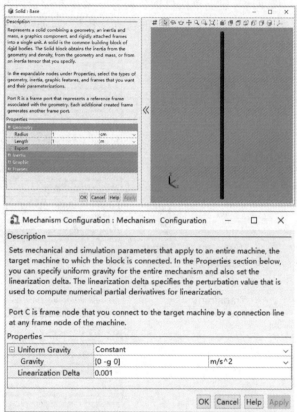

(a) Pivot子系统内部仿真模型结构　　　　　(b) Base、Mechanism Configuration模块参数设置

图 6－18　Pivot 子系统内部仿真模型结构及模块参数设置

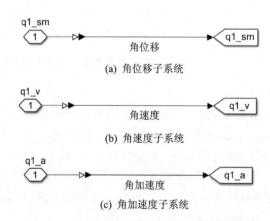

图 6－19　信号转换子系统内部仿真结构模型

3. 摆杆机构仿真过程可视化

Simscape 支持自定义的 MATLAB 图像处理窗口进行可视化,这个工具以透视图的方式显示机器的运动。在摆杆机构仿真过程中,用户有时可能也会要求仿真过程可视化,或者由此制成动画以演示某一原理或过程。

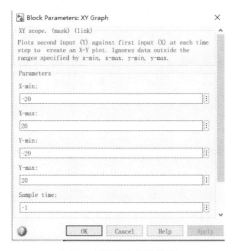
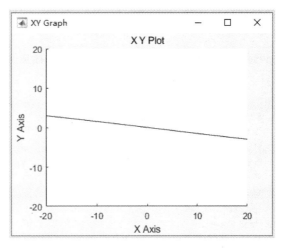

(a) XY相图模块参数设置　　　　　　　　　　(b) XY相图

图 6 - 20　单摆相图

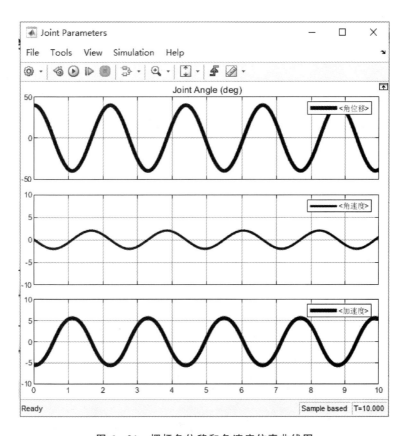

图 6 - 21　摆杆角位移和角速度仿真曲线图

当仿真工作到第五步时,选择 MODELING→Setup→Model Settings,打开 Configuration Parameters 对话框,在 Simscape Multibody 中进行选择或设置,如图 6 - 22 所示。当用户选中 Open Mechanics Explorer on model update or simulation 复选框后,运行图形化仿真模型

时,可视化仿真模型会在 Mechanics Explorer 对话框中动态显示。单摆机构仿真过程可视化动画如图 6 - 23 所示。该动画可反复播放。

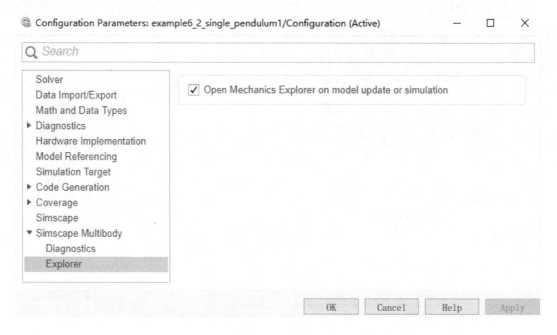

图 6 - 22　在 Simscape Multibody 中选择或设置

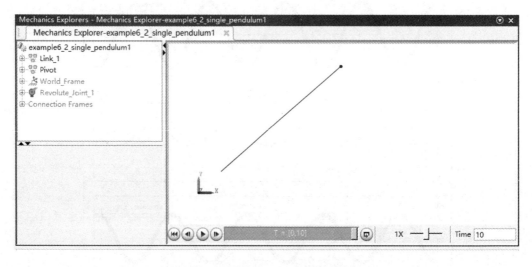

图 6 - 23　单摆机构仿真过程可视化窗口

6.3　平面连杆机构建模与仿真

6.3.1　平面曲柄摇杆机构建模与仿真

如图 6 - 24 所示的平面曲柄摇杆机构,利用 Multibody 子工具箱中的仿真模块及其他辅助模块对该曲柄摇杆机构的旋转副 B 的角位移、角速度和角加速度进行仿真并使仿真过程可视化。其仿真模型如图 6 - 25 所示。

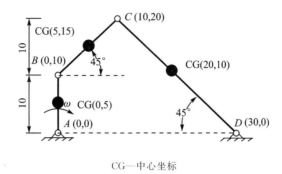

CG—中心坐标

图 6 - 24　平面曲柄摇杆机构结构简图及某时刻关键点的坐标

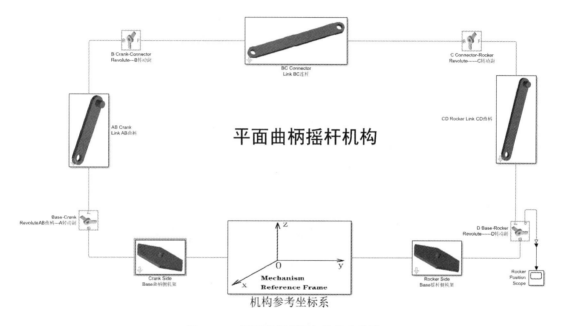

图 6 - 25　平面曲柄摇杆机构仿真模型

具体建模步骤如下：

第一步，分析连杆机构建模对象，确定建模思路以及所需要的功能模块。

图 6 - 24 所示为典型的曲柄摇杆机构，利用各个铰点的相对坐标和旋转副确定曲柄摇杆机构，利用仿真配制对话框进行可视化设置。涉及的仿真模块主要有 Revolute 旋转副模块、参考坐标系模块、Cylindrical Solid 模块、Extruded Solid 模块、信号转换模块、坐标变换模块和显示模块等。

第二步，建立 Simulink 模型窗口，建立如图 6 - 25 所示的每根连杆子系统和机架参考坐标系子系统，同时将各连杆中的设置参数放置到子系统参数对话框中进行设置。创建子系统、设置子系统参数对话框中的参数、子系统图标设置等子系统内容见 3.4 节所述内容。下面以曲柄 AB 子系统、曲柄侧机架子系统、机构参考坐标系子系统为例说明曲柄摇杆机构中各构件子系统的创建过程。

1. 曲柄 AB 子系统

建立曲柄 AB 子系统,首先将 Extruded Solid 模块、Cylindrical Solid 模块、Rigid Transform 模块、Connection Port 模块等置入曲柄 AB 子系统中,连接各模块形成曲柄 AB 子系统仿真模型,如图 6-26 所示。左侧实体为孔,中间实体为连杆,右侧实体为销。

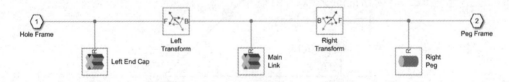

图 6-26　曲柄 AB 子系统内部仿真模型(1)

创建曲柄 AB 子系统时 Connection Port 端口模块可自动追加,也可事先设置好。在曲柄 AB 子系统中设置变量参数。曲柄 AB 的长度、厚度、宽度、密度、销孔半径、曲柄颜色及曲柄图标为子系统的设置参数,如图 6-27 所示。曲柄 AB 的初始化程序如图 6-28 所示。

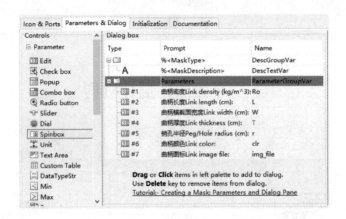

图 6-27　定义子系统参数变量

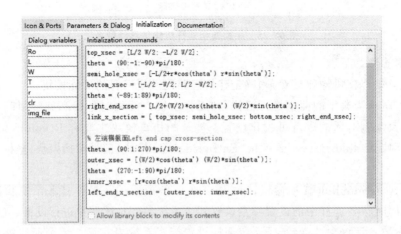

图 6-28　曲柄 AB 初始化程序

完成曲柄 AB 子系统设置参数的定义后,双击曲柄 AB 可弹出如图 6-29 所示的曲柄 AB 子系统参数设置对话框,所给出的参数为默认参数,可修改。

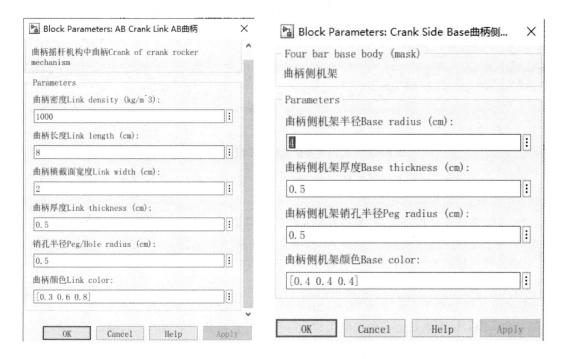

图 6-29　曲柄 AB 子系统参数设置

2. 曲柄侧机架子系统

同样地,机架子系统的建立与曲柄 AB 子系统过程基本是一致的。将 Extruded Solid 模块、Cylindrical Solid 模块、Rigid Transform 模块、Connection Port 模块等置入机架子系统中,连接各模块形成机架子系统仿真模型,如图 6-30 所示,接着设置机架子系统设置参数。

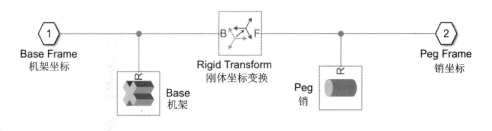

图 6-30　机架子系统内部仿真模型(1)

3. 机构参考坐标系子系统

将 Rigid Transform 模块、Mechanism Configuration 模块、Solver 模块、World Frame 模块置入机构参考坐标系子系统中,连接各模块形成机构参考坐标系子系统仿真模型,如图 6-31 所示。

机构参考坐标系子系统不设置参数,因此不需要定义其参数设置对话框。

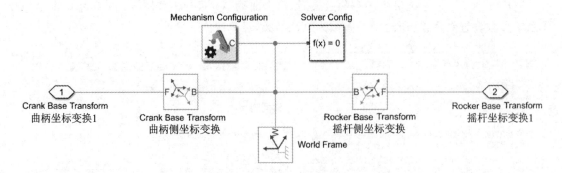

图 6-31 机构参考坐标系子系统内部仿真模型

连杆 BC 子系统、摇杆 CD 子系统、摇杆侧机架子系统的定义与上述子系统定义过程类似，在此不过多赘述，用户可自行定义。

第三步，搭建连接仿真模块，形成机械系统仿真模型。根据图 6-24 所示模型简图的连接方式，将各个连杆子系统、机架子系统、机构参考坐标系子系统、Revolute Joint 转动副连接起来，形成四杆机构的机械仿真模型，如图 6-25 所示。

第四步，设置机械机构各功能模块参数。

机构参考坐标系子系统中的 Mechanism Configuration，设置重力加速度[0,0,-9.81]，其他参数采用对话框默认值。曲柄侧机架和摇杆侧机架参数均采用其默认值。依据图 6-25 所示的数据，双击曲柄 AB 子系统，弹出其参数设置对话框如图 6-29 所示，将曲柄长度值 8 修改为 10，其他采用默认值。连杆 BC 和摇杆 CD 的参数设置如图 6-32 所示。

图 6-32 连杆 BC 和摇杆 CD 的参数设置

注意：

① 在设置和调整各模块参数的过程中单位一定要统一，否则调试时容易出错；

② 各刚体两端的长度一定要与图 6-24 中所给值一致；

③ 各旋转副与刚体的参考坐标要保持一致。

双击 D 转动副，选择 Sensing/Position 和 Velocity 选项，修改 Scope 示波器输入端口数为 2，利用 PS-Simulink Converter 模块将转动副的输出参数输入到 Scope 示波器中。

第五步，求解器仿真参数设置。在 Configuration Parameters 对话框中进行设置：开始时间为 0，终止时间为 10 s，其余保持默认；然后打开 Simscape Multibody 页，勾选 Open Mechanics Explorer on model update or simulation。

第六步，单击运行按钮 ▶ 或者按 Ctrl+t 组合键，运行机械机构仿真模型，得到仿真结果。

第七步，双击信号显示模块，得到旋转副 D 的仿真角位移曲线，如图 6-33 所示，可视化图如图 6-34 所示。

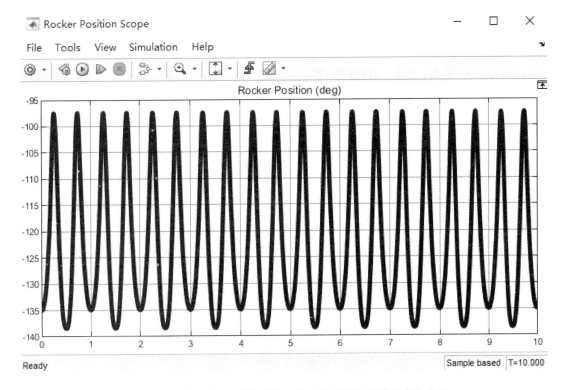

图 6-33　曲柄摇杆机构旋转副 D 的角位移和角速度仿真曲线图

从仿真结果可以看出，对于机械模型设计仿真优化，Simscape 与普通编程方法相比，无论在效率上，还是功能上都要强大很多，而且实现了动画显示，是机械系统的建模和设计强大而方便的工具。图形化建模仿真是未来机械仿真发展的必然趋势，其可视化、高效的仿真优点是非常明显的。与编程仿真相比，采用 Simscape 可以更容易地解决复杂机构系统的仿真问题，使工程技术人员能更专注于对机械系统的各种运动进行分析的应用设计。

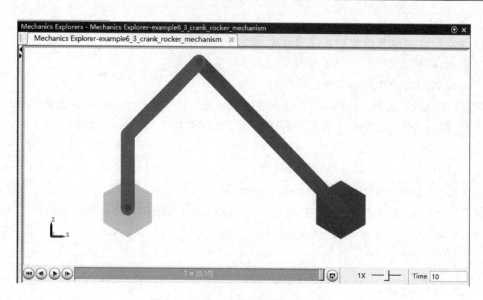

图 6 - 34　曲柄摇杆机构可视化图形

6.3.2　平面曲柄滑块机构建模与仿真

1. 平面曲柄滑块机构的数学描述

在图 6 - 35 所示的平面曲柄滑块机构简图中,已知曲柄 1 的长度为 l_1,转角为 φ_1,角速度为 ω_1,连杆 2 的长度为 l_2。试确定连杆 2 的角度 φ_2、角速度 ω_2、角加速度 α_2,以及滑块 C 的位置 x_c、速度 v_c 和加速度 a_c。

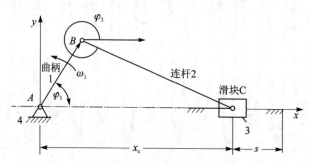

图 6 - 35　平面曲柄滑块机构简图

如图 6 - 35 所示,该机构封闭向量方程式为

$$\vec{L}_1 + \vec{L}_2 = \vec{x}_c \tag{6-12a}$$

以复数的形式表示为

$$l_1 \mathrm{e}^{\mathrm{i}\varphi_1} + l_2 \mathrm{e}^{\mathrm{i}\varphi_2} = x_c \tag{6-12b}$$

将式(6-12b)展开后分别取实部和虚部,得

$$\left.\begin{array}{l} l_1 \sin \varphi_1 + l_2 \sin \varphi_2 = 0 \\ l_1 \cos \varphi_1 + l_2 \cos \varphi_2 = x_c \end{array}\right\} \tag{6-13}$$

1) 位移表达式

连杆 2 的角位移 φ_2 表达式为

$$\varphi_2 = \arcsin\left(-\frac{l_1}{l_2}\sin\varphi_1\right) \tag{6-14}$$

滑块 C 相对于 A 点的位移表达式为

$$x_c = l_1\cos\varphi_1 + l_2\cos\varphi_2 \tag{6-15}$$

2) 速度表达式

分别对式(6-13)、式(6-15)进行求导,可得对应的速度表达式:

$$l_1\omega_1\cos\varphi_1 + l_2\omega_2\cos\varphi_2 = 0$$

即有连杆 2 绕 B 点的角速度表达式:

$$\omega_2 = \frac{l_1\omega_1\cos\varphi_1}{l_2\cos\varphi_2} \tag{6-16}$$

将式(6-16)代入 $v_c = -l_1\omega_1\sin\varphi_1 - l_2\omega_2\sin\varphi_2$ 中并整理,得到滑块的加速度表达式:

$$v_c = -\frac{l_1\omega_1\sin(\varphi_1-\varphi_2)}{\cos\varphi_2} \tag{6-17}$$

3) 加速度表达式

分别对方程式 $l_1\omega_1\cos\varphi_1 + l_2\omega_2\cos\varphi_2 = 0$ 和 $v_c = -l_1\omega_1\sin\varphi_1 - l_2\omega_2\sin\varphi_2$ 求导,整理可得加速度表达式。

连杆 2 绕 B 点的角加速度表达式:

$$\varepsilon_2 = \frac{l_1\omega_1^2\sin\varphi_1 + l_2\omega_2^2\sin\varphi_2}{l_2\cos\varphi_2} \tag{6-18}$$

滑块 C 的加速度表达式:

$$a_c = -\frac{l_1\omega_1^2\cos(\varphi_1-\varphi_2) + l_2\omega_2^2}{\cos\varphi_2} \tag{6-19}$$

2. 平面曲柄滑块机构的 Multibody 建模与仿真

针对图 6-35 所示的平面曲柄滑块机构运动简图,已知曲柄 1 的长度 $l_1 = 150$ mm,连杆 2 的长度 $l_2 = 300$ mm,曲柄 1 的角速度为 0.01 rad/s。试仿真滑块 C 的位移、速度和加速度并使仿真过程可视化。

分析:对于图 6-35 所示的仿真,我们可以利用 Simulink 下的数学模块库,将式(6-14)至式(6-19)的数学描述用相关数学模块、仿真曲线显示模块等表示出来,形成符合数学描述的仿真模型,即可知道滑块 C 的位移、速度和加速度变化曲线,但是这样仿真的效率比较低,并且工作量大,仅适合简单仿真。因此对于复杂性机械结构的仿真,我们需要根据仿真机构中相关元件的既定逻辑关系、功能目标和自身及周围的约束条件,利用 Multibody 仿真工具箱中的模块建立仿真模型。因为通过这种方式可以有效避免复杂数学关系式的分析与推导,同时降低了工作量和仿真难度。因此,我们对平面曲柄滑块机构仿真时采用后一种仿真方式进行仿真:分析机构元件、运动副构成,明确各元件间的相互约束关系,利用 Multibody 模块库建立符合图 6-28 所示机构简图的仿真模型,最后再进行仿真。整体上,仍然按照第 4 章所给定的 7 个步骤进行模型仿真。其图形化仿真模型如图 6-36 所示。

具体仿真步骤如下:

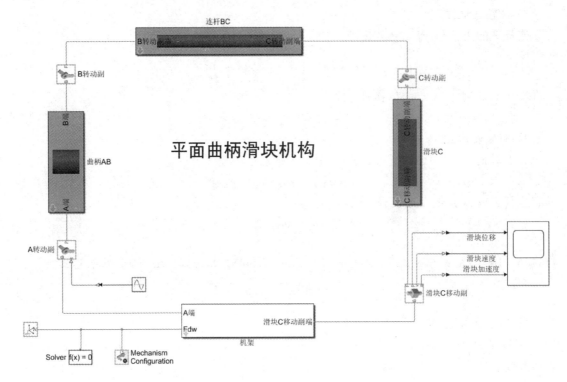

图 6 - 36   平面曲柄滑块机构仿真模型

第一步,分析曲柄滑块机构,确定建模思路与所需要的功能模块。

图 6 - 35 所示的曲柄滑块机构可由 Multibody 工具箱中仿真模块和 Simulink 工具箱中的仿真模块实现。先建立起各构件子系统,主要包括曲柄 AB 子系统、连杆 BC 子系统、滑块 C 子系统、机架子系统,然后按照图 6 - 35 所示的连接方式形成图 6 - 36 所示的仿真模型,接着根据题设设置各构件的参数。同时还需要 Multibody/Joints 子工具箱中的运动副仿真模块,即 Revolute Joint 模块、Prismatic Joint 模块等。除了构建曲柄滑块机构外,还需要求解器、信号转换模块、显示模块等。

第二步,建立图 6 - 36 中所示的连杆子系统、滑块子系统和机架子系统,并设置各子系统的参数。

下面以创建曲柄 AB 子系统、滑块 C 子系统、机架子系统为例说明曲柄滑块机构中各构件的创建过程。

(1) 创建曲柄 AB 子系统

建立曲柄 AB 子系统,首先将 Cylindrical Solid 模块、Rigid Transform 模块、Connection Port 模块等置入子系统中,形成仿真模型,如图 6 - 37 所示。左侧为转动副连接端(A 端),中间实体为曲柄 AB,右侧为转动副连接端(B 端)。

同样地,创建曲柄 AB 子系统时 Connection Port 端口模块可自动追加,也可事先设置好。在曲柄 AB 子系统中设置参数变量,曲柄 AB 长度、半径和密度为子系统参数变量,如图 6 - 38(a)所示。

在曲柄 AB 子系统中定义曲柄 AB 长度(L)、半径(R)、密度(ρ)和曲柄颜色四个参数,其中颜色设置可取消掉。不进行曲柄 AB 初始化编程,参数对话框说明内容用户自行书写。曲

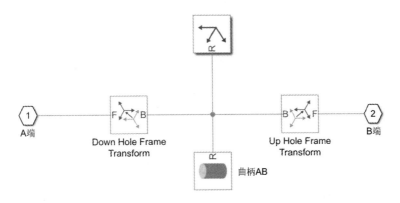

图 6－37　曲柄 AB 子系统内部仿真模型（2）

柄 AB 子系统参数设置对话框如图 6－38(b)所示。

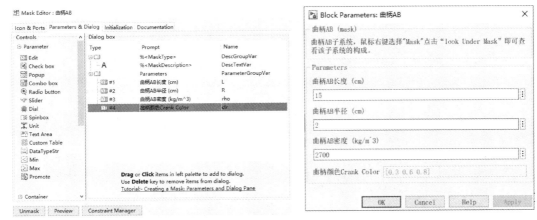

(a) 定义曲柄AB子系统参数变量　　　　　　　(b) 曲柄AB子系统参数设置

图 6－38　曲柄 AB 子系统

创建连杆 BC 子系统的过程与曲柄 AB 类似,在此不过多赘述。

（2）创建滑块 C 子系统

建立滑块 C 子系统,首先将 Brick Solid 模块、Rigid Transform 模块、Connection Port 模块、Reference Frame 模块等置入子系统中,形成仿真模型,如图 6－39 所示。左侧滑块 C 转动副连接端,中间实体为滑块 C,右侧滑块 C 移动副连接端。定义滑块 C 子系统的设置参数:滑块长度、滑块宽度、滑块高度和滑块密度。不进行初始化编程,参数对话框说明用户自行书写。滑块 C 子系统参数设置对话框如图 6－40 所示。

（3）创建机架子系统

建立机架子系统,首先将 Extruded Solid 模块、Brick Solid 模块、Cylindrical Solid 模块、Rigid Transform 模块、Connection Port 模块、Reference Frame 模块等置入子系统中,形成仿真模型,如图 6－41 所示。

定义机架总长度、机架厚度、机架 A 端外部半径、孔半径等参数,定义的参数如图 6－42(a)所示,初始化程序如图 6－42(b)所示。

参数对话框说明用户自行书写说明。

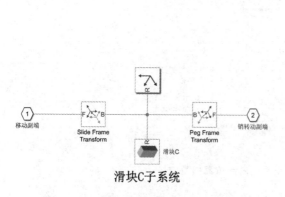

图 6-39　滑块 C 子系统内部仿真模型

图 6-40　滑块 C 子系统参数设置对话框

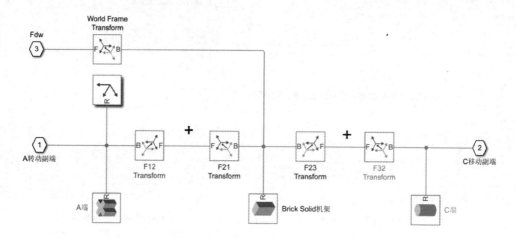

图 6-41　机架子系统内部仿真模型(2)

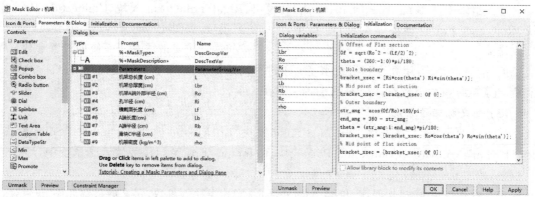

(a) 定义机架子系统参数变量　　　　　　　(b) 机架子系统初始化程序

图 6-42　机架子系统

第三步,搭建连接仿真模块,形成平面曲柄滑块机构仿真模型。

将 Revolute Joint、Prismatic Joint、曲柄 AB 子系统、连杆 BC 子系统、滑块 C 子系统、机架子系统、Sine Wave、Scope、Solver、Mechanism Configuration、PS-Simulink Converter、Simu-link-PS Converter、World Frame 等模块置入仿真模型窗口,修改 Scope 输入端口为 3,形成平面曲柄滑块机构仿真模型,如图 6-36 所示。

第四步,设置平面曲柄滑块机构各子系统和仿真模块参数。

双击 Mechanism Configuration 模块,设置重力加速度,其他参数采用对话框默认值,如图 6-43 所示。双击 A 转动副,选择 Actuation,设置 A 转动副的驱动方式,如图 6-44 所示。实际机构中转动副 A 处通常是动力的输入端,与外部电机机构连接。

图 6-43　设置重力加速度　　　　　图 6-44　设置 A 转动副驱动方式

双击滑块 C 移动副仿真模块,选择 Sensing,设置输出的仿真参数,如图 6-45 所示。Sine Wave 模块参数设置如图 6-46 所示。B 转动副、Solver 求解器和 C 移动副均采用仿真模块的默认值。

双击曲柄滑块机构中各构件子系统,在弹出的参数设置对话框中设置相应参数。曲柄 AB 子系统的设置参数如图 6-38(b)所示,滑块 C 子系统的设置参数如图 6-40 所示,其默认值为题设所提供的值。连杆 BC 子系统参数设置如图 6-47 所示,机架子系统参数设置如图 6-48 所示。

第五步,求解器仿真参数设置。在 Configuration Parameters 对话框中进行设置:开始时间为 0,终止时间为 16 s,其余保持默认。

第六步,单击运行按钮 ▶ 或者按组合键 Ctrl+t,运行机械机构仿真模型,得到仿真结果。

第七步,双击 Scope 显示模块,得到 C 移动副的位移、速度、加速度仿真曲线,如图 6-49 所示。

曲柄滑块机构仿真过程可视化动画截图如图 6-50 所示。

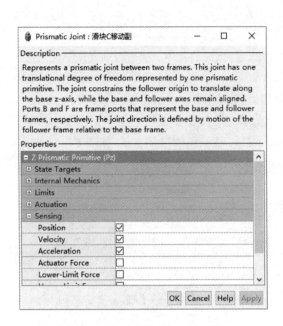

图 6-45　设置滑块 C 移动副

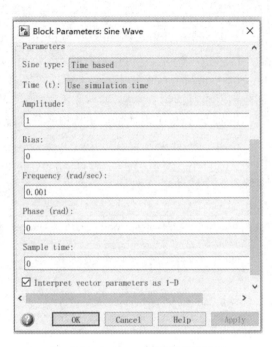

图 6-46　Sine Wave 模块参数设置

图 6-47　连杆 BC 子系统参数设置

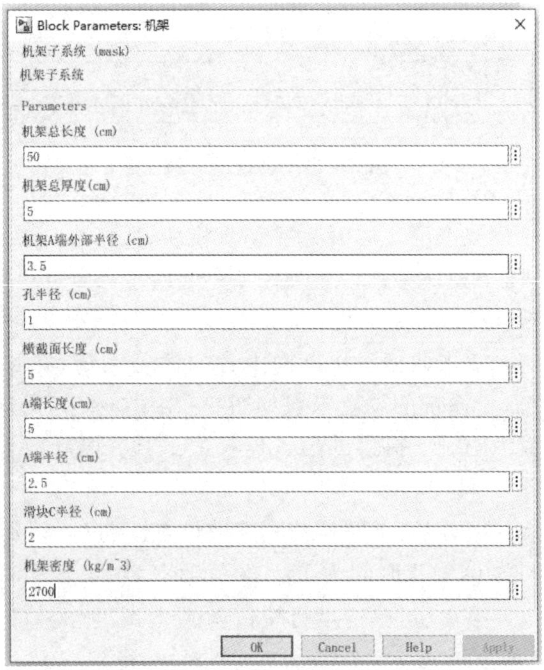

图 6-48　机架子系统参数设置

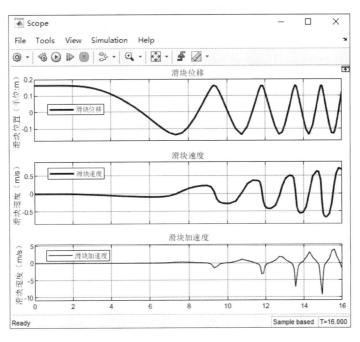

图 6 - 49　C 移动副的位移、速度、加速度仿真曲线图

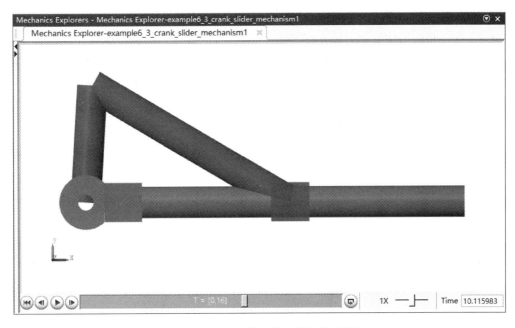

图 6 - 50　曲柄滑块机构可视化动画截图

6.4　空间连杆机构建模与仿真

在三维空间中,刚体的总位移可以视为刚体的角位移和刚体上任何适当参考点的线位移这两个基本位移分量的总和。由若干刚性构件通过低副(转动副、移动副)连接,而各构件上各

点的运动平面相互不平行的连杆机构,称为空间连杆机构。本节将介绍空间连杆机构的计算、数学描述和建模仿真。

6.4.1 空间连杆机构自由度的计算

由 6.1.2 小节可知,空间连杆机构的自由度计算公式如下:

$$F = 6n - 5p_5 - 4p_4 - 3p_3 - 2p_2 - p_1 = 6n - \sum_{k=1}^{5} kp_k \qquad (6-20)$$

式中,n 为活动件数;p_k 为 k 级运动副的个数。

例 6 - 1   某自动驾驶仪操舵的空间连杆机构简图如图 6 - 51 所示,试求该机构的自由度。

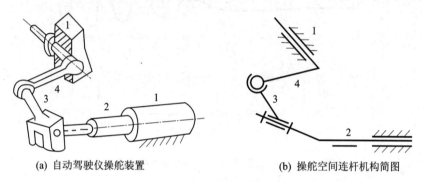

(a) 自动驾驶仪操舵装置   (b) 操舵空间连杆机构简图

图 6 - 51   自动驾驶操舵装置及其空间连杆机构简图

分析: 此机构的活塞 2 相对于气缸 1(起到机架的作用)运动,通过连杆 3 使摇杆 4 在机架 1 内摆动。其中,活塞 2 和连杆 3 构成旋转副,摇杆 4 和机架 1 构成旋转副,气缸 1 和活塞 2 构成圆柱副,连杆 3 和摇杆 4 形成球面副。若 $n=3$,$p_5=2$,$p_4=1$,$p_3=1$,则此开环空间四杆机构的自由度如下:

$$F = 6n - 5p_5 - 4p_4 - 3p_3 - 2p_2 - p_1 = 6 \times 3 - 5 \times 2 - 4 \times 1 - 3 \times 1 = 1$$

例 6 - 2   RSSR 空间四杆机构(空间曲柄摇杆机构)简图如图 6 - 52 所示,试求该机构自由度。

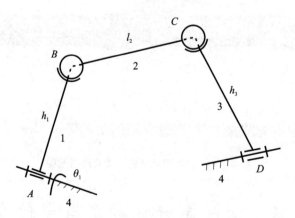

图 6 - 52   RSSR 空间四杆机构简图

分析: 此机构中有 2 个旋转副(即构件 1 - 4 和构件 3 - 4)、2 个球副、3 个活动构件,此机构的自由度为

$$F = 6n - 5p_5 - 4p_4 - 3p_3 - 2p_2 - p_1 = 6 \times 3 - 5 \times 2 - 3 \times 2 = 2$$

由于构件 2 绕自身轴线回转，并不影响运动传递与输出，因此局部自由度应除去，即该机构的自由度为 1。

6.4.2　空间连杆机构的数学描述

仍以图 6 - 52 所示的 RSSR 空间四杆机构为例，对其简图建立坐标系 XOY，如图 6 - 53 所示，试对该机构中构件 3 进行位移、角速度和角加速度的数学描述。

本小节使用向量复数法分析图 6 - 53 所示的空间曲柄摇杆机构，所给数学描述仅供参考。

在对图 6 - 53 所示的空间四杆机构进行数学描述之前，我们需要推导和确定空间任意矢量如何用复数来表示，示意图如图 6 - 54 所示。

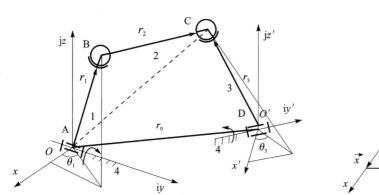

图 6 - 53　对 RSSR 空间四杆机构建立坐标系

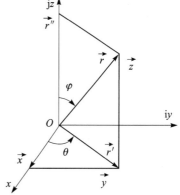

图 6 - 54　三维直角坐标系中的矢量图

在图 6 - 54 中，x 轴为实轴，iy 轴为虚轴，jz 为实轴。空间任意一矢量 $\vec{r}$ 在直角坐标系中的坐标为 (x, y, z)，矢量 $\vec{r}$ 与实轴 jz 的夹角为 φ，矢量 $\vec{r}$ 在复平面 xOy 中的投影矢量 $\vec{r}''$ 与 x 轴的夹角为 θ；则矢量 $\vec{r}$ 可以用复平面投影矢量 $\vec{r}'$ 和矢量 $\vec{r}$ 在实轴上的投影矢量 $\vec{r}''$ 之和表示，即

$$\vec{r} = \vec{r}' + \vec{r}'' = r\sin\varphi(\cos\theta + i\sin\theta) + jr\cos\varphi = r(e^{i\theta}\sin\varphi + j\cos\varphi) \quad (6 - 21)$$

在式（6 - 21）中，直角坐标与矢量参数的关系如下：

$$\left.\begin{array}{l} r = \sqrt{x^2 + y^2 + z^2} \\[2mm] \varphi = \arctan\left(\dfrac{\sqrt{x^2 + y^2}}{z}\right) \\[2mm] \theta = \arctan\left(\dfrac{y}{x}\right) \end{array}\right\} \quad (6 - 22)$$

当 $\varphi = 0°$ 时，$\vec{r} = jr$，这时矢量 $\vec{r}$ 完全在实轴 jz 上。

当 $\varphi = 90°$ 时，

$$\vec{r} = re^{i\theta} = r(\cos\theta + i\sin\theta) \quad (6 - 23)$$

矢量 $\vec{r}$ 完全在复平面 xOy 内。

当 $\theta=0°$ 时,

$$\vec{r} = r(\sin\varphi + j\cos\varphi) \tag{6-24}$$

矢量 $\vec{r}$ 完全在平面 xOz 内。

当 $\theta=90°$ 时,

$$\vec{r} = r(i\sin\varphi + j\cos\varphi) \tag{6-25}$$

矢量 $\vec{r}$ 完全在平面 yOz 内。

如果把空间四杆机构中各杆均看成矢量,并且能够用式(6-21)~式(6-25)表示,则可列出空间机构的闭环矢量方程,分析空间四杆机构的相关运动。

在图 6-53 中,已知空间曲柄摇杆机构中的旋转副 D 在直角坐标系 xyz 中的坐标为(x_0,y_0,z_0),用矢量 r_0 表示,曲柄 AB 绕 iy 轴(机架 4)旋转,曲柄 AB 在平面 xOy 内的投影矢量与 x 轴的夹角为 θ_1;摇杆 CD 绕旋转副 D 的轴线旋转,在平面 $x'O'y'$ 内的投影矢量与 x 轴的夹角为 θ_3。曲柄 AB、连杆 BC、摇杆 CD 分别用矢量 $\vec{r}_1$、$\vec{r}_2$、$\vec{r}_3$ 表示;某一时刻曲柄 AB 相对实轴 jz 的角位移为 φ_1、角速度为 $\dot{\varphi}_1$、角加速度为 $\ddot{\varphi}_1$,试分析构件 3 的角位移 φ_3、角速度 $\dot{\varphi}_3$ 和角加速度 $\ddot{\varphi}_3$。

由图 6-53 可以看出,任意时刻该空间四杆机构都是一闭环结构,从矢量角度考虑,有下列矢量方程成立:

$$\vec{r}_1 + \vec{r}_2 = \vec{r}_0 + \vec{r}_3 \tag{6-26}$$

按照式(6-21),将式(6-26)进行替换,可得

$$
r_1(e^{i\theta_1}\sin\varphi_1 + j\cos\varphi_1) + r_2(e^{i\theta_2}\sin\varphi_2 + j\cos\varphi_2) =
$$
$$
x_0 + iy_0 + jz + r_3(e^{i\theta_3}\sin\varphi_3 + j\cos\varphi_3) \tag{6-27}
$$

再将式(6-27)展开并进行整理,可得

$$
\left.\begin{array}{l}
r_1\cos\theta_1\sin\varphi_1 + r_2\cos\theta_2\sin\varphi_2 = x_0 + r_3\cos\theta_3\sin\varphi_3 \\
r_1\sin\theta_1\sin\varphi_1 + r_2\sin\theta_2\sin\varphi_2 = y_0 + r_3\sin\theta_3\sin\varphi_3 \\
r_1\cos\varphi_1 + r_2\cos\varphi_2 = z_0 + r_3\cos\varphi_3
\end{array}\right\} \tag{6-28}
$$

将式(6-28)移项并整理,得

$$
\left.\begin{array}{l}
r_2\cos\theta_2\sin\varphi_2 = x_0 + r_3\cos\theta_3\sin\varphi_3 - r_1\cos\theta_1\sin\varphi_1 \\
r_2\sin\theta_2\sin\varphi_2 = y_0 + r_3\sin\theta_3\sin\varphi_3 - r_1\sin\theta_1\sin\varphi_1 \\
r_2\cos\varphi_2 = z_0 + r_3\cos\varphi_3 - r_1\cos\varphi_1
\end{array}\right\} \tag{6-29}
$$

将式(6-29)中三个方程分别求平方然后再求和,整理后可得

$$
\begin{aligned}
r_2^2 = &(x_0^2 + y_0^2 + z_0^2) + r_1^2 + r_3^2 + 2[x_0 r_3\cos\theta_3 - r_1 r_3\cos(\theta_1-\theta_3)\sin\varphi_1 + \\
&y_0 r_3\sin\theta_3]\sin\varphi_3 + 2(z_0 r_3 - r_1 r_3\cos\varphi_1)\cos\varphi_3 - \\
&2(x_0 r_1\cos\theta_1\sin\varphi_1 + y_0 r_1\sin\theta_1\sin\varphi_1 + z_0 r_1\cos\varphi_1)
\end{aligned} \tag{6-30}
$$

令

$$
\begin{aligned}
E = &r_2^2 - [(x_0^2 + y_0^2 + z_0^2) + r_1^2 + r_3^2] + \\
&2(x_0 r_1\cos\theta_1\sin\varphi_1 + y_0 r_1\sin\theta_1\sin\varphi_1 + z_0 r_1\cos\varphi_1) \\
F = &2[x_0 r_3\cos\theta_3 - r_1 r_3\cos(\theta_1-\theta_3)\sin\varphi_1 + y_0 r_3\sin\theta_3] \\
G = &2(z_0 r_3 - r_1 r_3\cos\varphi_1)
\end{aligned}
$$

则式(6-30)可以化为

$$E = F\sin\varphi_3 + G\cos\varphi_3 \tag{6-31}$$

求解式(6-31)可得角位移：

$$\varphi_3 = \arctan\frac{E}{\sqrt{F^2 + G^2 - E^2}} - \arctan\frac{G}{F} \tag{6-32a}$$

或者

$$\varphi_3 = \pi + \arctan\frac{E}{\sqrt{F^2 + G^2 - E^2}} - \arctan\frac{G}{F} \tag{6-32b}$$

对式(6-32)两边求导,可得摇杆 CD 的角速度：

$$\dot{\varphi}_3 = \frac{\dot{F}\sin\varphi_3 + \dot{G}\cos\varphi_3 - \dot{E}}{G\sin\varphi_3 - F\cos\varphi_3} \tag{6-33}$$

再对式(6-33)求导,可得摇杆 CD 的角加速度：

$$\ddot{\varphi}_3 = \frac{\ddot{F}\sin\varphi_3 + \ddot{G}\cos\varphi_3 - \ddot{E} + 2\dot{\varphi}_3(\dot{F}\cos\varphi_3 - \dot{G}\sin\varphi_3) - \dot{\varphi}_3^2(\dot{G}\cos\varphi_3 + \dot{F}\sin\varphi_3)}{G\sin\varphi_3 - F\cos\varphi_3}$$

$$\tag{6-34}$$

6.4.3　空间连杆机构仿真示例

仍然以图 6-53 所示的结构简图为例对 RSSR 空间四杆机构仿真。对空间四杆机构各铰链点赋坐标值,分别设为 $A(0,0,0)$、$B(5,12,20)$、$C(25,30,47)$、$D(40,35,5)$。按照前面所给的仿真步骤对图 6-53 所示空间连杆机构中的摇杆 CD 进行仿真并给出可视化模型图。

具体建模步骤如下：

第一步,分析空间四杆机构建模对象,明确所需的功能模块,并确定实现既定机械系统仿真模型的思路与方法。

图 6-53 所示的空间四杆机构由 4 个构件组成,其中,3 个活动件,2 个旋转副,2 个球副。根据各点坐标值构建空间四杆机构,同时要设定旋转副的绕轴方向,并且两个旋转副不能互相平行。因此所需要的模块和子系统主要有 Revolute 旋转副模块、机架、构件、Spherical 球副模块、Scope 模块等。

第二步,建立 Simulink 模型窗口,选择所需要的机械仿真模块,并添加到仿真模型窗口中,如图 6-55 所示。这里所给模块并不是全部模块,只是主要的模块,因为同一功能可能存在着两种或两种以上的模块,建模过程中有些模块可能需要调整。

第三步,微调模块端口,搭建连接仿真模块,形成空间四杆摇杆机构仿真模型,如图 6-56 所示。

第四步,根据所给参数坐标,设置平面曲柄滑块机构各功能模块参数。分别双击刚体body1、刚体 body2、刚体 body3 设置各杆末端处的坐标值。

第五步,求解器仿真参数设置。在 Configuration Parameters 对话框中进行设置：开始时间为 0,终止时间为 10 s,其余保持默认。

第六步,运行机械机构仿真模型,得到仿真结果。

第七步,双击 Scope 显示模块,得到空间四杆机构位移、速度、加速度仿真曲线,如图 6-57 所示。

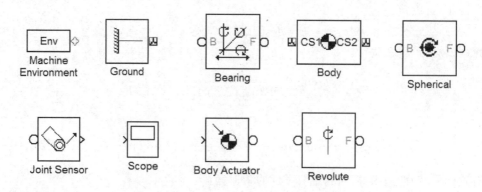

图 6 - 55　空间四杆机构所需要的主要模块

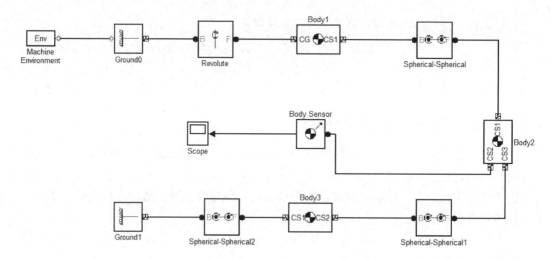

图 6 - 56　待调模块参数的空间四杆机构仿真模型

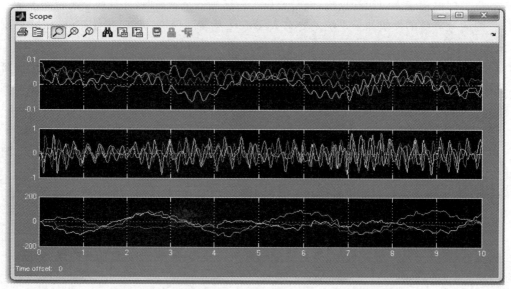

图 6 - 57　空间四杆机构位移、速度和加速度仿真曲线图

6.5　连杆机构建模仿真的工程应用

连杆机构在实际工程中有着广泛的应用,例如牛头刨床中的摆动导杆机构、四冲程单缸汽油发动机、机器人等,因此本节将通过实例说明连杆机构建模仿真的工程应用。

建模和仿真如图 6-58 所示的曲柄瞄准机构的瞄准过程。向转动副 Ri 施加转矩 T,从而使杆 B 发生转动并产生转角 θ。当 θ 发生改变时,滑块 C 在杆 A 上必然发生移动,迫使杆 A 至转动副 Ri 的距离发生改变,导致杆 A 绕着转动副 Ro 发生转动,使得杆 A 与水平线的夹角 β 必然发生变化,从而达到调整瞄准角度 β 的目的。显然,对于图 6-58 所示的瞄准机构来说,转矩 T 是曲柄瞄准机构的输入变量,杆 A 的角速度和 β 是曲柄瞄准机构的输出变量,因为角速度 ω 决定着杆

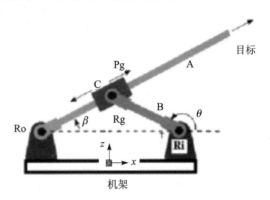

图 6-58　曲柄瞄准机构结构示意图

A 调整的快慢,夹角 β 决定着杆 A 瞄准的准确度。因此夹角 β 和角速度 ω 应该既作为瞄准机构的检测参数,又作为控制器的输入参数,同时夹角 β、角速度 ω 与转矩 T 之间通过控制器存在线性关系。

若要仿真图 6-58 所示的曲柄瞄准机构快速准确瞄准对象的过程,那么除了机械装置之外还必须有控制器、输入信号发生器和显示部分。因此,曲柄瞄准机构瞄准过程的建模和仿真可分为四个部分:机械子系统、控制子系统、输入信号发生器和显示部分。

1. 曲柄瞄准机构机械子系统建模

曲柄瞄准机构机械子系统如图 6-59 所示。T(转矩)是曲柄瞄准机构机械子系统的输入量,q(角度)和 w(角速度)是该子系统的输出变量。按照图 6-58 所示的连接关系构建曲柄瞄准机构机械子系统的内部仿真模型。用 Simscape 工具箱中的基本仿真模块构建杆 A、杆 B、

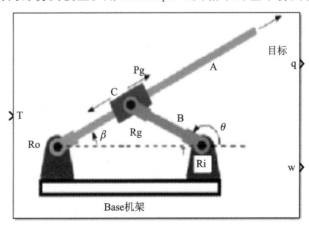

图 6-59　曲柄瞄准机构机械子系统

滑块 C 和机架子系统,然后用相应的运动副将这些子系统连接起来,便可形成曲柄瞄准机构机械子系统的内部仿真模型。

1) Base 机架子系统

Base 机架子系统及其内部仿真结构如图 6-60 所示。

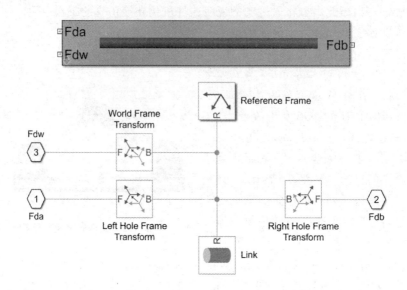

图 6-60　Base 机架子系统及其内部仿真结构

Base 机架子系统内部仿真模块参数设置如图 6-61~图 6-63 所示。

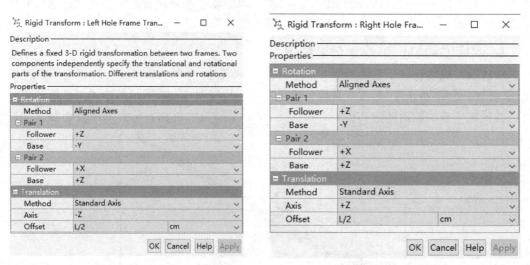

(a) 左孔变换坐标设置　　　　　　　(b) 右孔变换坐标设置

图 6-61　Base 机架子系统左、右孔变换坐标设置

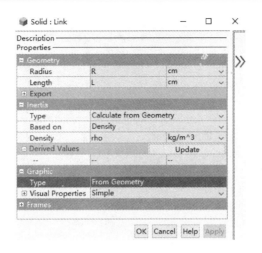

图 6 - 62　Link 参数变量设置

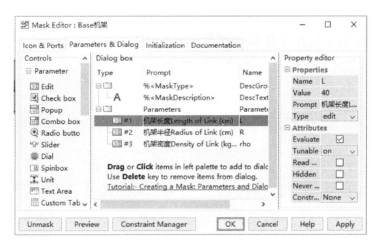

图 6 - 63　定义 Base 机架子系统参数变量

Base 机架子系统参数变量如图 6 - 64 所示。

2）杆 A 子系统

杆 A 子系统及其内部仿真结构如图 6 - 65 所示。

杆 A 子系统内部仿真模块参数设置如图 6 - 66～图 6 - 69 所示。

大家自行设置 F21、F23 和 F32 的坐标变换参数，篇幅所限在此不过多赘述。

定义杆 A 子系统参数如图 6 - 70，杆 A 子系统参数初始化如图 6 - 71 所示。

杆 A（瞄准杆）子系统参数变量如图 6 - 72 所示。

图 6 - 64　Base 机架子系统参数设置

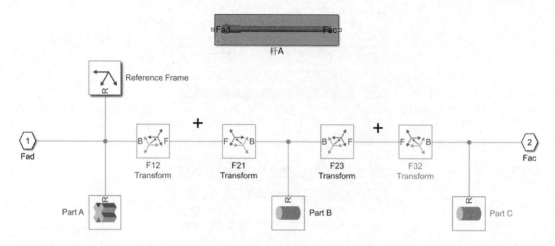

图 6 - 65　杆 A 子系统及其内部仿真结构

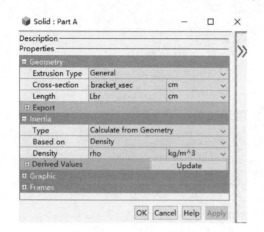

图 6 - 66　Part A 实体参数设置

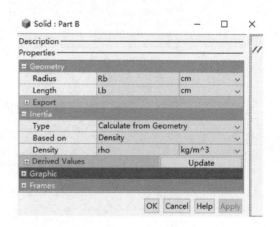

图 6 - 67　Part B 实体参数设置

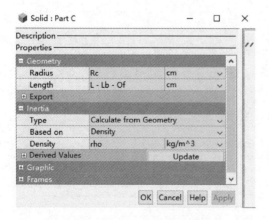

图 6 - 68　Part C 实体参数设置

图 6 - 69　F12 坐标变换设置

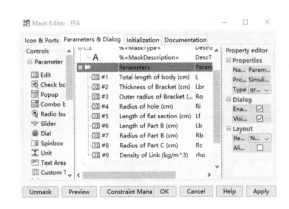

图 6 - 70　定义杆 A 子系统参数变量

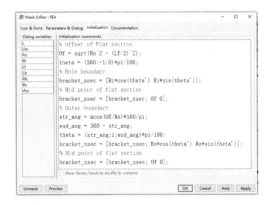

图 6 - 71　杆 A 子系统初始化程序

3）曲柄 B 子系统

同理，曲柄 B 子系统参数设置如图 6 - 73 所示，曲柄 B 子系统及其内部仿真结构如图 6 - 74 所示。

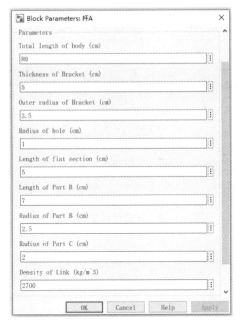

图 6 - 72　杆 A 子系统参数设置

图 6 - 73　曲柄 B 子系统参数设置

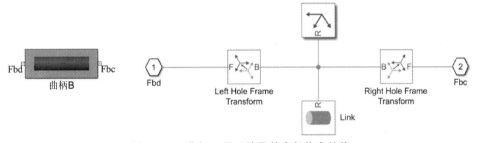

图 6 - 74　曲柄 B 子系统及其内部仿真结构

曲柄 B 的变换坐标和实体参数设置,大家自行进行。曲柄 B 子系统对话框参数主要有杆的长度、杆半径和杆的密度,即图 6-73 所展示的参数,不进行初始化编程。

4) 滑块 C 子系统

滑块 C 子系统及其内部仿真结构如图 6-75 所示。

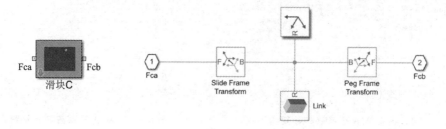

图 6-75　滑块 C 子系统及其内部仿真结构

滑块 C 子系统内部仿真模块参数设置如图 6-76~图 6-78 所示。

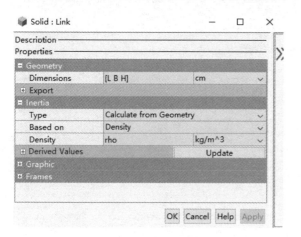

图 6-76　Link 模块参数设置

图 6-77　滑动坐标变换设置

滑块 C 子系统参数设置如图 6-79 所示。

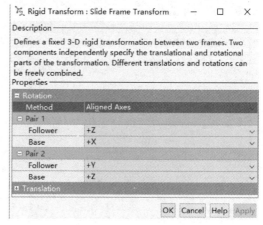

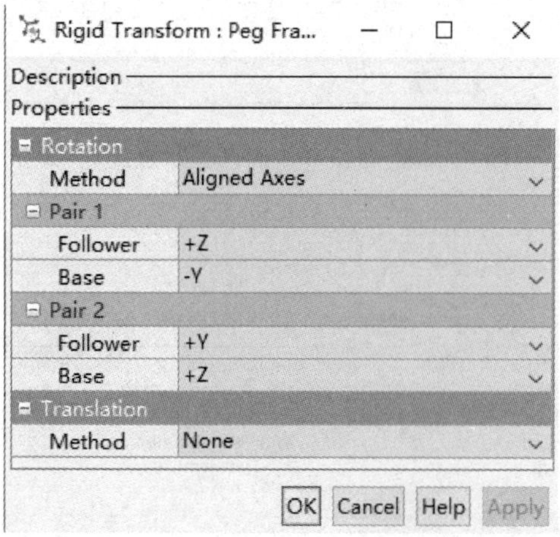

图 6-78　转动销坐标变换设置

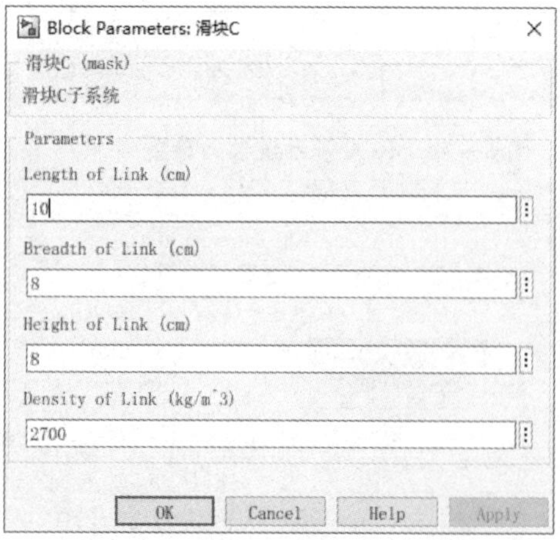

图 6-79　滑块 C 子系统参数设置

5) 形成曲柄瞄准机构机械子系统

将上述所定义的 Base 机架、杆 A、曲柄 B、滑块 C、转动副 Revolute Joint、移动副 Prismatic Joint、Solver 求解器、World Frame Reference、Mechanism Configuration、Simulink-PS Converter 等模块或子系统按照图 6-58 所示的连接关系，构建曲柄瞄准机构机械子系统，同时选择转动副 Ro 的传感参数 Position 和 Velocity，作为机构的输出参数，设置转动副 Ri 的 Torque 驱动参数 Provided by input。形成的曲柄瞄准机构机械子系统模型如图 6-80 所示。

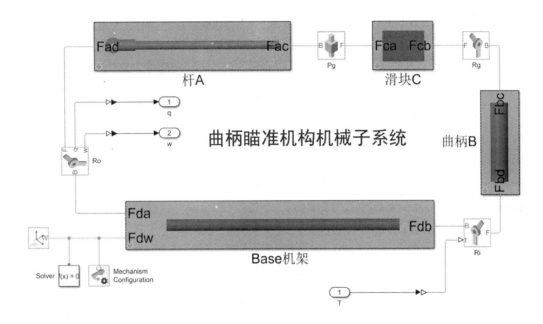

图 6-80　曲柄瞄准机构机械子系统模型

2. 曲柄瞄准机构控制子系统建模

PID 控制器由于在工业设备中应用特别广泛，因此将构建曲柄瞄准机构的 PID 控制器子系统，以便调整控制参数。PID 控制器子系统及其内部仿真结构如图 6-81 所示。

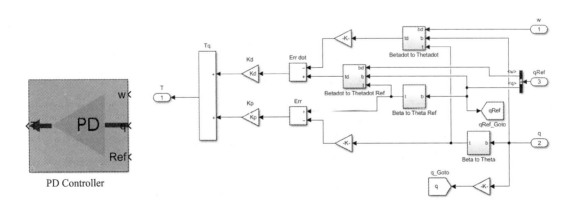

图 6-81　PD 控制器子系统及其内部仿真结构

PD 控制器参数变量及 Block Parameters：Controller 对话框如图 6 - 82～图 6 - 84 所示。

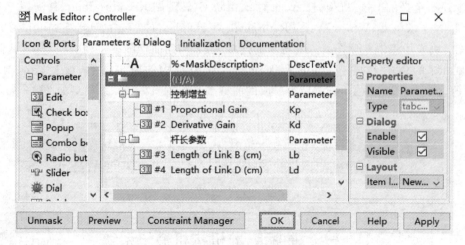

图 6 - 82　定义 PD 控制器参数变量

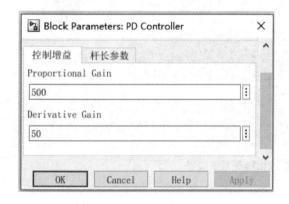

图 6 - 83　PD 控制器控制增益

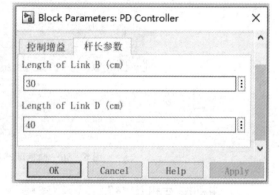

图 6 - 84　PD 控制器杆长参数

3. 显示部分

显示部分主要的功能是：将实际转动副 Ro 的转角和预期转角显示出来,同时将其角度偏差也显示出来以便纠偏。显示部分的仿真模型如图 6 - 85 所示。

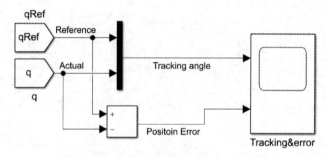

图 6 - 85　显示部分的仿真模型

4. 输入信号发生器

曲柄瞄准机构瞄准输入信号由信号发生器产生,如图 6 - 86 所示。

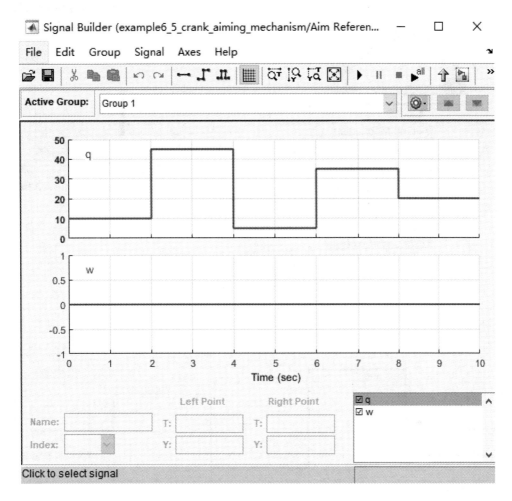

图 6 - 86 瞄准输入信号

将上述四个部分依据转矩 T、输出转角 q、角速度 w 和输入参考角位移 q_{ref} 连接起来,形成曲柄瞄准机构仿真模型,如图 6 - 87 所示。

设置仿真时间为 10 s,选择 odb45 求解器,其余采用默认值。

双击显示部分 Tracking&error 模块可得位置追踪和位置误差仿真曲线,如图 6 - 88 所示。

由图 6 - 88 所示的曲线可以看出,图 6 - 57 所示的曲柄瞄准机构是能够追踪预定位置的,除了调整瞄准位置的一瞬间会产生误差之外,其余时间均能完全同步追踪预定位置。

曲柄瞄准机构的可视化仿真图形如图 6 - 89 所示。

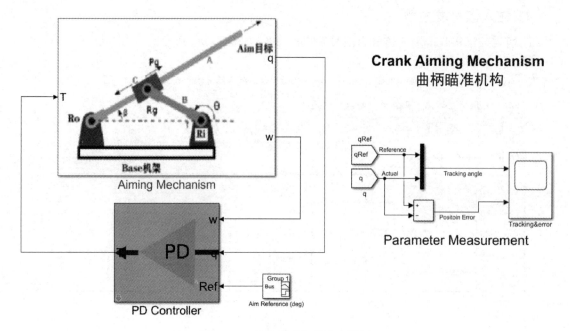

图 6 - 87　　曲柄瞄准机构仿真模型

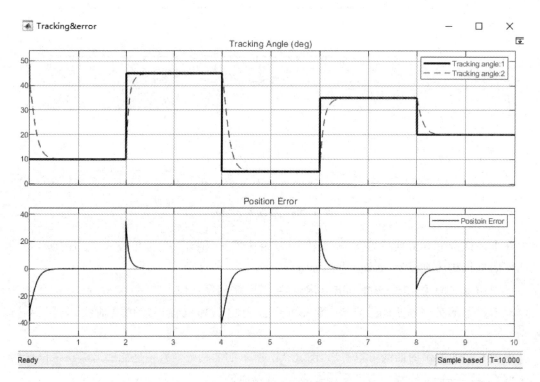

图 6 - 88　　位置追踪和位置误差仿真曲线图

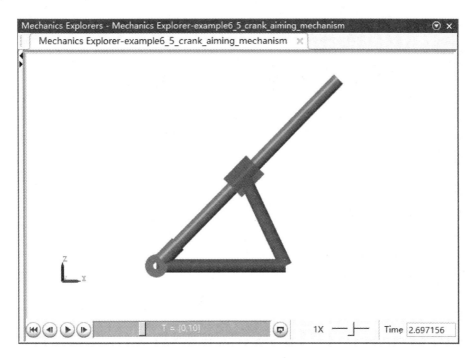

图 6 - 89　曲柄瞄准机构的可视化仿真图形

本章小结

　　本章主要讲解了连杆机构的自由度计算、基本问题,推导了连杆机构的数学描述表达式,介绍了连杆机构的仿真模块,分别对平面机构和空间连杆机构的位置、速度和加速度进行了图形化建模与仿真。

思考练习题

1. 连杆机构有哪些基本问题?
2. 如何计算连杆机构的自由度?
3. 连杆机构的建模与仿真过程是怎样的?
4. 如何对平面连杆机构和空间连杆机构进行数学描述?
5. 推导和数学描述某一平面曲柄摇杆机构。
6. 利用 Multibody 工具箱中相关仿真模块仿真某一平面四杆机构。
7. 利用 Multibody 工具箱对某一曲柄滑块机构进行建模与仿真。

第7章 齿轮机构建模与仿真

【内容要点】

◆ 齿轮机构基础与仿真方法
◆ 齿轮机构建模与仿真
◆ 轮系机构建模与仿真
◆ 简单机械系统建模与仿真

7.1 齿轮机构概述

齿轮机构主要是用来传递空间任意两轴间的运动和动力的。它是机械运动中应用最广泛的一种传动机构。齿轮机构种类较多,按照传动比是否恒定,可以分为非圆形齿轮机构和圆形齿轮机构两大类。非圆形齿轮机构的传动比是可变的,主动轮做恒速转动,从动轮按照一定规律做变速运动,其特点是易实现变速传动,稳定、可靠,缺点是加工复杂。圆形齿轮机构的传动比是恒定的,主、从齿轮按照一定的恒速比做等速转动,应用较为广泛,其特点是传递动力大,效率高,寿命长,传动平稳可靠;其缺点是制造和安装精度较高,成本大。按照齿轮机构的运动是平面运动还是空间运动,齿轮机构也可以分为平面齿轮机构和空间齿轮机构。本章主要讲解平面齿轮机构的建模与仿真。

齿轮机构是依靠主动轮齿廓推动从动轮齿廓实现运动、传递的。将两轮的瞬时角速度之比称为传动比。根据定义有下式成立:

$$i_{12} = \frac{\omega_1}{\omega_2} = \frac{r_2}{r_1} = \frac{n_1}{n_2} = \frac{z_2}{z_1} \tag{7-1}$$

若要求一对齿轮按照给定变化规律的传动比实现运动的传递,那么两轮的齿廓曲线必须满足的基本条件是:在啮合传动的任一瞬时,两轮齿廓曲线在相应接触点的公法线必须通过按照给定传动比确定的瞬时节点。该条件是平面齿轮齿廓正确啮哈的基本条件。对于恒传动比的平面齿轮机构,两齿廓正确啮合的基本条件可表述为:在啮合传动的任一瞬时,两轮齿廓曲线在相应接触点的公法线必须通过按照给定传动比确定的固定节点。

如果两个齿轮能够一起啮合,则必须使一个齿轮的轮齿进入到另一齿轮的齿槽;否则无法进行传动。渐开线齿轮正确啮合的条件是:两齿轮的模数和压力要分别相等。标准安装的正确条件是:两齿轮的齿侧间隙为零,顶隙为标准值。

7.1.1 齿轮机构传动比

在 Simscape 工具箱中,有关齿轮机构主要有 Driveline/Gears 和 Multibody/Gears and Couplings/Gears 两个部分,如图 7-1 所示。Multibody 子工具箱中提供的是齿轮机构仿真

模块约束,Driveline 子工具箱中提供的是齿轮机构仿真模块。

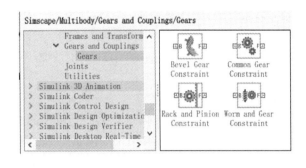

(a) Driveline/Gears模块库　　　　　　　(b) Multibody/.../Gears模块库

图 7 - 1　Simscape 中的齿轮机构模块库

Driveline 子工具箱中各个模块的功能描述如下:

① Simple Gear 模块,用于一对平行轴齿轮的恒定传动比操作。

② Simple Gear with Variable Efficiency 模块,用于可变传动比操作。

③ Differential 模块,用于差动齿轮的恒定传动比操作。

④ Planetary Gear 模块,用于恒定传动比的行星轮操作。

⑤ Ravigneaux Gear 模块,用于具有恒定传动比的并行双行星轮系操作。

⑥ Worm Gear 模块,用于蜗杆蜗轮传动操作。

本章主要讲解基于 Driveline 子工具箱仿真模块的齿轮机构建模与仿真。

7.1.2　简单齿轮机构仿真举例

平行轴单对齿轮机构仿真模型如图 7 - 2 所示,说明其具体建模仿真过程。

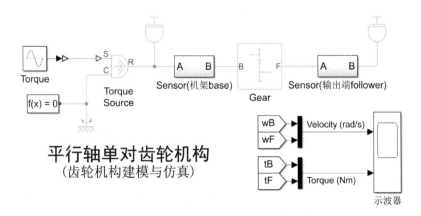

图 7 - 2　平行轴单对齿轮机构仿真模型

具体建模步骤如下:

第一步,分析单对齿轮机构建模对象,确定建模思路与所需要的功能模块。

单对齿轮机构必须要有力矩输入端和运动输出端,因此单对齿轮机构必须要有力矩源(信号源)、单对齿轮机构仿真模块。同时齿轮机构是惯性的,因此输入端和输出端均需有惯性模块、输入端传感器(机架)、输出端传感器(从动件)和 Scope 示波器。除此之外,还需 Solver 求解器、信号转换模块、信号源和 Mux 等辅助模块。内部仿真结构复杂时用子系统代替整个仿真结构。

第二步,建立如图 7-2 所示的 Sensor 子系统,不定义参数设置对话框。

下面将说明创建传感器子系统。

① Sensor(机架 base)子系统。

依据 3.4 节内容,创建如图 7-3 所示的 Sensor(机架 base)子系统,其中 Motion sensor 和 Torque sensor 均为 Sensor(机架 base)中的子系统,输出量 wB 和 tB 均为全局变量。

Motion sensor 和 Torque sensor 子系统中分别采用 Ideal Rotational Motion Sensor 和 Ideal Torque Sensor 仿真模块,Motion sensor 和 Torque sensor 子系统内部仿真结构如图 7-4、图 7-5 所示。

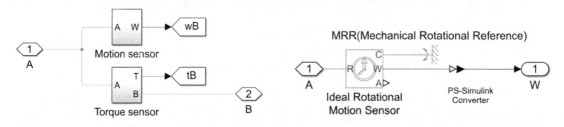

图 7-3　Sensor(机架 base)子系统内部结构　　　图 7-4　Motion sensor 子系统内部仿真结构

注意:创建子系统的过程中,子系统的输入、输出端口名称一定要标注,否则容易引起连接混乱。

② Sensor(输出端 follower)子系统。

创建如图 7-6 所示的 Sensor(机架 base)子系统。其中 Motion sensor 和 Torque sensor 均为 Sensor(机架 base)中的子系统,输出量 wF 和 tF 均为全局变量。

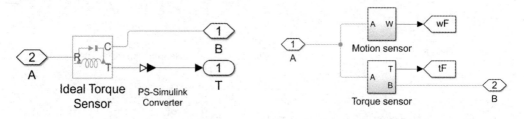

图 7-5　Torque sensor 子系统内部仿真结构　　　图 7-6　含有两旋转惯量的连线图

Motion sensor 和 Torque sensor 子系统内部仿真结构分别见图 7-4 和图 7-5。

第三步,搭建连接仿真模块,形成齿轮机构仿真模型,如图 7-2 所示。

将 Simple Gear、Inertia、Sensor(机架 base)、Sensor(输出端 follower)、Sine Wave、Ideal Torque Source、Solver Configuration、PS-Simulink Converter、Simulink-PS Converter、Scope

和 Mux 等模块置入齿轮机构仿真窗口,修改 Scope 输入端口为 2,形成平行轴单对齿轮机构仿真模型并进行标注,如图 7-2 所示。

第四步,设置齿轮机构子系统和仿真模块参数。

Solver Configuration 模块、Sine Wave 模块、Sensor 子系统等模块,均采用默认值。Gear 模块设置传动比为 2,外啮合(In Opposite direction to input shaft),其他均采用默认值,如图 7-7 所示。

图 7-7　Gear 模块参数设置

第五步,设置仿真参数:仿真时间为 10 s,单击 Run 按钮,运行仿真模型。

第六步,双击 Scope 显示模块,可得外啮合传动比为 2 的角速度和扭矩仿真曲线图,如图 7-8 所示。由于齿轮机构的传动比为 2,设置为外啮合,因此图 7-8 所示的角速度和扭矩

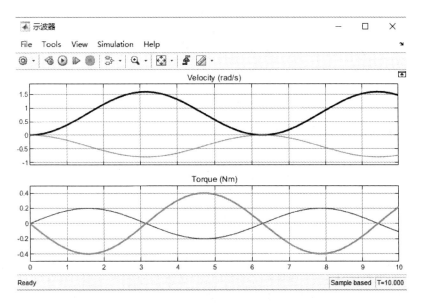

图 7-8　单对外啮合齿轮机构的角速度和扭矩仿真曲线图

均为一个正值和一个负值。

需要说明的是,图 7-2 中含有两个转动惯量(inertia1 和 inertia2,实质是齿轮机构输入轴和输出轴所引起的),Simple Gear 模块中 B 为输入端,F 为输出端,其传动比是指 F:B=2:1。Torque sensor 和 Motion sensor 均为传感器子系统,主要是将相应的运动参数提取出来,以便形成前后对比的显示曲线图形。各模块标识用户可以自行修改。

若将 Gear 模块的啮合方式修改为 In same direction as input shaft,其他参数保持不变,则输入、输出角速度和扭矩仿真曲线如图 7-9 所示。

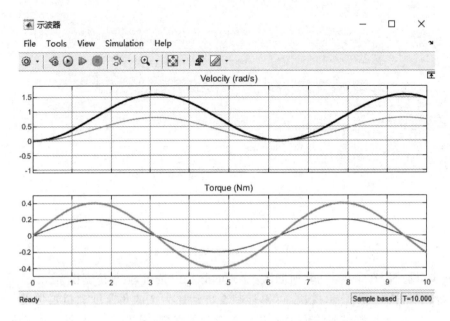

图 7-9　单对内啮合齿轮机构的角速度和扭矩仿真曲线图

7.2　常规齿轮机构建模与仿真

7.2.1　可变传动比齿轮机构建模与仿真

在图 7-2 的基础上,增加齿轮传动比 Signal Builder 模块和 Variable Gear Ratio 模块等,双击 Signal Builder 模块打开 Signal 信号窗口,将 Signal1 修改为 Gear ratio,同时修改信号曲线图,即给定可变齿轮传动比曲线,如图 7-10 所示。

将 Simple Gear 模块置换为 Variable Ratio Transmission 模块,并设置输入、输出转向相同,然后对模型进行连线,结果如图 7-11 所示。

Variable Ratio Gear 仿真参数的设置与 Simple Gear 基本相同,设置仿真时间为 25 s,运行仿真模型,双击"示波器"得到角速度、扭矩仿真曲线图,如图 7-12 所示。

从图 7-12 中可以看出,角速度之比和扭矩之比是随时间变化的,角速度、扭矩均同时为正或者为负(角速度和扭矩的这种变化正是内啮合齿轮传动的重要体现)。

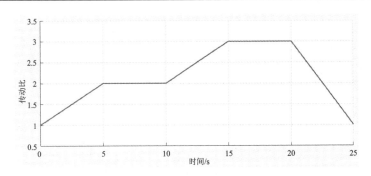

图 7 - 10　可变齿轮传动比曲线(利用信号发生器实现)

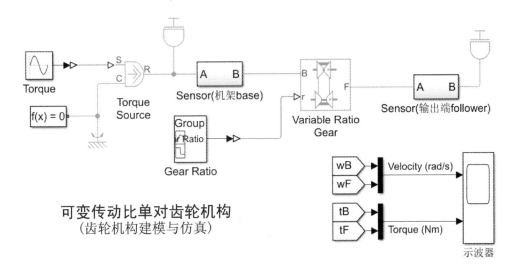

图 7 - 11　可变传动比单对齿轮机构仿真模型

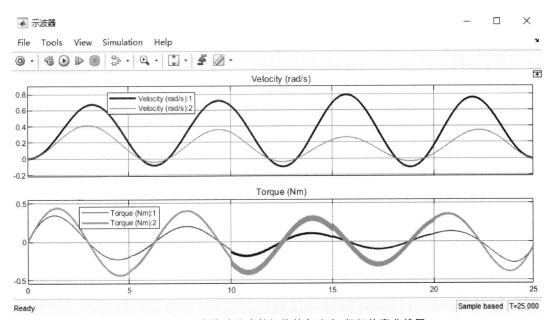

图 7 - 12　可变传动比齿轮机构的角速度、扭矩仿真曲线图

7.2.2　恒定传动比串联齿轮机构建模与仿真

假设两恒定传动比分别为 3∶1 和 2∶1 的齿轮机构串联,试对该齿轮机构进行建模与仿真。齿轮机构在机械装置中的主要作用是改变参数传动比,对相关参数进行积分等。

前面介绍了单一齿轮机构的建模与仿真办法,然而在实际工程中,串联齿轮机构也屡见不鲜,因此有必要试探串联齿轮机构的建模与仿真办法。齿轮机构串联可以增大传动比,也可以减小传动比。内部齿轮的正确安装、磨损、点蚀等问题,不在模型仿真的考虑之列。

假设齿轮机构串联的传动比增大,即每个齿轮机构的传动比均大于 1,输入扭矩为正弦函数,均为外啮合,在图 7-2 所示的仿真模型的基础上串联一个恒定传动比的 Simple Gear 模块,就形成了恒定传动比串联齿轮机构仿真模型,如图 7-13 所示。

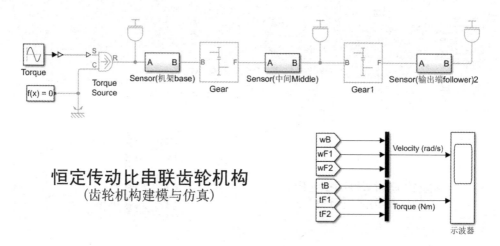

图 7 - 13　恒定传动比串联齿轮机构仿真模型

分析:首先将正弦信号转化为扭矩信号,然后输入第一个齿轮机构,再与第二齿轮机构串联,其中要有惯性环节。利用传感器将其中的信号提取出来,集中显示。

具体仿真步骤如下:

第一步,建立图 7-13 所示的 Sensor 子系统,不定义参数设置对话框。其中的子系统内部结构与图 7-2 的子系统相同,不再赘述,用户比照自己定义。

第二步,搭建连接仿真模块,形成齿轮机构仿真模型,如图 7-2 所示。

将 Simple Gear 模块、Inertia 惯性模块、Sensor(机架 base)子系统、Sensor(中间 Middle)子系统、Sensor(输出端 follower)2 子系统、Sine Wave 模块、Ideal Torque Source 模块、Solver Configuration 模块、PS-Simulink Converter 模块、Simulink-PS Converter 模块、Scope 模块和 Mux 模块等置入齿轮机构仿真窗口,修改 Scope 输入端口为 2,形成恒定传动比串联齿轮机构仿真模型并进行标注,如图 7-13 所示。

第三步,设置齿轮机构子系统和仿真模块参数。

分别双击 Gear 仿真模块和 Gear1 仿真模块,传动比分别设置为 3 和 2。同时将输入、输出设置为 In opposite direction(即外啮合),惯性均为 2 kg · m²,其他参数设置与图 7-2 所示仿真模型相同。

　　第四步,设置仿真时间为 10 s,求解器的其他参数采用默认值。

　　第五步,运行仿真模型。

　　第六步,双击 Scope 显示模块,可得到恒定传动比串联齿轮机构的角速度和扭矩仿真曲线,如图 7 - 14 所示。

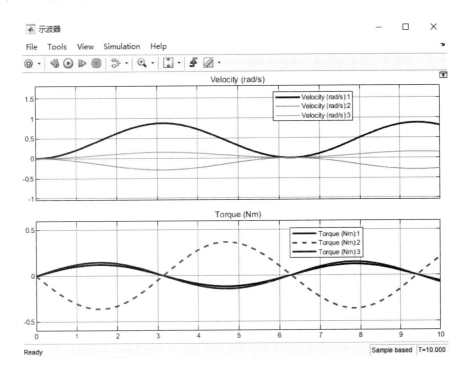

图 7 - 14　恒定传动比串联齿轮机构的角速度和扭矩仿真曲线图

　　由图 7 - 14 可以看出,由于两齿轮机构的输入、输出元件的方向是相反的,因此仿真曲线的变化方向也是相反的;同时由仿真曲线的幅值可以判断出经过齿轮机构的串联后,其仿真曲线按照所给传动比确实是放大了;对于串联的齿轮机构,其总的传动比等于各自传动比相乘之积,因此仿真曲线反映了两齿轮机构的串联特性。这里我们并没考虑两齿轮机构之间的惯性影响,只是考虑了串联后所形成的齿轮机构两端的惯性影响。

7.2.3　定传动比与可变传动比串联齿轮机构建模与仿真

　　定传动比与可变传动比串联齿轮机构仿真过程与前述类似,只需将图 7 - 13 中的齿轮机构置换成可变传动比的齿轮机构,同时增加一个可变传动比的信号发生器即可。假定其中一个齿轮机构的恒定传动比为 3,另一可变齿轮机构可传动比按照图 7 - 11 中的曲线变化,两齿轮机构均为外啮合,所建立的仿真模型如图 7 - 15 所示。

　　将仿真时间设置为 25 s,运行仿真模型,可得仿真曲线如图 7 - 16 所示。用户自行分析仿真曲线的含义。

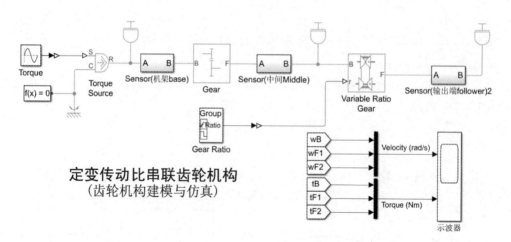

图 7 - 15　定传动比与可变传动比串联齿轮机构仿真模型

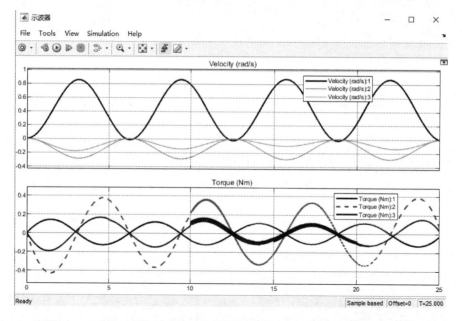

图 7 - 16　定传动比与可变传动比串联齿轮机构的角速度、扭矩仿真曲线图

7.2.4　含有约束的齿轮机构建模与仿真

实际的齿轮机构必然要受到一定约束,例如齿轮轴极有可能会受到轴向约束。因此有必要对受约束的齿轮机构进行仿真。

假设一对齿轮机构传动比为 2 : 1,两齿轮轴均受到径向轴移动的约束,试对该齿轮机构进行图形化系统建模与仿真。

思路分析: 在直齿齿轮机构啮合的过程中,其传动是依靠主动轮的齿廓推动从动轮的齿廓来实现的。若两齿轮的传动能实现预定的传动比规律,那么相互接触传动的一对齿廓则称为共轭齿廓。本例中的啮合齿轮传动齿廓为共轭齿廓,基本的啮合条件是:两啮合齿轮的重合度必须大于或等于 1,压力角和模数要相等。

　　两齿轮传递动力,其实质是两个受约束的齿轮轴通过齿轮机构传递动力;从传递动力的角度考虑,两齿轮轴是主要动力的施出者和承接者,齿轮机构仅仅是动力传递形式的变换装置,是动力的过渡环节,因此可以将齿轮机构看成两齿轮轴的齿轮约束,这样就可以将齿轮机构系统仿真问题转化成含有齿轮约束的连杆机构仿真问题。本例利用 Multibody 中的仿真模块实现。

　　所需要的仿真模块主要有：Cylindrical Solid 模块、Gear Constraint 约束模块、Revolute Joint 模块、Mechanism Configuration 模块、Sine Wave 模块、Solver 模块、PS-Simulink Converter 模块、Simulink-PS Converter 模块、Scope 模块、Mux 模块、Rigid Transform 模块、World Frame 模块等。

　　具体仿真步骤如下：

　　第一步,分析连杆机构建模对象,确定建模思路与所需要的功能模块。

　　单对齿轮机构必须有力矩输入端和输出端,因此单对齿轮机构必须有力矩源(信号源)、齿轮约束仿真模块;同时还需要有 Scope 示波器、Solver 求解器、信号转换模块、信号源 Sine Wave 模块等辅助模块、Rigid Transform 模块、World Frame 模块等。将所需的仿真模块置入仿真窗口,建立含有齿轮约束的仿真模型。

　　第二步,将不同模块摆放在不同的位置,并将其连线形成仿真模型,如图 7 - 17 所示。

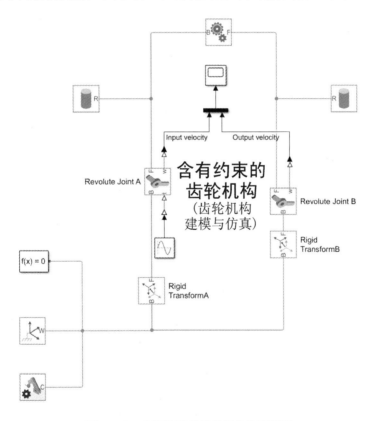

图 7 - 17　含有约束的齿轮机构仿真模型

　　① 按照控制信号"从左到右、从上到下"的原则将各个模块放置在合适的位置上,尽量避免信号线相互交叉的现象。

　　② 将各个模块用信号线连接起来。

③ 对模块和信号线进行必要的标签标注,标注的名称尽可能反映对应的功能或内容。

第三步,修改模块参数,使其尽可能符合齿轮机构的工作状况。

① 修改信号源参数,将正弦幅值设置为 5,如图 7 - 18 所示。

② 修改 Revolute Joint A 模块参数,选择 Velocity,如图 7 - 19 所示。由于 Revolute Joint A 是驱动端,因此还需要设置其输入端,如图 7 - 20 所示。

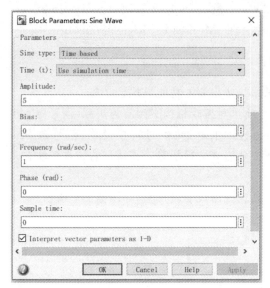

图 7 - 18　正弦信号源参数设置

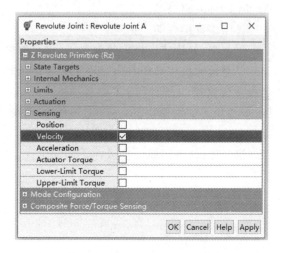

图 7 - 19　Revolute Joint A 模块参数设置

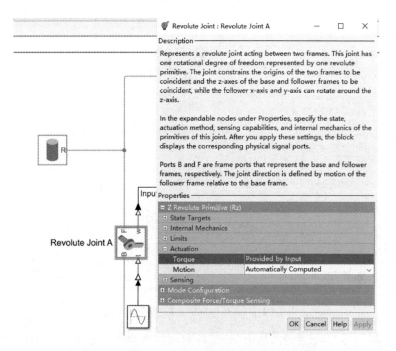

图 7 - 20　Revolute Joint A 模块输入端参数设置

③ 其他模块的参数修改。

由于传动比为 2∶1,因此两个接地模块间的距离应为两齿轮间的中心距。若 Rigid Transform A 模块的坐标为(0,0,0),主动齿轮的节圆半径为 14 cm,从动齿轮节圆半径为 28 cm,那么 Rigid Transform B 模块的坐标则为(0,42,0)。设置 Rigid Transform A 模块和 Rigid Transform B 参数,如图 7 - 21、图 7 - 22 所示。

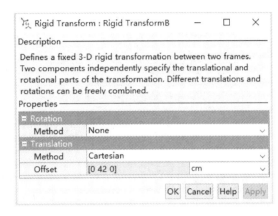

图 7 - 21 Rigid Transform A 参数设置　　　　图 7 - 22 Rigid Transform B 参数设置

设置 Cylindrical Solid A 模块和 Cylindrical Solid B 模块参数,如图 7 - 23、图 7 - 24 所示。

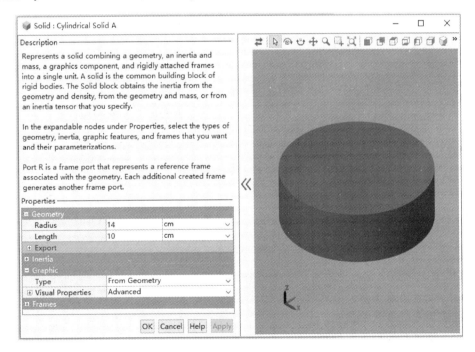

图 7 - 23 Cylindrical Solid A 参数设置

设置 Common Gear Constraint 模块的传动比和两齿轮的中心距参数,如图 7 - 25 所示。

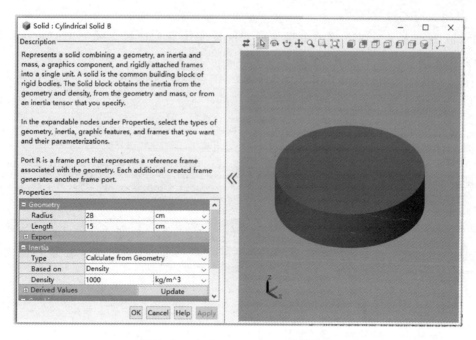

图 7 - 24   Cylindrical Solid B 参数设置

Solver 求解器模块采用默认值，Mechanism Configuration 模块参数设置如图 7 - 26 所示。由设置参数可知，仿真的齿轮机构只能绕 Z 轴旋转，重力加速度方向为 $-Z$ 方向。

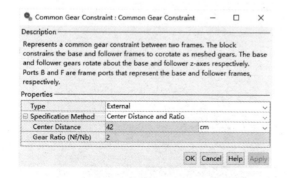

图 7 - 25   Common Gear Constraint 参数设置   图 7 - 26   Mechanism Configuration 参数设置

注意：尺寸单位必须保持一致，否则仿真会出错甚至无法运行。

仿真模型中的其他设置见第 4 章中的内容。

第四步，设置仿真参数：仿真时间为 20 s，选择 ode45(4/5 阶龙格库塔法)求解器、变步长类型，其他采用系统默认参数。

第五步，调试并运行仿真模型。

第六步，双击 Scope 显示模块，可获得含有约束的外啮合单对齿轮机构速度仿真曲线，如图 7 - 27 所示。

由图 7 - 27 所示的仿真曲线可以看出，两齿轮的角速度在任一时刻都是一正一负，同时其角速度比值为 2 : 1。

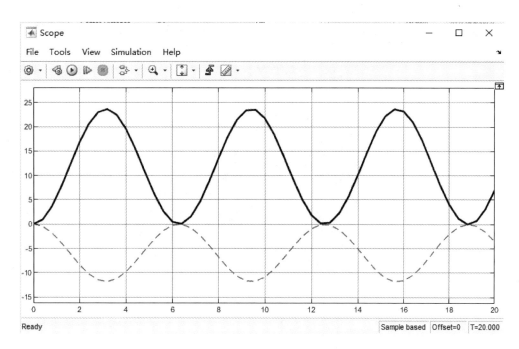

图 7 - 27　含有约束的外啮合单对齿轮机构速度仿真曲线图

　　若将图 7 - 25 所示的 Type 类型选择为 Internal(内啮合),其他设置参数不变,则可得到含有约束的内啮合单对齿轮机构速度仿真曲线,如图 7 - 28 所示。

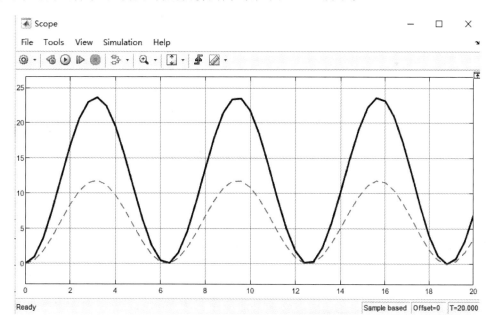

图 7 - 28　含有约束的内啮合单对齿轮机构速度仿真曲线图

含有约束的外啮合单对齿轮机构仿真过程可视化动画截图如图 7 - 29 所示。

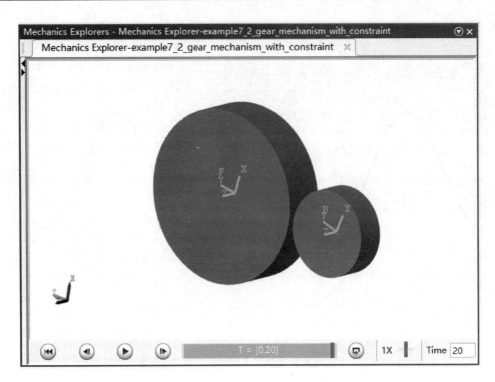

图 7 - 29　含有约束的外啮合单对齿轮机构仿真过程可视化动画截图

如果用户将 SolidWorks、Cartia、Cero、CAXASolid、UG 等三维模型导入 MATLAB 仿真模块中,则可以得到比图 7 - 29 更加逼真的实体动画。利用 File Solid 模块可将三维软件的实体导入仿真模块中,以替换图 7 - 17 中的 Cylindrical Solid 仿真模块,具体操作可查看 File Solid 模块说明,用户可自行探索练习。

7.2.5　齿轮五杆机构建模与仿真

在工程实践中,齿轮连杆机构由于种类多,结构简单、紧凑,并且组成这种机构的齿轮和连杆易于加工,精度能够得到保证,所以运动比较可靠;除此之外,齿轮机构为定传动比,连杆机构为变传动比,两者叠加的运动输出可以实现复杂的运动规律,因此齿轮连杆机构是应用最广的形式之一。下面对齿轮连杆机构进行动力学分析与仿真,类似机构的仿真与分析也一样,可有助于在较短时间内推出符合客户要求的机械产品。

如图 7 - 30 所示,改变齿轮机构传动比和各杆的杆长,通过运动副 3 可以得到各种形状的连杆曲线。已知杆长 $L_{12}=1.0$ m,$L_{23}=6.0$ m,$L_{34}=5.0$ m,$L_{45}=1.5$ m,$L_{15}=1.5$ m,Z_1：$Z_2=1:2$;运动副 1 的初始位置为 $x_1=0$,$y_1=0$;运动副 3 的初始位置为 $x_3=3$,$y_3=0$;曲柄杆 l_{12} 的初始角为 45°,杆 l_{54} 的初始角为 -90°,曲柄杆 l_{12} 以角速度 1.5 rad/s 匀速转动,各杆的力学参数见表 7 - 1。试仿真分析杆 l_{34} 的运动情况。

依据本章所述建立模型的过程,建立的模型如图 7 - 31 所示,其中动力源、传感器还需要建立子系统,具体操作步骤与本章前述各模型的操作步骤是相同的,此处省略。

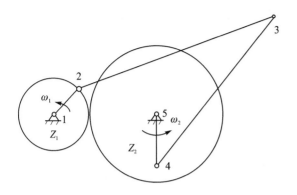

图 7-30　齿轮五杆机构运动简图

表 7-1　各杆的力学参数

构　件	质量/kg	转动惯量/ $(\mathrm{kg \cdot m^2})$	质心距/m
1	30	15.3	0.2
2	30	0.05	3.0
3	25	0.03	2.5
4	70	18	0.2

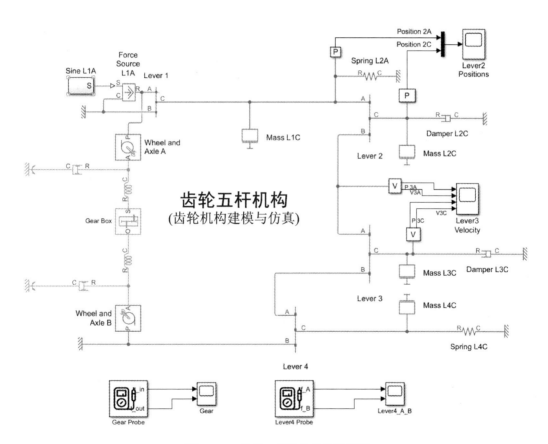

图 7-31　齿轮五杆机构的仿真模型

　　由图 7-30 所示的机构运动简图可知,动力驱动模块驱动杆 l_{12} 同时驱动单对齿轮机构。该驱动模块由 Sine L1A 子系统和 Force Source 模块所构成,Sine L1A 子系统(即动力源子系统)内部仿真结构如图 7-32 所示。由于曲柄杆 l_{12} 以角速度 1.5 rad/s 匀速转动,因此 Sine L1A 子系统中 Sine Wave 模块的角速度设置为"1.5"。

图 7 - 31 中的传感器子系统内部仿真结构如图 7 - 33 所示,只是信号线标注不同,用户可分别选择位置、速度和角加速度选项。

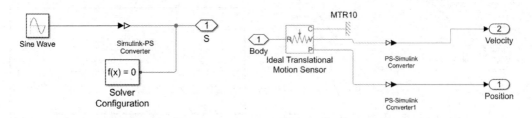

图 7 - 32　Sine L1A 子系统内部仿真结构　　图 7 - 33　传感器子系统内部仿真结构

下面对各个模块参数和仿真参数进行设置。根据题设参数进行设置,其方法与前面相同。

分别双击各质量模块、Lever 杆模块,按照表 7 - 1 和题设参数进行设置。由于题设并没有给出齿轮机构输入、输出轴的弹簧系数和阻尼,因此采用模块默认值。与齿轮机构相连接的轮轴半径设置为 0.5 m。双击 Gear Box 模块,设置传动比为 2,外啮合;若传动比为 -2 则为内啮合。这一点与机械原理、机械设计等书籍中有关齿轮机构传动比正负号的规定不一样,需要特别注意。

在设置各刚体模块参数的过程中,要特别注意前后初始坐标参数的相互衔接、相同参数单位保持一致,否则无法运行。

除此之外,利用 Probe 探针测量杆 lever4(即 l_{45})位置参数和 Gear Box 输入输出轴角速度参数。采用探针 Probe 和传感器子系统测量主是为了便于观察所建模型是否符合要求,同时也可以观察所建模型中杆件的动作过程,以便及时修改其中的相关参数,使得模型的仿真过程与实际工程状况保持一致,防范实际机构运行过程中出现危险点。

设置仿真时间为 10 s,选择可变步长、ode45 求解器,其他采用默认值。调试运行图 7 - 26 所示的齿轮五杆机构仿真模型。

双击 Lever2 Positions 可得杆 l_{23} 的位置仿真曲线,如图 7 - 34 所示。由该图可以看出杆 l_{23} 前端的运动幅度要比质点的幅度大,均是周期性运动,开始阶段杆 l_{23} 在运行过程中有一定的抖动,在第 1~2 s 之间。

双击 Lever3 Velocity 可得杆 l_{34} 的位置、速度仿真曲线,如图 7 - 35 所示。由该图可以看出,杆 l_{34} 前端的运动幅度要比质点的幅度大,均是周期性运动,开始阶段杆 l_{34} 在运行过程中同样有一定的抖动,但是位置抖动时间要比杆 l_{23} 长一些,速度的抖动时间更长一些。

双击探针 Lever4 所连接的 Lever4_A_B 可得杆 l_{45} 两端位置的仿真曲线,如图 7 - 36 所示。由图可知,杆 l_{45} 两端位置变化过程曲线相同,但是前端幅度要比后端幅度大。

双击探针 Gear Probe 所连接的 Gear 可得齿轮机构输入和输出轴角速度仿真曲线,如图 7 - 37 所示。

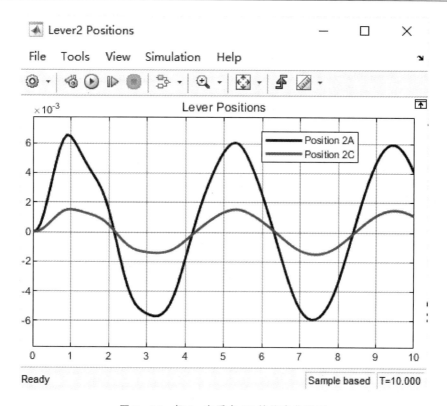

图 7 - 34　杆 l_{23} 中质点 2C 的仿真曲线图

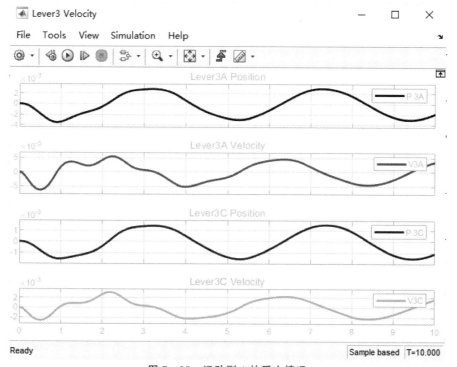

图 7 - 35　运动副 1 的受力情况

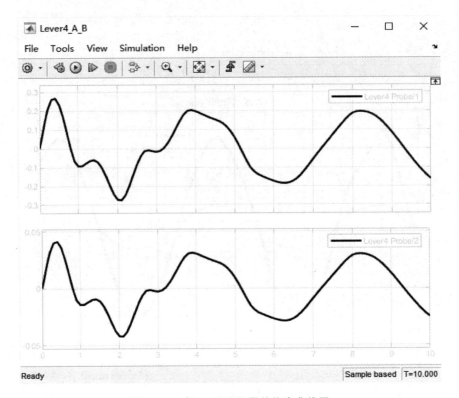

图 7 - 36　杆 l_{45} 两端位置的仿真曲线图

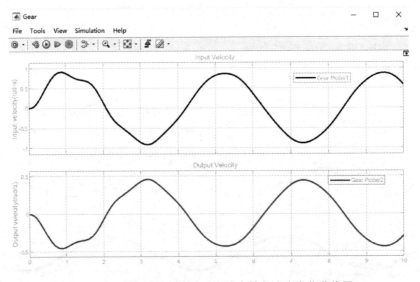

图 7 - 37　齿轮五杆机构输入和输出轴角速度变化曲线图

7.3　轮系机构建模与仿真

7.3.1　轮系概述

　　在实际机械中,用一对齿轮传动往往不能满足工程的实际需要,经常采用若干个相互啮合的齿轮将主动轮和从动轮连接起来,从而实现传递动力和运动的目的。通常情况下,由一系列齿轮组成的传动系统称为轮系。在轮系中可能包含圆柱齿轮、圆锥齿轮、蜗轮蜗杆等各种类型的齿轮传动。

　　根据轮系运转时各齿轮的轴线相对于机架的位置是否固定,将轮系分为定轴轮系、周转轮系和混合轮系三大类。

　　定轴轮系就是轮系在运转时,各齿轮均都围绕固定轴线转动,如图 7-38 所示。各齿轮均绕其固定轴转动。

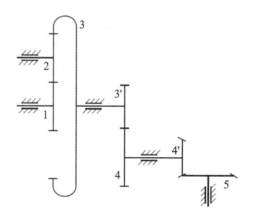

图 7-38　定轴轮系示意图

　　周转轮系就是轮系运转时,有一个或者几个齿轮绕着其他固定轴线回转的轮系。周转轮系通常由中心轮、行星轮、行星架以及机架组成,一般都以中心轮和行星架作为运动的输入和输出构件,因此称中心轮和行星架为基本构件,它们都绕同一轴线回转,如图 7-39、图 7-40所示。

　　混合轮系是指由周转轮系和定轴轮系或者由两个以上的周转轮系组合而成的复杂轮系,如图 7-41 和图 7-42 所示。

　　定轴轮系的传动比等于所有从动轮齿数的乘积除以所有主动轮齿数的乘积。若首、末两齿轮轴线相互平行,首、末两齿轮转向相同,则传动比为正;否则为负。行星轮系则需要将其转化为定轴轮系,即向各轮系施加一与行星架角速度大小相等、方向相反的角速度,使周转轮系转化为定轴轮系,从而求其传动比。

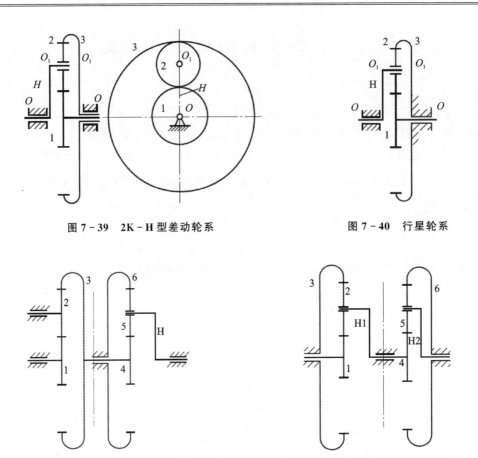

图 7-39　2K-H 型差动轮系　　　　　　　　图 7-40　行星轮系

图 7-41　由定轴轮系组合而成的混合轮系　　图 7-42　由行星轮系组合而成的混合轮系

7.3.2　定轴轮系建模与仿真

若把两个齿轮的啮合传递动力视为一个基本单元,那么定轴轮系可以视为由多对齿轮通过一系列的串联或者轴连接而形成的定轴机械传动机构,因此可以通过两个轴线固定的齿轮机构串联形成定轴轮系。

对图 7-38 所示的定轴轮系进行建模与仿真。假设齿轮 1 为输入端,速度按正弦规律变化转动,锥齿轮 5 为输出端,传动比依次为 4∶1、1∶2、3∶1(锥齿轮机构)。试对该机构进行建模与仿真。

思路分析:图 7-38 所示为定轴轮系,由 2 个定轴轮系串联而成,同时各个齿轮机构均有惯性,其中齿轮 3 与齿轮 3′、齿轮 4 与齿轮 4′均是共轴连接。先调用行星轮机构、齿轮机构、斜齿轮机构模块,然后将其串联,再对定轴轮系机构和行星轮系机构进行模块参数设置与仿真参数设置,最后对该机构进行仿真并查看其仿真曲线。

具体建模步骤如下:

第一步,明确并选择所需要的仿真模块。

所需要的模块主要有: Inertia、Ring-Planet、Display、Simple Gear、Scope、Constant、Motion Sensors、Rotation Spring、Rotation Damper、PS-Simulink Converter、Simulink-PS Converter、From、Goto 等模块。

第二步,根据所给题目,将各模块排置好,连线模块形成定轴轮系的信真模型,如图 7-43 所示。

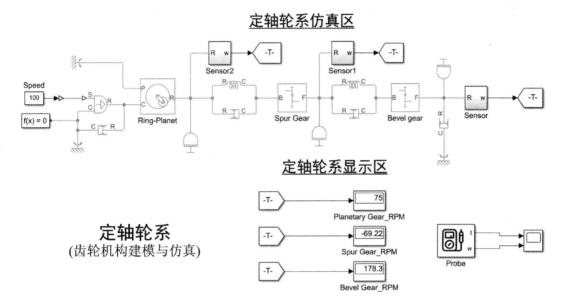

图 7-43　定轴轮系的仿真模型

由于图 7-38 中所有的齿轮机构均是定轴齿轮机构,并且是串联关系,齿轮 1 为输入轴, 齿轮 5 为输出轴。同时,在各定轴轮系之间添加了阻尼、弹簧刚度和质量惯性。若各齿轮机构 之间没有阻尼、弹簧刚度和质量惯性,则使相应的量为零即可。各传感器子系统的内部仿真结 构均相同,如图 7-44 所示。为了便于大家学习、查找和模仿,我们尽可能地将子系统中所用 到的所到模块都显示出来。

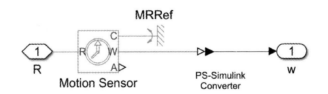

图 7-44　传感器子系统的内部仿真结构

在齿轮机构中,大部分情况下关注的是角速度,因此图 7-44 所示的子系统输出了角速度 (W),并没有输出角位移(A)。

第三步,设置各仿真模块参数。

Constant 模块的幅值为 100,其他参数采用默认值。Constant 模块常数为 100,定轴齿轮 机构 Ring-Planet 模块的传动比为 4:1,Spur Gear 模块的传动比为 2:1,Bevel Gear 模块的 传动比为 3:1,所有的惯量 Inertia 模块为 10 kg·m²,所有的弹簧刚度均为 10 N·m/rad,所有 的阻尼为 0.1 N·m/(rad/s),Bevel Gear 输出轴的阻尼为 0.7 N·m/(rad/s)。

第四步,仿真器参数设置。

选择 MODELING→Setup→Model Settings(或者按快捷键 Ctrl+E)命令,设置求解器参

数：仿真开始时间为 0,终止时间为 10 s,选择变步长类型、ode45 求解器,其他采用系统默认值。也可直接在 Simulation/Simulate/Stop 选项中直接设置运行时间。

第五步,检测无误后,运行仿真模型,可得显示各齿轮机构的输出角速度值,如图 7 - 45 所示。双击与 Probe 相连的示波器,可弹出锥齿轮机构输出端扭矩和角速度的变化仿真曲线,如图 7 - 46 所示。

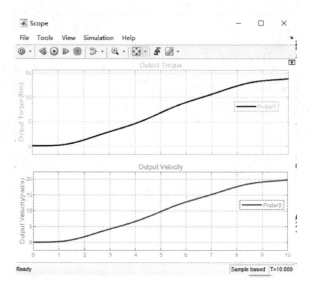

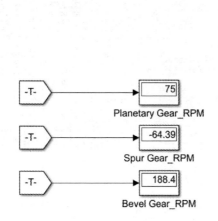

图 7 - 45　各定轴齿轮机构输出角速度值　　图 7 - 46　输出端扭矩和角速度的变化仿真曲线图

7.3.3　行星轮系建模与仿真

如果周转轮系中含有的某几个齿轮回转轴线不固定,那么轴线不固定的齿轮就称为行星轮。含有行星轮的周转轮系称为行星轮系。行星轮系在机械系统中也经常会用到,因此有必要对行星轮系进行建模与仿真。

假设某 2K - H 型行星轮系传动比为 3.8：1,系杆 H 为运动输入端,两中心轮(一个是内啮合齿轮,一个是外啮合齿轮)为运动输出端,中心轮系杆的转动惯量均为 0.5 kg · m² 。该行星轮系与差动轮系串联,差动轮系传动比为 4：1,差动轮系的一个动力传递至齿轮机构(传动比为 2：1)。试对行星轮系进行仿真。

思路分析：2K - H 型行星轮系是机械原理中典型的周转轮系,2 个中心轮、1 个系杆 H 和若干个均布的行星齿轮,主要使用 Simscape 中的 Planetary Gear 模块、Differential 差动轮系模块、Simple Gear 齿轮机构模块等。根据仿真内容,系杆 H 应连接运动输入端,齿轮机构输出端是动力传递的一个输出端,差动轮系的另一个动力传递端为输出端。

具体建模步骤如下：

第一步,明确仿真参数和所需要的仿真模块。

所需要的模块主要有：Solver、Inertias、Inertia、Planetary Gears、Differential、Constant、Motion Sensors 和 Mechanical Rotational Reference 等模块。

第二步,根据所给行星轮仿真内容要求,将各模块的位置排好并且连线,形成行星轮系仿真模型,如图 7 - 47 所示。传感器子系统的内部仿真结构如图 7 - 44 所示。

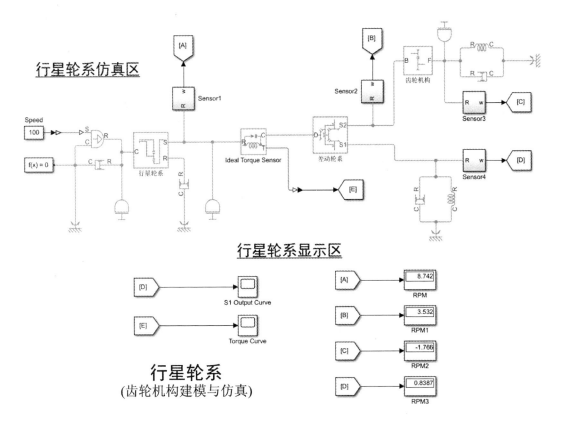

图 7 - 47　行星轮系的仿真模型

第三步,设置各仿真模块参数。

Constant 模块的幅值为 100,其他参数采用默认值。行星轮系 Planetary Gear 模块的传动比为 3.8∶1,行星轮系输入端 Inertia 模块为 0.5 kg·m² ;差动轮系的传动比为 4∶1,齿轮机构的传动比为 2∶1,其余 Inertia 均为 1 kg·m²。所有阻尼为 0.4,所有弹簧刚度为 10 N·m/rad。

第四步,仿真器参数设置。在 Configuration Parameters 对话框中进行参数设置:仿真开始时间为 0,终止时间为 10 s,选择变步长类型、ode45 求解器,其他采用系统默认值。

第五步,检测无误后,运行仿真模型。各处在 $t=$ 10 s 时的瞬时角速度如图 7 - 48 所示,差动轮系输出端 S1 速度变化曲线如图 7 - 49 所示。

行星轮系中心轮输出端 S 的扭矩变化曲线如图 7 - 50 所示。

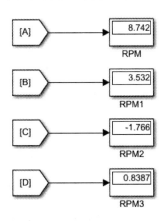

图 7 - 48　各处瞬时角速度值

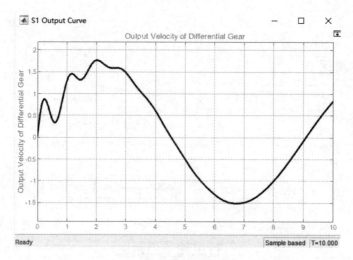

图 7 - 49 差动轮系输出端 S1 速度变化曲线图

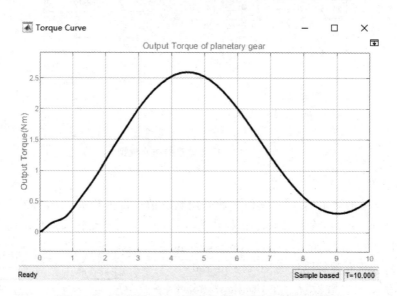

图 7 - 50 行星轮系中心轮输出端 S 的扭矩变化曲线图

7.4 机械系统建模与仿真

在实际生产或者工程研发过程中经常能遇到各种各样的机械系统,它是人们从事生产、生活的基础。机械系统也是从事机械工程的相关科技人员与大学生们经常需要分析和研究的主要对象,因此有必要以一个例子说明如何利用 Simulink 对简单机械系统进行建模与仿真,以达到抛砖引玉的目的。

7.4.1 齿轮齿条机构建模与仿真

假设一齿轮齿条机构中,齿轮是主动件,齿条是从动件,速度信号作为齿轮的输入信号,齿轮半径为 100 mm。在这里,齿轮可以视为齿条的速度驱动器,将旋转运动转换成直线运动。

试对齿轮、齿条机构的速度和力矩进行建模与仿真。

具体步骤如下：

第一步，分析连杆机构建模对象，确定建模思路与所需要的功能模块。

齿轮齿条机构中齿轮是信号的输入端，齿条是信号的输出桨，以速度源（信号源）作为输入源（当然也可以将力矩信号作为齿轮输入信号）。同时齿轮机构是惯性的，齿轮端是旋转运动，齿条端是直线运动，因此它们有着不同的惯性模块、阻尼模块。除此之外，还需要 Solver 求解器、输出端传感器（从动件）和 Scope 示波器、信号转换模块、Mux 等辅助模块，建立齿轮端传感器子系统和齿条端子系统。在此，将利用 Driveline 子工箱中的模块进行仿真，当然也可以利用 Multibody 子工箱中的模块进行仿真。

第二步，选择并确定仿真模块，建立传感器子系统。所需要的模块主要有：Mechanical Rotational Reference 模块、Mechanical Translational Reference 模块、Rack&Pinion 模块、Rotational Damper 模块、Translational Damper 模块、Translation Spring 模块等。

① 建立 Sensor1(Base)子系统。

建立 Sensor1(Base)子系统即建立 Rotational Sensor 子系统。该子系统包含两个部分：Motion sensor 子系统和 Torque sensor 子系统。

Motion sensor 子系统所需要的模块主要有：Connection Port 模块、Ideal Rotational Motion Sensor 模块、PS-Simulink Converter 模块、Mechanical Rotational Reference 模块、Output 模块等。其内部仿真结构如图 7-51 所示。该子系统保留了位置输出端，输出角速度（即 W 端）。

Torque sensor 子系统所需要的模块主要有：Connection Port 模块、Ideal Torque Sensor 模块、PS-Simulink Converter 模块、Output 模块等。其内部仿真结构如图 7-52 所示。该子系统输出转矩（即 T 端）。

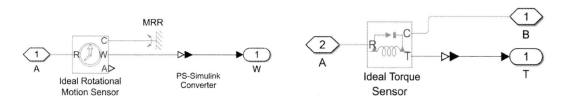

图 7-51　Motion sensor 子系统内部仿真结构　　　　图 7-52　Torque sensor 子系统内部仿真结构

建立 Sensor1(Base)子系统所用到的子系统和模块主要有：Motion sensor 子系统、Torque sensor 子系统、From 模块和 Connection Port 模块。其内部仿真结构如图 7-53 所示。注意：From 模块须与 Goto 模块中的变量名称一一对应，否则检测信号无法传递至 Scope 模块中。

② 建立 Sensor2(follower)子系统。

建立 Sensor2(follower)子系统即是建立 Translational Sensor 子系统，其内部仿真结构如图 7-54 所示。该子系统也包含了两个部分：Motion sensor 子系统和 Force sensor 子系统。

Motion sensor 子系统所需要的模块主要有：Connection Port 模块、Ideal Translational Motion Sensor 模块、PS-Simulink Converter 模块、Mechanical Translational Reference 模块、Output 模块等。其内部仿真结构如图 7-55 所示。该子系统保留了位置输出端，输出速度（即 W 端）。

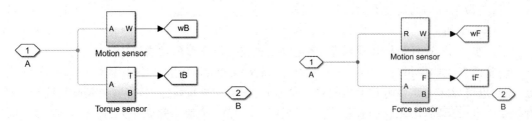

图 7 - 53　Sensor1(Base)子系统内部仿真结构　　　图 7 - 54　Sensor2(follower)子系统内部仿真结构

Force sensor 子系统所需要的模块主要有：Connection Port 模块、Ideal Force Sensor 模块、PS-Simulink Converter 模块、Output 模块等。其内部仿真结构如图 7 - 56 所示。该子系统输出转矩(即 F 端)。

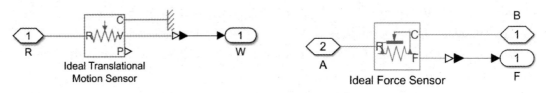

图 7 - 55　Motion sensor 子系统内部仿真结构　　　图 7 - 56　Force sensor 子系统内部仿真结构

第三步，连接各模块并形成信号变换与传输变换仿真模型，如图 7 - 57 所示。

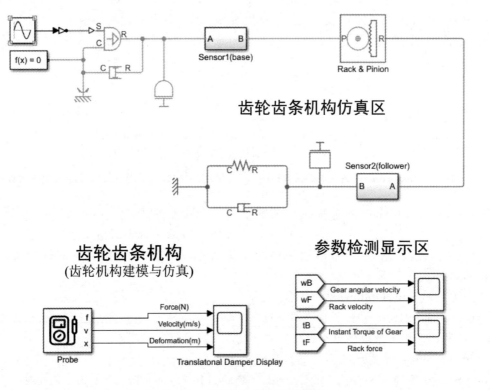

图 7 - 57　齿轮齿条机构仿真模型

　　将 Sensor1(base)子系统、Sensor2(follower)子系统、Rotational Damper 模块、Ideal Angular Velocity Source 模块、Simulink-PS Converter 模块、Sine Wave 模块、Solver Configuration 模块、Mechanical Rotational Reference 模块、Mechanical Rotational Inertia 模块、Rack&Pinion 模块、Mechanical Translational Mass 模块、Translational Spring 模块、Translational Damper 模块、Mechanical Translational Reference 模块、Goto 模块(须与 From 模块一一对应)、Scope 模块、Probe 模块等置入仿真模型窗口中,按照信号"从左至右,从上至下"的原则布置并连接各仿真模块,建立齿轮齿条机构仿真模型并适度标注。

　　Probe 模块、Goto 模块和 From 模块的具体用法,可以参阅相关书籍或 MATLAB 帮助文件,在此不叙述。

　　第四步,设置仿真模块参数。

　　Sine Wave 信号源参数设置如图 7-58 所示。齿轮端阻尼为 0.5 N·m/(rad/s),转动惯量为 5 kg·m²,齿轮摩擦系数均为 0.4,齿轮节圆半径为 100 mm。修改相应示波器输入端口数。

　　齿条质量为 5 kg,Translational Spring Coefficient 弹簧系数为 1 000 N/m,Translational Damper Coefficient 阻尼系数为 0.4。Probe 探针检测参数选择如图 7-59 所示。其他参数,大家可自行设置。

　　第五步,仿真参数设置。

图 7-58　Sine Wave 信号源参数设置

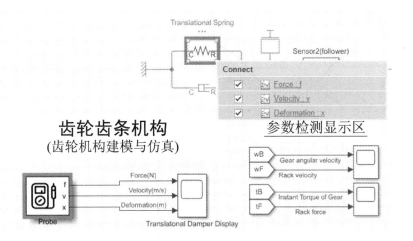

图 7-59　Probe 探针检测参数选择

　　设置仿真开始时间为 0,终止时间为 10 s,选择变步长类型、auto 求解器。

　　第六步,检查无误后,微调并运行仿真模型。

　　第七步,分别双击示波器可得相应检测参数的仿真曲线,如图 7-60~图 7-62 所示。

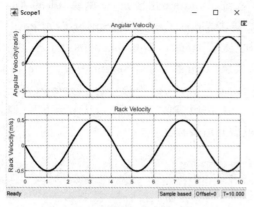
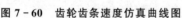

图 7 - 60　齿轮齿条速度仿真曲线图

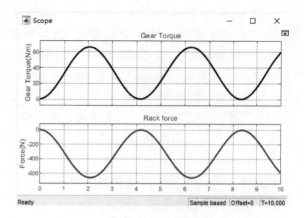

图 7 - 61　齿轮齿条转矩和力仿真曲线图

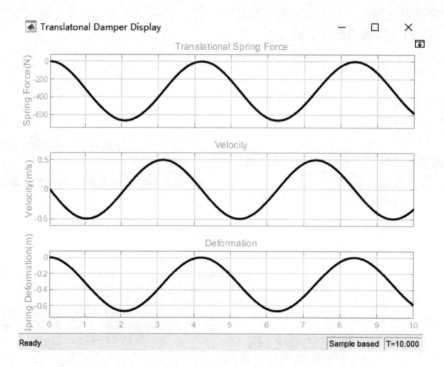

图 7 - 62　齿条端弹簧检测参数仿真曲线图

7.4.2　机械系统仿真示例

　　一理想转矩通过传动比为 5∶1 的齿轮箱推动一轮轴,车轮半径为 0.2 m,该轮轴利用一杠杆拉动另一旋转运动的轮轴,最后一起拉动直线运动的质量块。该质量块为 20 kg 的物体,轮轴车轮半径为 0.4,其中轮轴旋转运动对应的(旋转)弹簧系数为 20 N·m/rad,阻尼系数为0.000 4 N·m/(rad/s),初始角度变化量为 0,轮轴 B 所含齿轮箱的传动比为 2∶1;质量块为 20 kg 的物体发生的直线运动,弹簧系数为 15 000 N·m,初始拉伸量为 0,阻尼系数为70 N/(m/s)。试对该机构中的杠杆位置和速度进行建模与仿真。

思路分析：该机械系统将理想动力源所提供的转矩通过传动比 5∶1 的齿轮箱传递给车轮半径 0.2 m 的轮轴，该轮轴利用杠杆使车轮半径 0.4 m 的轮轴 1 产生旋转运动，最后通过杠杆使 20 kg 的质量块产生直线运动。该机械系统中，杠杆是求和部件，原理示意图如图 7-63 所示。

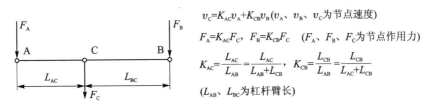

$$v_C = K_{AC}v_A + K_{CB}v_B \quad (v_A、v_B、v_C \text{为节点速度})$$

$$F_A = K_{AC}F_C,\ F_B = K_{CB}F_C \quad (F_A、F_B、F_C \text{为节点作用力})$$

$$K_{AC} = \frac{L_{AC}}{L_{AB}} = \frac{L_{AC}}{L_{AB}+L_{CB}},\ K_{CB} = \frac{L_{CB}}{L_{AB}} = \frac{L_{CB}}{L_{AC}+L_{CB}}$$

$$(L_{AB}、L_{BC} \text{为杠杆臂长})$$

图 7-63 求和杠杆原理示意图

具体仿真步骤如下：

第一步，选择并确定仿真模块，所需要的模块如图 7-64 所示。

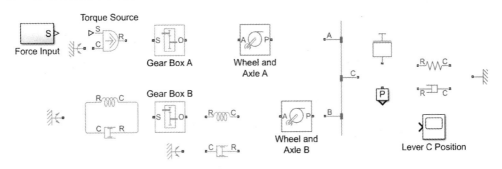

图 7-64 机械系统所需要的模块

第二步，连接各模块并形成信号变换与传输变换仿真模型，如图 7-65 所示。

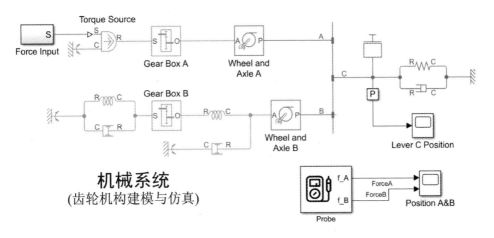

机械系统
(齿轮机构建模与仿真)

图 7-65 机械系统仿真模型

其中 Force Input 子系统和 P 传感器子系统如图 7-66、图 7-67 所示。

第三步，设置仿真模块参数，如图 7-68～图 7-78 所示。

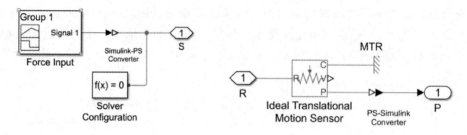

图 7 - 66　Force Input 子系统　　　　　　图 7 - 67　P 传感器子系统

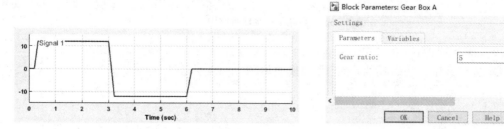

图 7 - 68　信号源曲线设置　　　　　　图 7 - 69　齿轮箱传动比设置

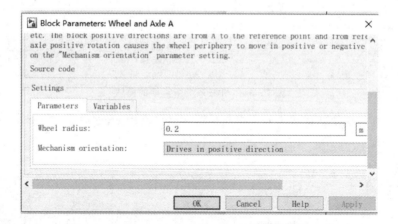

图 7 - 70　Wheel and Axle A 模块参数设置

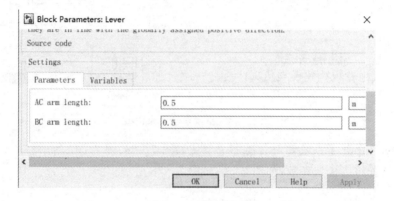

图 7 - 71　杠杆参数设置

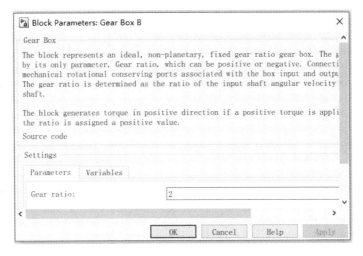

图 7 - 72　Gear Box B 的参数设置

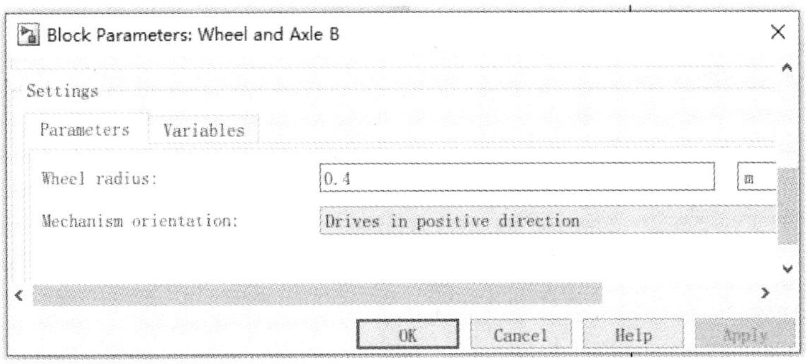

图 7 - 73　Wheel and Axle B 的参数设置

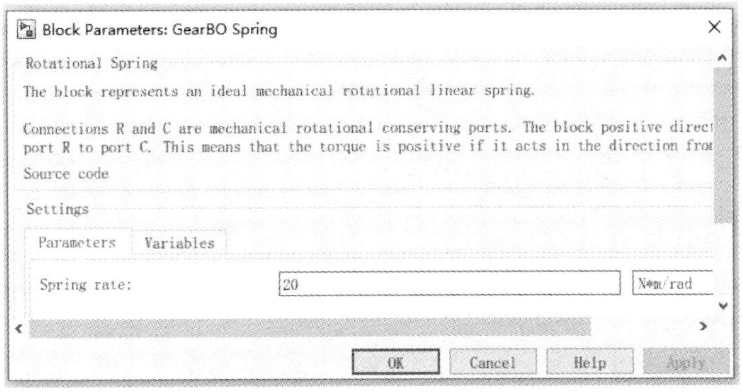

图 7 - 74　旋转运动的弹簧系数设置

其余参数均采用默认值,用户可根据实际情况自行设置,如仿真曲线标注等。

第四步,仿真器参数设置。

设置仿真开始时间为 0,终止时间为 10 s,选择变步长类型、ode15 求解器,因为该机械系统为刚性系统。

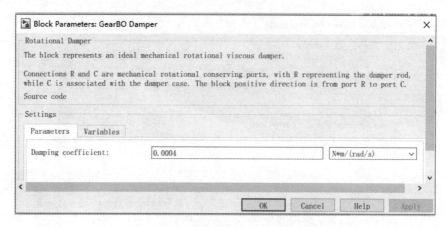

图 7 - 75　旋转运动的阻尼系数设置

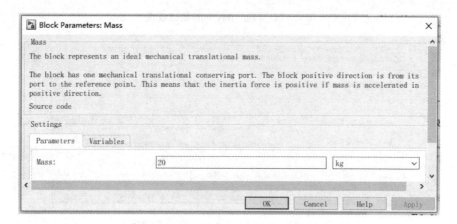

图 7 - 76　质量块参数设置

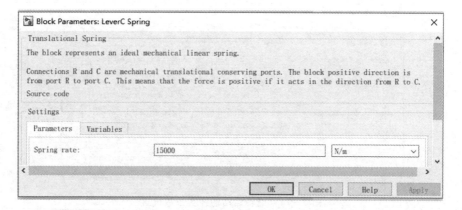

图 7 - 77　直线运动弹簧系数设置

第五步,检查无误后,运行仿真模型。

第六步,双击位置显示模块,杠杆 C 处位置仿真曲线如图 7 - 79 所示。

杠杆 A、B 处作用力的仿真曲线如图 7 - 80 所示。

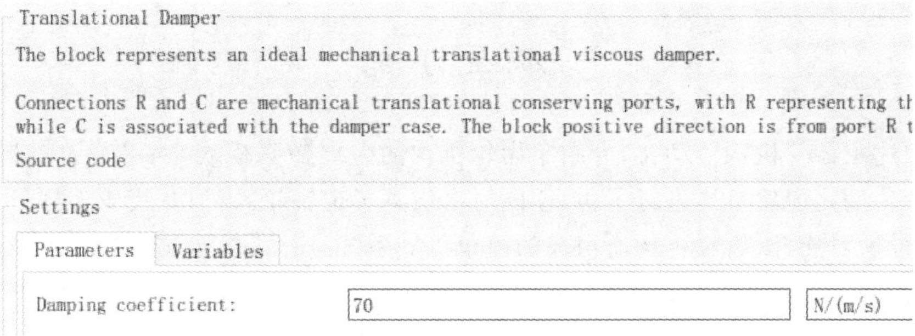

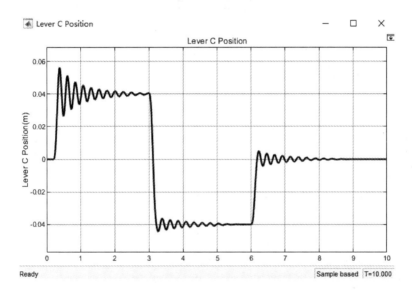

图 7 - 78 直线运动阻尼系数设置

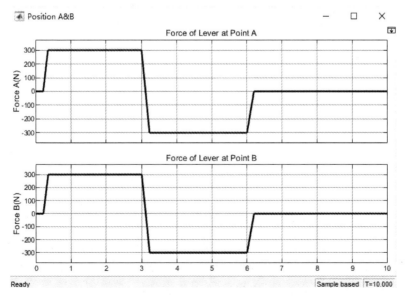

图 7 - 79 杠杆 C 处位置仿真曲线图

图 7 - 80 杠杆 A、B 处作用力的仿真曲线图

本章小结

本章叙述了齿轮机构传动比,介绍了齿轮机构的主要仿真模块,对平行单对齿轮机构、定传动比和变传动比齿轮机构进行了仿真,同时也仿真了定轴轮系机构、齿轮连杆机构和行星轮系机构,最后对连杆、齿轮机构所组成的简单机械系统进行了综合仿真。在正确理解和学习本章内容的基础上,需要掌握内、外啮合单对齿轮机构的建模与仿真,定传动比和变传动比齿轮机构的仿真过程;对定轴轮系机构和行星轮系机构能够进行建模与仿真。

思考练习题

1. 齿轮机构在传动系统中的本质是什么?
2. 齿轮机构的仿真模块主要有哪些?
3. 如何仿真齿轮机构和齿轮连杆机构?
4. 轮系仿真模块有哪些?
5. 齿轮机构的仿真过程是怎样的?
6. 已知某主动齿轮齿数为 20,从动齿轮齿数为 40,齿轮模数为 2,试分别仿真单齿轮机构的外啮合和内啮合传动。
7. 试对一齿轮机构与一平面五杆机构所形成的组合机构进行仿真。
8. 已知 5 个齿轮,其齿数分别为 20、30、40、35 和 60,齿轮模数为 1.5,并且三个齿轮均是外啮合。试对这 5 个齿轮所构成的定轴轮系机构进行仿真。
9. 已知某行星轮系的中心轮齿数为 20,行星轮齿数 20,行星架齿数为 40,齿轮模数为 1.2。试对该单行星轮系机构进行角位移和角速度进行仿真。

第8章 液压控制系统建模与仿真

【本章要点】

◆ 液压控制系统的数学描述与仿真工具介绍
◆ 液压位置开环、闭环控制系统建模与仿真
◆ 液压速度控制系统建模与仿真
◆ 液压方向控制系统建模与仿真
◆ 液压压力控制系统建模与仿真

8.1 液压控制系统概述及数学描述

8.1.1 液压控制系统概述

流体传动技术是指利用压力流体产生、控制和传递动力的技术。液压控制系统是指利用各种物理量传感器对被控对象进行检测和反馈，通过液压控制元件压力、方向、速度进行控制，从而实现位置、速度、加速度、力和压力等物理量的自动控制系统。

当前常用的动力传递主要有三种方式：电力传动、机械传动和流体传动。在流体传动中，应用最广泛的是液压控制系统。液压控制系统除了具有液压传动系统的各种优点外，还具有反应快、系统刚度大、控制精度高等优点，因此在机械工程领域广泛应用，例如金属切削机床、重型机械、锻压机械、起重机械、汽车、船舶、军事装备等方面。

液压传动控制系统的外形设计灵活、多样，不受几何尺寸和外观形状的制约，这一点是机械传动无法比拟的。液压传动控制系统具有以下优点：

① 易于控制甚至可精确控制。只要简单地操作手柄按钮，操作人员便可实现对液压控制系统及其执行机构的动作控制，例如启动、停机、加速和减速等。此外，液压控制系统几乎不受液压执行机构和机械装置惯性的影响，并且液压控制系统具有较高的控制精度，这对于大型负载装备是非常重要的。

② 理想的增力系统。液压控制系统无须借助笨重的机械传动，就可轻而易举地实现增力和增大扭矩，如大型压力机等。

③ 可以输出恒定的力和扭矩。利用传感器和控制系统，不管速度如何变化，都可以为负载提供恒定的力和扭矩。

④ 具有负载敏感特性。液压系统中工作压力和油泵压力取决于负载的变化，在流量不变的情况下，消耗的动力随负载变化。这种特性减小了能源浪费，提高了液压传动与控制系统的经济性；并且，液压系统的压力变化范围较大，因此可适用于负载变化较大的场合。

⑤ 可以实现复合传动与控制。在液压传动与控制系统中,一个动力源即可实现负载的各种运动,如直线运动和旋转运动等。一个液压系统可以通过压力并联、串联或混联方式驱动多个负载。

⑥ 液压控制系统平稳、冲击小。由于液压油具有一定的缓冲和阻尼作用,在一定程度上可以缓解机械系统刚性碰撞产生的冲击、震动和噪声,因此,相对于机械传动系统,液压传动控制系统工作平稳,抗冲击,震动小、噪声低。

⑦ 简单、安全和经济。相对于机械传动系统、电气传动系统,液压控制系统所用的部件较少,因此其系统简单、紧凑,便于操作与维护,同时也增加了系统的经济性、安全性和可靠性。

在失去原来的平衡状态后,液压系统在液压传动控制的作用下达到一种新的平衡状态。导致液压系统失去原来平衡状态的原因主要有两个:

① 由传动控制系统的过程变化所引起的;

② 由外界干扰所引起的。

研究液压传动控制系统的动态性能主要涉及两个方面的问题:

① 液压系统稳定性问题,即在管道中压力峰值过高而产生冲击的情况下,分析液压系统经过动态系统后是否能稳、准、快地达到新的平衡状态,还是继续保持振荡状态;

② 液压系统过度的品质问题,即液压系统达到新的平衡状态过程中,液压执行机构、控制机构到达新的平衡状态的调整时间、上升时间、峰值时间、振荡次数、执行元件位移和速度等。

研究液压传动控制系统动态性能的主要方法有系统传递函数分析法、液压系统模拟仿真法、实验研究法及数字仿真方法。

传递函数分析法是基于经典控制理论的一种研究方法。利用该方法研究液压传动控制系统只能局限于单输入、单输出的线性系统。具体的做法是:先建立系统的数学模型,写出增量形式(代数方程或微分方程),然后再利用拉普拉斯变换写出系统的传递函数,接着再将传递函数用波特图表示或者奈奎斯特图表示,最后分析相关根轨迹或者零极点分布图,从而确定系统的响应特性。但在实际当中往往遇到的是非线性系统,若要用传递函数分析系统,则需要对系统进行线性化处理,忽略一些非线性的因素。

液压系统模拟仿真法是在计算机还没有得到普及的情况下,利用模拟计算机或模拟电路进行液压系统动态特性的模拟与分析,是一种比较实用的分析手段。模拟计算机是一种连续的计算装置,它把实际物理量用电压表示,通过连续运算求解液压系统动态特性的微分方程。该方法具有模拟较为接近实际情况、系统参数调整和调试简单、运算速度快的优点;但是它的缺点也很明显,例如,运算精度较低,对实际情况只是粗略的计算与仿真,难以精确反映实际状况。

数字仿真是随着计算机的快速发展和仿真软件的开发与普及而发展起来的,利用现代控制理论研究液压系统动态性能的一种研究方法。该方法的做法是:先建立液压传动控制系统动态过程的空间状态方程,然后利用数字计算机求出各状态变量在动态过程中的时域解。数字仿真既适用于线性系统,又适用于非线性系统,可以模拟在任何输入函数作用下系统中各参变量的变化情况,从而使科研人员对液压传动控制系统的动态过程有一个直接而全面的了解,以便预测液压传动控制系统的动态性能、检测和修正系统参数、优化系统结构与参数。数字仿真的突出优点是精确、可靠,适用范围广,周期短,费用低,仿真简便。

当前,老牌的液压仿真软件有英国的 Bathfp、瑞典的 Hopsan、德国的 DSHplus。近年,比较成功的商业化液压系统的综合性仿真软件主要有法国的 AMESim、美国的 Easy5。

8.1.2　液压控制系统的建模过程

液压控制系统的动力学模型和热力学模型是描述系统动态特性的数学模型。建立系统的数学模型主要有两条途径：理论法与试验法。理论法就是根据已知条件从既定的定理、定律出发，通过液压系统所形成的机理找出系统的内在规律，借助数学工具推导出液压系统的数学模型，因此这种建模的方法又可以称为解析建模法。试验法就是工程技术人员、研发人员或者科学家通过观察、测量液压系统的实际数据后，通过对所测数据进行处理后而得出的数学模型，也就是我们常说的系统辨识建模。

液压传动控制系统的建模过程就是将系统进行概括、抽象和数学解析处理的过程，总体上可以分为三个阶段：划分子系统、建立子系统基本模型、系统综合建模。

1. 划分子系统

由于实际液压传动系统比较复杂，通常由液压元件连接而成，直接建立液压系统的动态模型是非常困难的，并且不利于系统性能的分析与系统调试。为了建立系统的动力学模型和热力学模型，通常的做法是将系统划分成若干既相互独立又相互联系的子系统（通过能量和信息的传递而相互联系，能量和信息在不同系统中的作用不同而相互独立），从建立子系统的模型着手建立系统动力学模型和热力学模型。

2. 建立子系统基本模型

液压传动控制系统是由一系列子系统串联、并联或混联而形成的，根据系统功率的流向和分配，逐个建立子系统基本的动力学模型和热力学模型。基本的动力学模型和热力学模型能够解释子系统的输入/输出行为模型，不要求提供整个系统的行为模型。在此，建立子系统基本模型只是作为了解整个液压系统在局部（子系统）、研究子系统的手段和工具；因此，子系统基本模型应该以应用为目的，便于对子系统行为进行分析。

3. 系统综合建模

根据已建立的子系统动力学模型和热力学模型，以及系统的边界条件，按照一定的规则、步骤归纳建立描述整个系统的模型。系统的动力学模型和热力学模型应该是以子系统的动力学模型和热力学模型为基础建立起来的，或者是以一系列液压元件的动力学模型和热力学模型为基础建立起来的。在此需要说明的是，液压系统模型并不是液压元件模型的简单组合，液压元件通常根据系统工作原理进行连接，所以液压系统模型不仅要根据液压元件的连接关系确定能量信息的流向和分配，而且也要满足液压元件对输入/输出的要求。

8.1.3　液压控制系统的数学描述

系统的动态模型通常用微分方程描述，所以液压系统模型中最核心的就是描述液压系统动态特性的微分方程组。很显然，系统的微分方程组是由液压系统中元件的微分方程实现的，将元件的微分方程列出来组成系统的微分方程组。由于微分方程中各状态变量的计算是同步的，所以微分方程组中各个微分方程通常是没有先后次序之分的。

为了更好地理解液压系统的动力学模型和热力学模型，下面将液压系统中的三种基本元件的完整微分方程列出来。

1. 基本容性元件

① 质量守恒方程:

$$\frac{\mathrm{d}p}{\mathrm{d}t} = \beta_T \left[\frac{1}{\rho V} \left(\frac{\mathrm{d}m}{\mathrm{d}t} - \rho \frac{\mathrm{d}V}{\mathrm{d}t} \right) + \alpha_T \frac{\mathrm{d}T}{\mathrm{d}t} \right] \tag{8-1}$$

不考虑温度特性时,模型如下:

$$\frac{\mathrm{d}p}{\mathrm{d}t} = \frac{\beta_T}{V} \left(\sum_i q_i - \frac{\mathrm{d}V}{\mathrm{d}t} \right) \tag{8-2}$$

② 能量守恒方程:

$$\frac{\mathrm{d}T}{\mathrm{d}t} = \frac{1}{c_p m} \left[\sum \dot{m}_{\mathrm{in}} \overline{c_p} (T_{\mathrm{in}} - T) - H(T - T_{\mathrm{a}}) + \dot{Q}_f - \dot{W}_s + T\alpha V \frac{\mathrm{d}p}{\mathrm{d}t} \right] \tag{8-3}$$

2. 基本阻性元件

① 压力-流量方程:

$$\dot{m} = k\rho A \Delta p^n \tag{8-4}$$

不考虑温度变化时,模型如下:

$$q = kA \Delta p^n \tag{8-5}$$

② 能量损失方程:

$$\frac{\mathrm{d}\dot{m}}{\mathrm{d}t} = \frac{A(p_1 - p_2)}{L} - f \frac{\dot{m} \mid \dot{m} \mid}{2\rho A D_h} \tag{8-6}$$

式中,流体体积 V、质量流量 $\dot{m}$、功率损失热流量 Q_f、轴功率 W_s 为系统过程变量。

在此,本小节仅给出液压系统中三个基本元件的动力学方程和热力学方程。不同液压系统可能会用到不同的微分方程,其含义可参考相关液压控制系统书籍。

液压控制系统是由液压元件组成的,其模型也是由液压元件模型组成的,而液压元件模型由代数方程和微分方程组成,因此求取代数方程和微分方程也必然是进行液压传动控制系统仿真的基础和前提。

8.2　液压控制系统的仿真工具介绍

当前通用的液压系统仿真软件,主要有 AMESim、Easy5、DSHplus 等。由于本书主要利用 Simulink 进行系统仿真,因此在此主要介绍 Simulink 关于液压传动控制系统的仿真工具,而不介绍其他软件。

在 Simulink 中,液压控制系统的仿真模块如图 8-1 所示。

图 8-1 中各个模块库的具体功能如下:

① 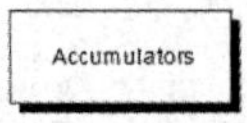　Accumulators 储能器,主要是将液压系统中的压力油储存起来,需用时再重新放出,起到吸收冲击、补充泄漏、保持恒压、降低噪声和紧急动力源等作用。

② 　Hydraulic Cylinders 液压缸,主要是将液压能转换成压力能,是实现直线往复运动的执行元件,其结构简单,制造容易,工作可靠,应用范围广。

③ 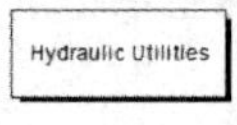　Hydraulic Utilities 液压通用件,主要包括液压油(Hydraulic Fluid)和液压

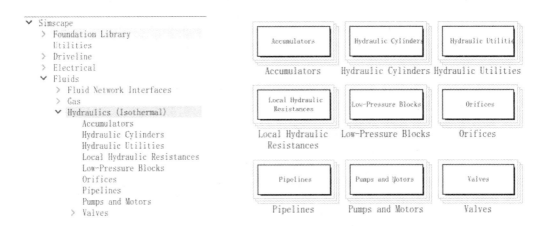

图 8 - 1　液压控制系统仿真模块库

系统油箱(Hydraulic Reservoir)。

④　Local Hydraulic Resistances 局部液压管接头,包括弯头(Elbow)、渐变接头(Gradual Area Change)、T 形接头(T-Junction)和管子弯头(Pipe Bend)等。

⑤　Low-Pressure Blocks 低压力模块,包括定位槽(Constant Head Tank)、低压液压管(Hydraulic Pipe LP)、可变仰角低压液压管(Hydraulic Pipe LP with Variable Elevation)、低压高阻管(Resistive Pipe LP)和可变压力槽(Variable Head Tank)等。

⑥　Orifices 节流器(实质是调速阀),包括环形节流器(Annular Orifice)、固定节流器(Fixed Orifice)、可变节流器(Variable Orifice)、带可变圆孔的节流器(Orifice with Variable Area Round Hole)和带可变槽缝隙的节流器(Orifice with Variable Area Slot)。

⑦　Pipelines 管线,主要包括液压管线(Hydraulic Pipelines)、旋转管线(Rotating Piplines)和分节管线(Segmented Pipelines)。

⑧　Pumps and Motors 泵和马达,是液压系统的动力源。泵主要是将机械能转换成压力能,马达主要是将压力能转换成机械能,主要包括离心泵(Centrifugal Pump)、固定排量泵(定量泵,Fixed-Displacement Pump)、变量泵(Variable-Displacement Pump)、变量压力补偿泵(Variable-Displacement Pressure Compensated Pump)、液压马达(Hydraulic Motor)、变量马达(Variable-Displacement Motor)和可变位液压机械(Variable-Displacement Hydraulic Machine)。

⑨　Valves 阀,是液压系统的控制元件,包括换向阀(Direction Valves)、流量调节阀(Flow Control Valves)、压力调节阀(Pressure Control Valves)、阀动器(Valve Actuators)和阀压器(Valve Forces)。

各模块库所含的子模块库中仍然包含很多模块。例如,换向阀子模块库中就包含很多具体的三位四通换向阀等,如图 8 - 2 所示。

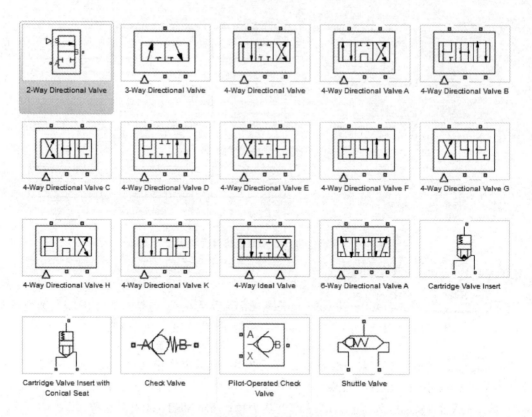

图 8 - 2　换向阀子模块库中的各种阀

流量调节阀子模块库中包括球阀(Ball Valve)、锥座球阀(Ball Valve with Conical Seat)、针孔阀(Needle Valve)、提升阀(Poppet Valve)和压力补偿流量调节阀(Pressure-Compensated Flow Control Valve),如图 8 - 3 所示。

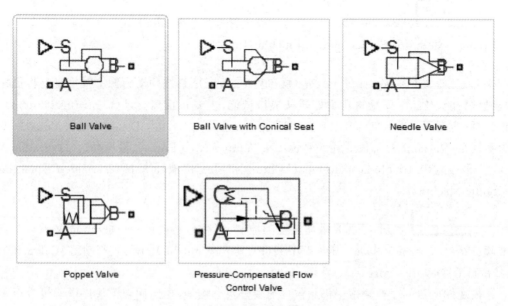

图 8 - 3　流量调节阀子模块库中的各种阀

　　液压缸子模块库中主要包括旋转缸中的离心力(Centrifugal Force in Rotating Cylinder)、液压缸摩擦(Cylinder Friction)、双作用液压缸(Double-Acting Hydraulic Cylinder)、双作用旋转缸(Double-Acting Rotary Actuator)、单作用液压缸(Single-Acting Hydraulic Cylinder)和单作用旋转缸(Single-Acting Rotary Actuator)等,如图 8-4 所示。

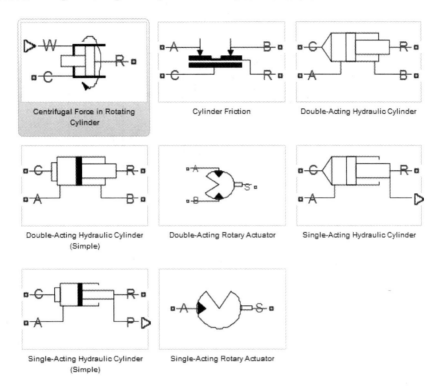

图 8-4　液压缸子模块库中的各种液压执行件

　　其他子模块库中所含的具体模块,可以参阅相关书籍或者 MATLAB/Simulink 仿真模块库,在此不再详细说明。用到相关模块时再做详细说明。

8.3　液压位置控制系统建模与仿真

8.3.1　液压位置控制系统的组成与工作原理

　　图 8-5 为双电位器液压位置控制系统。它是一个三位四通电磁换向阀控制液压缸活塞杆位置的控制系统,主要由三位四通电磁换向阀、液压缸、指令电位器、反馈电位器、放大器组成。图中两电位器组成桥式电路,用于测量输入信号和输出信号之间的位置偏差。位置偏差信号经过放大器放大输出电流,以控制电磁换向阀的阀芯运动,换向阀的输出压力油推动液压缸活塞杆移动,从而带动工作台运动。当位置偏差信号等于零时,说明工作台已到达所要求的实际位置,这时工作台停止运动。工作台位置总是按照给定指令信号动作。

　　由图 8-5 可以看出,液压位置控制系统由如下环节组成:反馈电位器测量环节、指令电位器给定环节、两电位器组成的桥式电路比较环节、放大器放大环节、电磁三位四通换向阀控制环节、液压缸及工作台组成的执行环节。

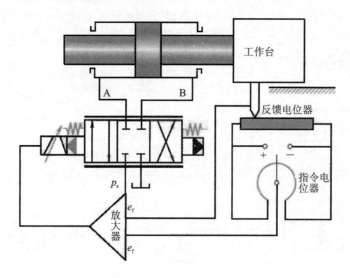

图 8 - 5　双电位器液压位置控制系统原理图

8.3.2　液压位置控制系统框图与传递函数

根据 8.1 节的数学描述思想对图 8-5 求取系统方框图,即先对系统进行子系统划分,然后建立子系统(液压元件)模型,最后系统建模。将图 8-5 中的双电位器液压位置控制系统中的反馈电位器视为比例环节(起传感器作用),反馈系数记为 K_f。假设差分放大器为电压负反馈放大器,那么放大器的输出电流 i 与位置偏差信号 e_ε、放大器与线圈电路的增益为 K_a(A/V),用惯性环节描述如下:

$$\frac{I(s)}{E_\varepsilon(s)} = \frac{K_a}{\dfrac{s}{\omega_a} + 1} \tag{8-7}$$

式中,ω_a 为线圈转折频率,Ω,$\omega_a = \dfrac{R_c + r_p}{L_c}$,其中 R_c 为线圈电阻,Ω,R_c 与换向阀两线圈的连接方法有关;r_p 为放大器内阻与线圈电阻之和,Ω;L_c 为线圈电感,H,L_c 值由生产厂家给出。

根据液压系统动力机构的固有频率大小,可以将电液伺服换向阀的传递函数近似为二阶振荡环节、惯性环节或比例环节。若液压固有频率较大,可以用二阶振荡环节近似描述,控制电流 I 与电磁阀输出流量 Q 间的传递函数,即

$$\frac{Q(s)}{I(s)} = \frac{K_{av}}{\dfrac{s^2}{\omega_{av}^2} + \dfrac{2\zeta_{av}}{\omega_{av}}s + 1} \tag{8-8}$$

式中,ω_{av} 为电液伺服换向阀固有频率,rad/s;K_{av} 为电液伺服换向阀放大系数,$m^3/(s \cdot A)$;ζ_{av} 为电液伺服换向阀阻尼比,无量纲。

如果液压动力机构的固有频率较低,例如小于 50 Hz,那么电液伺服换向阀的传递函数可以用一阶惯性环节表示,即

$$\frac{Q(s)}{I(s)} = \frac{K_{av}}{T_{av}s + 1} \tag{8-9}$$

式中，K_{av} 为电液伺服换向阀放大系数，$\text{m}^3/(\text{s} \cdot \text{A})$；$T_{av}$ 为电液伺服换向阀时间常数，s。

当电液伺服阀的固有频率较高，而液压动力机构固有频率较低时，电液伺服阀可以近似用比例环节描述，即

$$\frac{Q(s)}{I(s)} = K_{av} \tag{8-10}$$

当液压系统没有弹性负载时，阀控液压缸动力机构中液压缸活塞杆位移 $Y(s)$ 与电液伺服换向阀输出流量 $Q(s)$ 间的传递函数（无外力作用的情况）为

$$\frac{Y(s)}{Q(s)} = \frac{1}{A} \times \frac{1}{s\left(\dfrac{s^2}{\omega_h^2} + \dfrac{2\zeta_h}{\omega_h} + 1\right)} \tag{8-11}$$

根据液压位置控制系统中各元件的传递函数，绘制图 8-5 所示液压位置控制系统方框图，如图 8-6 所示。

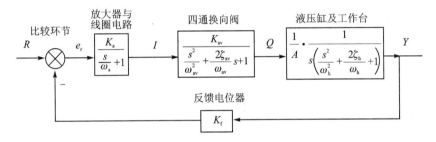

图 8-6　液压位置控制系统方框图

由图 8-6 可知，液压位置控制系统的开环传递函数为

$$G(s) = \frac{K_f}{A} \times \frac{1}{s\left(\dfrac{s^2}{\omega_h^2} + \dfrac{2\zeta_h}{\omega_h} + 1\right)} \times \frac{K_{av}}{\dfrac{s^2}{\omega_{av}^2} + \dfrac{2\zeta_{av}}{\omega_{av}}s + 1} \times \frac{K_a}{\dfrac{s}{\omega_a} + 1} \tag{8-12}$$

为了得到简单实用的稳定判据，需要对式（8-12）进行简化。一般情况下，液压系统动力机构的固有频率是系统中的最低频率，它决定着系统的动态性能，同时又考虑到放大器、电液伺服换向阀的频率相对动力机构固有频率均比较高，因此为了简化开环传递函数同时又不失一般性，式（8-12）可以近似简化为

$$G(s) = \frac{K_v}{s\left(\dfrac{s^2}{\omega_h^2} + \dfrac{2\zeta_h}{\omega_h} + 1\right)} \tag{8-13}$$

式中，$K_v = \dfrac{K_{av}K_aK_f}{A}$，在此称为液压位置控制系统的开环增益。

因此，图 8-6 可以进一步简化为单位负反馈，其方框图如图 8-7 所示。所有阀控液压位置控制系统均可简化为图 8-7 的形式，只不过不同系统其参数不同。

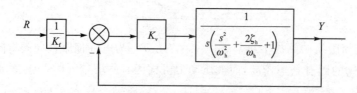

图 8-7　简化后的液压位置单位负反馈控制系统方框图

8.3.3　液压位置控制系统仿真示例

例 8-1　已知图 8-8 所示的某液压位置单位负反馈控制系统,放大器放大倍数 $K_a=40$,

电液伺服换向阀元件传递函数为 $\dfrac{2\times 10^{-3}}{\dfrac{s^2}{135^2}+\dfrac{1.4}{135}s+1}$,阀控液压缸元件传递函数为

$\dfrac{10}{s\left(\dfrac{s^2}{76^2}+\dfrac{0.6}{76}s+1\right)}$,试仿真液压位置单位负馈控制系统。

仿真方法 1　利用 Simulink 公共模块库仿真图 8-8 所示液压位置控制系统。

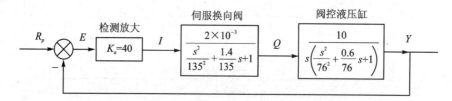

图 8-8　某液压位置单位负反馈控制系统方框图

所需要的模块主要有:增益模块 Gain、显示模块 Scope、积分环节 Integrator、线性系统传递函数模块 Transfer Fcn、求和模块 Sum、阶跃信号模块 Step、手工开关模块 Manual Switch 和接地模块 Ground。

根据图 8-8 所示的控制系统方框图,建立仿真模型,如图 8-9 所示,具体的建模步骤与第 4 章所述步骤相同,在此不予赘述。

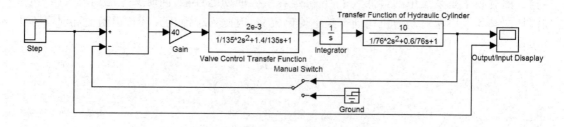

图 8-9　利用 Simulink 公共模块建立的仿真模型

设置运行时间为 2 s,运行如图 8-9 所示的单位负反馈闭环控制系统,其输出、输入曲线如图 8-10 所示。

双击 Manual Switch 模块使开关置于下方,系统处于开环状态。设置仿真运行时间同样

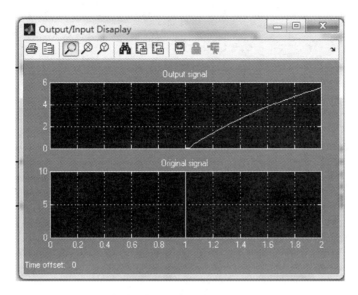

图 8 - 10　模型输出、输入仿真曲线图(信号源为正弦信号)

为 2 s,可得开环状态下的输出、输入仿真曲线,如图 8 - 11 所示。

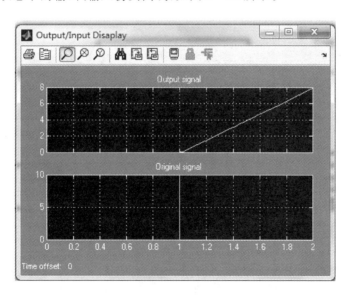

图 8 - 11　开环状态下输出、输入仿真曲线图

在闭环状态下,若将仿真时间设置为 10 s,则输出、输入仿真曲线如图 8 - 12 所示。

由图 8 - 12 可以看出,在阶跃信号下,单位闭环控制系统的调整时间约为 5 s,活塞杆的输出位移在阶跃信号发生 5 s 后达到既定值。

仿真方法 2　利用 M 文件仿真。

首先,求解出图 8-8 的开环传递函数仿真曲线。

① 求解图 8-5 所示液压位置控制系统的开环传递函数:

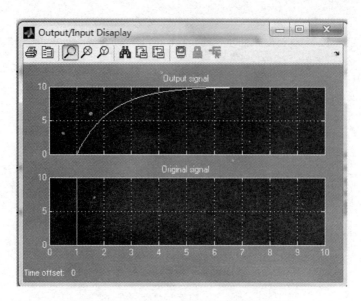

图 8－12　闭环状语下输出、输入仿真曲线图

$$G(s) = 40 \times \frac{2 \times 10^{-3}}{\dfrac{s^2}{135^2} + \dfrac{1.4}{135}s + 1} \times \frac{10}{s\left(\dfrac{s^2}{76^2} + \dfrac{0.6}{76}s + 1\right)} \times 1 =$$

$$\frac{0.8}{s\left(\dfrac{s^2}{76^2} + \dfrac{0.6}{76}s + 1\right)\left(\dfrac{s^2}{135^2} + \dfrac{1.4}{135}s + 1\right)} =$$

$$\frac{0.8}{s(9.5 \times 10^{-9}s^4 + 2.228 \times 10^{-7}s^3 + 3.098\,69 \times 10^{-4}s^2 + 1.826\,507 \times 10^{-2}s + 1)}$$

② 求解图 8-5 所示液压位置控制系统的闭环传递函数：

$$\phi(s) = \frac{0.8}{s(9.5 \times 10^{-9}s^4 + 2.228 \times 10^{-7}s^3 + 3.098\,69 \times 10^{-4}s^2 + 1.826\,507 \times 10^{-2}s + 1) + 0.8}$$

其次，在 MATLAB 工程计算平台上，编制 M 文件。

① 编制开环传递函数根轨迹 M 文件。

```
num = [0.8];                    % 求开环传递函数分子多项式系数
den = conv([1 0],conv([1/76^2 0.6/76 1],[1/135^2 1.4/135 1]));   % 求开环传递函数分母多项式系数
rlocus(num,den)                 % 绘制开环传递函数的根轨迹曲线
```

② 编制开环传递函数相频、幅频曲线 M 文件。

```
num = [0.8];                    % 求开环传递函数分子多项式系数
den = conv([1 0],conv([1/76^2 0.6/76 1],[1/135^2 1.4/135 1]));   % 求开环传递函数分母多项式系数
sys = tf(num,den);              % 求多项式形式的传递函数
bode(sys)                       % 求多项式形式传递函数的幅频、相频曲线
margin(num,den)                 % 求传递函数带增益和相位裕度的幅频、相频曲线
```

③ 编制开环传递函数的 Nyquist 曲线 M 文件。

```
num = [0.8];                    % 求开环传递函数分子多项式系数
den = conv([1 0],conv([1/76^2 0.6/76 1],[1/135^2 1.4/135 1]));   % 求开环传递函数分母多项式系数
sys = tf(num,den);              % 求多项式形式的传递函数
nyquist(sys)                    % 求多项式形式传递函数 Nyquist 曲线
```

④ 编制由开环传递函数所得的 Nichols 曲线 M 文件。

```
num = [0.8];                          % 求取开环传递函数分子多项式系数
den = conv([1 0],conv([1/76^2 0.6/76 1],[1/135^2 1.4/135 1]));   % 求开环传递函数分母多项式系数
nichols(num,den)                      % 绘制开环传递函数的 Nichols 曲线
```

最后,运行相应的 M 文件,得相关仿真曲线,如图 8-13～图 8-16 所示。

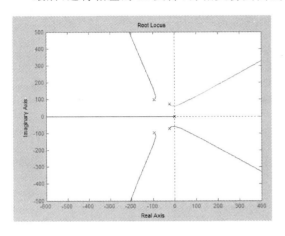

图 8-13　开环传递函数根轨迹曲线图

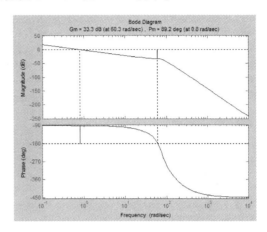

图 8-14　开环传递函数幅频、相频曲线图

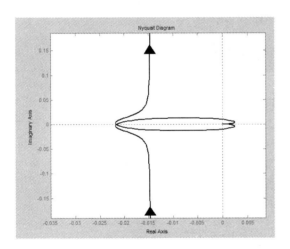

图 8-15　开环传递函数 Nyquist 曲线图

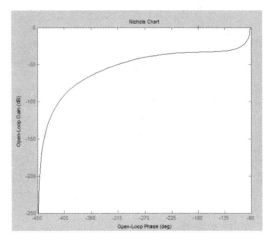

图 8-16　开环传递函数 Nichols 曲线图

⑤ 求解图 8-8 所示的闭环传递函数阶跃响应仿真曲线,编制闭环传递函数根轨迹 M 文件。

```
num = [0.8];                          % 求取开环传递函分子多项式系数
den = conv([1 0],conv([1/76^2 0.6/76 1],[1/135^2 1.4/135 1]));   % 求开环传递函数分母多项式系数
den = [den,num];                      % 求闭环传递函数分母多项式系数
step(num,den)                         % 绘制闭环传递函数的特性曲线
```

单位阶跃响应闭环传递函数的特性曲线如图 8-17 所示。

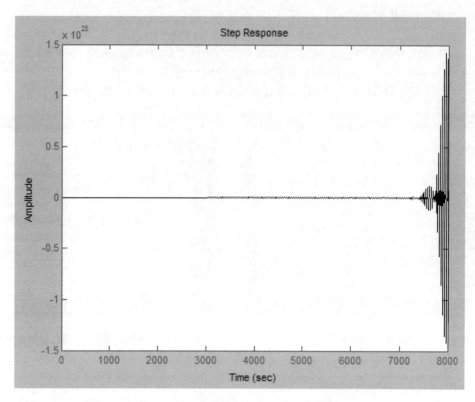

图 8 - 17　单位阶跃响应的特性曲线图

8.4　液压速度控制系统建模与仿真

在实际工程控制系统中,液压速度控制系统也是一种常用的控制系统,例如数控机床速度控制系统、火炮速度控制系统、机械升降台速度控制系统等。液压速度控制系统通常是由速度传感器、比较放大电路、功率放大器、电液比例控制阀、液压控制系统执行元件(如液压缸、液压马达等)组成。液压速度控制系统原理如图 8 - 18 所示。

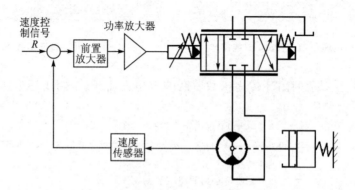

图 8 - 18　液压速度控制系统原理图(阀控)

在图 8 - 15 中,利用 O 形三位四通电磁换向阀控制双向马达的正反转运动。当给定控制

速度信号 R 后,利用比较环节与马达转速(靠速度传感器检测)进行比较,形成速度偏差值 E_g,再经过前置放大器和功率放大器将速度偏差信号进行放大,以控制阀口开口的大小和换向,从而达到调速的目的。

8.4.1　液压速度控制系统的构成与控制方式

通常液压速度控制系统有液压缸输出速度控制系统和液压马达速度控制系统两种。液压马达速度控制系统控制方式主要有:阀控液压马达闭环速度控制系统、泵控液压马达开环速度控制系统和泵控液压马达闭环速度控制系统等。下面简要说明阀控液压马达闭环速度控制系统。

阀控液压马达闭环速度控制系统主要由积分放大器、比例控制或伺服阀、液压马达、速度传感器等组成,如图 8-19 所示。

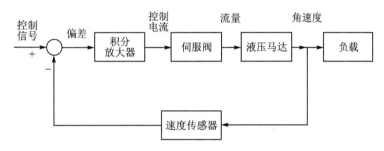

图 8-19　阀控液压马达闭环速度控制系统

这里的积分放大器是为了控制系统稳定、正常工作而加入的校正环节。

当忽略了控制阀、积分放大器的动态影响时,阀控液压马达闭环速度控制系统可用图 8-20 表示。

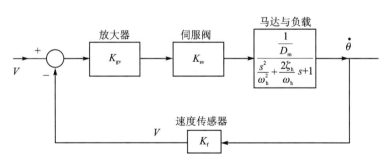

图 8-20　阀控液压马达速度控制系统方框图

图 8-17 所示方框图的开环传递函数:

$$G(s) = \frac{1}{D_m} \frac{K_{ev}K_{sv}K_f}{\dfrac{s^2}{\omega_h^2} + \dfrac{2\zeta_h}{\omega_h}s + 1} = \frac{K_0}{\dfrac{s^2}{\omega_h^2} + \dfrac{2\zeta_h}{\omega_h}s + 1} \tag{8-14}$$

式中,K_0——速度系统开环增益,$K_0 = \dfrac{K_{gv}K_{sv}K_f}{D_m}$;

　　ω_h——液压固有频率,rad/s;

　　ζ_h——液压阻尼比;

D_{m}——马达理论排量,$\mathrm{m}^3/\mathrm{rad}$。

图 8-17 所示方框图的闭环传递函数:

$$\phi(s) = \frac{K_0\omega_{\mathrm{h}}^2}{s^2 + 2\omega_{\mathrm{h}}\zeta_{\mathrm{h}}s + \omega_{\mathrm{h}}^2 + K_0\omega_{\mathrm{h}}^2} \tag{8-15}$$

式(8-15)为零型有差系统,输出的速度偏差随着速度的增大而增大。这说明不能由位置系统简单地用速度反馈实现速度控制,其中不仅存在着速度偏差问题,而且也可能会导致系统变得不稳定。因此需要对速度控制系统进行校正。

1. 无源网络校正

比较简单的方法就是在控制阀的前端添加一无源网络校正,其原理图如图 8-21 所示。其传递函数为

$$\frac{E_{\mathrm{o}}}{E_{\mathrm{i}}} = \frac{1}{RCs + 1} = \frac{1}{\dfrac{s}{\omega_1} + 1} \tag{8-16}$$

式中,$\omega_1 = \dfrac{1}{RC} = \dfrac{1}{T}$,为转折频率;$T$ 为时间常数。

经过图 8-21 无源网络校正后,开环传递函数为

$$G(s) = \frac{K_0}{\left(\dfrac{s}{\omega_1} + 1\right)\left(\dfrac{s^2}{\omega_{\mathrm{h}}^2} + \dfrac{2\zeta_{\mathrm{h}}}{\omega_{\mathrm{h}}}s + 1\right)} \tag{8-17}$$

如果知道开环传递函数的剪切频率 ω_{c},则 $|G(\mathrm{j}\omega_{\mathrm{c}})| = 1$,即

$$\omega_1 = \frac{\omega_{\mathrm{c}}}{K_0} \tag{8-18}$$

2. 有源网络校正

图 8-22 所示为有源网络校正积分放大电路,其输入、输出之间的传递函数为

$$\frac{U_{\mathrm{o}}(s)}{U_{\mathrm{i}}(s)} = \frac{1}{RCs} = \frac{1}{Ts} \tag{8-19}$$

式中,$T = RC$,为积分常数。

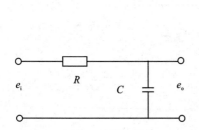

图 8-21　无源网络校正环节

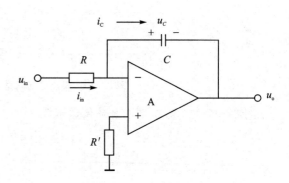

图 8-22　积分放大电路

经过图 8-22 有源网络校正后,开环传递数为

$$G(s) = \cfrac{K_0}{Ts\left(\cfrac{s^2}{\omega_h^2} + \cfrac{2\zeta_h}{\omega_h}s + 1\right)} = \cfrac{K}{s\left(\cfrac{s^2}{\omega_h^2} + \cfrac{2\zeta_h}{\omega_h}s + 1\right)} \qquad (8-20)$$

式中，$K = \cfrac{K_0}{T}$，为开环增益。

如果知道开环传递函数的剪切频率 ω_c，则 $|G(j\omega_c)| = 1$，即

$$\omega_c = K = \frac{K_0}{T}$$

8.4.2　液压速度控制系统仿真示例

例 8 - 2　假设某液压速度控制系统方框图如图 8 - 20 所示，其相关参数为：$\omega_h = 180\ \text{rad/s}$，$\zeta_h = 0.2, K_0 = 25\ \text{L/s}$，所需的剪切频率 $\omega_c = 25\ \text{rad/s}$。试确定 RC 无源网络的转折频率 ω_1，并求该液压速度控制系统的开环频率特性和单位阶跃响应曲线。

由式(8 - 18)可得

$$\omega_1 = \frac{\omega_c}{K_0} = \frac{25\ \text{rad/s}}{25} = 1\ \text{rad/s}$$

由图 8 - 21 可得含无源网络校正环节开环传递函数：

$$G(s) = \cfrac{K_0}{\left(\cfrac{s}{\omega_1} + 1\right)\left(\cfrac{s^2}{\omega_h^2} + \cfrac{2\zeta_h}{\omega_h}s + 1\right)} = \cfrac{25}{(s+1)\left(\cfrac{s^2}{180^2} + \cfrac{2 \times 0.2}{180}s + 1\right)}$$

建立该液压速度控制系统开环传递函数的 Simulink 仿真模型，如图 8 - 23 所示。

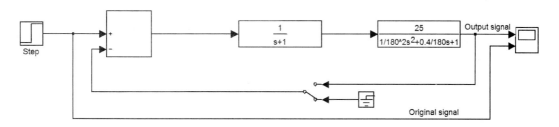

图 8 - 23　含无源网络校正环节开环传递函数仿真模型

运行图 8 - 23 仿真模型，获得仿真曲线，如图 8 - 24～图 8 - 25 所示。

利用 M 文件仿真含无源网络校正环节的开环传递函数：

```
num = [25];                              % 求取开环传递函数分子多项式系数
den = conv([1 1],[1/180^2 0.4/180 1]);   % 求取开环传递函数分母多项式系数
den = [den,num];                         % 求取开环传递函数分母多项式系数
step(num,den)                            % 绘制出开环传递函数的特性曲线图
```

利用 M 文件所得含无源网络校正环节的开环传递函数的仿真曲线如图 8 - 26 所示。

由图 8 - 26 可以看出，单位阶跃信号通过开环传递函数后，单位阶跃响应曲线趋于稳定。

对于有源网络校正环节，在保持例 8-1 所给参数不变的情况下，继续仿真。

例 8 - 3　假设某液压速度控制系统的参数与例 8 - 2 相同，试确定有源网络校正环节的时间常数 T，并求该液压速度控制系统的开环频率特性和单位阶跃响应曲线。

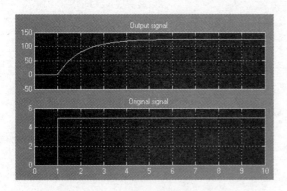

图 8-24　开环传递函数仿真曲线

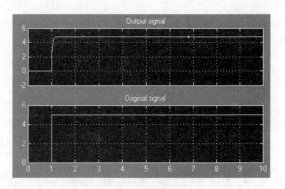

图 8-25　闭环传递函数仿真曲线

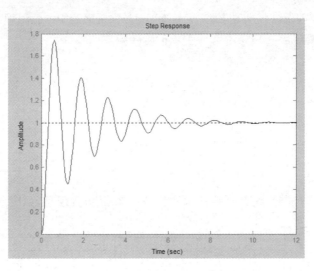

图 8-26　开环传递函数单位阶跃响应曲线

解：由式(8-18)可得

$$T = \frac{K_0}{\omega_c} = \frac{25}{25} = 1s, \quad K = \omega_c = \frac{K_0}{T} = 25$$

由图 8-21 可得含有源网络积分放大器环节的开环传递函数为

$$G(s) = \frac{K}{s\left(\dfrac{s^2}{\omega_h^2} + \dfrac{2\zeta_h}{\omega_h}s + 1\right)} = \frac{25}{s\left(\dfrac{s^2}{180^2} + \dfrac{2 \times 0.2}{180}s + 1\right)}$$

建立该液压速度控制系统开环传递函数的 Simulink 仿真模型，如图 8-27 所示。

运行图 8-27 仿真模型，获得仿真曲线如图 8-28 所示。

利用 M 文件仿真含有源网络校正环节的闭环传递函数：

```
num = [25];                    % 求取开环传递函数分子多项式系数
den = [1/180^2 0.4/180 1 25];  % 求取开环传递函数分母多项式系数
den = [den,num];               % 求取闭环传递函数分母多项式系数
step(num,den)                  % 绘制出闭环传递函数的特性曲线图
```

利用 M 文件所得含有源积分放大器校正环节的闭环传递函数的仿真曲线如图 8-29 所示。

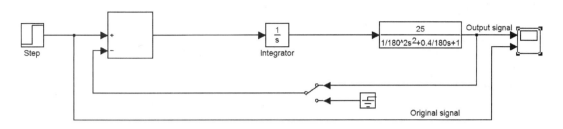

图 8 - 27　含无源网络校正环节闭环传递函数仿真模型

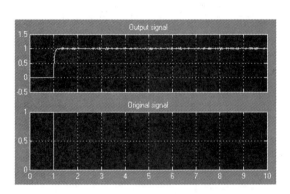

图 8 - 28　闭环传递函数仿真曲线图

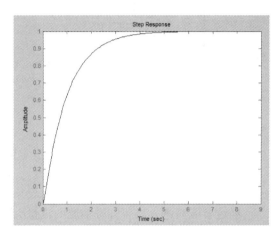

图 8 - 29　闭环传递函数单位阶跃响应曲线

例 8 - 4　已知某液压速度控制系统,其液压控制原理图如图 8 - 30 所示。其相关参数如下:定量泵流量为 30 000,限压阀调节压力为 0.5 MPa,节流阀的最大开口面积为 5×10^{-5} m^2,液压缸的接触刚度为 1×10^{6} N/m,活塞杆推动质量块为 100 kg,平动阻尼为 100 N/(m/s)。

试对图 8 - 30 所示的液压速度控制系统(进油路节流调速回路)中的液压缸活塞杆速度进行 Simulink 仿真。

理论分析:图 8 - 30 所示为进油路节流调速回路,采用定量泵供油系统速度负载特性曲线如图 8 - 31 所示。进油路节流调速回路的调速阀安装在液压缸的进油路上,处于液压缸与定量泵之间。该回路采用溢流阀作为进油路的分流和限压元件。调节节流阀开口的大小,改变液压缸的进油量,即可调节液压缸的活塞运动速度。图 8 - 30 所示的溢流阀从定量泵的开启压力到调定压力,变化较小,起到稳定和限定进油路压力的作用。在调速时,溢流阀处于溢流状态,将泵的多余流量流回油箱。液压缸回油路的液压油直接流回油箱。液压缸的活塞杆依靠外力恢复。

液压缸稳定工作时,其受力平稳方程式为

$$p_1 A = F + p_2 A \tag{8-21}$$

式中,p_1 和 p_2 分别为液压缸进油腔和出油腔的压力,由于回油腔直接接回油箱,因此 p_2 可视为零;F 和 A 分别为液压缸的负载和有效工作面积。因此下列关系成立:

$$p_1 = \frac{F}{A} \tag{8-22}$$

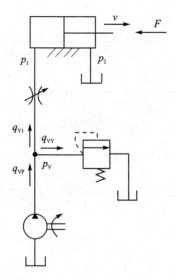

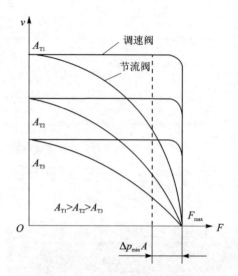

图 8 - 30　进油路节流调速回路　　　　　图 8 - 31　速度负载特性曲线

泵的供油压力 p_p 由溢流阀调定为恒定值,因此节流阀的压差值为

$$\Delta p = p_p - p_1 = p_p - \frac{F}{A} \tag{8-23}$$

经过节流阀进入液压缸进油腔的流量为

$$q_{vin} = CA_{throttle}\Delta p^{\varphi} = CA_{throttle}\left(p_p - \frac{F}{A}\right)^{\varphi} \tag{8-24}$$

式中,$A_{throttle}$ 为节流阀通流面积;φ 为节流阀小孔长径比决定的指数,薄壁小孔 $\varphi = 0.5$,细长孔 $\varphi = 1$;C 为流量系数。

液压缸活塞杆的速度:

$$v_h = \frac{q_{vin}}{A} = \frac{CA_{throttle}\Delta p^{\varphi}}{A} = \frac{CA_{throttle}\left(p_p - \frac{F}{A}\right)^{\varphi}}{A} \tag{8-25}$$

仿真分析:图 8 - 30 所示液压回路为阀控液压缸,通过调节节流阀阀口大小实现液压缸活塞杆的的速度,是一种通过进油路调速的液压调速回路。在保持泵供油量不变的情况下,利用可变调速阀模块与液压缸模块实现速度控制。在运动形式上,活塞杆推动质量块一起平动。基本原理是:定量泵向节流阀提供一定流量的压力油,通过调节节流阀阀口大小实现液压缸进油腔的进油流量,从而实现对活塞杆右推流速的控制。

具体仿真步骤如下:

第一步,确定所需要的仿真模块。所需的仿真模块主要有:双向单作用液压缸模块 Double-Acting Hydraulic Cylinder、节流阀模块 Variable Orifice、质量模块 Mass、平动阻尼模块 Translation Damper、定量泵 Fixed Displacement Pump、液压参考 hydraulic reference 等。

第二步,建立仿真文件,将上述主要仿真模块及其他辅助仿真模块置入仿真模型窗口,如图 8 - 32 所示。

第三步,按照信号"从左至右、从上至下"的原则将各模块放置到相应位置上并连线,如图 8 - 33 所示。

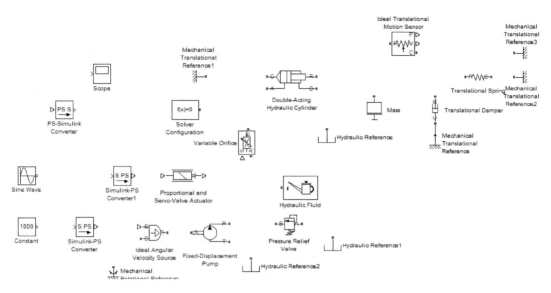

图 8 – 32　液压速度控制系统所需要的主要仿真模块

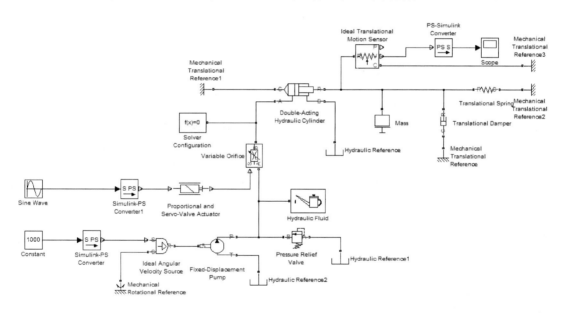

图 8 – 33　液压速度控制系统仿真模型连线图

第四步,调整个别模块,使之形成控制仿真模块区、液压缸执行区、节流阀调速区以及其他辅助区。

第五步,设置各仿真模块的相关参数。

双击各仿真模块,打开相应参数设置对话框,具体参数设置如下:

定量泵流量为 30 000,限压阀调节压力为 0.5 MPa,节流阀的最大开口面积为 5×10^{-5} m^2,液压缸的接触刚度为 1×10^6 N/m,活塞杆推动质量块为 100 kg,平动阻尼为 100 N/(m/s),其他采用各模块默认参数。

第六步,设置仿真模型配置参数,使输入参数在规定的范围内。选择 ode45 求解器,仿真时间为 4 s,其他采用系统默认参数,如图 8-34 所示。

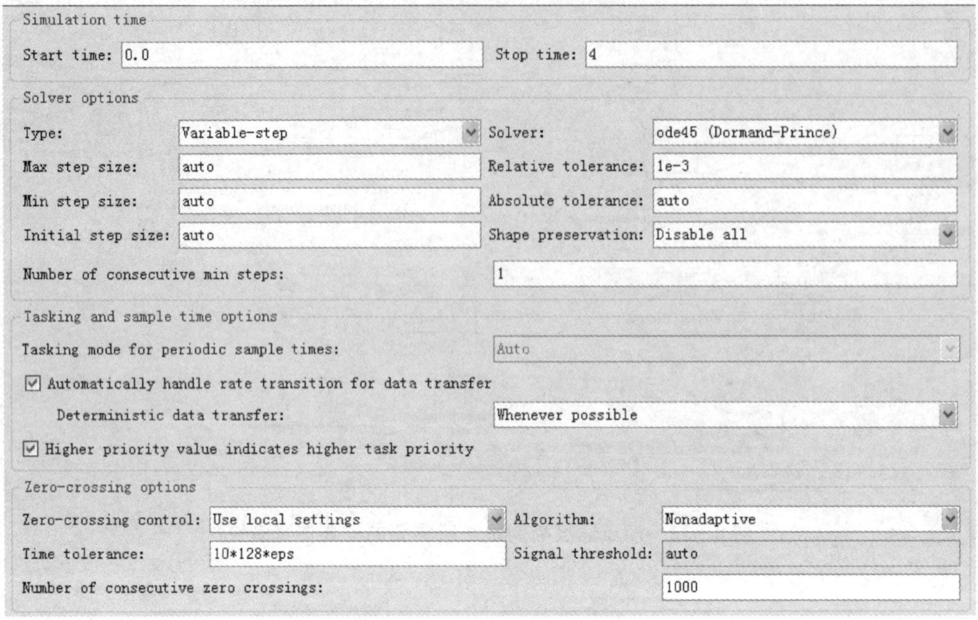

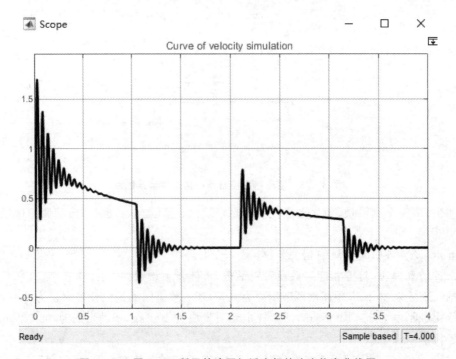

图 8-34 仿真模型参数设置

第七步,按组合键 Ctrl+E 或从 Simulations 中选择 Configuration Parameters 命令,运行液压速度控制仿真模型。

第八步,双击 Scope 模块,显示液压缸活塞杆速度仿真曲线,如图 8-35 所示。

图 8-35 图 8-30 所示的液压缸活塞杆的速度仿真曲线图

8.5 液压方向控制系统建模与仿真

液压方向控制系统主要用于改变控制液压系统中液流的方向,从而改变液压执行元件的运动方向,通常利用换向阀实现执行部件的换向。二位换向阀使执行元件具有两种状态,三位换向阀使执行阀具有三种状态。当然,双向变量泵也可用来改变液压执行元件的运动方向。下面以三位四通换向阀为例说明液压方向控制系统的建模与仿真过程。

三位四通换向回路原理图如图 8-36 所示。当换向阀处于中位时(图示状态),油泵提供的压力油直接回油箱,泵卸荷,油缸处于停止状态,这时液压缸处于保压状态,因为液压缸进油腔和出油腔均处于封闭状态。当换向阀处于左位时,油泵提供的压力油直接进入液压缸左腔,在液压力和外界弹簧力的作用下推动活塞杆向右运动逐渐伸出,这时右腔回油路的液压油经过三位四通换向阀的左位回至油箱。当换向阀处于右位时,油泵提供的压力油直接进入液压缸的右腔,在液压力和外界弹簧力的作用下推动活塞杆向左运动,快速缩回。各种操作方式的换向阀均可组成换向回路,换向原理均是相同的,只是性能和使用场合不同。

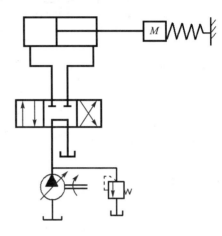

图 8-36 三位四通电磁换向回路

例 8-5 已知某液压换向回路,其原理图如图 8-36 所示。其相关参数如下:质量块 $m=25.4$ kg,弹簧刚度 $K=1.6\times10^5$ N/m,平动阻尼系数 $\zeta=512$ N/(m·s^{-1}),液压缸左、右腔的有效面积分别为 25 cm^2 和 20 cm^2,三位四通换向阀的控制信号 $y=20\sin 10t$,变量泵的供油压力为 3 000 Pa,液压缸进出油腔的钢管内径均为 0.01 m。试对图 8-36 所示的液压换向回路原理图进行 Simulink 仿真。

分析:图 8-36 所示液压回路为液压换向回路,在油泵供油压力不变的情况下,通过三位四通换向阀实现液压缸活塞杆的换向运动。在运动形式上,当控制阀处于中位时,液压缸处于保压状态,既不能向左运动也不能向右运动;当控制阀处于左位时,活塞杆推动质量块一起向右平动;当控制阀处于右位时,活塞杆缩回。

具体仿真步骤如下:

第一步,确定所需要的仿真模块。所需的仿真模块主要有:双向单作用液压缸模块 Double-Acting Hydraulic Cylinder、M 型三位四通换向阀模块 4-Way Directional Valve、变量泵模块 Variable Pump、平动阻尼器模块 Translation Damper、弹簧模块 Translation Spring、正弦模块 Sine Wave、运动传感器模块 Ideal Motion Sensor、仿真曲线显示模块 Scope。

第二步,建立 Simulink 仿真模型文件,将所需要的仿真模块置入仿真模型窗口。

第三步,按照信号"从左至右、从上至下"的原则将各模块放置到相应位置上并连线,如图 8-37 所示。

第四步,调整或置换仿真模型连线图中的个别模块。

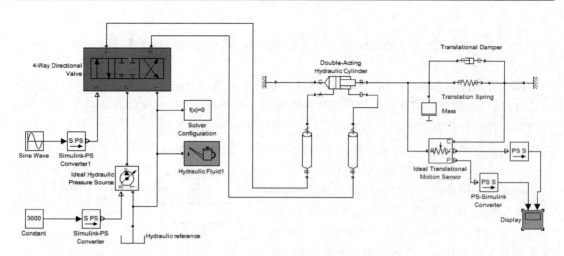

图 8 - 37　液压换向回路仿真模型连线图

第五步,双击模型中仿真模块,设置模块相关参数,如图 8 - 38 所示。

Mass

The block represents an ideal mechanical tra

The block has one mechanical translational c
from its port to the reference point. This m
is accelerated in positive direction.

View source for Mass

Parameters

Mass:　　　　　　　　　　　　　25.4

Initial velocity:　　　　　　　0

(a) 质量块参数设置

Translational Spring

The block represents an ideal mechanical

Connections R and C are mechanical transl
direction is from port R to port C. This
direction from R to C.

View source for Translational Spring

Parameters

Spring rate:　　　　　　　　　1.6e5

Initial deformation:　　　　　0

(b) 弹簧参数设置

Translational Damper

The block represents an ideal mechanical tran

Connections R and C are mechanical translatio
damper rod, while C is associated with the da
from port R to port C.

View source for Translational Damper

Parameters

Damping coefficient:　　　　512

(c) 阻尼器参数设置

Parameters

Pipe cross section type:	Circular	
Pipe internal diameter:	0.01	m
Geometrical shape factor:	64	
Pipe length:	5	m
Aggregate equivalent length of local resistances:	1	m
Internal surface roughness height:	1.5e-5	m
Laminar flow upper margin:	2e+3	
Turbulent flow lower margin:	4e+3	
Pipe wall type:	Rigid	

(d) 钢管参数设置

图 8 - 38　仿真模块参数设置

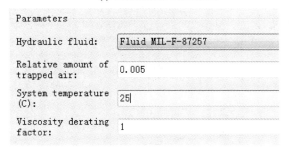

(e) 换向阀参数设置　　　　　　　　(f) 正弦控制信号参数设置

(g) 变量泵控制参数设置　　　　　　(h) 流量参数设置

图 8 - 38　仿真模块参数设置(续)

第六步,设置仿真模型配置参数,使输入参数在规定的范围内。选择 ode45 求解器,仿真时间为 2 s,其他采用系统默认参数。

第七步,按组合键 Ctrl＋E 或从 Simulations 中选择 Configuration Parameters 命令,运行液压速度控制仿真模型。

第八步,双击 Scope 模块,显示活塞杆位置和速度仿真曲线,如图 8 - 39 所示。

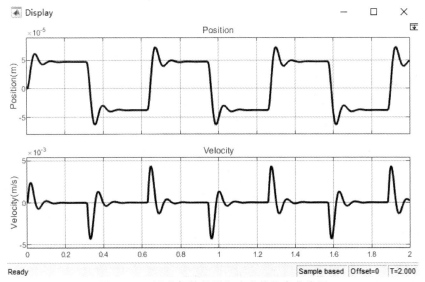

图 8 - 39　活塞杆的位置和速度的仿真曲线图

由活塞杆的位置、速度曲线可以看出,活塞杆在正弦信号的控制作用下,换向阀不断地换位,从而实现了活塞杆的往复运动,即上述仿真模型实现了三位四通换向阀的既定换向仿真过程。

8.6　液压压力控制系统建模与仿真

压力控制系统就是利用各种压力控制阀,控制整个系统或某一部分油路压力进行的系统,通常的压力控制系统主要有调压、卸荷、平衡、增压、减压和保压,或者综合等。下面以单级调压控制系统为例说明液压压力控制系统建模与仿真的过程。

调压的作用就是限制系统的最高压力,或者使系统的压力与负载相适应并保持稳定,为系统提供安全保护。

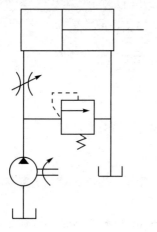

图 8-40　单级调压回路

图 8-40 所示为单级调压回路原理图,在油泵的出口处设置一溢流阀,用以控制进油回路的最高压力,使回路最高压力为恒定值。在液压系统工作过程中,溢流阀是常开的,油泵的工作压力取决于溢流阀的调整压力。注意:溢流阀的调整压力必须大于液压缸的最大工作压力、回路中的各种压力损失之和,通常情况下,是系统工作压力的 1.1 倍。

例 8-6　已知某调压回路,其原理图如图 8-40 所示。其相关参数如下:

质量块 $m=100$ kg,弹簧刚度 $K=1\times10^4$ N/m,平动阻尼系数 $\zeta=400$ N/(m/s),调速阀的控制信号 $y=3t$,定量泵的供油压力为 30 000 Pa,系统液压油工作温度为 25 ℃,溢流阀的调整压力为 500 Pa。

试仿真图 8-40 所示的单级调压回路。

分析:图 8-40 所示单级调压回路,在油泵供油压力不变的情况下,调速阀控制液压缸活塞杆向右的运动速度,活塞杆只能依靠外力恢复。溢流阀用来限制系统的最高压力。

具体仿真步骤如下:

第一步,分析既定液压原理图,确定所需要的仿真模块。

从油泵来的液压油经过节流阀后,流量发生变化,从而改变液压缸活塞杆右进的速度,溢流阀限制液压缸的最高工作压力。所需要的仿真模块主要有:单向作用液压缸模块、调速阀、变量泵模块 Variable Pump、平动阻尼器模块 Translation Damper、弹簧模块 Translation Spring、阶跃信号模块 Ramp、运动传感器模块 Ideal Motion Sensor、仿真曲线显示模块 Scope。

第二步,建立 Simulink 仿真模型文件,将所需仿真模块置入仿真模型窗口。

第三步,按照信号"从左至右、从上至下"的原则将各模块放置到相应位置上并连线,形成仿真模型连线图,如图 8-41 所示。

第四步,调整或置换仿真模型连线图中的个别模块。

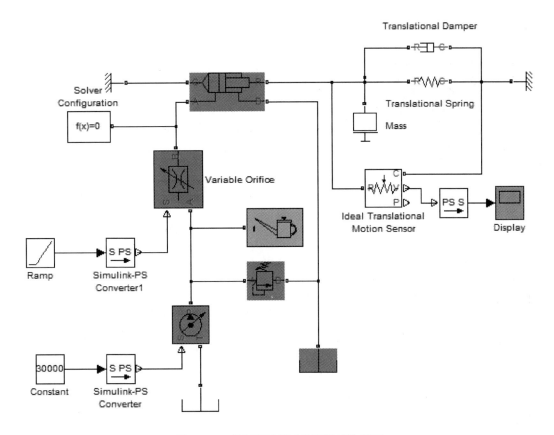

图 8 - 41　单级调压回路仿真模型连线图

第五步,双击模型中仿真模块,设置各模块相关参数,如图 8 - 42 所示。

第六步,设置仿真模型配置参数,使输入参数在规定的范围内。选择 ode45 求解器,仿真时间为 4 s,其他采用系统默认参数。

第七步,按组合键 Ctrl+E 运行液压调压回路仿真模型。

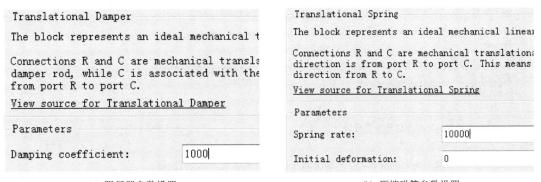

(a) 阻尼器参数设置　　　　　　　　　(b) 压缩弹簧参数设置

图 8 - 42　单级调压回路仿真模块参数设置

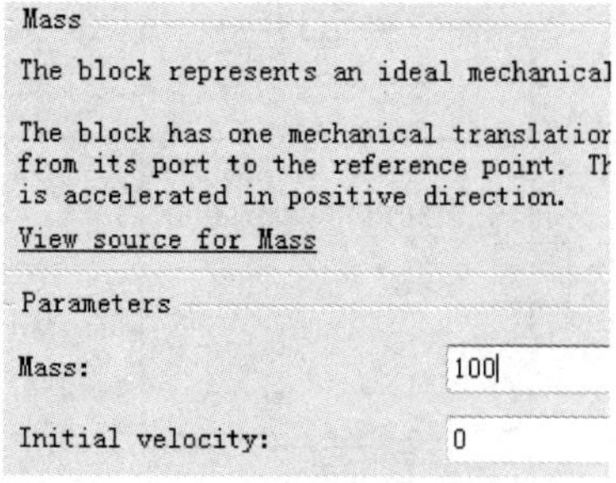

Mass

The block represents an ideal mechanical

The block has one mechanical translation
from its port to the reference point. Th
is accelerated in positive direction.

View source for Mass

Parameters

Mass:	100
Initial velocity:	0

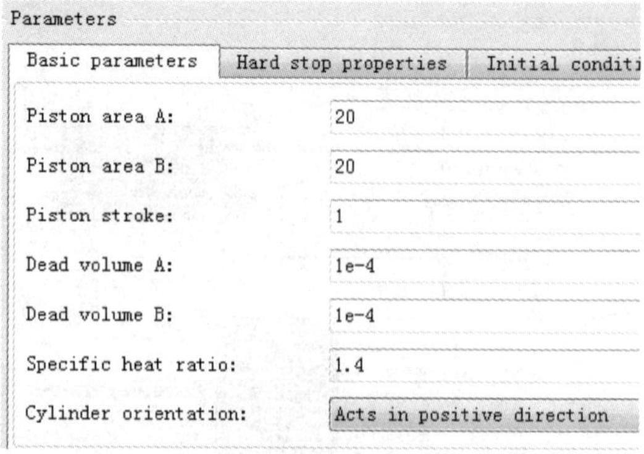

Parameters

Basic parameters	Hard stop properties	Initial conditi
Piston area A:	20	
Piston area B:	20	
Piston stroke:	1	
Dead volume A:	1e-4	
Dead volume B:	1e-4	
Specific heat ratio:	1.4	
Cylinder orientation:	Acts in positive direction	

(c) 质量块参数设置　　　　　　　　　　　　(d) 液压缸参数设置

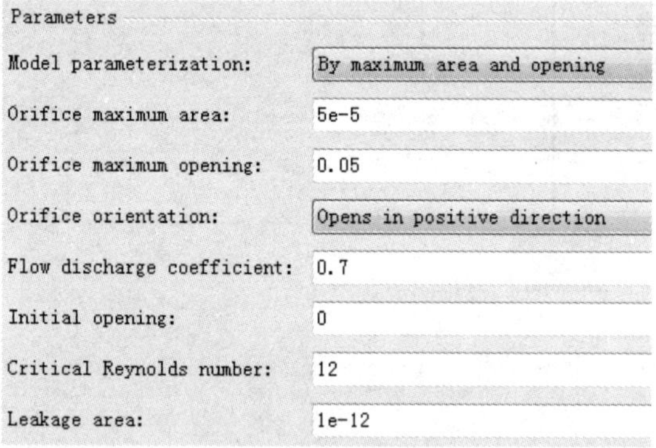

Parameters

Model parameterization:	By maximum area and opening
Orifice maximum area:	5e-5
Orifice maximum opening:	0.05
Orifice orientation:	Opens in positive direction
Flow discharge coefficient:	0.7
Initial opening:	0
Critical Reynolds number:	12
Leakage area:	1e-12

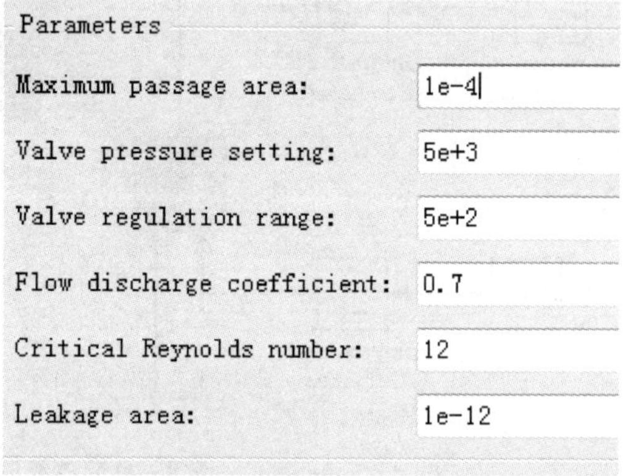

Parameters

Maximum passage area:	1e-4
Valve pressure setting:	5e+3
Valve regulation range:	5e+2
Flow discharge coefficient:	0.7
Critical Reynolds number:	12
Leakage area:	1e-12

(e) 调速阀参数设置　　　　　　　　　　　　(f) 节流阀参数设置

Parameters

Slope:

8

Start time:

0

Initial output:

0

☑ Interpret vector parameters as 1-D

Parameters

Hydraulic fluid:	Fluid MIL-F-87257
Relative amount of trapped air:	0.005
System temperature (C):	25
Viscosity derating factor:	1

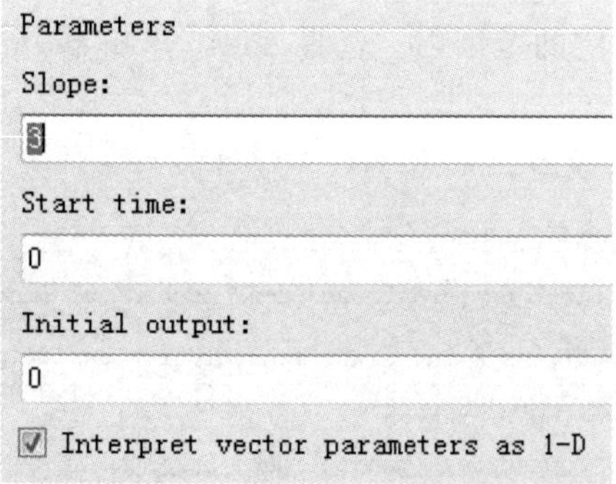

(g) 节流阀斜坡控制信号参数设置 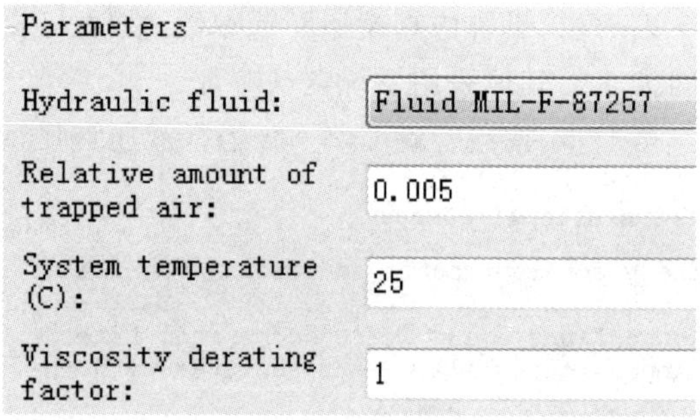　　　　　　(h) 流体参数设置

图 8-42　单级调压回路仿真模块参数设置(续)

第八步,双击 Scope 模块,显示活塞杆速度仿真曲线,如图 8-43 所示。

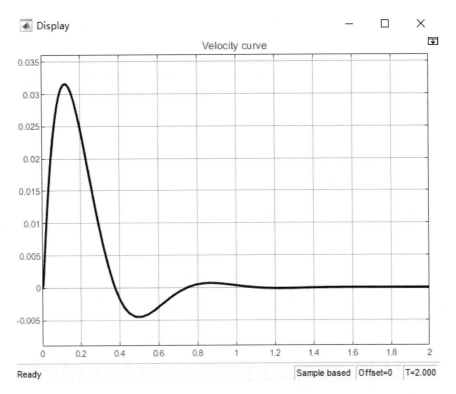

图 8 - 43　液压缸活塞杆速度仿真曲线图

本章小结

本章主要介绍了液压控制系统的数学描述和 SimHydraulics 子模块库中的仿真模块,分别讲解了开环和闭环液压位置、速度、压力、方向控制系统的仿真思路与仿真过程。

思考练习题

1. 液压控制系统的基本组成是什么?

2. 液压位置控制系统的仿真过程是怎样的?

3. 液压压力控制系统中,如何对控制阀(如调速阀等)进行控制? 怎样获得仿真参数曲线?

4. 试对图 8 - 36 所示液压回路中液压缸活塞杆的位置和加速度进行仿真。

5. 试对图 8 - 40 所示液压回路中的管路压力进行仿真,并进行参数曲线显示。

第9章 液压执行元件建模与仿真

【内容要点】

◆ 液压元件概述及其数学描述

◆ 四通阀控制液压缸的具体数学描述与传递函数

◆ 四通阀控制液压缸的方框图与仿真

◆ 四通阀控制液压马达的建模与仿真

9.1 液压元件概述及数学描述

9.1.1 液压元件概述

液压元件是构成液压系统的基本零部件,可分为液压执行元件、液压动力元件、液压控制元件和液压辅助元件四大类。液压执行元件主要是将压力能转化为机械能,例如液压缸、液压马达;液压动力元件的功能是将机械能转化为压力能,例如液压泵、气泵等,是液压或气压系统中的动力部分;液压控制元件的功能主要是控制液压的压力、流量和方向,从而实现控制执行元件的输出力、运动速度和方向,例如换向阀、溢流阀、调速阀等;液压辅助元件主要是连接各个液压元件,存储、过滤、雾化或干燥液压油的元件,例如管接头、管道、储能器等。

液压元件的动力传动工作原理:它是以液压油为工作介质,通过动力元件(油泵)将原动机的机械能转化为液压油的压力能,通过控制元件并借助于执行元件(油缸或油马达)将压力能转化为机械能,驱动负载,从而实现直线运动或回转运动。并且遥控操纵控制元件和调节液体流量,调定执行元件的力、速度和方向。当外界对上述系统有扰动时,执行元件的输出量一般会偏离原有调定值,产生一定的误差。

在液压控制系统中,液压元件主要包括动力元件、控制元件和执行元件,也是通过液压油传递功率。与液压传动的不同之处是,液压控制具有反馈装置,反馈装置的作用是执行元件的输出量(位移、速度、力等机械量)反馈回去与输入量(可以是变化的,也可以是恒定的)进行比较,用比较后的偏差来控制系统,使执行元件的输出量随输入量的变化而变化或保持恒定。它是一种闭环回路的液压传动系统,也称为液压随动系统或液压伺服系统。

液压元件的发展趋势如下:

① 液压元件与微电子技术、计算机控制技术结合,实现智能化和自动化。

② 高效率、低能耗的液压元件日益被广泛重视和研究。

③ 液压元件的可靠性和密封性日益提高。

④ 水介质液压元件开始受到广泛关注和研究。

⑤ 新材料、新工艺和 MEMS 技术不断地应用于液压元件,从而提高了液压元件的环境适应性。

9.1.2　液压元件的基本数学描述

利用计算机对液压元件进行仿真与分析的基本步骤如下:

① 建立能够描述现有系统或者反映系统动态特性的数学模型。

② 将数学模型(代数方程、微分方程或差分方程)转化为计算机仿真软件能够使用的仿真模型文件。

③ 采用适当的方法编制仿真程序或者利用他人已编制好的现有程序或者仿真模型。

④ 运行仿真程序或仿真模型文件,获得动态过程参数变化或响应特性的数据或曲线。

⑤ 分析仿真结果,或修改仿真参数再进行仿真,改进系统参数设计。

液压系统动态特性仿真过程框图如图 9-1 所示。

对于集中参数建模,我们需要简化液压元件的动力学和热力学模型,认为液压油的温度、压力和流量是时间的函数,尽可能避免使用偏微分方程描述液压元件。在液压元件模型推导之前,我们做如下假设:

① 流体是一维的,流体质点的一切物理量必然都是坐标与时间量的单值、可微、连续函数。

② 在计算节点所对应的容腔内液压油是均匀的。

③ 不考虑液压油内部的热传导与辐射。

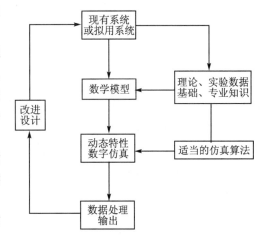

图 9-1　液压系统动态特性仿真过程框图

④ 仿真所对应的温度、压强、位置、速度等参数,均是仿真计算节点所对应的容腔内液压油或者执行元件的平均值。

若符合上述 4 项假设,我们就可以将液压元件的动力学和热力学模型用集中参数模型表示。对于集中参数模型,模型参数在被建模对象的整个空间区域中均适用。在考虑液压元件建模时,通常认为液压元件模型是由三种基本作用单元相互作用而组成的,即阻性元、容性元和感性元。为了便对液压元件进行数学描述或者说建立数学模型,可定义三种基本的液压元件:阻性元件、容性元件和感性元件。容性元件仅仅是由容性元组成,通常考虑传热;阻性元件仅仅是由阻性元组成,通常按绝热处理。但是在实际工程中,很难找到纯粹的基本液压元件。所有实际的液压元件可以由一个或多个基本的液压元件阻性元、容性元和感性元组成的,因此可以利用三种基本元件为实际液压元件建模。

1. 液压缸建模

常用液压缸如图 9-2 所示。液压缸内有两个液压容腔,显然有两个容性元件,同时考虑到液压缸的内泄漏,需要用阻性元件模拟;对于液压活塞,考虑其动力学模型,模型中要考虑阻尼和惯量。

在此,用圆圈代表液压容腔,用定量调速阀符号代表内泄漏,容腔输出的压力作用于活塞(用方框表示)上,因此液压缸模型示意图如图 9-3 所示。

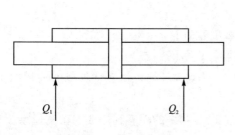 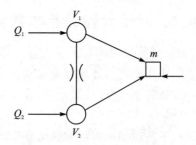

图 9-2　液压缸示意图　　　　　　图 9-3　液压缸模型示意图

对容性元件(图 9-3 中的圆圈)建立动力学模型:

$$\dot{p}_1 = \frac{\beta_T(p_1)}{V_1}(q_1 - A_1 v - q_{inleak}) \tag{9-1}$$

$$\dot{p}_2 = \frac{\beta_T(p_2)}{V_2}(-q_2 + A_2 v + q_{inleak}) \tag{9-2}$$

式中,p_1、p_2——液压缸液压容腔 1、容腔 2 的压力;

　　　V_1、V_2——液压缸液压容腔 1、容腔 2 的体积;

　　　q_1、q_2——流进、流出液压容腔 1 的流量;

　　　β_T——液压缸的体积弹性模量,是压力的函数;

　　　A_1、A_2——活塞在液压缸液压容腔 1、容腔 2 中的面积;

　　　v——液压缸活塞的运动速度;

　　　q_{inleak}——液压缸的内泄漏量。

对阻性元件(内泄漏量即图 9-2 中的定量调速阀符号)建立动力学模型:

$$q_{inleak} = K(p_1 - p_2) \tag{9-3}$$

式中,K 为泄漏系数。

对于质量块,其动力学模型为

$$\dot{x} = v \tag{9-4}$$

$$m\dot{v} = p_1 A_1 - p_2 A_2 - Bv \tag{9-5}$$

式中,B——液压缸活塞粘性阻尼系数;

　　　x——液压缸活塞的位移;

　　　m——液压缸活塞的质量。

2. 节流阀(调速阀)建模

节流阀是典型的阻性元件。在实际液压系统中,通常压力流量控制的节流阀以小孔节流为主,当液体流动状态为紊流时,其流量压力特性描述方程为

$$q = C_d \frac{\pi D_h^2}{4} \sqrt{2\rho \mid \Delta p \mid} \, \text{sgn}(\Delta p) \tag{9-6}$$

式中,Δp——节流阀前后压差;

　　　ρ——节流阀中流体密度;

C_d——节流阀流量系数；

D_h——节流阀流体直径；

q——阀口流量。

当液体流动状态为层流时，其流量压力特性描述方程为

$$q = \frac{\pi \rho D_h^3 C_d^2 \Delta p}{2 \mu Re} \tag{9-7}$$

式中，μ——流体的动力粘度；

Re——雷诺系数。

3. 管路模型

管路模型是液压元件中相对较难的模型，需要根据实际状况选择不同的模型。目前不同的液压仿真软件所提供的复杂度和侧重点也有所不同。几乎所有的液压元件都是通过管路连接的，但并不是说所有的液压模型都包括管路模型。我们在选择和建立管路模型时，需要按照以下两种情况处理：

第一种情况，元件间通过短管路连接，管路外壁较厚，管路动态特性对系统基本不产生影响。如果元件端口之间的数据满足连接规则，那么就可以取消管路模型，认为元件直接连接；反之，若不满足连接规则，那么仍然需要管路连接，此时可以建立满足连接规则的管路模型。

第二种情况，元件间通过长管路连接，管路动态特性对系统产生影响，此时系统模型必须包含管路模型。长管路中液体流动时将产生水锤效应。水锤效应是指在水管内部，管内壁光滑，水流动自如。当打开的阀门突然关闭，水流对阀门及管壁会产生一个压力。目前较准确的模型是用波动方程描述。

关于管路模型的研究文献也比较多，若用户想要对管路模型进行研究，可以参考相关文献。在此，主要介绍一种考虑液体惯性的管路分段集中参数模型。该模型比较普遍，许多液压仿真软件也提供这种管路模型。

管路分段集中参数模型可以认为是描述管路中流体运动的波动方程（运动方程和连续方程）在一维空间上的离散化。其主要思想是将管路分为多段，每段内的压力相同，压力是状态量，通过连续方程计算其导数；每两个相邻的管路段之间，取这两个管路的内侧长度各一半，共同构成一个管路段；在该管路段内，认为流体的流量是相同的，流量是状态量，通过动量守恒方程计算其导数。管路内部压力和流量分布示意图如图 9-4 所示。

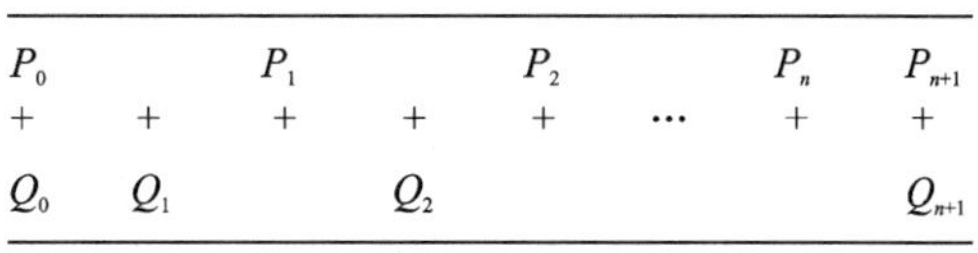

P_0		P_1		P_2		P_n	P_{n+1}
+	+	+	+	+	⋯	+	+
Q_0	Q_1		Q_2				Q_{n+1}

图 9-4　管路内部压力和流量分布示意图

第 i 段管路的动力学模型方程如下：

$$\frac{\mathrm{d}p_i}{\mathrm{d}t} = \dot{p}_i = \frac{\beta_T(p_i)}{V_i}(q_{i-1} - q_i) \tag{9-8}$$

$$\frac{\mathrm{d}q}{\mathrm{d}t} = \frac{A(p_{i-1} - p_i)}{L} - f\frac{q \mid q \mid}{2\rho A D_h} \tag{9-9}$$

式中，f 为管路摩擦系数，其具体数值随着各段管路内部表面粗糙度的改变而改变。长管路的分段数目计算公式如下：

$$N > 10\frac{Lf}{c_0} \tag{9-10}$$

式中, N ——管路分段数;

f ——管路的最高频率;

L ——管路的长度;

c_0 ——声波在流体中的传播速度, $c_0 = \dfrac{\sqrt{\beta_T}}{\rho}$。

由式(9-10)可以看出,管路的最小分段数要大于管路最高频率对应声波长与管路长度乘积的 10 倍。

上述仅仅给出的是一般液压元件的数学描述。

9.2　四通阀控液压缸的建模与仿真

9.2.1　液压缸的基本方程

常见液压缸如图 9-2 所示。以图 9-2 所示液压缸为建模仿真对象。在控制阀的作用下,液压缸进油腔开始进油,推动活塞运动,回油腔回油。液压缸的流量方程和活塞动力学方程如下:

$$q_1 = A_1 v + C_1 \frac{\mathrm{d}p_1}{\mathrm{d}t} \tag{9-11}$$

$$q_2 = A_2 v - C_2 \frac{\mathrm{d}p_2}{\mathrm{d}t} \tag{9-12}$$

$$p_1 A_1 - p_2 A_2 = m\dot{v} + Bv + F \tag{9-13}$$

式中, q_1、q_2 ——液压缸进油口、回油口流量;

A_1、A_2 ——液压缸进油腔、回油腔活塞面积;

v ——活塞运动速度;

B ——粘性阻尼系数;

p_1、p_2 ——液压缸进油口、回油口压力;

m ——液压缸活塞杆运动质量及负载质量之和;

F ——干扰力;

C_1、C_2 ——液压缸进油腔、回油腔液容, $C_1 = V_1/K$, $C_2 = V_2/K$, V_1、V_2 分别为进油腔、回油腔的容积, K 为油液的体积弹性模量。

9.2.2　四通阀控液压缸动力机构方程与传递函数的推导

四通阀控液压缸动力机构是由控制阀和液压缸组成的,如图 9-5 所示。它是阀控系统中最常见的动力机构。它的动态性能取决于控制阀、液压缸和负载。由《液压控制系统》可知四通阀控液压缸动力机构的基本方程如下。

1. 滑阀的流量方程

$$Q_L = K_q x_v - K_c p_L \tag{9-14}$$

式中，

$$K_q = \frac{\partial Q_L}{\partial x_v} = c_d \omega \sqrt{\frac{1}{\rho}(p_s - p_L)}$$

$$K_c = \frac{\partial Q_L}{\partial p_L} = \frac{c_d \omega x_v \sqrt{\frac{1}{\rho}(p_s - p_L)}}{2(p_s - p_L)}$$

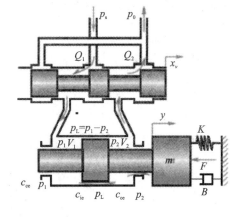

2. 液压缸连续性方程

分析液压缸连续性方程，需要做以下假设：

① 所有管道短而粗，管道中的摩擦损失、流体质量影响和管道动态都可以忽略不计。

② 液压缸每个腔中液压力处处相等，油液温度和体积弹性模量为常数。

图 9-5　四通阀控液压缸动力机构示意图

③ 液压缸内、外泄漏流量为层流流动。

根据能量守恒定律，可得可压缩性液压的连续性方程：

$$\sum Q_{in} - \sum Q_{out} = \frac{dV}{dt} + \frac{V}{\beta} \frac{dp}{dt} \tag{9-15}$$

式中，V——控制液体的体积，m^3；

$\sum Q_{in}$、$\sum Q_{out}$——流入、流出控制液体的总流量，m^3/s；

β——控制液体的体积弹性模量，Pa。

式(9-15)表明，所控液体的净流入量等于控制液体的压缩流量与控制液体运动所需的流量之和。

将式(9-15)应用于图 9-5 液压缸的进油腔中，并考虑液压缸的内外泄漏，可得

$$Q_1 - c_{inleak}(p_1 - p_2) - c_{eleak} p_1 = \frac{dV_1}{dt} + \frac{V_1}{\beta} \frac{dp}{dt} \tag{9-16}$$

将式(9-15)应用于图 9-5 液压缸的回油腔中，并考虑液压缸的内、外泄漏，可得

$$c_{inleak}(p_1 - p_2) - c_{eleak} p_2 - Q_2 = \frac{dV_2}{dt} + \frac{V_2}{\beta} \frac{dp}{dt} \tag{9-17}$$

式中，c_{inleak}、c_{eleak}——液压缸内部、外部泄漏系数，$m^3/(s \cdot Pa)$；

V_1、V_2——液压缸进油腔、回油腔的容积，m^3；

β——液压缸中液体的体积弹性模量，Pa。

式(9-16)表明，进入液压缸左腔的净流量等于液体的压缩流量与活塞运动所需流量之和。

假设活塞向右移动，位移为 y，活塞的有效面积为 A，则液压缸左、右腔的分别体积为

$$V_1 = V_{o1} + Ay, \quad V_2 = V_{o2} - Ay \tag{9-18}$$

式中，V_{o1}、V_{o2}——液压缸左腔(进油腔)、右腔(回油腔)液体初始体积，m^3；

A——活塞的有效面积，m^2；

y——活塞的位移，m。

对液压缸左右液压腔的容积取微分,可得

$$\frac{dV_1}{dt} = -\frac{dV_2}{dt} = A\frac{dy}{dt} \tag{9-19}$$

式(9-16)减去式(9-17),可得

$$Q_1 + Q_2 = 2c_{\text{inleak}}(p_1 - p_2) + c_{\text{eleak}}(p_1 - p_2) + 2A\frac{dy}{dt} +$$

$$\frac{V_{o1}}{\beta}\frac{dp_1}{dt} - \frac{V_{o2}}{\beta}\frac{dp_2}{dt} + \frac{A}{\beta}y\left(\frac{dp_1}{dt} + \frac{dp_2}{dt}\right) \tag{9-20}$$

设 $V_{o1} = V_{o2} = \dfrac{V_1 + V_2}{2} = \dfrac{V}{2}$, $p_1 - p_2 = p_L$, $p_1 + p_2 = p_s$ (常数),有

$$\frac{dp_1}{dt} + \frac{dp_2}{dt} = \frac{d(p_1 + p_2)}{dt} = 0$$

则有

$$Q_1 + Q_2 = (2c_{\text{inleak}} + c_{\text{eleak}})p_L + 2A\frac{dy}{dt} + \frac{V}{2\beta}\frac{dp_L}{dt}$$

将上式写成:

$$\frac{Q_1 + Q_2}{2} = Q_L = c_{\text{total\_leak}}p_L + A\frac{dy}{dt} + \frac{V}{4\beta}\frac{dp_L}{dt} \tag{9-21}$$

式中, $c_{\text{total\_leak}}$ ——液压缸总泄漏系数, $c_{\text{total\_leak}} = c_{\text{inlieak}} + \dfrac{c_{\text{eleak}}}{2}$。

3. 四通阀控液压缸动力机构的力学平衡方程

根据牛顿第二定律,忽略摩擦力等非线性负载及油液质量的影响,由图 9-5 可知,液压缸向右的推力 F_g 为

$$F_g = A(p_1 - p_2) = Ap_L = m\frac{d^2 y}{dt^2} + B\frac{dy}{dt} + Ky + F \tag{9-22}$$

式中, m ——活塞与负载的总质量,kg;

　　B ——粘性阻尼系数,(N·s)/m;

　　K ——负载弹簧刚度,N/m;

　　F ——负载力,N。

式(9-15)、式(9-21)、式(9-22)可称为四通阀控液压缸动力机构的基本方程,这三个方程可确定四通阀控液压缸的动态特性。

设阀芯位移 x_v 为输入量,液压缸活塞杆位移 y 为输出量,对式(9-15)、式(9-21)、式(9-22)进行拉氏变换,可得

$$Q_L = K_q X_v - K_c P_L \tag{9-23}$$

$$Q_L = \left(c_{\text{total\_leak}} + \frac{V}{4\beta}s\right)P_L + sAY(s) \tag{9-24}$$

$$P_L = \left(\frac{m}{A}s^2 + Bs + K\right)Y(s) + F \tag{9-25}$$

将式(9-23)~式(9-25)转化为方框图,如图 9-6 所示。

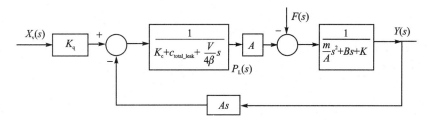

图 9 - 6 阀芯位移 $X_v(s)$ 与液压缸活塞位移 $Y(s)$ 方框图

下面给出图 9 - 6 的传递函数。

① 以阀芯位移 $X_v(s)$ 为输入量、液压缸活塞杆位移 $Y(s)$ 为输出量的传递函数:

$$\frac{Y(s)}{X_v(s)} = \frac{\dfrac{A}{K_c + c_{\text{total\_leak}} + \dfrac{V}{4\beta}s} \cdot \dfrac{1}{\dfrac{m}{A}s^2 + Bs + K}}{1 + \dfrac{A}{K_c + c_{\text{total\_leak}} + \dfrac{V}{4\beta}s} \cdot \dfrac{1}{\dfrac{m}{A}s^2 + Bs + K}As} \cdot K_q$$

整理、变形得

$$\frac{Y(s)}{X_v(s)} =$$

$$\frac{\dfrac{K_q}{A}}{\dfrac{Vm}{4\beta A^2}s^3 + \left[\dfrac{m(K_c + c_{\text{total\_leak}})}{A^2} + \dfrac{BV}{4\beta A^2}\right]s^2 + \left[1 + \dfrac{B(K_c + c_{\text{total\_leak}})}{A^2} + \dfrac{VK}{4\beta A^2}\right]s + \dfrac{K(K_c + c_{\text{total\_leak}})}{A^2}}$$

$$(9 - 26)$$

② 以负载力 $F(s)$ 为输入量、液压缸活塞杆位移 $Y(s)$ 为输出量的传递函数:

$$\frac{Y_f(s)}{F(s)} =$$

$$\frac{-\dfrac{1}{A^2}\left(K_c + c_{\text{total\_leak}} + \dfrac{V}{4\beta}s\right)}{\dfrac{Vm}{4\beta A^2}s^3 + \left[\dfrac{m(K_c + c_{\text{total\_leak}})}{A^2} + \dfrac{BV}{4\beta A^2}\right]s^2 + \left[1 + \dfrac{B(K_c + c_{\text{total\_leak}})}{A^2} + \dfrac{VK}{4\beta A^2}\right]s + \dfrac{K(K_c + c_{\text{total\_leak}})}{A^2}}$$

$$(9 - 27)$$

③ 以阀芯位移 $X_v(s)$ 为输入量、液压缸左右腔的压差 $P_L(s)$ 为输出量的传递函数:

$$\frac{P_L(s)}{X_v(s)} =$$

$$\frac{\dfrac{K_q}{A}\left(\dfrac{m}{A}s^2 + Bs + K\right)}{\dfrac{Vm}{4\beta A^2}s^3 + \left[\dfrac{m(K_c + c_{\text{total\_leak}})}{A^2} + \dfrac{BV}{4\beta A^2}\right]s^2 + \left[1 + \dfrac{B(K_c + c_{\text{total\_leak}})}{A^2} + \dfrac{VK}{4\beta A^2}\right]s + \dfrac{K(K_c + c_{\text{total\_leak}})}{A^2}}$$

$$(9 - 28)$$

④ 以阀芯位移 $X_v(s)$ 和负载力 $F(s)$ 为输入量,以液压缸活塞杆位移 $Y(s)$ 为输出量,对函数 $y = f(x_v, F)$ 取全微分,可得

$$dy = \frac{\partial f}{\partial x_v}\bigg|_{F=0} dx + \frac{\partial f}{\partial F}\bigg|_{x_v=0} dF$$

对该全微分取拉氏变换,可得

$$Y(s) = \frac{Y_x(s)}{X_v(s)}\bigg|_{F=0} X_v(s) + \frac{Y_f(s)}{F(s)}\bigg|_{X_v=0} F(s)$$

即有

$$Y(s) =$$

$$\frac{\dfrac{K_q}{A}X_v(s) - \dfrac{1}{A^2}\left(K_c + c_{\text{total\_leak}} + \dfrac{V}{4\beta}s\right)F(s)}{\dfrac{Vm}{4\beta A^2}s^3 + \left[\dfrac{m(K_c + c_{\text{total\_leak}})}{A^2} + \dfrac{BV}{4\beta A^2}\right]s^2 + \left[1 + \dfrac{B(K_c + c_{\text{total\_leak}})}{A^2} + \dfrac{VK}{4\beta A^2}\right]s + \dfrac{K(K_c + c_{\text{total\_leak}})}{A^2}}$$

$$(9-29)$$

9.2.3　四通阀控液压缸传递函数仿真

1. 四通阀控液压缸动力机构的刚度、固有频率

液体体积具有可压缩性,液压缸活塞在外力作用下必然会产生一定的移动,使液压缸一腔的压力升高,另一腔的压力降低。假设液压缸总容积为 $V = V_{o1} + V_{o2}$,活塞有效面积为 A,活塞发生的位移为 y,液压缸左腔的压力为 p_1,右腔的压力为 p_2。根据弹性模量的定义,可得左、右两腔的压力表达式:

$$p_1 = \frac{\beta}{V_{o1}}Ay, \quad Ap_2 = -\frac{\beta}{V_{o2}}Ay$$

将上面两式相减,可得

$$F_g = Ap_L = (p_1 - p_2)A = \beta\left(\frac{1}{V_{o1}} + \frac{1}{V_{o2}}\right)A^2 y = K_h y \qquad (9-30)$$

式中,K_h 为液压弹簧总刚度,$K_h = \beta\left(\dfrac{1}{V_{o1}} + \dfrac{1}{V_{o2}}\right)A^2$。

由式(9-30)可知,液压缸可以被看作线性弹簧,其液压弹簧总刚度 K_h 等于左、右两腔受压液体产生的液压弹簧刚度之和。

当活塞处于中间位置时,$V_{o1} = V_{o2} = \dfrac{V}{2}$,液压弹簧总刚度为 $K_h = \dfrac{4\beta}{V}A^2$,此时总刚度最小。如果负载为质量负载(没有外界弹簧力),质量为 m,则此时液压缸相当于质量-液压系统,相当于一个机械弹簧振子,其液压固有频率为

$$\omega_h = \sqrt{\frac{K_h}{m}} = \sqrt{\frac{4\beta}{Vm}A^2} \qquad (9-31)$$

若负载为质量加弹簧负载,如图 9-5 所示,则等效的振动系统可看作纯液压缸弹簧与外界机械弹簧组成的串联弹簧系统,这时的总弹簧刚度为

$$K_{\text{total}} = K + K_h$$

其固有频率为

$$\omega_0 = \sqrt{\frac{K_{\text{total}}}{m}} = \sqrt{\omega_h^2 + \omega_m^2} = \sqrt{\frac{K_h}{m} + \frac{K}{m}} = \omega_h\sqrt{1 + \frac{K}{K_h}} \qquad (9-32)$$

2. 四通阀控液压缸动力机构的传递函数

① 负载为质量负载(没有外界弹簧力)，即 $K=0$，同时 $\dfrac{A^2}{K_c+c_{\text{total\_leak}}}$ 是由液压缸泄漏所产生的阻尼系数，其阻尼系数的值比 B 大得多，因此可以将 $\dfrac{K_c+c_{\text{total\_leak}}}{A^2}$ 忽略不计，则式(9-29)可变为

$$Y(s)=\frac{\dfrac{K_q}{A}X_v(s)-\dfrac{1}{A^2}\left(K_{ce}+\dfrac{V}{4\beta}s\right)F(s)}{s\left\{\dfrac{Vm}{4\beta A^2}s^2+\left[\dfrac{m(K_c+c_{\text{total\_leak}})}{A^2}+\dfrac{VK}{4\beta A^2}\right]s+\left[1+\dfrac{BV}{4\beta A^2}\right]\right\}}=$$

$$\frac{\dfrac{K_q}{A}X_v(s)-\dfrac{1}{A^2}\left(K_{ce}+\dfrac{V}{4\beta}s\right)F(s)}{s\left(\dfrac{s^2}{\omega_h^2}+\dfrac{2\zeta}{\omega_h}s+1\right)} \tag{9-33}$$

式中，

$$\omega_h=\sqrt{\frac{K_h}{m}}=\sqrt{\frac{4\beta}{Vm}A^2}，\quad \zeta=\frac{K_{ce}}{A}\sqrt{\frac{\beta m}{V}}+\frac{B}{4A}\sqrt{\frac{V}{\beta m}}，\quad K_{ce}=K_c+c_{\text{total\_leak}}$$

若粘性系数 B 较小，可忽略，则有

$$\zeta=\frac{K_{ce}}{A}\sqrt{\frac{\beta m}{V}}$$

此时阀芯位移 $X_v(s)$ 对液压缸位移 $Y(s)$ 的传递函数为

$$\frac{Y(s)}{X_v(s)}=\frac{\dfrac{K_q}{A}}{s\left(\dfrac{s^2}{\omega_h^2}+\dfrac{2\zeta}{\omega_h}s+1\right)} \tag{9-34}$$

外界负载 $F(s)$ 对液压缸位移 $Y(s)$ 的传递函数为

$$Y(s)=\frac{-\dfrac{1}{A^2}\left(K_{ce}+\dfrac{V}{4\beta}s\right)F(s)}{s\left(\dfrac{s^2}{\omega_h^2}+\dfrac{2\zeta}{\omega_h}s+1\right)} \tag{9-35}$$

液压马达也是液压系统中重要的执行机构。

② 负载为质量加弹簧负载时，即 $K\neq0$ 时，$\dfrac{B(K_c+c_{\text{total\_leak}})}{A^2}=\dfrac{BK_{ce}}{A^2}\ll1$，$\left(1+\dfrac{K}{K_h}\right)\gg1$，因此有

$$\frac{BK_{ce}}{A^2\left(1+\dfrac{K}{K_h}\right)}\ll1$$

传递函数可简化为

$$Y(s) = \frac{\frac{K_q}{A}X_v(s) - \frac{1}{A^2}\left(K_{ce} + \frac{V}{4\beta}s\right)F(s)}{\left[\left(1 + \frac{K}{K_h}\right)s + \frac{KK_{ce}}{A^2}\right]\left(\frac{s^2}{\omega_0^2} + \frac{2\zeta}{\omega_0}s + 1\right)} \tag{9-36}$$

式中,

$$\omega_0 = \sqrt{\omega_h^2 + \omega_m^2} = \sqrt{\frac{K_h}{m} + \frac{K}{m}} = \omega_h\sqrt{1 + \frac{K}{K_h}}$$

$$\omega_m = \sqrt{\frac{K}{m}}, \quad \zeta_0 = \frac{1}{2\omega_0}\left[\frac{4\beta K_{ce}}{V\left(1 + \frac{K}{K_h}\right)} + \frac{B}{m}\right]$$

也可将式(9-36)写成另一种形式,即

$$Y(s) = \frac{\frac{K_q}{A}X_v(s) - \frac{K_{ce}}{A^2}\left(1 + \frac{1}{\omega_1}s\right)F(s)}{\omega_2\left(\frac{s}{\omega_r} + 1\right)\left(\frac{s^2}{\omega_0^2} + \frac{2\zeta_0}{\omega_0}s + 1\right)} \tag{9-37}$$

式中,

$$\omega_1 = \frac{4\beta K_{ce}}{V} = \frac{K_h K_{ce}}{A^2}, \quad \omega_2 = \frac{KK_{ce}}{A^2}$$

$$\omega_r = \frac{1}{\frac{1}{\omega_1} + \frac{1}{\omega_2}} = \frac{\frac{K_{ce}}{A^2}}{\frac{1}{K} + \frac{1}{K_h}}, \quad \zeta_0 = \frac{1}{2\omega_0}\left[\frac{4\beta K_{ce}}{V\left(1 + \frac{K}{K_h}\right)} + \frac{B}{m}\right]$$

9.2.4　四通阀控液压缸动力机构传递函数的简化与仿真

1. 负载为质量负载(没有外界弹簧力)的情况(即 $K=0$)

阀芯位移 $X_v(s)$ 对液压缸位移 $Y(s)$ 的传递函数为

$$G(s) = \frac{Y(s)}{X_v(s)} = \frac{\frac{K_q}{A}}{s\left(\frac{s^2}{\omega_h^2} + \frac{2\zeta}{\omega_h}s + 1\right)} \tag{9-38}$$

式(9-38)由比例放大环节、积分环节和二阶振荡环节组成。假设 $\omega_h = 50$ rad/s,$\zeta = 0.2$,$\frac{K_q}{A} = 13$,其仿真模型如图 9-7 所示。

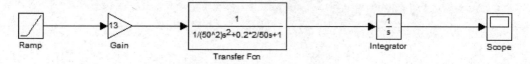

图 9-7　式(9-38)的仿真模型

选择 ode45 求解器,仿真时间为 10 s,仿真曲线如图 9-8 所示。

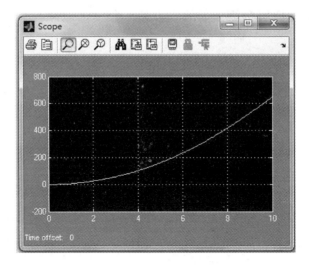

图 9 - 8　式(9 - 38)的仿真曲线图(源信号为斜坡信号)

绘制 Bode 图的程序如下:

```
>>num = [13];
>>den = [1/(50 * 50)2 * 0.2/50 1 0];
>>margin(num,den)
>>grid on
```

运行上述程序后,可得图 9 - 9 所示图形。

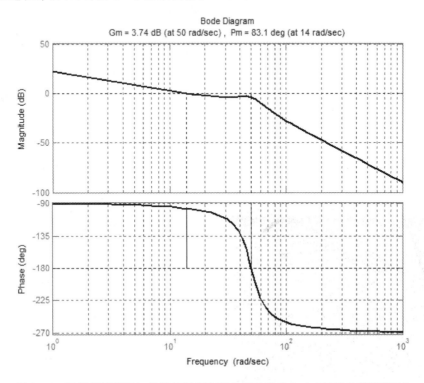

图 9 - 9　四通阀控液压缸位移与滑阀位移传递函数的 Bode 图(无负载刚度时)

2. 负载为质量加弹簧负载的情况(即 $K \neq 0$)

$$Y(s) = \frac{\dfrac{K_q}{A}X_v(s) - \dfrac{K_{ce}}{A^2}\left(1 + \dfrac{1}{\omega_1}s\right)F(s)}{\omega_2\left(\dfrac{s}{\omega_r} + 1\right)\left(\dfrac{s^2}{\omega_0^2} + \dfrac{2\zeta_0}{\omega_0}s + 1\right)} \tag{9-39}$$

阀芯位移 $X_v(s)$ 对液压缸位移 $Y(s)$ 的传递函数为

$$\frac{Y(s)}{X_v(s)} = \frac{\dfrac{K_q}{A}}{\omega_2\left(\dfrac{s}{\omega_r} + 1\right)\left(\dfrac{s^2}{\omega_0^2} + \dfrac{2\zeta_0}{\omega_0}s + 1\right)} \tag{9-40}$$

式(9-38)由一个比例放大环节、一个惯性环节和一个振荡环节组成。当 $\omega_0 = 30$ rad/s, $\zeta_0 = 0.3$, $\dfrac{K_q}{\omega_2 A} = 10$, $\omega_r = 0.6$ rad/s,其仿真模型如图 9-10 所示。按照所给参数对仿真模块进行参数设置,然后选择 ode45 求解器,运行时间为 10 s,所得仿真曲线如图 9-11 所示。

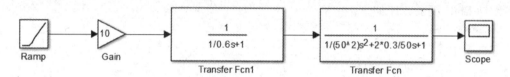

图 9-10　式(9-40)的仿真模型(源信号为斜坡信号)

绘制 Bode 图的程序如下:

```
>>num = [10];
>>den = conv([1/30 1],[1/(30 * 30)2 * 0.3/30 1]);
>>margin(num,den)
>>grid on
```

运行上述程序后,可得图 9-12 所示图形。

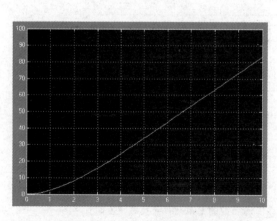

图 9-11　式(9-40)的仿真曲线

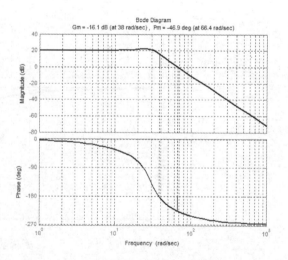

图 9-12　四通阀控液压缸位移与滑阀位移传递
函数的 Bode 图(有负载刚度时)

9.3　四通阀控液压马达元件的建模与仿真

9.3.1　四通阀控液压马达传递函数

四通阀控液压马达也是一种常见的液压动力机构。阀控液压马达的基本假设如下：

① 所有管道短而粗,管道中的摩擦损失、流体质量影响和管道动态都可以忽略不计。

② 液压缸每个腔中液压力处处相等,油液温度和体积弹性模量为常数。

③ 液压缸内、外泄漏流量为层流流动。

阀控液压马达的原理图如图 9 - 13 所示。

① 滑阀的流量方程：

$$Q_L = K_q x_v - K_c p_L \qquad (9-41)$$

② 连续性方程：

$$Q_L = D_m \frac{\mathrm{d}\theta}{\mathrm{d}t} + C_{\text{total\_leak}} p_L + \frac{V}{4\beta} \frac{\mathrm{d}p_L}{\mathrm{d}t} \qquad (9-42)$$

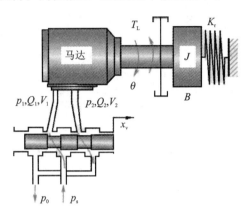

图 9 - 13　四通阀控液压马达原理示意图

对式(9-42)进行拉氏变换,可得

$$Q_L = D_m s\theta + C_{\text{total\_leak}} P_L + \frac{V}{4\beta} s P_L \qquad (9-43)$$

③ 力矩平衡方程：

$$T_s = D_m p_L = J \frac{\mathrm{d}^2\theta}{\mathrm{d}t^2} + B \frac{\mathrm{d}\theta}{\mathrm{d}t} + K_r \theta + T_L \qquad (9-44)$$

对式(9-44)进行拉氏变换,可得

$$T_s = D_m P_L = (Js^2 + Bs + K_r)\theta(s) + T_L \qquad (9-45)$$

式中,θ——液压马达的轴转角,rad；

J——液压马达与负载的总转动惯量,kg·m^2；

B——负载与液压马达的总粘性阻尼系数,N/(m·s)；

K_r——负载的扭转弹簧刚度,N·m/rad；

T_L——作用于马达轴上的任意外界负载转矩,N·m；

D_m——马达的理论排量,m^3/rad；

$C_{\text{total\_leak}}$——液压马达的平均总泄漏系数,m^3/(Pa·s),$C_{\text{total\_leak}} = C_{\text{inlieak}} + \dfrac{C_{\text{eleak}}}{2}$；

C_{inlieak}——液压马达的旁路与内部泄漏系数,m^3/(Pa·s)；

C_{eleak}——液压马达的外部泄漏系数,m^3/(Pa·s)。

说明：

① 液压马达两腔的外泄量并不相等,高压腔的泄漏量小于低压腔的泄漏量,因此两根管路的流量并不相等。

② 液压马达的瞬时理论并不都等于常数,在上边式中 D_m 仅仅表示平均理论排量。

③ 液压马达的泄漏系数通常并不等于常数。泄漏系数与马达轴的位置有关,根据马达内部密封面的结构形式不同,密封长度随马达轴的转角变化而引起泄漏系数某种规律变化。当马达低运转时,泄漏系数的变化往往影响它的低速平稳性,有时不得不加以补偿,C_{total_leak} 表示平均总泄漏系数。

以式(9-41)、式(9-43)和式(9-45)为基础,以阀芯位移 $X_v(s)$ 和负载转矩 $T_L(s)$ 为输入量,则液压马达的转角输出量为

$$\theta(s)=$$

$$\cfrac{\cfrac{K_q}{D_m}X_v(s)-\cfrac{1}{D_m^2}\left(K_c+C_{total\_leak}+\cfrac{V}{4\beta}s\right)T_L(s)}{\cfrac{VJ}{4\beta D_m^2}s^3+\left[\cfrac{J(K_c+C_{total\_leak})}{D_m^2}+\cfrac{BV}{4\beta D_m^2}\right]s^2+\left[1+\cfrac{B(K_c+C_{total\_leak})}{D_m^2}+\cfrac{VK_r}{4\beta D_m^2}\right]s+\cfrac{K_r(K_c+C_{total\_leak})}{D_m^2}}$$

$$(9-46)$$

以阀芯位移 $X_v(s)$ 为输入量,以液压马达的负载压力 $P_L(s)$ 为输出量,则有

$$P_L(s)=$$

$$\cfrac{\cfrac{K_q}{D_m^2}(Js^2+Bs+K_r)X_v(s)}{\cfrac{VJ}{4\beta D_m^2}s^3+\left[\cfrac{J(K_c+C_{total\_leak})}{D_m^2}+\cfrac{BV}{4\beta D_m^2}\right]s^2+\left[1+\cfrac{B(K_c+C_{total\_leak})}{D_m^2}+\cfrac{VK_r}{4\beta D_m^2}\right]s+\cfrac{K_r(K_c+C_{total\_leak})}{D_m^2}}$$

$$(9-47)$$

9.3.2　四通阀控液压马达传递函数仿真

① 当没有弹性负载(即 $K_r=0$)时,阻尼系数 D_m^2/K_c 通常要比 B 大得多,$\cfrac{BK_c}{D_m^2}\ll1$,则式(9-46)可简化为

$$\theta(s)=\cfrac{\cfrac{K_q}{D_m}X_v(s)-\cfrac{1}{D_m^2}\left(K_c+C_{total\_leak}+\cfrac{V}{4\beta}s\right)T_L(s)}{s\left(\cfrac{s^2}{\omega_h^2}+\cfrac{2\zeta_h}{\omega_h}s+1\right)} \qquad (9-48)$$

式中,$\omega_h=\sqrt{\cfrac{K_h}{J}}=\sqrt{\cfrac{4\beta}{VJ}D_m^2}$——液压固有频率,rad/s;

$\zeta_h=\cfrac{K_{ce}}{D_m}\sqrt{\cfrac{BJ}{V}}+\cfrac{B}{4D_m}\sqrt{\cfrac{V}{\beta J}}$——液压阻尼比;

$K_{ce}=K_c+C_{total\_leak}$——总流量-压力系数,$m^3/(Pa\cdot s)$。

马达轴转角 $\theta(s)$ 对四通阀阀芯位移 $X_v(s)$ 的传递函数为

$$\cfrac{\theta(s)}{X_v(s)}=\cfrac{\cfrac{K_q}{D_m}}{s\left(\cfrac{s^2}{\omega_h^2}+\cfrac{2\zeta_h}{\omega_h}s+1\right)} \qquad (9-49)$$

式(9-49)由比例放大环节、积分环节和二阶振荡环节组成。假设 $\omega_h=50$ rad/s,$\zeta=0.2$,

$\dfrac{K_{q}}{D_{m}}=13$，其仿真结果与图 9-8 相似。

② 当含有弹性负载（即 $K_{r}=0$）时，$\dfrac{BK_{c}}{D_{m}^{2}}\ll 1,1+\dfrac{K_{r}}{K_{h}}\gg 1$，因此有

$$\frac{K_{ce}\sqrt{JK_{r}}}{D_{m}^{2}\left(1+\dfrac{K_{r}}{K_{h}}\right)}\ll 1$$

则式（9-46）可简化为

$$\theta(s)=\frac{\dfrac{K_{q}}{D_{m}}X_{v}(s)-\dfrac{1}{D_{m}^{2}}\left(K_{ce}+\dfrac{V}{4\beta}s\right)T_{L}(s)}{\left[\left(1+\dfrac{K_{r}}{K_{h}}\right)s+\dfrac{K_{r}K_{ce}}{D_{m}^{2}}\right]\left(\dfrac{s^{2}}{\omega_{0}^{2}}+\dfrac{2\zeta_{0}}{\omega_{0}}s+1\right)}\tag{9-50}$$

式中，$\omega_{0}=\sqrt{\omega_{h}^{2}+\omega_{m}^{2}}=\sqrt{\dfrac{K_{h}}{J}+\dfrac{K_{r}}{J}}=\omega_{h}\sqrt{1+\dfrac{K}{K_{h}}}$，$\omega_{m}=\sqrt{\dfrac{K_{r}}{J}}$；$\zeta_{0}=\dfrac{1}{2\omega_{0}}\left[\dfrac{4\beta K_{ce}}{V\left(1+\dfrac{K_{r}}{K_{h}}\right)}+\dfrac{B}{J}\right]$；

$K_{h}=\dfrac{4\beta D_{m}^{2}}{V}$，为液压弹簧刚度，$(N\cdot m)/rad$。

同理，式（9-47）也可简化为

$$\frac{P_{L}(s)}{X_{v}(s)}=\frac{\dfrac{K_{q}}{K_{ce}}\left(\dfrac{s^{2}}{\omega_{m}^{2}}+\dfrac{2\zeta_{m}}{\omega_{m}}s+1\right)}{\left(\dfrac{s}{\omega_{r}}+1\right)\left(\dfrac{s^{2}}{\omega_{0}^{2}}+\dfrac{2\zeta_{0}}{\omega_{0}}s+1\right)}\tag{9-51}$$

式中，$\zeta_{m}=\dfrac{B}{2\sqrt{JK_{r}}}$，为负载阻尼比；$K_{q}/K_{ce}$ 为总的压力增益；ω_{0} 为固有频率；ω_{m} 为负载的机械固有频率；ζ_{0} 为液压马达的阻尼比；$\omega_{r}=\dfrac{1}{\dfrac{1}{\omega_{1}}+\dfrac{1}{\omega_{2}}}=\dfrac{\dfrac{K_{ce}}{D_{m}^{2}}}{\dfrac{1}{K_{r}}+\dfrac{1}{K_{h}}}$，为液压弹簧与负载扭转弹簧串联耦合时的刚度与阻尼系数之比。

对于式（9-51），当 $\omega_{0}=50\ rad/s,\zeta_{0}=0.3,\dfrac{K_{q}}{K_{ce}}=5,\omega_{r}=0.6\ rad/s,\omega_{m}=20\ rad/s,\zeta_{m}=0.2$ 时，其仿真模型如图 9-14 所示。按照所给参数对仿真模块进行参数设置，然后选择 ode45 求解器，运行时间 10 s，所得仿真曲线如图 9-15 所示。

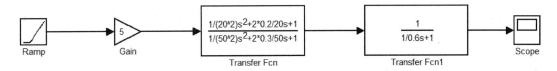

图 9-14　式（9-51）的仿真模型（源信号为斜坡信号）

绘制 Bode 图的程序如下：

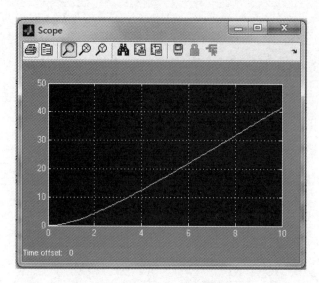

图 9 – 15   式(9 – 51)的仿真曲线图

```
>> num = conv([5],[1/(20 * 20)2 * 0.2/20 1]);
>> den = conv([1/0.6 1],[1/(50 * 50)2 * 0.3/50 1]);
>> margin(num,den)
>> grid on
```

运行上述程序后,可得图 9 – 16 所示图形。

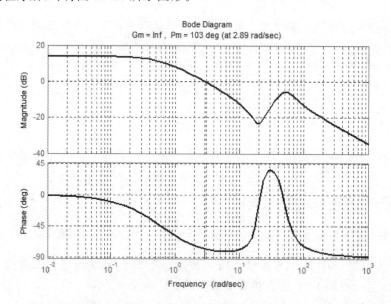

图 9 – 16   四通阀控液压负载压力与滑阀位移传递函数的 Bode 图(有负载刚度时)

本章小结

本章主要分析了四通阀控液压缸和液压马达执行机构的传递函数分析,建立了数学仿真模型并进行了运行。需要了解阀控液压缸与液压马达的传递函数,以及其参数所代表的含义和相关计算式。

思考练习题

1. 液压缸在液压系统中的作用是什么？
2. 阀控液压缸的传递函数有哪些？其控制方框图是怎样的？
3. 阀控液压马达的传递函数所对应的方框图是怎样的？
4. 试分析某三位四通阀控液压缸的数学模型，并对其传递函数进行仿真。

第 10 章　电子电路建模与仿真

【内容要点】

◆ 电子电路的数学描述

◆ 直流电路和交流电路的常用分析方法

◆ 电子电路仿真模块与仿真步骤

◆ 常用电路建模与仿真

10.1　电子电路概述及数学描述

10.1.1　电子电路概述

电路(electric circuit)简单地说就是电流流通的路径。它是由某些电气设备和元器件为实现能量的传输与转换，或者实现信号的传递与处理而按一定方式组合起来的总体。在实际应用中，通常利用电路图表示电路。在电路图当中，各种电器元件都不需要画出原有的形状，而是采用统一规定的符合来表示，如图 10-1 所示的简单直流电路图。具体电路的结构形式和所完成的任务是多种多样的，主要包括电源、负载和中间环节三部分。

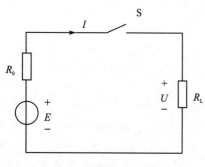

图 10-1　简单直流电路图

电路按其功能可以分为两类：一类是电力电路，它的主要作用是实现电能的传输、转换与分配，因此在传递过程中，尽可能减少能量损耗，提高传输与转换效率；另一类就是信号电路，它的主要作用就是传输和处理信号，例如图像、声音和语言等，在该类电路中一般要求信号处理速度要快，并且不失真等。本章主要讲解信号电路的建模与仿真，电力电路将在第 12 章讲解。

对于线性电路，它的基本物理量有电压(或称为电动势)和电流，复合物理量有电功率和电能。

电路通常有三种状态：空载、有载和短路。空载是相对电源而言的，当某一电路中的电流为零时，此电路的状态为开路状态或者称为断路状态。这时电路的开路电压就是电源的端电压，电源不产生功率，负载与电源内部均不消耗功率。

当电路正负极供电线路由于某种原因如绝缘损坏而导致线路接通时，电源处于短路状态，电流不再流过负载，而是经过短路连接点直接回到电源。由于整个电路的有效电阻只有电源内阻和线路电路,因此短路时,外电路的电阻为零,电源端电压也为零,即有负载功率为零。当电路处于短路时,电源产生的功率全部消耗在内部电阻上。由于电阻内阻很小,因此短路中的线路电流较大,将引起剧热,从而有可能导致仪表、线路、电源和仪器烧坏。为了防止此类现象发生,通常在电路中置入熔断器或者断路器。

当电路处于有载状态时,电源向负载提供功率和输出电流。对于电源,尽可能多地向负载提供电流和负载功率;对于负载,尽可能在其额定电压、额定电流和额定功率所规定的范围内工作。

电源的电压或电流通常称为激励,它向电路提供能源,推动电路工作。由于激励的作用,电路中各个部分产生的电压或电流称为响应。所谓的电路分析就是分析激励与响应间的关系,电路仿真就是对激励和响应间的关系进行软件模拟,以调整和优化电路的相关参数,从而使激励与响应的的对应变化关系符合人们的期望变化。

10.1.2　电子电路的数学描述

不同电路的结构形式和所完成的任务是不同的,因此其具体的数学描述也是不同的。但是,描述电路的常用数学模型通常有代数方程、微积分方程、传递函数和状态空间 4 种类型,还有 1 种是分布参数模型。下面分别说明这 4 种类型的电路数学描述。

1. 代数方程

绝大多数电路的稳态描述几乎都是用代数方程描述的,只不过不同结构形式的电路,其电路分析方法不同而已。如图 10-2 所示的电压源电路,其负载电压可以表示为

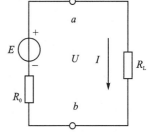

图 10-2　电压源电路

$$U = E - R_0 I \qquad (10-1)$$

图 10-2 所示的负载电压与电源电流之间的关系是通过代数方程描述的。

例 10-1　假设图 10-2 中的电压源 $E = 20$ V,内阻 $R_0 = 10$ Ω,负载电阻 $R_L = 120$ Ω,试仿真负载电压 U 和电流 I(响应)与电源电压 E 间的关系。

仿真分析:该电路较为简单,需要的仿真模块主要有:1 个电压源、2 个电阻、1 个显示器、1 只电流传感器、1 只电压源和数据变换模块,这些模块均能在 Simscape 的模块库中找到。所建仿真模型如图 10-3 所示。

相应模块参数设置如图 10-4 所示。

运行参数配置采用系统默认值,如图 10-5 所示。

运行图 10-3 所示的仿真模型,双击 Scope 显示模块,获得仿真曲线图,如图 10-6 所示。

在如图 10-3 所示的仿真电路中,采用了电压、电流传感器充当实际电路中的电流表和电压表。若将电压源更换成 $E = 20\sin(62.8t)$,则所得仿真电路如图 10-7 所示。对于此仿真图,读者可自行练习与分析。

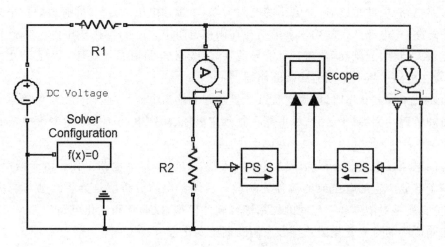

图 10 - 3　图 10 - 2 的仿真模型

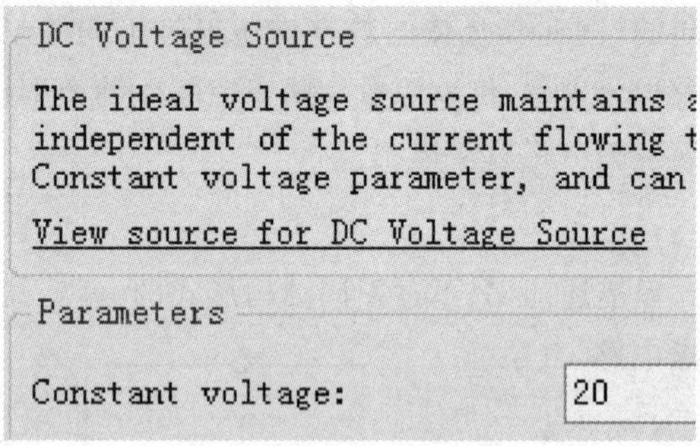

DC Voltage Source

The ideal voltage source maintains a
independent of the current flowing t
Constant voltage parameter, and can

View source for DC Voltage Source

Parameters

Constant voltage:　　　20

(a) 电压源模块参数设置

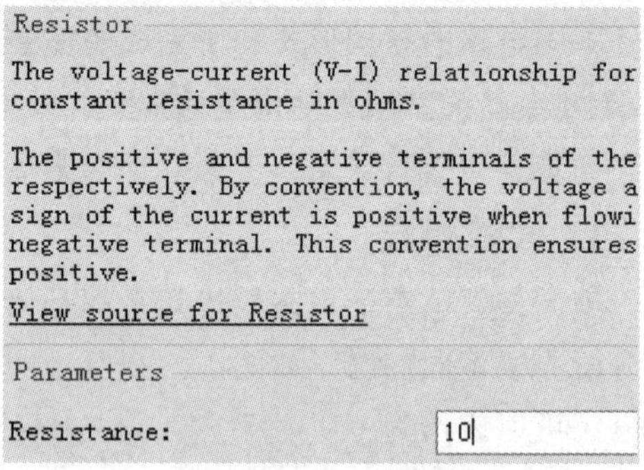

Resistor

The voltage-current (V-I) relationship for
constant resistance in ohms.

The positive and negative terminals of the
respectively. By convention, the voltage a
sign of the current is positive when flowi
negative terminal. This convention ensures
positive.

View source for Resistor

Parameters

Resistance:　　　10

(b) 电阻R1模块参数设置

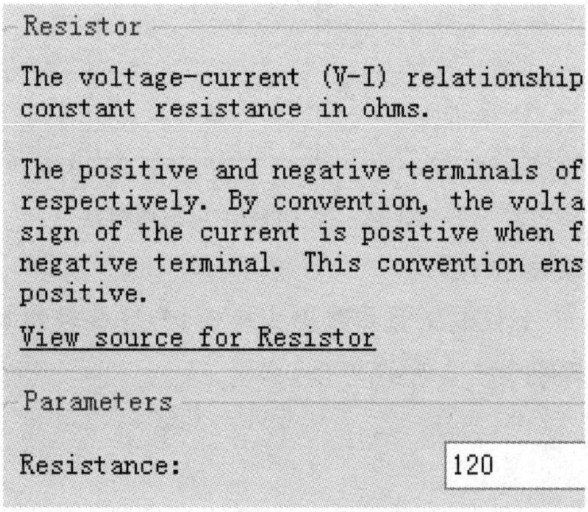

Resistor

The voltage-current (V-I) relationship
constant resistance in ohms.

The positive and negative terminals of
respectively. By convention, the volta
sign of the current is positive when f
negative terminal. This convention ens
positive.

View source for Resistor

Parameters

Resistance:　　　120

(c) 电阻R2模块参数设置

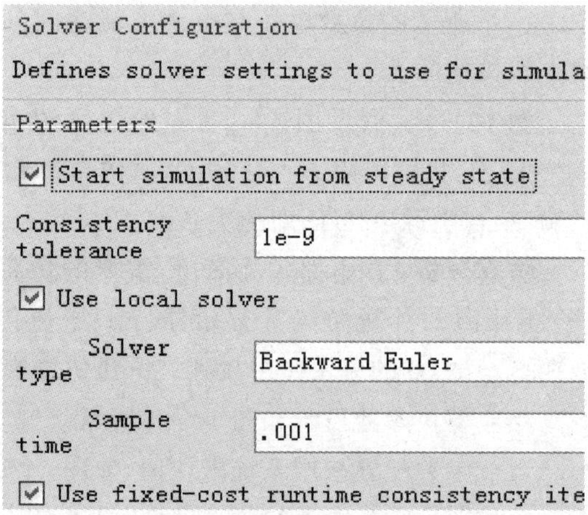

Solver Configuration

Defines solver settings to use for simula

Parameters

☑ Start simulation from steady state

Consistency
tolerance　　　1e-9

☑ Use local solver

　　Solver
type　　　Backward Euler

　　Sample
time　　　.001

☑ Use fixed-cost runtime consistency ite

(d) 求解器配置参数选择

图 10 - 4　仿真模块参数设置

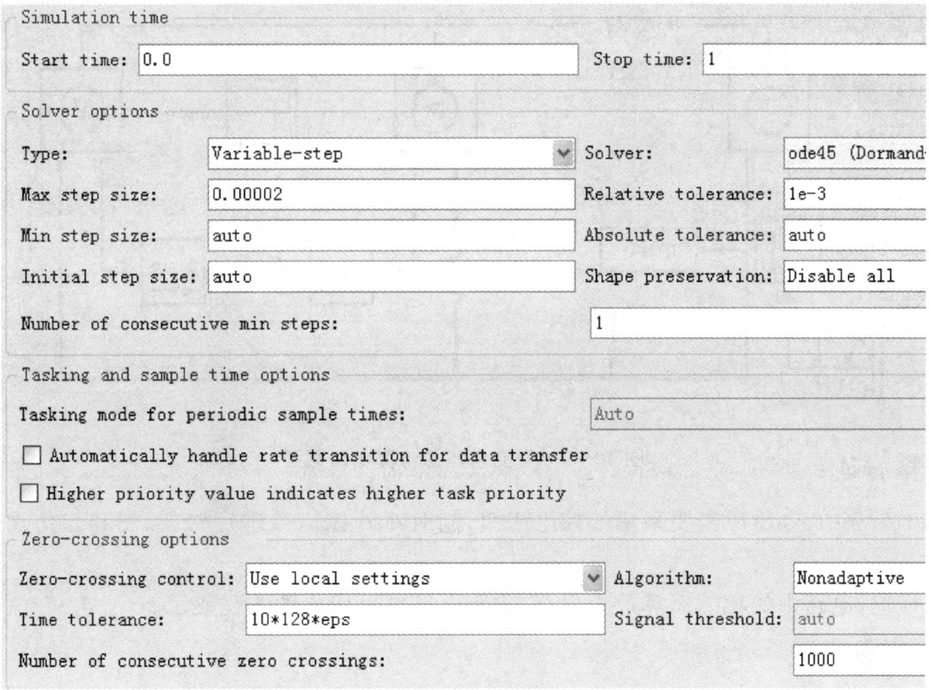

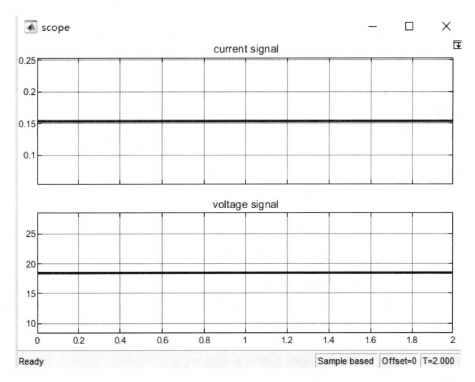

图 10 - 5　运行参数设置对话框(采用默认值)

图 10 - 6　图 10 - 2 所示电压源电路负载电流与电压仿真曲线图

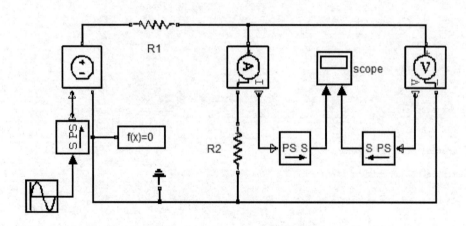

图 10 - 7　可变电压源仿真电路模型

图 10-7 中,电压源需要采用外控电压源,同时对外控信号进行转换,使其与仿真数据类型一致。

同样地,电路中的比例运算放大电路、求和电路也可用代数方程表示。

2. 微分方程

微分方程通常用于描述动态电路的瞬时变化,如 RC 电路、RL 电路、微分电路和积分电路等。下面以 RC 串联电路说明电路的常用数学模型之一的微分方程,主要用于电路的时域分析。RC 串联电路如图 10-8 所示。

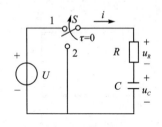

图 10 - 8　RC 串联电路

当 $t = 0$ 时,将开关 S 合到位置 1 上,此时电路立即与一恒定电压为 U 的电压源相通,开始对电容 C 充电,假设电容两端的电压为 u_C。根据基尔霍夫电压定律:在一回路中所有元器件电压之和为零。因此由图 10-8 可得如下方程:

$$U = Ri + u_C \tag{10 - 2}$$

当开关处于 1 位置时,回路电流可用电容电压表示:

$$i = C \frac{\mathrm{d}u_C}{\mathrm{d}t} \tag{10 - 3}$$

将式(10-3)代入式(10-2)可得描述图 10-8 的微分方程:

$$U = Ri + u_C = RC \frac{\mathrm{d}u_C}{\mathrm{d}t} + u_C \tag{10 - 4}$$

式(10-4)所示的微分方程就是描述 RC 串联电路的微分方程。当开关处于 2 位置时,电容 C 开始放电,此时电容 C 充当了可变电源,电阻 R 为负载。

将图 10-8 中的电容 C 更换为电感,此时的电路图如图 10-9 所示。当开关处于 1 位置时,根据基尔霍夫电压定律,可得下式:

$$U = Ri + u_L \tag{10 - 5}$$

当开关处于 1 位置时,电感两端的电压可表示如下:

$$u_L = \frac{\mathrm{d}Li}{\mathrm{d}t} = L \frac{\mathrm{d}i}{\mathrm{d}t} \tag{10 - 6}$$

将式(10-6)代入式(10-5)可得描述图 10-9 的微分方程：

$$u = Ri + u_L = Ri + L\frac{\mathrm{d}i}{\mathrm{d}t} \tag{10-7}$$

在图 10-9 的基础上，将 R、L、C 串联起来，组成如图 10-10 所示的电路，可得

$$u_C = u_O \tag{10-8}$$

$$u_L = \frac{\mathrm{d}Li}{\mathrm{d}t} = L\frac{\mathrm{d}i}{\mathrm{d}t} \tag{10-9}$$

$$u_R = Ri \tag{10-10}$$

$$i = C\frac{\mathrm{d}u_O}{\mathrm{d}t} \tag{10-11}$$

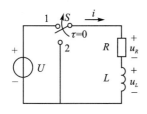

图 10-9　RL 串联电路

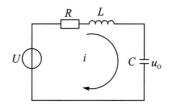

图 10-10　RLC 串联电路

根据基尔霍夫电压定律，可得

$$U = u_R + u_L + u_C \tag{10-12}$$

将式(10-8)～式(10-11)代入式(10-12)，可得

$$U = u_R + u_L + u_C = Ri + L\frac{\mathrm{d}i}{\mathrm{d}t} + u_O = LC\frac{\mathrm{d}^2u}{\mathrm{d}t^2} + RC\frac{\mathrm{d}u_O}{\mathrm{d}t} + u_O \tag{10-13}$$

3. 传递函数

在图 10-10 中，若将电源信号 U 更换成电压信号输入端 u_i，电容两端的电压信号 u_C 仍然作为输出信号 u_O。假设电路的初始状态为零，对式(10-13)进行拉氏变换，可得下式：

$$U_i(s) = (LCs^2 + RCs + 1)U_O(s) \tag{10-14}$$

对式(10-14)进行整理和变形可得图 10-10 的传递函数：

$$G(s) = \frac{U_O(s)}{U_i(s)} = \frac{1}{LCs^2 + RCs + 1} \tag{10-15}$$

由此可见，电路也可以用传递函数模型描述。

4. 状态空间

取图 10-10 电路中电容端电压 u_C（也就是输出电压 u_O）为中间状态变量 x_1，同时将输出电压 u_O 的一阶导数设为状态变量 x_2，则式(10-13)可变为

$$x_1 = u_C \tag{10-16}$$

$$x_2 = \dot{x}_1 = \ddot{u}_O \tag{10-17}$$

$$\dot{x}_2 = \frac{R}{L}x_2 + \frac{1}{LC}x_1 + \frac{1}{LC}u_i \tag{10-18}$$

将式(10-17)和式(10-18)写成矩阵形式，可得如图 10-10 所示的电路图的状态空间的数学描述形式：

$$\begin{bmatrix} \dot{x}_1 \\ \dot{x}_2 \end{bmatrix} = \begin{bmatrix} 0 & 1 \\ \dfrac{1}{LC} & \dfrac{R}{L} \end{bmatrix} \begin{bmatrix} x_1 \\ x_2 \end{bmatrix} + \begin{bmatrix} \dfrac{1}{LC} \end{bmatrix} u_i \tag{10-19}$$

$$u_O = x_1 \tag{10-20}$$

因此,电路图也是可以用状态空间进行数学描述的。

10.2　常用电路的分析方法

直流电路常用的分析方法有:网孔分析法、回路分析法、结点分析法,当然也有等效变换法。下面举例说明直流电路分析方法和交流电路分析方法。

10.2.1　直流电路分析方法

1. 网孔分析法

在网孔分析法中,每个网孔中指定一个网孔电流,统一取顺时针或逆时针,通常取顺时针较好,如图 10-11 所示,对每个网孔用基尔霍夫电压定律 KVL。

在图 10-11 中,沿网孔 1,电阻 R_1 和 R_3 的电压分别为 $I_1 R_1$ 和 $(I_1 - I_2)R_3$,对网孔 1 使用 KVL,可得

$$V_1 = I_1 R_1 + (I_1 - I_2)R_3 + V_3 \tag{10-21}$$

同理,对网孔 2 也可使用基尔霍夫电压定律,可得

$$(I_1 - I_2)R_3 + V_3 = I_2 R_2 + V_2 \tag{10-22}$$

2. 回路分析法

回路分析法与网孔分析法类似,主要差别在于:回路分析法选择电流回路流经的回路时不必一定是网孔,并且方向没有约定,既可以是顺时针方向,也可以是逆时针方向。选择电流回路时,应当使每个元件中至少有一个回路电流流经该元件。对于平面网孔,回路数等于网孔数,如图 10-12 所示。

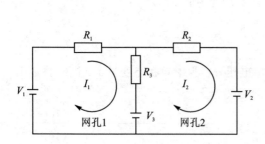

图 10-11　网孔分析法示例电路

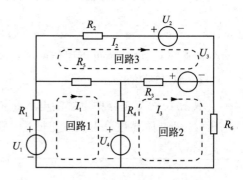

图 10-12　回路分析法用电路图

在图 10-12 中共有 4 个回路,图中所示的 3 个回路为独立回路,对其应用 KVL 和 KCL,可得如下方程组:

回路 1 电路方程:

$$(I_1 + I_2)R_1 + I_1 R_5 + (I_1 - I_3)R_4 + U_4 = U_1 \tag{10-23}$$

回路 2 电路方程:

$$I_3 R_3 + (I_2 + I_3)R_6 - (I_1 - I_3)R_4 = U_4 \tag{10-24}$$

回路 3 电路方程:

$$I_2 R_2 + U_2 = U_3 + I_3 R_3 + I_1 R_5 \tag{10-25}$$

3. 结点分析法

对于结点分析法,最好是把电压源转换成电流源,把电阻转换成电导。对所有结点,除接地结点外,应用基尔霍夫电流定律 KCL。所有结点以接地节点为参考,取正值,不需要指出结点电压的极性。

在结点分析法中,对于每一个非接地结点应用 KCL,每个结点处的流入电流与流出电流相等。若某几个支路电路相互并联,这时也可应用结点电压分析法。

1) 结点电流分析法

如图 10 - 13 所示的电路图,在该电路中有两个结点,分别是 a 和 b,由于结点 b 是接地结点,因此不需要对其列结点电流方程,只需对节点 a 列结点电流方程。方程如下:

$$I_1 + I_2 = I_3 \tag{10-26}$$

即流入结点 a 的电流 I_1 和 I_2 等于流出结点 a 的电流 I_3。

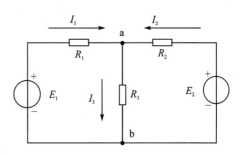

图 10 - 13　结点电流分析法示例电路图

2) 结点电压分析法

结点电压分析法的特点就是只有两个结点 a 和 b,结点 a 和 b 之间的电压称为结点电压。仍然以图 10 - 13 为例说明结点电压分析法。在图 10 - 13 中,结点 a 和 b 之间的电压由结点 a 指向结点 b,可得

$$U_{ab} = I_3 R_3 \tag{10-27}$$

由式(10 - 26)和式(10 - 27)可得

$$\frac{E_1 - U_{ab}}{R_1} + \frac{E_2 - U_{ab}}{R_2} = \frac{U_{ab}}{R_3} \tag{10-28}$$

对式(10 - 28)进行整理、变形,可得结点 a 和 b 之间的电压:

$$U_{ab} = \left(\frac{E_1}{R_1} + \frac{E_2}{R_2}\right) \bigg/ \left(\frac{1}{R_1} + \frac{1}{R_2} + \frac{1}{R_3}\right) \tag{10-29}$$

由式(10 - 29)也可以得出这样的结论:任一两结点间的电压等于两结点间各支路中电压源所在支路的电流之和,乘以去除电压源后各支路电阻并联之和的倒数。

10.2.2　交流电路分析方法

交流电路分析方法同直流电路分析方法相同,也要使用结点分析法、回路分析法、网孔分析法,同时也要使用戴维南定理和矢量求和原理;不同的是,电压和电流要以向量表示。电阻、

电感和电容及其组成的支路要用阻抗表示。分析和计算交流电路的目的,是确定不同参数和不同结构中的各种正弦交流电压和电流之间的关系和功率。在交流电路中,同一支路中的电压和电流不是采用代数叠加的方法,而是采用矢量求和的方法求取各交流电压在同一支路元器件上的叠加电压或电流。

10.3　电路仿真模块介绍与仿真步骤

10.3.1　电路仿真模块介绍

Simulink 主要有公共模块库和专业模块库两大类。公共模块库在前面章节已经介绍,本小节主要介绍电子电路仿真的模块库,主要使用 Simscape/Foundation Library/Electrical 模块库和 Simscape/Electrical 模块库。

在图 10 - 14 所示的 Electrical 模块库中主要有 3 个子模块库:Electrical Elements(电子元件)、Electrical Sensors(电子传感器,用于检测仿真的电压信号和电流信号)和 Electrical Sources(电源,用于向电路提供电动力)。

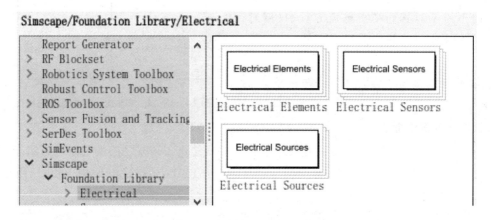

图 10 - 14　Simscape/Foundation Library/Electrical 模块库

① Electrical Elements 子模块库中主要包含常见的 Capacitor(电容)、Inductor(电感)、Resistor(电阻)、Gyrator(转子)、Diode(二极管)、Ideal Transformer(理想变压器)、Mutual Indutor(互感器)、Op-Amp(理想放大器)、Switch(开关)、Variable Resistor(可变电阻)、Translational Electromechanical Converter(平动机电转换器)、Rotational Electromechanical Converter(旋转机电转换器)和 Electrical Reference(接地)等电子元件模块,如图 10 - 15 所示。

② Electrical Sensors 子模块库中包含两个参数检测的传感器模块,即 Current Sensor(电流模块)和 Voltage Sensor(电压模块)。

③ Electrical Sources 子模块库中主要包含各种常见的电源,如 AC Current Source(交流电流源)、AC Voltage Source(交流电压源)、Controlled Current Source(可控电流源)、Controlled Voltage Source(可控电压源)、Current-Controlled Current Source(电流控制电流源)、

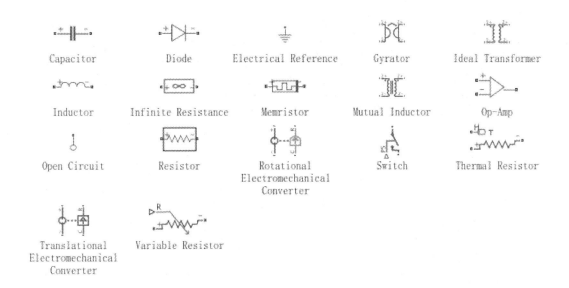

图 10-15　Electrical Elements 子模块库中的电子元件模块

Current-Controlled Voltage Source(电流控制电压源)、DC Current Source(直流电流源)、DC Voltage Source(直流电压源)、Voltage-Controlled Current Source(电压控制电流源)、Voltage-Controlled Voltage Source(电压控制电压源)等,如图 10-16 所示。

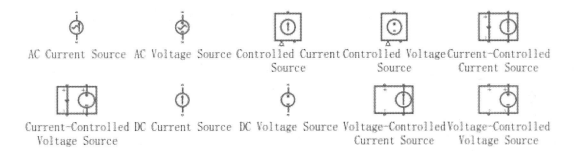

图 10-16　Electrical Sources 子模块库中的电源模块

Simscape/Electrical 模块库中主要包含 Connectors&References(连接器与参考地)、Control(控制)、ElectroMechanical(电机)、Integrated Circuits(集成电路)、Semiconductors&Converters(半导体器件及转换器)、Passive(被动式无源器件)、Sensors&Transducers(传感器)、Sources(动力源)、Switches&Breakers(开关与断路器)、Additional Components(辅助元件)、Specialized Power Systems(专用电力系统)等子模块库,如图 10-17 所示。

Simscape/Electrical 模块库中的各子模块库可参考相关书籍或软件说明,此处不再赘述。

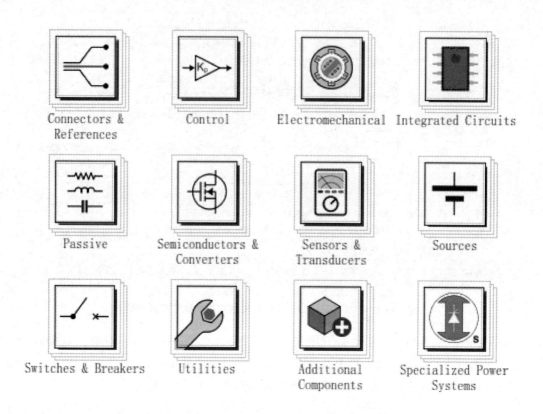

图 10 - 17　Simscape/Electrical 模块库中的各子模块库

10.3.2　电路仿真步骤

第一种方法,利用 M 文件进行电路仿真。步骤如下:

① 对于电路的仿真,需要知道电路属于哪一类,并且明确要解决的问题;

② 采用相应的具体电路分析方法分析电路,列出相关电路方程或者电路方程组;

③ 编写电路的仿真 M 文件,在此过程中需要对具体元器件赋值;

④ 运行 M 文件获得需要的仿真曲线。

第二种方法,利用图形化仿真模型进行电路仿真。步骤如下:

① 明确电路需要解决的问题,和所需要的主要电路元器件仿真模块;

② 根据给定的电路图和要解决的问题建立电路图形化仿真模型;

③ 在已有仿真模型的基础上,利用子模块库中的传感器模块搭建参数提取仿真模型;

④ 对仿真模型中的相关模块进行参数化设置;

⑤ 进行参数配置和运行图形化仿真模型;

⑥ 查看相关仿真参数曲线。

10.4　常用电路的建模与仿真

10.4.1　直流电路的建模与仿真

对直流电路进行仿真时,需要利用前述的主要分析方法分析电路,列出电路的相关方程,编写 M 文件。

例 10 - 2　已知某直流电路图如图 10 - 18 所示,$R_1 = 8\ \Omega$,$R_2 = R_3 = 6\ \Omega$,$E_1 = 60$ V,$E_2 = 40$ V,求解 I_1、I_2 和 I_3。

第一种仿真求解方法,具体求解步骤如下:

第一步,利用网孔分析法列出电路方程。

对于网孔 1,电压回路方程为

$$I_1 R_1 + I_3 R_3 = E_1$$

对于网孔 2,电压回路方程为

$$I_2 R_2 + I_3 R_3 = E_2$$

对于结点 a,结点电流方程为

$$I_1 + I_2 = I_3$$

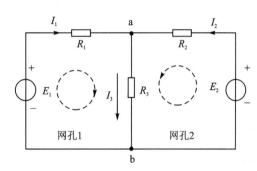

图 10 - 18　直流电路图

将结点电流方程代入电压回路方程中,可以得到下列方程组矩阵形式:

$$\begin{bmatrix} R_1 + R_3 & R_3 \\ R_3 & R_2 + R_3 \end{bmatrix} \begin{bmatrix} I_1 \\ I_2 \end{bmatrix} = \begin{bmatrix} E_1 \\ E_2 \end{bmatrix}$$

第二步,编写 M 文件,求解 I_1、I_2 和 I_3。

```
clear;
R1 = 8;R2 = 6;R3 = 6;E1 = 60;E2 = 40;        //参数赋值
R = [R1 + R3,R3;R3,R2 + R3];                 //定义电阻矩阵
E = [E1;E2];                                 //定义电压源矩阵
I = R\E;                                     //求解电路电流 I1 和 I2 矩阵
I1 = I(1)                                     //将电流矩阵中的第一个元素赋值给 I1
I2 = I(2)                                     //将电流矩阵中的第一个元素赋值给 I2
I3 = I1 + I2                                  //利用 I1 和 I2 计算 I3
```

第三步,运行程序,得到如下结果:

```
I1 =
    3.6364
I2 =
    1.5152
I3 =
    5.1515
```

第二种仿真求解方法,具体求解步骤如下:

第一步,明确求解参数和主要的仿真元器件。

根据图 10 - 18 所示电路图,所需要的主要仿真模块有:2 个直流电压源模块、3 个电阻模块、1 个接地模块、3 个数据转换与参数显示模块。

第二步,建立图形化仿真模型。

在 SimScape 模块库下,将所需要的模块置入仿真模型文件中,并进行排列和连线,形成图形化仿真模型,如图 10 - 19 所示。

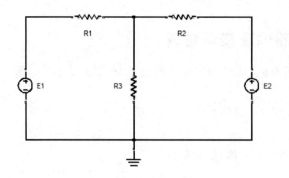

图 10 - 19　例 10 - 2 的直流电路仿真模型

第三步,在图 10 - 19 的基础上,搭建参数提取模型。

将参数转换模块、求解器模块、显示模块置入图 10 - 19 中,并正确连线形成图形化仿真模型,如图 10 - 20 所示。

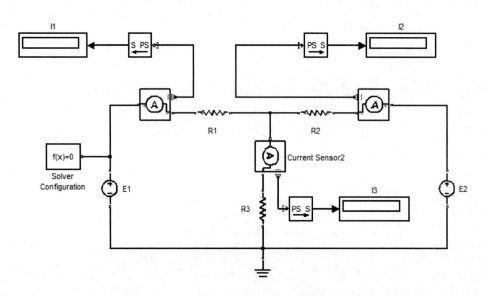

图 10 - 20　例 10 - 2 的直流电路图形化仿真模型

第四步,根据例 10 - 2 所给参数,对图 10 - 20 中相关仿真模块进行赋值。双击各模块,在相应参数设置对话框中给参数赋值,如图 10 - 21、图 10 - 22 所示。

第五步,求解器模块采用系统默认参数,运行图形化仿真模型可得 I_1、I_2 和 I_3 的值,如图 10 - 23 所示。

由图 10 - 23 可以看出,所得各路电流与利用 M 文件求解的电流值是一样的。

第三种仿真求解方法,具体求解步骤如下:

第一步,利用结点电压分析法列出电路方程。

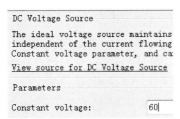

DC Voltage Source

The ideal voltage source maintains
independent of the current flowing
Constant voltage parameter, and ca

<u>View source for DC Voltage Source</u>

Parameters

Constant voltage: 60|

View source for Resistor

Parameters

Resistance: 8|

图 10 - 21   电压源 1 的参数设置   **图 10 - 22   电阻的参数设置**

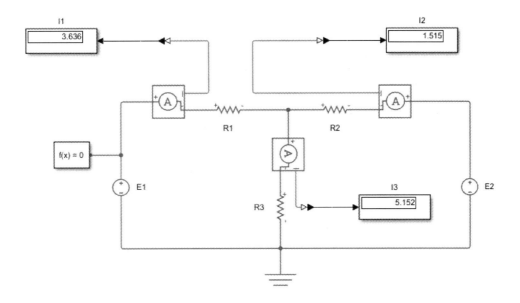

图 10 - 23   运行图形化仿真模型得到电流值

通过前述电路分析方法可知,结点 a 和结点 b 之间的电压 U_{ab} 如下:

$$U_{ab} = \left(\frac{E_1}{R_1} + \frac{E_2}{R_2}\right) \Big/ \left(\frac{1}{R_1} + \frac{1}{R_2} + \frac{1}{R_3}\right)$$

根据图 10 - 18 电路图,可得

$$I_1 = \frac{E_1 - U_{ab}}{R_1}, \quad I_2 = \frac{E_2 - U_{ab}}{R_2}, \quad I_3 = \frac{U_{ab}}{R_3}$$

第二步,编写 M 文件,求解 I_1、I_2 和 I_3。

```
clear;
R1 = 8;R2 = 6;R3 = 6;E1 = 60;E2 = 40;
R = 1/R1 + 1/R2 + 1/R3;
I = E1/R1 + E2/R2;
Uab = I/R
I1 = (E1 - Uab)/R1
I2 = (E2 - Uab)/R2
I3 = Uab/R3
```

第三步,运行程序,得到如下结果:

```
Uab =
    30.9091
```

```
I1 =
    3.6364
I2 =
    1.5152
I3 =
    5.1515
```

运行结果与第一种方法相同。

10.4.2　交流电路的建模与仿真

交流电路的建模与仿真方法跟直流电路的建械与仿真方法几乎是相同的,不同的是,交流电路的电压和电流进行叠加时不使用代数求和,而采用矢量求和。

例 10 - 3　已知交流电路图如图 10 - 24 所示,$R_1=8\ \Omega$,$R_2=R_3=6\ \Omega$,$E_1=60\sin(314t)\text{V}$,$E_2=40\sin(314t+30°)\text{V}$,试绘制 I_1、I_2 和 I_3 曲线。

第一种仿真求解方法,具体求解步骤如下:

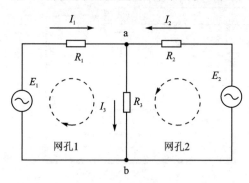

图 10 - 24　交流电路图

第一步,根据图 10 - 24 所示电路图,可以列出如下关系式:

$$e_1 = E_1 \mathrm{e}^{\mathrm{j}\omega_1 t}\mathrm{e}^{\mathrm{j}\phi_1} = 60\mathrm{e}^{\mathrm{j}50t}\mathrm{e}^{\mathrm{j}0°}$$

$$e_2 = E_2 \mathrm{e}^{\mathrm{j}\omega_2 t}\mathrm{e}^{\mathrm{j}\phi_2} = 40\mathrm{e}^{\mathrm{j}50t}\mathrm{e}^{\mathrm{j}30°}$$

$$u_{\mathrm{ab}} = \left(\frac{e_1}{R_1} + \frac{e_2}{R_2}\right) \bigg/ \left(\frac{1}{R_1} + \frac{1}{R_2} + \frac{1}{R_3}\right)$$

$$i_1 = \frac{e_1 - u_{\mathrm{ab}}}{R_1}$$

$$i_2 = \frac{e_2 - u_{\mathrm{ab}}}{R_2}$$

$$i_3 = i_1 + i_2$$

第二步,建立 M 文件,求解 I_1、I_2 和 I_3。

```
clear;
t = 0:0.5:100;
w = 314;
e1 = 60 * exp(i * w * t);
e2 = 40 * exp(i * w * t) * exp(i * pi/6);
R1 = 8;R2 = 6;R3 = 6;
R = 1/R1 + 1/R2 + 1/R3;
I = e1/R1 + e2/R2;
uab = I/R;
I1 = (e1 - uab)/R1;
I2 = (e2 - uab)/R2;
I3 = I1 + I2;
plot(t,I1,t,I2,t,I3);
```

第三步,运行 M 文件,得到 I_1、I_2 和 I_3 的仿真曲线,如图 10 - 25 所示。

第二种仿真求解方法,具体求解步骤如下:

第一步,明确求解参数和主要的仿真元器件。

根据图 10 - 24 所示的电路图,所需要的主要仿真模块有:2 个交流电压源模块、3 个电阻模块、1 个接地模块、1 个多路模块、3 个数据转换模块和 1 个参数显示模块。

第二步,建立图形化仿真模型。

在 SimScape 模块库下,将所需模块置入仿真模型文件中,并进行排列和连线,形成图形化仿真模型,如图 10 - 26 所示。

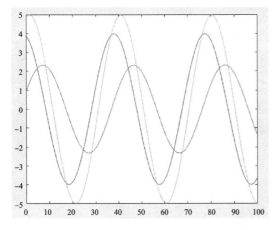

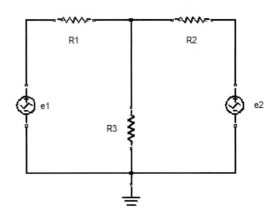

图 10 - 25　利用 M 文件绘制的 I_1、I_2 和 I_3 仿真曲线　　　图 10 - 26　例 10 - 3 的交流电路仿真模型

第三步,在图 10 - 26 的基础上,搭建参数提取模型。

将参数转换模块、求解器模块、显示模块置入图 10 - 26 中,并正确连线,形成图形化仿真模型,如图 10 - 27 所示。

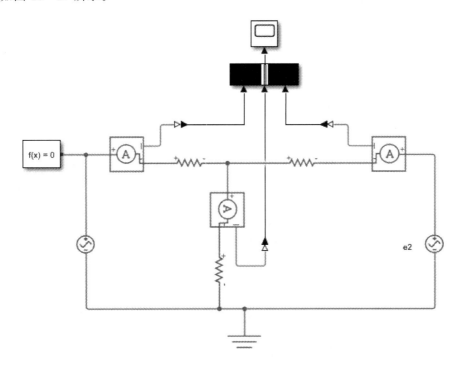

图 10 - 27　例 10 - 3 的交流电路图形化仿真模型

为了与本例中的 M 文件仿真结果进行对比,本仿真模型将电流 I_1、I_2 和 I_3 的仿真曲线

集中到同一显示模块上显示,因此增加了 Mux 多路总线模块。注意,在此需要双击该模块,将多路总线的输入信号数由 2 改为 3。

第四步,根据例 10 - 3 所给参数,对图 10 - 27 中相关仿真模块进行赋值。双击各模块,在相应参数设置对话框中给参数赋值,如图 10 - 28、图 10 - 29 所示。

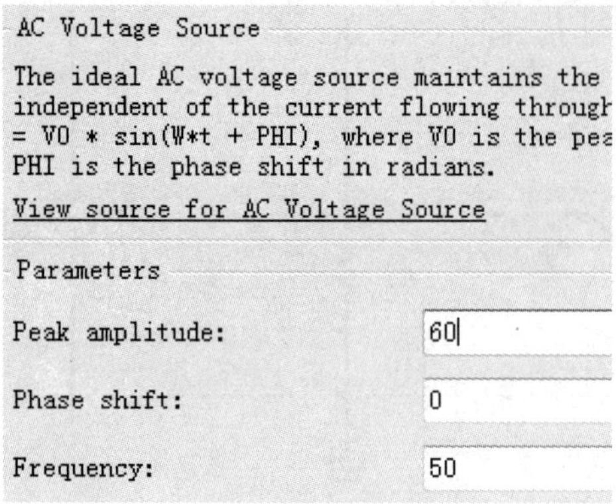

AC Voltage Source
The ideal AC voltage source maintains the
independent of the current flowing through
= V0 * sin(W*t + PHI), where V0 is the pea
PHI is the phase shift in radians.
View source for AC Voltage Source
Parameters
Peak amplitude:
60
Phase shift:
0
Frequency:
50

图 10 - 28　交流电压源 1 的参数设置

AC Voltage Source
The ideal AC voltage source maintains the sinusoi
independent of the current flowing through the sc
= V0 * sin(W*t + PHI), where V0 is the peak ampli
PHI is the phase shift in radians.
View source for AC Voltage Source
Parameters
Peak amplitude:
40
Phase shift:
30
Frequency:
50

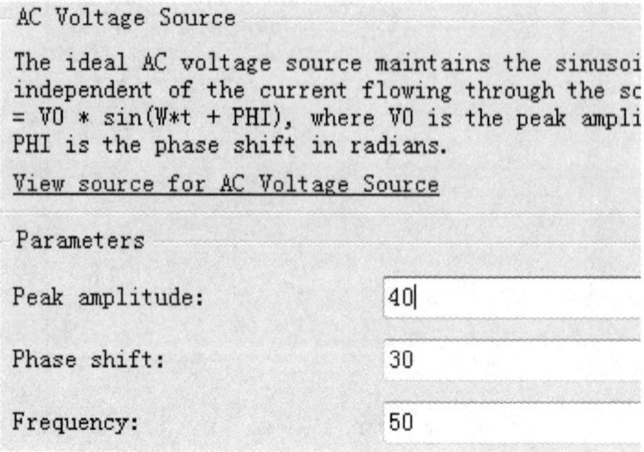

图 10 - 29　交流电压源 2 的参数设置

第五步,仿真模型参数设置。求解器模块采用系统默认参数,运行时间设置为 0.04 s,然后双击运行按钮,或者按 Ctrl+T 快捷键运行图形化仿真模型。

第六步,双击 Scope 模块,获得电流 I_1、I_2 和 I_3 的仿真曲线,如图 10 - 30 所示。

Scope
6
4
2
0
-2
-4
-6
0
0.005
0.01
0.015
0.02
0.025
0.03
0.035
0.04
Ready
Sample based
T=0.040

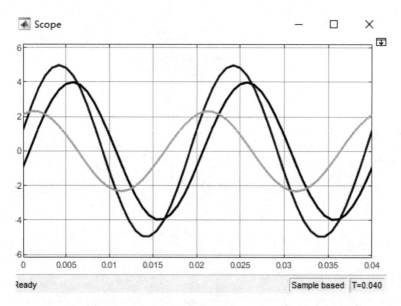

图 10 - 30　利用图形化仿真模型绘制的 I_1、I_2 和 I_3 仿真曲线图

例 10 - 4　如图 10 - 31 所示,已知电源电压为 $\dot{U}=220e^{j314t}$,电阻 $R_1=50\ \Omega$,$R_2=100\ \Omega$,电感:j200 Ω,电容:−j400 Ω。试求:(1) 等效阻抗 Z;(2) 电流 $\dot{I}_1$、$\dot{I}_2$ 和 $\dot{I}_3$。

第一种方法,利用相量计算电流。

根据图 10 - 31 所示的电路图,可得

$$Z = R_1 + \frac{(R_2 + L)C}{R_2 + L + C} =$$

$$\left[50 + \frac{(100 + j200)(-j400)}{100 + j200 - j400}\right]\Omega =$$

$$(370 + j240)\Omega = 440e^{j33°}\Omega$$

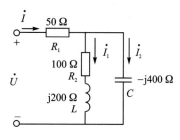

图 10 - 31　例 10 - 4 的电路图

利用相量法计算各支路电流,计算结果如下:

$$\dot{I} = \frac{\dot{U}}{Z} = \frac{220e^{j0°}}{440e^{j33°}} = 0.5e^{-j33°} = 0.419\,3 - 0.272\,3j$$

$$\dot{I}_1 = \dot{I}\frac{C}{R_2 + L + C} = \frac{-400j}{100 + 200j - 400j} \times 0.5e^{-j33°} = 0.89e^{-j59.6°} =$$

$$0.450\,4 - 0.767\,6j$$

$$\dot{I}_2 = \dot{I}\frac{(R_2 + L)C}{R_2 + L + C}\Big/C = \dot{I}\frac{R_2 + L}{R_2 + L + C} = \frac{100 + 200j}{100 + 200j - 400j} \times 0.5e^{-j33°} =$$

$$0.5e^{j93.8°} = -0.033\,1 + 0.498\,9j$$

所得电流 i_1、i_2 和 i 的表达式分别为

$$i = 0.5\sin\left(314t - \frac{3.14 \times 33}{180}\right) = 0.5\sin(314t - 0.575\,7)$$

$$i_1 = 0.89\sin\left(314t - \frac{3.14 \times 59.6}{180}\right) = 0.89\sin(314t - 1.04)$$

$$i_2 = 0.5\sin\left(314t + \frac{3.14 \times 93.8}{180}\right) = 0.5\sin(314t + 1.64)$$

第二种方法,编写 M 文件,计算总电路和支路的电流。

```
clear;
R1 = 50;L = 200;R2 = 100;C = -400;
R21 = R2 + i * L;
R22 = [R21 * (i * C)]/(R21 + i * C);
R = R1 + R22
U = 220;
I = U/R
I1 = I * R22/R21
I2 = I * R22/(i * C)
```

运行上述程序,结果如下:

```
I =
    0.4185 - 0.27151
I1 =
    0.4524 - 0.76921
I2 =
    - 0.0339 + 0.49771
```

由 M 文件计算所得结果与利用相量计算所得结果是一样的。

绘制电流 i_1、i_2 和 i 的曲线,编制 M 文件程序如下:

```
t = 0:0.5:100;
w = 314;
i = 0.5 * sin(w * t-0.5757);
i1 = 0.89 * sin(w * t-1.04);
i2 = 0.5 * sin(w * t + 1.64);
plot(t,i,t,i1,t,i2);
```

运行上述绘图程序,所得曲线如图 10 - 32 所示。

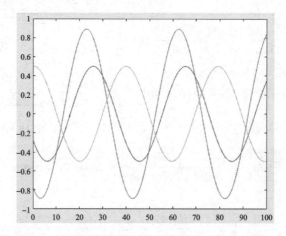

图 10 - 32　利用 M 文件绘制的电流 i、i_1 和 i_2 仿真曲线

10.4.3　含半导体器件电路的建模与仿真

含半导体器件的电路在模拟电路中经常会用到,因此有必要在此对含有半导体器件的电路进行建模与仿真。下面通过例题进行分析和说明。

例 10 - 5　图 10 - 31 所示为单管共射直流放大电路,$R_b = 10\ \text{k}\Omega$,$R_c = 20\ \Omega$,$V_{cc} = 20\ \text{V}$,$U_{\text{BEQ}} = 0.7\ \text{V}$,NPN 型硅三极管放大系数 $\beta = 50$。试求三极管集电极的电流 I_c 和三极管发射极与集电极间的电压 U_{CE}。

第一种方法,利用传统计算方法求解。

根据图 10 - 33 可以直接求出单管共射放大电路的静态基极电流为

$$I_b = \frac{V_{cc} - U_{\text{BEQ}}}{R_b} = \frac{20 - 0.7}{10}\ \text{mA} = 1.93\ \text{mA}$$

由 $I_c = \beta I_b$ 可得

$$I_c = 50 \times 1.93\ \text{mA} = 96.5\ \text{mA}$$

由 KVL 定律可得:$I_c R_c + U_{\text{CEQ}} = V_{cc}$,因此可得

$$U_{\text{CE}} = V_{cc} - I_c R_c = 20\ \text{V} - 96.5 \times 10^{-3}\ \text{A} \times 20\ \Omega = 18.07\ \text{V}$$

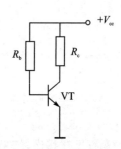

图 10 - 33　单管共射
直流放大电路图

第二种方法,利用 M 文件仿真求解。

具体求解步骤如下:

第一步,明确求解三极管集电极的电流 I_c 和三极管发射极与集电极间的电压 U_{CE} 的计算表达式。该表达式在第一种方法中已经明确,不再重复。

第二步,编写求解参数的 M 文件,求解程序如下:

```
clear;
Rb = 10000;Rc = 20;Vcc = 20;Ubeq = 0.7;b = 50;
Ib = (Vcc - Ubeq)/Rb;
Ic = b * Ib
Uce = Vcc - Ic * Rc
```

第三步,将该程序复制到命令窗口,运行程序,可得结果如下:

```
Ic =
    0.0965
Uce =
    18.0700
```

第三种方法,建立图形化仿真模型并求解既定参数。具体建模步骤如下:

第一步,明确求解参数,确定需要的仿真思路与模块。

先建立与图 10 - 33 所示电路图的仿真模型,然后将电流传感器模块置入仿真模型中,形成参数检测与显示部分;接着按照题设对相关模块进行参数化设置;最后运行仿真模型,获得所求参数的具体值。

由于本例电路中含有半导体器件,因此我们将利用 Electrical 子模块库和 Simscape/Foundation Library 模块库对该电路图进行仿真。所需的主要仿真模块有:1 个 NPN Bipolar Transistor 晶体三极管、2 个电阻、1 个直流电源、1 个求解器、1 个电流传感器、1 个电压传感器和 2 个数据转换模块。

第二步,建立仿真模型文件,将所需的模块置入仿真模型文件中并连线形成图形化仿真模型,如图 10 - 34 所示。

第三步,在图 10 - 34 的基础上,搭建参数提取模型。

将参数转换模块、求解器模块、显示模块置入图 10 - 34 中,并正确连线,形成图形化仿真模型,如图 10 - 35 所示。

第四步,对图 10 - 35 中相关仿真模块进行赋值。双击各模块,在相应参数设置对话框中给参数赋值。

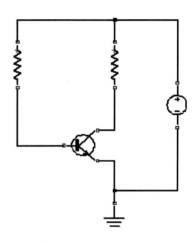

图 10 - 34　单管共射直流放大电路仿真模型

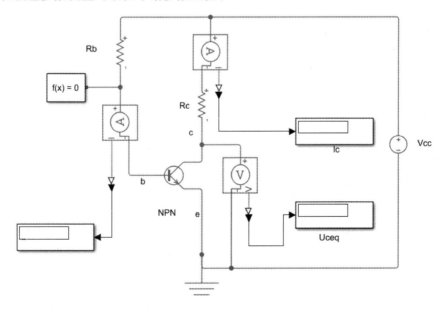

图 10 - 35　单管共射直流放大电路的图形化仿真模型

　　第五步,求解器采用系统默认参数,运行图 10 - 35 所示图形化仿真模型,结果如图 10 - 36 所示。

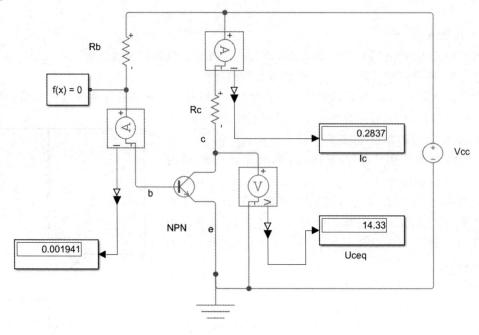

图 10 - 36　运行图形化仿真模型得到 I_c 和 U_{CE} 值

　　例 10 - 6　图 10 - 37 所示为单相桥式整流电容滤波电路,已知单相交流电压 $u = 380\sin(2\pi60t)$,二极管导通电压为 0.6 V,负载电阻 $R_L = 100\ \Omega$,要求直流输出电压 $U_o = 10\ V$。试选择整流二极管以及电容滤波器,并对其进行仿真。

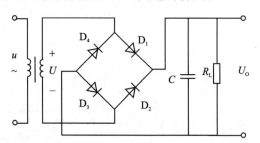

图 10 - 37　单相桥式整流电容滤波电路图

　　① 选择整流二极管。流过二极管电流

$$I_D = \frac{1}{2}I_o = \frac{1}{2} \times \frac{U_o}{R_L} = \frac{1}{2} \times \frac{10\ V}{100\ \Omega} = 50\ mA$$

取 $U_o = 0.9U$,因此变压器副边电压有效值为

$$U = \frac{U_o}{0.9} = \frac{10\ V}{0.9} = 11.11\ V$$

　　考虑到变压器副边绕组以及二极管压降,变电器副边电压大约要高出 10%,所以 $U = 11.11\ V \times 1.1 = 12.22\ V$;二极管承受最高反向电压为

$$U_{DRM} = \sqrt{2} U = \sqrt{2} \times 12.23\ V = 17.28\ V$$

据此选择二极管。

② 确定变压器变压比。由单相交流电压 $u = 280\sin(2\pi 60t)$ 和变压器副边电压 U，可得

$$K = \frac{E_1}{E_2} = \frac{N_1}{N_2} = \frac{380}{12.22} = 31.09 \approx 31$$

③ 选择滤波器电容。一般情况下，$R_L C \geqslant \dfrac{(3\sim 5)T}{2}$，在此取 $R_L C = \dfrac{5}{2}T = \dfrac{5}{2\times 60}$，所以有

$$C = \frac{5T}{2R_L} = \frac{5}{2\times 60\times 100}\ F = 416.7\times 10^{-6}\ F = 416.7\ \mu F$$

根据上边公式，读者可自己编写 M 文件进行电路仿真，以检验上述分析数据。

根据本例所给数据、电路图和上述计算参数进行图形化仿真。

具体仿真步骤如下：

第一步，明确仿真参数和所用主要仿真元器件模块。

根据例 10-6 所示电路图和已知条件，主要是对将单相正弦交流信号转换成直流电压信号 U_o，并对直流电压信号 U_o 进行仿真。

仍然利用 Simscape/Foundation Library 模块库和 Electrical 子模块库中的相关元器件，主要涉及的仿真模块有：AC Voltage Source(交流电压源)、Ideal Transformer(理想变压器)、Diode(二极管)、Capacitor(电容器)、Resistor(电阻)等。

第二步，建立 .mdl 仿真文件，将仿真模块置入仿真模型窗口中，连线形成如图 10-38 所示的电路仿真模型。

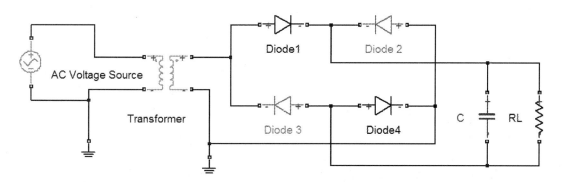

图 10-38　单相桥式整流电容滤波电路仿真模型

第三步，在图 10-38 的基础上，将电压传感器等仿真模块置入其中，搭建直流输出电压提取模块，并正确连线，形成图形化仿真模型，如图 10-39 所示。

对于上述具体仿真模块，用户可以在 Simscape/Foundation Library 模块库和 Electrical 子模块库中查找。

第四步，根据所给数据、图 10-37 和所计算的参数，设置图形化仿真模块的参数，如图 10-40～图 10-45 所示。

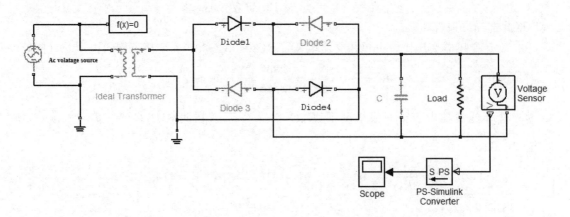

图 10 - 39   单相桥式整流电容滤波电路图形化仿真模型

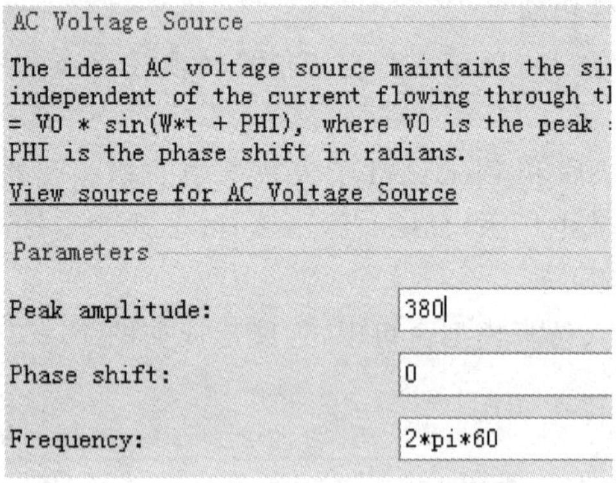

AC Voltage Source

The ideal AC voltage source maintains the sin ... independent of the current flowing through t ... = V0 * sin(W*t + PHI), where V0 is the peak ... PHI is the phase shift in radians.

View source for AC Voltage Source

Parameters

Peak amplitude: 380

Phase shift: 0

Frequency: 2*pi*60

图 10 - 40   交流电压源的参数设置

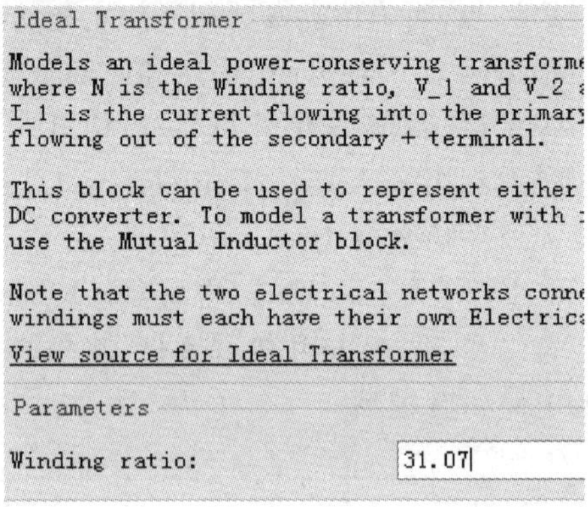

Ideal Transformer

Models an ideal power-conserving transforme ... where N is the Winding ratio, V_1 and V_2 ... I_1 is the current flowing into the primary ... flowing out of the secondary + terminal.

This block can be used to represent either ... DC converter. To model a transformer with ... use the Mutual Inductor block.

Note that the two electrical networks conne ... windings must each have their own Electric ...

View source for Ideal Transformer

Parameters

Winding ratio: 31.07

图 10 - 41   理想变压器变比的参数设置

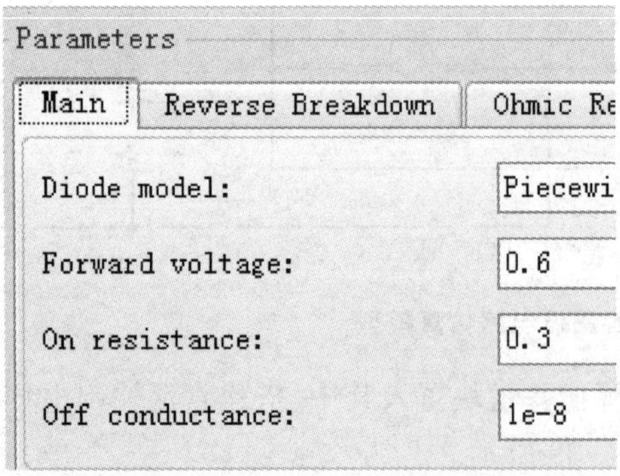

Parameters

Main	Reverse Breakdown	Ohmic Re...

Diode model: Piecewi ...

Forward voltage: 0.6

On resistance: 0.3

Off conductance: 1e-8

图 10 - 42   二极管的参数设置

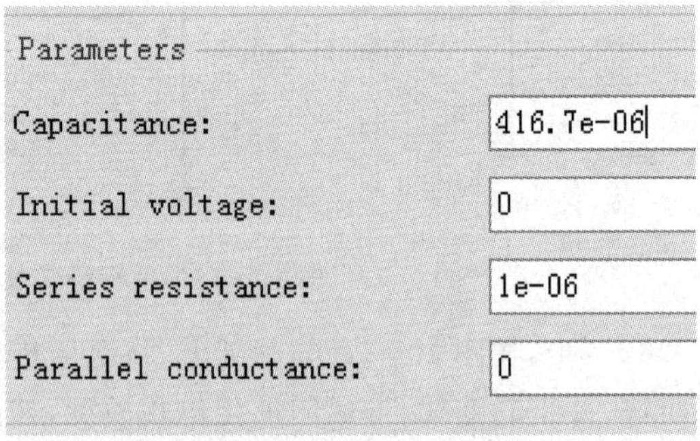

Parameters

Capacitance: 416.7e-06

Initial voltage: 0

Series resistance: 1e-06

Parallel conductance: 0

图 10 - 43   电容的参数设置

第五步,运行图 10 - 39 所示的图形化仿真模型,结果如图 10 - 46 所示。

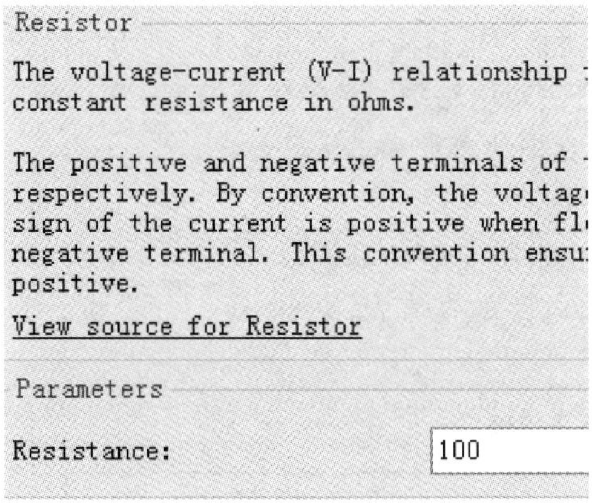

Resistor

The voltage-current (V-I) relationship :
constant resistance in ohms.

The positive and negative terminals of
respectively. By convention, the voltag
sign of the current is positive when fl
negative terminal. This convention ensu
positive.

View source for Resistor

Parameters

Resistance:　　　　　　　100

图 10-44　电阻负载 R_L 的参数设置

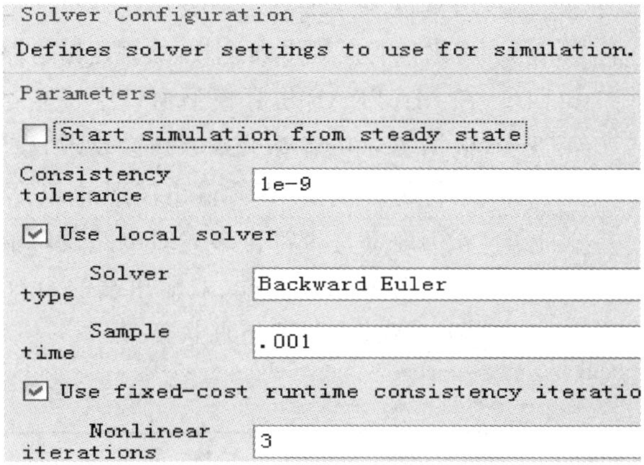

Solver Configuration
Defines solver settings to use for simulation.

Parameters
☐ Start simulation from steady state
Consistency tolerance　　　　1e-9
☑ Use local solver
　　Solver type　　　Backward Euler
　　Sample time　　　.001
☑ Use fixed-cost runtime consistency iteratio
　　Nonlinear iterations　　3

图 10-45　求解器的参数设置

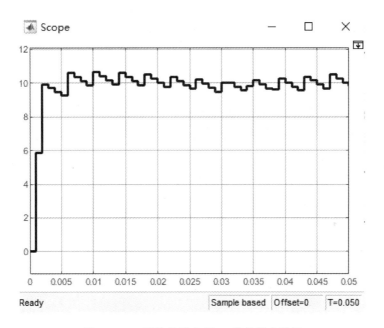

图 10-46　直流输出电压 U_o 的仿真曲线图

10.4.4　常用数字电路的建模与仿真

数字电路就是用数字信号完成对数字量进行算术运算和逻辑运算的电路,也称为数字系统。它具有逻辑运算和逻辑处理的功能,主要有组合逻辑电路和时序逻辑电路两大类。下面通过例题说明利用 MATLAB 建模仿真数字电路的过程。

1. 组合逻辑电路的建模与仿真

建模与仿真组合逻辑电路的目的是为了确定已知电路的逻辑功能,看看所设计的组合逻辑电路图的功能是否符合事先要求的逻辑表达式、真值表,以及输出的波形图是否符合要求。

组合逻辑电路的分析、建模与仿真步骤大致如下:

第一步,根据对电路逻辑功能的要求,列出其真值表。

第二步,由真值表写出其逻辑表达式。

第三步,简化和变换逻辑表达式,绘制逻辑电路图(通常以电路简单、所用器件最少为目标)。

第四步,在 MATLAB 仿真模型窗口中建立与组合逻辑电路图一致的仿真模型。

第五步,根据实际功能要求或者题设要求,设置仿真模块参数和求解器参数。

第六步,运行仿真模型,查看输出波形或开关量数字。

第七步,分析确定是否符合事先对电路逻辑的功能要求,保存仿真模型。

例 10 - 7　已知某双输入端、双输出端的组合逻辑电路的真值表,见表 10 - 1。试设计和仿真该组合逻辑电路,并分析仿真结果。

表 10 - 1　组合逻辑电路真值表

输　入		输　出		输　入		输　出	
A	B	S	C	A	B	S	C
0	0	0	0	1	0	1	0
0	1	1	0	1	1	0	1

具体仿真步骤如下:

第一步,分析真值表,确定输入端、输出端可能的逻辑关系。

观察题设真值表中的输入、输出真值可知:

① 当输入端 A、B 均为 0 时,输出端 S、C 均为 0;

② 当 A、B 中有 1 个为 1 时,S 为 1,C 为 0;

③ 当 A、B 均为 1 时,S 为 0,C 为 1。

显然,只有 A、B 均为 1 时,C 才为 1,只要 A、B 中有 1 个为 0,C 便为 1,因此 A、B 与 C 的关系应该是"与"逻辑关系。同时,当 A、B 中有 1 个为 1 时,S 便为 1;当 A、B 同时为 0 或同时为 1 时,S 便为 0,因此 A、B 与 S 的关系应该是"异或"逻辑关系。

第二步,写出逻辑表达式。

$$S = A \oplus B = \overline{A}B + A\overline{B} = A(\overline{A} + \overline{B}) + B(\overline{A} + \overline{B}) = A \cdot \overline{AB} + B \cdot \overline{AB}, \quad C = AB$$

第三步,简化和变换逻辑表达式,绘制组合逻辑电路图。

令 $Z_1 = \overline{AB}, Z_2 = \overline{A \cdot \overline{AB}}, Z_3 = \overline{B \cdot \overline{AB}}$,则有

$$S = A \cdot \overline{AB} + B \cdot \overline{AB} = AZ_1 + BZ_1 = \overline{\overline{Z_1} + \overline{Z_3}} = \overline{Z_2 Z_3}, \quad C = AB = \overline{Z_1}$$

经过上述的简化和变换,我们发现,输出端 S、C 通过 AB 联系在一起了。因此,根据上述逻辑表达式可以绘制出符合题设要求的组合逻辑电路图,如图 10 - 47 所示。

第四步,在 MATLAB 仿真窗口中按照逻辑表达式和组合逻辑电路图建立相应的仿真模型。

图 10 - 47 中,主要用到的逻辑器件有与非门和反相器。在 Logic and bit Operations 工具箱或者 SimScope 工具箱中找到相应的仿真模块,并将其放入仿真模型窗口文件中。除此之外,还需要有 Scope 波形显示模块和方波信号发生器。所建立的组合逻辑电路仿真模型如图 10 - 48 所示。

第五步,根据实际功能要求或者题设要求,设置仿真模块参数和求解器参数。

所设置的仿真模块参数必须与实际逻辑电路的参数完全一致。与非门逻辑模块的输入端口数均为 2,反相器输入端口数为 1,均满足要求,所有逻辑仿真模块参数均采用默认值。在此

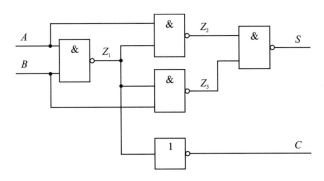

图 10 - 47　组合逻辑电路图

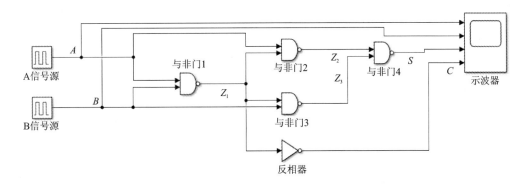

图 10 - 48　组合逻辑电路仿真模型

仅设置 A 信号源、B 信号源的参数,如图 10 - 49 所示。

　　除此之外,将 Scope 模块的输入端口数修改为 4,显示方式为列显示。具体设置方法与前面各章节的设置方法相同,不再赘述。

　　为了分析输出结果是否符合题设所给的真值表,因此将仿真时间设置为 5 s(即一个周期),其他采用求解器模块的系统默认值。

　　第六步,运行仿真模型,查看输出波形,如图 10 - 50 所示。

　　第七步,分析输出波形图,判断仿真结果是否符合题设要求,保存仿真模型。

　　由图 10 - 50 可以看出,高电平为 1,低电平为 0。当 A 为 1、B 为 0 时,S 为 1;当 A、B 均为 1 或均为 0 时,S 为 0。该波形所示的关系与题设真值表中所给的 A、B 和 S 信号变化是一致的。当 A、B 均为 1 时,C 为 1;当 A、B 均为 0 时,C 为 0;当 A 为 1、B 为 0 时,C 为 0。该波形所示的关系符合从真值表中分析的 C 与 A、B 是逻辑与的关系,即 $C=AB$。因此,图 10 - 48 所示的组合逻辑电路仿真模型与所确定的逻辑关系式、所设计的组合逻辑电路是完全一致的。保存仿真模型,以便后续之用。

2. 时序逻辑电路的建模与仿真

　　时序逻辑电路简称时序电路,该电路在任一时刻的输出信号不仅与当时的输入信号有关,而且还与电路原来的状态有关,因此时序逻辑电路中必须含有存储电路,以便将某一时刻之前的电路状态保存下来。存储电路可由延迟元件组成,也可由触发器组成。分析一个时序逻辑电路,其实质就是要找出给定时序电路的逻辑功能,即找出电路的状态、输出的状态在输入变量和时钟信号作用下的变化规律(即确定时序逻辑电路的驱动方程、状态方程组和输出方程)。

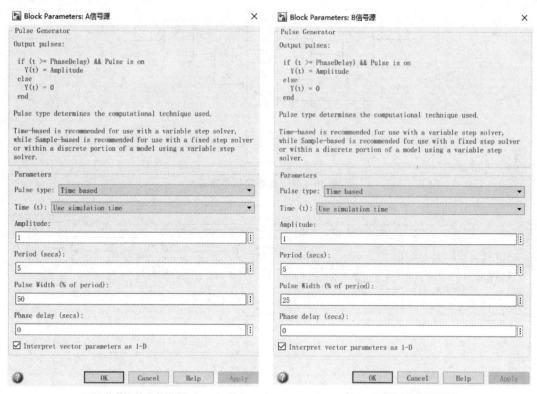

(a) A信号源的参数设置　　　　　　　　(b) B信号源的参数设置

图 10 - 49　A、B 信号源的参数设置

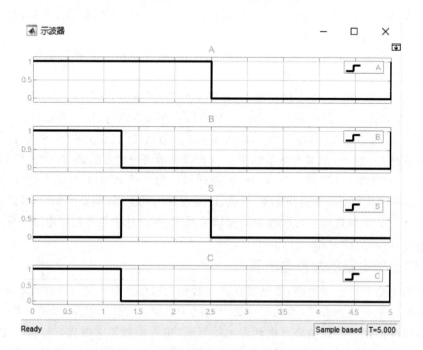

图 10 - 50　组合逻辑电路的输出波形仿真图

建模和仿真一个时序逻辑电路,其实质就是根据给出的具体逻辑问题,找出能实现这一逻辑的逻辑电路,建模仿真既定的逻辑电路,分析验证仿真结果是否实现了既定的逻辑要求,以保存或修订时序逻辑电路仿真模型。

描述时序逻辑电路的主要方法有逻辑方程(组)、状态表、状态图和时序图。时序逻辑电路的分析、建模与仿真步骤大致如下:

第一步,根据具体逻辑问题,确定时序逻辑电路图、驱动方程、状态方程、输出方程,列出状态转换表,绘制状态转换图和时序图。

第二步,在 MATLAB 仿真模型窗口中建立与时序逻辑电路图一致的仿真模型。

第三步,依据逻辑问题并结合实际应用,设置仿真模块参数和求解器参数。

第四步,运行仿真模型,输出时序电路输出信号、驱动信号和电路状态信号。

第五步,分析输出信号、驱动信号和电路状态信号之间的逻辑关系,判断仿真结果是否符合既定的逻辑要求。

第六步,保存或修订时序逻辑电路仿真模型,若修订或重新设计时序电路,则重复上述过程。

例 10 - 8　试分析图 10 - 51 所示的时序逻辑电路的逻辑功能,写出它的驱动方程、状态方程(组)和输出方程,列出状态转换表,绘制状态转换图和时序图,利用 MATLAB/Simulink 建模仿真该时序逻辑电路图,并分析仿真结果。(注:图 10 - 51 中 FF_1、FF_2 和 FF_3 是三个主从结构的 JK 触发器,下降沿触发动作,输入端悬空时和逻辑 1 状态等效。)

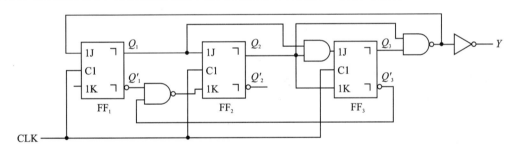

图 10 - 51　时序逻辑电路图

具体仿真步骤如下:

第一步,写出给定时序逻辑电路图的驱动方程、状态方程和输出方程,列出其状态转换表,绘制状态转换图和时序图。

① 确定时序逻辑电路的驱动方程、状态方程和输出方程。

由图 10 - 51 所示的时序逻辑电路可以看出,该电路主要由 JK 触发器、反相器、与逻辑门、与非逻辑门和时钟信号 CLK 构成。其驱动方程为

$$\begin{cases} J_1 = (Q_2 Q_3)', \ K_1 = 1 \\ J_2 = Q_1, \ K_2 = (Q_1' Q_3')' \\ J_3 = Q_1 Q_2, \ K_3 = Q_2 \end{cases}$$

将上面的驱动方程代入 JK 触发器的特性方程 $Q^* = JQ' + K'Q$,可得时序电路的状态方程:

$$\begin{cases} Q_1^* = (Q_2 Q_3)' Q_1' \\ Q_2^* = Q_1 Q_2' + (Q_1' Q_3') Q_2 \\ Q_3^* = Q_1 Q_2 Q_3' + Q_2' Q_3 \end{cases}$$

由图 10 - 51 所给的时序逻辑电路可得其输出方程：$Y = Q_2 Q_3$。

② 列出状态转换表，绘制状态转换图和时序图。

状态转换表实质就是状态转换真值表，将一组输入量和时序逻辑电路的初态取值代入状态程和输出方程，即可算出电路的次态和当前状态下的输出值；然后再以得到的次态作为新的初态，和这时的输入变量取值一起再次代入状态方程和输出方程，计算新的次态和输出值。如此继续执行，将所有计算结果列成真值表的形式，便得到了状态转换表。用圆圈、箭头、斜杠和开关数字以图的形式将状态转换表表示成图形，即状态转换图。在输入信号和时钟脉冲序列作用下，时序逻辑电路状态、输出状态随时间变化的波形图即时序图。

观察图 10 - 51 所示的时序逻辑电路图，容易发现：该电路图没有外界输入逻辑变量，时钟信号 CLK 只是控制触发器状态转换的操作信号。因此，该时序逻辑电路的次态和输出仅仅取决于电路的初态。在此，我们假设电路的初始状态为 $Q_3 Q_2 Q_1 = 000$，将该状态值代入所确定的状态方程和输出方程中，可得

$$\begin{cases} Q_1^* = 1 \\ Q_2^* = 0, \ Y = 0 \\ Q_3^* = 0 \end{cases}$$

将这一状态作为新的状态 $Q_3 Q_2 Q_1 = 001$，再次代入所确定的状态方程和输出方程中，可得下一个状态值及其输出值：

$$\begin{cases} Q_1^* = 0 \\ Q_2^* = 1, \ Y = 0 \\ Q_3^* = 0 \end{cases}$$

重复上述过程，反复计算时序逻辑电路的状态值和输出值，直至次态值返回到电路的初始状态，在此例中返回到 $Q_3 Q_2 Q_1 = 000$ 状态。由于时序逻辑电路状态是 Q_1、Q_2、Q_3 三个触发器状态的组合，因此在一个完整的信号变化周期里，图 10 - 51 所示的时序逻辑电路共有 $2^3 = 8$ 种状态，将所有状态和输出值列出，如表 10 - 2 所列。

表 10 - 2　时序逻辑电路状态转换表

CLK 时钟顺序	Q_3	Q_2	Q_1	Y
0	0	0	0	0
1	0	0	1	0
2	0	1	0	0
3	0	1	1	0
4	1	0	0	0
5	1	0	1	0
6	1	1	0	1
7	0	0	0	0
0	1	1	1	1
1	0	0	0	0

从表 10 - 2 中我们可以看出，每经过 7 个时钟信号以后，电路的状态循环变化一次，即该电路具有计数功能；同时，每经过 7 个时钟脉冲作用以后，输出端 Y 就输出一个脉冲（由 0 变为 1，再由 1 变为 0）。显然这是一个七进制计数器，输出端 Y 就是进位脉冲。

用圆圈表示电路的各个状态，用箭头表示转换方向，在箭头旁边注明状态转换前的输入变量取值和输出值，通常将输入变量取值写在斜线前边方，将输出值写在斜线后边。由于本例时序电路图中没有外界输入逻辑变量，因此斜线前边不用标注数字。依据表 10 - 2 中的内容，本例时序电路图的状态转换图如图 10 - 52 所示。显然，状态转换图将本例的循环过程和状态转换表达得更加形象和直观。

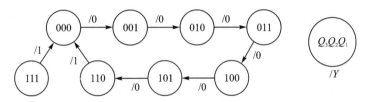

图 10 - 52　时序逻辑电路的状态转换图

为了便于观察仿真结果是否符合时序电路的逻辑功能，将表 10 - 2 的状态转换表画成时间波形的形式，如图 10 - 53 所示。

实际上，利用时序图检查时序逻辑功能的这种方法不仅可用在实验测试中，也可用于时序逻辑电路的建模仿真中。

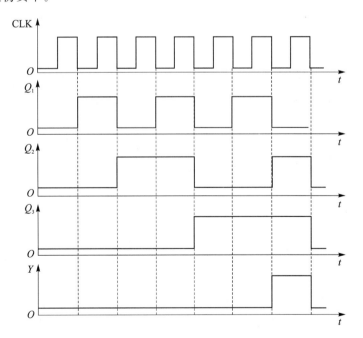

图 10 - 53　由状态转换表 10 - 2 绘制的波形图

第二步，在仿真模型窗口中建立与例 10 - 8 电路图一致的仿真模型。

观察图 10 - 51 可知，所需要的模块主要有：JK 触发器（位于 Simulink Extras/Flip Flops

工具箱内)、与非门、与门、反相器(位于 Logic and Bit Operations 工具箱内)。除此之外,还需要一些辅助性仿真模块,如 Scope 示波器、Clock 时钟信号等模块。

在 MATLAB/Simulink 仿真模型窗口中建立仿真文件 example10_8. mdl。首先将所需要的模块置入仿真模型窗口中,按照图 10 - 51 所示的连接方式连接,仿真模型如图 10 - 54 所示。

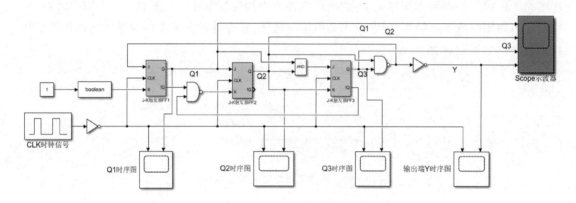

图 10 - 54　时序逻辑电路仿真模型

在图 10 - 54 中,为了使时钟信号以低电平开始,因此 CLK 时钟信号模块前增加了一个反相器;另外,为了使 JK 触发器的 K 端置 1,在此仿真模型中增加了一个常数模块和一个布尔类型转换模块。

第三步,设置仿真模块参数和求解器参数。

设置 CLK 时钟信号的时钟周期为 2 s,设置三个主从 JK 触发器 Q 端的初始状态均为 0 (与前面假设电路的初始状态 $Q_3Q_2Q_1 = 000$ 保持一致)。由于时钟信号周期为 2 s,每经过 7 个时钟信号时序逻辑电路的状态循环就变化一次,因此求解器的仿真时间至少为 14 s(设置为 15 s),其他模块参数采用系统默认值。

第四步,运行仿真模型,输出时序电路输出信号和电路状态信号。

运行设置参数后的仿真模型,输出端信号 Y 以及电路状态信号 Q1、Q2 和 Q3 的时序图如图 10 - 55 所示。

第五步,分析输出信号和电路状态信号之间的逻辑关系,判断仿真结果是否符合既定的逻辑要求。

对比图 10 - 53 和图 10 - 55 容易发现,两者的时序图是完全一致的。为了进一步详细对比,还可双击图 10 - 54 所示仿真模型中每个状态和输出端的时序图,例如双击 Q1 时序图(实质上是 Scope 模块),在 CLK 时钟信号的作用下触发器 Q1 状态时序图如图 10 - 56 所示,该时序图与图 10 - 53 所示的 Q_1 时序图是完全相同的,即仿真结果符合驱动方程、状态方程和输出方程所确定的逻辑关系,与表 10 - 2 所列的真值表完全一致。Q2、Q3 时序图的操作与此相同。

第六步,保存该时序逻辑电路仿真模型和仿真结果,以备后续之用。

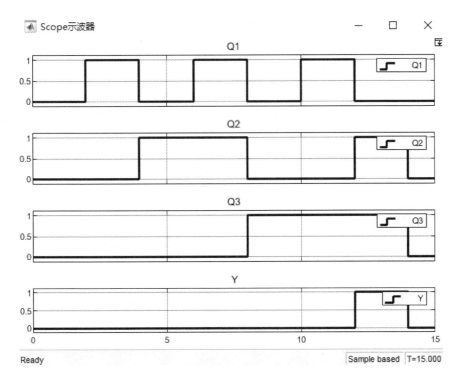

图 10 - 55 时序逻辑电路的时序仿真图

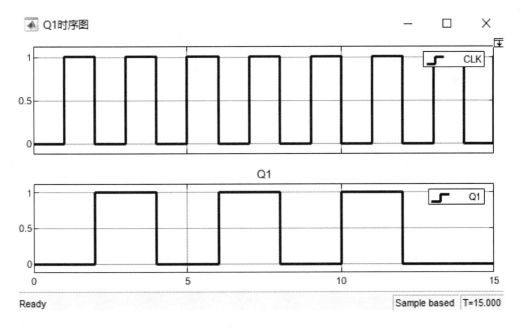

图 10 - 56 电路触发器 Q1 的状态时序仿真图

本章小结

本章主要讲解了电子电路的数学描述、直流电路和交流电路的常用分析方法,介绍了电子电路的仿真模块和步骤,并对直流电路、交流电路、整流电路和数字电路进行了建模与仿真。本章需要掌握直流电路和交流电路常用的分析方法,并能对直流电路、含半导体的交流电路、整流电路和数字电路进行建模与仿真,能够分析仿真结果并作出一定的判断。

思考练习题

1. 电子电路的常用分析方法有哪些?

2. 电子电路主要用到的仿真模块有哪些? 试描述它们的功能。

3. 简述直流电路和交流电路在仿真过程中的区别和联系。

4. 整流电路所用的主要仿真模块有哪些?

5. 数字电路包含哪两类电路? 试描述它们各自的建模仿真步骤。

6. 已知某直流电路图如图 10-18 所示,$R_1 = 18\ \Omega$,$R_2 = R_3 = 10\ \Omega$,$E_1 = 40\ \text{V}$,$E_2 = 100\ \text{V}$。求解 V_1、I_2 和 I_3。

7. 已知某交流电路图如图 10-24 所示,$R_1 = 18\ \Omega$,$R_2 = R_3 = 10\ \Omega$,$E_1 = 60\sin(314t)\,\text{V}$,$E_2 = 40\sin(314t + 60°)\,\text{V}$,绘制 I_1、I_2 和 V_3 曲线。

8. 已知某整流电路图如图 10-37 所示,已知单相交流电 $u = 220\sin(2\pi 60t)$,二极管导通电压 0.6 V,负载电阻 $R_L = 80\ \Omega$,要求直流输出电压 $U_o = 20\ \text{V}$。试选择整流二极管以及电容滤波器,并对其进行仿真。

9. 已知某时序逻辑电路图如图 10-57 所示,试分析该图时序电路的逻辑功能,写出时序电路的驱动方程、状态方程和输出方程,确定状态转换表,绘制时序图,建模仿真该时序电路并分析仿真结果。

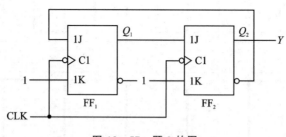

图 10-57　题 9 的图

第 11 章 电机建模与仿真

【内容要点】

◆ 电机仿真模块

◆ 他励直流电机启动、调速和制动过程建模与仿真

◆ 三相交流电机和单相交流电机的调速过程建模与仿真

◆ 二相步进电机建模与仿真

11.1 电机概述与仿真步骤

11.1.1 电机概述

电机是一种能量转换装置,通过电磁感应作用将电能转换成机械能。整体而言,电机可分为两大类:第一类是发电机,主要是将机械能转换成电能,通过原动机将各种一次蕴藏的能量转换成机械能,再把机械能转换成电能,经过输电、配电等程序将电能送往城市中各工矿企业、家庭等用电场合。第二类是电动机,主要是把电能转换成机械能,向各种机械设备提供动力,以满足不同设备对机械能的要求。由于一次能源的存在形式不同,因此发电装置也是不同的。本章对发电机不进行介绍和仿真,仅着眼于对常规电机的仿真,并不对微电机或者纳米电机进行仿真。变压器,主要是改变交流电的电压,也有改变相数、阻抗和相位的。实际应用的电机分类如图 11-1 所示。

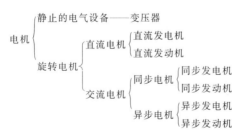

图 11-1 电机分类

对于电机,用到的定律主要有:基尔霍夫电压定律、基尔霍夫电流定律、磁路欧姆定律、磁路节点定律、安培环路定律(全电流定律)、法拉第电磁感应定律、电磁力定律、能量守恒定律和可逆性原理。

电机所用材料的功能,不外乎这五种:散热、导电、导磁、绝缘和机械支撑。铜是最常用的导电材料,电机绕组一般使用铜线制成。铝主要用于输电线路,当前主要使用铜铝复合导线。黄铜、青铜或钢用于制作集电环材料。碳-石墨、石墨、电化石用于制作电刷,为了降低接触电

阻、增强耐磨性,通常在电刷上镀一层厚度约 0.05 mm 的铜材料。钢铁是良好的导磁材料,通常用铸钢作为导磁材料。如果导磁通是交变的,为了减少铁芯中的涡流损耗,通常用硅钢片作为导磁材料,工业上称为电工钢片。云母、石英和瓷片等用作电机的绝缘材料。电机的机械支撑最好使用非磁性物质,如木材和竹片等。制造电机的材料和种类较多,对电机所用材料及性能有兴趣的读者,可以深入学习或展开相关工作。

电机系统常常是非线性的,要想深入理解电机的运行过程和状态,低成本的唯一方法就是利用仿真去理解电机,这对电机产品开发人员和分析人员更为重要。

本章将按照直流电机、交流电机、步进电机和变压器的顺序建模和仿真。

11.1.2　电机仿真步骤

在 Simulink 模块库中,电机建模与仿真主要使用 Simscape/Electrical/Electromechanical 模块库,如图 11-2 所示。

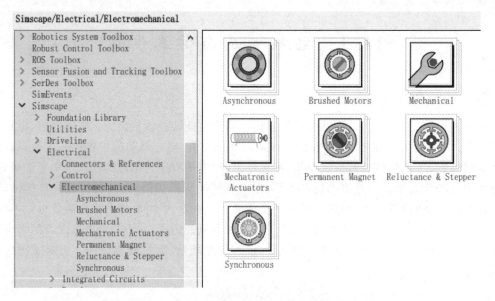

图 11-2　Electromechanical 电机系统仿真模块库

Electromechanical 电机系统仿真模块库主要包括:Asynchronous 异步电机模块库,Brushed Motors 有刷电机模块库,Mechnical 机械功率惯性模块库,Mechatronic Actuators 机电执行器模块库、Permanent Magnet 永磁电机模块库、Reluctance&Stepper 磁阻电机与步进电机模块库、Synchronous 同步电机模块库。至于具体模块,用户可自行参考 Electromechanical 模块库中的相关模块。

电机仿真步骤与前述系统的仿真步骤相似,具体如下:

第一步,明确仿真参数和主要仿真模块。

确定电机将要仿真的参数,以明确具体的仿真思路。根据仿真思想,将主要仿真模块置入仿真文件中。

第二步,建立仿真文件,将主要仿真模块置入仿真文件中。

在 MATLAB 仿真环境下,建立.mdl 或者.slx 仿真文件;从相关子模块库中选择仿真模块,将其置入仿真文件中。

第三步,按照一定的顺序搭建仿真模型,并包含被测的仿真参数。

所搭建的仿真模型参数可根据所给仿真图形、实物联线图或原理图,以及相关已知条件进行搭建。

第四步,在仿真模型的基础上,搭建参数提取部分,即参数检测部分。

将电压传感器、电流传感器接入仿真模型中,然后附以数据转换模块和显示模块,从而形成参数检测部分。

第五步,根据已知条件设置仿真模块参数,也包括模型运行参数设置,如求解器选择等。

第六步,运行图形化仿真模型,双击显示模块获取仿真参数,包括数字或曲线等。

若仿真模型比较复杂,还需要通过子系统实现整个仿真模型的模块化。

11.2　直流电机的建模与仿真

11.2.1　直流电机启动

根据励磁方式的不同,直流电机有他励、并励、串励、复励和永磁等方式。他励电机的励磁绕组和电枢绕组通常分别由两个独立电源供电,而并励电机的励磁绕组和电枢绕组并联后由同一个直流电源供电,其原理图如图 11-3、图 11-4 所示。

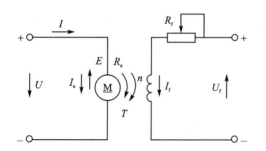

图 11-3　他励直流电机原理图

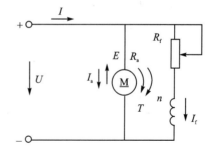

图 11-4　并励直流电机原理图

串励直流电机的励磁绕组与电枢绕组是串联关系,并且它们也使用同一直流电源供电。复励直流电机的主磁极上装有两个励磁绕组:一个与电枢绕组是串联关系,另一个与电枢绕组是并联关系,如图 11-5、图 11-6 所示。

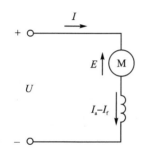

图 11-5　串励直流电机原理图

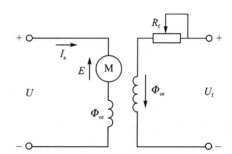

图 11-6　复励直流电机原理图

本节利用 Electromechanical 模块以他励直流电机启动为例仿真直流电机的启动。当电能施加给直流电机时,电机从静止状态开始运转,直至达到某一稳定转速时的过程称为直流机的启动。启动时电机转速 n 和反电动势 E 均为零。若将直流电机直接接入额定电压,则启动电流非常大,即

$$I_{start} = \frac{U_N}{R_a} \tag{11-1}$$

非常大的启动电流在电机转向的过程中容易引起火花,烧坏整流子,损坏机械传动部件。因此,为了限制电机的启动电流,通常有两种方法启动:一种是降压启动,即通过降低电源电压实现启动,电源电压随着转速 n 和反电动势 E 的增大而增大,直至达到额定电压 U_N 为止;另一种是串联外接电阻实现启动,即在电枢回路内串接启动电阻,随着转速 n 和反电动势 E 的增大而不断减小串联电阻,从而达到限制启动电流的目的。

1. 他励直流电机电源降压启动建模及仿真步骤

具体仿真步骤如下:

第一步,明确仿真参数和主要仿真模块。

仿真参数包括电机的转速 n、电枢电流 I 和转矩 T。主要仿真模块有:DC Voltage Source(直流电压源)、DC machine(直流电机)、Breaker(断路器)、Voltage Measurement(电压测量)、Scope 等。

第二步,建立.mdl 仿真文件,从 SimPowerSystems 模块库中选择主要仿真模块置入其中。

第三步,按照一定顺序搭建图 11-3 所示电路图的仿真模型,并且要含有被测的仿真参数,如图 11-7 所示。

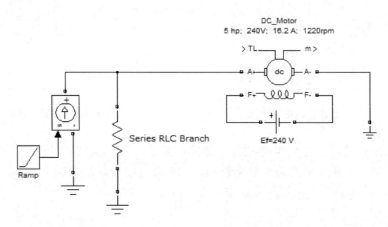

图 11-7　他励直流电机直接启动仿真模型

为了使电压源的电压由小到大变化,图 11-7 采用了外控电流源,外控电流源随着外控斜坡信号实际电流的线性增大,同时由于 Series RLC Branch 电阻与电流源是并联关系,因此 Series RLC Branch 电阻与外控电流源合起来就等效于电压源,其线性增大的过程就等效于电压源线性增大的过程。他励直流电源电压为 240 V。相应的元器件可在 SimPowerSystems 仿真模块库中找到,在此不一一列举。

第四步,在仿真模型的基础上搭建参数提取部分,即参数检测部分。

将 Ideal Voltage Measurement(理想电压测量仿真模块)、Bus Selector(总线选择模块,在

Simulink Commonly Used Blocks 子模块库中)、Scope(在 Simulink Source 子模块库中)、XY Graph(在 Simulink Source 子模块库中)和 Powergui(仿真模型环境设置与分析模块)置入仿真模型图 11－7 中，并进行连线，形成参数检测部分，如图 11－8 所示。

DC_Motor
5 hp; 240V; 16.2 A; 1220rpm
TL
m
A+
dc
A-
F+
F-
Ef=240 V
Gain
Ramp
Va
<Speed wm (rad/s)>
<Armature current ia (A)>
<Electrical torque Te (n m)>
Scope
XY Graph
Continuous
Powergui

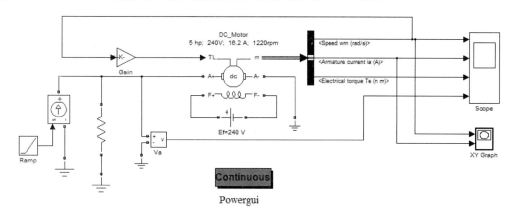

图 11－8　他励直流电机电源降压启动图形化仿真模型

第五步，根据已知条件设置模块仿真参数，包括模型运行参数设置，如求解器选择等。

外控电流源信号采用斜坡信号，斜率为 5；Series RLC Branch 模块参数 Branch type 设为 R，电阻值为 10 000 Ω，他励直流电源电压为 240 V，Gain 放大倍数为 0.21，其他相关参数设置如图 11－9～图 11－12 所示。

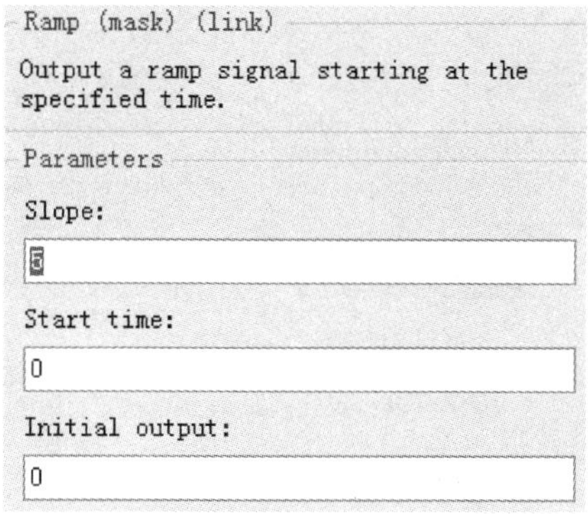

Ramp (mask) (link)
Output a ramp signal starting at the specified time.
Parameters
Slope:
5
Start time:
0
Initial output:
0

图 11－9　斜坡信号参数设置

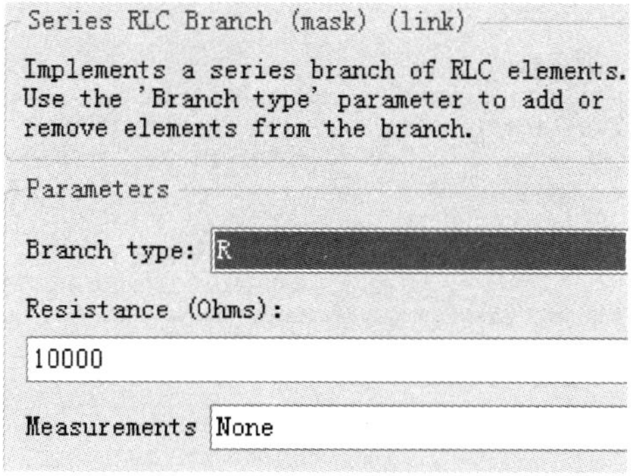

Series RLC Branch (mask) (link)
Implements a series branch of RLC elements.
Use the 'Branch type' parameter to add or remove elements from the branch.
Parameters
Branch type: R
Resistance (Ohms):
10000
Measurements None

图 11－10　串联 RLC 支路参数设置

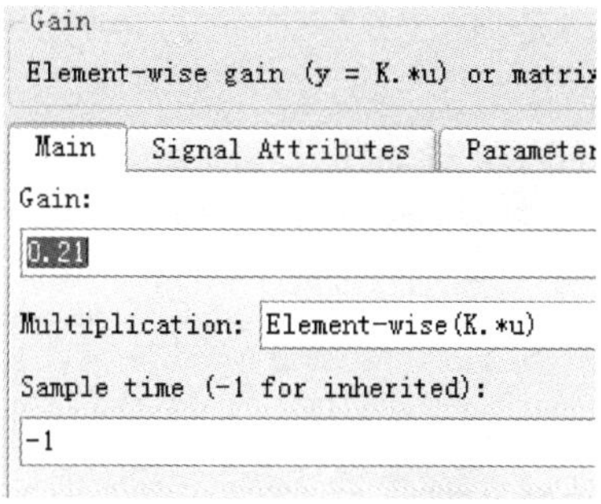

Gain
Element-wise gain (y = K.*u) or matrix
Main
Signal Attributes
Parameter
Gain:
0.21
Multiplication: Element-wise(K.*u)
Sample time (-1 for inherited):
-1

图 11－11　Gain 参数设置(1)

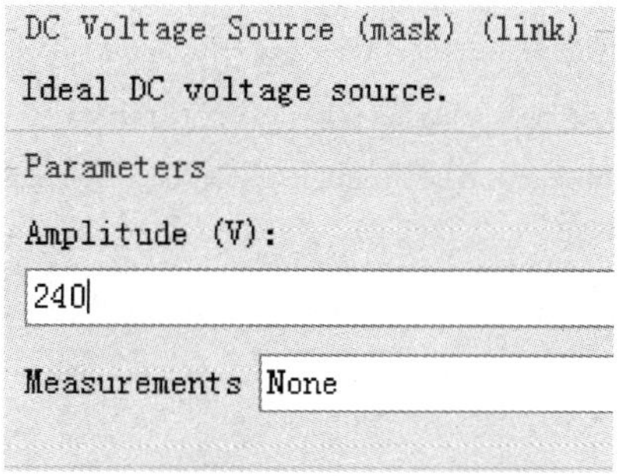

DC Voltage Source (mask) (link)
Ideal DC voltage source.
Parameters
Amplitude (V):
240
Measurements None

图 11－12　直流电压源参数设置

　　他励直流电机和求解器的参数设置如图 11 - 13 和图 11 - 14 所示。此参数根据常用的电机数据,并不是唯一的设置参数;求解器选择 ode23,运行时间为 10 s。

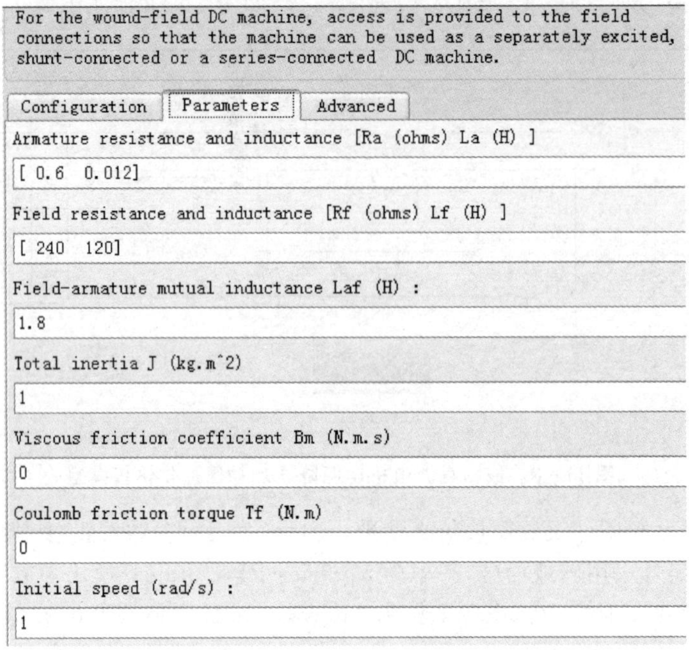

```
For the wound-field DC machine, access is provided to the field
connections so that the machine can be used as a separately excited,
shunt-connected or a series-connected  DC machine.

 Configuration    Parameters    Advanced

Armature resistance and inductance [Ra (ohms) La (H) ]
[ 0.6  0.012]

Field resistance and inductance [Rf (ohms) Lf (H) ]
[ 240  120]

Field-armature mutual inductance Laf (H) :
1.8

Total inertia J (kg.m^2)
1

Viscous friction coefficient Bm (N.m.s)
0

Coulomb friction torque Tf (N.m)
0

Initial speed (rad/s) :
1
```

图 11 - 13　他励直流电机参数设置

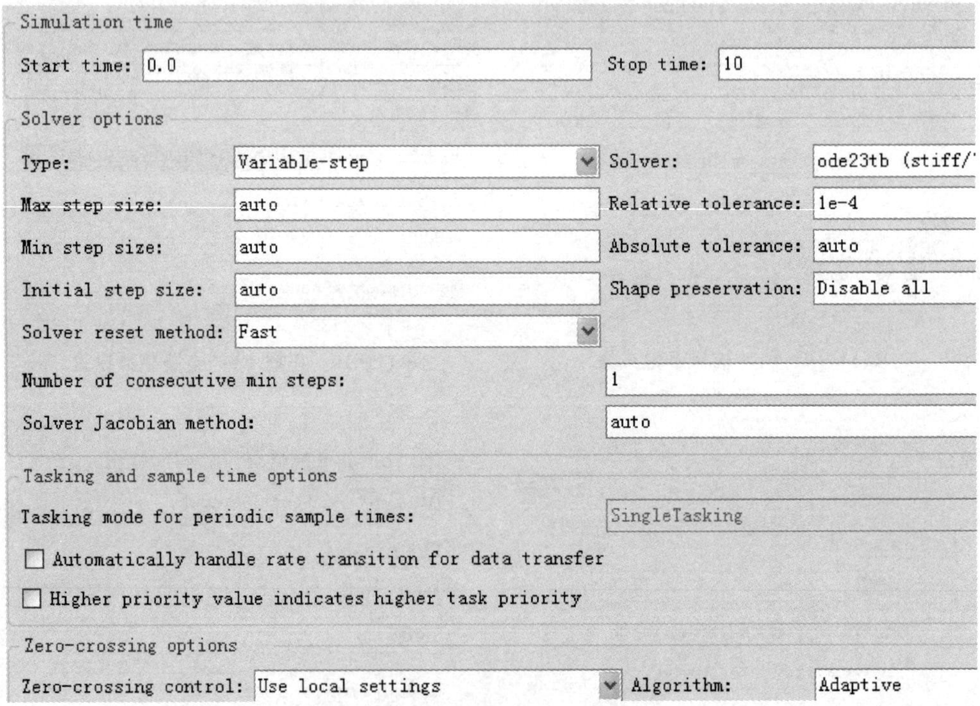

```
Simulation time
 Start time: 0.0                           Stop time: 10

Solver options
 Type:            Variable-step          Solver:       ode23tb (stiff/
 Max step size:   auto                   Relative tolerance: 1e-4
 Min step size:   auto                   Absolute tolerance: auto
 Initial step size: auto                 Shape preservation: Disable all
 Solver reset method: Fast
 Number of consecutive min steps:        1
 Solver Jacobian method:                 auto

Tasking and sample time options
 Tasking mode for periodic sample times:  SingleTasking
 [ ] Automatically handle rate transition for data transfer
 [ ] Higher priority value indicates higher task priority

Zero-crossing options
 Zero-crossing control: Use local settings    Algorithm:   Adaptive
```

图 11 - 14　求解器仿真参数设置(1)

双击 Powergui 仿真模块,再单击 Configure Parameter 按钮,在弹出的对话框中选择仿真环境类型为 Continuous。

第六步,运行图形化仿真模型,双击 Scope 显示模块得到转速、电枢电流、转矩以及电源电压仿真曲线,如图 11-15 所示,双击 XY Graph 显示模块得到转速与电枢电流关系曲线,如图 11-16 所示。

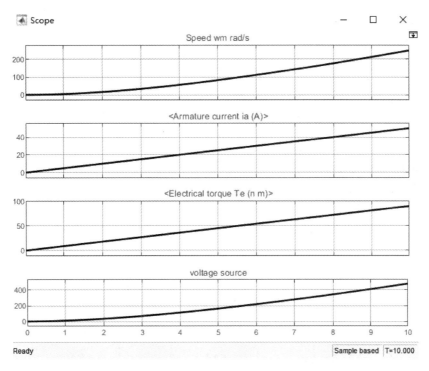

图 11-15　他励直流电机电源降压启动时参数仿真曲线图

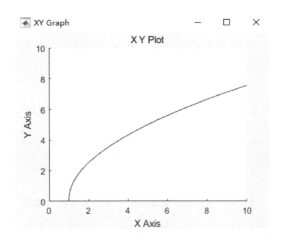

图 11-16　他励直流电机电源降压启动时转速与电枢电流关系曲线图

2. 他励直流电机串联外接电阻启动建模及仿真步骤

他励直流电机串联外接电阻启动的过程与电源降压启动过程相似,不同的是,电流源要改成电压源,在图 11-3 中增加一个外接电子系统模块、开关模块和定时器模块。串联外接电阻从第三步开始,因为串联外接电阻启动的前两步与电源降压启动的前两步是相同的。

　　按照一定顺序搭建如图 11-3 所示电路图的仿真模型,并且要含有被测的仿真参数,如图 11-17 所示。

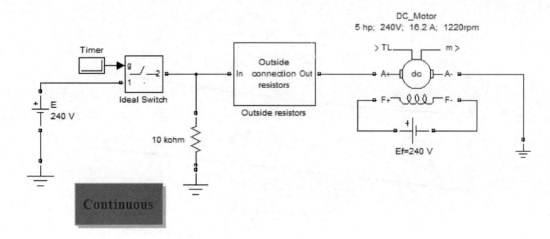

图 11-17　串联外接电阻仿真模型(依据图 11-3 搭建)

图 11-17 中的 Outside resistors 子系统仿真结构如图 11-18 所示。其建立过程如下:

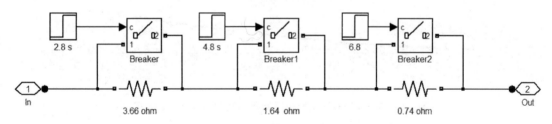

图 11-18　Outside resistors 子系统仿真结构

　　① 选择电阻并从 Edit 菜单中选择 Create Subsystems 命令,进入构建子系统窗口中,如图 11-19 所示。

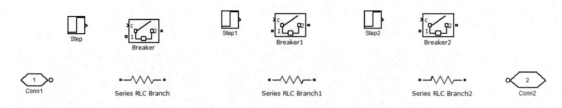

图 11-19　Outside resistors 子系统所需要的模块

　　② 将串联电阻 Outside resistors 子系统所需模块放置到合适的位置;按照图 11-18 所示子系统模块将各模块连接起来,如图 11-20 所示。

　　③ 对 Outside resistors 子系统中各模块进行参数设置。对图 11-20 中各电阻阻值进行设置,依次分别是 3.66 Ω、1.64 Ω 和 0.74 Ω;然后再对各阶跃响应信号进行设置,依次分别为

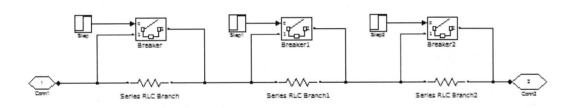

图 11 - 20　Outside resistors 子系统连线图

2.8 s、4.8 s、6.8 s。同时将图 11 - 20 中各标签名称更换为对应模块的设置参数,结果如图 11 - 18 所示;返回仿真模型文件。

④ 对子系统进行标签显示设置。选择子系统右击,在弹出的快捷菜单中选择 Edit Mask 命令,弹出对话框,设置显示标签,如图 11 - 21 所示。

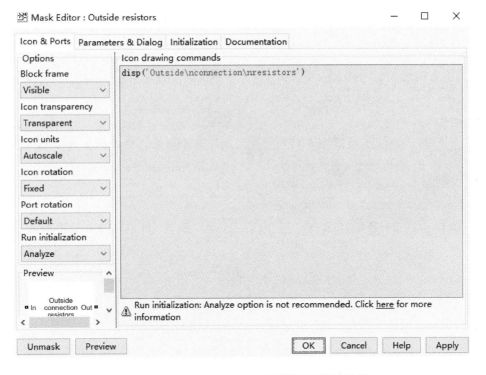

图 11 - 21　Outside resistors 子系统显示标签设置

后续仿真步骤如下:

第四步,在仿真模型的基础上搭建参数提取部分,即形成参数检测部分。

将 Ideal Voltage Measurement、Bus Selector、Scope、XY Graph 和 Powergu 置入仿真模型图 11 - 17 中,并进行连线,形成参数检测部分,如图 11 - 22 所示。

第五步,设置模块仿真参数,如图 11 - 23~图 11 - 27 所示。

选择 ode23 求解器,运行时间为 10 s,运行图 11 - 22 所示的图形化仿真模型。

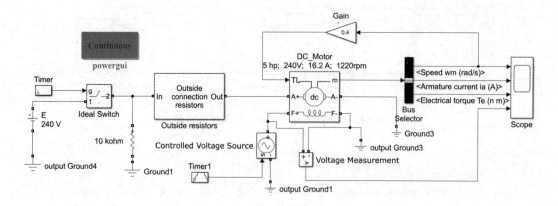

图 11 - 22　他励直流电机串联外接电阻启动图形化仿真模型

Timer (mask) (link)

Generates a signal changing at specified times.

If a signal value is not specified at time zero, the output is kept at 0 until the first specified transition time.

Parameters

Time (s):

[0 0.5]

Amplitude:

[0 2]

图 11 - 23　定时器参数设置(1)

Gain

Element-wise gain (y = K.*u) or matrix g

| Main | Signal Attributes | Parameter A |

Gain:

0.4

Multiplication: Element-wise(K.*u)

Sample time (-1 for inherited):

-1

图 11 - 24　Gain 参数设置(2)

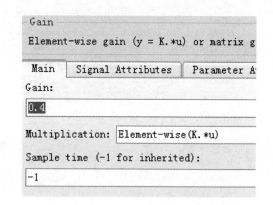

Block Parameters: DC_Motor 5 hp; 240V; 16.2 A; 1220rpm　　×

DC machine (mask) (link)

Implements a (wound-field or permanent magnet) DC machine.
For the wound-field DC machine, access is provided to the field connections so that the machine can be used as a separately excited, shunt-connected or a series-connected DC machine.

Configuration　Parameters　Advanced

Armature resistance and inductance [Ra (ohms) La (H)]　[0.6 0.012]

Field resistance and inductance [Rf (ohms) Lf (H)]　[240 120]

Field-armature mutual inductance Laf (H) :　1.8

Total inertia J (kg.m^2)　1

Viscous friction coefficient Bm (N.m.s)　0

Coulomb friction torque Tf (N.m)　0

Initial speed (rad/s)　1

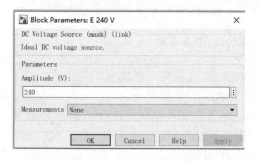

Block Parameters: E 240 V　　×

DC Voltage Source (mask) (link)

Ideal DC voltage source.

Parameters

Amplitude (V):

240

Measurements None

OK　Cancel　Help　Apply

图 11 - 25　直流电压 E 240 V 参数设置

OK　Cancel　Help　Apply

图 11 - 26　直流电机参数设置

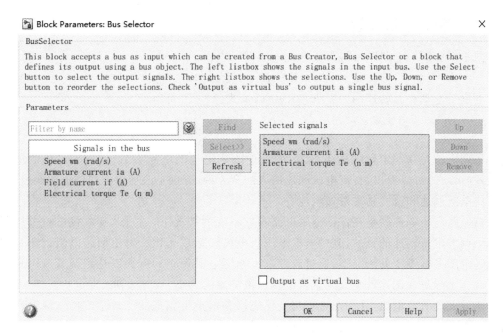

图 11 - 27　总线选择器参数选择(1)

第六步,双击 Scope 显示模块获取电机转速、电枢电流、转矩和电源电压在启动过程中的仿真曲线,如图 11 - 28 所示。

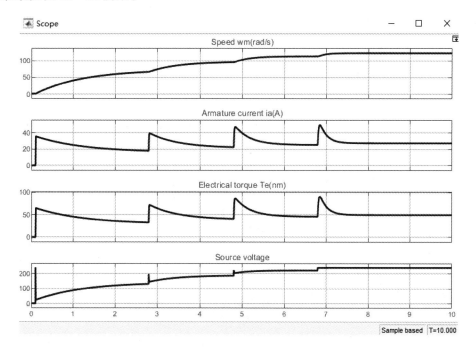

图 11 - 28　他励直流电机串联外接电阻启动时参数仿真曲线图

11.2.2　直流电机调速

由图 11-3 所示电路图可得直流电机电压平衡方程:

$$U = E + I_a R_a \qquad (11-2)$$

由电机反电动势与转速的关系 $E = K\phi n$ 以及式(11-2)可得

$$n = \frac{U}{K\phi} - \frac{I_a}{K\phi} R_a \qquad (11-3)$$

电机调速就是在一定负载的条件下,人为地改变电机的电路参数,以改变电机的稳定转速。从式(11-3)可以看出,直流电机调速的方法有 3 种,分别是改变电枢回路电压调速、改变电枢回路电阻调速和改变励磁磁通调速。

电枢回路电压调速就是在保证他励电路参数不变的情况下,通过改变电机电枢电压的方式以达到调节电机转速的目的,其中电枢电压与电机转速成正比。电枢回路电阻调速就是在保证他励电路参数不变的情况下,通过改变电机电枢电阻大小的方式以达到调节电机转速的目的。改变励磁磁通调速就是改变直流电机励磁电流的大小,从而达到改变电机转速的目的。不同励磁方式的直流电机,其调速过程与变化规律基本上是相似的。本小节仍以他励直流电机为例分别讲述他励直流电机的电枢回路电压调速和励磁磁通调速。

1. 他励直流电机电枢回路电压调速建模及仿真步骤

通常调速包括电机转速的加速、保持和减速过程,因此电枢回路电压调速的仿真模型也应该包括加速、保持和减速过程。

具体仿真步骤如下:

第一步,明确仿真参数以及主要仿真模块。

第二步,建立. mdl 仿真文件,从 SimPowerSystems 模块库中选择主要仿真模块置入其中。

第三步,按照一定顺序搭建如图 11-3 所示电路图的仿真模型,并且电路图中要含有被测的仿真参数,将对直流电机电枢电源降压启动方式进行改造,改造的结果如图 11-29 所示。

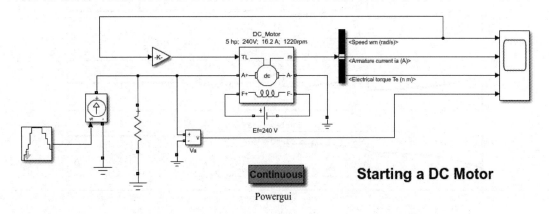

图 11-29　他励直流电机电枢回路电压调速仿真模型

以上 3 步同他励直流电机启动过程建模与仿真步骤。其他参数与直流电机启动的参数相同,不同的是利用定时器控制电流的电流输出。定时器的参数设置如图 11-30 所示。

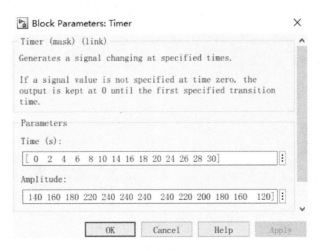

图 11 - 30　定时器参数设置(2)

第四步,选择 ode23 求解器,设置电机从启动、保持到降速的总时间为 35 s,运行图 11 - 29 所示的仿真模型。

第五步,双击 Scope 显示模块得到电机的转速、电枢电流、输出转矩、电源电压的仿真曲线,如图 11 - 31 所示。

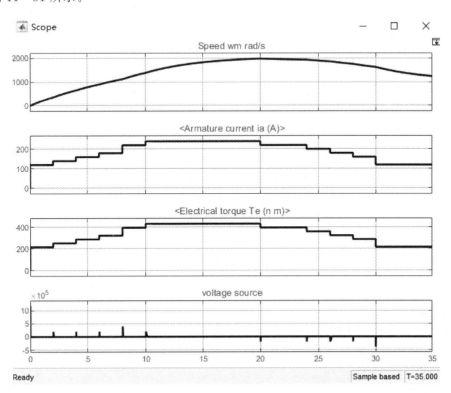

图 11 - 31　他励直流电机调速过程中的参数仿真曲线图

2. 他励直流电机励磁磁通调速建模与仿真步骤

励磁磁通调速建模与仿真在图 11-22 的基础上进行改造。前三步与他励直流电机建模与仿真过程相同。下面从他励直流电机建模与仿真过程的第四步开始,改造的图如图 11-32 所示。

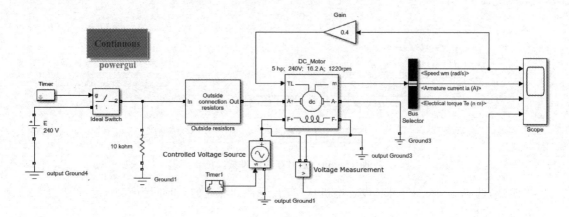

图 11-32　他励直流电机励磁磁通调速仿真模型

对图 11-32 仿真模型的 Timer1 进行参数设置,如图 11-33 所示。

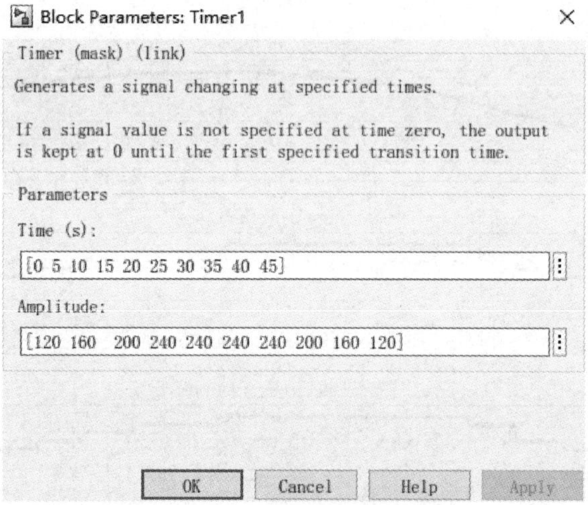

图 11-33　Timer1 参数设置

选择 ode23t 求解器,设置仿真运行时间为 50 s,运行图 11-32 所示模型。在该仿真模型中,增加了电压传感器 Voltage Measurement,以检测他励电磁绕组两端电压的变化。他励电路中定时器用来控制他励电路电源电压的变化,不在同时刻定时对应的幅值是不同的,通过幅值的增大、保持、减小,从而使他励绕组所产生的磁通也能实现增大、保持、减小的过程,进而实现调速的目的。

双击 Scope 模块,可得他励直流电机电磁磁通调速电机转速、电枢电流、转矩和电源电压的仿真曲线,如图 11-34 所示。

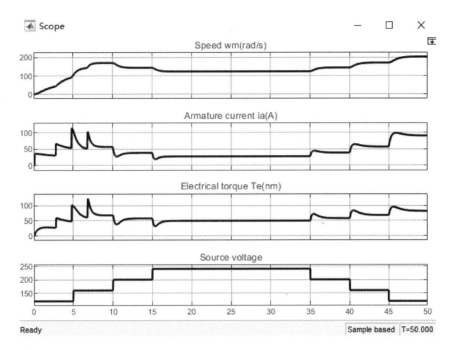

图 11-34 他励直流电机励磁磁通调速过程中的参数仿真曲线图

11.2.3 直流电机制动

在实际生产实践中,电机拖动的机电系统有启动要求,也必然有停止要求。启动是从静止加到某一稳定速度的过程,制动的过程则与启动相反,即从某一稳定速度开始,减到某一较低的转速或停止。

从能量的角度看,电机有两种状态,即电动状态和制动状态。电动状态就是电机的转矩 T_M 与转速 n 方向相同;制动状态就是电机的输出转矩 T_m 与转速 n 方向相反。根据他励直流电机的外部条件与能量传递情况,电机的制动状态可分为能耗制动、反接制动和反馈制动。

1. 能耗制动建模与仿真

电机在电动状态运行时,若外施电压 U 突然降为零,这时电机便处于能耗制动状态。由式(11-2)可得

$$I_a = \frac{U-E}{R_a} = -\frac{E}{R_a} \tag{11-4}$$

当流过电机的电流 I_a 与原来的方向相反时,电机的转矩发生变化,最终实现电机的制动。假设电机外接串联电阻 R_d,则电机处于制动状态时的反电动势为

$$E = -I_a(R_a + R_d) \tag{11-5}$$

由 $E = K_e \phi n$ 和 $I_a = \dfrac{T}{K_f \phi}$ 可知,处于制动状态下的电机转速为

$$n = -\frac{T}{K_e K_f \phi^2}(R_a + R_d) \tag{11-6}$$

能耗制动的建模与仿真步骤如下：

第一步,明确仿真参数和主要仿真模块。

能耗制动的过程表现在电机上就是电机的转速不断减小为零或降低为某一恒定值,电机的转速仍是主要的仿真参数。

能耗制动仿真的主要思路：利用定时器将电枢电源电压突然置零,然后让电机自由降速。

所需要的主要仿真模块有：Controlled Voltage Source(可控电压源)、DC_Motor(他励直流电机)、Series RLC Branch(串联 RLC 支路)、Voltage Measurement(电压测量)、Bus Selector(总线选择器)、Gain(放大器)、Timer(定时器)等。

第二步,建立.mdl 仿真文件,从 SimPowerSystems 模块库中选择主要仿真模块置入其中。

第三步,按照一定顺序搭建如图 11-3 所示电路图的仿真模型,并且电路图中要含有被测的仿真参数,利用定时器将直流电机电枢电源电压置为零,实现电机的能耗制动,如图 11-35 所示。

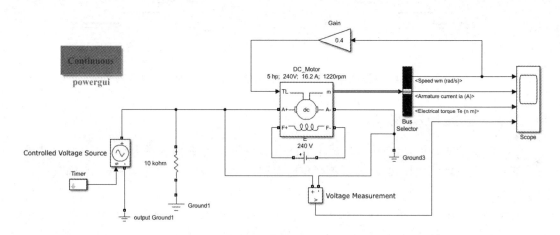

图 11-35　能耗制动仿真模型

第四步,设置模块仿真参数,如图 11-36、图 11-37 所示。

除电枢电源电压参数需要设置外,其余参数与他励直流电机启动仿真模型参数是相同的。在此不过多重复,用户可参考他励直流电机启动仿真模块的参数设置。图 11-35 采用可控直流电压源,作为能耗制动的电枢电压源,以模仿直流电机的实际过程。

第五步,仿真模型参数设置：选择 ode23t 求解器,运行时间为 1.5 s。

第六步,运行图 11-35 所示电机能耗制动仿真模型,双击 Scope 显示模块得到电机转速、电枢电流、转矩和电源电压的变化曲线,如图 11-38 所示。

2. 反接制动建模与仿真

他励直流电机的反接制动就是将直流电机电枢电源电压方向改变,从而改变电枢电流方向,以达到电机制动的目的。反接制动仍以图 11-35 为例,不同的是,对电源电压的控制由某一正值转换成等值的负值。图 11-35 所示的定时器参数设置如图 11-39 所示。

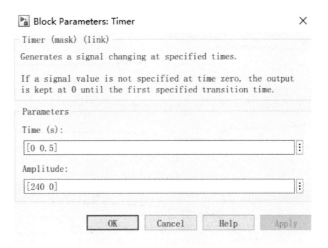

图 11-36　定时器参数设置(3)

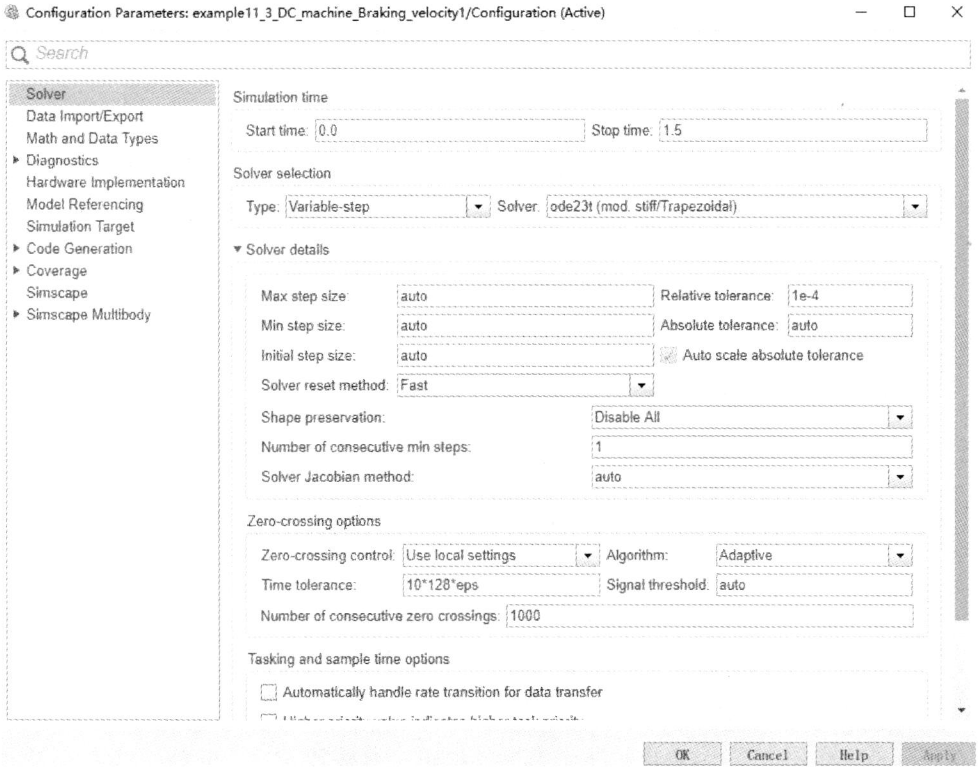

图 11-37　求解器仿真参数设置(2)

　　仍然选择 ode23t 求解器,设置仿真运行时间为 1 s。运行仿真模型后,双击 Scope 显示模块,可得反接制动方式下电机的参数仿真曲线,如图 11-40 所示。

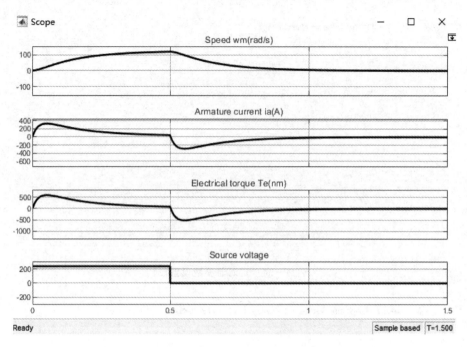

图 11 - 38　能耗制动方式下电机的参数仿真曲线图

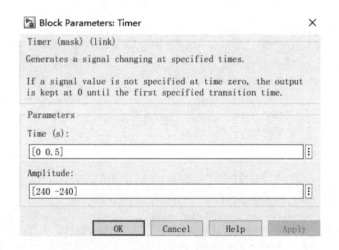

图 11 - 39　定时器参数设置(4)

3. 反馈制动建模与仿真

在外部条件作用力下,当电机转速 n 大于其理想空载转速 n_0 时,电机反电动势大于电枢电压,电枢电流 I_a 小于零,此时转矩 T_M 方向发生改变,对电机转速起到了制动的作用,所以最终实现了电机的制动。电机理想空载转速:

$$n_0 = \frac{U_N}{K_e \phi_N} \tag{11-7}$$

式中,U_N——电机额定电压;

ϕ_N——电机额定磁通。

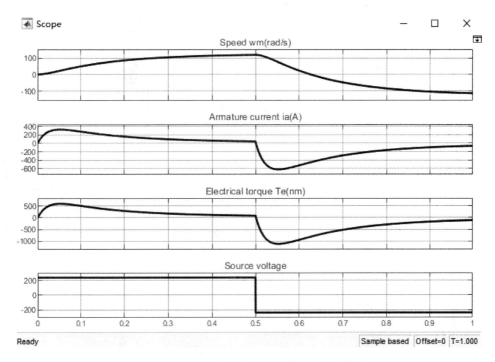

图 11 - 40　反接制动方式下电机的参数仿真曲线图

　　由于电机反馈制动时吸收功率,因此在进行电机反馈制动之前,有必要将电机的负载设置为负值,这时电机相当于发电机。在图 11 - 35 中,将负载转矩 T_L 设置为负常量,负载转矩不宜过大,否则容易造成结果不良,将常量设置为 −80,定时器参数设置如图 11 - 41 所示。反馈制动仿真模型如图 11 - 42 所示。

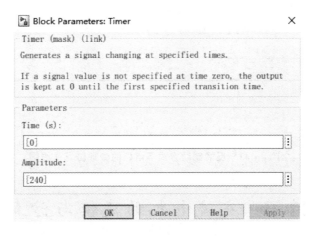

图 11 - 41　定时器参数设置(5)

　　选择变步长类型、ode23t 求解器,设置运行时间为 5 s。运行图 11 - 42 仿真模型后,双击 Scope 仿真模块,可得反馈制动方式下电机的参数仿真曲线,如图 11 - 43 所示。

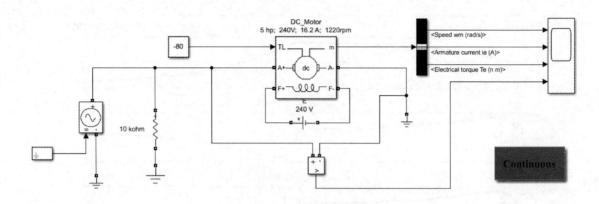

图 11 - 42　反馈制动仿真模型

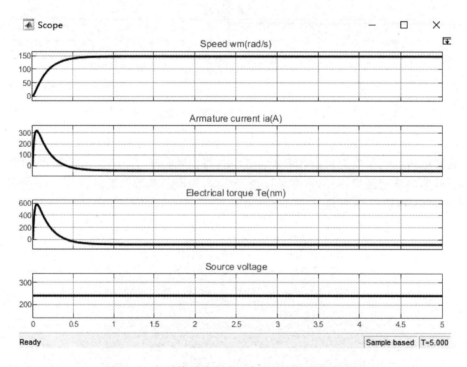

图 11 - 43　反馈制动方式下电机的参数仿真曲线图

11.3　交流电机的建模与仿真

　　交流电机是将交流电转换成机械能的重要旋转设备。交流电机可分为异步电机和同步电机。异步电机的基本原理与直流电机相同,所不同的是磁场是由定子绕组内电流产生合成磁场,并且磁场是以电机转轴为中心在空间不停地旋转,因此该合成磁场也可称为旋转磁场。三相异步电机绕组内的磁场就是旋转磁场。由于转子绕组与磁场间存在相对运动,所以转子绕组也被迫切割磁力线,根据法拉弟电磁感应定律,通电绕组必然产生安培力和电磁转矩,从而使转子转动起来,实现能量转换。下面对交流电机进行建模与仿真。

1. 三相异步电机建模与仿真

三相异步电机基本参数如下:

工作电压:380 V;　　工作频率:50 Hz;　　功率:4 kW;　　额定转速:1 440 r/min

绝缘等级:B级;　　　电流:8.7 A;　　　噪声值:74 dB;　　质量:49 kg

三相异步电机建模仿真步骤如下:

第一步,明确仿真参数与主要仿真模块。

仿真参数主要有转子、定子的电流,转子转速,转子转角,转矩。

主要仿真模块有:Asynchronous Machine(三相异步电机)、Three-phase Braker(三相断路器)、Programmable Voltage Source(三相交流电压源)、Three-phase Series RLC Load(三相串联 RLC 负载)、Ground(接地)、Voltage Measurement(电压测量)、Constant(常量)、Bus selector(信号选择器)、Scope(显示)。

第二步,建立.mdl 仿真文件,将主要仿真模块置入其中。

第三步,搭建仿真模型,如图 11 - 44 所示。

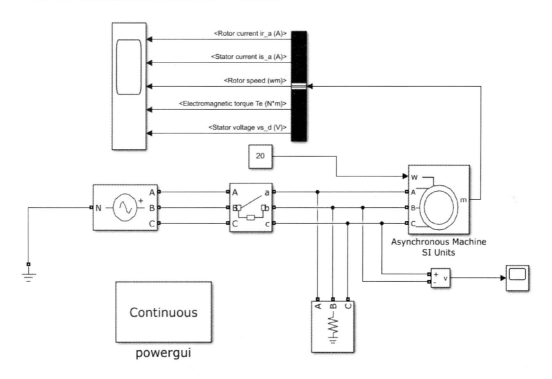

图 11 - 44　三相异步电机仿真模型

第四步,仿真模块参数设置如图 11 - 45～图 11 - 49。

选择要显示的参数:Rotor Current(转子电流)、Stator Current(定子电流)、Rotor Speed(转子转速)、Electromagnetic Torque(电机转矩)和 Stator Voltage(定子电压)。

图 11 - 45　三相可编程电压源参数设置

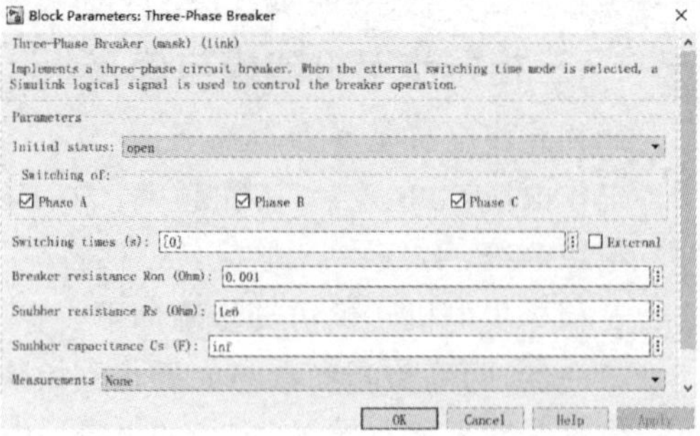

图 11 - 46　三相断路器参数设置

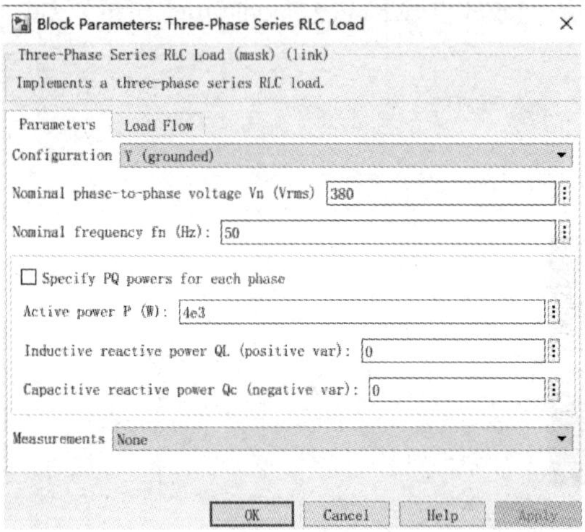

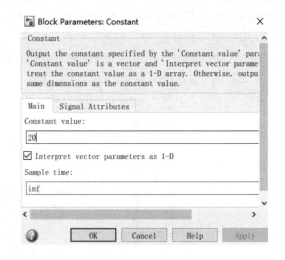

图 11 - 47　三相串联 RLC 负载参数设置

图 11 - 48　常量参数设置

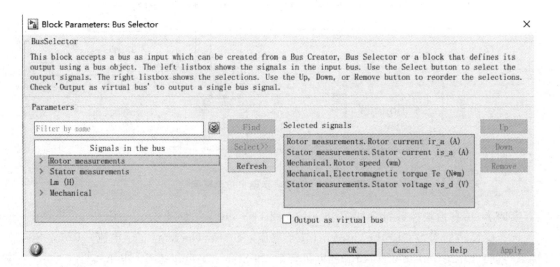

图 11 - 49　总线选择器参数选择(2)

根据前面所给电机参数,三相异步电机的参数设置如图 11-50、图 11-51 所示。采用扭矩输入、鼠笼式异步电机,以转子作为参考。

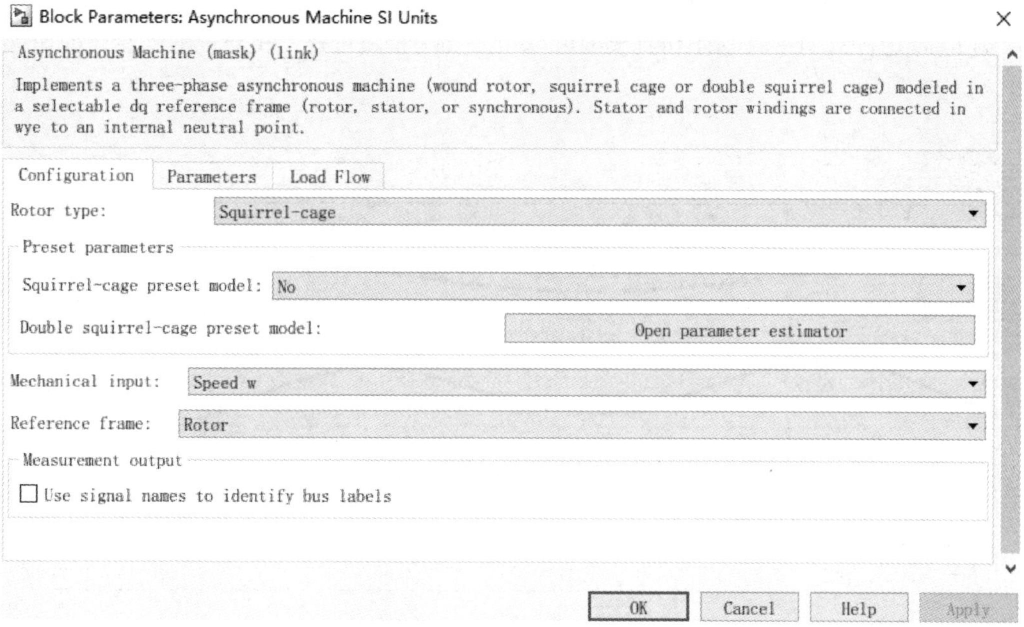

图 11-50　三相异步电机 Configuration 配置

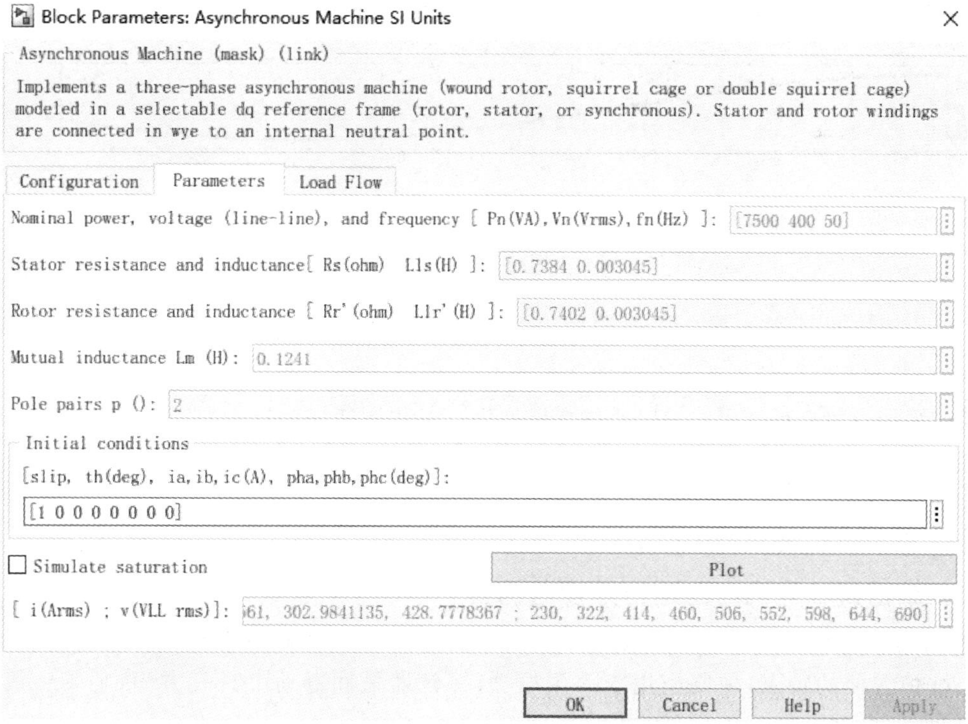

图 11-51　三相异步电机 Parameters 配置

同时,单击 Scope 模块,选择 Parameters 属性选项,在弹出的对话框中设置参数,将输出端口数量设置为 5,因为总线选择中共有 5 个要显示的参数。

选择变步长类型 ode113(adams)求解器,设置运行时间为 0.2 s。

第五步,运行图 11-44 所示仿真模型后,双击 Scope 模块可得三相异步电机参数仿真曲线,如图 11-52 所示。

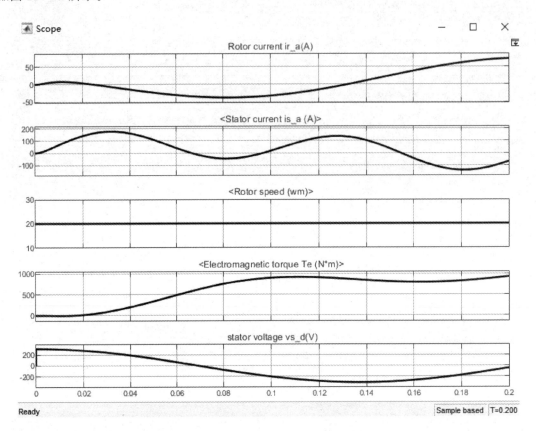

图 11-52　三相异步电机参数仿真曲线图

2. 三相异步电机变频调速建模与仿真

变频调速是三相异步交流电机的主要方法。采用星形结构,仿真模型如图 11-53 所示(建模过程用户可自行分析),并以此仿真模型进行变频调速。此例中只需改变电枢电压控制端的频率即可。

将 Three-phase Programmable Voltage Source 模块的频率改为 10 Hz、50 Hz、100 Hz 后重新运行仿真模型,得到仿真曲线如图 11-54、图 11-55、图 11-56 所示。

3. 单相异步电机启动运行建模与仿真

单相异步电机就是单相交流电源供电的异步电机。这种电机具有结构简单、价格低廉、噪声小、维护方便的特点,主要应用于家用电器、医疗器械和电动工具等方面,功率一般都在 1 kW 以下。

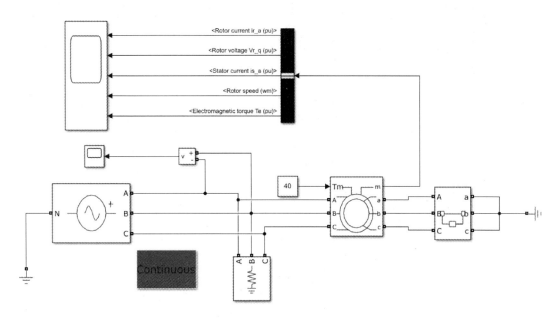

图 11 - 53　三相异步电机调频图形化仿真模型

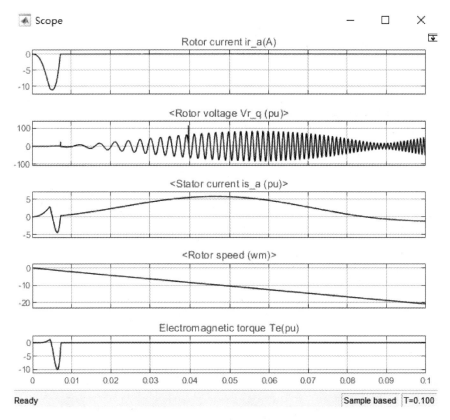

图 11 - 54　频率为 10 Hz 异步电机 m 端输出的参数仿真曲线图

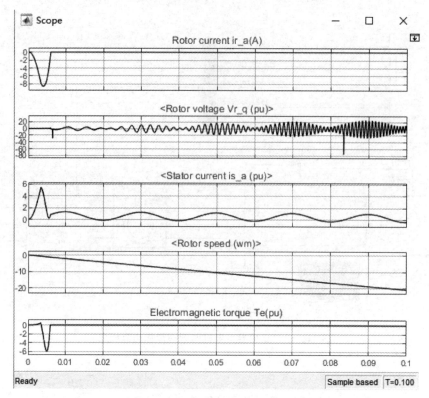

图 11 - 55　频率为 50 Hz 异步电机 m 端输出的参数仿真曲线图

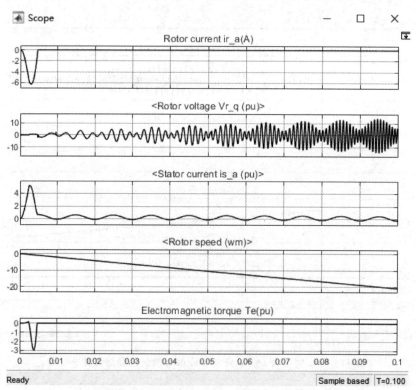

图 11 - 56　频率为 100 Hz 异步电机 m 端输出的参数仿真曲线图

单相异步电机的工作原理与三相异步电机的原理相似，都是定子产生旋转磁场，进而在转子绕组中产生感应电动势、感应电流和转矩。但是，单相异步电机的绕组是单相的，单相交流电产生的磁场是脉冲的，并不旋转；因此单相异步电机没有启动的能力，靠外力施加的启动转矩启动后才能稳定转动。下面以电容分相式异步电机的启动为例说明单相异步电机启动的建模与仿真。电容分相式异步电机的接线原理如图 11 - 57 所示。

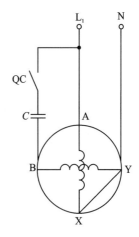

图 11 - 57　电容分相式
异步电机接线图

从图 11 - 57 可以看出：定子上有两个绕组 AX 和 BY，BY 为启动绕组，AX 为运行绕组。它被嵌在定子的铁芯里，两组绕组的轴线在空间上相互垂直。在启动绕组 BY 电路中串有电容 C，选择适当参数使该绕组中电流在相位上超前绕组 AX 的电流 $\dfrac{\pi}{2}$，产生一旋转磁场，使其自行启动。电机启动以后，当达到额定值后，借助离心力的作用使开关 QC 打开，此后电机就可单相运行了。

例 11 - 1　已知单相异步电机工作电压 110 V，工作频率 60 Hz，采用绕线式结构，定子中含有两个互垂直的绕组，其中一个绕组中串联一电容 255×10^{-6} F，单相交流电源电压为 $u(t) = 110\sqrt{2}\sin\left(2\pi 60t + \dfrac{\pi}{2}\right)$。试对该单相异电机的启动与运行进行建模与仿真。

思路分析：利用电容分相式电机仿真模块和单相交流电源就可以模仿电机的启动运行过程，然后利用总线选择器和 Scope 显示模块就可以得到相关参数的变化曲线。

具体仿真步骤如下：

第一步，明确仿真参数及主要仿真模块。

主要仿真参数有：Main Winding Current（主绕组 AX 电流）、Auxillary Winding Current（辅助绕组 BY 电流）、Capacitor Voltage（电容器电压）、Rotor Speed（转子转速）、ElectroMagnetic Torque Te（电磁扭矩）。

主要仿真模块有：AC Voltage source（交流电压源）、Current Measurement（电流测量）、Single-phase Asynchronous Motor（单相异步电机）、Bus Selector（总线选择器）、Scope 等模块。

第二步，建立 .mdl 仿真文件，将主要仿真模块置入其中。

第三步，搭建仿真模型，如图 11 - 58 所示。

第四步，仿真模块参数设置，如图 11 - 59～图 11 - 65 所示。

选择变步长类型、ode23 求解器，设置运行时间为 2 s。

第五步，运行图 11 - 58 所示仿真模型后，双击 Scope 模块可得单相异步电机启动和运行中参数仿真曲线，如图 11 - 66 所示。

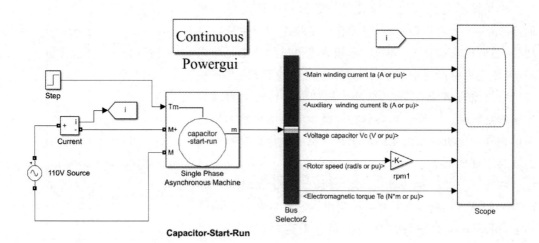

图 11-58　单相异步电机仿真模型

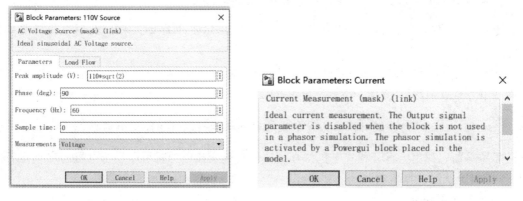

图 11-59　单相交流电压源 Parameters 参数设置　　　　图 11-60　电流测量参数设置

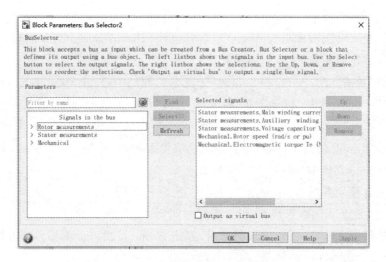

图 11-61　总线选择器参数选择(3)

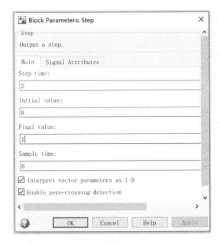

图 11 − 62　阶跃信号参数设置

图 11 − 63　Gain 参数设置(3)

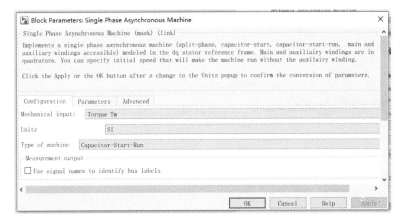

图 11 − 64　单相异步电机 Gonfiguration 配置

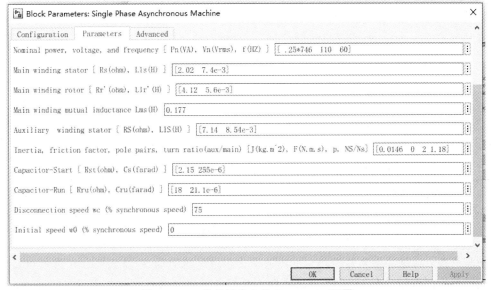

图 11 − 65　单相异步电机 Parameters 配置

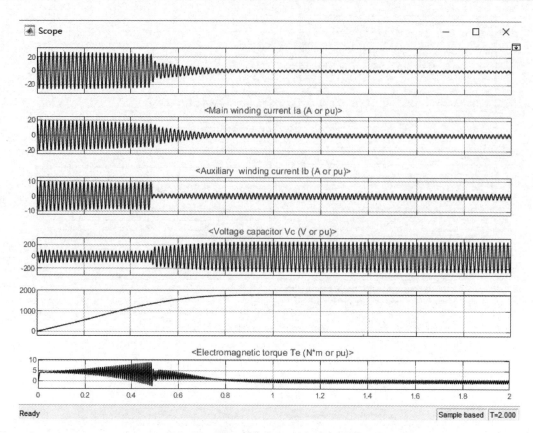

图 11-66　单相异步电机启动与运行中参数仿真曲线图

11.4　步进电机的建模与仿真

步进电机是一种利用法拉第电磁感应定理,将电脉冲信号转换成直线或角位移的电机转换元件。每输入一个脉冲,步进电机就转过一个角度或一小位移,运行一步,其运行方式是步进的。二相步进电机的图形化仿真模型如图 11-67 所示。

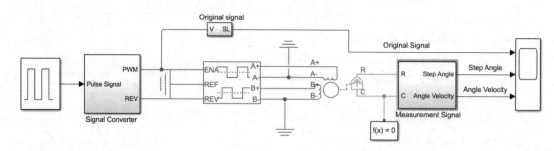

图 11-67　二相步进电机图形化仿真模型

仿真思路：将脉冲发生器所产生的脉冲输往步进电机驱动器,从而驱动步进电机旋转;利用检测模块提取电机信号,从而实现仿真模拟电机参数信号的目的。在此利用 Simscape 的子模块库建立仿真模型。

图 11-67 中含有 3 个子系统模块,即 Signal Converter(信号转换器)、Original Signal(原始信号测量)和 Measurement Signal(电机测量信号转换)。利用 Create Subsystems 命令就可以建立子系统,当然也可以利用 Ports&Subsystems 下的子系统模块库中的模块建立子系统。这 3 个模块对应的内部仿真结构如图 11-68~图 11-70 所示,所需要的仿真模块均来自 Simscape 的子模块库,用户可自行查找。

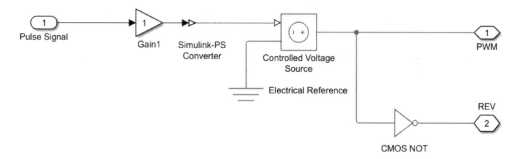

图 11-68　Signal Converter 子系统内部仿真结构

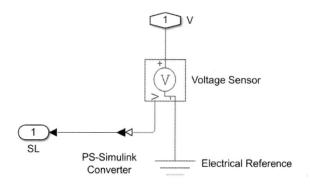

图 11-69　Original Signal 子系统内部仿真结构

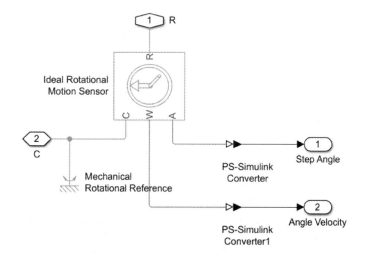

图 11-70　Measurement Signal 子系统内部仿真结构

图 11 - 67 中的仿真模块参数设置如图 11 - 71～图 11 - 73 所示。

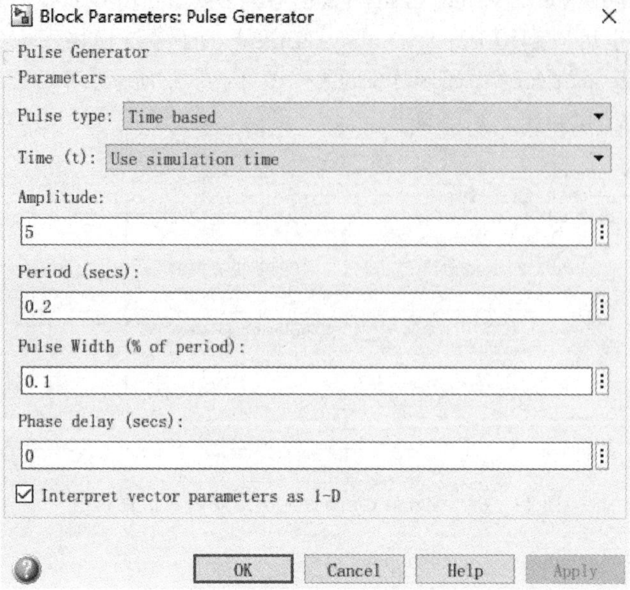

图 11 - 71　脉冲信号参数设置

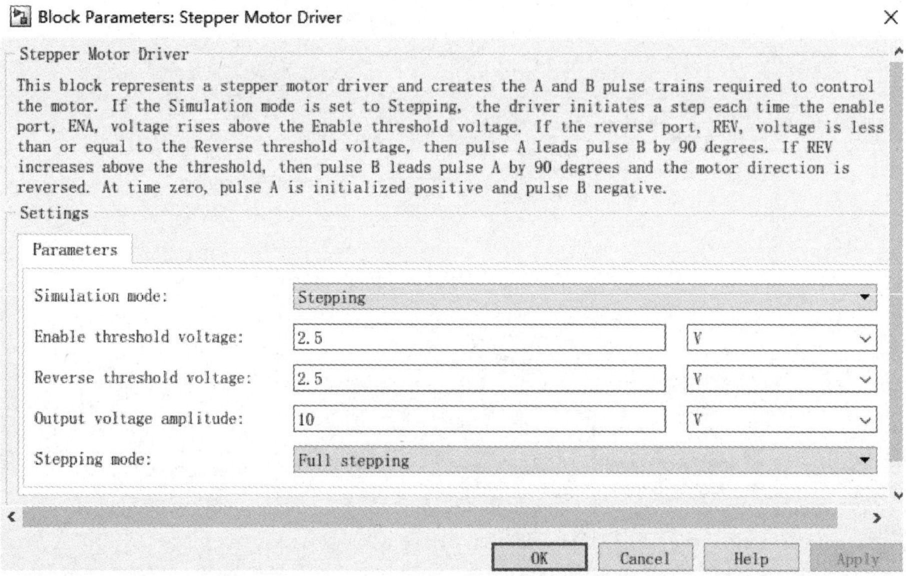

图 11 - 72　步进电机驱动器参数设置

　　设置运行时间为 2 s,求解器的设置如图 11 - 73 所示。当然,也可以根据效率的相关计算方程,利用步进电机的仿真参数得到步进电机的效率仿真曲线图。

　　运行图 11 - 67 所示的二相步进电机图形化仿真模型,双击 Scope 仿真模块得到二相步进电机步进角度和角速度仿真曲线,如图 11 - 74 所示。

　　至于其中的建模细节,可比照图 11 - 67 所示模型和所给仿真思路自行分析。

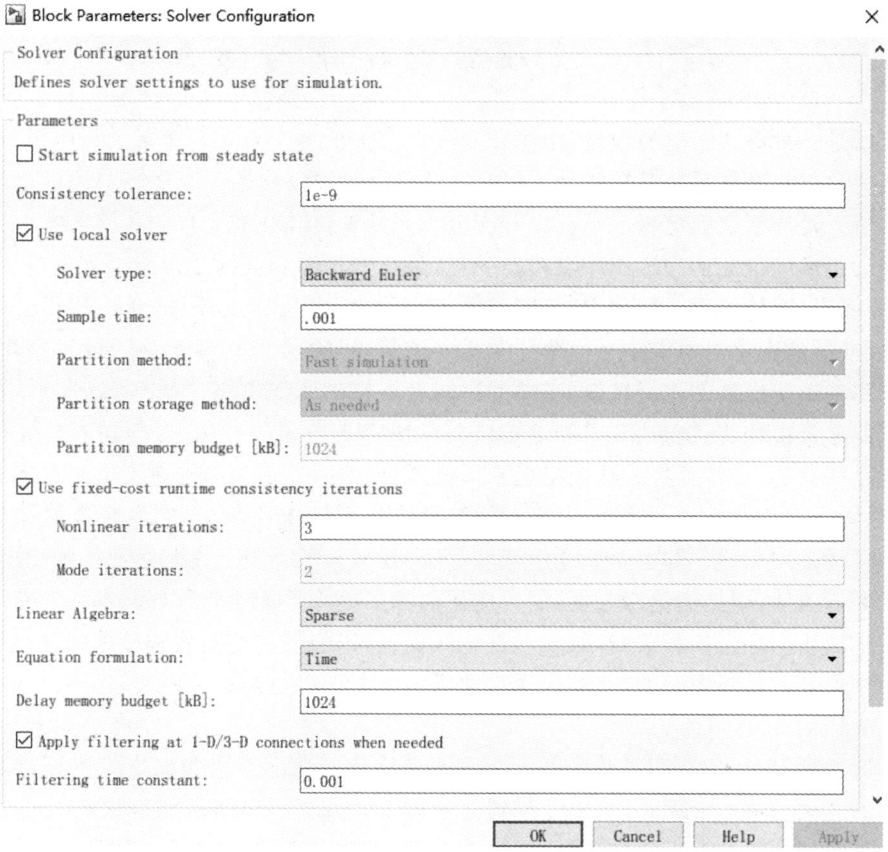

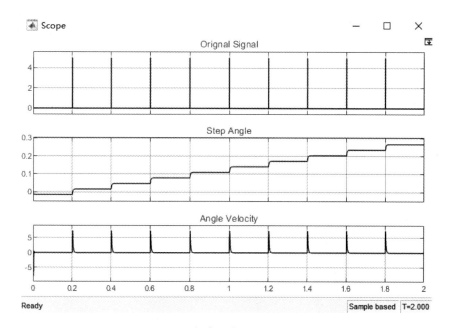

图 11 - 73　求解器仿真参数设置(3)

图 11 - 74　二相步进电机参数仿真曲线图

11.5 变压器的建模与仿真

变压器是一种静止的电器设备,由绕在同一铁芯上的两个或者两个以上绕组组成,绕组之间通过交变磁能相互联系。其功能是:利用电磁感应原理将一种等级交流电压的电能转换成同频率的另一种等级交流电压的电能。它在电力系统中的作用是:升压变压器将大功率的电能输送到远距离的电能用户区以减少线路损耗,降压变压器将高压逐级降至配电电压,以供动力设备、照明设备、检测设备使用,具有交流电隔直流电、电压变换、阻抗变换和相位变换的作用。因此,变压器在电力系统中是一个非常重要的设备,有必要对变压器进行建模和仿真,有助于分析和判断变压器的本身性能,有助于提高变压器的工作性能。

变压器通常由铁芯、绕组、套管和油箱构成。铁芯是变压器的磁路,分为心柱和铁轭两部分。绕组套在铁芯上,铁轭将心柱连接起来形成闭合磁路,铁芯材料通常有心式结构和壳式结构两种,铁芯既是磁路又是绕组的骨架。绕组是变压器的电路部分,它由包有绝缘材料的铜(或者铝)导线绕制而成。除了干式变压器外,电力变压器的器身通常都是放在油箱中的,油箱内充满了变压器油,以提高绝缘强度(因为变压器油的绝缘性能比空气好)、加强散热。当变压器的引线从油箱内穿过油箱盖时,必须经过绝缘套管,以便使高压引线和接地的油箱绝缘。绝缘套管通常是瓷质材料所做的,其外形通常做成多级伞形以增加爬电距离,10～35 kV 套管通常采用充油结构。

变压器的种类很多,一般可分为电力变压器和特种变压器两大类。电力变压器是电力系统输配电的主要设备,容量从几十 kVA 到几十万 kVA;电压等组从几百伏到 500 kV 以上。按用途电力变压器可分为升压变压器、降压变压器、配电变压器和联络变压器。按结构,变压器可分为双绕组变压器、三绕组变压器和自耦变压器。

单相变压器原理示意图如图 11 - 75 所示,AX 是一次绕组(也可称为初级绕组),其匝数为 N_1,ax 是二次绕组(也可称为次级绕组),其匝数为 N_2。变压器运行时,其磁通通常是交变的,因此必须事先规定其正方向,否则无法写出相关磁电关系式,例如在一次绕组端,规定从 A 到 X 为正方向。正方向的选取是任意的,仅仅影响物理量的正负,不影响其物理性质。具体的正方向规定,用户可以阅读相关书籍,在此不赘述。

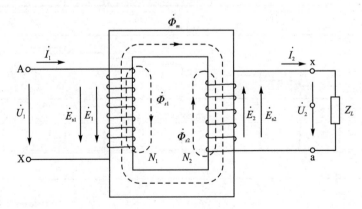

图 11 - 75 单相变压器示意图

在变压器中通常有如下关系式成立：

感应电动势：

$$e = -N\,\frac{\mathrm{d}\Phi}{\mathrm{d}t} \tag{11-8}$$

电压比：

$$k = \frac{N_2}{N_1} = \frac{E_1}{E_2} \tag{11-9}$$

在 Simulink Library Browser 中，各种变压器仿真模块大部分位于 Simscape 的子工具箱中，除此之外，RF Blockset 工具箱中的子系统中也含有部分变压器仿真模块。注意：这两个工具箱中的变压器不同混合使用和连接，并不是变压器的所有性能都能利用 Simulink 仿真实现。

11.5.1   变压器空载运行

空载是指变压器一个绕组接到电源，另一个负载绕组开路且负载电流为零的运行状态。通常接到电源的一侧为变压器的初级侧，接到负载的一侧为次级侧，分别用下标"1"和"2"标注，以示区别，如图 11-76 所示。

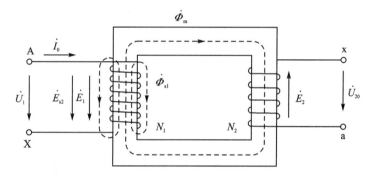

图 11-76   变压器空载运行时各物理量示意图

在图 11-76 中，N_1 和 N_2 分别表示一次绕组和二次绕组的匝数。当一次绕组外加交流电压 u_1，二次绕组处于开路状态时，一次绕组内将流过一个很小的电流 i_{10}，这个电流称为变压器的空载电流。空载电流 i_{10} 必然产生交变磁动势 $f_0 = N_1 i_{10}$ 和交变磁通 Φ。i_{10} 的正方向与磁动势 $N_1 i_{10}$ 的正方向符合右手螺旋定则关系，磁通 Φ 的正方向和磁动势 $N_1 i_{10}$ 的正方向相同。假设磁通全部被约束在铁芯磁路内，并且同时与一次绕组和二次绕组相交链。依据法拉第电磁感应定律，磁通在一次绕组和二次绕组内产生的感应电动势分别为

$$e_1 = -N_1\,\frac{\mathrm{d}\Phi}{\mathrm{d}t}, \quad e_2 = -N_2\,\frac{\mathrm{d}\Phi}{\mathrm{d}t} \tag{11-10}$$

在不考虑铁芯磁路饱和的情况下，假设由空载磁动势 f_0 产生的主磁通为 Φ，其幅值为 Φ_m，以电源电压 u_1 频率随时间按正弦规律变化，主磁通的瞬时值为

$$\Phi = \Phi_\mathrm{m}\sin\omega t \tag{11-11}$$

则一次绕组产生的感应电动势瞬时值为

$$e_1 = -N_1 \frac{\mathrm{d}\Phi}{\mathrm{d}t} = -\omega N_1 \Phi_{\mathrm{m}} \cos \omega t = \omega N_1 \Phi_{\mathrm{m}} \sin\left(\omega t - \frac{\pi}{2}\right) = E_{1\mathrm{m}} \sin\left(\omega t - \frac{\pi}{2}\right)$$

$$(11-12)$$

同理,磁通 Φ 在二次绕组中产生的感应电动势瞬时值为

$$e_2 = -N_2 \frac{\mathrm{d}\Phi}{\mathrm{d}t} = -\omega N_2 \Phi_{\mathrm{m}} \cos \omega t = \omega N_2 \Phi_{\mathrm{m}} \sin\left(\omega t - \frac{\pi}{2}\right) = E_{2\mathrm{m}} \sin\left(\omega t - \frac{\pi}{2}\right)$$

$$(11-13)$$

从式(11-11)~式(11-13)可以看出,一次、二次绕组产生的感应电动势瞬时值 e_1、e_2 均滞后主磁通(Φ)$\frac{\pi}{2}$电角度,即滞后空载电流(i_{10})$\frac{\pi}{2}$电角度。

把只交链一次绕组或二次绕组本身的磁通 Φ_{s} 称为漏磁通。在图 11-77 中,变压器空载运行时只有一次绕组有漏磁通,其幅值用 Φ_{ms1} 表示。从图中可以看出,主磁通的路径是铁芯,漏磁通的路径除了铁磁材料外,还要经过空气或变压器油等非铁磁材料才能构成回路。由于铁芯采用磁导率高的硅钢片制成,因此空载时主磁通占总磁通的绝大部分,漏磁通量非常小,仅占 0.1%~0.2%,计算电压变比时可忽略漏磁通的影响。

一次绕组端漏磁通产生的感应漏磁电动势瞬时值为

$$e_{s1} = -N_1 \frac{\mathrm{d}\Phi_{s1}}{\mathrm{d}t} = -\omega N_1 \Phi_{s1} \cos \omega t = \omega N_1 \Phi_{s1} \sin\left(\omega t - \frac{\pi}{2}\right) = E_{ms1} \sin\left(\omega t - \frac{\pi}{2}\right)$$

$$(11-14)$$

式中,$E_{ms1} = \omega N_1 \Phi_{s1}$,为漏磁电动势幅值。

根据基尔霍夫电压定律,可列写出图 11-76 变压器空载时一次绕组、二次绕组回路的电压方程:

$$\left.\begin{aligned} u_1 &= i_{10} R_1 - e_1 - e_{s1} = i_{10} R_1 + N_1 \frac{\mathrm{d}\Phi}{\mathrm{d}t} + N_1 \frac{\mathrm{d}\Phi_{s1}}{\mathrm{d}t} \\ u_{20} &= e_2 = -N_2 \frac{\mathrm{d}\Phi}{\mathrm{d}t} \end{aligned}\right\}$$

$$(11-15)$$

式中,R_1 为一次绕组的电阻;u_{20} 为二次绕组的空载电压(即开路电压)。

若忽略漏磁电动势的影响,则一次、二次绕组回路的电压方程如下:

$$\left.\begin{aligned} u_1 &= i_{10} R_1 - e_1 = i_{10} R_1 + N_1 \frac{\mathrm{d}\Phi}{\mathrm{d}t} \\ u_{20} &= e_2 = -N_2 \frac{\mathrm{d}\Phi}{\mathrm{d}t} \end{aligned}\right\}$$

$$(11-16)$$

将式(11-15)写成相量形式,则有

$$\left.\begin{aligned} \dot{U}_1 &= \dot{I}_0 R_1 - \dot{E}_1 - \dot{E}_{s1} = -\dot{E}_1 + \dot{I}_0(R_1 + jX_1) = -\dot{E}_1 + \dot{I}_0 Z_1 \\ \dot{U}_{20} &= \dot{E}_2 \end{aligned}\right\}$$

$$(11-17)$$

式中,R_1 是一次绕组电阻,单位:Ω;X_1 是一次绕组漏电抗($X_1 = \omega N_1^2 \Lambda_{s1}$,$\Lambda_{s1}$ 为漏磁路的磁导),单位:H;$Z_1 = R_1 + jX_1$ 为一次绕组漏阻抗,单位:Ω。

变压器空载运行时的等效电路如图 11-77 所示。

在图 11-77 中,励磁电阻 R_{m} 是一个等效电阻,它反映了变压器铁损耗的大小,即空载电

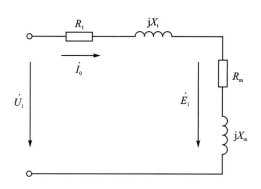

图 11-77　变压器空载运行时的等效电路图

流 I_0 在 R_m 上的损耗 $I_0^2 R_m$，代表了铁损耗 $P_{Fe} = I_0^2 R_m$。在频率和匝数相同的情况下，励磁电抗 X_m 远远大于一次绕组漏电抗 X_1。通常，电力变压器的励磁阻抗要比一次绕组阻抗大得多，即 $Z_m \gg Z_1$，以此可提高变压器的效率并减小电网供应滞后性无功功率的负担。

变压器空载运行时的图形化仿真模型如图 11-78 所示。

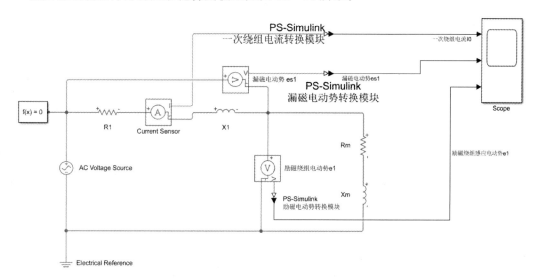

图 11-78　变压器空载运行时的图形化仿真模型

图 11-78 的仿真模型中，主要模块有 Resistor、Inductor、Current Sensor、Voltage Sensor 和 AC Voltage Source 等，其参数设置如图 11-79～图 11-81 所示。辅助模块有 Solver Configuration（求解器模块）、Electrical Reference（接地模块）、Scope 和 PS-Simulink（转换模块）。

将 Scope 仿真模块输入端口修改为 3，在示波器显示界面中选择 View→Layout 命令，选择输入变量波形为 3(行)×1(列)显示方式，其他采用系统默认参数。

设置求解器的仿真运行时间为 0.1 s，其他采用系统默认参数。

运行图 11-78 所示的变压器空载运行时的仿真模型，双击 Scope 模块可得一次绕组电流、漏磁电动势和励磁绕组电动势的仿真曲线，如图 11-82 所示。

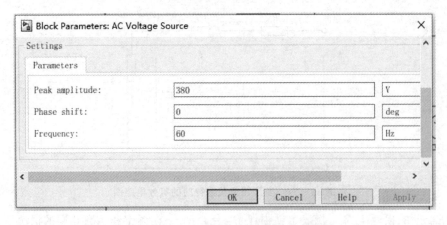

图 11-79　AC Voltage Source 参数设置

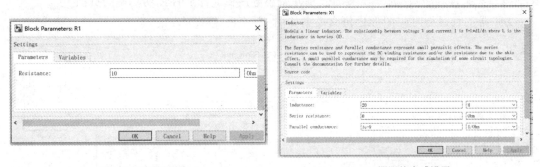

(a) 漏阻抗电抗设置　　　　　　　　　　　(b) 漏阻抗电感设置

图 11-80　漏阻抗参数设置

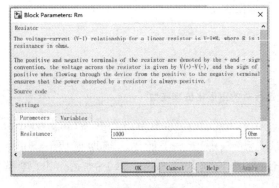
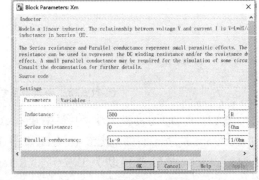

(a) 励磁阻抗电抗设置　　　　　　　　　　(b) 励磁阻抗电感设置

图 11-81　励磁阻抗参数设置

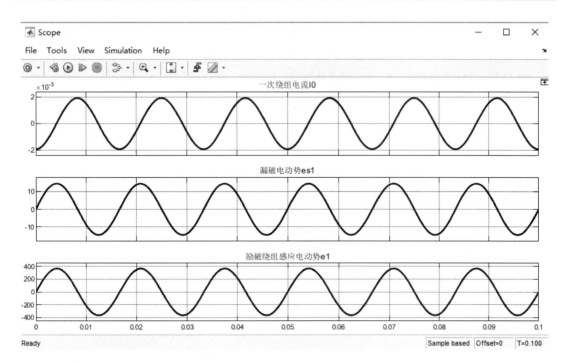

图 11 - 82　变压器空载运行时各参数仿真曲线图

从图 11 - 82 可以看出,励磁绕组感应电动势(e_1)远远大于漏磁电动势(e_{s1}),并且它们具有相同的相位,因此计算变压比时漏磁电动势(e_{s1})可以忽略不计;同时一次绕组电流(I_0)、漏磁电动势(e_{s1})和励磁绕组电动势(e_1)具有相同的角频率,漏磁电动势(e_{s1})和励磁绕组电动势(e_1)均比一次绕组电流(I_0)相位滞后大约 π/2 电角度。该结论与前述理论分析的结论基本是一致的。

11.5.2　变压器负载运行

变压器一次绕组接电源,二次绕组接负载,称为变压器负载运行。$Z_L = R_L + jX_L$,其中 R_L 是负载电阻,X_L 是负载电抗。

如图 11 - 83 所示,负载端电压为 $\dot{U}_2$,负载端电流为 $\dot{I}_2$(也可称为二次电流),假定正方向:

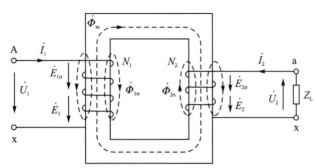

图 11 - 83　变压器负载运行时各物理量示意图

一次侧：$\dot{E}_1$、$\dot{U}_1$、$\dot{I}_1$ 同方向，$\varPhi_{\mathrm{m}}$ 与 $\dot{I}_1$ 符合右手螺旋定则。

二次侧：$\dot{E}_2$、$\dot{U}_2$、$\dot{I}_2$ 同方向，$\varPhi_{\mathrm{m}}$ 与 $\dot{I}_2$ 符合右手螺旋定则。

变压器负载稳定运行时有如下基本方程成立：

$$\left.\begin{aligned} \dot{U}_1 &= -\dot{E}_1 + \dot{I}_1 Z_1 \\[4pt] \dot{U}_2 &= \dot{E}_2 - \dot{I}_2 Z_2 \\[4pt] k &= \frac{\dot{E}_1}{\dot{E}_2} \\[8pt] \dot{I}_1 &+ \frac{\dot{I}_2}{k} = \dot{I}_0 \\[8pt] \dot{I}_0 &= -\frac{\dot{E}_1}{Z_{\mathrm{m}}} \\[8pt] \dot{U}_2 &= \dot{I}_2 Z_{\mathrm{L}} \end{aligned}\right\} \tag{11-18}$$

为了仿真变压器负载运行，首先需要得到其等效电路。若想要得到等效电路，需要折算绕组，将二次绕组侧的量（如 $\dot{E}_2$）折算到一次绕组侧（如 $\dot{E}_2'$），当然也可以将一次绕组侧的量折算到二次绕组侧。变压器的一次、二次绕组在电路上没有直接联系，仅仅通过磁路联系，因此二次绕组带负载时，二次绕组必然产生磁动势 $\dot{F}_2 = \dot{I}_2 N_2$，一次绕组磁动势中同时增加一个负载分量 $(-\dot{F}_2) = (-\dot{I}_2 N_2)$ 与二次绕组磁动势相平衡，也就是说，二次负载电流是通过它产生的磁动势 $\dot{F}_2$ 与一次绕组相联系的。只有保持磁动势 $\dot{F}_2$ 不变，就不会影响一次侧的磁动势 $\dot{F}_1$。二次侧磁动势 $\dot{F}_2$ 在一次侧也会产生相同的磁动势，即有

$$\dot{F}_2 = \dot{I}_2 N_2 = \dot{I}_2' N_1$$

尽管一次侧不受任何影响，但是磁动势平衡方程可改写为

$$\dot{I}_0 N_1 = \dot{I}_1 N_1 + \dot{I}_2' N_1$$

消去 N_1 则有

$$\dot{I}_0 = \dot{I}_1 + \dot{I}_2'$$

根据折算前后的二次侧磁动势 $\dot{F}_2$ 不变的原则，可得二次侧电流的折算：

$$N_1 I_2' = N_2 I_2 \quad \text{即} \quad I_2' = \frac{N_2}{N_1} I_2 = \frac{1}{k} I_2 \tag{11-19}$$

由于折算前后二次侧磁动势 $\dot{F}_2$ 不变，即铁芯主磁通 $\varPhi_{\mathrm{m}}$ 不变，因此可得二次侧绕组感应电动势的折算：

$$E_2' = \frac{N_2}{N_1} E_2 = k E_2 \tag{11-20}$$

依据式(11-18)，折算后的二次阻抗为

$$Z'_2 + Z'_L = \frac{\dot{E}'_2}{\dot{I}'_2} = \frac{k\dot{E}_2}{\dot{I}_2/k} = k^2 \frac{\dot{E}_2}{\dot{I}_2} = k^2(Z_2 + Z_L) \tag{11-21}$$

式(11-21)说明,为了确保折算前后二次侧磁动势 $\dot{F}_2$ 不变,折算后的二次侧阻抗是折算前阻抗的 k^2 倍。

折算后的变压器基本方程可写为

$$\left.\begin{aligned}
\dot{U}_1 &= -\dot{E}_1 + \dot{I}_1 Z_1 \\
\dot{U}_2 &= -\dot{E}_2 - \dot{I}'_2 Z'_2 \\
\dot{I}_0 &= \dot{I}_1 + \dot{I}_2 \\
\dot{E}_1 &= \dot{E}_2 \\
-\dot{E}_1 &= \dot{I}_0 Z_m \\
\dot{U}'_2 &= \dot{I}'_2 Z'_L
\end{aligned}\right\} \tag{11-22}$$

根据式(11-22)中的 6 个方程式,可找出变压器的等效电路,如图 11-84 所示。图中二次绕组两端负载阻抗的折合值为 Z'_L,二次绕阻抗为 $Z'_2 = R'_2 + jX'_2$。如果仅仅看变压器本身的等效电路,其形状像字母"T",故称其为 T 形等效电路。

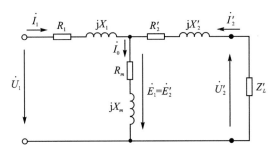

图 11-84　变压器负载运行时的等效电路图

在图 11-84 所示的电路中,励磁支路 $R_m + jX_m$ 中流动励磁电流 $\dot{I}_0$,它在铁芯中产生主磁通 $\dot{\Phi}_m$,主磁通 $\dot{\Phi}_m$ 在一次绕组中的感应电动势为 $\dot{E}_1$,在二次绕组中的感应电动势为 $\dot{E}_2$。在该电路中,R_m 是励磁电阻,它所消耗的功率代表铁耗;X_m 是励磁电抗,它反映了主磁通 $\dot{\Phi}_m$ 在电路中的作用;$Z_m = R_m + jX_m$ 是励磁阻抗,它上面的电压降 $I_0 Z_m$ 代表感应电动势 $\dot{E}_1$。R_1 是一次侧电阻,它所消耗的功率 $I_1^2 R_1$ 代表变压器一次侧的铜耗;X_1 是一次侧漏电抗,它所消耗的功率 $I_1^2 X_1$ 代表变压器一次侧漏磁场所消耗的无功功率;R'_2 是二次侧电阻的折算值,它所消耗的功率 $I_2'^2 R'_2$ 代表变压器二次侧的铜耗;X'_2 是二次侧漏电抗的折算值,它所消耗的功率 $I_2'^2 X'_2$ 代表变压器二次侧漏磁场所消耗的无功功率;Z'_L 是负载阻抗的折算值。

变压器负载运行时的图形化仿真模型如图 11-85 所示。

涉及到的仿真模块与图 11-78 完全相同,在此不赘述。

双击图 11-85 中相应仿真模块设置模块参数:$R_1 = R_2 = 10\ \Omega$,$X_1 = X_2 = 10\ H$,$R_m = 1\ 000\ \Omega$,$X_m = 1\ 000\ H$,$Z_L = 10\ 000\ \Omega$。电源参数与图 11-78 中的相同。

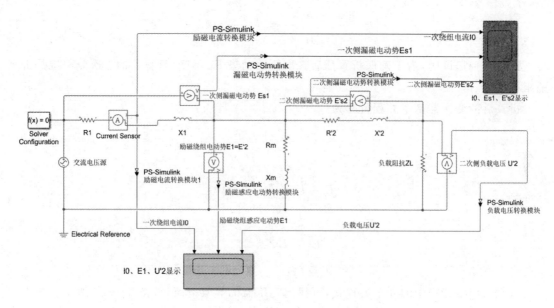

图 11 - 85　变压器负载运行时的图形化仿真模型

注意：在图 11 - 85 仿真模型中，一次侧电流的假定流向与二次侧电流的假定流向方向相反，从而确保仿真模型的电流假定方向与图 11 - 84 中的方向完全一致。

求解器仿真时间设为 0.1 s，其他采用系统默认值，变压器负载运行时各参数仿真曲线如图 11 - 86、图 11 - 87 所示。

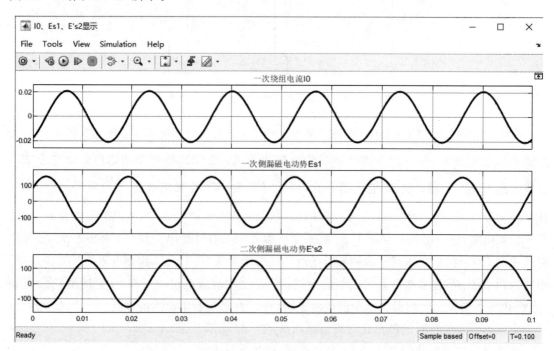

图 11 - 86　变压器一次侧、二次侧漏磁电动势仿真曲线图

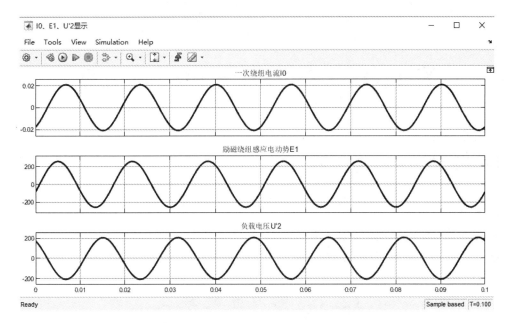

图 11 - 87　变压器励磁感应电动势和负载电压仿真曲线图

本章小结

　　本章主要介绍了电机的仿真模块,详细讲解了直流电机的启动、调速与制动的仿真过程;同时也仿真了交流电机的调频过程,最后给出了二相步进电机、变压器的建模与仿真方法。本章需要掌握直流电机的启动、调速与制动的仿真过程,了解如交流电机的调频过程和变压器负载运行。

思考练习题

　　1. 直流电机和交流电机的基本工作原理是怎样的?

　　2. 电机的主要仿真模块有哪些?

　　3. 如何实现他励直流电机的启动、调速和制动过程?

　　4. 交流电机的制动方法有哪些? 如何仿真其制动过程?

　　5. 已知某单相异步电机工作电压 220 V,工作频率 60 Hz,采用绕线式结构,定子中含有两个互垂直的绕组,并且其中一个绕组串联一个 255×10^{-6} F 的电容,单相交流电源电压为 $u(t) = 110\sqrt{2} \sin\left(2\pi60t + \dfrac{\pi}{3}\right)$。试对该单相异步电机的运行与制动过程进行建模与仿真。

　　6. 已知某三相异步电机基本参数如下:

　　工作电压: 220 V;　　工作频率: 60 Hz;　　功率: 4 kW;　　额定转速: 1 440 r/min

　　绝缘等级: B 级;　　电流: 8.7 A;　　噪声值: 74 dB;　　质量: 49 kg

试仿真该三相异步电机的输出角速度、角加速度和转矩。

第 12 章　电力系统建模与仿真

【内容要点】

◆ 电力系统的特点、仿真思想和数学模型
◆ 高压直流输电系统仿真与分析
◆ 高压交流输电系统暂态仿真分析
◆ 交流电力系统机电暂态仿真分析

12.1　电力系统概述

12.1.1　电力系统概念和特点

对于大型机电系统而言,电力系统(Power System)是必不可少的重要组成部分,甚至是机械装备群协调工作的关键所在。本章对电力系统这个主题进行简单的建模与仿真,希望起到抛砖引玉的作用,同时希望本章内容能有助于机电工程技术人员对电力系统在机电系统中的把握、分析与工程产品研发。

什么是电力系统呢? 电力系统是指由进行电能的生产、变换、输送、分配和消费的各种设备按照一定的技术和经济要求有机组成系统的总称。机电系统不生产电能,但是其中存在着电能的变换、输送、分配与消费环节。

电力系统在机电系统中的电能传输和分配具有如下特点:

① 电能不能大量暂存。
② 过渡过程比较短暂。
③ 与机械装备之间协调运行状态紧密相关。

电力系统机电系统中需满足以下基本要求:

① 保证供电可靠,电压稳定。
② 电力系统的电压和频率,需要在安全范围内运行。
③ 电力系统的能量损耗小,确保各个机械装备具有充足的电能供应。

机电系统中,电力系统通常是由变压器、输变线路、各种用电的机电设备或机电零部件而组成的。要想使电力系统安全运行,需要满足以下两点:

① 所有机电设备均处于正常状态,满足各种机电设备或机电零部件运行工况的要求。
② 电力系统的电压与频率应在允许的安全范围内,并且与外部电网送电装置的电压和频率保持同步。

在机电系统中,电力系统可应用于各种数控机床、大型机械装备,如万吨挤压机等冶金装备中,也可应用于精密机械生产线、大型船舶等。

12.1.2　电力系统仿真思想

电力系统是一个大规模、时变的复杂系统,它在机电系统中的变电、输电、配电和用电等环节中占有重要的地位。为了便于测量、调节、控制、保护、调度电能以及保证机电系统安全运行,需要在电力系统的相关环节中设置相应的信息检测系统和控制系统。

为了保证电力系统的功能和质量,在设计、分析和研究机电系统中的电力系统时,必须完整、确切地了解所设计电力系统的输电能力、静态特性、动态特性、稳定性和潮流等信息。但实际上,要了解这些信息内容,常常会遇到困难,甚至有些困难是根本无法解决的,因此有必要借助仿真模型对电力系统进行试验和研究。

电力系统的数字化仿真思想是:先根据电力系统的物理模型建立起描述电力系统的数学模型,然后再建立其仿真模型,接着利用仿真模型进行相关试验和研究,最后根据仿真结果对系统进行相关分析。数学模型是以实际的物理模型为基础的,是根据实际物理模型的工作状况、过程和关注点而建立起来的模型,数学模型可以是数学表达式,也可以是图形和表格。

12.2　电力系统的数学描述

三相交流电是电力系统的主体,因此电力系统的分析也主要是分析三相交流电力系统的各种运行状态。在研究电力系统之前,需要建立各种元件的数学模型,并在此基础上建立相应的数学模型,然后再对电力系统进行仿真、分析与计算。因此,本节主要讲解电力元件的数学模型。

12.2.1　同步发电机模型

在 Simscape/Electrical/Specialized Power Systems 的子工具箱中,同步发电机模型如图 12-1、图 12-2 所示。由图可以看出,简化的同步电机有 2 个参数输入端子、3 个电气连接端子、1 个仿真参数通过定子输出。

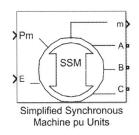
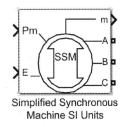

图 12-1　简化同步发电机标幺制　　　　图 12-2　简化同步发电机国际单位制

模块的第 1 个输入端子(Pm)是输入电机的机械功率,它实质是电机的负载功率,可以是常数,也可以是通过调节器实现的变量。

模块的第 2 个输入端子(E)是电机内部电源的电压,可以是常数,也可以是可变电压。

电气连接端子 A、B、C 是定子的输出电压。参数输出端子(m)是输出同步电机内部系列信号,如图 12 - 3 所示。

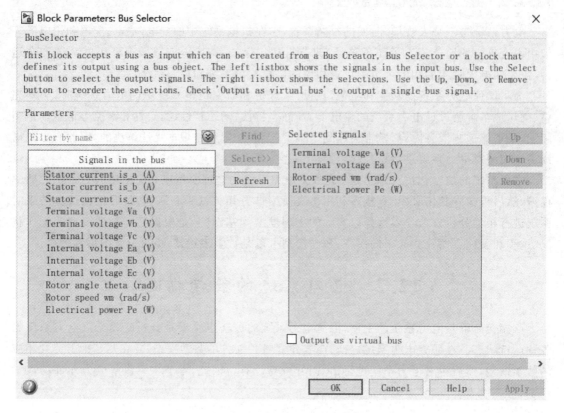

图 12 - 3　电机内部系列信号

选择图 12 - 3 中的同步电机类型和所检测的内部参数,可以获得内部信号的输出参数仿真曲线。

例 12 - 1　已知额定值为 50 MVA,20 kV 的两对隐极性发电机与 20 kV 的无穷大电力系统相连。隐极性发电机的电阻为 0.005 p.u.[①],电感为 0.9 p.u.,发电机的供给电磁功率为 0.8 p.u.,求稳态运行时的发电机转速和功率角。

解:发电机稳态运行时的转速为

$$n = \frac{60f}{p} = \frac{60 \times 50}{2} \text{ r/min} = 1\ 500 \text{ r/min}$$

此处,f 为系统频率,根据我国标准,取值 50 Hz,极数为 2。

电磁功率为 0.8 p.u.,发电机的功率角为

$$\theta = \arcsin \frac{P_e X_L}{EV} = \text{acsin} \frac{0.8 \times 0.9}{1 \times 1} = 46.05°$$

式中:E 为发电机电势;X_L 为发电机电抗;V 为无穷大系统母线电压。

---

① p.u.是标幺值,是电力系统分析和工程计算中常用的数值标记方法,表示各物理量及参数的相对值,单位为 pu。

搭建如图 12 - 4 所示的同步电机运行仿真模型。

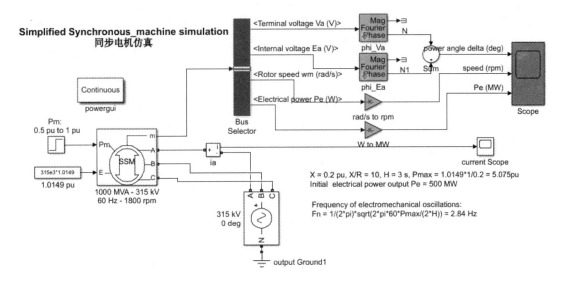

图 12 - 4　同步电机运行仿真模型

所需要的仿真模块有 Simplified Synchronous Machine(同步电机)、Three-phase Programmable Voltage Source(三相可编程电压源)、Bus Selector(总线选择器)、Constant(电机内部电压)、Step(电机外部机械功率)、Fourier Analyzer(傅里叶分析器)、Gain(放大器)、Current Measurement(电流检测)、Ground(接地)、Sum(求和)、Scope(显示)、Powergui(电力系统环境)。关键模块参数设置如图 12 - 5～图 12 - 11 所示。

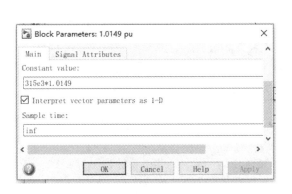

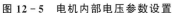

图 12 - 5　电机内部电压参数设置

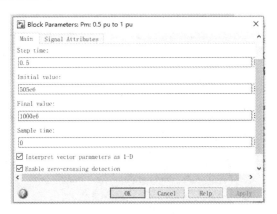

图 12 - 6　电机外部机械功率参数设置

其他参数设置用户可自行分析。选择 ode23tb 求解器,设置运行时间为 2 s,双击 Scope 模块可得电机内部参数仿真曲线,如图 12 - 12 所示。

在图 12 - 4 中,电机 A 相电流是通过 Current Measurement 实现测量的,双击 current Scope 模块可得 A 相电流的仿真曲线,如图 12 - 13 所示。

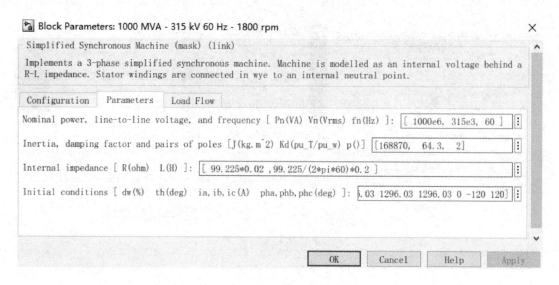

图 12 - 7　电机内部参数设置

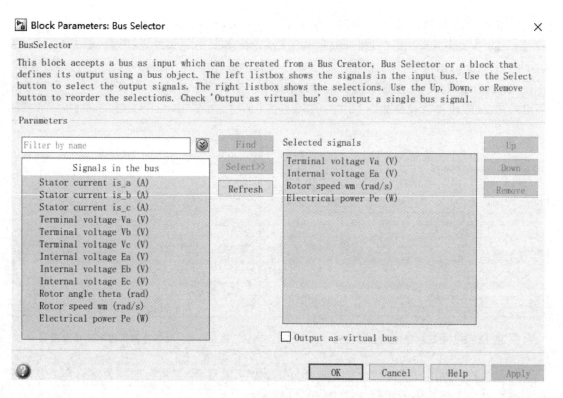

图 12 - 8　总线选择器参数选择

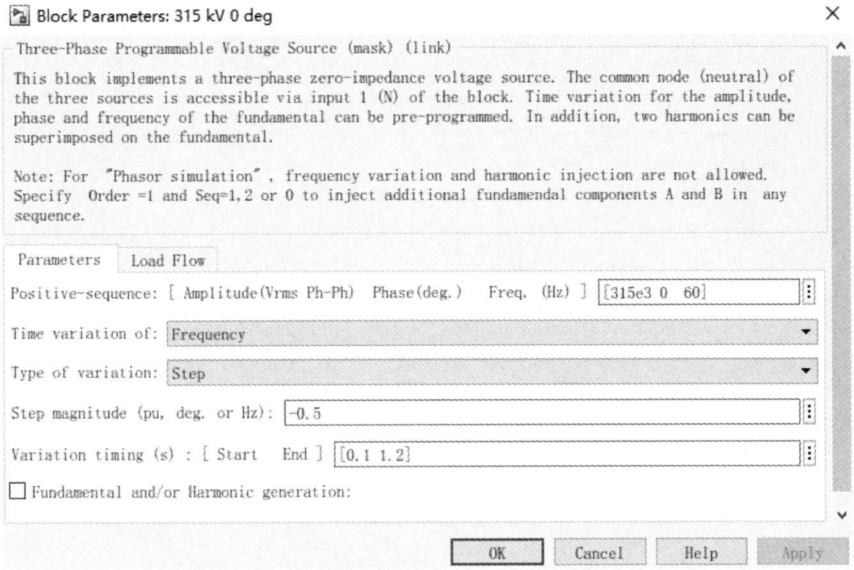

图 12-9　三相可编程电压源参数设置

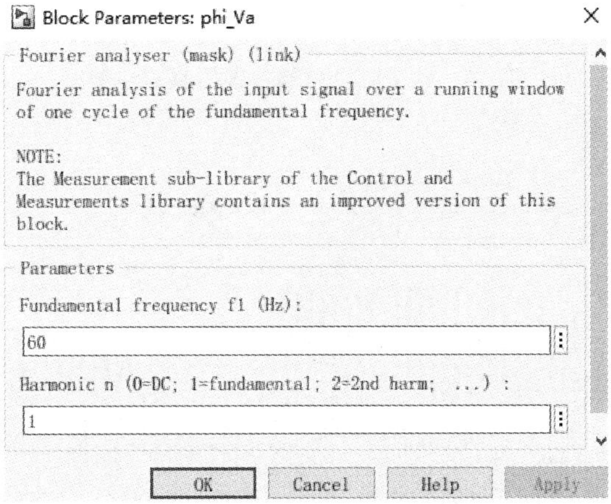

图 12-10　傅里叶分析器参数设置

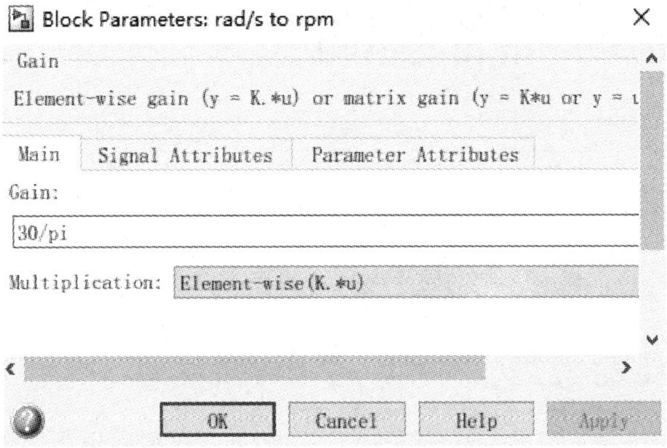

图 12-11　Gain 增益参数设置

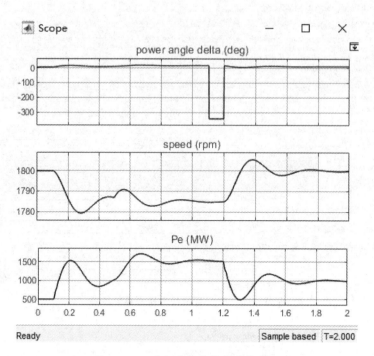

图 12-12　电机内部参数仿真曲线图

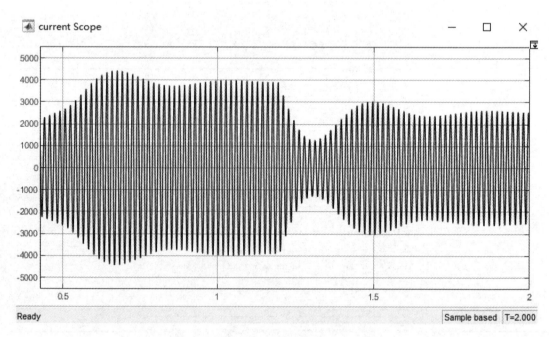

图 12-13　同步电机 A 相电流仿真曲线图

12.2.2　电力变压器模型

常用变压器仿真模块如图 12-14～图 12-17 所示,可实现电压变换。

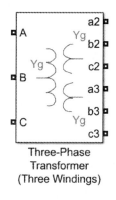

图 12-14　三相三绕组变压器

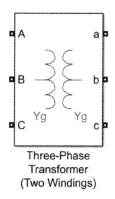

图 12-15　三相双绕组变压器

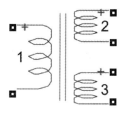

图 12-16　线性变压器

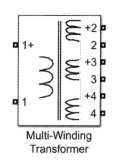

图 12-17　多绕组变压器

例 12-2　以线性变压器为例说明变压器的应用,将 14 400 V 的单相交流电转换为120 V 的交流电,频率为 60 Hz,负载端采用并联 RLC 支路;搭建如图 12-18 所示的仿真模型。

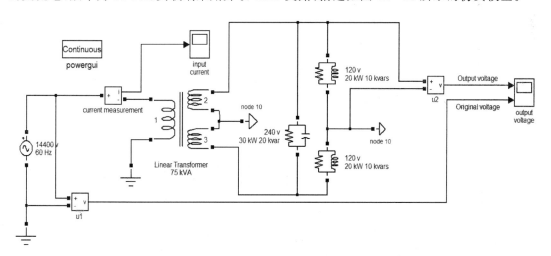

图 12-18　单相交流电电压变换仿真模型

具体仿真步骤如下：

第一步，明确仿真参数、思路和所需要的仿真模块。

因为本例要求对电压进行变换，因此高压线路的电压应是仿真的主要参数。先给定一单相交流电压源，利用线性变压器和并联 RLC 支路就可以实现电压的变换了。

所需要的仿真模块主要有：Ground(接地)、Neutral(零线)、AC Voltage Source(交流电压源)、Voltage Measurement(电压测量)、Parallel RLC(并联 RLC 支路)、Current Measurement(电流测量)、Powergui(电力系统环境)等。

第二步，建立仿真模型文件，搭建如图 12-18 所示仿真模型。

第三步，设置仿真模块参数，如图 12-19～图 12-23 所示。

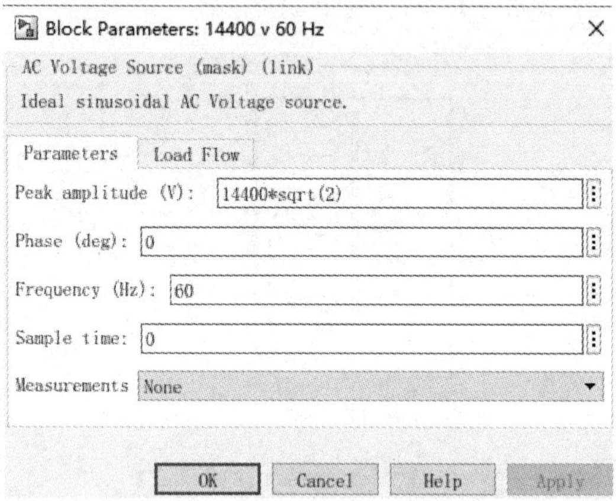

图 12-19　交流电压源参数设置

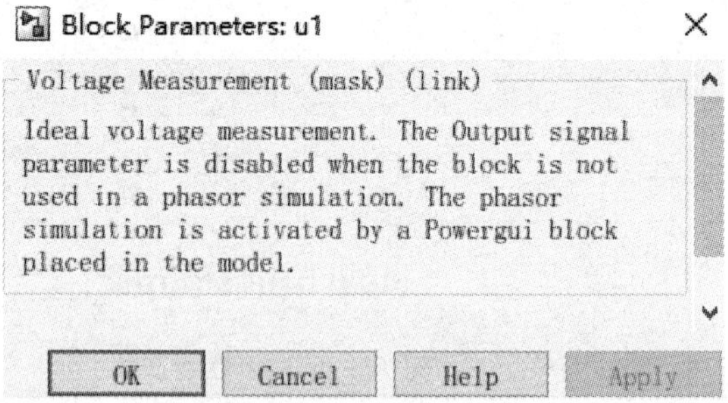

图 12-20　电压测量参数设置

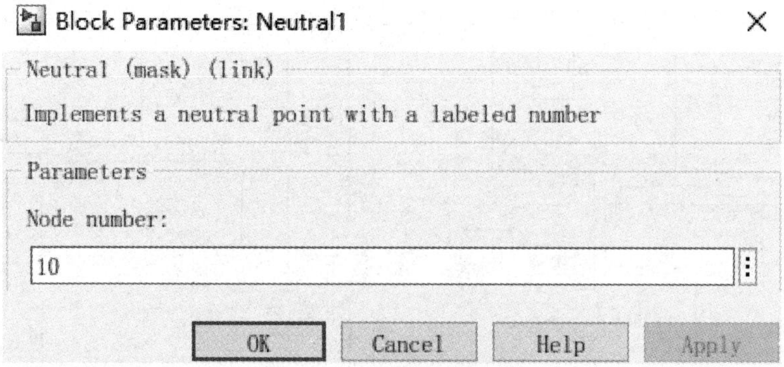

图 12-21　零线参数设置

第四步，选择 ode23tb 求解器，设置仿真时间为 0.1 s。

第五步，运行图 12-18 所示的仿真模型，可得经过线性变压器之后和之前的电压仿真曲线，如图 12-24 所示。

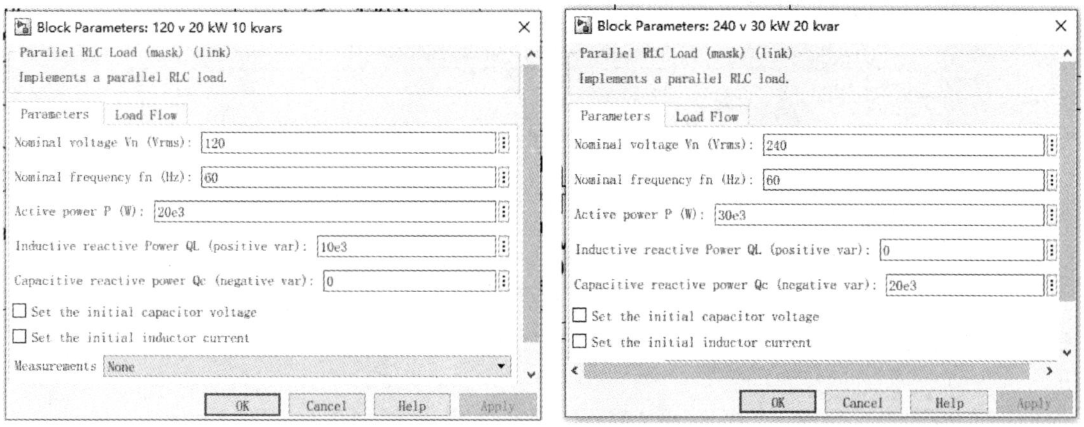

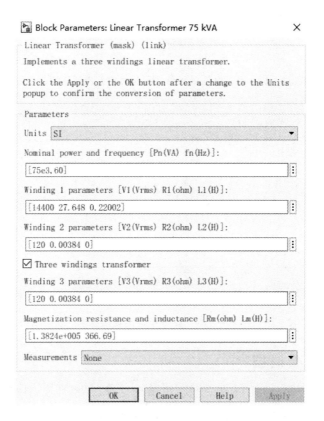

图 12 - 22　并联 RLC 负载参数设置

图 12 - 23　线性变压器参数设置

　　双击 Current Measurement 模块,可得单相交流电压源的电流仿真曲线,如图 12 - 25 所示。

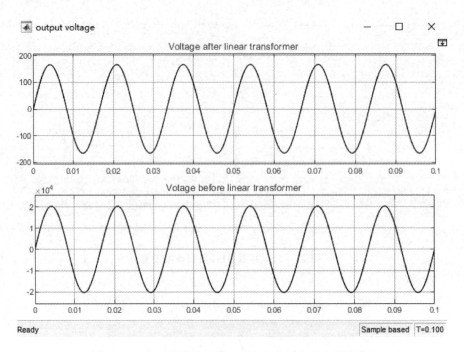

图 12 - 24   经过线性变压器之后和之前的电压仿真曲线图

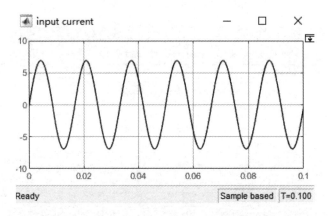

图 12 - 25   14 400 V,60 Hz 单相交流电压源电流仿真曲线图

12.2.3   输电线路模型

输电线路的参数是指线路的电阻、电抗、电纳和电导,严格地说,这些参数是均匀分布的。即使是一段极短的线路,都存在着相应大小的电阻、电抗、电纳和电导;因此电力输电线路精确建模是非常复杂的。当输电线路不太长并且只是需要分析输电线路端口状况(即电压、电流和功率)时,我们通常不必考虑输电线路均匀分布的这些参数。

在个别情况下,我们需要考虑输电线路的参数分布状况,为了方便分析和计算,我们需要将输电线路等效为串联 RLC 电路模块或者 PI 型电路模块。串联 RLC 电路模块和 PI 型电路模块如图 12 - 26、图 12 - 27 所示。

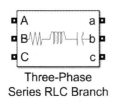

Three-Phase
Series RLC Branch

图 12 - 26　串联 RLC 电路模块

Pi Section Line

图 12 - 27　单相 PI 型电路模块

在电力系统中,对于长度不超过 100 km 的架空线路,通常忽略线路电容的影响,用串联 RLC 电路来等效;对于长度大于 100 km 但不超过 300 km 的输电线路,线路电容的影响是不可忽略的,因此,在潮流计算、暂态与稳态分析中通常需要用 PI 型电路来等效。对于更长的输电线路,通常用串联多个 PI 型等效电路。对于三相输电线路,通常用三相 PI 型电路,如图 12 - 28 所示。PI 型电路限制了输电线路中的电压、电流频率的变化范围,对研究基频情况下的电力系统、电力系统中的控制系统,PI 型电路可以达到足够的精度;但是,对于电力输电线路中瞬时高频暂态,如开关闭合的瞬变过程等,就必须考虑输电线路的分布参数特性了。这时我们需要使用分布式参数仿真模块,如图 12 - 29 所示。

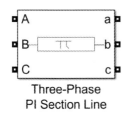

Three-Phase
PI Section Line

图 12 - 28　三相 PI 型电路模块

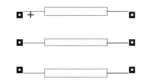

Distributed Parameters Line

图 12 - 29　分布参数输电线路模块

下面以单相 PI 型电路为例说明输电线路的建模与仿真。

例 12 - 3　单相交流电压源,其电压有效值为 220 kV,基频为 50 Hz,一条 150 km 的输电线路。试仿真断路器在 $t = 0.005$ s 的闭合对输电线路电压的影响。

具体仿真步骤如下:

第一步,确定仿真参数、思路以及主要仿真模块

由本例可知,仿真参数为输电线路的电压。首先按照单相交流电压源参数设置电压源仿真模块,再串联一电阻和断路器,接着再将 PI 型电路串联断路器之后,实现输电线路的远距离传输。

主要仿真模块有:AC Voltage Source(单相交流电压源)、Series RLC Branch(串联 RLC 支路)、Breaker(断路器)、PI Section Line(PI 型电路)、Voltage Measurement(电压测量)、Scope(示波器)等。

第二步,建立 .mdl 仿真文件,构建输电线路图形化仿真模型,如图 12 - 30 所示。

第三步,设置仿真模块参数,如图 12 - 31～图 12 - 35 所示。

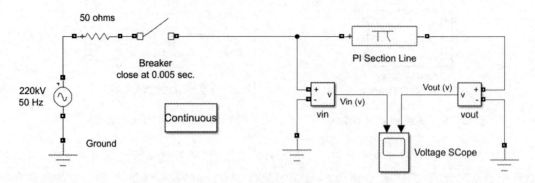

Effection of Breaker Closing to Transmission Line

图 12 - 30　220 kV、150 km 输电线路图形化仿真模型

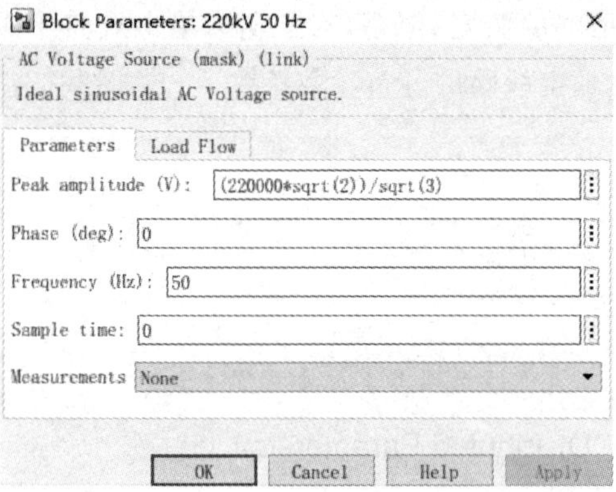

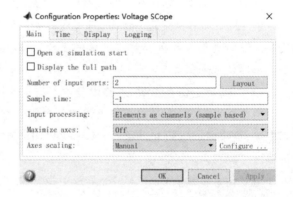

图 12 - 31　交流电压源参数设置 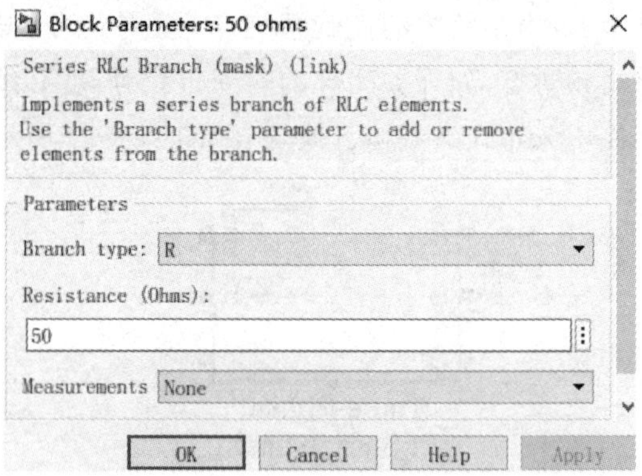　　　　图 12 - 32　串联 RLC 支路参数设置

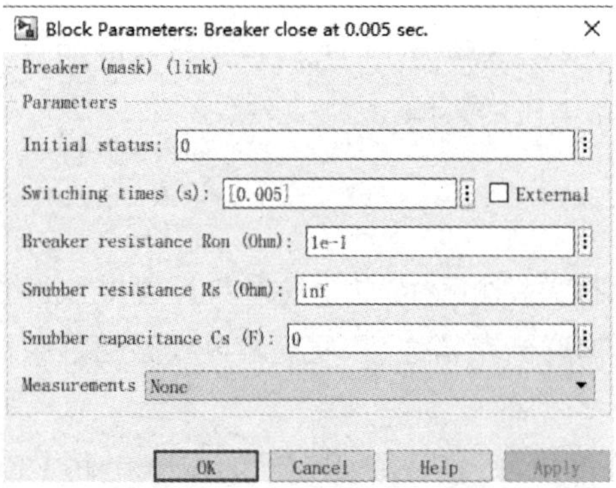

图 12 - 33　断路器参数设置　　　　图 12 - 34　Voltage SCope 参数设置

第四步,选择可变步长、ode23tb 求解器,设置运行时间为 0.06 s。

第五步,运行图 12 - 30 所示的仿真模型,双击 Voltage SCope 模块,可显示输电线路瞬时闭合输出电压变化曲线,如图 12 - 36 所示。

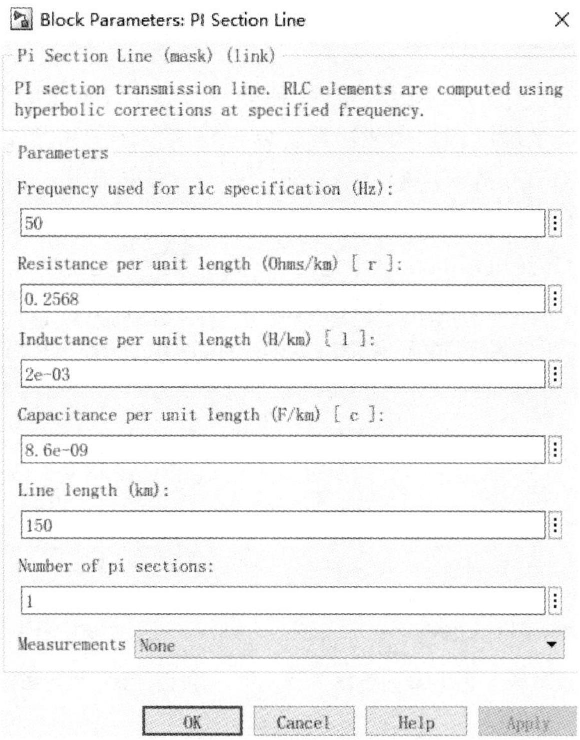

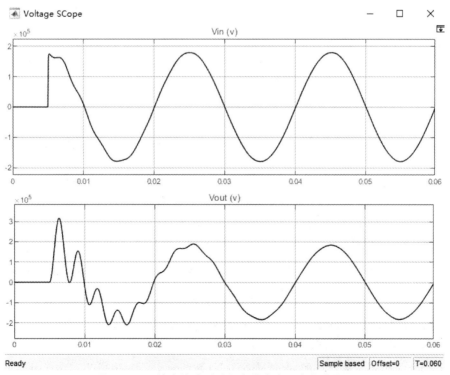

图 12 - 35　PI 型电路参数设置

图 12 - 36　输电线路瞬时闭合输出电压变化曲线图

12.2.4　电力系统负荷模型

电力系统负荷是相当复杂的,不但数量大、种类多、分布广,而且其工作状态带有很大的随机性和时变性;同时连接的配电网结构或许也会发生变化,因此要想构建一精确而实用的负荷结构是相当困难的,也是当今待解决的一个难题。电力系统负荷模型通常可以分静态负荷模型和动态负荷模型。静态负荷模型表示电力系统在稳态状况下功率负荷、电压与频率的关系。动态负荷模型表示电力系统电压和频率变化时,负荷功率随时间的变化。

常用的静态负荷模型主要有单相串联阻抗负荷、三相串联阻抗负荷、单相并联阻抗负荷、三相并联阻抗负荷。常用的动态负荷模型主要有三相动态负荷。在 SimPowerSystems 模块库中所提供的相关负荷模型如图 12-37～图 12-42 所示。

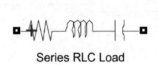

Series RLC Load

图 12-37　单相串联 RLC 静态负荷

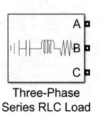

Three-Phase
Series RLC Load

图 12-38　三相串联 RLC 静态负荷

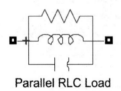

Parallel RLC Load

图 12-39　单相并联 RLC 静态负荷

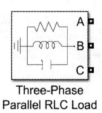

Three-Phase
Parallel RLC Load

图 12-40　三相并联 RLC 静态负荷

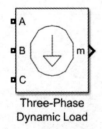

Three-Phase
Dynamic Load

图 12-41　三相动态负荷

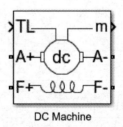

DC Machine

图 12-42　直流电机仿真模块

单相串联和并联阻抗负荷分别对串联和并联的线性 RLC 负荷进行仿真模拟,三相串联和并联阻抗负荷分别对串联和并联的三相平衡 RLC 负荷进行仿真模拟。

下面以单相并联 RLC 为例说明输电线路的负荷模型。

例 12-4　某单相交流电压源,电压为 270 V,频率为 50 Hz,电源内阻为 2 Ω,有单相并联 RLC 静态负荷与电压源相连接,其功率名义电压为 270 V,并联静态负荷中电容无功功率 Q_C

为 400 var、电感的无功功率 Q_L 为 800 var。试仿真线路的瞬时功率 P。

具体仿真步骤如下：

第一步，确定仿真参数、思路和主要仿真模块。

仿真参数是线路的瞬时功率。利用电压、电流测量模块将线路中的瞬时电压和瞬时电流测量出来，然后将所测的瞬时电压与瞬时电流相乘便可得到线路的瞬时功率。

所需要的仿真模块主要有：AC Voltage Source（单相交流电压源）、Parallel RLC Load（并联静态负荷）、Voltage Measurement（电压测量）、Current Measurement（电流测量）、Product（乘法）、Powergui（电力仿真环境）、Ground 等。

第二步，建立.mdl 文件，搭建仿真模型，如图 12-43 所示。

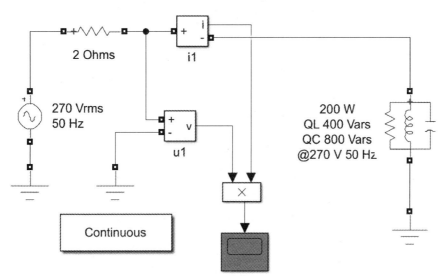

Instantaneous Power Simulation on Parallel Load

图 12-43 并联负荷线路瞬时功率仿真模型

第三步，设置仿真模块参数，如图 12-44～图 12-46 所示。

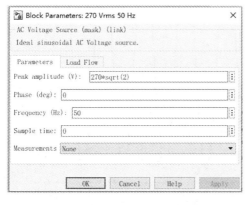

图 12-44 交流电压源参数设置   图 12-45 串联 RLC 电路参数设置

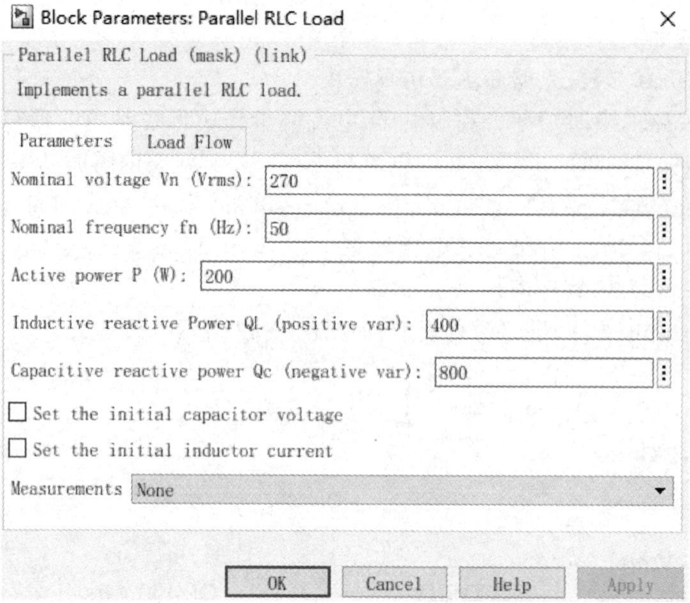

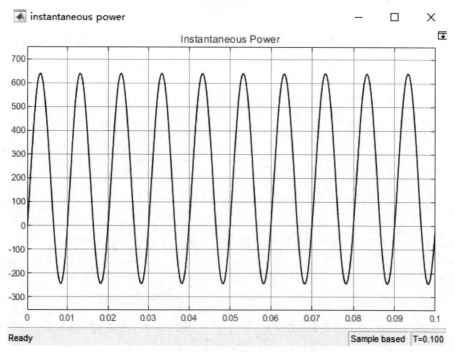

图 12-46　并联 RLC 静荷参数设置

　　其他模块参数用户可自行设置,可参考第 10 章、第 11 章内容。

　　第四步,选择变步长类型、ode23tb 求解器,设置仿真运行时间 0.1 s。

　　第五步,运行图 12-43 所示仿真模型,双击 Instantaneous Power 模块可得线路瞬时功率曲线,如图 12-47 所示。

图 12-47　并联负荷线路瞬时功率仿真曲线图

12.3　高压直流输电系统仿真与分析

高压直流(HVDC)输电系统的等效电路如图 12-48 所示。

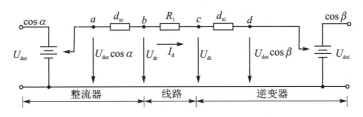

图 12-48　高压直流输电系统等效电路图

根据 KVL 定律,由图 12-48 所示的电路图可得流经电阻 R_1 的电流 I_d(假设电流从左向右流动)为

$$U_{dor}\cos\alpha = I_d(d_{xr} + R_1 + d_{xi}) + U_{doi}\cos\beta \qquad (12-1)$$

即

$$I_d = \frac{U_{dor}\cos\alpha - U_{doi}\cos\beta}{d_{xr} + R_1 + d_{xi}} \qquad (12-2)$$

从式(12-2)可以看出,不管是直流电流还是直流电压,都取决于 α、β、U_{dor}、U_{doi} 这 4 个参数。因此这 4 个参数是直流输电系统的控制量,并且除此之外再没有其他量作为控制量。由此可见,直流输电的基本控制系统就是控制上述 4 个参数以满足直流输电系统的各种要求。

在上述 4 个控制量中,α 和 β 分别是直流输电系统的整流侧和逆变侧的触发角,具有极快的响应速度,时间通常在 $1\sim4$ ms 以内。U_{dor} 和 U_{doi} 分别为直流输电系统的整流侧和逆变侧的变压器的次绕组电压,或者是可调直流电压源的直流电压,通过变压器或直流电压源的分接头来调节,但是与其响应速度和触发控制角相比要慢得多,通常换流器每次调节一挡需要 $5\sim$ 10 s;因此在直流输电系统发生故障的暂态过程中,能够发挥作的控制量只有整流侧和逆变侧的触发控制角 α 和 β,换流变压器的分接头在故障的暂态过程中通常认为不起作用。对于交流系统中的电压快速变化,直流输电系统通常通过调整整流侧和逆变侧的触发控制角 α 和 β 维持其性能。对于交流系统中的电压缓慢变化,直流输电系统通常通过调整整流侧和逆变侧的触发接头,以及触发控制角维持其在额定值附近。

由于直流输电系统的控制量只有触发控制角 α 和 β,因此对于两端直流输电系统,其自由度为 2,控制量也是 2。最直接的控制模式就是定功率控制,为了达到定功率控制的要求,对于图 12-48 所示的高压直流输电系统,通常较简单的做法是一侧控制直流电压恒定,另一侧控制直流电流恒定。左端为电力发送端,右端为电力接收端。下面以 6 脉冲高压直流输电线路为例说明。

例 12-5　如图 12-48 所示,左端为三相交流电压源,其等效功率为 5 000 MW,电压为 315 kV,频率为 60 Hz,经过整流器整流输向线路电阻 R_1,传输距离为 600 km;右端为直流电源,其电压为 240 kV。试仿真的单相高压直流输电系统的相关电压、电流和触发控制角 α。

实现思路:首先将三相交流电经过变压,整流为直流电;然后再进行远距离直流输电,形成高压直流输电系统,其中需要包含所要求的仿真参数。

具体仿真步骤如下:

第一步,依据仿真思路,确定所需要的仿真模块。

所需要的仿真模块主要有:Three-phase Voltage Source with Series RLC Branch(带串联RLC 支路的三相电压源)、Parallel RLC Branch(并联 RLC 支路)、Ideal Voltage and Current Measurement(理想 VI 测量)、Three-phase Transformer(Two Windings)(三相变压器)、PI Section Line(PI 型电路)、Series RLC Branch(串联 RLC 支路)、DC Voltage Source(直流电压源)、Universal Bridge Rectifier(通用桥式整流器)、Breaker(断路器)、From、GoTo、Scope、Diode、Ground、Mux、Demux、Constant、Step 等。

第二步,建立.mdl 文件,按照图 12-48 所示的等效电路图搭建高压直流输电系统仿真模型,如图 12-49 所示。

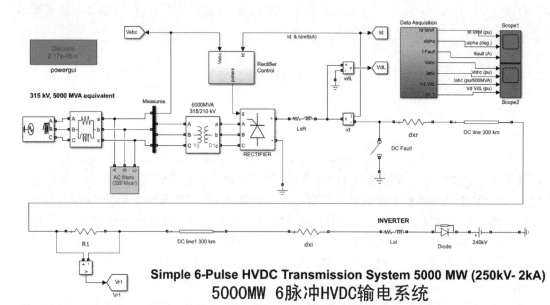

图 12-49   高压直流输电系统仿真模型

其中的相关子系统搭建过程说明如下:

① 整流器控制子系统 Rectifier Control 模块内部运算仿真结构如图 12-50 所示。

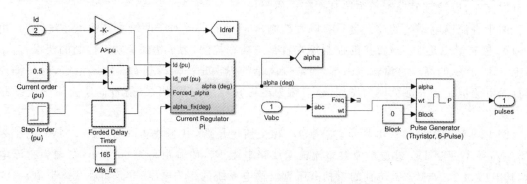

图 12-50   Rectifier Control 模块内部运算仿真结构

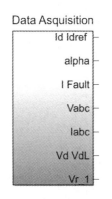

图 12 - 51　Data Asquisition 模块

整流控制子系统中采用了离散 PI 控制器、二阶带通滤波器 Second Oder Band Pass Filter（带宽 30 Hz,30～60 Hz）、离散同步 6 脉冲发生器以及来自左端三相交流电压共同形成整流控制子系统模块。在此双击脉冲产生器设置脉宽为 60°,脉冲基频为 60 Hz。同时利用 GoTo 模块将需要采集的电压、触发控制角 α 等参数引出,所设置的参数标签设置为 Global 类型,以方便采集数据。所有采样时间均为 $T_s = 2.17 \times 10^{-5}$ s。

② 数据采集子系统 Data Acquisition 模块如图 12 - 51,其内部运算仿真结构如图 12 - 52 所示。

数据采集子系统主要利用 From 模块读取需要显示的参数,以便对其进行简单运算和输出;使用 Mux 和 Demux 进行信号的分解运算和同窗显示,如图 12 - 52 所示。

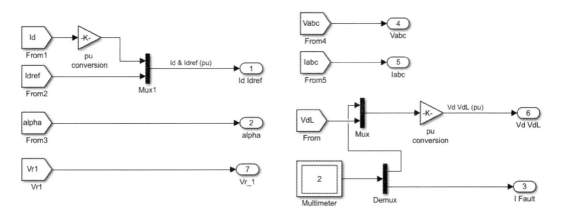

图 12 - 52　Data Asquisition 模块内部运算仿真结构

③ 交流滤波器子系统 AC filters 模块如图 12 - 53 所示。

交流滤波器子系统主要是吸收和去除三相交流电源电压信号中的杂质信号,采用了电容、串联 RLC 电路和并联 RLC 电路。AC filters 模块内部仿真电路模型如图 12 - 54 所示。

第三步,设置仿真模块参数,如图 12 - 55～图 12 - 64 所示。

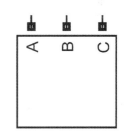

图 12 - 53　AC filters 模块

设置右端直流电源电压值为 240 kV。该仿真模型中每个模块的数据采样时间均为 $T_s = 2.17 \times 10^{-5}$ s。其余参数用户可参阅所给仿真模型自行分析。

第四步,选择 Powergui 电力环境模块,选择 Discrete 类型求解器。因为整流器控制脉冲为离散信号,因此选择 Discrete 类型求解器,同时采样时间设置为 $1/(360 \times 128) = 2.17 \times 10^{-5}$。

第五步,运行图 12 - 49 所示高压直流输电系统仿真模型,分别双击 Scope1 和 Scope2 可显示相应参数仿真曲线,如图 12 - 65、图 12 - 66 所示。

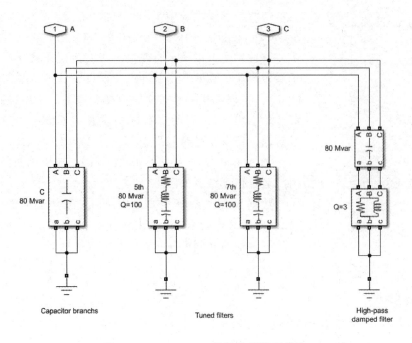

图 12 - 54　AC filters 模块内部仿真结构

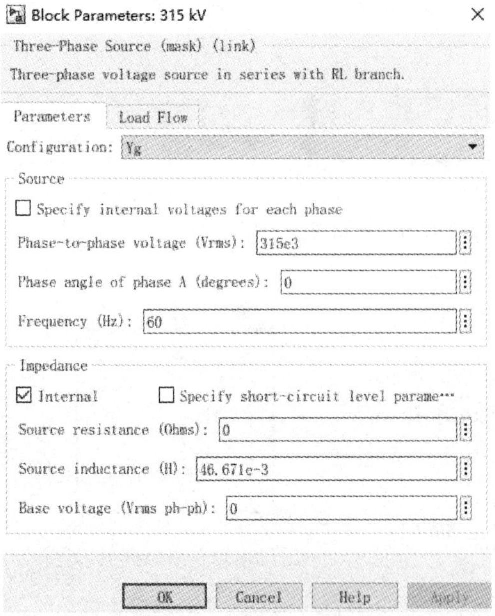

图 12 - 55　三相电压源参数设置 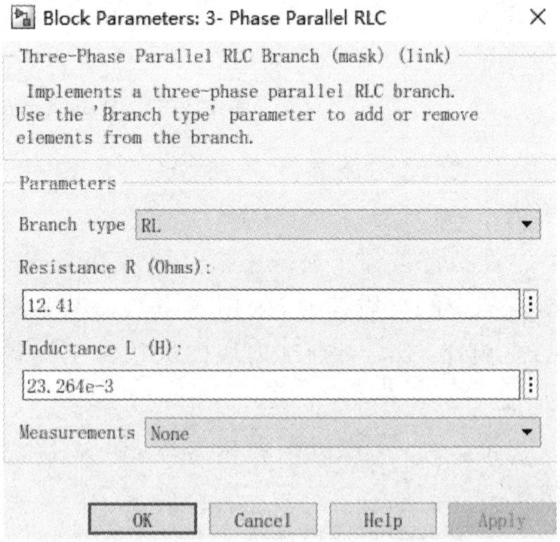　　　　**图 12 - 56　三相并联 RLC 电路参数设置**

对于高压直流输电系统,不同的输电系统结构和研究的问题,其具体的仿真模型是不同的,所求显示的参数也是不同的。本节仅根据图 12 - 48 给基本直流输电电路搭建的高压直流输电系统仿真模型,以示高压直流输电系统电压、电流、触发控制角在电力传输过程中的变化,达到抛砖引玉的目的。

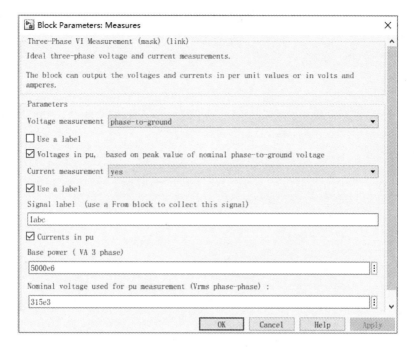

图 12 - 57　三相 VI 测量参数设置

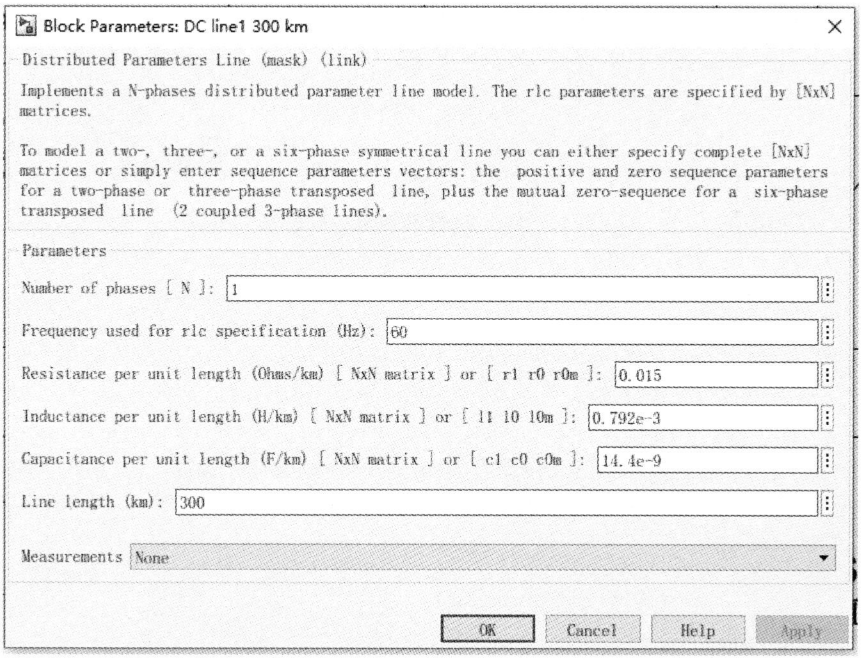

图 12 - 58　PI 型输电线路参数设置(前后各段输电距离为 300 km)

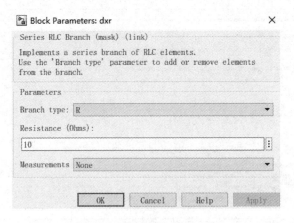

图 12-59　dxr 线路电阻参数设置

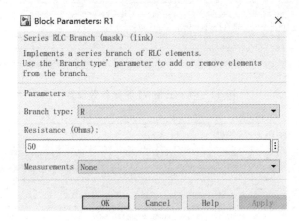

图 12-60　R1 线路电阻参数设置

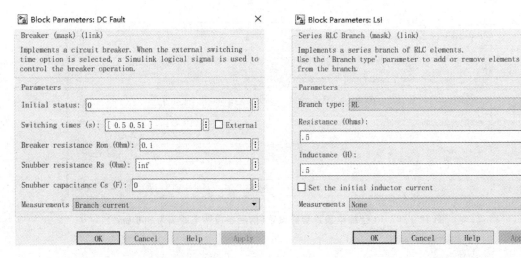

图 12-61　DC Fault 参数设置　　　　　　　图 12-62　Lsl 参数设置

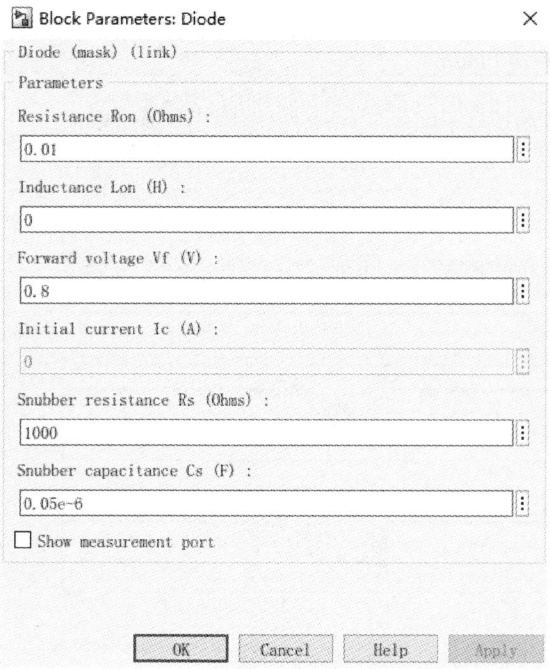

Block Parameters: Diode
Diode (mask) (link)
Parameters
Resistance Ron (Ohms) :
0.01
Inductance Lon (H) :
0
Forward voltage Vf (V) :
0.8
Initial current Ic (A) :
0
Snubber resistance Rs (Ohms) :
1000
Snubber capacitance Cs (F) :
0.05e-6
Show measurement port
OK
Cancel
Help
Apply

图 12 - 63 Diode 参数设置

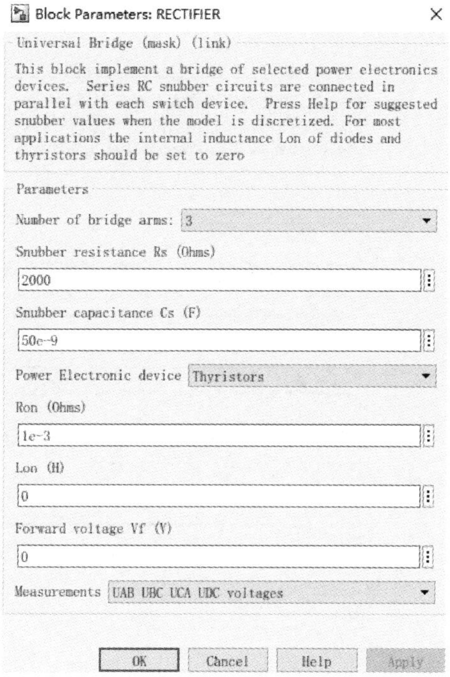

Block Parameters: RECTIFIER
Universal Bridge (mask) (link)
This block implement a bridge of selected power electronics devices. Series RC snubber circuits are connected in parallel with each switch device. Press Help for suggested snubber values when the model is discretized. For most applications the internal inductance Lon of diodes and thyristors should be set to zero
Parameters
Number of bridge arms: 3
Snubber resistance Rs (Ohms)
2000
Snubber capacitance Cs (F)
50e-9
Power Electronic device Thyristors
Ron (Ohms)
1e-3
Lon (H)
0
Forward voltage Vf (V)
0
Measurements UAB UBC UCA UDC voltages
OK
Cancel
Help
Apply

图 12 - 64 RECTIFIER 参数设置

Scope1
Id Idref (pu)
2
1
0
alpha (deg.)
150
100
50
0
Ifault (A)
6000
4000
2000
0
0
0.1
0.2
0.3
0.4
0.5
0.6
0.7
0.8
Ready
Sample based
T=0.800

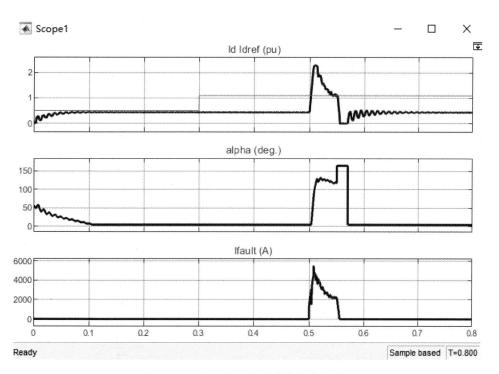

图 12 - 65 高压直流电流参数仿真曲线图

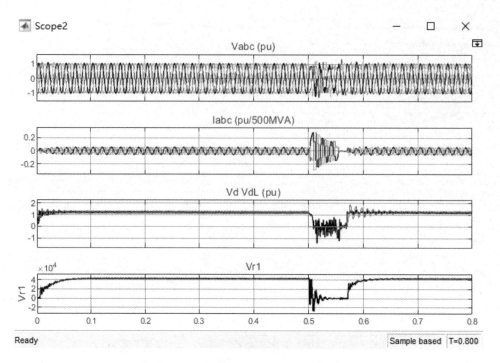

图 12 - 66　高压直流电压参数仿真曲线图

12.4　高压交流输电系统暂态仿真与分析

关于高压交流(HVAC)输电系统的仿真问题,一直是一些电力工程技术人员、机电工程技术人员和高校科技工作者关注的问题。仿真高压交流输电系统,首先需要明确常用的高压交流输电系统的数学模型,然后根据数学模型表达的主要含义,以及电路仿真的主要环节搭建高压交流输电系统仿真模型,再依据实际高压交流输电系统的已知条件和参数对仿真模型的参数进行设置,调试和运行整个仿真模型,最后获得仿真参数曲线。下面将按照此仿真思想对高压交流输电系统进行建模与仿真。

高压交流输电系统的数学模型如图 12 - 67 所示。

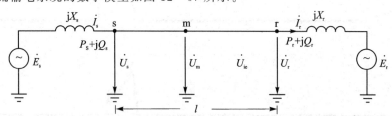

$\dot{E}_s$—发送端系统等值电动势;$\dot{E}_r$—接收端系统等值电动势;X_s—发送端系统等值电抗;

X_r—接收端系统等值电抗;$\dot{U}_s$—发送端母线电压;$\dot{U}_r$—接收端母线电压;

$\dot{I}_s$—发送端线路电流;$\dot{I}_r$—接收端线路电流;P_s+jQ_s—发送端功率;

P_r+jQ_r—接收端功率;$\dot{U}_{ie}$—线路终点电压;l—线路长度

图 12 - 67　高压交流电压输电系统数学模型

假设输电线路沿途没有损失,描述输电线路的长线方程如下:

$$\dot{U}_s = \dot{U}_r \cos \beta l + j \dot{I}_r Z_0 \sin \beta l \tag{12-3}$$

$$\dot{I}_s = j \dot{U}_r \frac{1}{Z_0} \sin \beta l + \dot{I}_r \cos \beta l \tag{12-4}$$

$$Z_0 = \sqrt{\frac{L_0}{C_0}} \tag{12-5}$$

$$\beta = \omega/c = 360° \times 50/(2.99 \times 10^5) = 0.060\ 2\ (°)/\text{km} \tag{12-6}$$

式中,Z_0 为波阻抗;β 为相位常数;L_0、C_0 分别为交流输电线路单位长度的电感和电容。由于我国电网工频为 50 Hz,因此式(12-6)中取工频 $f_0 = 50$ Hz,光速 $c = 2.99 \times 10^8$ m/s。由于接收端的电流方程为 $\dot{I}_r = \dfrac{P_r - jQ_r}{U_r}$,将之代入式(12-3)中,可得

$$\dot{U}_s = \dot{U}_r \cos \beta l + j \frac{P_r - jQ_r}{U_r} \cdot Z_0 \sin \beta l \tag{12-7}$$

如果取 $\dot{U}_r$ 为参考轴,并且设图 12-67 中的 r 点处相位角为零,同时设发送端电压 $\dot{U}_s$ 与接收端电压 $\dot{U}_r$ 的相位差为 θ,$\dot{U}_s$ 可表示为

$$\dot{U}_r = U_r e^{j0°}, \quad \dot{U}_s = U_s e^{j\theta} = U_s \cos \theta + j U_s \sin \theta \quad (\text{用相量表示}) \tag{12-8}$$

令式(12-7)与式(12-8)相等,可得

$$U_s \cos \theta = U_r \cos \beta l + Z_0 \frac{Q_r}{U_r} \sin \beta l \tag{12-9}$$

$$U_s \sin \theta = Z_0 \frac{P_r}{U_r} \sin \beta l \tag{12-10}$$

由式(12-9)和式(12-10)组成方程组可得

$$P_r = \frac{U_r U_s \sin \theta}{Z_0 \sin \beta l} \tag{12-11a}$$

$$Q_r = -\frac{U_r^2}{Z_0} \cot \beta + \frac{U_r U_s \cos \theta}{Z_0 \sin \beta l} \tag{12-11b}$$

由对应关系 $P_r - jQ_r = P_s + jQ_s$(能量守恒定律)可得

$$P_s = \frac{U_r U_s \sin \theta}{Z_0 \sin \beta l} = P_r \tag{12-12a}$$

$$Q_s = -\frac{U_r U_s \cos \theta}{Z_0 \sin \beta l} + \frac{U_r^2}{Z_0} \cot \beta \tag{12-12b}$$

如果分别取输电线路额定电压和自然功率为基准电压和基准功率,即有

$$U_b = U_{\text{rated}} \tag{12-13a}$$

$$S_b = P_0 = \frac{U_{\text{rated}}^2}{Z_0} = \frac{U_b^2}{Z_0} \tag{12-13b}$$

则输电线路的输送功率标幺值为

$$p_s = p_r = \frac{P_s}{P_0} = u_r u_s \frac{\sin \theta}{\sin \beta l} \tag{12-14}$$

$$q_s = -u_r u_s \frac{\cos \theta}{\sin \beta l} + u_r^2 \cot \beta \qquad (12-15)$$

$$q_r = u_r u_s \frac{\cos \theta}{\sin \beta l} - u_r^2 \cot \beta \qquad (12-16)$$

式中，u_r、u_s 分别为接收端和发送端的电压标幺值。

假设图 12-67 所示输电线路中发送端和接收端的短路容量分别为 S_{scs} 和 S_{scr}，并且定义发送端系统与接收端系统的短路比为分别为

$$scr_s = \frac{S_{scs}}{P_0}, \quad scr_r = \frac{S_{scr}}{P_0} \qquad (12-17)$$

则发送端的阻抗 X_s 和接收端的阻抗 X_r 的标幺值可表示为

$$x_s = \frac{1}{scr_s}, \quad x_r = \frac{1}{scr_r} \qquad (12-18)$$

因此，由式(12-17)可以看出，发送端和接收端的短路标幺比 scr_s、scr_r 实质上表达了发送端和接收端交流系统的电气强度；发送端和接收端的交流系统标幺比越大，说明系统的等值电抗越小，系统就越强、越安全。

假设图 12-67 中的 r 点处相位角为零，则发送端交流系统的等值电动势标幺值和相位角分别为

$$e_s = u_s + \frac{q_s}{u_s} x_s = u_s + \frac{q_s}{u_s scr_s} \qquad (12-19a)$$

$$\theta_s = \theta + \arctan \frac{q_s}{u_s^2 scr_s} \qquad (12-19b)$$

接收端交流系统的等值电动势标幺值和相位角分别为

$$e_r = u_r - \frac{q_r}{u_r} x_r = u_r - \frac{q_r}{u_r scr_r} \qquad (12-20a)$$

$$\theta_r = -\arctan \frac{q_r}{u_r^2 scr_r} \qquad (12-20b)$$

因此，图 12-67 所示的交流系统发送端的等值电动势 $\dot{E}_s$ 和接收端交流系统的等值电动势 $\dot{E}_r$ 之间的相位差为

$$\theta_{sr} = \theta_s - \theta_r = \theta + \arctan \frac{q_s}{u_s^2 scr_s} + \arctan \frac{q_r}{u_r^2 scr_r} \qquad (12-21)$$

例 12-6　线电压 300 kV 的单相交流电压源经过一个断路器和 300 km 的输电线路向负荷供电。试对该系统进行高频振荡仿真。

具体仿真步骤如下：

第一步，明确仿真参数、思路，确定主要仿真模块。

由于该输电线路是进行高压交流单相传输，因此电压应该是主要仿真参数。因为瞬时电压就是频率的函数，因此瞬时电压的变化可以反映出高压传输过程中高频振荡的状况，仿真参数应该是电压。

主要仿真模块有：单相交流电压源、电压源内阻(串联 RLC 支路)、并联 RLC 支路、断路器、PI 型电路、放大器、电压测量(电压表)、串联 RLC 负荷、Scope 显示模块等。

第二步,建立.mdl 文件,搭建图形化仿真模型,如图 12－68 所示。

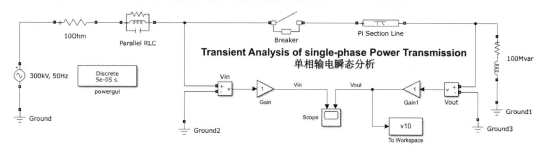

图 12－68　单相交流高压输电系统暂态仿真模型

所需要的主要模块均可从 Simulink 公共模块库和 SimPowerSystems 专业模块库中寻找到。首先找到主要仿真模块,并将其放置到仿真文件中;然后按照信号从左向右传送的方向摆放相关仿真模块;接着是检测各仿真模块是否能够实现既定的功能与参数检测,连接各个仿真模块,最后形成仿真连线图。只有依据题意或已知条件,设置相应仿真模块参数后才可称为图形化仿真模型。

第三步,仿真模块参数设置,如图 12－69～图 12－74 所示。

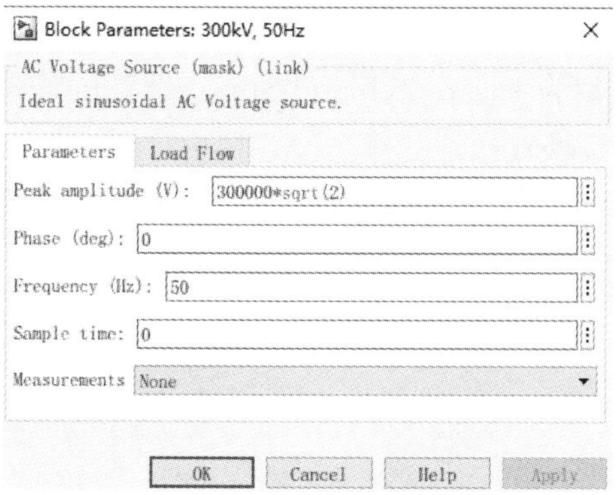

图 12－69　单相交流电压源参数设置

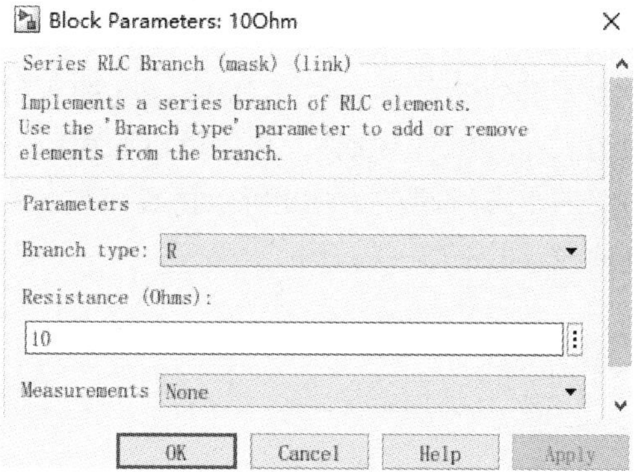

图 12－70　电压源内阻参数设置

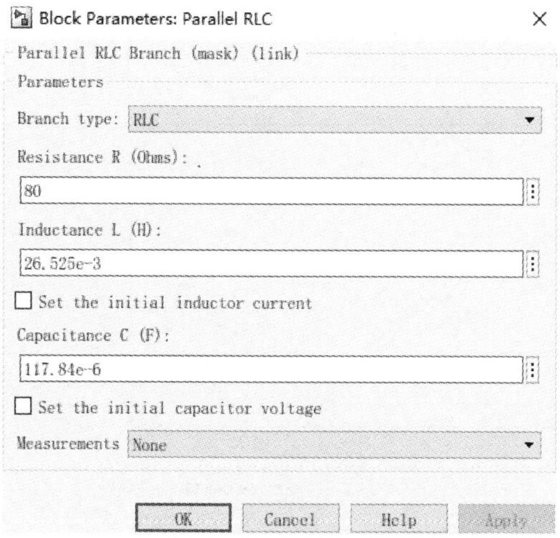

图 12－71　Parallel RLC 参数设置

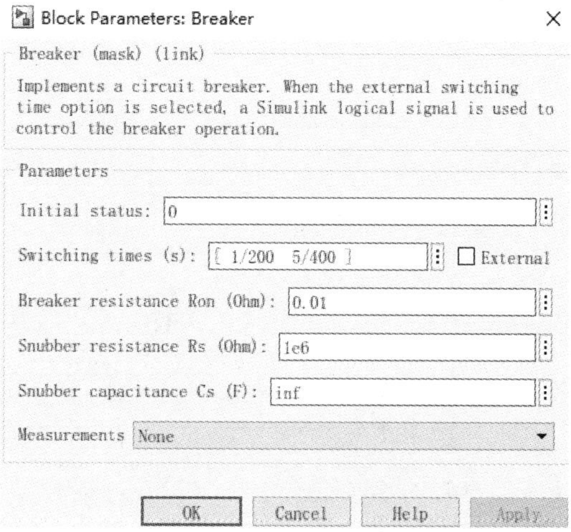

图 12－72　Breaker 参数设置

由于输电线路的距离为 300 km(大于 100 km),因此图 12 - 68 仿真模型中输电线路考虑使用 PI 型电路。同时根据题意可知,输电线路向负荷供电,因此图 12 - 68 中需要使用串联 RLC 负荷模型,而不是串联 RLC 支路模型。

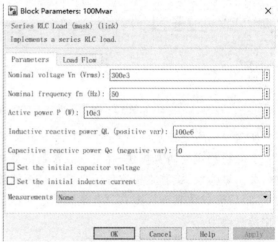

图 12 - 73　PI 型电路参数设置　　　　　图 12 - 74　串联 RLC 负荷参数设置

放大器的倍数为 1,选择 Powergui 的求解器类型为 Discrete,Fixed-Step。设置仿真运行时间为 0.04 s(2 个周期)。其他模块参数用户可自行设置。

第四步,运行图 12 - 68 所示仿真模型,双击 Scope 模块可显示断路器闭合前后电压变化仿真曲线,如图 12 - 75 所示。

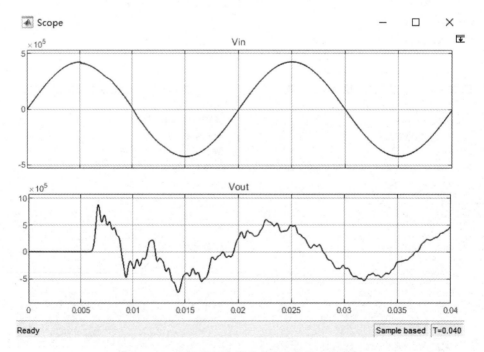

图 12 - 75　断路器闭合前后电压变化仿真曲线图

由图 12-75 可以看出,断路器在 0.005 s 闭合时,系统产生了高频振荡,同时,经过 10 段的 PI 型电路后的电压波形有延迟现象,大约延迟 0.002 s。

将图 12-68 中 PI 型电路段数先后分别设置为 1、10、100 和分布参数线路后,可得断路器闭合时高频振荡的系统电压变化曲线图,如图 12-76 所示。

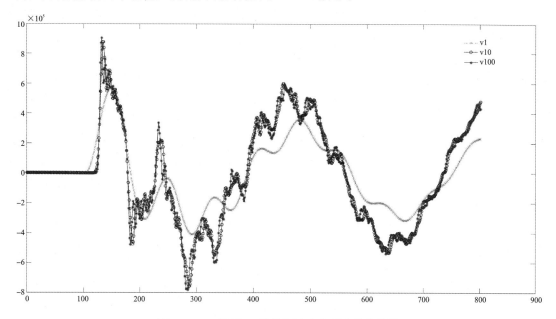

图 12-76　不同 PI 段数下输出电压变化曲线图

由图 12-76 可以看出,段数为 1 的 PI 型电路并没有反映出断路器闭合时所产生的高频振荡现象,段数为 10 的 PI 型电路较好地反映出了断路器闭合时所产生的高频振荡现象,其电压瞬时幅值大幅上升。对于分布参数线路也反映出了高频振荡现象,但是波传导过程中对断路器所产生的高频振荡存在着延迟现象。

12.5　交流电力系统机电暂态仿真与分析

柔性交流输电系统(Flexible AC Transmission System,FACTS),是利用现代电力电子技术构成各种 FACTS 控制器,并结合控制理论和计算机技术,实现对交流输电网的参数和变量(如电压、阻抗、触发控制角、潮流等)更加快速、连续和频繁地调节,进而使输电系统更加稳、准、快、可靠地运行。随着现代电力电子技术的不断深入发展,FACTS 所包含的内容越来越广泛,并且当下 FACTS 已发展成为现代电力系统的一个独立分支,因此很难对基于每种控制器的交流电力系统进行仿真与分析,只能基于其中的某一个或几个控制器进行说明、仿真和分析。况且有很多电力问题,如高压高频远距输电的电磁暂态理论问题,在理论上仍然没有解决,因此,即使想对其仿真也必然是比较困难的。

下面分别以基于 SVC(Static Var Compensator,静止无功补偿器)和 UPFC(Unified Power Flow Controller,综合电力潮流控制器)为例说明交流电力系统的建模与仿真。

12.5.1　基于 SVC 的电力系统机电暂态仿真与分析

精确确定所有电磁参数和机械运动参数在电力系统暂态过程中的变化是十分困难的,也是没有必要的。分析电力系统的暂态稳定性的目的是确定在大干扰的情况下发电机能否继续保持同步运行,因此只需要研究表征发电机是否同步的转子运行特性,分析系统机电暂态过程实质是分析系统的稳定性。

SVC(Static Var Compensator,静止无功补偿器)是由 FC(Fixed Compensator,固定电容补偿器)、TSC(Thyristor Switched Compensator,半导体晶闸管控制的电容器)、TCR(Thyristor Controlled Reactor,半导体晶闸管控制的电抗器)三部分组成的无功补偿系统。通过调节 TSC、TCR,使整个装置无功输出呈现连续变化的状态,动态补偿,维持电压稳定,从而提高了系统的稳定性,降低了系统的消耗。但是,SVC 这种装置是以电容、电感作为补偿元件,补偿效果仍然受到电网电压和频率波动的影响。当波动范围超出一定范围时,SVC 就表现为恒阻抗特性,将不再发挥其动态补偿作用了。然而,SVC 是最早出现的并联型 FACTS 装置,因此有必要仿真基于 SVC 的电力系统。

下面对含有两个发电机的输电系统进行暂态稳定性仿真与分析。为了提高系统的暂态稳定性和阻尼振荡能力,系统配置了静止无功补偿器(SVC)和电力系统稳定器(Power System Stabilizers,PSS)。以 SimPowerSystems 专业模块库所给示例 power_svc_pss.mdl 进行说明,该示例模型另存为 example12_7_FACTS_power_system_SVC_pss1.mdl,如图 12 - 77 所示。

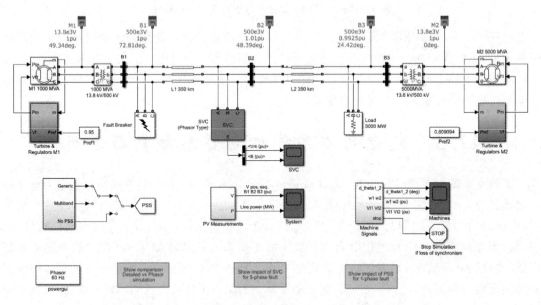

图 12 - 77　基于 SVC 的电力系统机电暂态稳定性分析的仿真模型

1. 电力系统描述

图 12 - 77 所示是一个 500 kV 的输电系统图。图中一个容量为 1 000 MVA 的水轮发电

厂(M1 位于仿真模型左端,发送端)通过升压变压器变压后,其副绕组的电压 500 kV、功率 1 000 MVA 输向 700 km 的输电线路,送往 5 000 MVA 的负荷中心。另一个容量为 5 000 MVA 的发电厂(M2 位于仿真模型右端,发送端)也向负荷中心送电。为了提高系统的暂态稳定性,系统配置了静止无功补偿器 SVC(phasor type)。左右两端的发电机组均配置了电力系统稳定器 Power System Stabilizer、励磁系统 Excitation System、水轮机调速器 HTG;稳定器、励磁系统和调速器共同形成了 Turbine&Regulators 子系统仿真结构,如图 12-78 所示。

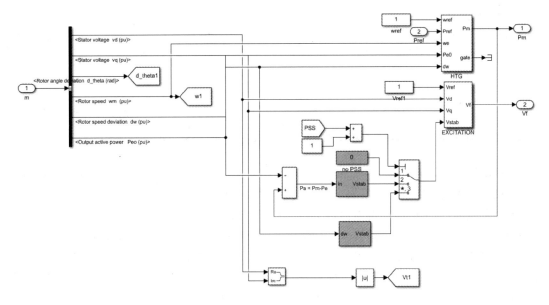

图 12-78　Turbine&Regulators 子系统仿真结构图

　　在 Turbine&Regulators 子系统中,电力稳定器主要有两个:一个是通用电力系统稳定器(Generic Power System Stabilizer,GPSS),它由低通滤波器、高通滤波器、增益、相位补偿器和输出限制器构成;另一个是多频段电力系统稳定器(Multi-Band Power System Stabilizer,MB-PSS)。这两个模块在 SimPowerSystems 专业模块库中的 Mahcine 子模块库中均可找到。同时,励磁系统 Excitation system、水轮机调速器 HTG 也可在 SimPowerSystems 专业模块库中找到。

　　在图 12-77 中,利用 Switch 开关模块选择不同的电力系统稳定器,如图 12-79 所示。在图 12-77 中的输电线路上也有一静止无功补偿器(SVC 模块),该模块的参数设置对话框如图 12-80 所示。在图 12-80 中,有两个选项卡:Power 和 Controller。Power 选项卡显示如图 12-81 所示。若选择 Controller 选项卡,则显示模式为电压调整或无功调整。若

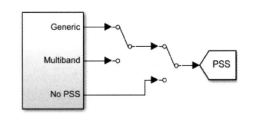

图 12-79　电力系统稳定器

不希望将 SVC 加入输电线路,则直接将电纳设置为零,即 $B_{ref}=0$。

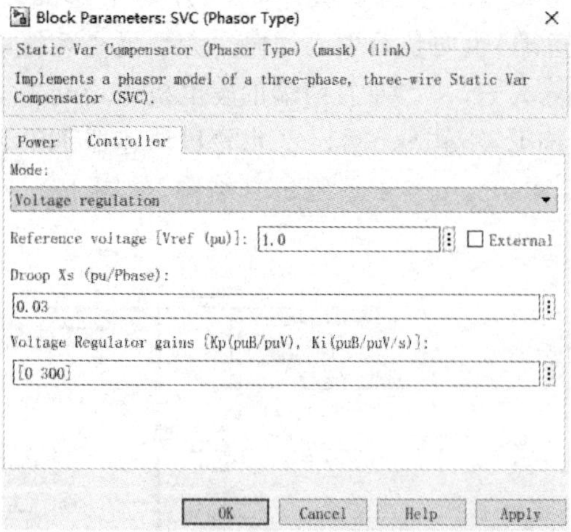

图 12-80　SVC Controller 选项卡参数设置对话框 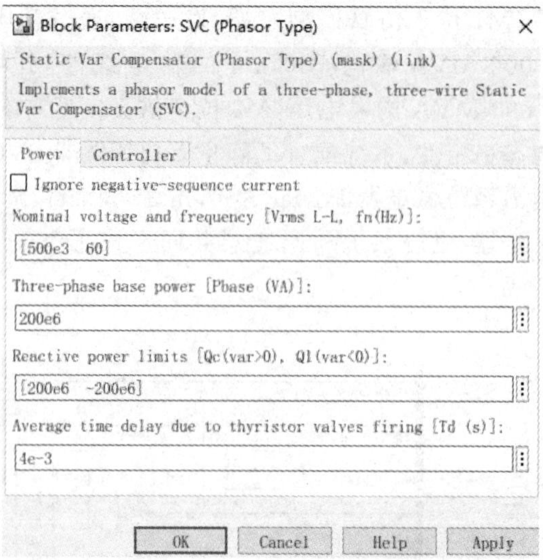　　　图 12-81　SVC Power 选项卡参数设置对话框

同时,图 12-77 中也有一个三相故障模块 Fault Breaker,可直接在 SimPowerSystems 模块库中找到。通过设置该故障模块可影响输电系统的稳定性。

图 12-77 仿真模型和其他电力仿真系统一样,也需要 PowerGui 仿真环境求解器。双击 PowerGui 模块打开参数对话框,再单击 Configuration Parameters 选项,在弹出的对话框中选择"相量分析"(phasor),频率设置为 60 Hz,以加快仿真速度;然后单击 PowerGui 模块中的 Machine Initialization(电机初始化)选项,进行初始化设置。将发电机 M1 定义为 PV 节点 ($P=1\,000$ MVA,$V=13.8$ kV),发电机 M2 定义为平衡节点($V=13.8$ kV,a 相初始相位为零),利用 PowerGui 模块中的 Load Flow and Machine Initialization 进行潮流与电机初始化计算,如图 12-82 所示。

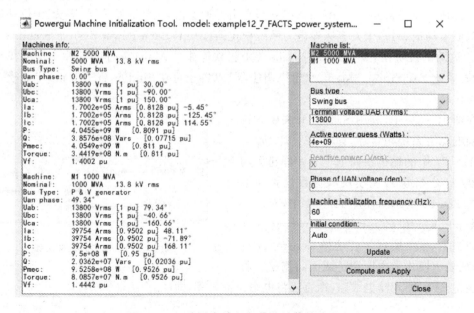

图 12-82　潮流与电机初始化计算的结果

更新模型,双击电机 M1 和 M2,查看电机初始化参数,如图 12 - 83、图 12 - 84 所示。

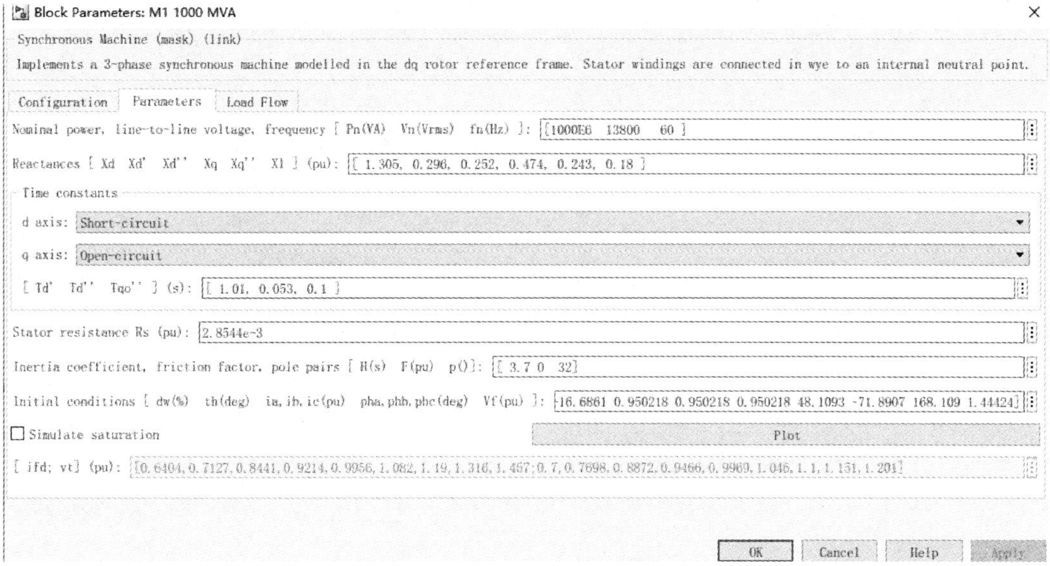

图 12 - 83　电机 M1 的初始化参数

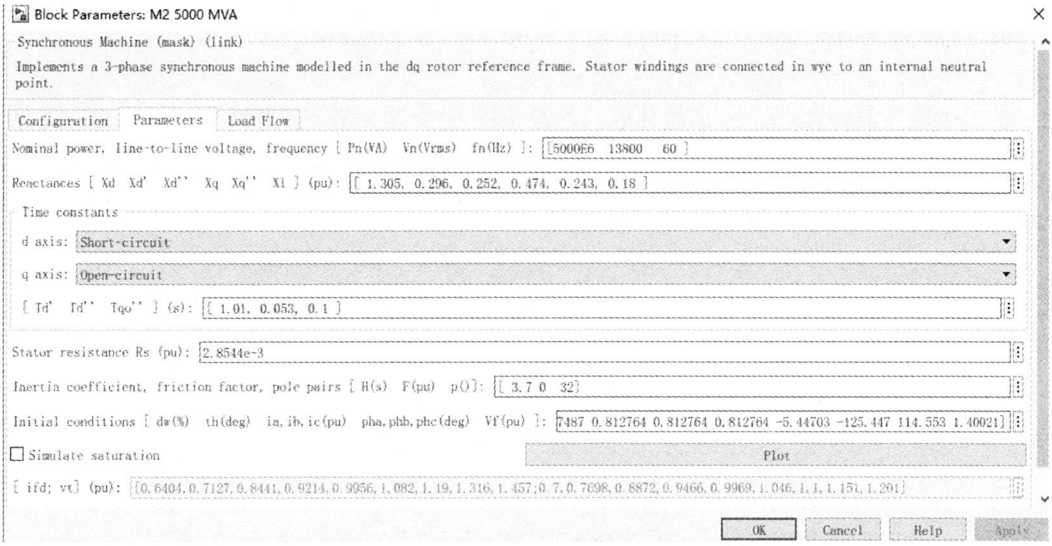

图 12 - 84　电机 M2 的初始化参数

双击 Turbine&Regulator 子系统中的调速子系统,可以看到其初始参考功率,分别为 PrefM1=0.952 577 pu,PrefM2=0.810 979 pu;双击 Excitation system 子模块可以看到电机的参考电压均为 1 pu。

2. 三相故障情况下的电力系统暂态仿真与分析

三相故障模块 Fault Breaker 是由三个独立的断路器组成的能够实现相—相故障和相—地故障进行仿真的模块。三相故障参数设置如图 12 - 85 所示。单相故障参数设置如图 12 - 86 所示。

图 12 - 85　三相故障参数设置　　　　图 12 - 86　单相故障参数设置

由电力电子理论可知,当发电机转子间的相位角差为 90°时,发电机的输出电磁功率达到最大值。若输电系统长期处于功率相位角大于 90°,则发电机便失去了同步,输电系统变得不稳定。

在不使用 SVC 的情况下,分别对单相故障和三相故障仿真,以观测输电系统的稳定性。设置 SVC 的参考值 Bref＝0,即不使用 SVC,仿真结果如图 12 - 87 所示。设置三相故障中的

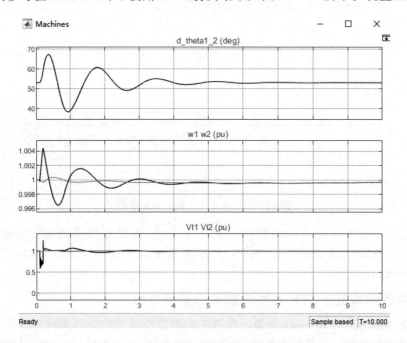

图 12 - 87　单相故障情况下通用电力系统稳定器的电机 M1 与 M2 仿真曲线图

a 相在 0.1 s 时发生故障,在 0.2 s 时清除故障,如图 12 - 88 所示。下面分别对通用电力系统稳定器、多频段电力系统稳定器、无稳定器进行仿真,并且对这三种情况的仿真结果进行比较。

上述三种情况的仿真是通过图 12 - 79 电力系统稳定器选择模块实现。

在单相故障设置不变的情况下,选择设置系统稳定器为 Multi-Band Power System Stabilizer,然后再进行仿真,得到电机 M1 和 M2 的相位差、角速度和电压仿真曲线,如图 12 - 88 所示。

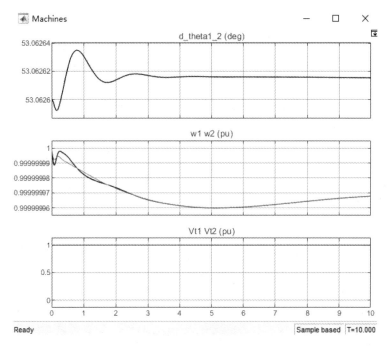

图 12 - 88　单相故障情况下多频段电力系统稳定器的电机 M1 与 M2 仿真曲线图

在单相故障设置不变的情况下,选择设置系统稳定器为 No PSS,仿真曲线如图 12 - 89 所示。

由图 12 - 87～图 12 - 89 仿真曲线可以看出,在单相故障情况下,没有电力系统稳定器时,发电机输出参数一直是不稳定的;通常电力系统稳定器和多频段电力系统稳定器均可使发电机输出参数趋于稳定,多频段电力系统稳定器更加能够使发电机输出参数较快地趋于稳定,并且振幅也较小。

没有 SVC 和电力系统稳定器时,三相故障的参数设置如图 12 - 85 所示,运行图 12 - 77 所示模型,得到电机 M1 与 M2 仿真曲线,如图 12 - 90 所示。

利用图 12 - 79 所示的电力系统稳定器选择系统,使电力系统在电力稳定器的情况下,三相故障对电力输电系统稳定性的影响曲线如图 12 - 91 所示。

由图 12 - 90 和图 12 - 91 可以看出,输电系统在没有 SVC 的情况下,无论输电系统中是否有稳定器,三相故障情况下电力系统中的发电机组输出电压、转速都是不相等的,并且两个发电机相位差远大于 90°,电力系统是极其不稳定的,并且随着时间的增长,系统变得越来越不稳定。只不过在没有稳定器的情况下大约在 1.26 s 处发电机输出电压变得极不稳定,输电系统发生崩溃;在有电力系统稳定器的情况下,大约在 1.32 s 处电机输出电压变得极不稳定,

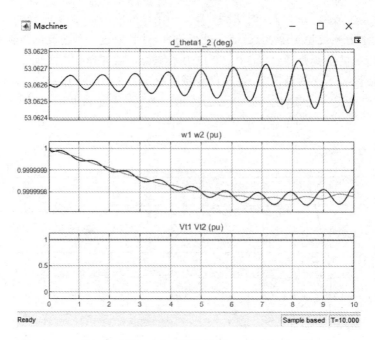

图 12 – 89　单相故障情况下无稳定器的电机 M1 与 M2 仿真曲线图

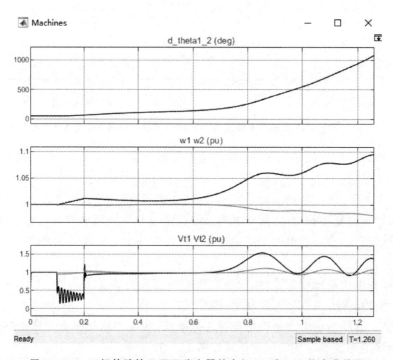

图 12 – 90　三相故障情况下无稳定器的电机 M1 与 M2 仿真曲线图

输电系统发生崩溃。电力系统稳定器在三相故障的情况下仍对系统机电暂态稳定性起到了一定的稳定作用,使输电系统发生崩溃延迟了约 0.6 s。

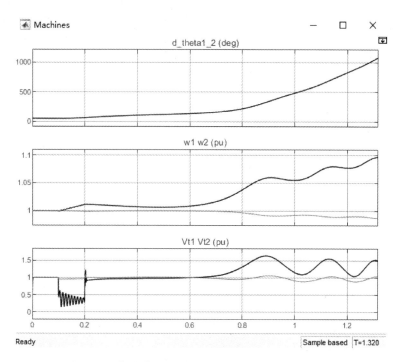

图 12 - 91　三相故障情况下有稳定器的电机 M1 与 M2 仿真曲线图

3. 基于 SVC 的电力系统机电暂态仿真与分析

三相故障参数设置不变的情况下,双击 SVC 仿真模块,选择 Controller,将其操作模式设置为 Voltage regulation(电压调整),参考电压设置为 1.005,如图 12 - 92 所示。其余参数不变。

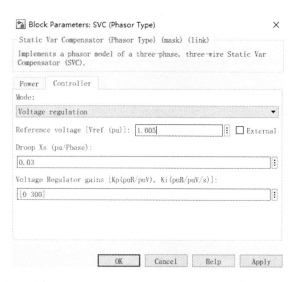

图 12 - 92　SVC 电压调整模式下的参数设置

在三相故障下,选择 ode45 求解器,分别对图 12 - 77 所示的仿真模型进行无稳定器、通用电力系统稳定器(GPSS)、多频段电力系统稳定器仿真(MBPSS)。

基于 SVC 的无稳定器三相故障系统电机输出电压仿真曲线如图 12 - 93 所示。由图 12 - 93 可以看出,无稳定器时,三相故障在 2.369 s 处引起电机输出电压发生崩溃,比相同情况下没有 SVC 的崩溃延迟了 1.109 s。这说明 SVC 对输电系统的稳定性起到了一定的作用。

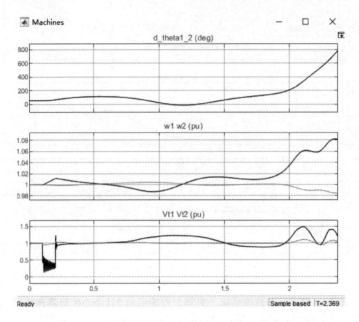

图 12 - 93　基于 SVC 的无稳定器三相故障系统电机输出电压仿真曲线图

基于 SVC 的 GPSS 三相故障系统电机输出电压曲线如图 12 - 94 所示。由此图可以看出,SVC 和 GPSS 对电力输电系统起到了稳定性的作用,输电系统在约 4.6 s 处趋于稳定,两

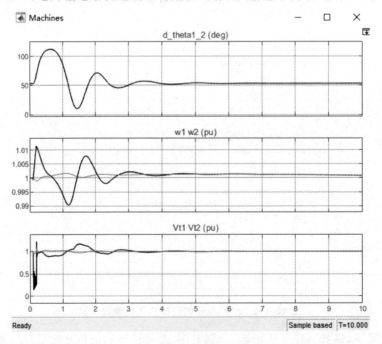

图 12 - 94　基于 SVC 的 GPSS 三相故障系统电机输出电压仿真曲线图

发电机组的相位差值也趋于稳定,约为 $50°$,在三相故障的情况下仍能保持输电系统的稳定。

基于 SVC 的 MBPSS 三相故障系统电机输出电压仿真曲线如图 12 - 95 所示。由此图可以看出,尽管系统存在严重的三相故障,但是 SVC 和 MBPSS 对电力输电系统也能起到稳定作用,输电系统在约 2.5 s 处趋于稳定,两发电机组的相位差值也趋于稳定,约为 $50°$,在三相故障的情况下能快速保持输电系统的稳定;与 GPSS 相比,MBPSS 能更快地使系统趋于稳定。因此,SVC 和 MBPSS 在三相故障的情况下可以使电力输电系统能够快速地趋于稳定。

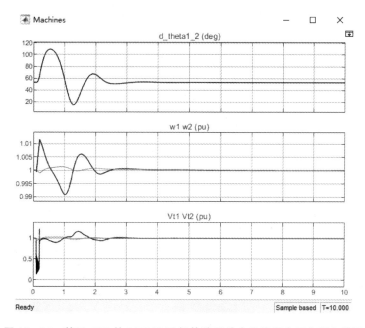

图 12 - 95　基于 SVC 的 MBPSS 三相故障系统电机输出电压仿真曲线图

由图 12 - 77 所示的电力系统模型的仿真结果,可得 SVC 对三相交流电力系统的影响曲线,如图 12 - 96 所示。

12.5.2　基于 UPFC 的电力系统综合仿真与分析

综合型 FACTS 装置(实质上就是串并联型 FACTS 装置)主要包括综合电力潮流控制器(Unified Power Flow Controller,UPFC)和可控移相器(Thyristor Controller Power,TCPR)。UPFC 主要用于电压控制、有功和无功潮流控制、暂态稳定,以及抑制系统功率振荡。TCPR 主要用于系统有功潮流控制和抑制系统功率振荡。

UPFC 是将并联补偿的静止同步补偿器(Static Synchronous Compensator,STATCOM,也可称为 Static Var Generator,SVG)和串联补偿的静止同步串联补偿器(Static Synchronous Series Compensator,SSSC)组合成一个统一的控制系统的新型潮流控制器,也可将其称为 GPFC(Grid Power Flow Controller)。GPFC 结合了多种 FACTS 控制技术,是 FACTS 技术中功能最强大的装置,将换流器产生的交流电压串接至相应的输电线上,其幅值和相位均可连续变化,从而控制线路等效阻抗、电压和功角;同时控制线路的无功和有功潮流,提高输电线路的送电能力和系统阻尼振荡。UPFC 的特点是注入系统的无功功率,本身并不消耗或提供有用功。

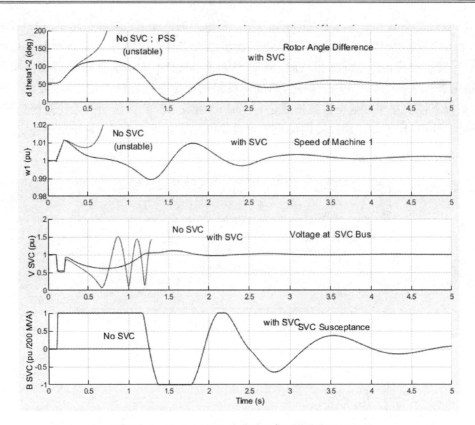

图 12 - 96   SVC 对三相交流电力系统的影响曲线图

下面对基于 UPFC 的电力系统进行仿真与分析。含 UPFC 的电力系统基本结构图如图 12 - 97 所示。

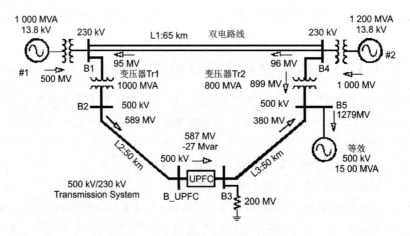

图 12 - 97   含 UPFC 的电力系统结构图

在图 12 - 97 中,UPFC 主要用来控制 500 kV/230 kV 传输系统的潮流。5 个电压电流测量器(B1、B2、B3、B4、B5)通过传输线 L1、L2、L3 和 2 个 500 kV/230 kV 变压器相互连接。在 230 kV 交流输电系统中,♯1 号和♯2 号电厂的发电总容量为 1 500 MW,将其输往电压 500 kV、15 000 Mvar,以及 B3 处的 200 MW 负载处。每个电厂都包含一个调速器、一个励磁系统和一个电力系统稳定器(PSS)。正常情况下,♯2 号电厂通过 2 个 400 MVA 变压器(在 B4 和 B5 之间)将装机容量为 1 200 MW 的电能送往 500 kV 的机械装备上。图 12-97 中,左右两边各设置了 2 个变压器(Tr1 和 Tr2),主要是为了输电线路的应急。♯2 号电厂的大部分电能通过 Tr2 变压器时,变压器需要内耗 99 MW。位于 L2 线上的 UPFC 主要是用来缓解输电拥堵现象,同时控制 B3 处 500 kV 的有功和无功潮流,以及 B_UPFC 处的电压。下面对图 12-97 所示的电力系统结构图进行仿真分析。

具体仿真步骤如下:

第一步,明确仿真参数和仿真思路。

由于图 12-97 所示的电力系统较庞大,因此我们首先将电力系统中各个部分进行模块化,形成模块化的仿真模型;然后对各个功能模块内部进行设计,再对整个仿真系统的相关标识、参数设置进行统一检查和调整;最后对整个系统建立统一的数据采集模块,进行统一数据采集、分块显示和合并显示。按照图 12-97 所示的电力系统结构图和连接方式构建仿真模型,因为图 12-97 所示的电力系统结构图是发电厂实际输电电力系统运行模型之一。

由于 UPFC 主要用于电压控制、有功和无功潮流控制、暂态稳定,以及抑制系统功率振荡,因此图 12-97 所示电力系统的主要仿真参数有线路电压、电流、有功功率、无功功率等。

第二步,建立.mdl 文件,搭建系统仿真模型,如图 12-98 所示。

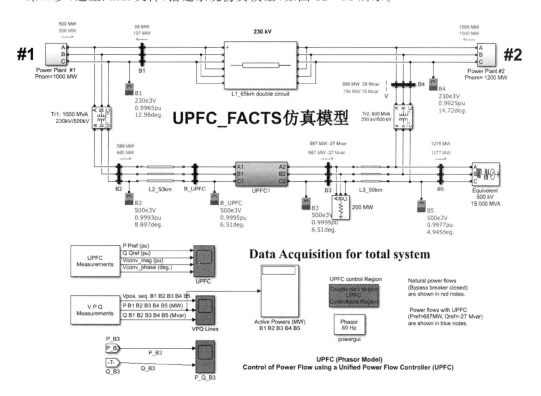

图 12-98　含 UPFC 的电力系统仿真模型

对整个电力系统进行统一数据采集,建立系统数据采集模块和显示模块,如图 12-99 所示。

♯1 号电厂和♯2 号电厂的模块结构是相同的,只不过具体参数不同而已。下面以♯1 号电厂为例说明电厂内部仿真模型。

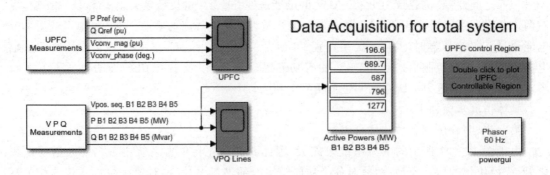

图 12-99　系统数据采集模块与显示模块

① ♯1 号电厂的功能描述。

♯1 号电厂发电量所产生的三相交流电,功率为 1 000 MW,电压为 13.8 kV,通过高压变压器将 13.8 kV 升压为 230 kV。

② 确定♯1 号电厂的仿真思路和仿真主要模块。

利用一个调速器、一个励磁系统和一个电力系统稳定器(PSS)组成电机控制调整模块,然后与三相交流电机模块、变压器模块共同组成电厂模块。

主要模块有：Three-phase Synchronous Machine、Three-phase Transformer(Two Windings)、Generic Power System Stabilizer(或者 Multi-Band Power System Stabilizer)、Excitation System(励磁系统)、Hydraulic Turbine and Governor(水轮机调速器)、Sum、Bus selector、Constant、Inport 和 Outport 等。

③ 搭建♯1 号电厂仿真模型及其子系统,并标注子模块信号,如图 12-100～图 12-103 所示。

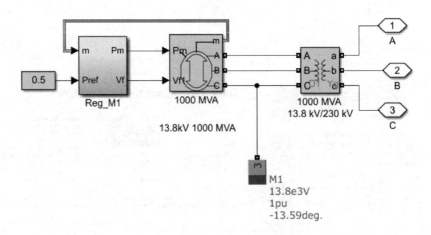

图 12-100　♯1 号电厂仿真模型

图 12-101 中采用了通用电力系统稳定器,也可以采用多频段电力系统稳定器,其稳定效果会更好。♯2 号电厂仿真模型子系统与♯1 号电厂仿真模型子系统相同,只不过一些具体参数不同而已。

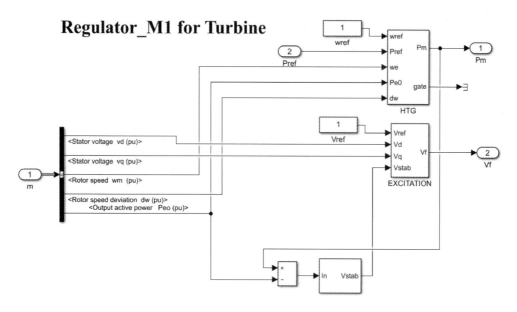

图 12 - 101　♯1 号电厂发电机组调速器内部仿真结构

UPFC、Distributed Parameters Line（分布式输电线路）、Three-phase VI Measurement（B1 电压电流测量）、并联 RLC 负荷、Three-phase Source（三相电源）等模块在 Specialized Power Systems 专业模块库中均能找到，其用法见相关书籍或 MATLAB 帮助系统，在此不再赘述。

图 12 - 102　发电机调速器子系统　　　图 12 - 103　♯1 号电厂子系统

系统数据采集子系统分为两部分：一部分是 UPFC 检测子系统，另一部分是 VPQ 测量子系统。其内部仿真结构如图 12 - 104、图 12 - 105 所示。

UPFC 和 VPQ 数据采集子系统引脚信号如图 12 - 106、图 12 - 107 所示。

UPFC 内部仿真结构及其子系统如图 12 - 108、图 12 - 109 所示。

第三步，仿真模块参数设置。

潮流总线和分布输电线的参数设置如图 12 - 110、图 12 - 111 所示。潮流的主要设置参数为总线电压值和总线相角。

♯1 号电厂三相升压变压器的设置如图 12 - 112、图 12 - 113 所示。

第四步，对图 12 - 98 和图 12 - 99 所示的仿真模型进行参数设置。

♯1 号电厂仿真模型的参数设置如图 12 - 114～图 12 - 121 所示。

♯1 号电厂调速器 Reg_M1 的参数设置。

♯1 号电厂调速器的励磁系统参数设置如图 12 - 118 所示。

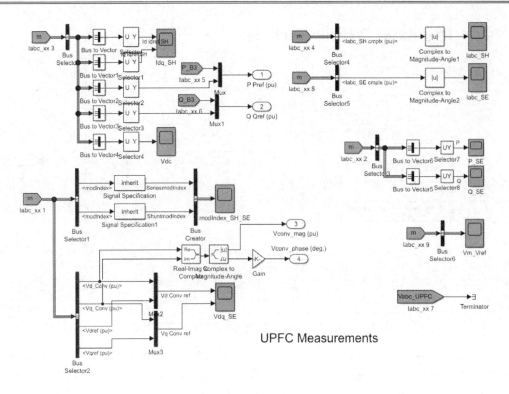

图 12 - 104　UPFC 检测子系统内部仿真结构

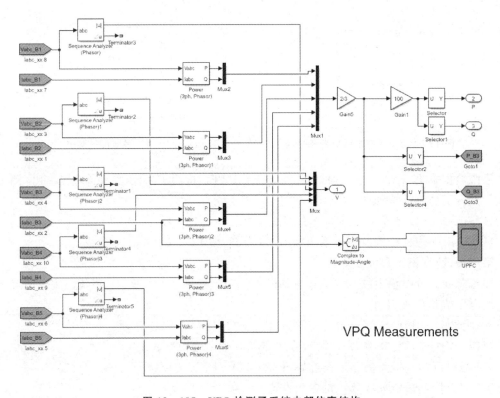

图 12 - 105　VPQ 检测子系统内部仿真结构

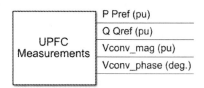

图 12-106　UPFC 数据采集子系统

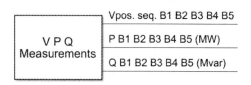

图 12-107　VPQ 数据采集子系统

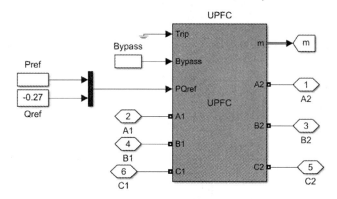

图 12-108　UPFC 内部仿真结构

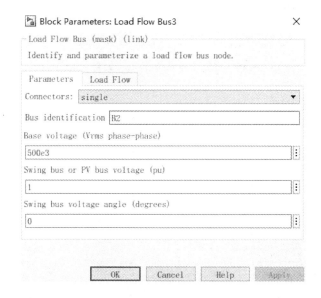

图 12-109　UPFC 子系统　　　　　　　图 12-110　潮流总线参数设置

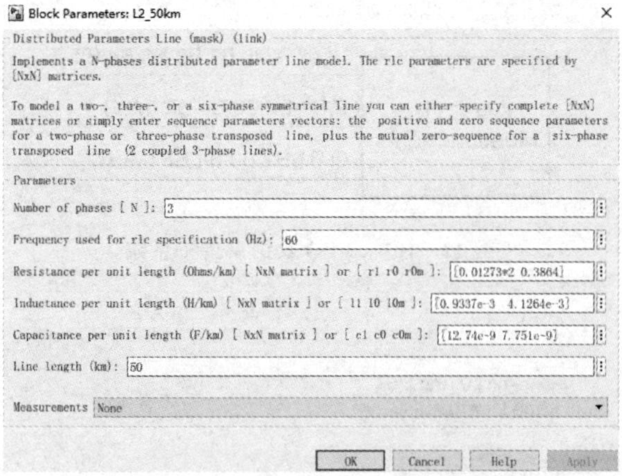

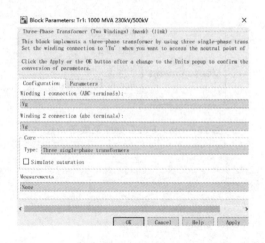

图 12 - 111　分布式输电线参数设置

图 12 - 112　三相升压变压器 Configurntion 配置

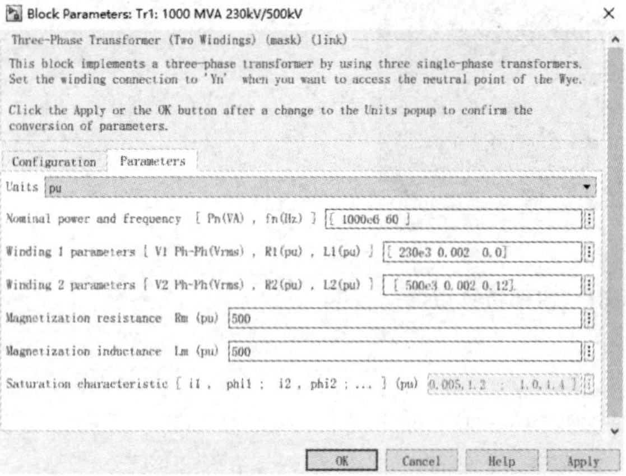

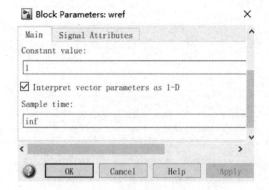

图 12 - 113　三相升压变压器 Prarameters 设置

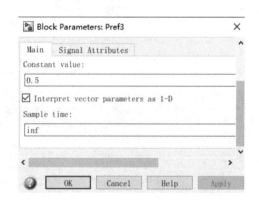

图 12 - 114　♯1 号电厂参考功率设置

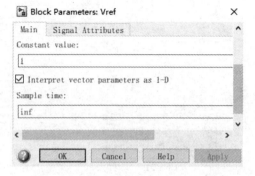

图 12 - 115　电机调速器 wref 设置

图 12 - 116　电机定子端 Vref 设置

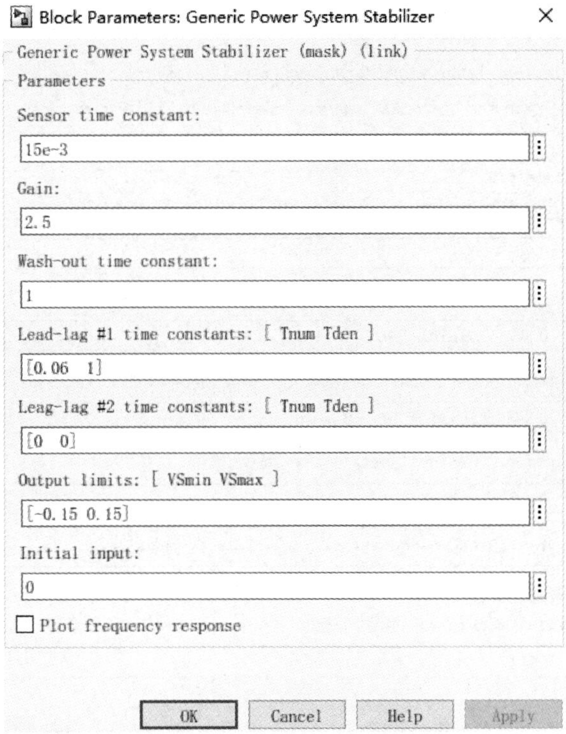

图 12 - 117　通用电力系统稳定器参数设置

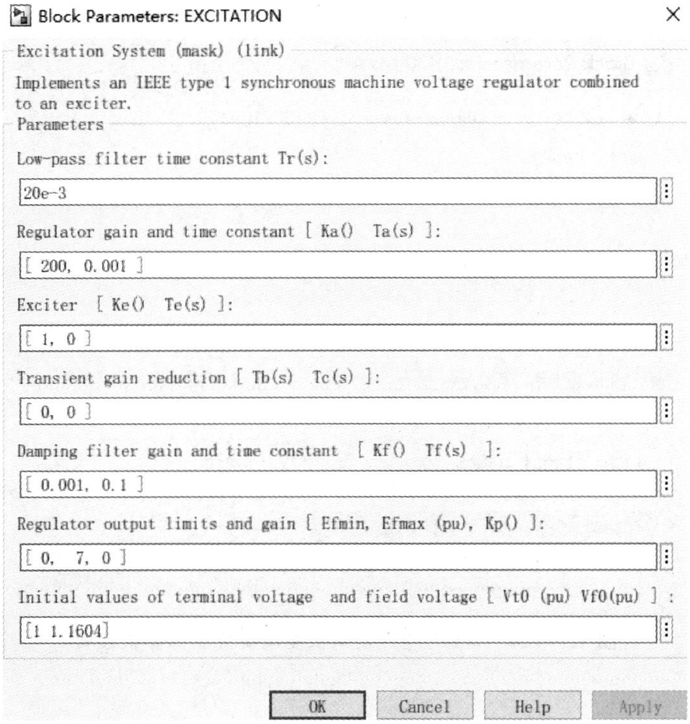

图 12 - 118　♯1 号电厂调速器励磁系统参数设置

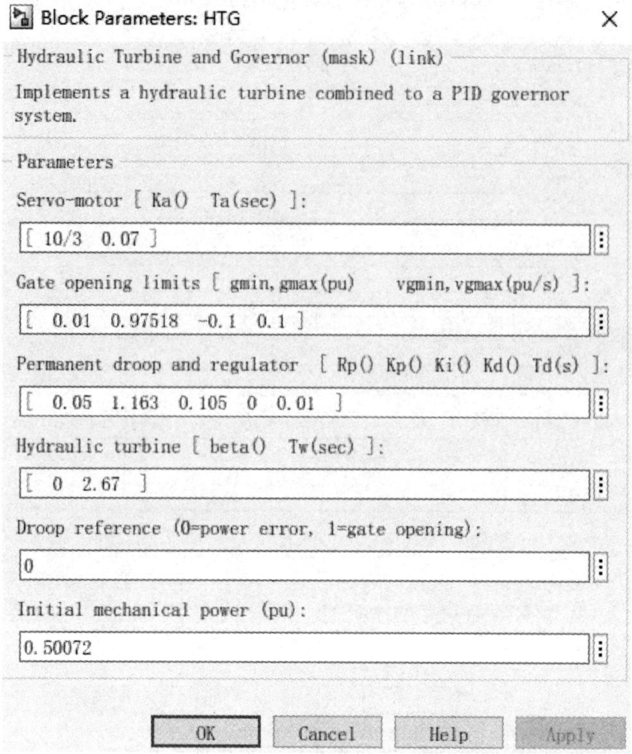

图 12-119　#1 号电厂调速器调速参数设置

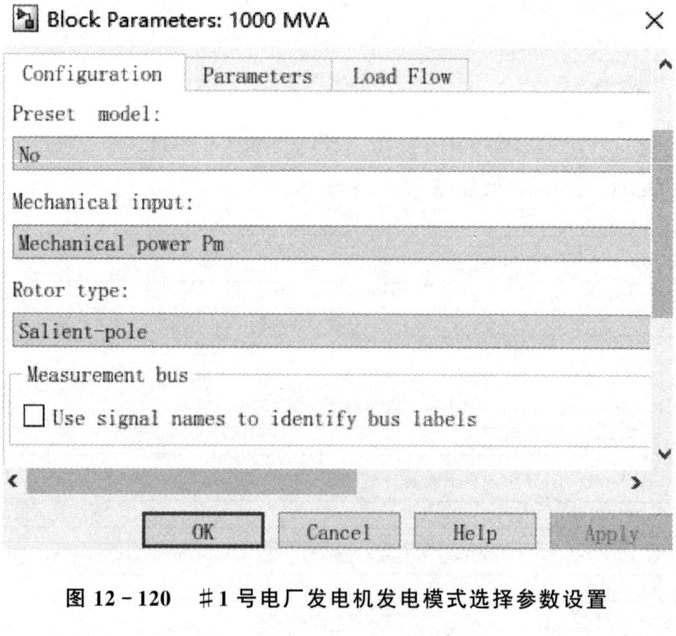

图 12-120　#1 号电厂发电机发电模式选择参数设置

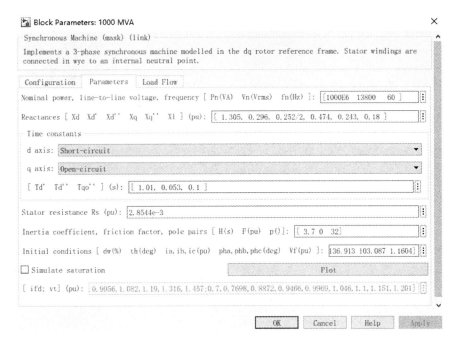

图 12 - 121　♯1 号电厂发电机内部参数设置

♯1 号电厂同步发电机的参数设置。

♯1 号电厂和♯2 号电厂三相 VI 测量的参数设置如图 12 - 122～图 12 - 126 所示。

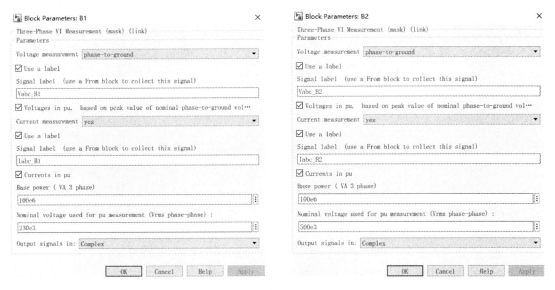

图 12 - 122　♯1 号电厂侧 VI 检测 B1 参数设置　　**图 12 - 123　♯1 号电厂侧 VI 检测 B2 参数设置**

♯1 号电厂和♯2 号电厂之间双路分布式输电线参数设置如图 12 - 127 所示。

♯2 号电厂的参数设置与♯1 号电厂类似,省去参数设置。♯2 号电厂中各器件及其子系统的参数设置见本例的仿真模型文件 example12_8_UPFC_FACTS1.mdl。

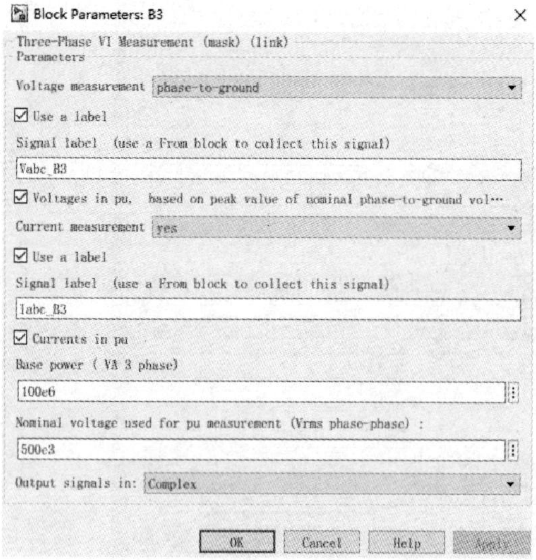

图 12 - 124   #2 号电厂侧 VI 检测 B3 参数设置

图 12 - 125   #2 号电厂侧 VI 检测 B4 参数设置

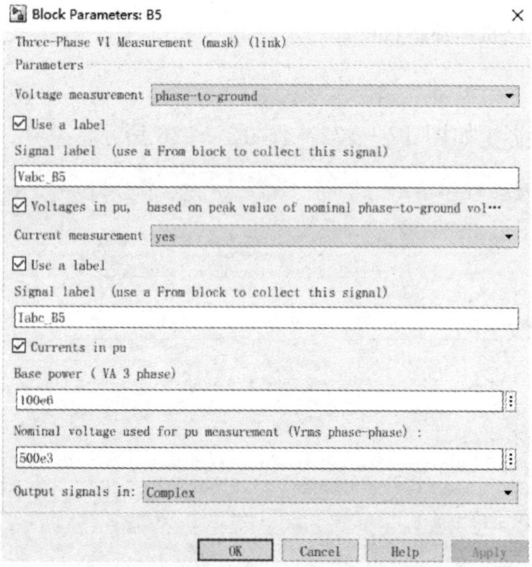

图 12 - 126   #2 号电厂侧 B5 参数设置

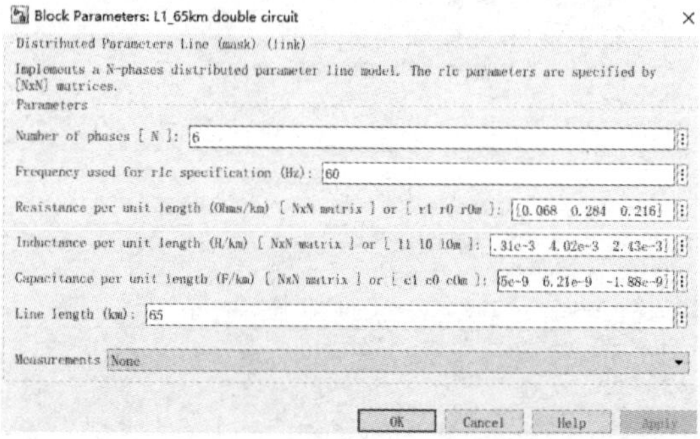

图 12 - 127   双路分布式输电线参数设置

UPFC 功率和并联变换器的参数设置如图 12 - 128、图 12 - 129 所示。

200 MW 线路并联 RLC 负荷参数设置如图 12 - 130 所示。

15 000 MVA 的三相交流电源参数设置如图 12 - 131 所示。

系统数据采集模块中由于不涉及参数设置,仅仅是参数运算或输出选择,因此在此不再说明,感兴趣的读者根据所给的仿真模型可自行分析。

第五步,利用 Powergui 仿真环境,在 Solver 选项页中设置仿真类型为 Phasor,频率为 60 Hz;在 Configuration parameters 对话框中选择 ode23tb 求解器,设置仿真运行时间为 20 s。

Block Parameters: UPFC ✕

Unified Power Flow Controller (Phasor Type) (mask) (link)

Implements a phasor model of an Unified Power Flow Controller (UPFC).

| Power | Shunt Converter | Series Converter |

Nominal voltage and frequency [Vrms L-L, fn(Hz)]:

[500e3, 60]

Shunt Converter rating (VA):

100e6

Shunt Converter impedance [R(pu), L(pu)]:

[0.22/30, 0.22]

Shunt Converter initial current [Mag(pu), Pha(deg.)]:

[0, 0]

Series Converter rating [Snom(VA), Max. Injected voltage(pu)]:

[100e6, 0.1]

Series Converter impedance [R(pu), L(pu)]:

[0.16/30, 0.16]

Series Converter initial current [Mag(pu), Pha(deg.)]:

[0 0]

DC link nominal voltage (V):

40000

DC link total equivalent capacitance (F):

750e-6

OK   Cancel   Help   Apply

图 12-128 UPFC 功率参数设置

Block Parameters: UPFC ✕

Unified Power Flow Controller (Phasor Type) (mask) (link)

Implements a phasor model of an Unified Power Flow Controller (UPFC).

| Power | Shunt Converter | Series Converter |

Mode:

Voltage regulation

Reference voltage Vref (pu): 1.00   ☐ External

Maximum rate of change of reference voltage (pu/s):

0.1

Droop (pu):

0.03

Vac Regulator gains [Kp, Ki]:

[5 1000]

Vdc Regulator gains [Kp, Ki]:

[0.1e-3 20e-3]

Current Regulators gains [Kp, Ki]:

[0.5 25]/3

OK   Cancel   Help   Apply

图 12-129 UPFC 并联变换器参数设置

Block Parameters: 200 MW ✕

Three-Phase Parallel RLC Load (mask) (link)

Implements a three-phase parallel RLC load.

| Parameters | Load Flow |

Configuration Y (grounded)   ▼

Nominal phase-to-phase voltage Vn (Vrms) 500e3

Nominal frequency fn (Hz): 60

☐ Specify PQ powers for each phase

Active power P (W): 2e+008

Inductive reactive Power QL (positive var): 0

Capacitive reactive power Qc (negative var): 0

Measurements None   ▼

OK   Cancel   Help   Apply

图 12-130 200 MW 线路并联 RLC 负荷参数设置

第六步,利用 Powergui 模块中的 Machine Initialization 对整个系统进行电机初始化计算,结果如图 12-132 所示。

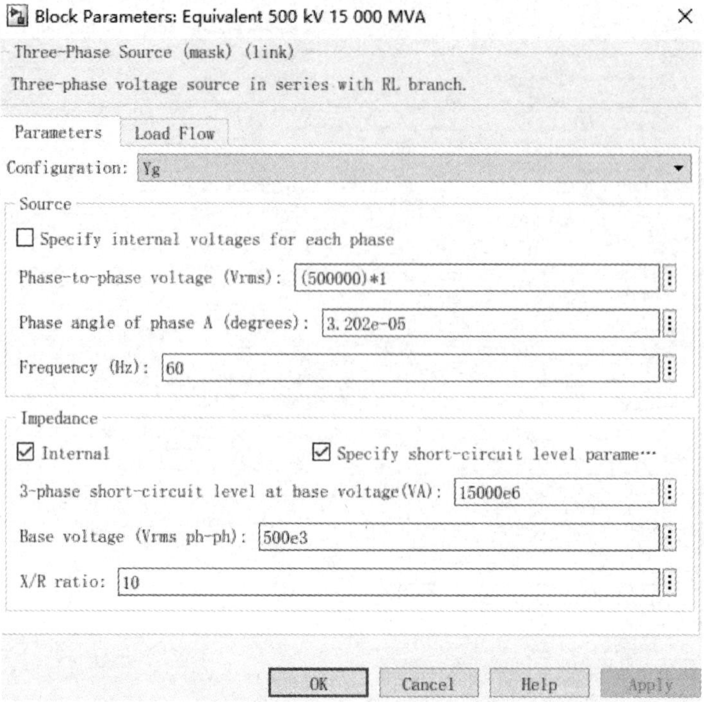

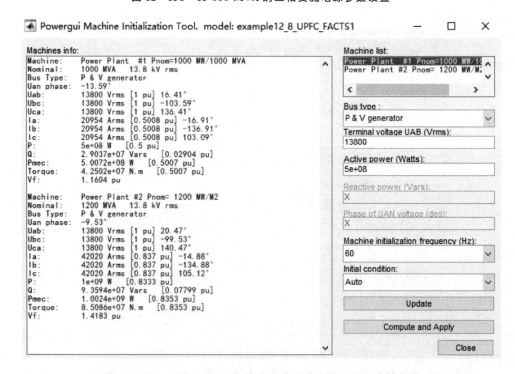

图 12 - 131　15 000 MVA 的三相交流电源参数设置

图 12 - 132　500 kV/230 kV 电力仿真系统电机初始化计算结果

第七步,运行 500 kV/230 kV 电力仿真系统,双击 UPFC 显示模块,参数仿真曲线图 12 - 133 所示。

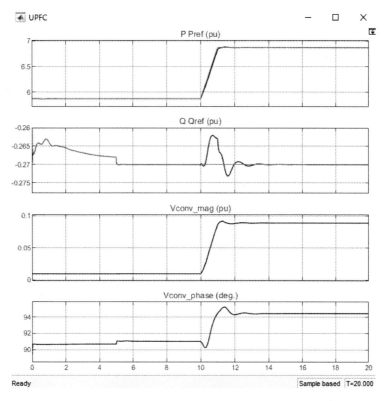

图 12 - 133　UPFC 参数仿真曲线图

双击 VPQ Lines 显示模块,参数仿真曲线如图 12 - 134 所示。

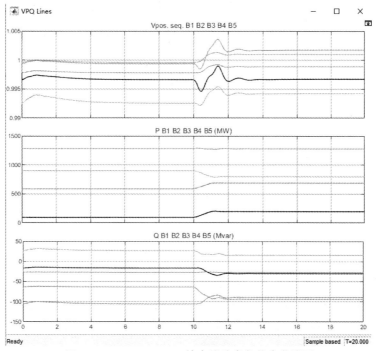

图 12 - 134　VPQ Lines 输电线路参数仿真曲线图

分别双击 P_Q_B3 和 Vm_ref 显示模块,可得仿真曲线如图 12-135、图 12-136 所示。

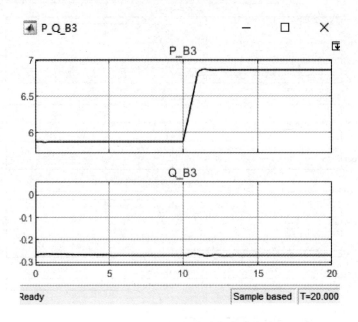

图 12-135　P_Q_B3 线路仿真曲线图

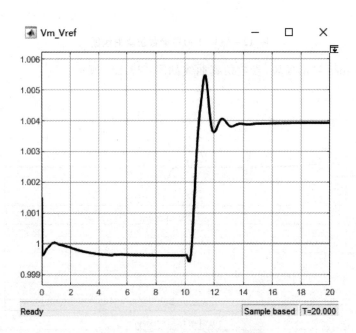

图 12-136　Vm_Vref 仿真曲线图

UPFC 可控区域图如图 12-137 所示。

其他参数的仿真曲线图可以在系统数据采集模块中的 Scope 模块中找到。500 kV/230 kV 发电厂 UPFC 输电电力系统仿真模型如图 12-138 所示。

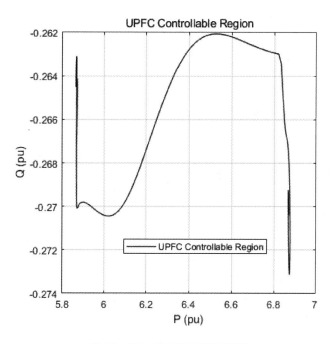

图 12 - 137　UPFC 可控区域图

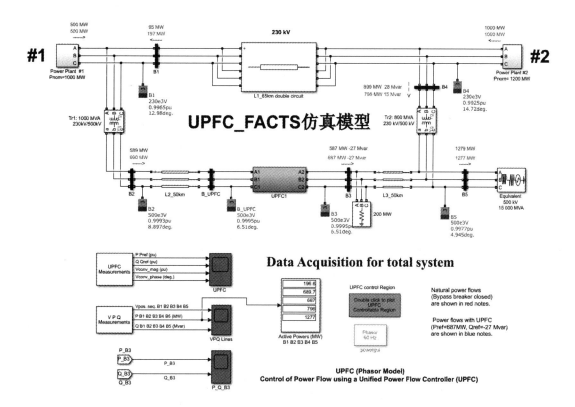

图 12 - 138　500 kV/230 kV 发电厂 UPFC 输电电力系统仿真模型

本章小结

本章主要针对机电装备群所用到的电力系统而讲解的。主要讲解和分析了不同电力系统的数学描述,并对 HVDC 高压直流输电系统、高压交流输电系统暂态、SVC 交流输电系统、UPFC 交流输电系统进行了电压、电流、潮流、机电暂态等内容的仿真与分析。需掌握不同电力系统的基本数学描述,深刻理解潮流的计算、机电暂态仿真与分析等电力系统内容。

思考练习题

1. 简述电力系统的特点、仿真思想与基本要求。

2. 电力系统的数学模型有哪些?

3. 高压直流输电系统控制参变量有哪些?

4. 如何实现高压交流输电系统中的潮流计算?

5. 某单相交流电压源,电压为 380 V,频率为 50 Hz,电源内阻为 10 Ω,有单相并联 RLC 静态负荷与电压源相连接,其功率名义电压为 270 V,并联静态负荷中电容无功功率 Q_C 为 300 var、电感的无功功率 Q_L 为 600 var。试仿真线路的瞬时功率 P。

6. 线电压为 600 kV 的单相交流电压源经过一个断路器和 600 km 的输电线路向负荷供电。试对该系统进行高频振荡仿真。

第13章 测控系统建模与仿真

【内容要点】

◆ 测控系统概述

◆ 测控系统的数学描述

◆ 测控系统时域与频域分析法

13.1 测控系统概述

测控系统是指以检测为基础,以传输为途径,以处理为手段,以控制为目的的闭环控制系统。现代测控系统主要由 5 个部分组成,分别是传感检测部分、信息处理部分、信息传输部分、控制部分和执行机构,如图 13 - 1 所示。

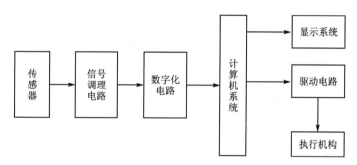

图 13 - 1 现代测控系统的基本组成

测控系统的基本特点:

① 测量设备软件化:简化硬件、缩小体积、降低功耗、提高可靠性。

② 测控过程智能化:以计算机技术和现代控制技术为核心。

③ 高度灵活性:可实现组态化、标准化和分布式的测控。

④ 高度实时性:信息采集、传输、处理、控制高速化。

⑤ 高度可视性:三维技术、图象处理技术与虚拟现实技术相结合。

⑥ 测控一体化:测量、控制、现场管理。

测控系统的发展趋势:

① 微型化:向微机电系统方向发展。

② 网络化:向无线网、自组织网、物联网、泛在网方向发展。

③ 智能化:向人工智能化方向发展。

④ 虚拟化:向虚拟现实方向发展。

⑤ 立体化：全球卫星定位、无线通信、雷达探测。

测控系统的常用设计方法：

① 硬件设计：系统模块设计、约束条件设计、系统设计。

② 软件设计：利用软件部分代替硬件，提高灵活性和可靠性。

③ 通讯设计：利用网络互联技术统一机械特性、电气标准和指令系统。

④ 抗干扰设计：误差修正技术、数据处理技术、电路抗干扰技术。

测控系统的应用领域：

① 工业：电力、石化、冶金与医药等。

② 国防：高炮雷达测控系统、激光测距仪、预警雷达和预警机等。

③ 航天：导弹、火箭与卫星中的飞行物轨迹、着陆与姿态测控系统等。

④ 航海：船舶海上定位系统、水下探测仪。

13.2　测控系统的数学描述

测控系统的数学描述是建立和分析测控系统的关键部分，其数学模型是描述测控系统内部各物理量、化学量之间关系的数学表达式或者图表表达式。建立测控系统数学模型的方法通常有两种：一种是规律分析法，即利用各种定律对测控系统中的相关元部件进行分析，列出原始方程，消去中间变量，并对模型进行整理，形成符合分析条件的最终表达式或图形；另一种是实验分析法，即将某一变量输入系统，测得系统的输出，利用数学的相关理论对输入/输出数据进行处理，从而确定能够反映系统输入/输出的数学模型。实验分析法只能反映输入/输出特性，而不能描述系统内部结构及其各物理量之间的关系；若要反映测控系统的内部状况，还是使用规律分析法。

在分析测控系统之前，首先需要建立测控系统的数学模型。测控系统的数学模型通常有时域数学模型和频域数学模型。

13.2.1　测控系统的时域数学描述

若测控系统在静态条件下描述，那么测控系统内部变量的各阶导数为零，即测控系统内部各物理量间的关系就可以用代数方程 $y=f(x)$ 描述了。描述测控系统输入、输出变量之间的代数方程称为静态数学模型。

例 13 - 1　温度检测的数学描述：

$$y = kx + b \tag{13-1}$$

某温度测控系统的测量数据如下：

输入	0	1	1.5	2	2.5	3	3.5	4	5
输出	0	2.5	4	4.3	5	5.8	6.35	9.25	12

对上述数据进行一次拟合，具体如下：

```
x=[0 1 1.5 2 2.5 3 3.5 4 5];
y=[0 2.5 4 4.3 5 5.8 6.35 9.25 12];
polyfit(x,y,1)
```

运行结果如下：

```
ans =
    2.2167    - 0.0750
```

因此,上述数据的一次拟合方程为:$y = 2.2167x - 0.075$。

若测控系统内部变量的各阶导数或差分不为零,那么测控系统就可以使用微分方程或差分方程表示了,这样的测控系统数学模型就是动态数学模型。

例 13 - 2　某测控系统的时域常微分方程如下:

$$5\frac{d^2 y}{dx^2} + 3\frac{dy}{dt} + y = 6x \quad (初始条件为零)$$

上式用 MATLAB 的时域微分数学仿真模块表示,如图 13-2 所示。

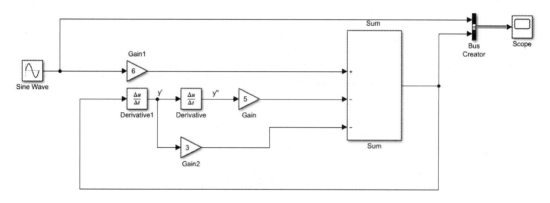

图 13 - 2　时域微分方程的数学仿真模型

图 13-2 所示模型仅是仿真模型中的一种,仅供用户参考。若该仿真模型选择 ode45 求解器,运行时间为 10 s,则输入、输出仿真曲线如图 13-3 所示。

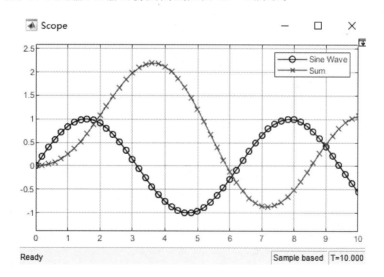

图 13 - 3　微分方程的输入、输出仿真曲线图

可表示时域微分方程的微积分数学仿真模块主要有:Derivative(积分)、Integrator(微分)、Integrator Limited(定积分)、Integrator Second-order(二次不定积分)、Integrator Second-order Limited(二次定积分)。对于同一微分方程,使用不同的微积分仿真模块可以构建出不同的仿真模型。

　　例 13 - 3　某测控系统的时域差分方程如下：

$$3c(k-2)+5c(k-1)+7c(k)=2r(k)$$

对上式进行变形：

$$c(k)=\frac{2r(k)-3c(k-2)-5c(k-1)}{7}$$

上式用 MATLAB 的时域差分数学仿真模块表示，如图 13 - 4 所示。

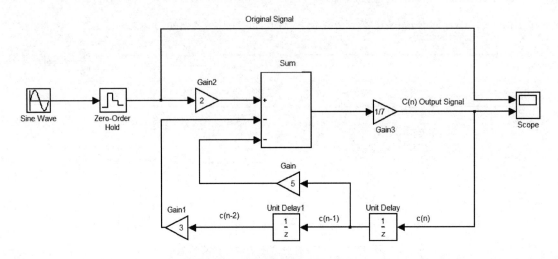

图 13 - 4　时域差分方程的数学仿真模型

　　设置零阶保持器的采样时间为 0.1 s，选择固定步长、discrete(no continuous state)求解器，设置仿真时间为 10 s。输入、输出仿真曲线如图 13 - 5 所示。

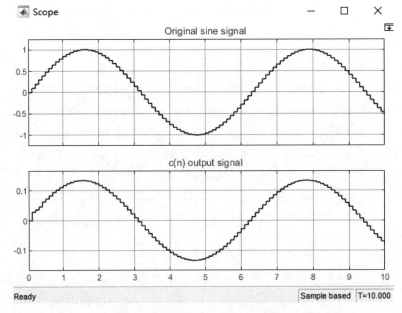

图 13 - 5　差分方程的输入、输出仿真曲线图

上述 3 个例子主要用来说明测控系统的时域数学描述,通用描述如下:

① 用代数方程描述测控系统时,它需要每一时刻都要求解系统的输出。简单的测控系统,代数方程可能很容易求出输入和输出,但是复杂的代数方程就不能直接计算出输出值,需要用迭代法求解输出值,如牛顿迭代法等。

② 用常微分方程描述测控系统时,它通常包括两部分:输出方程和常微分方程。输出方程通常在给定的时间后,以系统的输入、状态、参数和时间为函数,计算当前的输出值。常微分方程就是以系统的输入、状态、参数和时间为函数,计算测控系统当前状态的导数。对于简单测控系统,用输出方程和常微分方程可以直接求取系统输出,但是对于复杂系统,通常用数值积分法求取测控系统的输出,主要利用 Simulink 中的积分器实现。

③ 用差分方程描述测控系统时,它通常也包括两部分:输出方程和差分方程。输出方程通常在给定的时刻后,以系统当前输入和系统前一时刻的状态、时间、参数为函数计算当前的输出值。差分方程就是用系统的输入、前一时刻的状态、参数和时间为函数,计算测控系统当前状态。对于简单的测控系统,用输出方程和差分方程可以快速获得系统的输出响应;但是对于复杂的测控系统,通常使用迭代法求取测控系统的当前输出值(即响应),在一段时间内,系统会反复利用输出方程和更新方程求解系统输出值。

13.2.2　测控系统的复域数学描述

1. 传递函数模型

传递函数仍然是以微分方程或差分方程为基础通过拉氏变换或 Z 变换得到的,但是在MATLAB中,进行拉氏变换或 Z 变换之前,需要使用符号函数 syms 或 sys 对有关符号变量进行设置。调用格式如下:

```
syms  sysm1  sysm2  …        //定义符号变量
sys=sym('sysm1')             //定义符号运算的中间变量
L=Laplace(F)                 //对既定方程进行拉氏变换
F=iLaplace(L)                //对既定方程进行拉氏逆变换
```

其中,L 为拉氏函数,F 为时域函数,sysm 为符号变量。

采用 tf、zpk、residue 函数建立传递函数。调用格式如下:

```
sys=tf(num  den)             //创建分子多项式传递函数
sys=zpk(num  den)            //将多项式传递函数转换成零点、极点和增益传递函数形式
[z  p  k]=residue(num  den)  //将多项式传递函数分解成零点、极点和增益形式
```

例 13-4　求解 $\begin{bmatrix} e^{-xt} & \cos xt \sin 2t \\ e^{-yt} & t\cos 3t \end{bmatrix}$ 的拉氏变换。

定义拉氏变换程序:

```
syms t s;
syms x y positive;
F=[exp(-x*t),cos(x*t)*sin(2*t);exp(-y*t),t*cos(3*t)];
L=laplace(F,t,s)
```

运行结果:

```
L=

[1/(s+x),-((s-2*i)*i)/(2*((s-2*i)^2+x^2))+((s+2*i)*i)/(2*((s+2*i)^2+x^2))]
```

$[1/(s+y),(2*s^2)/(s^2+9)^2-1/(s^2+9)]$

例 13 - 5　系统传递函数 $G(s) = \dfrac{s^2+10s+7}{s^3+5s^2+3s+6}$，创建此传递函数，求取其零点、极点和增益模型并分解其零点、极点和增益。

创建传递函数：

```
num = [1 10 7];
den = [1 5 3 6];
sys = tf(num,den);
sys
% 对传递函数分解,求取其零点、极点和增益
[z,p,k] = residue(den,num)
```

运行结果：

```
Transfer function:
s^2 + 10 s + 7
- - - - - - - - - - - - - - - - - - - -
s^3 + 5 s^2 + 3 s + 6
z =
    45.2739
    0.7261
p =
    - 9.2426
    - 0.7574
k =
    1   - 5
% 求取其零点、极点和增益形式模型
k = 1;
sys1 = zpk(z,p,k)
k = 5;
sys2 = zpk(z,p,k)
```

运行结果：

```
zero/pole/gain:
(s - 45.27)(s - 0.7261)
- - - - - - - - - - - - - - - - - - -
(s + 9.243)(s + 0.7574)
zero/pole/gain:
5(s - 45.27)(s - 0.7261)
- - - - - - - - - - - - - - - - - - -
(s + 9.243)(s + 0.7574)
```

2. 状态方程

线性连续方程时间状态空间方程和输出方程的表达式如下：

$$\begin{cases} \dot{x} = Ax + Bu \\ y = Cx + Du \end{cases} \tag{13-2}$$

通常采用 ss 函数建立状态空间模型，其调用格式如下：

```
sys = ss(a,b,c,d)
```

其中，a、b、c、d 为状态空间方程的常数矩阵。

例 13 - 6　已知某测控系统的状态空间方程和输出方程如下：

$$\dot{\boldsymbol{x}} = \begin{bmatrix} 1 & 3 & 5 \\ 3 & 4 & 9 \\ 5 & 6 & 10 \end{bmatrix} \boldsymbol{x} + \begin{bmatrix} 5 & 7 \\ 3 & 8 \\ 4 & 9 \end{bmatrix} \boldsymbol{u}, \quad \boldsymbol{y} = \begin{bmatrix} 6 & 9 & 2 \\ 3 & 5 & 6 \end{bmatrix} \boldsymbol{x}$$

求其状态空间模型。

在 MATLAB 命令窗口中输入以下指令：

```
A = [1 3 5;3 4 9;5 6 10];
B = [5 7;3 8;4 9];
C = [6 9 2;3 5 6];
D = zeros(2,2);
sys = ss(A,B,C,D)
```

运行结果：

```
a =
        x1  x2  x3
    x1  1   3   5
    x2  3   4   9
    x3  5   6   10
b =
        u1  u2
    x1  5   7
    x2  3   8
    x3  4   9
c =
        x1  x2  x3
    y1  6   9   2
    y2  3   5   6
d =
        u1  u2
    y1  0   0
    y2  0   0
Continuous - time model.
```

3. 模型的互换与连接

在实际的测控系统工程中，由于具体测控系统的数学模型型式各异，在不同的场合下可能要使用不同的模型型式，因此需要将不同模型进行格式转换。复域中各测控系统模型的转换见表 13 - 1。

表 13 - 1　传递函数模型互换列表

函数名称	调用格式	作　用
tf2ss()	[a　b　c　d]=tf2ss(num　den)	将传递函数模型转换成状态空间模型
tf2zp()	[z　p　k]=tf2zp(num　den)	将状态空间模型转换成传递函数模型
ss2zp()	[z　p　k]=ss2zp(a,b,c,d,u)	将状态空间模型转换成零极点模型
ss2tf()	[num　den]=ss2tf(a,b,c,d,u)	将状态空间模型转换成多项式传递函数模型
zp2tf()	[num　den]=zp2tf(z,p,k)	将零极点模型转换成多项式传递函数模型
zp2ss()	[a　b　c　d]=zp2ss(z,p,k)	将零极点模型转换成状态空间模型
residue()	[z　p　k]=residue(num　den)	将多项式传递函数模型分解为零点、极点和增益的形式

测控系统中也会遇到模型之间的连接问题，如串联、并联、反馈和单位反馈 4 种形式，其调用格式如下：

串联系统连接函数及调用格式：

```
sys = series(sys1,sys2)
```

并联系统连接函数及调用格式：

sys＝parrallel(sys1,sys2)

反馈系统连接函数及调用格式：

sys＝feedback(sys1,sys2,sig)

单位负反馈系统连接函数及调用格式：

sys＝cloop(num,num,sig)

多系统组合连接函数及调用格式：

sys＝append(sys1,sys2,…,sysn)

其中，sys1 和 sys2 分别为两个系统，sig 表示反馈形式，"＋1"表示正反馈，默认负反馈。

模型运算的级别如下：

$$状态空间模型＞零极点模型＞传递函数模型$$

例 13 - 7　已知某系统前向通道传递函数为

$$G_1(s) = \frac{3(s+6)}{(s+1)(s+5)(s+7)}$$

反馈通道传递函数为

$$G_2(s) = \frac{s+1}{(s+3)(s+8)}$$

试求系统的反馈传递函数。

在 MATLAB 命令窗口中输入以下指令：

```
num1 = conv([0 3],[1 6]);
den1 = conv(conv([1 1],[1 5]),[1 7]);
num2 = [1 1];
den2 = conv([1 3],[1 8]);
sys1 = tf(num1,den1)          % 求取前向通道传递函数
sys2 = tf(num2,den2)          % 求取反馈通道传递函数
sys = feedback(sys1,sys2)     % 求取系统反馈传递函数
```

运行结果：

```
Transfer function:前向通道传递函数
3 s + 18
- - - - - - - - - - - - - - - - - - - - - - - -
s^3 + 13 s^2 + 47 s + 35
Transfer function:反馈通道传递函数
s + 1
- - - - - - - - - - - - - -
s^2 + 11 s + 24
Transfer function:系统反馈传递函数
3 s^3 + 51 s^2 + 270 s + 432
- - - - - - - - - - - - - - - - - - - - - - - - - - - - - - - - - - - -
s^5 + 24 s^4 + 214 s^3 + 867 s^2 + 1534 s + 858
```

13.3　测控系统常用分析方法

测控系统实质是控制理论在参数测控方面的应用，因此其常用的测控系统分析方法有时域分析法和频域分析法。

13.3.1　测控系统的时域分析法

测控系统的时域分析方法是基于状态空间模型的方法,这种方法主要是通过测控系统外部阶跃信号输入作用下的响应曲线来了解系统的动态特性。所谓的响应是指在零初始条件下某种典型输入函数作用下控制对象响应;常用的输入函数有单位阶跃函数、脉冲函数、斜坡函数、加速度函数和正弦函数。这些函数作为测控系统的输入函数用来对测控系统进行测试和分析。

采用 step 函数 dstep 函数分别提供连续系统的阶跃响应和离散系统的阶跃响应。其调用格式如下:

$[x,y]=step(num,den,t)$

$[x,y]=step(A,B,C,D. xu,t)$

$[x,y]=dstep(num,den,t)$

$[x,y]=dstep(A,B,C,D. xu,t)$

采用 impulse 函数和 dimpulse 函数分别提供连续系统的冲激响应和离散冲激响应,其调用格式同阶跃响应函数相同。

采用 lsim 函数和 dsim 函数分别提供连续系统对任意输入的响应,其调用格式同阶跃响应函数相同。

采用 initial 函数和 dinitial 函数分别提供连续系统的零输入响应,其调用格式同阶跃响应函数相同。

例 13 - 8　已知某系统开环传递函数:

$$G(s)=\frac{25}{s^3+20s^2+30s+45}$$

试求系统的单位负反馈阶跃响应曲线。

在 MATLAB 命令窗口中输入以下命令:

```
numk = 25;
denk = [1 20 30 45];
sysk = tf(numk,denk);
[numb,denb] = cloop(numk,denk);
t = 1:0.01:10;
step(numb,denb,t)
title('阶跃响应曲线');          % 定义 title
xlabel('时间:秒');             % 定义横坐标
ylabel('幅值');               % 定义纵坐标
numb,denb,tf(numb,denb)
```

运行结果如下:

```
numb = 0 0 0 25
denb = 1 20 30 70
Transfer function:
25
- - - - - - - - - - - - - - - - - - - - - - - - -
s^3 + 20 s^2 + 30 s + 70
```

单位负反馈闭环系统的阶跃响应曲线如图 13 - 6 所示。

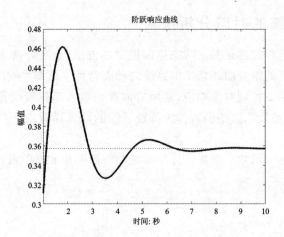

图 13 - 6　单位负反馈阶跃响应仿真曲线图

例 13 - 9　已知一个典型二阶系统：

$$\dot{x} = \begin{bmatrix} 1 & 3 & 5 \\ 3 & 4 & 9 \\ 5 & 6 & 10 \end{bmatrix} x + \begin{bmatrix} 5 & 7 \\ 3 & 8 \\ 4 & 9 \end{bmatrix} u, \quad y = \begin{bmatrix} 6 & 9 & 2 \\ 3 & 5 & 6 \end{bmatrix} x$$

试求系统的单位脉冲响应曲线。

在 MATLAB 命令窗口中输入以下命令：

```
A = [1 3 5;3 4 9;5 6 10];
B = [5 7;3 8;4 9];
C = [6 9 2;3 5 6];
D = 0;
impulse(A,B,C,D)
title('二阶系统的单位脉冲响应曲线');        % 定义 title
xlabel('时间：秒')                          % 定义横坐标
ylabel('幅值')                              % 定义纵坐标
```

运行结果如图 13 - 7 所示。

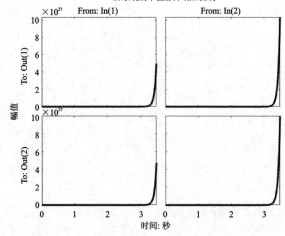

图 13 - 7　二阶系统的单位脉冲响应仿真曲线图

例 13 - 10 已知一个典型二阶系统：

$$\dot{x} = \begin{bmatrix} -5 & -6 \\ 5.5 & 0 \end{bmatrix} x + \begin{bmatrix} 2 & -3 \\ 0 & 4 \end{bmatrix} u, \quad y = \begin{bmatrix} 3 & 15 \end{bmatrix} x$$

试求系统的单位阶跃响应曲线。

在 MATLAB 命令窗口中输入以下命令：

```
A = [-5 -6;5.5 0];
B = [2 -3;0 4];
C = [3 15];
D = zeros;
sys = ss(A,B,C,D)
figure(1)
step(A,B,C,D)          % 绘制绘定系统的阶跃响应曲线
grid on
figure(2)
bode(sys)              % 绘制给定系统的 Bode 图
grid on
```

运行结果如下：

```
sys =
  A =
        x1    x2
   x1   -5    -6
   x2   5.5    0
  B =
        u1    u2
   x1   2    -3
   x2   0     4
  C =
        x1    x2
   y1   3    15
  D =
        u1    u2
   y1   0     0
Continuous - time state - space model.
```

运行结果如图 13 - 8、图 13 - 9 所示。

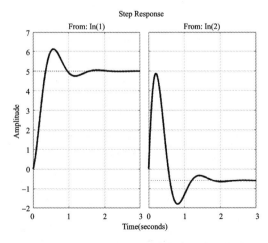

图 13 - 8 例 13 - 10 给定系统的阶跃响应曲线图

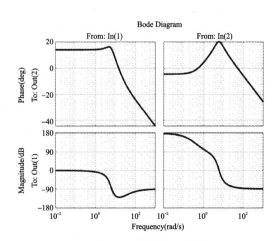

图 13 - 9 例 13 - 10 给定系统的 Bode 图

13.3.2　测控系统的频域分析法

频域分析法就是利用系统频率特性来分析系统的方法。所谓的频率特性是指系统的频率响应(系统频域内的输出值)与输入正弦信号的复数比,而频率响应是指在正弦信号的作用下,系统稳定后的输出分量;通常采用 Bode(伯特)图、Nichols(尼克斯)图、Nyquist(奈奎斯特)图的方法进行频率分析,频域分析函数主要用 Bode()、Nichols()、Margin()、Freqs()、Nyquist()和 Ngrid()等。

例 13 - 11　已知某系统传递函数:

$$G(s) = \frac{25}{s^3 + 20s^2 + 30s + 45}$$

试绘制系统的 Bode 图。

在 MATLAB 命令窗口中输入以下命令:

```
clear
num = [25];
den = [1 20 30 45];
bode(num,den)
grid on
```

运行结果如图 13 - 10 所示。

例 13 - 12　已知某系统传递函数:

$$H(z) = \frac{z + 20}{(z^3 + 15z^2 + 27z + 40)(z + 1)}$$

试绘制在 $T_s = 0.05$ s 时的系统 Bode 图。

在 MATLAB 命令窗口中输入以下命令:

```
clear
num = [1 20];
den = conv([1 15 27 40],[1 1]);
dbode(num,den,0.05)
title('离散系统 Bode 图 ')
grid on
xlabel('频率 ')
```

运行结果如图 13 - 11 所示。

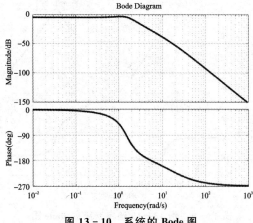

图 13 - 10　系统的 Bode 图

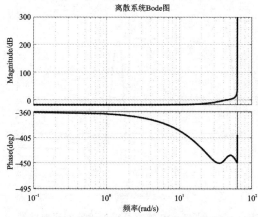

图 13 - 11　$T_s = 0.05$ s 时的 Bode 图

例 13 - 13　试绘制例 13 - 11 所给测控系统的 Nichols 曲线图。

在 MATLAB 命令窗口中输入以下列命令：

```
clear
num = [25];
den = [1 20 30 45];
nichols(num,den)
ngrid
xlabel('系统开环相位')
ylabel('系统开环增益')
```

运行结果如图 13 - 12 所示。

例 13 - 14　试绘制例 13 - 11 所给测控系统的 Nyquist 曲线图。

在 MATLAB 命令窗口中输入以下命令：

```
clear
num = [25];
den = [1 20 30 45];
nyquist(num,den)
title('Nyquist 曲线图')
xlabel('实轴')
ylabel('虚轴')
grid on
```

运行结果如图 13 - 13 所示。

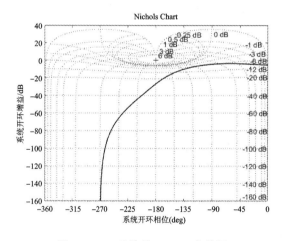

图 13 - 12　系统的 Nichols 曲线图

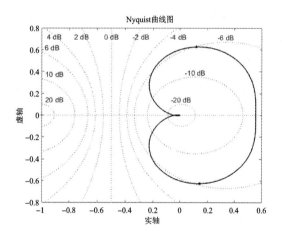

图 13 - 13　系统的 Nyquist 曲线图

例 13 - 15　试绘制例 13 - 11 所给测控系统的幅频特性曲线图。

在 MATLAB 命令窗口中输入以下命令：

```
clear
num = [25];
den = [1 20 30 45];
nyquist(num,den)
w = logspace( - 1,1,100);
f = freqs(num,den,w);
m = abs(f);
plot(w,f)
title('幅频特性曲线')
xlabel('频率')
```

```
ylabel('幅值')
grid on
```

运行结果如图 13 - 14 所示。

例 13 - 16　已知某测控系统开环传递函数：

$$GH = \frac{s+1}{(s+3)(s^2+5s+3)(s+2)}$$

试绘制该系统的根轨迹曲线图。

在 MATLAB 命令窗口中输入以下命令：

```
clear
num = [1 1];
den = conv(conv([1 3],[1 2]),[1 5 3]);
rlocus(num,den)               % 绘制开环传递函数根轨迹图
grid on
```

运行结果如图 13 - 15 所示。

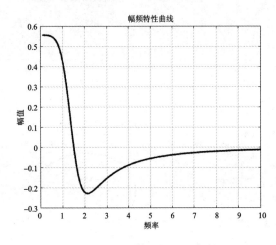

图 13 - 14　系统的幅频特性曲线图　　　　**图 13 - 15　例 13 - 16 系统的根轨迹曲线图**

例 13 - 17　已知某测控系统开环传递函数：

$$GH = \frac{s+1}{(s+3)(s^2+5s+3)(s+2)^2}e^{-0.5s}$$

试绘制该系统的频率曲线图。

在 MATLAB 命令窗口中输入以下命令：

```
clear all
num = [1 1];
den = conv(conv([1 3],[1 5 3]),conv([1 2],[1 2]));
wn = logspace(-2,2,50);t = 0.5;
[m1 p1] = bode(num,den,wn);
p1 = p1 - t * wn' * 180/pi;
[n2 d2] = pade(t,2);
num2 = conv(n2,num);
den2 = conv(den,d2);
[m2 p2] = bode(num2,den2,wn);
subplot(2,1,1);
semilogx(wn,20 * log10(m1),wn,20 * log10(m2),'b - - ');
ylabel('增益');
```

```
title('系统 Bode 图');
grid on;
subplot(2,1,2);
semilogx(wn,p1,wn,p2,'b--');
ylabel('相位');
grid on
```

运行结果如图 13-16 所示。

例 13-18　已知一个典型二阶系统：

$$\dot{x} = \begin{bmatrix} 0 & 1 & 0 \\ 0 & 0 & 1 \\ -80 & -56 & -23 \end{bmatrix} x + \begin{bmatrix} 0 \\ 1 \\ -20 \end{bmatrix} u$$

$$y = \begin{bmatrix} 1 & 0 & 0 \end{bmatrix} x$$

试求该状态空间的根轨迹曲线图。

在 MATLAB 命令窗口中输入以下命令：

```
A = [0  1  0;0  0  1;-80  -56  -23];
B = [0;1;20];
C = [1  0  0];
D = 0;
rlocus(A,B,C,D)
grid on
```

运行结果如图 13-17 所示。

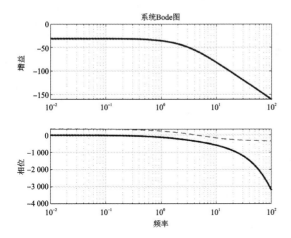

图 13-16　例 13-17 系统的频率曲线图

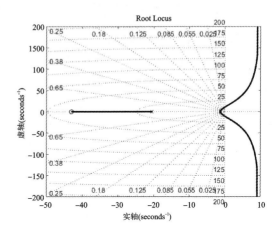

图 13-17　例 13-18 状态空间的根轨迹曲线图

本章小结

　　本章主要介绍了测控系统的基本组成、特点与发展趋势，说明了测控系统的数学模型：代数方程、微分方程、传递函数和空间模型，给出了各模型间的相互转换函数。通过具体实例说明了测控系统的时域分析法和频域分析法，并给出了不同模型的图形绘制方法。

思考练习题

1. 测控系统的基本组成和发展趋势是怎样的?

2. 测控系统的数学描述种类有哪些? 哪些函数可实现模型间的相互转换?

3. 测控系统的频域分析法通常采用 Bode(伯特)图、Nichols(尼克斯)图、Nyquist(奈奎斯特)图方法进行频率分析,如何实现?

4. 某测控系统的时域常系数微分方程如下:

$$10\frac{\mathrm{d}^2 y}{\mathrm{d}x^2} + 4\frac{\mathrm{d}y}{\mathrm{d}t} + x = 6y \quad (初始条件为零)$$

用 MATLAB 的时域积分数学仿真模块仿真上述微分方程。

5. 已知某测控系统开环传递函数 $GH = \dfrac{s+5}{(s+4)(s^2+5s+3)}$,试绘制该系统的根轨迹曲线图。

6. 已知一个典型二阶系统:

$$\dot{\boldsymbol{x}} = \begin{bmatrix} 0 & 1 & 0 \\ 0 & 0 & 1 \\ -45 & -50 & -21 \end{bmatrix}\boldsymbol{x} + \begin{bmatrix} 0 \\ 1 \\ -10 \end{bmatrix}\boldsymbol{u}, \quad \boldsymbol{y} = \begin{bmatrix} 1 & 0 & 0 \end{bmatrix}\boldsymbol{x}$$

试求状态空间的根轨迹曲线图。

7. 已知某系统传递函数 $H(z) = \dfrac{z+10}{z^3+15z^2+25z+40}$,试绘制在 $T_s = 0.05$ s 时的系统 Bode 图。

第 14 章　PID 控制器建模与仿真

【内容要点】

◆ PID 控制器数学描述与仿真模块介绍

◆ 模拟 PID 控制器设计、建模与图形化仿真

◆ 数字 PID 控制器建模与程序仿真

◆ 模糊 PID 控制器基础

14.1　PID 控制器概述

工业生产过程中,对于生产装置的温度、压力、流量、液位等工艺变量常常要求维持在一定的数值上,或按一定的规律变化,以满足生产工艺的要求。

PID 控制器(Proportion Integration Differentiation,比例-积分-微分控制器),由比例单元 P、积分单元 I 和微分单元 D 组成。通过 K_p、K_i 和 K_d 三个参数设定。PID 控制器主要适用于基本线性和动态特性不随时间变化的系统。

PID 控制器是一个在工业控制应用中常见的反馈回路部件。这个控制器把收集到的数据和一个参考值进行比较,然后将这个差值用于计算新的输入值,这个新的输入值的目的是可以让系统的数据达到或者保持在参考值。和其他简单的控制运算不同,PID 控制器可以根据历史数据和偏差的出现率来调整输入值,这样可以使系统更加准确、更加稳定、更加快速。它是根据 PID 控制原理对整个控制系统进行偏差调节,从而使被控变量的实际值与工艺要求的预定值一致。

PID 控制器在校正环节中的作用如下:

① 比例环节,成比例地反映控制系统的偏差信号,偏差一旦产生,控制器立即产生控制作用,减少偏差。

② 积分环节,主要用来消除静态误差,提高系统的无差度;积分作用的强弱取决于积分常数 K_i,K_i 越大,控制器的积分作用越强;反之就越弱。

③ 微分环节,反映偏差信号的变化趋势(偏差信号变化速率),并能在偏差变化太大之前,在系统中引入一个有效的早期修正信号,从而加快系统的动作速度,减少调整时间。

从根本上讲,设计 PID 控制器实质就是确定 K_p、K_i 和 K_d 三个参数。这三个参数的取值不同,决定了 PID 控制器的比例、微分和积分作用的强弱。控制系统的整定就是在控制系统结构已经确定、控制仪表和控制对象均处于正常情况下,适当选择控制器的参数,使控制对象与特性相匹配,从而使控制系统的运行状态达到最佳状态,取得最好的控制效果。

PID 控制器可以用来控制任何可以被测量的并且可以被控制的变量,比如,它可以用来控

制温度、压强、流量、化学成分、位移、速度等。汽车上的巡航定速功能就是一个例子。PID 控制器已广泛应于机械设备、液压与气压设备和电子设备当中,是工业控制系统中的主要控制手段之一。因此本章将 PID 控制器的建模与仿真作为一个主题进行分析与讲解。

14.2   PID 控制器的数学描述与仿真模块介绍

14.2.1   PID 控制器的基本思想

PID 控制就是对偏差信号 $e(t)$ 进行比例、积分和微分进行运算变换而形成的控制规律,即"利用偏差,消除偏差",如图 14-1 所示。尽管不同类型的 PID 控制器,其结构、原理各不相同,但是基本控制规律只有三个:比例(P)控制、积分(I)控制和微分(D)控制。这几种控制规律可以单独使用,但是更多场合是组合使用,如比例(P)控制、比例-积分(PI)控制、比例-积分-微分(PID)控制等。

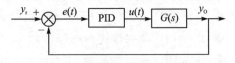

图 14-1   PID 控制模式方框图

1. 比例(P)控制

单独的比例控制也称"有差控制",输出的变化与输入控制器的偏差成比例关系,偏差越大输出越大。实际应用中,比例度的大小应视具体情况而定,比例度太大,控制作用太弱,不利于系统克服扰动,而余差太大,控制质量差,也没有什么控制作用;比例度太小,控制作用太强,容易导致系统的稳定性变差,引发振荡。对于反应灵敏、放大能力强的被控对象,为提高系统的稳定性,应当使比例度稍小些;而对于反应迟钝,放大能力又较弱的被控对象,比例度可选大一些,以提高整个系统的灵敏度,也可减小余差。

单纯的比例控制适用于扰动不大,滞后较小,负荷变化小,要求不高,允许有一定余差存在的场合。工业生产中比例控制规律使用较为普遍。

2. 比例-积分(PI)控制

比例控制规律是基本控制规律中最基本且应用最普遍的一种,其最大优点就是控制及时、迅速。只要有偏差产生,控制器立即产生控制作用。但是,不能最终消除余差的缺点限制了它的单独使用。克服余差的办法是指在比例控制的基础上加上积分控制作用,即 PI 控制。

积分控制器的输出与输入偏差对时间的积分成正比。这里的"积分"指的是"积累"的意思。积分控制器的输出不仅与输入偏差的大小有关,而且还与偏差存在的时间有关。只要偏差存在,输出就会不断累积(输出值越来越大或越来越小),一直到偏差为零,累积才会停止。所以,积分控制可以消除余差。积分控制规律又称无差控制规律。

积分时间的大小表征了积分控制作用的强弱。积分时间越小,控制作用越强;反之,控制作用越弱。

积分控制虽然能消除余差,但它存在控制不及时的缺点。因为积分输出的累积是渐进的,其产生的控制作用总是落后于偏差的变化,不能及时有效地克服干扰的影响,难以使控制系统稳定下来。所以,实用中一般不单独使用积分控制,而是和比例控制作用结合起来,构成比例-积分控制。这样取二者之长,互相弥补,既有比例控制作用的迅速及时,又有积分控制作用消除余差的能力。因此,比例-积分控制可以实现较为理想的过程控制。

比例-积分控制器是目前应用最为广泛的一种控制器,多用于工业生产中液位、压力、流量等控制系统。虽然引入积分作用能消除余差,弥补了纯比例控制的缺陷,获得较好的控制质量;但是,积分作用的引入,会使系统稳定性变差。对于有较大惯性滞后的控制系统,要尽量避免使用。

3. 比例-微分(PD)控制

比例-积分控制对于时间滞后的被控对象使用不够理想。所谓"时间滞后"指的是,当被控对象受到扰动作用后,被控变量没有立即发生变化,而是有一个时间上的延迟,比如容量滞后,此时比例-积分控制显得迟钝、不及时。为此,人们设想,能否根据偏差的变化趋势做出相应的控制动作呢? 犹如有经验的操作人员,既可根据偏差的大小改变阀门的开度(比例作用),又可根据偏差变化的速度大小预计将要出现的情况,提前进行过量控制,"防患于未然"。这就是具有"超前"控制作用的微分控制规律。微分控制器输出的大小取决于输入偏差变化的速度。

微分输出只与偏差的变化速度有关,而与偏差的大小以及偏差是否存在与否无关。如果偏差为一固定值,不管多大,只要不变化,则输出的变化一定为零,控制器没有任何控制作用。微分时间越长,微分输出维持的时间就越长,因此微分作用越强;反之则越弱。当微分时间为 0 时,就没有微分控制作用了。同理,微分时间的选取,也是需要根据实际情况来确定的。

微分控制作用的特点是:动作迅速,具有超前调节功能,可有效改善被控对象有较多时间滞后的控制品质;但是,它不能消除余差,尤其是当恒定偏差输入时,根本就没有控制作用。因此,不能单独使用微分控制规律。

比例和微分作用结合,比单纯的比例作用更快。尤其是对容量滞后大的对象,可以减小动偏差的幅度,节省控制时间,显著改善控制质量。

4. 比例-积分-微分(PID)控制

最为理想的控制当属于比例-积分-微分控制规律。它集成了上述三种控制之长:既有比例作用的及时迅速,又有积分作用的消除余差能力,还有微分作用的超前控制功能。

当偏差阶跃出现的时候,微分立即大幅度动作,抑制偏差的这种跃变;比例也同时起消除偏差的作用,使偏差幅度减小,由于比例作用是持久和起主要作用的控制规律,因此可使系统比较稳定;而积分作用可慢慢消除余差。只要三个作用的控制参数选择得当,便可充分发挥三种控制规律的优点,得到较为理想的控制效果。

14.2.2　PID 控制器原理的数学描述

常规 PID 控制器的原理如图 14-2 所示,作为一种线性控制器,它根据给定值 $y_r(t)$ 与实际输出值 $y_o(t)$ 之间的偏差 $e(t)$,将偏差按比例(P)、积分(I)、微分(D)控制环节通过组合形成控制量 $u(t)$,对被控对象 $G(s)$ 进行控制。

根据图 14-2 所示 PID 控制器原理的线性关系,可以写出其数学表达式:

$$u(t) = K_p \left(e + \frac{1}{T_i} \int_0^t e \, dt + T_D \frac{de}{dt} \right) \qquad (14-1)$$

式中,K_p 为比例放大系数;$K_i = \dfrac{K_p}{T_i}$,为积分常数;T_i 为积分时间常数;$K_D = K_p T_D$,为微分常

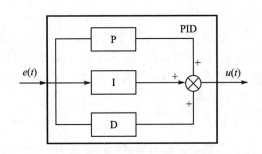

图 14-2　PID 控制器原理方框图

数;T_D 为微分时间常数。

对式(14-1)进行拉氏变换后,得其传递函数:

$$\frac{U(s)}{E(s)} = K_p \left(1 + \frac{1}{T_i s} + T_D s\right)$$

（初始条件为零）　　　(14-2)

由式(14-2)所示的 PID 控制器传递函数可知,PID 控制器的输入量 $E(s)$ 与输出量 $U(s)$ 之间的变化关系主要取决于比例放大系数、积分时间常数和微分时间常数。

当积分环节为零时,PID 控制器转变为 PD 控制器(即 PD 控制);当微分环节为零时,PID 控制器转变为 PI 控制器(即 PI 控制);当积分环节和微分环节均为零时,PID 控制器转变为 P 控制器(即 P 控制);当图 14-2 中的比例环节、积分环节和微分环节均不为零时,PID 控制器为 PID 控制。比例放大系数 K_p 越大,比例环节作用越强。但是,当 K_p 太大时,控制系统便会出现振荡现象,甚至发散振荡;反之,若系统过于稳定,系统容易增大余差。积分环节的主要作用是消除系统静态误差,其作用的大小主要取决于 T_i 积分时间常数。T_i 越大,积分作用越弱,反之越强。微分环节的主要作用是适当改变偏差的变化速度,克服外界干扰,抑制偏差增长,因此应适当选择微分时间常数。微分时间常数 T_D 太大,容易引起被控变量大幅振荡;微分时间常数 T_D 太小,微分环节的作用必然变得非常弱小,几乎不起作用。

14.2.3　Simulink 中 PID 控制器仿真模块介绍

PID 控制器是工业控制中的重要控制手段,在 Continuous、Discrete 模块库和 Specialized Power Systems 专业模块库中均含有 PID 控制器模块,如图 14-3、图 14-4 所示。

图 14-3　Continuous 模块库中的 PID 控制器　　　图 14-4　Continuous 模块库中的 2DOF PID 控制器

1. Continuous 模块库中的 PID 控制器

Continuous 模块库中的 PID 控制器如图 14-3 所示,主要用于时域范围内连续时间的 PID 控制,包括信号追踪、外部重置等,其原理如图 14-2 所示;其参数设置对话框如图 14-5 所示,主要包括 4 个方面的参数设置:基本设置、高级设置、数据类型设置和状态属性设置。

Continuous 模块库中的 2DOF PID 控制器如图 14-4 所示,主要用于时域范围内离散时间的 PID 控制,但是它可以接收外部的参考信号、被控对象的输出信号(测量信号),并且可用于多重闭环控制,其自由度为 2,参数设置与图 14-5 基本相同。图 14-6 和图 14-7 所示为两种原理框图。

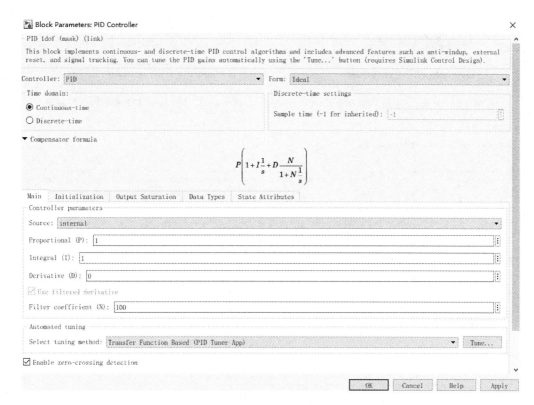

图 14 - 5　Continuous 模块库中的 PID 控制器参数设置对话框

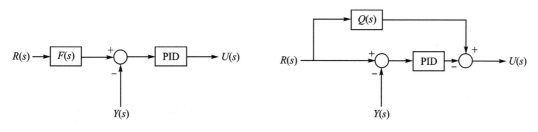

图 14 - 6　PID(2DOF)模型原理框图 1　　　　图 14 - 7　PID(2DOF)模型原理框图 2

在图 14 - 6 和图 14 - 7 中，$R(s)$ 为参考信号，$F(s)$ 为参考信号预过滤器，$Y(s)$ 为被控对象的输出信号（输出测量信号），PID 为 PID 控制器，$Q(s)$ 为前向通道传递函数，$U(s)$ 为 PID (2DOF)控制器的输出信号。

2. Discrete 模块库中的 PID 控制器

Discrete 模块库中的 PID 控制器如图 14 - 8 所示，主要用于时域范围内离散时间的 PID 控制，其作用和参数设置与 Continuous 模块库中的 PID 控制器是一样的。

Discrete 模块库中的 2DOF PID 控制器如图 14 - 9 所示，主要用于时域范围内离散时间的 PID 控制，其用法和参数设置与图 14 - 4 基本相同，其参数设置对话框如图 14 - 10 所示。

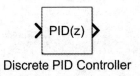

Discrete PID Controller

图 14-8 Discrete 中的 PID 控制器

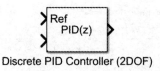

Discrete PID Controller (2DOF)

图 14-9 Discrete 中 2DOF PID 控制器

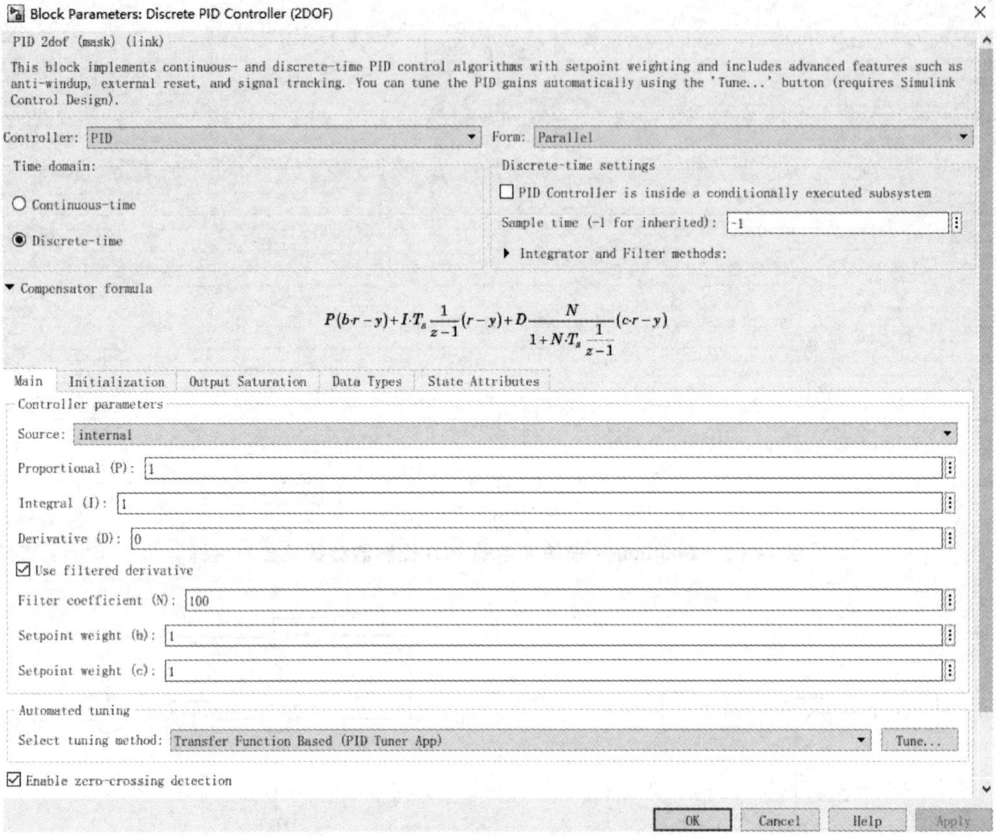

Block Parameters: Discrete PID Controller (2DOF)   ×

PID 2dof (mask) (link)

This block implements continuous- and discrete-time PID control algorithms with setpoint weighting and includes advanced features such as anti-windup, external reset, and signal tracking. You can tune the PID gains automatically using the 'Tune...' button (requires Simulink Control Design).

Controller: PID   Form: Parallel

Time domain: Discrete-time settings

○ Continuous-time   ☐ PID Controller is inside a conditionally executed subsystem

◉ Discrete-time   Sample time (-1 for inherited): -1

     ▸ Integrator and Filter methods:

▾ Compensator formula

$$P(b \cdot r - y) + I \cdot T_s \frac{1}{z-1}(r-y) + D \frac{N}{1+N \cdot T_s \frac{1}{z-1}}(c \cdot r - y)$$

| Main | Initialization | Output Saturation | Data Types | State Attributes |

Controller parameters

Source: internal

Proportional (P): 1

Integral (I): 1

Derivative (D): 0

☑ Use filtered derivative

Filter coefficient (N): 100

Setpoint weight (b): 1

Setpoint weight (c): 1

Automated tuning

Select tuning method: Transfer Function Based (PID Tuner App)   Tune...

☑ Enable zero-crossing detection

        OK   Cancel   Help   Apply

图 14-10 Discrete 模块库中的 PID 控制器(2DOF)参数设置对话框

14.3 模拟 PID 控制器的建模与仿真

模拟 PID 控制器可以利用机械机构或元件、液压元件、电气元件构建,例如机械领域中的减速器、轮系机构,通过改变传动比就可以调节机械的比例控制和机械元件运动方向的控制;液压领域中液压缸、调速阀、换向阀等液压元件,通过改变液压回路中的压力就可以比例控制液压缸活塞杆的伸出速度和位置。在电气领域中,利用变压器就可以轻松实现对副级电压的比例控制;在电子电路领域中,利用比例电路、积分电路、微分电路和求和电路可以轻松构建 PID 控制器,以实现对电子信号的 PID 控制。为了能完整地体现出 PID 控制器的原理和思想,本节将基于电子模拟元器件构建模拟 PID 控制器,并对其进行 Simulink 建模与仿真。当然,利用电气模拟元件、液压模拟元件或机械模拟元件也可以构建 PID 控制器,只不过比较繁琐而已。

14.3.1　模拟 PID 控制器的构建

本小节将利用模拟信号运算电路构建模拟 PID 控制器，主要模拟信号运算电路有：同相比例运算电路、积分电路、微分电路和同相求和电路。本文构建的模拟 PID 控制器如图 14 - 11 所示。

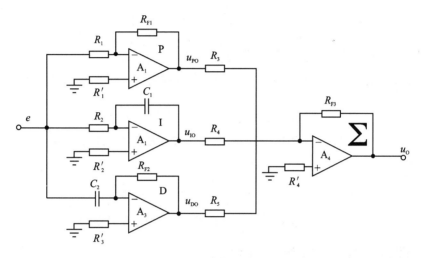

图 14 - 11　模拟 PID 控制器的电路图

假设该 PID 模拟控制电路的初始条件为零，各电阻元件、电容元件和放大器的对应的字母参数在图 14 - 11 上已进行了标注。下面对图 14 - 11 进行 PID 控制器模拟电路的分析。

对于图 14 - 11 中的反相比例运算电路（P 电路），其正相输入端接地，并且 $R_1' = R_1 /\!/ R_{F1}$。根据模拟信号运算电路的"虚短"和"虚断"相关理论，可知：

$$u_{Po} = -\frac{R_{F1}}{R_1}e \tag{14-3}$$

对于图 14 - 11 中的积分电路（I 电路），其正相输入端接地，并且 $R_2' = R_2$。由于集成电路的输入端"虚地"，因此有

$$u_{Io} = -u_C \tag{14-4}$$

对于其中的电容元件，有

$$u_C = \frac{1}{C_1}\int i_C \, dt = \frac{1}{R_2 C_1}\int e \, dt$$

因此，图 14 - 11 中的积分电路（I 电路）输出电压为

$$u_{Io} = -\frac{1}{R_2 C_1}\int e \, dt \tag{14-5}$$

对于图 14 - 11 中的微分电路（D 电路），其正相输入端接地。由于"虚断"，流入反相输入端的电流为零，因此有

$$i_{C_2} = i_{R_{F2}}$$

又因为反相输入端"虚地"，因此有

$$u_{Do} = -I_{C_2}R_{F2} = -R_{F2}C_2\frac{du_{C_2}}{dt} = -R_{F2}C_2\frac{de}{dt} \tag{14-6}$$

对于图 14-11 中的反相求和电路($\sum$ 电路),其正相输入端接地,并且 $R_4' = R_3 /\!/ R_4 /\!/ R_5 /\!/ R_{F3}$。由于"虚断",$i_- = 0$,由 KCL 定律可知:

$$i_3 + i_4 + i_5 = i_{F3} + i_-,\quad 即\quad i_3 + i_4 + i_5 = i_{F3} \tag{14-7}$$

又因为求和电路的"虚短",即"虚地",因此式(14-7)可改写为

$$\frac{u_{Po}}{R_3} + \frac{u_{Io}}{R_4} + \frac{u_{Do}}{R_5} = -\frac{u_o}{R_{F3}} \tag{14-8}$$

将式(14-3)~式(14-7)代入式(14-8)中,可得

$$u_o = \left(\frac{R_{F1}}{R_1 R_3}e + \frac{1}{R_2 R_4 C} \int e\, dt + \frac{R_{F2} C_2}{R_5} \frac{de}{dt} \right) R_{F3} \tag{14-9}$$

由于初始条件为零,因此对式(14-9)进行拉氏变换可得

$$U_o(s) = \left(\frac{R_{F1}}{R_1 R_3} + \frac{1}{R_2 R_4 C_1 s} + \frac{R_{F2} C_2}{R_5}s \right) R_{F3} E(s) \tag{14-10}$$

对于图 14-11 所示的模拟 PID 控制器,其比例放大系数 K_P、积分系数 K_I、微分系数 K_D 有如下关系式:

$$K_P = \frac{R_{F1} R_{F3}}{R_1 R_3},\quad K_I = \frac{R_{F3}}{R_2 R_4 C_1},\quad K_D = \frac{R_{F2} C_2}{R_5} R_{F3} \tag{14-11}$$

通过调节图 14-11 中不同电阻元件和电容元件的数值,便可实现 PID 控制。

14.3.2　模拟 PID 控制器仿真示例

根据式(14-9)表达式,利用 Simulink 中的通用模块建立仿真模型,如图 14-12 所示。假设 $R_1 = R_2 = R_3 = R_4 = R_5 = 20\ \Omega$,$R_{F1} = R_{F2} = R_{F3} = 10\ \Omega$,$C_1 = C_2 = 30C$,图 14-12 中 P 控制子系统及其内部仿真模型如图 14-13 所示,并对其进行赋值。

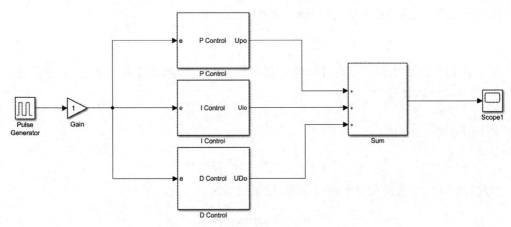

Analog PID Controller

图 14-12　图 14-11 所示的电路仿真模型

I 控制子系统及其内部仿真结构如图 14-14 所示,并对其进行赋值。

D 控制子系统及其内部仿真结构如图 14-15 所示,并对其进行赋值。

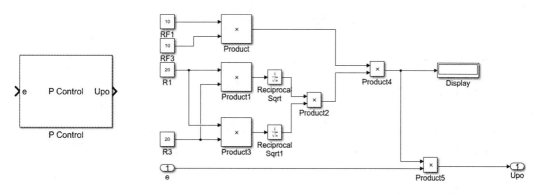

图 14 - 13　P 控制子系统及其内部仿真结构

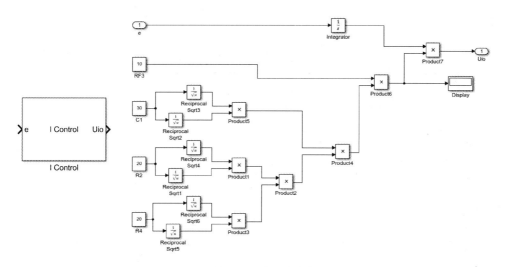

图 14 - 14　I 控制子系统及其内部仿真结构

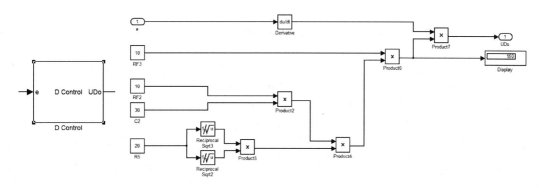

图 14 - 15　D 控制子系统及其内部仿真结构

P、I、D 系数计算如下：

$$K_P = \frac{R_{F1}R_{F3}}{R_1R_3} = \frac{10 \times 10}{20 \times 20} = 0.25$$

$$K_I = \frac{R_{F3}}{R_2R_4C_1} = \frac{10}{20 \times 20 \times 30} = 8.3 \times 10^{-4}$$

$$K_D = \frac{R_{F2}C_2}{R_5}R_{F3} = \frac{10 \times 10 \times 30}{20} = 150$$

由上述系数知，在给定参数的情况下该模拟 PID 实质是 D 控制(微分控制)。假设方波的信号幅值为 1，周期为 1，脉宽为 5，对图 14 - 12 进行仿真，可得图 14 - 16 所示的仿真曲线图。

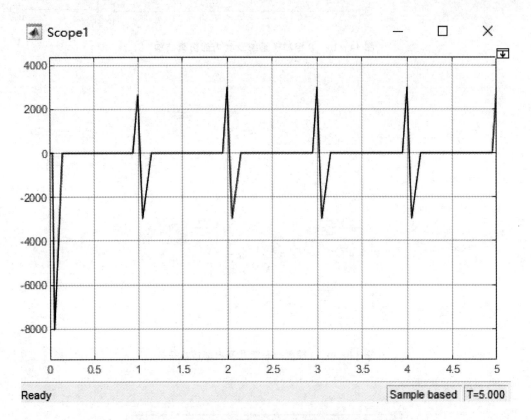

图 14 - 16　矩形方波的模拟 PID 控制器仿真曲线图

再利用 Continuous 模块库中的 PID Controller 对图 14 - 12 进行验证。在图的基础上，利用 PID Controller 构建仿真模型，如图 14 - 17 所示。

以相同参数设置 PID Controller 并仿真，所得仿真曲线图如图 14 - 18 所示。

由图 14 - 18 可以看出，图 14 - 18 所给模拟 PID 控制器的矩形波仿真曲线与 PID 仿真模块的矩形波仿真曲线几乎是相同的，即图 14 - 4 和图 14 - 5 所给模拟 PID 控制器在理论上可以实现对模拟信号的 PID 控制。通过修改图 14 - 4 所示电阻、电容数值以及仿真模型中的相应数值，便可实现 PI 控制、PD 控制以及 PID 控制等。

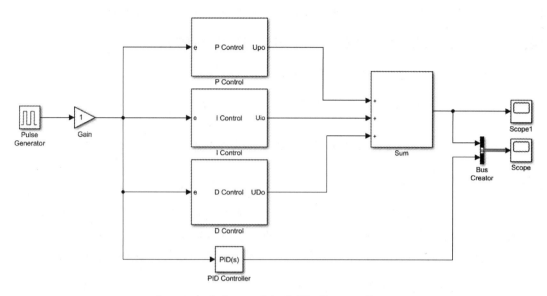

图 14 - 17   利用 PID Controller 模块构成的仿真模型

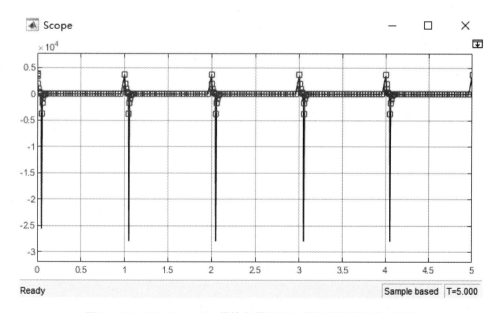

图 14 - 18   PID Controller 模块与模拟 PID 控制器仿真曲线对比图

14.4   数字 PID 控制器的 M 文件仿真

随着数字计算机技术的不断发展,数字 PID 控制(即比例-积分-微分控制)逐渐兴起并在实际工程中得到了广泛应用,而计算机控制系统对被控制量的处理在时间上是离散的,即每一个控制回路采取的是采样控制,因此数字 PID 控制是根据模拟控制器的理想 PID 算法加以离散化得到的。本节将根据图 14 - 2 所述的 PID 控制思想,介绍利用程序实现 PID 控制。

14.4.1　连续系统数字 PID 控制器的 M 文件仿真

连续系统数字 PID 控制器的数学表达式:

$$u(k) = K_P e(k) + K_I \sum_{i=0}^{k} e(i) + K_D [e(k) - e(k-1)] \qquad (14-12)$$

式中,各系数的含义与式(14-1)相同,即 K_P 为比例放大系数;$K_I = \dfrac{K_P}{T_I} \Delta t$ 为积分系数,其中 T_I 为积分时间常数;$K_D = \dfrac{K_P T_D}{\Delta t}$,其中 T_D 为微分时间常数,Δt 为采样时间间隔。

若要利用 MATLAB 程序对式(14-12)实现连续系统的数字 PID 控制,那么首先需要为被控对象建立一子函数,然后再利用 ode45()、ode23()等求解器求解连续系统的微分方程,接着设置一定的采样时间,通过给定比例、微分、积分系数实现对被控对象的 PID 控制。

例 14 - 1　已知某连续系统的传递函数 $G(s) = \dfrac{100}{30s^2 + 47s}$,请利用数字 PID 控制算法编写该传递函数的程序并进行仿真。

使用 M 文件编写的 MATLAB 程序:

```
%定义传递函数 G(s),并以 example14_1s.m 文件名保存
function dy = example14_1s(t,y,pr)
    u = pr;
    A = 30;B = 47;
    dy = zeros(2,1);
    dy(1) = dy(2);
    dy(2) = -(B/A) * y(2) + (100/A) * u;
end
%连续系数的数字 PID 控制主程序
%初始值设置,即系统初始化
ts = 0.001;
xk = zeros(2,1);
ei = 0;
ui = 0;
kp = 40;kd = 0.08;                %设置比例放大系数 kp、微分系数 kd
for k = 1:1:5000
    t(k) = k * ts;
    in(k) = 0.5 * sin(1 * pi * k * ts);  %设置输入的正弦信号
    pr = ui;                      %数/模转换
    tspan = [0 ts];
%利用 ode45()求解器求解微分方程
    [tt,xx] = ode45(@example14_1s,tspan,xk,[],pr);
    xk = xx(length(xx),:);        %数/模转换
    out(k) = xk(2);
%偏差计算
    e(k) = in(k) - out(k);        %比例环节被控量计算
    de(k) = (e(k) - ei)/ts;       %微分环节被控量计算
%定义控制系统输入/输出数学表达式
    u(k) = kp * e(k) + kd * de(k);
%限幅设置
    if u(k)>=5
    u(k) = 5;
```

```
        end
        if u(k)<= - 5
u(k) = - 5;
        end
    % 参数返回值
        ui = u(k);
        ei = e(k);
    end
    % 绘制给定值、输出与时间的曲线
    figure(1);
    plot(t,in,'b - ',t,out,'r - ');
    xlabel('时间');ylabel('给定值、输出值');
    title('给定值与输出值曲线')
    legend('给定值','输出值')
    % 绘制偏差与时间的曲线
    figure(2);
    plot(t,in - out,'b');
    xlabel('时间');ylabel('偏差');
    title('偏差曲线')
```

运行结果如图 14 - 19 所示。

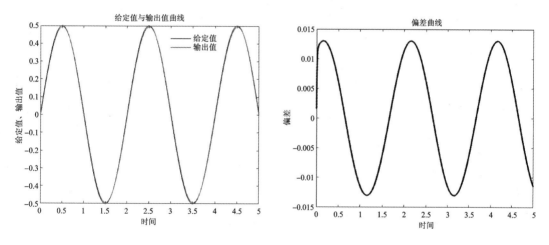

图 14 - 19　例 14 - 1 的仿真曲线图

14.4.2　离散系统数字 PID 控制器的 M 文件仿真

离散系统数字 PID 控制器的数学表达式：

$$u(k) = K_P e(k) + K_I \sum_{i=0}^{k} e(i) + K_D [e(k) - e(k-1)] \tag{14-13}$$

式中，各系数的含义与式(14-1)相同，即 K_P 为比例放大系数；$K_I = \dfrac{K_P}{T_I} \Delta t$ 为积分系数，其中 T_I 为积分时间常数；$K_D = \dfrac{K_P T_D}{\Delta t}$，其中 T_D 为微分时间常数，Δt 为采样时间间隔。

在仿真之前需要将连续对象离散化，即将 s 变量函数离散化为 z 变量函数，然后再利用 PID 控制被控对象。

例 14 - 2　已知某离散系统的传递函数 $G(s) = \dfrac{100}{s^3 + 30s^2 + 47s}$，请利用数字 PID 控制算法编写该传递函数的程序并进行仿真。

使用 M 文件编写的 MATLAB 程序：

```
% 定义传递函数 G(s)，并以 example14_2.m 文件名保存
% 设置采样时间
ts = 0.001;
% 采用 tf 函数建立模型对象并离散化
sys = tf([100],[1,30,47,0]);
dsys = c2d(sys,ts,'z');
[num,den] = tfdata(dsys,'v');
% 初始值设置
u1 = 0.0;u2 = 0.0;u3 = 0.0;y1 = 0.0;y2 = 0.0;y3 = 0.0;
x = [0,0,0]';
e1 = 0;
for k = 1:1:5000
t(k) = k * ts;
in(k) = 2 * sin(2 * pi * k * ts);               % 设置输入的正弦信号
% 设置比例系数 kp、积分系数 ki、微分系数 kd
kp = 100;ki = 70;kd = 0.005;
% PID 控制器数学表达式
u(k) = kp * x(1) + kd * x(2) + ki * x(3);
% 限幅设置
if u(k) > = 5
u(k) = 5;
end
if u(k) < = - 5
u(k) = - 5;
end
% 加入 PID 参数后的线性系统模型
out(k) = - den(2) * y1 - den(3) * y2 - den(4) * y3 + num(2) * u1 + num(3) * u2 + num(4) * u3;
% 计算偏差
e(k) = in(k) - out(k);
% 参数返回值
u3 = u2;u2 = u1;u1 = u(k);
y3 = y2;y2 = y1;y1 = out(k);
% 计算被控量进行参数更新
x(1) = e(k);                           % 计算比例环节被控量
x(2) = x(2) + e(k) * ts;               % 计算积分环节被控量
x(3) = (e(k) - e1)/ts;                 % 计算微分环节被控量
% 偏差返回设置
e1 = e(k);
end
% 绘制给定值、输出与时间的曲线
figure(1);
plot(t,in,'b - ',t,out,'r - ');
xlabel('时间');ylabel('给定值、输出值');
title('给定值与输出值曲线')
legend('给定值','输出值')
% 绘制偏差与时间的曲线
figure(2);
plot(t,in - out,'b');
xlabel('时间');ylabel('偏差');
title('偏差曲线')
```

运行结果如图 14 - 20 所示。

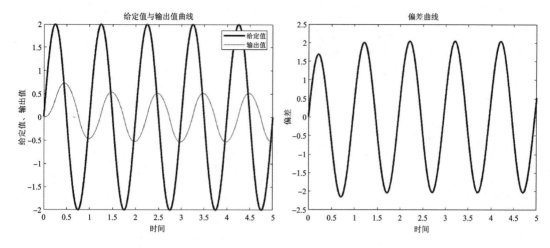

图 14 - 20　例 14 - 2 的仿真曲线

14.4.3　增量式数字 PID 控制器的 M 文件仿真

当执行机构需要控制量的增量时,我们需要使用增量式 PID 控制器,其数学表达式为

$$\Delta u(k) = K_p[e(k) - e(k-1)] + K_I e(k) + K_D[e(k) - 2e(k-1) + e(k-2)]$$

$$(14-14)$$

式中,$\Delta u(k)$ 为前、后两次采样时间间隔内控制量的变化量。

例 14 - 3　已知某被控对象 $G(s) = \dfrac{100}{s^2 + 30s + 50}$,请利用增量式数字 PID 控制算法编写该被控对象运行程序并进行仿真。

使用 M 文件编写的 MATLAB 程序:

```
%用增量式 PID 控制编写被控对象的仿真程序
%设置采样时间
ts = 0.001;
%采用 tf 函数建立模型对象并离散化
sys = tf([100],[1,30,50]);
dsys = c2d(sys,ts,'z');
[num,den] = tfdata(dsys,'v');
%初始值设置
u1 = 0.0;u2 = 0.0;u3 = 0.0;y1 = 0.0;y2 = 0.0;y3 = 0.0;
x = zeros(3,1);
e1 = 0;e2 = 0;
for k = 1:1:5000
t(k) = k * ts;
in(k) = 1 * sin(2 * pi * k * ts);           %设置输入的正弦信号
%设置比例系数 kp、积分系数 ki、微分系数 kd
kp = 100;ki = 70;kd = 0.05;
%PID 控制器数学表达式
u(k) = kp * x(1) + ki * x(2) + kd * x(3);    %计算控制增量 Δu(k)
%限幅设置
if u(k) >= 5
u(k) = 5;
end
if u(k) <= -5
```

```
u(k) = - 5;
end
% 加入 PID 参数后的线性系统模型
out(k) = - den(2) * y1 - den(3) * y2 + num(2) * u1 + num(3) * u2;
% 计算偏差
e = in(k) - out(k);
% 参数返回值
u3 = u2;u2 = u1;u1 = u(k);
y3 = y2;y2 = y1;y1 = out(k);
% 计算被控量进行参数更新
x(1) = e - e1;                          % 计算比例环节被控量
x(2) = e;                               % 计算积分环节被控量
x(3) = e - 2 * e1 + e2;                 % 计算微分环节被控量
% 偏差返回设置
e2 = e1;
e1 = e;
end
% 绘制给定值、输出与时间的曲线
figure(1);
plot(t,in,'b - ',t,out,'r - ');
xlabel('时间');ylabel('给定值、输出值');
title('给定值与输出值曲线')
legend('给定值','输出值')
% 绘制偏差与时间的曲线
figure(2);
plot(t,in - out,'b');
xlabel('时间');ylabel('偏差');
title('偏差曲线')
```

运行结果如图 14 - 21 所示。

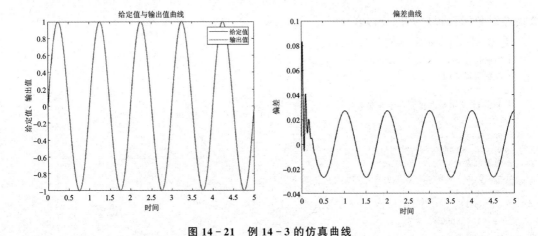

图 14 - 21　例 14 - 3 的仿真曲线

14.4.4　位置 PID 控制器的 M 文件仿真

位置 PID 控制器的数学表达式:

$$u(k) = K_P e(k) + K_I \sum_{i=0}^{k} e(i) + K_D [e(k) - e(k-1)] \tag{14-15}$$

式中,各系数的含义与式(14 - 1)相同,即 K_P 为比例放大系数;$K_I = \dfrac{K_P}{T_I} \Delta t$ 为积分系数,其中

T_I 为积分时间常数; $K_D = \dfrac{K_P T_D}{\Delta t}$, 其中 T_D 为微分时间常数, Δt 为采样时间间隔。

在仿真之前需要将连续对象离散化, 即将 s 变量函数离散化为 z 变量函数, 然后再对被控对象和位置 PID 控制器进行初始化, 接着读取初始给定的输入量和输出量, 接着计算偏差和 PID 控制的输出量, 接着更新相关参数, 返回再进行下次计算过程, 直至循环运行不满足循环条件为止, 最后根据所计算输出量、偏差量绘制仿真图形。

例 14-4 已知某被控对象 $G(s) = \dfrac{80}{s^3 + 30s^2 + 40s}$, 请利用位置 PID 控制算法编写该被控对象程序并进行仿真。

利用位置 PID 控制算法编写仿真程序:

```
% 设置采样时间
ty = 0.01;
% 采用 tf 函数建立模型对象并离散化
sys = tf(80,[1 30 40 0]);
dsys = c2d(sys,ty,'z');                    % 将给定模型离散化
[num,den] = tfdata(dsys,'v');              % 求取离散模型分母、分子多项式系数
% 初始化
u1 = 0.0;u2 = 0.0;u3 = 0.0;y1 = 0.0;y2 = 0.0;y3 = 0.0;
x = [0 0 0];
e1 = 0;
for k = 1:1:3000
t(k) = k * ty;
sg = 2;
if sg == 1
kp = 0.08;ki = 0.3;kd = 0.04;              % 设置比例、积分、微分系数
in(k) = 1;                                 % 设置阶跃信号
elseif sg == 2
kp = 8;ki = 0.08;kd = 0.01;                % 设置比例、积分、微分系数
in(k) = 0.5 * sign(sin(2 * pi * k * ty));  % 设置方波跟踪信号
elseif sg == 3
kp = 3.8;ki = 0.8;kd = 0.06;               % 设置比例、积分、微分系数
in(k) = 0.6 * sin(2 * pi * k * ty);        % 设置正弦跟踪信号
end
% 设置 PID 控制器的数学表达式
u(k) = kp * x(1) + kd * x(2) + ki * x(3);
% 限幅设置
if u(k)>= 10
u(k) = 10;
end
if u(k)<= - 10
u(k) = - 10;
end
% 加入 PID 参数后的线性系统模型
out(k) = - den(2) * y1 - den(3) * y2 - den(4) * y3 + num(3) * u2 + num(4) * u3;
% 计算偏差
e(k) = in(k) - out(k);
% 参数返回设置
u3 = u2;u2 = u1;u1 = u(k);
y3 = y2;y2 = y1;y1 = out(k);
x(2) = e(k);                               % 计算比例环节被控量
x(2) = (e(k) - e1)/ty;                     % 计算微分环节被控量
x(3) = x(3) + e(k) * ty;                   % 计算积分环节被控量
e1 = e(k);                                 % 偏差返回设置
end
% 图形绘制
```

```
if sg == 1
    figure(1);
    plot(t,in,'r',t,out,'b');
    xlabel(' 时间 '),ylabel(' 给定值,输出值 ');
    title(' 给定阶跃信号曲线 ')
end
if sg == 2
    figure(2);
    subplot(2,1,1);
    plot(t,in,'r',t,out,'b');
    xlabel(' 时间 '),ylabel(' 给定值,输出值 ');
    title(' 给定方波跟踪信号曲线 ')
    hold on
    subplot(2,1,2);
    plot(t,e,'b');
    xlabel(' 时间 '),ylabel(' 偏差值 ');
    title(' 偏差曲线 ')
end
if sg == 3
    figure(3)
    plot(t,in,'r',t,out,'b');
    xlabel(' 时间 '),ylabel(' 给定值,输出值 ');
    title(' 给定正弦跟踪信号曲线 ')
end
```

运行结果如图 14 - 22 所示。

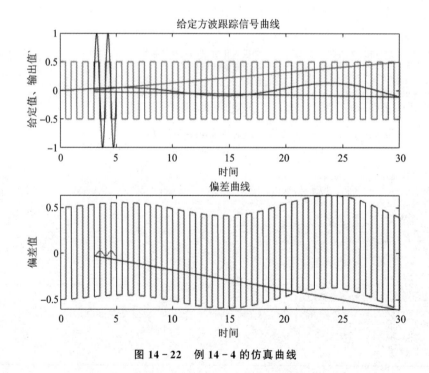

图 14 - 22　例 14 - 4 的仿真曲线

14.5　其他 PID 控制器概述

随着我国科技的不断发展,除了前述的基本 PID 控制器之外,PID 与具体的系统或装置结合,产生了许多新型的 PID 控制器,例如面向时滞系统的 PID 控制器、基于状态观测器的

PID 控制器、基于模糊控制理论的 PID 控制器、基于神经网络理论的 PID 控制器、基于遗传算法的 PID 控制器、基于智能算法的智能 PID 控制器、伺服系统 PID 控制器、基于机器学习理论的 PID 控制器、面向企业内部互联网控制的 PID 控制器等。总之，当前的 PID 控制器既有硬件 PID 控制器又有软件 PID 控制器，还有软硬相互结合的 PID 控制器，呈现出了多种形式。

尽管 PID 控制器的存在形式很多，但是 PID 控制仍有一些实际问题无法解决，例如 MI-MO 控制系统 PID 控制的系统稳定性问题，变结构 PID 控制的稳定性问题，混合系统非线性 PID 控制问题，PID 控制输入上、下限的限制问题，等等。随着 PID 控制的广泛应用和深入研究，一定还存在着更多的问题，例如基于互联网的混合系统 PID 控制实时检测与动态仿真问题等。因此，PID 控制无论在理论上还是在实际的应用中还是有很多问题需要深入研究和解决的。

当前，很多企业都推出了不同形式的 PID 控制器产品，例如智能 PID 温控器、PID 调节器、OMEGA PID 控制器、无锡佳特公司生产的智能 PID 控制器、厦门宇电公司生产的 PID 控制器、郑州金湖欧旺公司生产的 PID 调节器等。随着我国科技的不断发展，将会有更多形式的 PID 控制器出现和应用于工业领域中，不断提高我国工业自动化的水平。

PID 控制在工业中应用越来越广泛，其存在形式也日益多样化，有兴趣的用户可以参阅有关 PID 控制器方面的专著。

本章小结

本章主要介绍了 PID 控制的基本控制思想和数学描述，给出了不同模块库的 PID 仿真模块，设计并推导了模拟 PID 控制器，并对其进行了建模与图形化仿真；利用程序对不同类型的数字 PID 控制器进行了仿真，最后介绍了模糊 PID 控制器。本章需要掌握模块 PID 控制器和数字 PID 控制器的建模与仿真过程。

思考练习题

1. PID 控制器可实现哪些控制？其基本组成是什么？
2. PID 控制器的基本思想和数学描述是怎样的？
3. 模拟 PID 控制器的主要控制参数有哪些？
4. 数字 PID 控制器有哪些种类？
5. 模糊 PID 控制器的主要构成是什么？
6. 利用半导体器件设计一模拟 PID 控制器并对其进行分析，并给出比例放大系数 K_P、积分系数 K_I 及微分系数 K_D 的计算式。
7. 已知某被控对象 $G(s)=\dfrac{40}{s^3+20s^2+30s+20}$，请利用离散的数字 PID 控制算法编写该被控对象程序并进行仿真。
8. 已知某被控对象 $G(s)=\dfrac{40}{s^2+10s+30}$，请利用增量式数字 PID 控制算法编写该被控对象程序并进行仿真。

第 15 章　读/写外部数据

【内容要点】

◆ 管理文件夹

◆ 读/写数据文件

◆ 读/写音频文件与图像文件

◆ 读/写视频与摄像头数据

任何机电动态系统仿真所需要的文件数据都是 MATLAB 软件从外部获得的,有时需要从数据卡或传感器等计算机外围设备采集数据,有时需要从外部存储设备(如硬盘或者 U 盘等)上读/写数据(如音频文件、视频文件、图像、摄像头数据等),因此机电动态系统仿真时必然会涉及读/写外部数据这个问题。本章将以读/写外部数据为主题展开讲解,主要内容包括管理文件夹、读/写计算机硬盘上的数据文件、音频文件、视频文件、图像文件和摄像头数据。

15.1　管理文件夹

在 MATLAB 主窗口中,当编写完 M 脚本文件或 M 函数文件后,这些文件需要被放置到文件夹中,或者放置到当前的文件夹中,而且在编写或仿真 MATLAB 文件的过程中,还会不断地读/写文件。本节就这个主题进行讲解。

在 MATLAB 主窗口工具条中,便能显示和设置当前文件夹,如图 15 - 1 所示。启动后,系统将显示出当前文件夹中的主要文件夹和文件。用户选择图 15 - 1 中的文件夹作为当前文

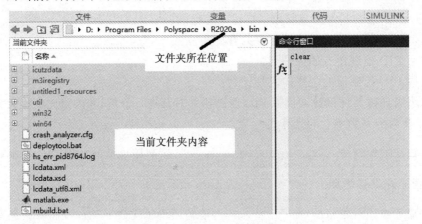

图 15 - 1　系统默认的当前文件夹

件夹。若选择图 15-1 中的向上一级按钮 ，将当前文件夹返回到上一级文件夹中，即当前文件夹的父文件夹中。

1. 文件夹管理

MATLAB 提供了文件夹操作命令，用户可以在 MATLAB 命令窗口中列出当前文件夹、显示文件和文件夹，也可以新建和删除文件夹。常用的文件夹操作命令见表 15-1。

表 15-1 MATLAB 常用的操作命令

命 令	说 明	命 令	说 明
dir 或 ls	列出当前文件夹中的文件及子文件夹	mkdir	新建文件夹
matlabroot	返回 MATLAB 根文件夹，即 MATLAB 软件的安装位置	rmdir	删除文件夹
pwd	确定或返回当前文件夹	copyfile	复制文件或文件夹
cd	改变文件夹	movefile	移动或重命名文件或文件夹
what	列出当前文件下的 MATLAB 文件	isfolder	判断输入是否为文件夹
which	定位函数和文件	fileatrib	设置或者获取文件或文件夹的属性
userpath	查看或更改默认用户工作文件夹	type	列出文件内容
tempdir	系统的临时存储目录	tempname	系统的临时文件名

例 15-1 获取和改变当前文件。

MATLAB 实现程序如下：

```
clear all
d1 = pwd                  % 获取当前文件夹
d2 = matlabroot          % 获取 MATLAB 软件的安装位置
cdF:\0 书稿——MatLab_simulink 机电动态系统仿真及工程应用(第二版)——起草\本书例题
```

除了利用命令改变文件夹或文件的路径，还可单击"主页"→"环境"→"路径设置"按钮，弹出"设置路径"对话框，如图 15-2 所示。

图 15-2 "设置路径"对话框

在图 15 - 2 中,用户可将相关文件夹和文件添加至 MATLAB 搜索路径中;同时"上移"或"下移"按钮也可改变各个文件夹和文件的搜索顺序。

例 15 - 2   查询并获得当前文件夹中的相关文件信息。

MATLAB 实现程序如下:

```
clearall;
d1 = dir
d2 = ls
dir * . m          % 显示后缀为.m 的文件
dir * 1. m         % 显示文件名中最后一个数字为 1 且后缀为.m 的文件
dir * _?. m        % 显示含有破折号的文件
```

运行上述程序,输出结果如下:

```
d1 =
包含以下字段的 4 × 1 struct 数组:
name
folder
date
bytes
isdir
datenum
d2 =
4 × 30 char 数组
'.'
'..'
'Chapter15_15_1_1_example15_1.m'
'Chapter15_15_1_1_example15_2.m'
Chapter15_15_1_1_example15_1.m Chapter15_15_1_1_example15_2.m
Chapter15_15_1_1_example15_1.m
Chapter15_15_1_1_example15_1.m Chapter15_15_1_1_example15_2.m
```

在本例程序中,利用 dir 命令和 ls 命令查询并获得当前文件夹中的相关文件信息,dir 命令返回的是 stuct 数组,包括名称、类型、日期、文件大小、判断是否为搜索路径中的文件夹、日期计算函数等。ls 命令返回的是一个字符串,其中,"."为当前文件夹,".."为上一级文件夹。此外,"*"表示任意字符串,"?"表示任意单个字符。

例 15 - 3   新建和删除文件夹。

MATLAB 实现程序如下:

```
clear all;
if mkdir('tempchapter15')        % 创建文件夹
disp('成功创建文件夹 tempchapter15');
cdtempchapter15
dir
cd..
else
errordlg('创建文件夹 tempchapter15 失败')
end
if rmdir('tempchapter15')        % 删除空文件夹
disp('成功删除文件夹 tempchapter15')
else
errordlg('删除文件夹 tempchapter15 失败')
end
```

运行上述程序,输出结果如下:

```
成功创建文件夹 tempchapter15
```

...
成功删除文件夹 tempchapter15

在本例程序中,利用 mkdir 命令创建文件夹,如果创建成功则返回值为 1,否则返回值为 0;接着用 cd 改变文件夹,进入 tempchapter15 中;利用 dir 命令显示当前文件夹中的内容;最后利用 rmdir 命令删除所创建的文件夹。mkdir 命令和 rmdir 命令创建和删除文件时,采用的是文件夹的相对路径。

例 15 - 4　获取系统的临时文件夹和文件。

MATLAB 实现程序如下:

```
clear all
tempdir              % 获取临时文件夹
tempname             % 获取临时文件
```

运行上述程序,输出结果如下:

```
ans =
'C:\Users\lenovo\AppData\Local\Temp\'
ans =
'C:\Users\lenovo\AppData\Local\Temp\tpd3d67ef7_80b0_4493_bc6f_f0022750e2b3'
```

在本例的程序中,利用 tempdir 命令获取系统的临时文件夹,利用 tempname 命令暂存文件夹中的临时文件名称。

例 15 - 5　复制和列出文件代码(内容)。

MATLAB 实现程序如下:

```
clear all;
if mkdir('tempchapter15')              % 创建文件夹 tempchapter15
disp('成功创建文件夹 tempchapter15');
if copyfile('Chapter15_15_1_1_example15_1.m','tempchapter15')    % 将文件复制到文件夹
disp('成功复制文件');
disp('显示 tempchapter15 文件夹中的内容')
dirtempchapter15                       % 显示所创建文件夹中的内容
disp('显示指定文件中的内容')
typeChapter15_15_1_1_example15_1.m    % 显示所复制文件的内容
else
error('复制文件失败')
end
else
errordlg('创建文件夹 tempchapter15 失败')
end
if rmdir('tempchapter15')              % 删除文件夹
disp('成功删除文件夹 tempchapter15')
else
errordlg('删除文件夹 tempchapter15 失败')
end
```

运行上述程序,输出结果如下:

```
成功创建文件夹 tempchapter15
成功复制文件
显示 tempchapter15 文件夹中的内容
...Chapter15_15_1_1_example15_1.m
显示指定文件中的内容
clear all
d1 = pwd                               % 获取当前文件夹
d2 = matlabroot                        % 获取 MATLAB 软件的安装位置
cd F:\0 书稿——MatLab_simulink 机电动态系统仿真及工程应用(第二版)——起草\本书例题
```

利用 mkdir 命令创建文件夹时,如果当前文件夹已经被创建,则会出现警告信息。利用 copyfile 命令将指定文件复制到文件夹中。利用 dir 命令显示创建文件夹中的文件。利用 type 命令显示文件夹中指定文件中的内容。利用 rmdir 命令删除文件夹时,如果不是空文件夹,则无法删除指定的文件夹,输出结果中就会出现错误对话框的提示信息,如"删除文件夹 tempchapter 15 失败"。

如果想要删除该文件夹,则可利用 cd 命令进入指定文件夹中,再利用 delete 命令删除文件夹中的所有文件,最后再删除文件夹。实现程序如下:

```
cd tempchapter15            % 进入指定的文件夹中
delete*.*                   % 删除文件夹中的所有文件
cd..                        % 回到上一级文件夹中
rmdir('tempchapter15');     % 删除指定的空文件夹
```

15.2　读/写数据文件

在利用 MATLAB 进行仿真分析时,用户有时可能会用到外部数据文件或者将处理过的数据写入到外部文件中。因此,本节主要讲解 MATLAB 如何读取和写入数据文件这个主题。

15.2.1　读取数据文件

MATLAB 中读取数据文件的办法主要有:
① 利用向导导入数据文件;
② 利用 dlmread 函数导入带有分隔符的数据文件;
③ 利用 textread 函数导入带有文本内容的数据文件;
④ 利用 importdata 函数将外部的数据文件导入 MATLAB 工作空间中;
⑤ 利用 load 函数导入数据文件。

1. 利用向导导入数据文件

在 MATLAB 中,用户可以使用向导将外部数据文件导入到 MATLAB 的工作空间中,具体操作是:选择"主项"→"变量"→"导入数据"命令。如果 MATLAB 工作空间窗口中没有显示,则可在命令窗口中输入 workspace 命令调出工作空间窗口。工作空间窗口可以附着在主界面中,也可以变为单独窗口,如图 15-3 所示。

图 15-3　当前的工作空间窗口

例 15 - 6　利用向导读取数据文件 example15_6_data.txt,数据以 Tab 键分隔。在当前文件夹中建立数据文件 example15_6_data.txt,其内容如下:

```
A1  82  76  80  89  78  86  85  79  82
A2  80  82  85  92  83  80  87  80  83
```

在 MATLAB 中,用户可以选择"主项"→"变量"→"导入数据"命令,启动数据导入向导。接着会弹出一个文件选择窗口,单击需要导入的数据文件后,单击"打开"按钮,会弹出一个窗口,如图 15 - 4 所示。

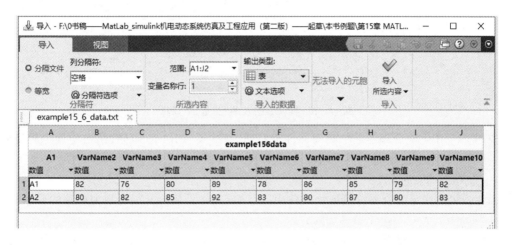

图 15 - 4　导入数据向导对话框

在图 15 - 4 中,用户可以选择数据的分隔符,同时显示数据预览。可供选择的分隔符主要有 Tab 键、空格、分号、逗号。除此之外,用户还可自定义分隔符。MATLAB 通过导入数据文件建立了与数表列数相等的变量,在图 15 - 4 中建立了 9 个变量。导入数据的输出类型可以是表、列向量、数值矩阵、字符串数组和元胞数组。此例中选择表也可选择数值矩阵。

在导入对话框中,选择"导入所选内容"→"导入数据"后,将数据文件的内容以变量的形式导入到 MATLAB 工作空间中。此时,MATLAB 的工作空间将包含文本内容的数据文件 example15_6_data.txt 中的数据,如图 15 - 5 所示,用户可进一步对该数据进行分析和处理。若双击导入的数据,则弹出"变量"对话框,如图 15 - 6 所

图 15 - 5　导入工作空间中的数表

示。用户可选中工作空间中某个变量,选择其中的某一个绘图形式后即可将变量中的数据以图形的形式显示出来。

2. 利用 dlmread 函数导入带有分隔符的数据文件

dlmread 函数的功能是将 ASCII 分隔的数值数据文件读取到工作空间中,其调用格式如下:

M=dlmread(filename)

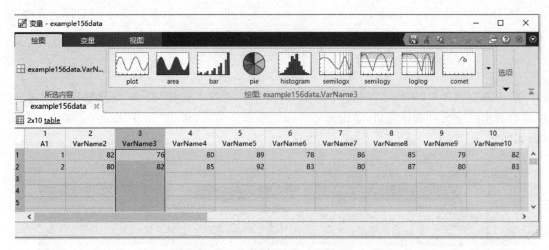

图 15 - 6　导入数据表的"变量"对话框

说明：将 ASCII 分隔的数值数据文件读取到矩阵 M。dlmread 函数从该文件中检测到分隔符，并将重复的空白视为一个分隔符。

M＝dlmread(filename,delimiter)

说明：使用指定的分隔符读取该文件中的数据，并将重复的分隔符视为单独的分隔符。

M＝dlmread(filename,delimiter,R1,C1)

说明：从行偏移量 R1 和列偏移量 C1 开始读取。例如，偏移量 R1＝0、C1＝0 指定文件中的第一个值。要指定行和列的偏移量而不指定分隔符，请将空字符用作占位符，例如 M＝dlmread(filename,'',2,1)。

M＝dlmread(filename,delimiter,[R1 C1 R2 C2])

说明：仅读取行偏移量 R1 和 R2 及列偏移量 C1 和 C2 界定的范围。另一种定义范围的方法是使用电子表格表示法(例如 'A1..B7')而非[0 0 6 1]。

如果将工作空间中的数据写入到指定的数据文件中，用户可用 dlmwrite 函数，其具体用法见 MATLAB 帮助系统。

例 15 - 7　读取和写入带有分隔符的数据文件 example15_7_data.txt，数据分隔符为分号。在当前文件夹中建立数据文件 example15_7_data.txt，其内容如下：

82;76;80;89;78

86;85;79;82;75

80;82;85;92;83

80;87;80;83;81

MATLAB 实现程序如下：

```
clear all
pc = [1 2 3 4 5];
a = dlmread('example15_7_data.txt',';');           % 读取数据文件 example16_7_data.txt
dlmwrite('example15_7_data1.txt',a,'delimiter','','precision',3);
                                                   % 将读取的数据写入文件 example15_7_data1.txt,并以空格作为
                                                   % 分隔符,使用 3 位数精度
% 将矩阵 pc 追加到文件 example15_7_data1.txt 中,接着现有数据末尾继续写入
dlmwrite('example15_7_data1.txt',pc,'-append','delimiter','','roffset',0)
type'example15_7_data1.txt'                         % 查看所写入的数据文件
```

运行上述程序,输出结果如下:

```
82 76 80 89 78
86 85 79 82 75
80 82 85 92 83
80 87 80 83 81
1 2 3 4 5
```

在此例中,我们用空格作为分隔符,用户也可以使用逗号、分号、制表符等作为分隔符。

如果源数据文件的分隔符为逗号,用户还可以使用 csvread 函数读取数据文件,csvwrite 函数写入数据文件。csvread 函数和 csvwrite 函数用法见 MATLAB 帮助系统。

例 15 - 8 读取和写入带有逗号分隔符的数据文件 example15_8_data.txt。

MATLAB 实现程序如下:

```
clear all
disp('查看所读取的数据文件')
a = csvread('example15_8_data.txt')            % 读取数据文件 example15_8_data.txt
csvwrite('example15_8_data1.txt',a);           % 写入数据文件 example15_8_data1.txt
disp('查写所写入的数据文件')
type'example15_8_data1.txt'                     % 查看所写入的数据文件
```

运行上述程序,输出结果如下:

```
查看所读取的数据文件
a =
82 76 80 89 78
86 85 79 82 75
80 82 85 92 83
80 87 80 83 81
查看所写入的数据文件
82,76,80,89,78
86,85,79,82,75
80,82,85,92,83
80,87,80,83,81
```

3. 利用 textread 函数读取带有文本内容的数据文件

利用 textread 函数读取带有文本内容的数据文件,其调用格式如下:

[A,B,C,...] = textread(filename,format)

说明:以指定的 format 将数据从文件 filename 读到 A、B、C 等变量中,直到整个文件读取完毕。将 filename 和 format 输入指定为字符向量或字符串标量。textread 对于读取已知格式的文本文件非常有用。textread 可处理固定格式文件和任意格式文件。

注意:读取大型文本文件、从文件中的特定点读取或将文件数据读取到元胞数组而非多个输出时,用户要首先使用 textscan 函数而非 textread 函数。

例 15 - 9 读取下列数据文件 example15_9_data.txt。

zhougaofeng male 40 1.70 teacher"zhongyuan university of technology"
wangxiaowei male 25 1.65 researcher"Henan transportation institute"

读取带有文本内容的数据文件实现程序如下:

```
clearall
[name,gender,age,height,identity,affiliation] = textread('example15_9_data.txt','%s%s%f%f%s%q',2);
                % 读取数据文件 example15_9_data.txt
name
gender
age
```

```
height
identity
affiliation
```

运行上述程序,输出结果如下:

```
name =
{'zhougaofeng'}
{'wangxiaowei'}
gender =
{'male'}
{'male'}
age =
40
25
height =
1.7000
1.6500
identity =
{'teacher'}
{'researcher'}
affiliation =
{'zhongyuan university of technology'}
{'Henan transportation institute'}
```

在本例程序中,指定读取 2 行信息,因此输出了 2 行信息。若在 textread 函数中不指定读取信息的行数,则读取数据文件中全部行数的内容。若读取的文件为文本文件,用户可使用 fileread 函数读取其内容。

若将本例中带有文本的数据文件 example16_9_data.txt 导入为表格,则实现程序如下:

```
clear all
opts = detectImportOptions('example15_9_data.txt');      % 为文件 example15_9_data.txt 创建一个导入选项对象
opts.DataLines = [1 2];                                   % 指定第 1 行至第 2 行包含第一个数据块
opts.VariableNames = {'Name','Gender','Age','Height','Identity','Affiliation'};
Data_table = readtable('example15_9_data.txt',opts)
```

运行上述程序,输出结果如下:

```
Data_table =
  2 × 6 table
      Name          Gender     Age    Height     Identity                  Affiliation
    _____     _____     ___    _____    _____    _____

    {'zhougaofeng'}   {'male'}    40     1.7      {'teacher'}     {'zhongyuan university of technology'}
    {'wangxiaowei'}   {'male'}    25     1.65     {'researcher'}  {'Henan transportation institue'}
```

4. 利用 importdata 函数将外部数据文件导入 MATLAB 工作空间中

importdata 函数可以将数据文件和图像文件导入 MATLAB 工作空间,也可以从剪切板中导入数据,具体使用方法见 MATLAB 帮助系统。

例 15 - 10　读取下列数据文件 example15_10_data.txt。

```
Day1   Day2   Day3   Day4   Day5   Day6   Day7
95.01  76.21  61.54  40.57  5.79   20.28  1.53
23.11  45.65  79.19  93.55  35.29  19.87  74.68
60.68  1.85   92.18  91.69  81.32  60.38  44.51
48.60  82.14  73.82  41.03  0.99   27.22  93.18
89.13  44.47  17.63  89.36  13.89  19.88  46.60
```

读取数据文件的 MATLAB 程序如下：

```
clearall
filename = 'example15_10_data.txt';
delimiterIn = '';
headerlinesIn = 1;
[A,delimiterOut] = importdata(filename,delimiterIn,headerlinesIn);   % 读取数据文件 example15_10_data.txt,
                                                                      % 并检测数据之间的分隔符
format short                                                          % 设定数据格式,小数点后包含 4 位数
A.data                                                               % 显示数据文件中的数据
delimiterOut
```

运行上述程序,输出结果如下：

```
ans =
95.0100   76.2100   61.5400   40.5700    5.7900   20.2800    1.5300
23.1100   45.6500   79.1900   93.5500   35.2900   19.8700   74.6800
60.6800    1.8500   92.1800   91.6900   81.3200   60.3800   44.5100
48.6000   82.1400   73.8200   41.0300    0.9900   27.2200   93.1800
89.1300   44.4700   17.6300   89.3600   13.8900   19.8800   46.6000
delimiterOut =
''
```

5. 利用 load 函数导入数据文件

load 函数的功能是将 ASCII 或者 MAT 数据文件读取到空间工间中,其调用格式见 MATLAB 帮助系统。

例 15 - 11　利用 Load 函数为多个同列矩阵创建一个 ASCII 数据文件 example15_11_data. mat,并将其导入 MATLAB 工作空间中。

读取数据文件的 MATLAB 程序如下：

```
a = magic(5);                                % 创建 5 行、5 列的魔方矩阵
b = ones(2,5) * 2;                           % 创建 2 行、5 列的全 1 矩阵
c = [8 6 4 2 1];                             % 创建 1 行、5 列的全 1 矩阵
save - ascii example15_11_data.dat a b c     % 为矩阵 a、b、c 创建一个 ASCII 数据文件 example16_11_data.dat
cleara b c                                   % 清除工作空间中的矩阵变量 a、b、c
loadexample15_11_data.dat - ascii            % 导入所创建的数据文件 example15_10_data
typeexample15_11_data.dat                    % 显示所导入的数据文件
```

运行上述程序,输出结果如下：

```
1.7000000e + 01   2.4000000e + 01   1.0000000e + 00   8.0000000e + 00   1.5000000e + 01
2.3000000e + 01   5.0000000e + 00   7.0000000e + 00   1.4000000e + 01   1.6000000e + 01
4.0000000e + 00   6.0000000e + 00   1.3000000e + 01   2.0000000e + 01   2.2000000e + 01
1.0000000e + 01   1.2000000e + 01   1.9000000e + 01   2.1000000e + 01   3.0000000e + 00
1.1000000e + 01   1.8000000e + 01   2.5000000e + 01   2.0000000e + 00   9.0000000e + 00
2.0000000e + 00   2.0000000e + 00   2.0000000e + 00   2.0000000e + 00   2.0000000e + 00
2.0000000e + 00   2.0000000e + 00   2.0000000e + 00   2.0000000e + 00   2.0000000e + 00
8.0000000e + 00   6.0000000e + 00   4.0000000e + 00   2.0000000e + 00   1.0000000e + 00
```

15.2.2　导出数据文件

导出数据文件的办法主要有：

① 利用 diary 函数导出数据文件；

② 利用 save 函数导出数据文件。

1. 利用 diary 函数导出数据文件

在 MATLAB 中,用户可以采用 diary 函数记录自己和 MATLAB 的交互过程,将命令窗口文本记录到日志文件中。其调用格式如下:

```
diary filename
```

或者

```
diary('filename')
```

说明:将生成的日志保存到 filename。如果该文件已存在,MATLAB 会将文本追加到文件末尾。

```
diary off
```

说明:禁用日志记录。

```
diary on
```

说明:使用当前 diary 文件名启用日志记录。

例 15 - 12　利用 diary 函数导出数据并记录在 example15_12_data.txt 文件中。

导出数据的 MATLAB 程序如下:

```
clear all;
diaryexample15_12_data.txt;              % 开始导出并记录数据
A = magic(3);                            % 生成魔方数据
A(2,1) = 300;
B = A * 3;
diaryoff;                                % 暂停记录数据
disp('以下是 diary 函数导出并记录的数据内容')
typeexample15_12_data.txt                % 查看数据文件 example16_12_data.txt 中所记录的内容
```

运行上述程序,输出结果如下:

```
以下是 diary 函数导出并记录的数据内容
A = magic(3);                            % 生成魔方数据
A(2,1) = 300;
B = A * 3;
diary off;                               % 暂停记录数据
A = magic(3);                            % 生成魔方数据
A(2,1) = 300;
B = A * 3;
diary off;                               % 暂停记录数据
A = magic(3);                            % 生成魔方数据
A(2,1) = 300;
B = A * 3
B =
24  3  18
900 15 21
12  27 6
diary off;                               % 暂停记录数据
B =
24  3  18
900 15 21
12  27 6
```

由输出结果可以看出,本例程序利用 diary 函数建立了文本文件 example15_12_data.txt,记录了自己和 MATLAB 的交互过程,并将命令窗口文本记录到文件 example15_12_data.txt 中;利用 type 函数查看文本文件中所记录的内容。在本例中,除了 type 函数外,whos 函数也可查看文件内容。

2. 利用 save 函数导出数据文件

在 MATLAB 中,用户可以采用 save 函数将工作空间中的变量保存到指定的文件中。其具体的用法可查阅 MATLAB 帮助系统。

例 15 - 13 利用 save 函数导出数据并记录在 example15_13_data.txt 文件中。

导出数据的 MATLAB 程序如下:

```
a = rand(2,10);                                    % 创建随机矩阵 a
b = ones(1,10);                                    % 创建全 1 矩阵 b
c = '机电动态系统仿真及工程应用例 15 - 13';          % 创建字符串
save('example15_13_data.mat','a','b','c')          % 将 a、b、c 保存到文件 example15_13_data.mat 中
disp('example15_13_data.mat 的内容如下:')
whos('-file','example15_13_data.mat')              % 查看文件 example15_13_data.mat 中的内容
```

运行上述程序,输出结果如下:

```
example15_13_data.mat 的内容如下:
Name Size Bytes Class Attributes
a 2x10 160 double
b 1x10 80 double
c 1x19 38 char
```

由输出结果可以看出,save 函数将不同类型的变量 a、b、c 保存到了文件 example15_13_data.mat 中。

除了以上导入和导出文件的函数外,部分的数据导入、导出函数见表 15 - 2,具体用法可查阅 MATLAB 帮助系统。

表 15 - 2 部分数据导入、导出函数

导入函数	说　明	导出函数	说　明
matfile	访问和更改 MAT 文件中的变量,不必将文件加载到内存中	writematrix	将矩阵写入文件
readmatrix	基于文件创建数值矩阵	writetable	将表写入文件
textscan	从文本文件或字符串读取格式化数据	writecell	将元胞写入文件
readtable	将混合的文本和数值数据导入到表中	writetimetable	将时间表写入文件
readvars	读文件中单独的列向量		
readcell	基于文件创建元胞数组		
readtimetable	基于文件创建时间表		

15.3　读/写音频文件与图像文件

利用 MATLAB 还可以分析和处理音频文件和图片文件。在 MATLAB 中,用户可以读/写、录制和播放音频文件,还可以读取、显示和写入图像文件。

15.3.1　读/写、录制和播放音频文件

MATLAB 中常用的音频分析与处理函数见表 15 - 3。

表 15－3　MATLAB 音频分析与处理函数

功　能	函　数	说　明
创建	getplayer	创建关联的 audioplayer 对象
	getaudioplayer	创建关联的 audioplayer 对象
读取	wavread	读取 wav 声音文件
	auread	读取 au 声音文件
	audioread	读取几乎所有的音频文件
录音	record	录制音频
	audiorecorder	录制来自输入设备(如麦克风)的音频数据
	getaudiodata	将录制的音频信号存储在数值数组中
	Isrecording	判断录音是否进行
	recordblocking	将音频录制到 audiorecorder 对象中,在录制完成前保持控制权
播放	sound	播放声音,将信号数据矩阵转换为声音
	wavplay	利用 windows 播放器播放声音
	soundsc	缩放数据并作为声音播放
	audioplayer	播放音频对象
	play	从 audioplayer 对象播放音频
	beep	产生操作系统蜂鸣声
	pause	暂停录音或播放
	stop	停止录音或播放
	resume	从暂停状态继续录音或播放
写入	wavwrite	写入 wav 声音文件
	auwrite	写入 au 声音文件
	audiowrite	写入音频文件
查看	audioinfo	查看音频文件的有关信息
	audiodevinfo	查看有关音频设备的信息

限于篇幅,仅作部分音频文件的操作说明。

1. 读取音频文件

读取音频文件函数主要有 wavread、auread 和 audioread。其具体语法可查阅 MATLAB 帮助系统,通过具体例子说明读取音频文件的用法。

例 15－14　利用 audioread 函数读取音频文件歌曲 mylove. mp3 中前 60 s 的内容,然后播放读取到的音频文件数据并以图形方式显示出来。

读取音频文件的 MATLAB 程序如下:

```
clear all;
samples = [1,60 * 44100];
cleary Fs
[y,Fs] = audioread('mylove.mp3',samples);    % 读取歌曲文件 mylove.mp3 的前 60 s 的内容,并返回样本数据 y 以
                                             % 及该数据的采样频率 Fs

sound(y,Fs);                                 % 播放所读取音频文件 mylove.mp3 歌曲中前 60 s 的内容
```

```
whos y                                    % 查看所读取的 y 信息
disp(' 以下是歌曲 mylove.mp3 的有关信息 ')
audioinfo('mylove.mp3')                    % 查看所读音频文件的有关信息
disp(' 音频文件采样时间 t')
t = size(y,1)/Fs                           % 计算采样音频文件所用的时间
closeall;
% 下面将绘制所读音频文件的数据曲线
figure('name',' 绘制音频文件数据曲线 ')
subplot(2,1,1)
plot(1/Fs:1/Fs:t,y(:,1));
xlabel('Time(s)');
title(' 左声道 ');
subplot(2,1,2)
plot(1/Fs:1/Fs:t,y(:,2));
xlabel('Time(s)');
title(' 右声道 ');
```

运行上述程序后,输出结果如下:

```
Name Size Bytes Class Attributes
y 2646000x2 42336000 double
以下是歌曲 mylove.mp3 的有关信息
ans =
包含以下字段的 struct:
Filename:'F:\0 书稿——MatLab_simulink 机电动态系统仿真及工程应用(第二版)——起草\本书例题\第 15 章 MAT-
LAB 读写外部数据\mylove.mp3'
CompressionMethod:'MP3'
NumChannels:2
SampleRate:44100
TotalSamples:10251646
Duration:232.4636
Title:'My Love'
Comment:[]
Artist:'Westlife'
BitRate:128
音频文件采样时间 t
t =
60
```

该歌曲文件为双声道,包括左声道和右声道,采样频率 44 100 Hz,查看了该歌曲文件的基本信息,语音长度为 60 s。程序运行后,利用 plot 函数绘制了歌曲文件的波形,如图 15 - 7 所示。图中上图为左声道语音波形,下图为右声道语音波形。本例中用到了语音读取函数 audioread、播放函数 sound、语音信息查看函数 audioinf。

对于 wav 格式语音文件,用户可用 wavread 函数或 audioread 函数读取;au 格式的语音文件,可用 auread 或 audioread 函数读取。音频文件读取的方法是类似的,在此不赘述,用户可查阅 MATLAB 帮助系统。

2. 创建、录音和写入音频文件

在 MATLAB 中,可采用 audiorecorder 函数、record 函数、getaudiodata 函数实现录音的相关操作,其具体用法可查看 MATLAB 帮助系统。

例 15 - 15 利用 audiorecorder 函数和 recordblocking 函数录制来自麦克风的声音,其音频文件为 example15_15_data,录制时长 10 s,并将所录制的音频信号存储在数值数组中,以图形方式显示出来,写入音频文件 example15_15_data.wav 中。

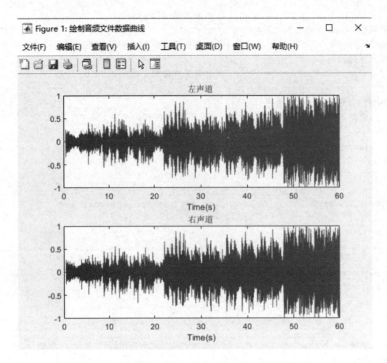

图 15 - 7　歌曲 mylove. mp3 前 60 s 的语音波形

录音音频文件的 MATLAB 程序如下:

```
clear all;
Fs = 44100;                          % 设置采样频率 Fs = 44 100 Hz
nBits = 16;                          % 定义采样位数为 16 位
nChannels = 2;                       % 通道数为 2 通道
ID = - 1;                            % 默认音频输入设备标识符 default audio input device
example15_15_data = audiorecorder(Fs,nBits,nChannels,ID);   % 创建具有 audiorecorder 对象 example16_15_data
disp('Start speaking.')
recordblocking(example15_15_data,10);        % 录制音频 10 s
disp('End of Recording.');
play(example15_15_data);                     % 播放所录制的音频
doubleDataArray = getaudiodata(example15_15_data);       % 所采样的音频信号 example15_15_data 存储在数值
                                                         % 数组 doubleDataArray 中
audiowrite('example15_15_data.wav',doubleDataArray,Fs);  % 将所采样的音频信号保存在音频文件
                                                         % example15_15_data.wav 中

% 绘制采样音频信号曲线
figure('name','采样音频信号的数据曲线 ')
plot(1/Fs:1/Fs:10,doubleDataArray);          % 绘制采样音频文件的曲线
xlabel('Time(s)');
title(' 采样音频信号的数据曲线 ');
```

运行上述程序后,输出结果如下:

```
Start speaking.
End of Recording.
```

输出结果是录音的开始和结束时的提示。若用户用耳机或音箱可听到刚才所录制的声音,并将所录制的声音保存到音频文件 example15_15_data. wav 中,其声音的主要内容是"机电动态系统仿真周高峰,这是一个案例"。最后将录制的声音显示在图形窗口中。程序运行后,利用 plot 函数绘制了所录制的声音波形,如图 15 - 8 所示。

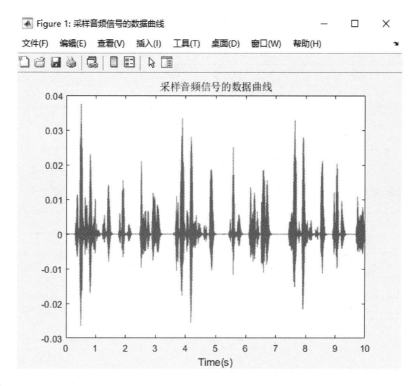

图 15 - 8　所录制的声音波形

为了确保所录制和写入的音频文件符合用户要求,还可使用以下播放程序检验:

```
samples = [1,10 * 44100];                              % 定义采样时间
[y,Fs] = audioread('example15_15_data.wav',samples);   % 读取所录制的音频文件
sound(y,Fs)                                             % 播放 example15_15_data.wav
```

15.3.2　读取、显示和写入图像文件

在 MATLAB 中,用户除了对声音的录制、播放和写入外,还可对图像文件进行读取、显示和写入,因为机电系统在控制或检测过程中必然涉及图像的读取、显示和写入,因此有必要讲解图像文件的读取、显示和写入操作。图像处理函数见表 15 - 4。

表 15 - 4　MATLAB 图像处理函数

功　能	函　数	说　明
读取	imread	从图像文件读取图像
	imresize	调整图像大小
	readimage	从数据存储中读取指定图像
	imtile	将多个图像帧合并为一个矩形分块图

功　能	函　数	说　明
转换	ind2rgb	将索引图像转换成 RGB 图像
	rgb2ind	将 RGB 图像转换成索引图像
	im2frame	将图像转换成影片帧
	frame2im	将影片中的帧转换成图像
	rgb2gray	将 RGB 图像转换成灰度图
	im2double	将图像转换成双精度值,输出值重新缩放到范围[0,1]
显示	imshow	显示图像
	image	从数组显示图像
	imagesc	显示使用经过标度映射的颜色的图像
修改	imapprox	减少图像颜色
	dither	通过抖动提高表观颜色分辨率
	cmpermute	重新排列颜图中的颜色
	cmunique	消除颜色图中的重复颜色;将灰度或真彩色图像转换为索引图像
写入	imwrite	将图像写入图形文件
	fitswrite	将图像写入 FITS 文件
查看	imfinfo	查看图像文件的有关信息
	imformats	管理图像文件格式注册表

1. 读取、转换和显示图像文件

在 MATLAB 中,用户可利用 imformats 命令查看 MATLAB 软件所支持的图像类型,在命令窗口中输入 imformats 即可查看。

```
>> imformats
EXT         ISA       INFO        READ       WRITE      ALPHA   DESCRIPTION
----------------------------------------------------------------------------------
bmp         isbmp     imbmpinfo   readbmp    writebmp   0       Windows Bitmap
cur         iscur     imcurinfo   readcur               1       Windows Cursor resources
fts fits    isfits    imfitsinfo  readfits             0       Flexible Image Transport System
gif         isgif     imgifinfo   readgif    writegif   0       Graphics Interchange Format
haf         ishdf     imhdfinfo   readhdf    writehdf   0       Hierarchical Data Format
ico         isico     imicoinfo   readico              1       Windows Icon resources
j2c j2k     isjp2     imjp2info   readjp2    writej2c   0       JPEG 2000 (raw codestream)
jp2         isjp2     imjp2info   readjp2    writejp2   0       JPG 2000 (Part 1)
jpf jpx     isjp2     imjp2info   readjp2              0       JPEG 2000 (Part 2)
jpg jpeg    isjpg     imjpginfo   readjpg    writejpg   0       Joint Photographic Experts Group
pbm         ispbm     impnminfo   readpnm    writepnm   0       Portable Bitamap
pcx         ispcx     impcxinfo   readpcx    writepcx   0       Windows Paintbrush
pgm         ispgm     impnminfo   readpnm    writepnm   0       Portable Graymap
png         ispng     impnginfo   readpng    writepng   1       Portable Network Graphics
pnm         ispnm     impnminfo   readpnm    writepnm   0       Portable Any Map
ppm         isppm     impnminfo   readpnm    writepnm   0       Portable Pixmap
ras         isras     imrasinfo   readras    writeras   1       Sun Raster
tif tiff    istif     imtifinfo   readtif    writetif   0       Tagged Image File Format
xwd         isxwd     imxwdinfo   readxwd    writexwd   0       X Window Dump
```

从执行 imformats 命令的结果可以看出：MATLAB 支持 19 种图像类型，第一列表示支持的图像文件格式，最后一列为图像文件的全称或描述。

imread 函数可读取各种图像文件，其调用格式如下：

A＝imread(filename)

说明：从 filename 指定的文件读取图像，并从文件内容推断出其格式。如果 filename 为多图像文件，则 imread 读取该文件中的第一个图像。

A＝imread(filename,fmt)

说明：另外还指定具有 fmt 指示的标准文件扩展名的文件的格式。如果 imread 找不到具有 filename 指定的名称的文件，则会查找名为 filename.fmt 的文件。

A＝imread(___,idx)

说明：从多图像文件读取指定的图像。此语法仅适用于 GIF、PGM、PBM、PPM、CUR、ICO、TIF 和 HDF4 文件。必须指定 filename 输入，也可以指定 fmt。

A＝imread(___,Name,Value)

说明：使用一个或多个名称-值对组参数以及先前语法中的任何输入参数来指定格式特定的选项。

[A,map]＝imread(___)

说明：将 filename 中的索引图像读入 A，并将其关联的颜色图读入 map。图像文件中的颜色图值会自动重新调整到范围[0,1]中。

[A,map,transparency]＝imread(___)

说明：另外还返回图像透明度。此语法仅适用于 PNG、CUR 和 ICO 文件。对于 PNG 文件，如果存在 alpha 通道，transparency 会返回该 alpha 通道。对于 CUR 和 ICO 文件，它为 AND(不透明度)掩码。

例 15－16 利用 imread 函数读取图像文件，并显示所读取的图像文件，最后写入图像文件 example15_16_image.jpg 中。

实现本例功能的 MATLAB 程序如下：

```
clear all;
[A,map] = imread('牛.jpg');                    % 读取图片"中工校园.jpg"，将索引图像读入 A，关联颜色读入 map
figure('name','图像读取、变换与显示示例','NumberTitle','off')
subplot(2,2,1)
imshow(A,map)                                   % 显示原图
xlabel('原图')
A2 = im2double(A,'indexed');                     % 将原图转换成双精度值
whos A2
A3 = rgb2gray(A);                                % 将索引图转换成灰度图
subplot(2,2,2)
imshow(A3)                                       % 显示灰度图
xlabel('将原图变换成灰度图')
[A4,newmap] = imapprox(A,map,16);                % 将原图的颜色减少到 16 种
subplot(2,2,3)
imshow(A4)                                       % 显示颜色减少到 64 种后的图像
xlabel('将原图颜色减少到 16 种')
[A5,newmap1] = rgb2ind(A,64);                    % 将原图转换成 64 种颜色的索引图像
subplot(2,2,4)
out = imtile(A,map);                             % 创建一个分块图
image(out);                                      % 显示分块图
xlabel('将原图转换成的分块图')
```

```
imwrite(A3,'example15_16_image.jpg','jpg','comment','将灰度图写入图像文件')
disp('以下是写入灰度图像文件的详细信息')
imfinfo('example15_16_image.jpg')           % 查看写入图像文件的信息
```

运行上述程序后,输出结果如下:

```
Name        Size            Bytes Class         Attributes
A2          372x556x3       4963968             Double
```

以下是写入灰度图像文件的详细信息
ans =

    包含以下字段的 struct:

    Filename: 'D:\Program Files\Polyspace\R2020a\bin\example15_16_image.jpg'
    FileModData: '14-Jul-2021 15:11:54'
    FileSize: 19455
    Format: 'jpg'
    FormatVersion: ''
    Width: 556
    Height: 372
    BitDepth: 8
    ColorType: 'grayscale'
    FormatSignature: ''
    NumberOfSamples: 1
    CodingMethod: 'Huffman'
    CodingProcess: 'Sequential'
    Comment: {'将灰度图写入图像文件'}
```

显示的相应图像如图 15-9 所示。A2 的第三维为 RGB 真彩色值,利用 rgb2gray 函数将原图转换成灰度图,利用 im2double 函数将原图转换为双精度值并以直方图的形式显示出来,

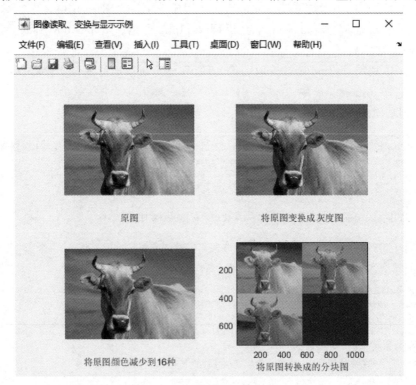

**图 15-9　利用 imshow 函数显示的图像**
```

利用 imapprox 函数将原图的颜色减少到 16 种颜色,利用 imwrite 函数将灰度图写入图像文件 example15_16_image.jpg 中,最后利用 imfinfo 函数查看了写入的图像文件信息。

2. 修改、显示和查看图像文件

在 MATLAB 中,除了读取图像和写入图像文件以外,用户还可以利用函数修改、显示和查看图像文件,可用到的函数见表 15－4。将数组显示为图像的函数 image,其调用格式如下:

image(C)

说明:会将数组 C 中的数据显示为图像。C 的每个元素指定图像的 1 个像素的颜色。生成的图像是一个 $m \times n$ 像素网格,其中 m 和 n 分别是 C 中的行数和列数。这些元素的行索引和列索引确定了对应像素的中心。

image(x,y,C)

说明:指定图像位置。使用 x 和 y 可指定与 C(1,1) 和 C(m,n) 对应的边角的位置。要同时指定两个边角,请将 x 和 y 设置为二元素向量。要指定第一个边角并让 image 确定另一个,请将 x 和 y 设为标量值。图像将根据需要进行拉伸和定向。

im＝image(___)

说明:返回创建的 Image 对象。使用 im 在创建图像后设置图像的属性。

例 15－17 利用 imread 函数读取图像文件,利用 image 显示图像,修改显示图像后将其写入图像文件 example15_17_image.jpg 中。

实现本例功能的 MATLAB 程序如下:

```
clear all;
[A,map] = imread('牛.jpg');              % 读取图片"中工校园.jpg",将索引图像读入 A,关联颜色读入 map
[A2,newmap] = imapprox(A,map,8);          % 将原图颜色减少到 8 种
x = dither(A,parula);                     % 模糊化原图
c = magic(4);
figure('name','图像修改、显示和查看示例','NumberTitle','off')
subplot(2,2,1)
image(A)                                  % 显示原图
xlabel('原图')
subplot(2,2,2)
image(A2)
xlabel('将原图颜色减少到 8 种颜色')
subplot(2,2,3)
imshow(x,parula);
xlabel('抖动处理后的图像')
subplot(2,2,4)
image(c)                                  % 将魔方数组转换成图像
colorbar
xlabel('将魔方数组转换成图像')
imwrite(x,'example15_17_image.jpg','jpg')
disp('以下是写入抖动图像文件的详细信息')
imfinfo('example15_17_image.jpg')         % 查看写入图像文件的信息
```

运行上述程序后,输出结果如下:

```
以下是写入抖动处理后图像文件的详细信息
ans =
    包含以下字段的 struct:
    Filename:        'D:\Program Files\Polyspace\R2020a\bin\example16_17_image.jpg'
    FileModDate:     '14 - Jul - 2021 15:15:14'
```

```
FileSize：          97430
Format：            'jpg'
FormatVersion：     ''
Width：             556
Height：            372
BitDepth：          8
ColorType：         'grayscale'
FormatSignature：   ''
NumberOfSamples：   1
CodingMethod：      'Huffman'
CodingProcess：     'Sequential'
Comment：           {}
```

　　输出结果是有图像文件的详细信息。修改和显示图像的结果如图 15 - 10 所示。图中利用 image 函数显示了原图,也显示了减少颜色后的图像,同时利用 imshow 显示了对原图抖动处理后的图像,最后将魔方数转换成了图像,并利用 imfinfo 函数查询了写入图像文件 example15_17_image.jpg 的详细信息。

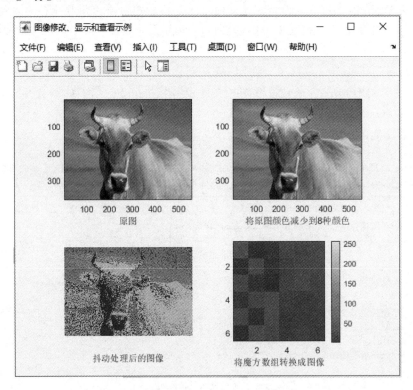

图 15 - 10　利用 image 函数显示的图像

15.4　读/写视频与摄像头数据

　　在 MATLAB 中,用户可以读取视频文件,其视频对象被称为 MABLAB Movie,同时还可以转换和写入视频文件。视频文件处理函数见表 15 - 5。

表 15 - 5　MATLAB 视频文件处理函数

功　能	函　数	说　明
创建	VideoReader	创建对象并读取视频文件
	avifile	创建 avi 视频文件
读取	read	读取一个或多个视频帧
	aviread	读取 avi 视频文件
	readFrame	读取下一视频帧
	hasFrame	判断是否有视频可供读取
	getFileFormats	获得 VideoReader 支持的文件格式
	getframe	获取视频帧
播放	movie	播放录制的影片,且只播放一次
转换	addframe	添加视频帧
	movie2avi	将 MATLAB movie 转换为 avi 视频
	frame2im	将视频帧转换成图像
	im2frame	将图像转换成视频帧
写入	VideoWriter	将视频写入(保存)视频文件
	writeVideo	将视频写入文件
	open	打开视频文件以写入视频数据
	close	写入视频数据后关闭视频文件
查看	mmfileinfo	查询有关多媒体文件的信息
	aviinfo	查询 avi 视频文件信息
	getProfiles	查询 VideoWriter 支持的文件和文件格式

暂停、停止、恢复播放视频文件或摄像头数据所用到的函数与音频文件所用到的函数是相同的,见表 15 - 4。

注意:在 MATLAB 2014b 及其以上版本中,有关 avi 视频的读取、转换和查看函数是不能用的,由于该节内容是在 MATLAB 2020 的基础上介绍和说明的,因此将不说明有关 avi 视频的读取和写入等内容。

15.4.1　读取和写入视频文件

在 MATLAB 中,用户可利用 VideoReader 函数读取视频文件,利用 read 函数读取一个或者多个视频帧。函数 VideoReader 的调用格式如下:

v = VideoReader(filename)

说明:创建对象 v,用于从名为 filename 的文件读取视频数据。

v = VideoReader(filename,Name,Value)

说明:使用名称-值对组设置属性 CurrentTime、Tag 和 UserData。例如 VideoReader ('myfile. mp4','CurrentTime',1. 2),表示开始读取 1. 2 s 的视频。

视频写入函数 writeVideo 的调用格式如下:

writeVideo(v,img)

说明：将数据从数组写入与 v 相关联的视频文件。此用法的前提是，用户必须先调用 open(v)，然后再调用 writeVideo。

　　writeVideo(v,frame)

说明：写入通常由 getframe 函数返回的影片帧。

例 15 - 18　利用 VideoReader 函数读取视频文件 example_video. avi，并读取该视频的第 80 帧，将第 80 帧图像显示在图形窗口中，并将视频文件 example_video. avi 前 90 帧的视频内容写入视频文件 example15_18_video. avi 中。

实现本例功能的 MATLAB 程序如下：

```
clear all;
v = VideoReader('example_video.avi');        % 创建对象 v,读取视频文件 example_video.avi
frames = read(v,[1 90]);                      % 读取视频文件 example_video.mp4 中的第 1 帧到第 90 帧的视频内容
f5 = read(v,80);                              % 读取视频文件 example_video.mp4 中的第 80 帧
figure('name','显示视频文件中第 80 帧的图像','NumberTitle','off')
subplot(1,2,1)
image(f5);                                    % 显示视频中第 80 帧图像
title('显示视频中第 80 帧图像')
subplot(1,2,2)
I2 = imcrop(f5,[110 50,600,400]);             % 裁剪第 80 帧图像
I3 = imresize(I2,3);                          % 将裁剪图像放大 3 倍
image(I3);                                    % 显示裁剪放大后的第 80 帧图像
title('裁剪放大后的第 80 帧图像')
v1 = VideoWriter('example16_18_video');       % 创建视频文件 example15_18_video
open(v1)                                      % 打开所创建的视频文件
writeVideo(v1,frames)                         % 将原视频文件前 80 帧的视频内容写入视频文件 example15_18_video
close(v1)                                     % 关闭视频文件 example15_18_video
VideoReader('example15_18_video.avi')         % 查询视频文件 example15_18_video 详细信息
```

运行上述程序后，输出结果如下：

```
ans =
    VideoReader - 属性:
    常规属性:
      Name:            'example15_18_video.avi'
      Path:            'D:\Program Files\Polysapce\R2020a\bin'
      Duration:        3
      CurrentTime:     0
      NumFrames:       90
    视频属性:
      Width:           854
      Height:          480
      FrameRate:       30
      BitsPerPixel:    24
      VideoFormat:     'RGB24'
```

从输出结果视频文件 example15_18_video. avi 详细信息可以看出原视频文件中的前 90 帧视频内容已经写入视频文件 example15_18_video. avi 中，持续时间约 3 s。

读取视频中的第 80 帧图像并对其进行处理后的结果如图 15 - 11 所示。

在本例中，利用 VideoReader 函数不但创建了读取原视频文件的对象，而且还查询了写入视频文件的详细信息；利用 read 函数读取了原视频前 90 帧的内容和第 80 帧的图像；利用 imcrop 函数对第 80 帧图像进行了裁剪；利用 imresize 函数对裁剪后的图像进行了放大处理，最后将处理后的视频写入到指定的视频文件 example15_18_video 中，同时将第 80 帧图像显示在图形窗口中。至此完成了该例的要求内容。

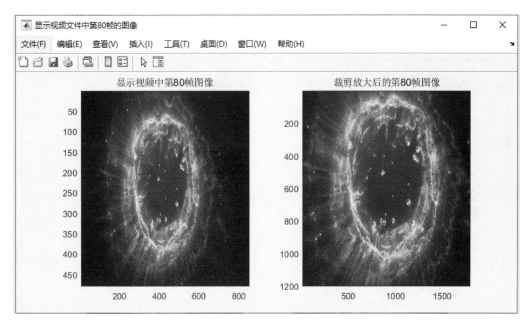

图 15 - 11　视频文件中第 80 帧图像

15.4.2　读取摄像头数据

摄像头数据实质上是音频数据、图像数据或者视频数据,可以利用前述内容编写读取摄像头数据的程序。但是 MATLAB 并不能直接读取摄像头数据,需要安装硬件支持包才能获取摄像头数据。用户在 MATLAB 功能资源管理器中可以下载和安装下列所给的任意一个硬件支持包:

① MATLAB Support for USB Webcams,该支持包可以获取任何 USB 摄像头的图像(UVC),也可以获取电脑自带摄像头的数据,兼容 R2014a 到 R2020a 的版本。

② Image Acquisition Toolbox Support Package for OS Generic Video Interface,该支持包比较通用,它可兼容 MATLAB 2014a 以上的任何版本。推荐安装这个硬件支持包。

当用户安装完成上述支持包后,需要打开摄像头,测试是否可以调用 videoinput 函数,具体命令如下:

video_source＝videoinput('winvideo',1)

执行上述命令后,如果出现下列信息,说明摄像头没有打开,或者线路有问题。

```
No devices were detected for the 'winvideo' adaptor. For troubleshooting device detection issues, click here.
错误使用 videoinput (line 374)
There are no devies installed for the specified ADAPTORNAME. See IMAQHWINFO.
```

执行上述命令后,如果出现下列信息,说明硬件支持包没有安装成功,需要重新安装硬件支持包。

```
>>video_source = videoinput ('winvideo',1)
错误使用 videoinput (line 219)
Invalid ADAPTORNAME specified. Type 'imaqhwinfo' for a list of
available ADAPTORNAMEs. Image acquisition adaptors may be available
as downloadable support packages. Open Add - Ons Explorer to install
additional adaptors.
```

在 MATLAB 主窗口中,选择"附加功能"→"获取硬件支持包"命令,操作如图 15 - 12 所示,显示硬件支持包安装画面,如图 15 - 13 所示。

图 15 - 12　获取硬件支持包操作　　　　　图 15 - 13　安装硬件支持包画面

当硬件支持包安装完成后,利用下列函数命令获取和查询当前 PC 上已经连接的摄像头信息。

```
>> imaqhwinfo()
ans =
包含以下字段的 struct:
InstalledAdaptors:{'winvideo'}              % 已安装的适配器
MATLABVersion:'9.8(R2020a)'                 % MATLAB 版本
ToolboxName:'Image Acquisition Toolbox'     % 工具箱名称
ToolboxVersion:'6.2(R2020a)'                % 工具箱版本
```

利用下列函数查看摄像头设备具体参数,包括连接在当前图像适配器 winvideo 上的所有摄像头的设备 ID 和设备信息。

```
win_info = iimaqhwinfo('winvideo')
```

接着输入下列命令

```
win_info.DeviceInfo.SupportedFormats
```

可获得摄像头所支持的视频格式,从而可在 videoinput 函数中设置视频分辨率。

例 15 - 19　利用 MATLAB 音频、图像或视频的相关函数读取摄像头数据,播放摄像头数据中的声音,将摄像头数据写入文件 example15_19_data.avi 中,同时将摄像头中的某一帧显示在图形窗口中并将其写入图像文件 example15_19_image.jpg,将摄像头数据中的前 20 帧视频内容写入视频文件 example15_19_video_1.avi 中。

实现本例功能的 MATLAB 程序如下:

```
clear all;
close all;
clc;
obj = videoinput('winvideo',1,'YUY2_800x600');   % 创建 ID 为 1 的摄像头的视频对象,视频格式是 YUY2_
                                                  % 800x600,这表示视频的分辨率为 800x600,分辨率不可过
                                                  % 高,否则会有延迟
set(obj,'ReturnedColorSpace','rgb');             % 设置色彩为 rgb/grayscale
nframe = 300;                                     % 保存视频的帧数
nrate = 30;                                       % 每秒的帧数
Fs = 44100;                                       % 设置声音采样频率 Fs = 44 100 Hz
nBits = 16;                                        % 定义采样位数为 16 位
```

```
nChannels = 2;                                      % 通道数为 2 通道
ID = - 1;                                           % 设置音频输入设备标识符 ID
h1 = preview(obj);                                  % 预览摄像头视频,同时获取句柄
example15_19_data = audiorecorder(Fs,nBits,nChannels,ID);      % 创建具有 audiorecorder 的对象
recordblocking(example15_19_data,3);               % 录制来自摄像头的声音,时间为 3 秒
% set(1,'visible',off)
% 创建摄像头视频文件并将摄像头视频文件写入 example15_19_video.avi 中 %
writerObj = VideoWriter('example15_19_video');     % 创建视频文件 example15_19_video
writerObj.FrameRate = nrate;
open(writerObj);                                    % 打开要写入的视频文件 example15_19_video
% im1 = frame2im(obj)
figure('Name','显示摄像头视频','NumberTitle','off');
for i = 1:nframe
frame = getsnapshot(obj);
imshow(frame);
f.cdata = frame;
f.colormap = colormap([]);
writeVideo(writerObj,f)                            % 将摄像头视频内容写入视频文件 example15_19_video
end
close(writerObj);
closepreview                                        % 关闭摄像头视频预览
close(gcf);                                         % 关闭当前视频窗口
disp('以下是记录摄像头视频文件的详细信息')
VideoReader('example15_19_video.avi')              % 查询视频文件 example15_19_video 详细信息
% 将摄像头视频中的图片显示在图形窗口中 %
Vcam = VideoReader('example15_19_video.avi');      % 读取所记录的摄像头视频
% 将摄像头视频中的 20 帧视频保存在文件 example15_19_video_1.avi 中 %
frame20 = read(Vcam,[70 90]);                      % 读取视频文件 example15_19_video.avi 中的第 70 帧到
                                                   % 第 90 帧的视频内容
v1 = VideoWriter('example15_19_video_20');         % 创建视频文件 example15_19_video_20
open(v1)                                           % 打开所创建的视频文件
writeVideo(v1,frame20)            % 将原视频文件中的 20 帧视频内容写入视频文件 example15_19_video_20 中
close(v1)                                          % 关闭视频文件 example15_19_video_20
% 以下是获取摄像头视频中的图像 %
figure('Name','显示摄像头视频中的图片','NumberTitle','off');
videoframe = read(Vcam,80);                        % 读取视频文件 example15_19_video.avi 中的第 80 帧
% frame = getsnapshot(obj);                        % 捕获摄像头视频中的图像
imwrite(videoframe,'example15_19_image.jpg','jpg')  % 将原图写入文件 example15_19_image.jpg 中
subplot(2,2,1)
imshow(videoframe)                                 % 显示视频中的原图
axis image
title('视频中的原图')
subplot(2,2,2)
imgray = rgb2gray(videoframe);                     % 将视频中的原图转换成灰度图
image(imgray);                                     % 显示视频中原图的灰度图
axis off
axis image
title('视频原图对应的灰度图')
subplot(2,2,3)
[indimg,map] = rgb2ind(videoframe,100);            % 将视频中的原图像转换成索引图像,颜色减少到 100 种
image(indimg);                                     % 显示视频中原图的索引图
axis off
title('视频原图对应的索引图')
subplot(2,2,4)
video_gray = imread('example15_19_image.jpg');
blur = dither(video_gray,parula);                  % 随机对视频中原颜色图重新排序以获得新颜色图
image(blur);                                       % 显示视频中原图的索引图
```

```
axis off
colormap(map);
title(' 视频原图对应的模糊化图 ')
% close(gcf);                                          % 关闭当前图像窗口
disp(' 以下是写入摄像头—视频图像文件的详细信息 ')
imfinfo('example15_19_image.jpg')                     % 查看写入图像文件的信息
% 以下是获取摄像头视频中的含声音
doubleDataArray = getaudiodata(example15_19_data);    % 所采样的音频信号 example15_19_data 存储在数值数组
                                                      % doubleDataArray 中
audiowrite('example15_19_voice.wav',doubleDataArray,Fs);    % 将所采样的音频信号保存在音频文件
                                                           % example15_19_voice.wav 中
disp(' 以下是记录摄像头声音的详细信息 ')
audioinfo('example15_19_voice.wav')                   % 查看所读音频文件的有关信息
```

运行上述程序后,输出结果如下:

以下是记录摄像头视频文件的详细信息
ans =
VideoReader - 属性:
常规属性:
Name:'example15_19_video.avi'
Path:'F:\0 书稿——MatLab_simulink 机电动态系统仿真及工程应用(第二版)——起草\本书例题\第 15 章 MATLAB 读写外部数据 '
Duration:10
CurrentTime:0
NumFrames:300
视频属性:
Width:800
Height:600
FrameRate:30
BitsPerPixel:24
VideoFormat:'RGB24'
以下是写入摄像头—视频图像文件的详细信息
ans =
Filename:'F:\0 书稿——MatLab_simulink 机电动态系统仿真及工程应用(第二版)——起草\本书例题\第 15 章 MATLAB 读写外部数据\example15_19_image.jpg'
FileModDate:'27 - May - 2021 02:35:48'
FileSize:49152
Format:'jpg'
FormatVersion:''
Width:800
Height:600
BitDepth:24
ColorType:'truecolor'
FormatSignature:''
NumberOfSamples:3
CodingMethod:'Huffman'
CodingProcess:'Sequential'
Comment:{}
以下是记录摄像头声音的详细信息
ans =
Filename:'F:\0 书稿——MatLab_simulink 机电动态系统仿真及工程应用(第二版)——起草\本书例题\第 15 章 MATLAB 读写外部数据\example15_19_voice.wav'
CompressionMethod:'Uncompressed'
NumChannels:2
SampleRate:44100
TotalSamples:132300
Duration:3

```
Title:[]
Comment:[]
Artist:[]
BitsPerSample:16
```

在本例中,利用 videoinput 函数创建视频对象,同时设置视频分辨率;利用 preview 函数预览从摄像头读取到的视频并获取视频句柄;利用 recordblocking 函数记录来自摄像头的声音;利用 VideoReader 函数视频文件并设置每秒的视频帧数;利用 getshotsnap 函数捕捉视频中的图像;利用 imshow、image 函数显示图像;当读取完成后,利用 closepreview 函数关闭摄像头视频;利用 videowrite 将视频写入视频文件中;利用 read 函数读取摄像头视频中的某一帧图像;利用 getaudiodata 函数记录声音数据;利用 audiowrite 函数将来自摄像头的声音写入声音文件。除此之外,上述程序中还利用 15.1 节中所述的其他函数进行视频、图像和声音的变换和信息查询等。

本章小结

本章主要介绍了 MATLAB 如何管理文件,举例说明了 MATLAB 如何读/写外部数据文件,并在此基础上介绍了 MATLAB 读/写音频文件和图像文件,重点阐述了读/写视频与摄像头数据的方法和实现过程。本章需要掌握 MATLAB 读/写图像、音频、视频与摄像头数据的方法和实现过程。

思考练习题

1. MATLAB 是如何管理文件及其他文件的?
2. 简述 MATLAB 读/写数据文件的过程并说明可能用到的指令。
3. 如何读/写和截取音频文件?
4. 读/写图像文件过程中可能会用到哪些指令? 通常由哪些程序块组成?
5. MATLAB 如何读取 USB 摄像头数据?
6. 新建和删除文件夹和文件。
7. 用向导读取现有数据文件 data2. txt,数据以 Tab 键分隔。在当前文件夹中利用 MATLAB 建立数据文件 data2. txt,数据文件内容如下:

$$A1 \quad 20 \quad 16 \quad 28 \quad 38 \quad 58 \quad 36 \quad 81 \quad 39 \quad 42$$
$$A2 \quad 40 \quad 42 \quad 55 \quad 62 \quad 73 \quad 30 \quad 47 \quad 20 \quad 43$$

8. 利用 audioread 函数读取某一音频歌曲文件中前 30 s 的内容,然后播放所读取到的音频文件数据并以图形方式显示出来。

9. 利用 imread 函数读取某一图像文件,并显示该图像文件,最后写入图像文件 image4. jpg 中。

10. 利用 VideoReader 函数读取某一视频文件的第 30 帧,将第 30 帧图像显示在图形窗口中,并将视频文件 example_video. avi 前 30 帧的视频内容写入视频文件 video5. avi 中。

11. 利用 MATLAB 音频函数、图像函数、视频函数读取 USB 摄像头数据并将其写入文件 video_data. avi 中,同时将摄像头中的某一帧显示在图形窗口中并将其写入图像文件 video_image. jpg 中。

参考文献

[1] 周高峰,朱强.MATLAB 工程基础应用教程[M].北京:机械工业出版社,2015.

[2] 周高峰,赵则祥.MATLAB 机电动态系统仿真及工程应用[M].北京:北京航空航天大学出版社,2013.

[3] 王中鲜.MATLAB 建模与仿真应用[M].北京:机械工业出版社,2010.

[4] 王晶,翁国庆,张有兵.电力系统的 MATLAB/Simulink 仿真与应用[M].西安:西安电子科技大学出版社,2008.

[5] 李颖.Simulink 动态系统建模与仿真[M].西安:西安电子科技大学出版社,2009.

[6] 何存兴,张铁华.液压传动与气压传动[M].武汉:华中科技大学出版社,2003.

[7] 李永堂,雷步芳,高雨茁.液压系统建模与仿真[M].北京:冶金工业出版社,2003.

[8] 约翰 F 加德纳.机构动态仿真[M].周进雄,张陵,译.西安:西安交通大学出版社,2002.

[9] 孙恒,陈作模.机械原理[M].北京:高等教育出版社,1999.

[10] 孟忠祥,王博.电力系统自动化[M].北京:中国林业出版社,2006.

[11] 贾志春,马志源.电力电子学[M].北京:中国电力出版社,2002.

[12] 廖晓钟.电力电子技术与电力传动[M].北京:北京理工大学出版社,2000.

[13] 秦曾煌.电工学(上册)[M].6 版.北京:高等教育出版社,2004.

[14] 王伯雄.测试技术基础[M].北京:清华大学出版社,2003.

[15] 韩顺杰,吕树清.电气控制技术[M].北京:中国林业出版社,2006.

[16] 李维波.MATLAB 在电气工程中的应用[M].北京:中国电力出版社,2006.

[17] 刘金锟.先进 PID 控制及其 MATLAB 仿真[M].北京:电子工业出版社,2002.

[18] 张毅,张宝芬,曹丽,等.自动检测技术及仪表控制系统[M].北京:化学工业出版社,2005.

[19] 胡寿松.自动控制原理[M].4 版.北京:科学出版社,2001.

[20] 缪勇.柔性交流输电系统[J].装备机械,2010(3):46-52.

[21] 顾晓荣,方勇杰,薛禹胜.柔性交流输电系统稳定控制综述[J].电力自动化,1999(12):50-56.

[22] Wang X F,Song Y,Irving M. Modern Power Systems Analysis[M]. New York:Springer,2008.

[23] 刘天琪,邱晓燕.现代电力系统分析理论与方法[M].北京:中国电力出版社,2007.

[24] 张利平.液压控制系统及设计[M].北京:化学工业出版社,2006.

[25] 黄永安,马路,刘慧敏.MATLAB 7.0/Simulink 6.0 建模仿真开发与高级工程应用[M].北京:清华大学出版社,2005.

[26] 吴振顺.液压控制系统[M].北京:高等教育出版社,2008.